科学出版社“十三五”普通高等教育本科规划教材
普通高等教育“十一五”国家级规划教材

木材干燥学

（第二版）

高建民　王喜明　主编

科 学 出 版 社
北 京

内 容 简 介

"木材干燥学"以锯材干燥为主要研究对象，内容包括木材干燥介质、木材的干燥特性、木材干燥过程中的热质传递规律、木材常规干燥设备和工艺、木材干燥过程的控制及其他特种木材干燥方法的原理、设备和工艺等。《木材干燥学》教材是在现有教材和最新研究成果的基础上，结合当前各高等农林院校教学改革和创新人才培养方案，根据多年的教学积累和实践编写的。教材内容反映了当前科技发展的较新成果和信息，凝聚了大量生产实践经验，文字简明易懂。

本教材适用于木材科学与工程、家居设计与人居工程、室内设计与装饰等相关专业的本科教学工作，并可供相关领域科学技术研究人员和企业生产技术人员、管理人员参考使用。

图书在版编目(CIP)数据

木材干燥学/高建民，王喜明主编. —2版. —北京：科学出版社，2018.8
科学出版社"十三五"普通高等教育本科规划教材　普通高等教育"十一五"国家级规划教材
ISBN 978-7-03-057536-4

Ⅰ.①木…　Ⅱ.①高…②王…　Ⅲ.①木材干燥-高等学校-教材　Ⅳ.①S781.71

中国版本图书馆CIP数据核字(2018)第110295号

责任编辑：王玉时　马程迪／责任校对：王晓茜
责任印制：张　伟／封面设计：迷底书装

科学出版社出版
北京东黄城根北街16号
邮政编码：100717
http://www.sciencep.com

北京虎彩文化传播有限公司印刷
科学出版社发行　各地新华书店经销
*
2018年8月第　一　版　开本：890×1240　1/16
2022年12月第五次印刷　印张：19 1/2
字数：631 000

定价：69.00元

(如有印装质量问题，我社负责调换)

《木材干燥学》编写委员会

主　编　高建民（北京林业大学）
　　　　　王喜明（内蒙古农业大学）
副主编　蔡英春（东北林业大学）
　　　　　伊松林（北京林业大学）
　　　　　苗　平（南京林业大学）
　　　　　程万里（东北林业大学）
参　编（按姓氏笔画排序）
　　　　　于建芳（内蒙古农业大学）
　　　　　王传贵（安徽农业大学）
　　　　　刘志军（河北农业大学）
　　　　　李贤军（中南林业科技大学）
　　　　　杨文斌（福建农林大学）
　　　　　邱增处（西北农林科技大学）
　　　　　陈　瑶（北京林业大学）
　　　　　陈太安（西南林业大学）
　　　　　金永明（浙江农林大学）
　　　　　涂登云（华南农业大学）
　　　　　谢拥群（福建农林大学）
　　　　　蔡家斌（南京林业大学）

第二版前言

2015 年 5 月 4 日，国务院办公厅颁布《国务院办公厅关于深化高等学校创新创业教育改革的实施意见》（以下简称《意见》），《意见》要求：各高校要广泛开展启发式、讨论式、参与式教学，扩大小班化教学覆盖面，推动教师把国际前沿学术发展、最新研究成果和实践经验融入课堂教学，注重培养学生的批判性和创造性思维，激发创新创业灵感。运用大数据技术，掌握不同学生的学习需求和规律，为学生自主学习提供更加丰富多样的教育资源。改革考试考核内容和方式，注重考查学生运用知识分析、解决问题的能力，探索非标准答案考试，破除“高分低能”积弊。为进一步落实国务院意见，推动“木材干燥学”课程教学改革和人才培养计划调整，使《木材干燥学》教材能更充分反映当代木材干燥科学技术发展的最新成果和信息，通过课程内容和教学方法改革、增加“研究方法”“学科前沿”等授课内容，健全“木材干燥学”创新创业（“双创”）教学实践体系，加强教师创新创业教育理念，加强实践教学，培养和提高学生的“双创”能力。

本教材以 2008 年高建民教授主编的《木材干燥学》（科学出版社）为依托，整合 2007 年王喜明教授主编的《木材干燥学》（中国林业出版社）进行修订。基于目前我国高速发展的木材干燥事业对专业人才知识结构提出的新要求，过去传统的木材干燥技术已被现代化的高性能木材干燥技术所代替，而与现代化的高性能木材干燥技术所配套的相关知识和技能也需要更新，专业教材建设指导委员会确定重新编写木材科学与工程专业《木材干燥学》教材。

“木材干燥学”是木材科学与工程专业、家具设计与人居工程专业的主干核心课程，是实践性、理论性很强的一门专业课。本教材以木材学和热工学为理论基础，以木材的常规干燥为主，结合其他干燥方法，重点介绍木材干燥理论、木材干燥工艺和设备。在内容的安排上结合木材干燥技术发展的现状，面向 21 世纪，本着以板方材的干燥为重点，结合竹材和单板热压干燥，适当吸收国内外最新研究成果等原则，既总结了我国成熟的木材干燥生产技术和科研成果，又适当介绍了符合我国国情的国外先进的木材干燥技术。

参编人员及分工如下：第 1 章由北京林业大学高建民编写；第 2 章由安徽农业大学王传贵和东北林业大学程万里编写；第 3 章由南京林业大学苗平编写；第 4 章 4.1～4.3、4.5～4.7 由东北林业大学蔡英春编写，4.4 由北京林业大学陈瑶编写，4.8 由内蒙古农业大学于建芳编写；第 5 章由北京林业大学伊松林和福建农林大学杨文斌编写；第 6 章 6.1、6.2、6.3.1～6.3.4、6.4 由内蒙古农业大学王喜明编写，6.3.5 由华南农业大学涂登云编写，6.5 和 6.6 由内蒙古农业大学王喜明编写；第 7 章 7.1、7.2.1、7.2.3 由内蒙古农业大学于建芳编写，7.2.2、7.3 由北京林业大学陈瑶编写；第 8 章由东北林业大学程万里和西北农林科技大学邱增处编写；第 9 章由河北农业大学刘志军编写；第 10 章由北京林业大学陈瑶编写；第 11 章由南京林业大学蔡家斌编写；第 12 章由西南林业大学陈太安编写；第 13 章由中南林业科技大学李贤军编写；第 14 章由东北林业大学程万里编写；第 15 章由东北林业大学程万里和浙江农林大学金永明编写；第 16 章 16.1 由福建农林大学谢拥群编写，16.2 由北京林业大学陈瑶编写；第 17 章由北京林业大学伊松林编写；第 18 章由北京林业大学陈瑶编写。附录 1 由东北林业大学程万里整理，附录 2～6 由内蒙古农业大学王喜明和于建芳整理。

本教材参考引用了国内外有关的图书资料及国家标准、行业标准，在此谨向相关作者表示衷心的感谢！于建芳博士和陈瑶博士在本教材编写过程中做了大量的工作，内蒙古农业大学 2013 级学生李涛在附录 3 更新过程中做了大量统计工作，在此表示衷心的感谢！

基于编者水平有限，书中的疏漏、不足之处在所难免，敬请读者指正。

高建民　王喜明

2017 年 9 月

第一版前言

木材干燥学是木材科学与工程、家具设计与制造、室内设计与装饰以及相关专业的必修专业课程，是一门基础理论与实践应用并重的科学。本书比较系统地阐述了木材干燥基础理论、常规干燥设备、常规干燥工艺以及干燥过程的控制，并对常见的几种特种干燥方法的原理、设备和工艺进行了较为系统的介绍。

本书是在现有国内有关木材干燥教材和研究成果的基础上，结合当前各高等农林院校进行的教学改革和人才培养计划调整方案，根据多年的教学积累和实践进行编写的。教材内容反映了当前科技发展的较新成果和信息，凝聚了大量生产实践经验，文字简明易懂，为便于教学，各章编写了思考题。本书适用于木材科学与工程、家具设计与制造、室内设计与装饰以及相关专业的本科教学，并可供相关领域科学技术研究人员和企业生产技术、管理人员参考使用。

本书是普通高等教育“十一五”国家级规划教材，由北京林业大学、东北林业大学和南京林业大学等10所高等农林院校联合编写。教材共8章，编写分工如下。

高建民（北京林业大学）：第1、4章，6.2、6.5节。陈广元（东北林业大学）：2.2、7.1、7.2节。蔡英春（东北林业大学）：2.3、5.1、5.2、5.4节。伊松林（北京林业大学）：第3、8章。程万里（东北林业大学）：2.1、5.3、6.6节。庄寿增（南京林业大学）：6.5节。刘志军（河北农业大学）：6.3节。李延军（浙江林学院）：6.1节。李贤军（中南林业科技大学）：6.4节。谢拥群（福建农林大学）：6.2节。张士成（北华大学）：7.3、7.4节。王传贵（安徽农业大学）：2.1、5.4节。汪佑宏（安徽农业大学）：第8章。邱增处（西北农林科技大学）：2.1节。

本书参考引用了国内外有关的图书资料以及国家标准、行业标准，在此谨向相关作者表示衷心感谢！本书在编写过程中得到了北京林业大学张璧光教授的大力支持。在统稿和编排过程中，北京林业大学研究生胡传坤做了大量的工作。在此表示衷心感谢！

欢迎读者对书中的错误或不妥之处进行批评指正。

编　者

2007年9月

目　录

第1章 绪　论

1.1 木材干燥学概述

随着社会经济的发展和人民生活水平的不断提高，人们对家具和室内装饰的需求量日益扩大。目前家具的材料虽然种类繁多，有实木、人造板、金属、塑料、竹藤等，但由于木材具有美丽的天然纹理和色彩，具有吸音、隔热、调节室内温度与湿度等多种优点，同时又是当今世界四大原材料（钢材、水泥、木材、塑料）中唯一可以再生和循环利用的绿色材料，因此人们日益偏爱木质家具，特别是实木家具。这就导致木材的需求量日益增多，每年大约以1000万m^3的速度增加，提高木材利用率和减少木材损失已成为解决木材供需矛盾的主要途径之一。木材干燥(wood drying)是保障和改善木材品质，减少木材损失、提高木材利用率的重要环节。目前我国尚有相当多的木材由于未经干燥处理或干燥设备落后及干燥工艺不当等，存在开裂(check)、变形(distortion)、腐朽(decay)、虫蛀(damaged by vermin)及变色(discoloration)等缺陷，造成木材资源的浪费现象十分严重，这正是我国木材干燥领域从业人员与科研工作者所面临的严峻形势。

干燥是一门传统的通用技术，在人们生活和工业生产中处处可见，特别是在工业生产中，从农业、食品、化工、医药、矿产到纸浆造纸、木材工业等几乎所有产业都会运用到干燥技术。干燥是一个高能耗的生产环节，在工业产品总能耗中，干燥能耗为4%（化学工业）、35%（造纸工业）、40%～70%（木材工业）。发达国家的平均干燥能耗占到12%，我国万元GDP能耗水平是发达国家的3～11倍，木材干燥的能耗占制品生产总能源消耗的40%～70%。干燥过程中产生的废气含有大量的烟尘、二氧化碳、二氧化硫和二氧化氮，是造成大气温室效应、酸雨和臭氧破坏的主要因素。因此，干燥生产环节在工业生产中变得越来越重要，干燥科学也受到全社会的关注并得到了长足的发展。

1.1.1 木材干燥学研究的对象和内容

新采伐的木材中含有大量的水分，在木材被加工利用之前，须采取适当的措施，使木材的含水率降低到一定程度，以保证木制品的质量与使用寿命。那么，如何来降低木材的含水率呢？通常的做法就是对木材进行干燥处理。木材干燥的一般步骤是：首先提高木材的温度，使木材中水分以水和水蒸气的形式向木材表面移动；然后在循环介质的作用下，使木材表层的水分以水蒸气的形式离开木材表面。

木材干燥方法(drying method)大体可分为机械干燥(mechanical drying)、化学干燥(chemical drying)、热力干燥(thermal drying)三类。通常所说的木材干燥是指在热力作用下以蒸发、扩散、渗流等方式排出水分的处理过程。

木材干燥学研究的对象为锯材干燥(lumber drying)。研究内容主要包括木材干燥介质，木材的干燥特性及其干燥过程中的热、质传递规律，木材干燥设备、工艺及干燥室（也称“干燥窑”）的设计。因此，木材干燥学是一门综合木材学、热工、机械、建筑、控制等多科性的应用科学，是木材科学与技术领域的一个重要分支。

木材干燥的基本原则是在确保干燥质量、节能、环保及低成本的前提下尽可能提高木材的干燥速度(drying rate)。

1.1.2 木材干燥的基本原理

木材干燥的任务就是排除木材中多余的水分，以适应不同的用途和质量要求。木材干燥的基本原理就是木材中的自由水，在木材毛细管张力、加热引起的水蒸气压力等的作用下，沿大毛细管系统向蒸发界面迁移（渗流），并在该处向干燥介质(drying medium)蒸发；木材中的结合水，在热力作用下由被微毛细管系统吸附、毛细管凝结的液面向系统内的空气蒸发，进而在含水率梯度(mositure content gradient of wood)、温度梯度、水蒸气压力梯度等作用下，以液态和气态两种形式连续地由木材内部向蒸发界面迁移和扩散；内部水分向蒸发界面的迁移速度与界面处水分蒸发强度协调一致，使木材由表及里均衡地变干。

以木材常规干燥过程为例：首先采用高温（100℃以下）和高湿（饱和或接近饱和）的循环空气对木材进行预热处理，当木材内部被加热到规定的温度后，按干燥基准第一阶段的参数降低介质的温度和相对湿度，使木材厚度方向上形成内高外低的含水率梯度、温度梯度和水蒸气压力梯度的驱动力，迫使木材中的水分由内向外移动，以及木材表面水分的蒸发，这时干燥过程即可开始。然后按照干燥基准逐步提高介质的温度和降低相对湿度，使木材中水分由表及里均衡排出，直到干燥结束。在干燥过程中，应尽可能消除或减轻内应力、开裂和变形，在不降低木材物理力学性质的前提下，确保干燥质量。

1.1.3 木材干燥的意义

木材具有质量轻，机械强度高(品质系数高)，耐酸、碱腐蚀，热绝缘性与电绝缘性好，易于切削，纹理、色泽美丽等优良特性，但这些优良特性只属于干燥后的木材。由于湿材的含水率较高，密度大，机械强度低，物理、力学性能较差，易腐朽等，不宜作为民用和工业用材，因此一般民用和工业用材必须经过干燥处理。

木材干燥可以从很多方面提高木材的使用性能，主要表现如下。

1) 可以提高木材和木制品的力学强度、胶结强度及表面装饰质量，改善木材的加工性能。当木材含水率低于纤维饱和点时，木材的力学强度将随着含水率的降低而提高；干木材的切削阻力小于湿材；湿材对胶黏剂与涂料有稀释作用，降低了木材的胶结强度与表面涂饰效果。例如，当松木由含水率 30%降低到 18%时，其静曲强度将从 50MPa 增至 110MPa。

2) 可以提高木材和木制品的形状与尺寸稳定性，防止木材开裂。当木材含水率在纤维饱和点(30%)以下时，木材在空气中随空气湿度的变化会发生湿胀与干缩现象；当木材干缩时木质门、窗有缝隙，接榫松脱，若干缩不均匀时还会引起开裂、变形等；当木材发生湿胀时，可能发生木地板翘起和门窗不能闭合等现象。

3) 可以预防木材的变质与腐朽，延长木制品的使用寿命。湿木材长期置于大气中，往往会发生腐朽或遭受虫害等。木材的腐朽是由木腐菌造成的，多数木腐菌在木材含水率高于 20%时方能繁殖；当含水率在纤维饱和点以上时，木腐菌会严重地危害木材；当含水率在 20%以下或达到饱和状态时，木腐菌的生长会受到限制。因此，对木材进行干燥处理是防止木材腐朽的有效措施之一。另外，木腐菌的适宜生长温度为 24～32℃，在 12℃以下、46℃以上，木腐菌几乎完全中止生长。木材经过干燥或采用蒸汽处理，可杀死木腐菌。高温高湿比单纯高温的杀伤力更强。因此，将木材的含水率降至 8%～12%时，不仅可以保证木材固有的性质和强度，而且可以提高木材的抗腐蚀能力。

4) 改善木材的环境学特性。木材经过干燥处理后，内部水分含量与周围环境的湿度相平衡，进一步改善了木材的视觉特性、触觉特性、听觉特性、嗅觉特性和对环境的调节特性，使木材与人和环境更加和谐。

5) 减轻了木材的质量，有利于提高车辆的装载量，降低运输成本。我国每年有大量的木材要从林区外运，湿材在运输过程中不但易受虫害，发生腐朽，而且由于木材中含有大量的水分，运输很不经济。如果事先对木材进行适当的干燥处理，使木材的含水率降低到 20%以下，则可节约大量的运输力。

6) 可提高木材的热绝缘性与电绝缘性。当木材的含水率低于纤维饱和点时，含水率越低，导热性与导电性越小。

1.2 木材的干燥方法

木材干燥的方法种类繁多。按照木材中水分排出的方式分为热力干燥、机械干燥和化学干燥等。热力干燥是通过水分子热运动破坏水分子与木材之间的结合力，使水分子以汽化或沸腾的方式排出木材；机械干燥是通过离心力或压榨作用排出木材中的水分；化学干燥是使用吸水性强的化学品(如氯化钠等)吸取木材中的水分，实现木材干燥。其中，机械干燥和化学干燥方法不适于大规模生产，除偶尔用作辅助干燥方法外，极少采用。实际上木材干燥方法主要是指热力干燥。

热力干燥按干燥条件人为控制与否可分为大气干燥(air drying)(简称气干，也叫作自然干燥)和人工干燥(artificial drying)两大类。大气干燥是利用自然界空气中的热能、湿度和风力对木材进行干燥；人工干燥是利用专用设备，人为控制干燥过程的方法。

根据木材加热方式不同，热力干燥又可分为对流干燥、电介质干燥、辐射干燥和接触干燥。

对流干燥是流动的干燥介质将热量传给木材的干燥方法。根据干燥介质不同，对流干燥还可分为湿空气干燥、过热蒸汽干燥、炉气干燥、有机溶剂干燥等。其中以湿空气为介质的干燥方法包括大气干燥、常规干燥、除湿干燥、太阳能干燥、真空干燥等。

电介质干燥是将湿木材作为电介质，将其置于高频或微波电磁场中干燥的方法。主要包括高频干燥和微波干燥。

辐射干燥主要是指红外线干燥，木材中的水分子吸收了远红外辐射能，使水分子产生共振，从而将电磁能转化为热能来加热木材，达到干燥木材的目的。木材热能是由加热器辐射传递的。

接触干燥是通过被干燥木材与加热物体表面直接接触传导热量并蒸发水分的方法。

1.2.1 木材大气干燥

大气干燥简称为气干，是自然干燥的主要形式，分为自然大气干燥(natural drying)(简称自然气干)

和强制大气干燥(forced air drying)(简称强制气干)两种。

自然大气干燥是一种古老而又简单的干燥方式。它是把木材按照一定的方式堆放在空旷的场院(又称为板院)或棚舍内,由自然空气流过材堆(stack),使木材内水分逐步排出,以达到干燥的目的。它的特点是简单,不需要太多的干燥设备,节约能源;但这种方法占地面积大,干燥时间长,干燥过程不能人为控制,受地区、季节、气候等条件的影响;终含水率(10%~20%)较高,在干燥期间易产生虫蛀、腐朽、变色、开裂等缺陷。所以,单纯的气干在实际生产中比较少见。

强制大气干燥是自然大气干燥的发展,它是指在板院或者棚舍内用通风机提供1m/s左右的风速来缩短干燥时间的方法。强制气干的干燥质量较好,木材不致霉烂变色,可以减少端裂(end check),干燥时间较普通气干可缩短1/2~2/3,但干燥成本约增加1/3。

林业行业标准《锯材气干工艺规程》(LY/T1069—2012)中对板院的技术条件、锯材堆积过程、气干过程的管理等内容有详细说明。

1.2.2 木材人工干燥

人工干燥方法种类很多,其特点是采用适当的干燥设备,干燥过程可人为控制,干燥周期比大气干燥短,干燥过程不受地区、季节与气候的影响,干燥的最终含水率可根据实际需要人为控制,以保证木材的干燥质量。

1. 木材常规干燥　常规干燥(usual drying)是指以湿空气(moist air)为干燥介质,以蒸汽(vapor)、炉气(furnace gas)、热水(hot water)或热油(hot oil)为热媒,间接加热湿空气,湿空气以对流换热方式为主加热木材,干燥介质温度在100℃以下的干燥方法。常规干燥中又以蒸汽为热媒的干燥室居多,一般简称蒸汽干燥。以炉气为热媒的常规干燥,在我国南方非采暖地区的中小型木材厂中占有相当大的比例,由于它能处理厂内的木废料,又能降低干燥成本,故受到一些干燥量不太大的工厂的欢迎。土法建造的简易干燥室,在我国及其他一些发展中国家,环境要求不高的地区仍较盛行。以热水为热媒的常规干燥,由于热水锅炉的价格比蒸汽锅炉低得多,故在一些不需要高温干燥,且干燥量不大的工厂有上升的趋势。以热油为热媒的常规干燥,目前在国内外的应用相对较少。

2. 木材高温干燥　高温干燥(high temperature drying)与常规干燥的区别是干燥介质温度在100℃以上,一般在120~140℃。其干燥介质可以是湿空气,也可以是常压、高压过热蒸汽。高温干燥的优点是干燥速度快、尺寸稳定性好、干燥周期短,但高温干燥易产生干燥缺陷(drying defect),材色变深,表面硬化(case hardening),不易加工。高温干燥一般用于干燥针叶材,目前在新西兰、加拿大、澳大利亚、美国、日本等国家较盛行,如用于干燥辐射松、柳杉等建筑用材。高温干燥主要包括高温常规干燥、常压过热蒸汽干燥、木材高温热处理。

常压过热蒸汽干燥(superheated steam drying)方法在我国兴起于20世纪70年代,其特点是传热系数大、热效率高、节能效果显著、无爆炸和失火危险。这种方法对于薄且易干的木材具有良好的干燥效果,但干燥室的气密性和防腐蚀性等技术问题还有待进一步研究解决。所以,这种干燥方法至今并没有得到广泛的使用。

木材高温热处理是指采用160~230℃(常用180~212℃)的温度加热处理木材,改良木材的品质,降低木材的吸湿性和吸水性,提高尺寸稳定性、生物耐腐性和耐气候性,使木材成为一种性能优良、颜色美观且环境友好的产品。木材高温热处理也称为高温热处理木材,国外称为"heat-treated wood"或"thermal modified wood"。"炭化木"是我国木材行业对高温热处理木材的俗称。

3. 木材除湿干燥　除湿干燥(dehumidification drying)和常规干燥的原理基本相同,也是以湿空气作干燥介质,湿空气以对流换热为主的方式加热木材。常规干燥是以换气的方式降低干燥介质湿度,热损失较大;除湿干燥是湿空气在除湿机与干燥室间进行闭式循环。它依靠空调制冷和供热的原理,使空气冷凝脱水后被加热为热空气,再送回干燥室继续干燥木材。湿空气脱湿时放出的热量依靠制冷工质回收,又用于加热脱湿后的空气。

除湿干燥虽然具有节能、干燥质量好、不污染环境等优点,但通常温度低、干燥周期长,依靠电加热,电耗高,因而影响了它的推广应用。在日本、加拿大等国家,一般用除湿干燥作为预干。

4. 木材太阳能干燥　太阳能干燥(solar drying)是利用集热器吸收太阳的辐射能加热空气,通过空气对流传热干燥木材。太阳能干燥主要可分为温室型和集热器型;太阳能干燥速度一般比气干快,比室干慢,因气候、树种、集热器的结构和比表面积等而异。太阳能干燥的突出优点是节能环保,运转费较低,干燥降等比气干少,终含水率比气干低,干燥质量较好。缺点是受气候影响大,干燥周期长,单位材积的投资较大,高纬度地区冬季干燥效果差,故太阳能干燥适于与其他干燥方法联合使用,可获得较为理想的效果。

5. 木材高频与微波干燥　高频干燥(high freguency drying)和微波干燥(microwave drying)都是以湿木材作为电介质,在交变电磁场的作用下使木材中的极性分子做极性取向运动,分子之间产生碰撞或摩擦而生热,使木材从内到外同时加热干燥。高频干燥与微波的区别是前者的频率低、波长较长,对木材的穿透深度较深,适于干燥大断面的木材。微波干燥的频率比高频(又称为超高频)更高,但波长较短,其干燥效率比高频高,但对木材的穿透深度不及高频干燥。这两种干燥方法的优点是干燥速度快,木材内温度场比较均匀,残余应力(residual stress)小,干燥质量较好;缺点是投资大、电耗高,同时若功率选择不同,功率过大或干燥工艺控制不当,易产生内裂(internal check)和炭化(char)。

6. 木材真空干燥　真空干燥(vacuum drying)是木材在低于大气压的条件下实施干燥,其干燥介质可以是湿空气或过热蒸汽(superheated steam),但多数是过热蒸汽。真空干燥时,木材内外的水蒸气压差增大,加快了木材内水分迁移速度;同时由于真空状态下水的沸点低,可在较低的温度下达到较高的干燥速率,干燥质量好,特别适用于透气性好或易皱缩(collapse)及厚度较大的硬阔叶材。

近十几年来真空过热蒸汽干燥在丹麦、德国、法国、加拿大、日本等国家已有工业应用,效果良好。但真空干燥设备投资大、电耗高,同时真空干燥容量一般比较小。目前我国真空干燥的应用较少。

7. 木材远红外干燥　远红外干燥(far-infrared drying)是指在远红外线的照射下,木材中的水分子吸收了远红外线的辐射能,产生共振,从而将电磁能转化为热能来加热木材,以达到干燥木材的目的。红外线是一种电磁波,波长为近红外线 0.72～2.5μm,远红外线 2.5～1000μm;木材干燥中使用的远红外线波长为 5.6～25μm。远红外线木材干燥的优点是设备简单,干燥基准易于调节;缺点是电能消耗较大,干燥成本较高,红外线穿透木材的深度有限,干燥不均匀,易产生干燥缺陷,还易引起火灾等,目前极少应用。1991 年第三次全国木材干燥学术讨论会指出电热远红外干燥成材,干燥质量差,电耗大,容易引起火灾,不宜再建此类干燥窑。

8. 木材压力干燥　压力干燥(press drying)是 20 世纪 80 年代出现的一种木材干燥方法,它是将木材置于密闭的干燥容器内,一方面提高木材的温度,另一方面提高容器内的压力,使木材中的水分在较高温度条件下开始汽化与蒸发,从而达到干燥木材的目的。这种干燥方法的特点是:干燥质量非常好,干燥周期较短;但能耗较大,容器的容积较小,生产量不大;另外成材加压干燥后颜色变暗,在节子周围会出现较大裂纹;此种干燥方法的设备腐蚀问题、干燥工艺、干燥基准,有待进一步研究。

9. 木材溶剂干燥　溶剂干燥(solvent drying)是一种很少见的木材干燥方法。它是把湿木材放在嫌水性溶剂中,提高溶剂的温度,加热木材,使木材中的水分汽化和蒸发。这种溶剂的特点是不吸收木材中的水分,也不增加木材的湿度,干燥速度较快,设备简单、易于建造、工艺操作方便,但木材经过干燥后力学强度有所降低,不利于胶合和涂饰。常用的嫌水性溶剂有液体石蜡、硫黄等。

10. 木材热压(压板)干燥　热压干燥(hot press drying)是将木材置于热压平板之间,并施加一定的压力进行接触加热干燥木材。特点是传热及干燥速度快,干燥的木料平整光滑。但难干的硬阔叶树材干燥时易产生开裂、皱缩等缺陷。此法适合于速生人工林木材的干燥,可以有效地防止木材的翘曲,还可增加木材的密度和强度。

1.3　我国木材干燥技术进展与发展趋势

1.3.1　我国木材干燥技术进展

人类应用干燥技术的历史源远流长,我们祖先早在 6000 年前就开始应用干燥技术制造陶瓷和晒盐。许多古老的干燥技术至今还在应用,如应用太阳能和风能等的自然干燥技术仍在粮食、盐业、木材工业等方面普遍应用。1949 年前,我国工业落后,木材干燥行业根本无从谈起。木材干燥主要靠大气干燥、烟熏干燥和烟道干燥;蒸汽加热的自然循环干燥都很少,强制循环干燥极少。木材干燥作业分散在工匠之中,依附于作坊之内。

1948 年,上海日晖港木材供应站从美国引进了一间长轴型砖混壳体蒸汽加热木材干燥室;1949 年以后(20 世纪五六十年代)在苏联专家的指导下,东北等地区建设了一批喷气型木材干燥室,在北京、上海和哈尔滨等地建设了一批长轴型木材干燥室;但这种干燥设备对设计和安装要求较高,电力消耗大,因此逐渐被淘汰。为克服长轴型木材干燥室安装、维修不方便的缺点,同期在上海新建了几间短轴型木材干燥室,并在华东地区推广。1964 年天津机械木型厂建设了侧向通风型木材干燥室,适宜于中、小型企业使用,在华北和南方有一定程度推广。为解决侧向通风室气流循环不均匀的问题,在学习芬兰经验的基础上,1979 年南京等地建设了端风型木材干燥室,在中小企业普遍推广。1949 年后的 30 年间,我国木材干燥业与国民经济同步发展，兴建了大量的木材干燥室。东北林业大学的朱政贤教授在20世纪70年代中期对我国重点地区的木材干燥现状进行了调查，调查结果表明：在各类木材干燥室中周期式占98.2%，连续式占1.8%；在周期式干燥室中，强制循环占75%，自然循环占25%。据估计，到1979年干燥室的设计生产已达到锯材年生产量的15%。

改革开放以来，我国木材干燥行业得到了飞速的发展，已形成了一个完善的行业体系；尤其是近年来，随着人们环境保护意识的不断增强，锯材用量的逐渐增多，以及新技术、新方法的应用，木材干燥市场可谓繁荣昌盛，给我国木材干燥行业的快速发展带来了新的发展契机，使我国木材干燥行业走向了健康发展之路。目前，我国木材干燥行业具有以下几个特点。

1）木材干燥在学科、专业及行业中拥有非常重要的地位；基础理论的研究与应用处于国际先进行列。

2）木材常规干燥工艺技术水平日趋完善，达到了国际先进水平；特别是我国的常规干燥和除湿干燥设备的设计水平和技术性能已接近国际先进水平。

3）木材干燥生产的范围与规模迅速扩大，干燥设备制造企业逐渐增多，设备科技含量不断增加，性能不断提高；新建干燥室多采用全金属壳体、三防室内电动机，复合管高效加热器、吊挂式单扇大门、自动和手动双重检测与控制系统、叉车装卸，使干燥室的防腐性、工艺性、保温性、气密性、可靠性都有明显提高。

4）木材干燥方法呈现以常规干燥为主，除湿干燥、太阳能干燥、真空干燥、高频干燥等其他干燥方法并存的多样化格局；除湿、真空、微波及高频等干燥技术的应用有了较大发展。

5）集中加工、集中干燥的局面初步形成。木材干燥专营企业多采用大容量常规干燥，有利于高新技术和现代化管理系统的应用，有利于保障木材干燥质量，有利于节能和环保，有利于降低干燥成本等。目前，绥芬河、满洲里等一些木材集散地建设了近百家木材干燥专业企业，取得了良好的示范作用，预示着我国木材干燥业已走上了良性发展之路。

6）木材干燥节能环保意识逐渐增强，节能环保干燥方法与技术不断涌现。

7）木材干燥规范化管理标准基本齐备。近20年来，我国先后颁布了《锯材干燥质量》《锯材窑干工艺规程》《锯材气干工艺规程》《木材干燥工程设计规范》《木材干燥术语》《锯材干燥设备通用技术条件》《锯材干燥设备性能和检测方法》《木材干燥室(机)型号编制方法》等标准和规定，使我国木材干燥技术逐渐走向标准化。

1.3.2　我国木材干燥面临的形势

近年来，我国木材干燥虽然在基础理论、工艺技术的研究、新技术与新方法的应用等方面有了较大的发展，但与先进国家相比，以及就我国对木材节约、产品质量与节能环保的要求而言，还存在许多不容忽视的问题，主要表现在以下几个方面。

1）热能损耗与环境污染严重。木材干燥尤其是木材常规干燥还是以化石能源为主，干燥过程中热能损耗严重，同时对环境造成严重污染，能源问题已成为木材干燥行业发展的瓶颈，已经到了不得不解决的时候了，这也为我国木材干燥行业提供了良好的发展契机。

2）木材干燥能力不足。2014年我国实木加工用材约7500万m^3，实际木材干燥能力为1700万m^3，仅占实木加工用材的23%。

3）传统的木材干燥工艺滞后。近年来我国木材干燥对象主要为进口木材、硬阔叶木材和珍贵木材，树种多、批量小、规格不等，主要为实木家具与制品用材，质量要求高；传统干燥工艺偏硬，已不适于新形势下木材干燥技术的需求。

4）国家标准和规范的执行力度不够。虽然国家早就颁布了《锯材干燥质量》《锯材干燥设备性能和检测方法》等国家标准，以及与木材干燥相关的行业标准与规范，但是由于一些木材生产企业和干燥技术人员没有认真执行国家标准与相关规范，造成不应有的产品质量纠纷，影响到木材干燥行业的健康发展。

5）节能环保意识不强。降低能源消耗、加强环境保护是发展节约型社会的根本，是我国社会主义现代化建设的基本国策；能源消耗也是木材干燥成本的主要构成部分，尤其是较大规模的木材干燥企业，节能增效潜力极为可观，但目前我国木材干燥企业在节能环保方面投入不足、采取的措施不力，这也是我国木材干燥行业今后努力的方向。

6）科学研究与实际生产脱节。主要表现在科研选题脱离生产实际，科研工作注重理论研究而忽视实际应用技术的研究，科研工作者不能深入生产第一线服务于生产，高等院校、科研院所为生产企业服务的意识不强等。

1.3.3　我国木材干燥技术的发展趋势

近年来，我国木材干燥技术发展取得了骄人的成绩；但我们要清醒地认识到我国木材干燥技术在节能环保、基础理论研究、干燥质量监控、干燥过程管理、干燥设备标准化等诸多方面还存在许多问题，我国木材干燥技术今后的发展方向如下。

1) 加强木材干燥基础理论研究。木材干燥基础理论研究是干燥技术进步的基础,应侧重于:①木材干燥过程中的数字化与数学模拟等的研究;②木材干燥过程的传热传质模型与控制技术研究;③木材干燥过程中的应力与应变数学模型及干燥应力在线监测技术研究;④大范围、高精度木材含水率在线监测技术研究;⑤木材干燥质量的无损检测技术研究;⑥木材干燥过程的节能与环保关键技术研究等。

2) 推进木材常规干燥技术改造进程。木材常规干燥具有技术成熟、适应性强、可大规模生产等诸多优点,预计在今后相当长的一段时间仍将占主导地位。常规干燥技术的发展目标是干燥过程低能耗、低污染、低成本与高质量,主要研究方向:①清洁、自然能源替代化石能源技术;②干燥过程的节能与废气减排技术;③进口木材、珍贵木材及硬阔叶难干木材干燥工艺技术;④干燥过程的检测与控制技术;⑤干燥质量的无损检测与评价技术等。

3) 加快木材干燥设备制造技术创新与标准化。我国木材干燥设备和配套元器件的设计及制造技术与发达国家相比还有较大差距,应重点开展:①干燥设备尤其是节能干燥设备制造技术的研究;②木材干燥过程检测与控制设备的研究与开发;③木材干燥过程自动控制、多媒体管理及专家诊断等技术的研究与应用;④节能环保与干燥品质为一体的干燥设备开发与应用研究;⑤木材干燥设备综合评价与行业标准的研究;⑥加强对木材干燥设备生产企业的监督管理,正确引导木材干燥设备市场。

4) 广泛开展木材干燥新方法研究与推广。木材热泵除湿干燥、真空干燥、热压干燥、溶剂干燥、微波及高频干燥等干燥方法以清洁电能作为能源,各具特色,呈现出了增长趋势。今后的研究重点:①水源、空气源木材热泵除湿干燥技术的研究与推广;②真空过热蒸汽木材干燥技术的研究与推广;③大规格锯材、原木高频与微波干燥过程传热传质与工艺技术的研究;④难干硬阔叶木材热压干燥技术的研究与推广;⑤溶剂干燥对木材改性技术的研究与推广等。

5) 节能、减排是木材干燥技术发展永恒的主题。节约现有能源、利用自然能源和开发新能源已成为木材加工业急待解决的问题;木材干燥是木材加工过程中能耗最大的一个工艺过程,占总能耗的 40%~70%。因此,木材干燥过程具有巨大的节能潜力,应积极开展:①以清洁能源、自然能源为热源的木材干燥方法与工艺技术的研究;②具有节能潜力的特种木材干燥方法及联合干燥方法与技术的研究;③清洁能源、太阳能集热与储热技术的研究与推广;④木材干燥设备与工艺节能技术的研究与推广;⑤木材干燥设备保温材料与技术的研究;⑥木材干燥过程的废气排放控制与热能回收技术的研究与推广等。

6) 木材联合干燥技术符合国际木材干燥技术发展趋势。每一种干燥方法都具有各自的优点和适用范围,联合干燥就是通过整体组合或分段组合的方式将两种或两种以上干燥方法组合起来,发挥各自的优点而避其缺点,可获得最优的干燥效果,应广泛开展:①大气干燥与其他干燥方法分段组合干燥技术的研究与推广;②太阳能与其他干燥方法组合干燥技术的研究与推广;③微波及高频干燥与其他干燥方法组合干燥技术的研究与推广; ④太阳能水源热泵与空气源热泵木材联合干燥技术的研究与推广等。

7) 进一步推进木材干燥生产的规模化和专业化建设。木材干燥生产的规模化和专业化有利于采用高新技术和现代化管理技术的应用,有利于保障木材干燥质量,有利于节能和环保,有利于降低干燥成本。一些发达国家如美国、加拿大等都有专营木材干燥的公司,根据用户订货要求干燥不同规格的板材或方材。而各种小型木材加工企业不必自备木材干燥设备,既降低了成本又保证了干燥质量。

思 考 题

1. 木材干燥学研究的对象和主要内容是什么?
2. 简述木材干燥及其原理。
3. 木材干燥的目的和意义有哪些?
4. 大气干燥和人工干燥方法主要有哪些?
5. 简述我国木材干燥技术进展与发展趋势。

主要参考文献

顾炼百. 2003. 木材加工工艺学. 北京:中国林业出版社

张璧光. 2002. 我国木材干燥技术现状与国内外发展趋势. 北京林业大学学报,24(5/6):262~266

张璧光. 2004. 木材科学与技术研究进展. 北京:中国环境科学出版社

张璧光. 2005. 实用木材干燥技术. 北京:化学工业出版社

张齐生. 2003. 中国木材工业与国民经济可持续发展. 林产工业,30(3):3~6

朱光前. 2003. 中国木材市场现状存在问题和发展建议. 林产工业,30(2):3~7

朱政贤. 1992. 木材干燥. 2 版. 北京:中国林业出版社

Mujumdar AS, Passos L. 1999. Drging: technology and trends in research and development. 99 the First Asian-Australia Drying Conference. Indonesia:4~14

Takuoku H. 2001. Prensent state of the wood drying in Japan and problem to be solved. 7th International IUFRO Wood Drying Conference:14~19

第2章　木材干燥介质与热载体

所谓干燥介质，是指在干燥过程中将热量传给木材、同时将木材中排出的水气带走的媒介物质。在木材干燥技术中所采用的干燥介质主要有湿空气、过热蒸汽、炉气等。

热载体是用来传递和输送热量的中间媒体。工业上，将热载体分为有机热载体和无机热载体两大类。有机热载体又根据生产方法分为矿物型热载体和合成型热载体，导热油是有机热载体的典型代表；无机热载体有水及水蒸气、湿空气、炉气及熔融盐类等。

2.1　水

水是木材常规干燥的介质基础，干燥过程中所涉及的湿空气、水蒸气和过热蒸汽等都与水有关。

水是一种无味无色的液体，天然水多呈浅蓝绿色。水的生成热很高，热稳定性很大，在2000K的高温下离解度不足1%。在0～100℃，水是理想的热载体；在此温度范围内，水与其他热载体相比具有最优性质，如比热容高、导热系数高、黏度低，以及经济的应用条件，如价廉、无毒等。

在正常大气压条件下，水结冰时体积增大11%左右；冰融化时体积又减小。据实验，在封闭空间中，水在冻结时变水为冰，体积增加所产生的压力可达2500个大气压（1个大气压为10^5Pa）。水的冻结温度随压力的增大而降低；大约每升高130个大气压，水的冻结温度降低1℃。水的这种特性使大洋深处的水不会冻结。另外，水的沸点与压力呈直线变化关系，沸点随压力的增加而升高。

1. 水的形态、冰点、沸点　　纯净的水是无色、无味、无臭的透明液体。在1个大气压时，水在0℃(273.15K)以下为固体，0℃为水的冰点。0～100℃为液体（通常情况下水呈液态），100℃以上为气体（气态水），100℃(373.15K)为水的沸点。

2. 水的比热容　　单位质量的水温度升高（或降低）1℃时所吸收（或放出）的热量，叫作水的比热容，简称比热，水的比热为4.2×10^3J/(kg·℃)。

3. 水的汽化潜热　　水从液态转变为气态的过程叫作汽化，水表面的汽化现象叫作蒸发，蒸发在任何温度下都能进行。

在一定温度下单位质量的水完全变成同温度的气态水（水蒸气）所需的热量，叫作水的汽化潜热。

4. 冰（固态水）的熔解热　　单位质量的冰在熔点时(0℃)完全熔解为同温度的水所需的热量，叫作冰的熔解热。

5. 水的密度　　水同其他物质一样，受热时体积增大，密度减小。纯水在0℃时密度为999.87kg/m³，在沸点时水的密度为958.38kg/m³，密度减小4%，水的物理性质如表2-1所示。

在一个大气压条件下，温度为4℃时，水的密度最大(1g/cm³)，当温度低于或高于4℃时，其密度均小于1g/cm³。①0～4℃的水，密度随温度升高而增大；②4℃以上的水，密度随温度升高而减小；③冰的密度比水小，因此冰融化时体积缩小。

6. 水的压强　　水对容器底部和侧壁都有压强（单位面积上受的压力叫作压强）。水内部向各个方向都有压强；在同一深度，水向各个方向的压强相等；深度增加，水压强增大；水的密度增大，水压强也增大。

表2-1　水的物理性质

温度T/℃	密度ρ/(kg/m³)	动力黏度μ/(N·s/m²)	运动黏度υ/(m²/s)
0	999.9	1.787×10^{-3}	1.787×10^{-6}
5	1000.0	1.519×10^{-3}	1.519×10^{-6}
10	999.7	1.307×10^{-3}	1.307×10^{-6}
20	998.2	1.002×10^{-3}	1.004×10^{-6}
30	995.7	7.975×10^{-4}	8.009×10^{-7}
40	992.2	6.529×10^{-4}	6.580×10^{-7}
50	988.1	5.468×10^{-4}	5.534×10^{-7}
60	983.2	4.665×10^{-4}	4.745×10^{-7}
70	977.8	4.042×10^{-4}	4.134×10^{-7}
80	971.8	3.547×10^{-4}	3.650×10^{-7}
90	965.3	3.147×10^{-4}	3.260×10^{-7}
100	958.4	2.818×10^{-4}	2.940×10^{-7}

2.2　过热蒸汽

2.2.1　水蒸气的状态

水蒸气简称蒸汽(steam)，通常是由锅炉产生的。因为蒸汽容易获得，不污染环境，具有良好的膨胀性及载热性等优点，所以水蒸气在工业上的应用非常广泛。

水蒸气在状态上可分为饱和蒸汽(saturated steam)和不饱和过热蒸汽(unsaturated steam)。

图 2-1 表示了水蒸气在定压状态下的发生过程，当水被加热时，水（或水蒸气）的状态将不断变化，但其压力恒定不变。

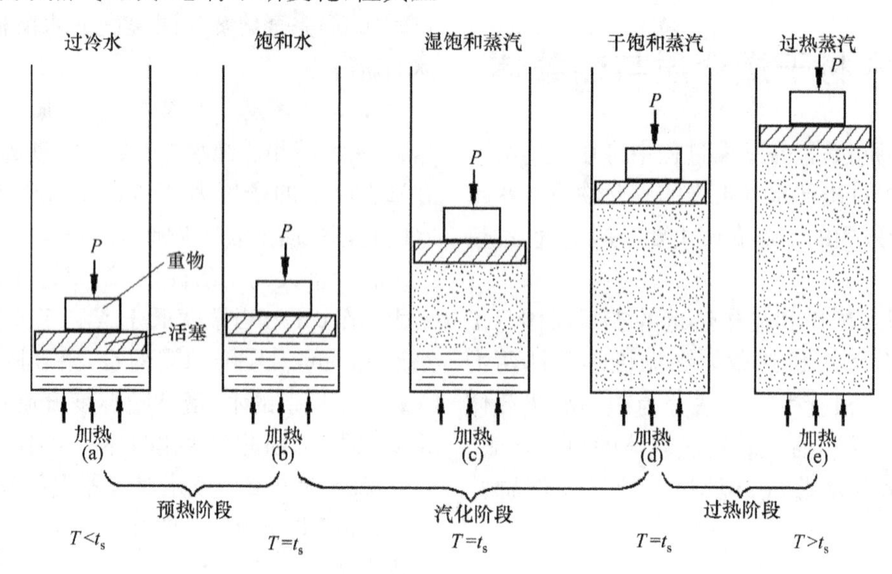

图 2-1　水蒸气在定压状态下的发生过程

当容器中压力为 P 的水被加热时，水温不断上升，容积也稍有增加，但因水的膨胀性很小，容积增加极微；此时水几乎不蒸发，这种水称为不饱和水，如图 2-1(a)所示。继续对容器中的水加热，当达到某一温度时，水就开始沸腾汽化；此时从液态水中逸出的蒸汽分子数与返回液态水的分子数相等，即处于汽液动平衡状态，这种状态称为饱和状态，如图 2-1(b)所示；饱和状态下的蒸汽称为饱和蒸汽；饱和状态下的水称为饱和水；饱和状态时的压力和温度分别称为饱和压力(P_s)和饱和温度(t_s)。一定的压力对应有相应的饱和温度，通常所说的沸点特指常压下水的饱和温度。

对饱和水继续加热，则水不断汽化，但容器中的饱和水和水蒸气温度并不升高，始终保持开始沸腾的温度，只是容器中的水量逐渐减少，蒸汽逐渐增多，体积明显增大；在饱和水汽化的过程中，容器中同时存在着饱和水和蒸汽的混合物，这种含有水、汽两相混合物的蒸汽称为湿饱和蒸汽（简称湿蒸汽），如图 2-1(c)所示。继续对湿饱和蒸汽加热，最后水全部变成了蒸汽，如图 2-1(d)所示，这时的蒸汽称为干饱和蒸汽（简称干蒸汽）。

如果对饱和蒸汽继续加热，则蒸汽温度又开始上升，比容继续增大，这时蒸汽温度已超过饱和温度，温度高于相同压力下饱和蒸汽温度的蒸汽称为过热蒸汽(superheated steam)，如图 2-1(e)所示。也就是说，过热蒸汽是在一定的操作压力下，继续加热已沸腾汽化的饱和蒸汽达到沸点以上的温度、完全呈气体状态的水。例如，在一个大气压下，水在 100℃时开始沸腾（严格地说，并不能达到 100℃，一般情况下以 100℃作为水的沸点），当继续加热供给其保证沸腾的热量（蒸发潜热）时，则水面上的空气被蒸发的水蒸气完全置换，即容器内的空间完全被水蒸气所覆盖。如果体系处于理想的隔热状态，沸腾蒸发的水完全变为气体状态的水蒸气（干蒸汽）；如果有热损失的情况存在，根据热损失的程度不同，气体状态的水部分凝结为微小的水滴，此时，体系内为气体-水混合状态（湿蒸汽）。因此，即使水蒸气的温度同样为 100℃，根据水蒸气湿度（水滴存在的比例）的不同，水蒸气所含有的热量也不同。只要供给湿蒸汽中存在的微小水滴完全汽化所需的热量，水蒸气则变为 100℃的干蒸汽，若强迫此饱和蒸汽通过加热器继续加热，则变为 100℃以上气体状态的干蒸汽，该状态下的水蒸气即为过热蒸汽。压力 P 为一个大气压、而温度高于 100℃的蒸汽称为常压过热蒸汽；压力 P 高于一个大气压、温度高于相同压力下饱和温度的蒸汽称为高压过热蒸汽或压力过热蒸汽，在这种情况下，就要求系统的密封性和耐压性等性能要好。

从上述水蒸气的定压状态变化过程可以看出：湿饱和蒸汽和干饱和蒸汽既不能向外界提供热量（如果向外界提供热量，将马上凝结成水），也不能吸收水蒸气，因此不能作为干燥介质，只有过热蒸汽是未饱和蒸汽，在其空间还可以容纳更多的水蒸气分子而不致引起凝结。因此，水蒸气中能直接作为干燥介质的只是过热蒸汽。

2.2.2　水蒸气的性质及其参数

1. 湿饱和蒸汽　　湿饱和蒸汽是在汽化过程中形成的水、汽两相混合物，亦即含有悬浮沸腾水滴的蒸汽，呈白色、雾状。湿蒸汽状态的确定，需要知道湿

蒸汽中水、汽的成分比例，通常用干度(x)表示。干度是指1kg湿蒸汽中干蒸汽的相对质量，即

$$x=\frac{\text{干饱和蒸汽质量}}{\text{饱和水质量}+\text{干饱和蒸汽质量}} \tag{2-1}$$

显然，饱和水的干度 $x=0$，干饱和蒸汽的干度 $x=1$，而湿饱和蒸汽的干度为0～1。

2. 干饱和蒸汽　干饱和蒸汽是不含有悬浮沸腾水滴的蒸汽，无色、透明。干饱和蒸汽的压力叫作饱和压力，相应的温度叫作饱和温度，饱和蒸汽的温度、密度、比容、汽化潜热及焓都随蒸汽压力的大小而异，饱和蒸汽的各项参数如表2-2所示。从表2-2中可以看出，当温度不高时，饱和压力很小，随着温度的升高，饱和压力明显迅速增加。表2-2中其他参数：密度 ρ 是指单位体积的质量，比容 v 是指单位质量的体积，汽化潜热 λ 是指单位质量饱和水蒸发成等温蒸汽所吸收的热量，焓 h 是指单位质量干蒸汽所含有的全部热量，焓与汽化潜热之差($h-\lambda$)即为等温水所含有的热量。由此可以看出，水汽化所需热量远远大于等温水所含有的热量。

在90～250℃时，还可近似地用式(2-2)经验公式表示，即

$$P_s=(t_s/100)^4/10 \tag{2-2}$$

式中，P_s 为干饱和蒸汽的压力(MPa)；t_s 为干饱和蒸汽的温度(℃)。

应该指出，蒸汽的饱和温度等于在该压力下水的沸点温度。

表2-2　干饱和蒸汽参数

压力/MPa	温度/℃	密度/(kg/m³)	比容/(m³/kg)	汽化潜热/(kJ/kg)	焓/(kJ/kg)
0.001	6.9	0.0077	129.3	2484	2514
0.002	17.5	0.0149	66.97	2460	2533
0.005	32.9	0.0355	28.19	2423	2561
0.01	45.8	0.0681	14.68	2393	2584
0.02	60.1	0.131	7.65	2358	2609
0.05	81.3	0.309	3.242	2305	2646
0.10	99.6	0.590	1.694	2258	2675
0.12	104.8	0.700	1.429	2244	2684
0.14	109.3	0.809	1.236	2232	2691
0.16	113.3	0.916	1.091	2221	2697
0.18	116.9	1.023	0.977	2211	2702
0.20	120.2	1.129	0.885	2202	2707
0.25	127.4	1.392	0.718	2182	2717
0.30	133.5	1.651	0.606	2164	2725
0.35	138.9	1.908	0.524	2148	2732
0.4	143.6	2.163	0.462	2134	2738
0.45	147.9	2.416	0.414	2121	2744
0.5	151.8	2.669	0.375	2108	2749
0.6	158.8	3.169	0.316	2086	2756
0.7	165.0	3.666	0.273	2066	2763
0.8	170.4	4.161	0.240	2047	2768
0.9	175.3	4.654	0.215	2030	2773
1.0	179.9	5.139	0.1946	2014	2777
1.2	188.0	6.124	0.1633	1985	2783
1.5	198.3	7.593	0.1317	1946	2790
2.0	212.4	10.04	0.0996	1889	2797
2.5	223.9	12.5	0.0799	1839	2801

3. 过热蒸汽　过热蒸汽是不饱和蒸汽，无色、透明；其热含量大，且不含氧气，有容纳更多水蒸气分子而不致凝结的能力。过热蒸汽温度与同压力下饱和蒸汽温度之差值($\Delta t=t_{su}-t_s$)称为过热度。过热度越大，容纳水蒸气的能力越大。

过热蒸汽的物理性质近似理想气体，其状态参数之间的关系可用理想气体状态方程式来表述。对于1kg蒸汽来说，可以写出：

$$P_{su}v_{su}=RT \tag{2-3}$$

式中，P_{su} 为蒸汽的压力(Pa或kg/m²)；v_{su} 为蒸汽的比容(m³/kg)；T 为绝对温度(K)(273+t)；R 为蒸汽的气体常数，等于461.5J/(kg·K)。

由于蒸汽的密度 ρ_{su} 是比容 v_{su} 的倒数，即

$$\rho_{su}=1/v_{su} \tag{2-4}$$

因此，可以得出

$$\rho_{su}=\frac{P_{su}}{RT}=\frac{P_{su}}{R(273+t)} \tag{2-5}$$

过热蒸汽的压力与同温度的饱和蒸汽压力之比或过热蒸汽的密度与同温度的饱和蒸汽密度之比称为过热蒸汽的饱和度，用 φ 表示，单位为%。

$$\varphi=\rho_{su}/\rho_s=P_{su}/P_s \tag{2-6}$$

式中，ρ_{su} 为过热蒸汽的密度(kg/m³)；ρ_s 为同温度的饱和蒸汽的密度(kg/m³)；P_{su} 为过热蒸汽的压力(Pa)；P_s 为同温度的饱和蒸汽的压力(Pa)。

过热蒸汽的饱和度表示过热蒸汽被水蒸气饱和的程度，在物理意义上相当于相对湿度。但由于过热蒸汽干燥时木材干燥室内充满了蒸汽，严格地说不存在空气相对湿度的概念。在实际应用中，为了反映过热蒸汽的吸湿能力多数仍借用湿空气相对湿度的概念，但它与湿空气相对湿度的含义不同，湿空气作干燥介质时，其相对湿度与空气温度和空气中的水蒸气含量有关；而以过热蒸汽作干燥介质时，其相对湿度与过热蒸汽的温度和干燥介质的压力有关。

完全作为一种气体的过热蒸汽，它的物理性质和空气等其他气体并没有太大的差别。人们所熟悉的

氧气或氮气的沸点(液化点)分别为－183℃或－195.8℃。与之相比较,虽然作为物质的水具有沸点高达100℃的显著特性,但在沸点以上温度的水的气体,即过热蒸汽的性质却和其他一般的气体有相同之处。就像空气中可以混合氧气和氮气一样,过热蒸汽也可以任意比例和100℃以上的其他气体进行混合,甚至包括由液态水汽化的气体,这也正是人们能够利用过热蒸汽进行干燥的原理所在。常压下过热蒸汽的沸点(液化点)为100℃,但这也就意味着在100℃的高温条件下,过热蒸汽可以很容易冷却凝结变为液态的水。在这一点上,和空气等沸点较低的气体有所不同,它是过热蒸汽非常显著的性质之一。

过热蒸汽的密度,约为热空气密度的2/3,这和二者分子质量之比基本相当;过热蒸汽的定压比热约为空气的2倍,但由于相同单位质量气体的摩尔数,过热蒸汽更多,因此在气体体积流速相同的情况下,伴随加热气体的温度变化(状态不发生变化)所需要的显热并无太大差别,但是产生同一温度的高温过热蒸汽和热空气所必需的热量却具有较大的差异。常压过热蒸汽的饱和度、密度、比容、焓都随其温度而异,见表2-3。常压过热蒸汽和高温湿空气的相对湿度φ(饱和度)见表2-4。

表2-3　常压过热蒸汽参数(P=0.1MPa)

过热蒸汽温度/℃	过热度/℃	饱和度/%	密度/(kg/m³)	比容/(m³/kg)	过热蒸汽焓/(kJ/kg)	过热部分焓/(kJ/kg)
99.6	0	1.000	0.590	1.695	2675	0.0
100	0.4	0.992	0.589	1.697	2676	0.8
102	2.4	0.916	0.586	1.709	2679	5.0
105	5.4	0.814	0.581	1.722	2683	11.3
110	10.4	0.677	0.573	1.746	2691	21.8
115	15.4	0.566	0.565	1.770	2698	31.8
120	20.4	0.477	0.557	1.794	2706	41.9
125	25.4	0.405	0.550	1.818	2713	51.9
130	30.4	0.346	0.543	1.842	2721	62.0
135	35.4	0.298	0.536	1.866	2727	72.0
140	40.4	0.258	0.529	1.890	2734	81.7
145	45.4	0.224	0.522	1.914	2740	91.4
150	50.4	0.196	0.515	1.938	2746	101.0

热空气的传热,主要是对流传热的速度问题;而过热蒸汽的传热,除了对流传热外,还必须同时考虑热辐射和凝结放热(图2-2)。空气主要由对称分子的氮气、氧气等构成,其与热辐射相关的辐射率(吸收系数)基本为零,而由非对称分子构成的过热蒸汽有一定的辐射率,具有辐射传热的特性,其热辐射的程度与温度有关,过热蒸汽的温度越高,辐射传热的程度越显著;另外,当过热蒸汽与100℃以下的物体接触时,很容易凝结放热,此凝结时的放热与被处理物的加热状态有密切的关系。所以,过热蒸汽的传热效果,要比同温同量的热空气高。此外,无论使用热空气还是过热蒸汽,在密闭装置内进行热处理的情况下,装置内面材料的辐射传热都不可忽略。

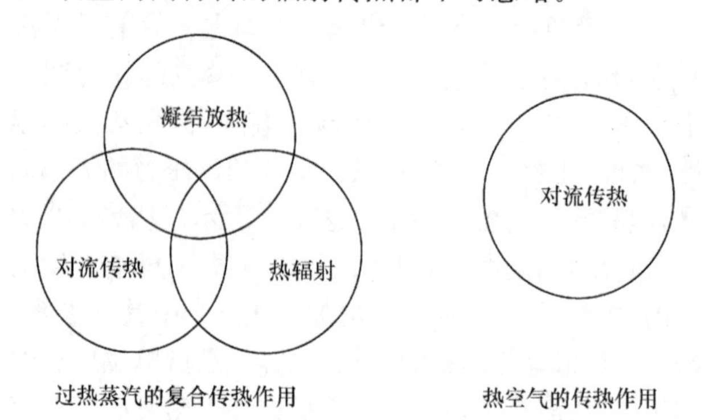

图2-2　过热蒸汽和热空气的传热方式

那么,从木材中蒸发1kg水分需要多少过热蒸汽呢?以下以常压过热蒸汽干燥为例,计算如下。

首先,木材干燥室内的过热蒸汽来源于被干燥木材中排出的水分经汽化、过热而成或者直接向干燥室内供给过热蒸汽,生产实践中一般采用前者。

蒸发水分前1kg常压过热蒸汽($t>100$℃)的焓为h_1,则

$$h_1=h'+\lambda+c(t_1-100)=419+2257+2(t_1-100) \quad (2\text{-}7)$$

蒸发水分后过热蒸汽的温度由流入材堆时的t_1降到流出材堆时的t_2,其焓h_2为

$$h_2=h'+\lambda+c(t_2-100)=419+2257+2(t_2-100) \quad (2\text{-}8)$$

式中,h'为沸腾时液体的焓(kJ/kg);λ为汽化潜热(由表2-2可以查出)(kJ/kg);c为蒸汽的定压比热。

蒸发水分后过热蒸汽热含量的减少量Δh(kJ/kg)为

$$\Delta h=h_1-h_2=2(t_1-t_2) \quad (2\text{-}9)$$

因此,从木料中蒸发出1kg的水分所需的过热蒸汽量(L)为

$$L(\text{kg/kg})=\frac{h_1-419}{\Delta h}=\frac{2676+2(t_1-100)-419}{2(t_1-t_2)}=\frac{1029+t_1}{t_1-t_2} \quad (2\text{-}10)$$

由式(2-10)可知,从木料中蒸发1kg水分所需的过热蒸汽量是很大的。如此大量的过热蒸汽如不是由从木料中排出的水分经汽化、过热而成,则将很不经济。

表 2-4　常压过热蒸汽与高温湿空气的相对湿度(饱和度)[表内数字为 φ(%)的数值]

湿球温度/℃	干球温度/℃																																											
	97	98	99	100	101	102	103	104	105	106	107	108	109	110	111	112	113	114	115	116	117	118	119	120	121	122	123	124	125	126	127	128	129	130	131	132	133	134	135	136	137	138	139	140
100					97	93	90	87	84	81	79	76	73	71	69	66	64	62	60	58	56	55	53	51	50	48	47	45	44	42	41	40	39	38	37	35	34	33	32	32	31	30	29	28
99				97	94	90	87	84	81	78	76	73	71	68	66	64	62	60	58	56	54	53	51	49	48	46	45	44	42	41	40	38	37	36	35	34	33	32	31	30	30	29	28	27
98			96	93	90	87	84	81	78	75	73	70	68	66	64	62	60	58	56	54	52	51	49	48	46	45	43	42	41	39	38	37	36	35	34	33	32	31	30	29	28	27	27	26
97		96	93	90	87	84	81	78	75	73	70	68	66	64	61	59	57	56	54	52	50	49	47	46	44	43	42	40	39	38	37	36	35	34	33	32	31	30	29	28	27	26	26	25
96	96	93	90	87	84	81	78	75	73	70	68	66	63	61	59	57	55	54	52	50	49	47	46	44	43	42	40	39	38	37	36	35	34	33	32	31	30	29	28	27	26	25	25	24
95	93	90	86	83	81	78	75	73	70	68	65	63	61	59	57	55	53	52	50	48	47	45	44	43	41	40	39	38	36	35	34	33	32	31	30	30	29	28	27	26	26	24	24	23
94	90	86	83	80	78	75	72	70	67	65	63	61	59	57	55	53	51	50	48	47	45	44	42	41	40	39	38	36	35	34	33	32	31	30	29	28	28	27	26	25	25	23	23	23
93	86	83	80	78	75	72	70	67	65	63	61	59	57	55	53	51	50	48	46	45	44	42	41	40	38	37	36	35	34	33	32	31	30	29	28	27	27	26	25	24	24	22	22	22
92	83	80	77	75	72	70	67	65	63	61	59	57	55	53	51	49	48	46	45	43	42	41	39	38	37	36	35	34	33	32	31	30	29	28	27	26	26	25	24	24	23	21	22	21
91	80	77	74	72	70	67	65	62	60	58	56	54	53	51	49	48	46	45	43	42	40	39	38	37	36	34	33	32	31	30	30	29	28	27	26	25	25	24	23	23	22	21	21	20
90	77	74	72	69	67	64	62	60	58	56	54	52	51	49	47	46	44	43	42	40	39	38	36	35	34	33	32	31	30	29	28	28	27	26	25	24	24	23	22	22	21	20	20	19
89	74	72	69	67	65	62	60	58	56	54	52	50	49	47	46	44	43	41	40	39	37	36	35	34	33	32	31	30	29	28	27	27	26	25	24	24	23	22	22	21	20	19	19	19
88	71	69	66	64	62	60	58	56	54	52	50	49	47	45	44	42	41	40	38	37	36	35	34	33	32	31	30	29	28	27	26	26	25	24	23	23	22	21	20	20	19	18	18	18
87	69	66	64	62	60	57	56	54	52	50	48	47	45	44	42	41	40	38	37	36	35	34	33	32	31	30	29	28	27	26	25	25	24	23	22	22	21	21	20	19	19	18	18	17
86	66	64	61	59	58	55	53	52	50	48	46	45	43	42	41	39	38	37	36	34	33	32	31	30	29	28	28	27	26	25	24	24	23	22	22	21	20	20	19	19	18	17	17	17
85	64	61	59	57	56	53	51	50	48	46	45	43	42	40	39	38	37	35	34	33	32	31	30	29	28	27	27	26	25	24	23	23	22	21	21	20	20	19	19	18	17	16	16	16
84	61	59	57	55	53	51	49	48	46	44	43	42	40	39	38	37	35	34	33	32	31	30	29	28	27	26	26	25	24	23	23	22	21	21	20	19	19	18	18	17	17	16	16	
83	59	57	55	53	51	49	47	46	44	43	41	40	39	37	36	35	34	33	32	31	30	29	28	27	26	25	25	24	23	22	22	21	20	20	19	19	18	18	17	17	16			
82	56	54	53	51	49	47	46	44	43	41	40	38	37	36	35	34	32	31	30	29	28	28	27	26	25	24	24	23	22	21	21	20	20	19	18	18	17	17	16	16				

例 2-1 过热蒸汽流入流出材堆时的温度分别为 $t_1=115℃$，$t_2=110℃$，请求出从材堆中蒸发 1kg 水分所需要的过热蒸汽的量。

解 由式(2-10)可以求出所需过热蒸汽的量：

$$L(\text{kg/kg})=\frac{1029+115}{115-110}=229$$

1kg 过热蒸汽的蒸发水分量(D)则为 L 的倒数，即

$$D(\text{g/kg})=\frac{1}{L}=\frac{1000(t_1-t_2)}{1029+0.001t_1} \quad (2\text{-}11)$$

当温度降低 1℃(即 $t_1-t_2=1$)时，则有

$$D(\text{g/kg})=\frac{1000}{1029+t_1} \quad (2\text{-}12)$$

由此可以看出，D 值近似等于 1，即流过材堆的每千克过热蒸汽的温度每降低 1℃，则会从木料中蒸发出 1g 的水。精确计算时，在 100～150℃，D 值为 0.85～0.89g/kg。

2.3 湿 空 气

完全不含水蒸气的空气称为干空气，含有水蒸气的空气叫作湿空气。也就是说，湿空气是干空气和水蒸气的混合物。湿空气中的水蒸气在一定条件下会发生集态变化，可以凝聚成液态或固态。自然界中的大气、木材干燥室内的空气等都是湿空气。

2.3.1 湿空气的性质

干空气主要是由 N_2、H_2、O_2、CO_2、CO 和微量的稀有气体组成的，各组成气体之间不发生化学反应，通常情况下，这些气体都远离液态，可以看作理想气体。一般情况下，自然界的湿空气中水蒸气的含量很少，水蒸气的分压力很低(0.003～0.004MPa)，而其相应的饱和温度低于当时的空气温度，所以湿空气中的水蒸气一般都处于过热状态，也很接近理想空气的性质。因此，在研究处于大气压力或低于大气压力下工程中的湿空气时，可做如下假设：①将湿空气这种气相混合物作为理想气体处理；②干空气不影响水蒸气与其凝结相的相平衡，相平衡温度为水蒸气分压力所对应的饱和温度；③当水蒸气凝结成液相水或固相冰时，其中不含有溶解的空气。

这样，关于湿空气的讨论和计算可以遵循理想气体的规律，其状态参数之间的关系用理想气体状态方程式(克拉珀龙-克蒂修斯方程)表述，即

$$P\upsilon=RT \quad (2\text{-}13)$$

式中，P 为气体的压力(Pa)；υ 为气体的比容(m^3/kg)；R 为气体常数，表示 1kg 气体在压力不变的条件下，当其温度升高 1℃时，因膨胀所做的功，以 J/(kg · K)计，其大小与气体的性质有关。干空气的气体常数 R_a 等于 287.1J/(kg · K)；水蒸气的气体常数 R_v 等于 461.5J/(kg · K)。T 为湿空气的热力学温度 $(273+t)$K。

以上假设简化了湿空气的分析和计算，计算精度也能满足工程上的要求。

为了叙述方便，在下面的讨论中分别以下标“a”“v”“s”表示干空气、水蒸气和饱和蒸汽的参数，无下标时则为湿空气参数。

由于 $\rho=1/\upsilon$，干空气的密度 ρ_a 为

$$\rho_a=\frac{P_a}{R_aT}=\frac{P_a}{287(273+t)} \quad (2\text{-}14)$$

式中，P_a 为干空气压力或分压(Pa)。

当大气压力为 0.1MPa，温度为 20℃时，干空气的密度 $\rho_a=1.19\text{kg/m}^3$。

根据道尔顿定律，湿空气的总压力等于干空气的分压力 P_a 与水蒸气的分压力 P_v 之和，即

$$P=P_a+P_v \quad (2\text{-}15)$$

在木材常规干燥中，用作干燥介质的湿空气虽然温度和湿度与大气不同，但其压力与大气是相同的，因此以后所研究的湿空气均指常压湿空气，其压力即为大气压力。

由于湿空气中的水蒸气含量不同(表现为分压力的高低)及温度不同，或者处于过热状态，或者处于饱和状态，因而湿空气有未饱和与饱和之分。干空气与过热蒸汽组成的是未饱和湿空气，即湿空气中的水蒸气分压力 P_v 低于其温度 t(即湿空气温度)所对应的饱和压力 P_s 时处于过热蒸汽状态，未饱和湿空气具有吸收水分的能力。这时的水蒸气密度 ρ_v 小于饱和蒸汽的密度 ρ_s，即

$$\rho_v<\rho_s \text{ 或 } \upsilon_v>\upsilon_s$$

如果湿空气温度 t 保持不变，而湿空气中的水蒸气含量增加，则水蒸气的分压力 P_v 增大，当水蒸气分压力 P_v 达到其温度所对应的饱和压力 P_s 时，水蒸气就达到了饱和蒸汽状态，这种由干空气和饱和蒸汽组成的湿空气称为饱和湿空气；饱和湿空气中水蒸气与环境中液相水达到了相平衡，即吸收水蒸气的能力已经达到极限，若再向它加入水蒸气，将凝结为水滴从中析出，这时水蒸气的分压力和密度是该温度下可能有的最大值，即 $P_v=P_s$，$\rho_v=\rho_s$，P_s 和 ρ_s 可根据温度 t 在干饱和蒸汽参数表(表 2-2)上查得。

2.3.2 湿空气的状态参数

湿空气的性质不仅与其组分有关，还取决于它所处的状态。描述湿空气的状态时，除压力、温度、比容

等参数外，还需要有表示湿空气独有特性的状态参数，如绝对湿度、相对湿度、焓、湿含量等。

1. 绝对湿度与湿容量　湿度是指空气的潮湿程度，与空气中所含水蒸气的量有关。

单位体积湿空气中所含水蒸气的质量称为空气的绝对湿度。由于湿空气中的干空气和水蒸气占有相同的体积，因此绝对湿度在数值上等于水蒸气在其分压力 P_v 和温度 t 下的密度 ρ_v，简言之，也就是指湿空气中水蒸气的密度，即

$$\rho_v=\frac{m_v}{V}=\frac{1}{v_v}=\frac{P_v}{R_v T} \tag{2-16}$$

式中，m_v 为湿空气中水蒸气的质量；V 为湿空气的容积；R_v 为水蒸气的气体常数；P_v 为湿空气中水蒸气的分压力。

绝对湿度只能说明湿空气中所含水蒸气的多少，不能表明湿空气所具有的吸收水分的能力大小。

在一定温度下，$1m^3$ 湿空气最大限度含有干饱和蒸汽量的质量，或者说饱和湿空气的绝对湿度又称为湿容量，用 ρ_s 表示。湿容量表示湿空气容纳水蒸气的能力，即在一定温度下单位体积湿空气（空间）中所含干饱和蒸汽的质量。湿容量与温度有关，随着温度的升高明显增加，反之则迅速降低。湿空气温度与湿容量对应关系如表 2-5 所示。

表 2-5　湿空气温度与湿容量的对应关系

t/℃	−30	−20	−10	0	10	20	30	40	50	60	70	80	90	100
ρ_s/(kg/m³)	0.29	0.81	2.1	4.8	9.4	17.3	30.4	51.1	83.0	130	198	293	423	598

2. 相对湿度　相对湿度是指湿空气的绝对湿度与相同温度下可能达到的最大绝对湿度（即同温下饱和湿空气的绝对湿度）之比，用 φ 表示，单位为%。

$$\varphi=\frac{\rho_v}{\rho_s}\times 100\%=\frac{P_v}{P_s}\times 100\% \tag{2-17}$$

式中，P_s 为湿空气中水蒸气在湿空气温度下可能达到的最大分压力，即湿空气温度下的水蒸气的饱和压力。

显然，相对湿度反映了湿空气中所含水蒸气量接近饱和的程度，其值为 0～1，φ 值越小，湿空气越干燥，吸收水分的能力越强；反之就越潮湿，吸收水分的能力越弱；当相对湿度 $\varphi=0$ 时即为干空气；$\varphi=100\%$时，空气已达到饱和湿空气状态，不再具有吸收水分的能力。所以，无论温度如何，φ 值的大小直接反映了湿空气的吸湿能力。同时，也反映出湿空气中水蒸气含量接近饱和的程度，故也称为饱和度。

工程上湿空气的相对湿度通常用干湿球温度计（wet and dry bulb thermometer）测量。干湿球温度计是两支相同的普通玻璃管温度计，如图 2-3 所示。其中一支温度计的温包用浸在水槽中的湿纱布包着，并使温包外面的纱布保持湿润状态，称为湿球温度计，用它测得的温度叫作湿球温度 t_w；另一支即普通温度计，相对前者称为干球温度计，测得的温度叫作干球温度 t_d。当干湿球温度计置于不饱和空气中，由于温度计湿球温包外纱布上的水分蒸发需要吸收汽化热，从而纱布上的水温度下降，因此湿球温度总是低于干球温度，这种差值叫作干湿球温度差 Δt。空气越干，水分蒸发越快，散失热量越多，Δt 越大；反之空气越湿，则 Δt 越小。当空气被水蒸气所饱和时，水分停止蒸发，Δt 为 0。此外，湿度的测定（或干湿球温度差 Δt）在一定程度上还受空气流动速度的影响。表 2-6 前后分别列出了气流速度为 1.5～2.5m/s 和气流速度小于 0.5m/s 两种情况下的空气相对湿度数值，只要根据干球温度和干湿球温度差即可查得相对湿度的数值。木材干燥中，强制循环干燥一般可视其气流速度为 1.5～2.5m/s，大气干燥和自然循环干燥可视其气流速度小于 0.5m/s。

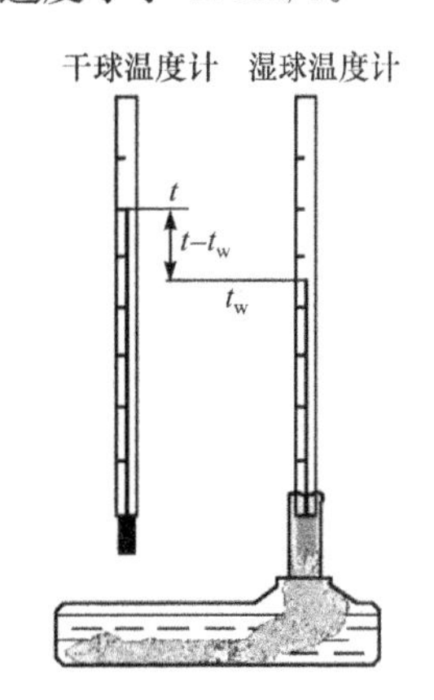

图 2-3　干湿球温度计

在现代工业及气象、环境工程中，温湿度的测量也有采用温湿度仪（温湿度传感器＋变送器）进行测量的。

例 2-2　已知干燥室内循环空气的干球温度为 80℃，湿球温度为 72℃，查表求相对湿度。

解　$\Delta t=t-t_w=80-72=8$℃，则根据 $t=80$℃、$\Delta t=8$℃查表 2-6 得 $\varphi=70\%$。

例 2-3　已知某干燥阶段循环空气的干球温度为 56℃，相对湿度为 53%，此时空气湿球温度为多少？

解　根据 $t=56$℃、$\varphi=53\%$，查表 2-6 得 $\Delta t=11$℃，因此湿球温度 $t_w=t-\Delta t=56-11=45$℃。

表 2-6 空气相对湿度表 φ(%)

干球温度 t/℃	干湿球温度差 Δt/℃(气流速度为 1.5～2.5m/s)																													
	0	1	2	3	4	5	6	7	8	9	10	11	12	13	14	15	16	17	18	19	20	22	24	26	28	30	32	34	36	38
30	100	93	87	79	73	66	66	55	50	44	39	34	30	25	20	16														
32	100	93	87	80	73	67	62	57	52	46	41	36	32	28	23	19	16													
34	100	94	87	81	74	68	63	58	54	48	43	38	34	30	26	22	19	15												
36	100	94	88	81	75	69	64	59	55	50	45	40	36	32	28	25	21	18	14											
38	100	94	88	82	76	70	65	60	56	51	46	42	38	34	30	27	24	20	17	14										
40	100	94	88	82	76	71	66	61	57	53	48	44	40	36	32	29	26	23	20	16										
42	100	94	89	83	77	72	67	62	58	54	49	46	42	38	34	31	28	25	22	19	16									
44	100	94	89	83	78	73	68	63	59	55	50	47	43	40	36	33	30	27	24	21	18									
46	100	94	89	84	79	74	69	64	60	56	51	48	44	41	38	34	31	28	25	22	20	16								
48	100	95	90	84	79	74	70	65	61	57	52	49	46	42	39	36	33	30	27	24	22	17								
50	100	95	90	84	79	75	70	66	62	58	54	50	47	44	41	37	34	31	29	26	24	19	14							
52	100	95	90	84	80	75	71	67	63	59	55	51	48	45	42	38	36	33	30	27	25	20	16							
54	100	95	90	84	80	76	72	68	64	60	56	52	49	46	43	39	37	34	32	29	27	22	18	14						
56	100	95	90	85	81	76	72	68	64	60	57	53	50	47	44	41	38	35	33	30	28	23	19	15						
58	100	95	90	85	81	77	73	69	65	61	58	54	51	48	45	42	39	36	34	31	29	25	20	17						
60	100	95	90	86	81	77	73	69	65	61	58	55	52	49	46	43	40	37	35	32	30	26	22	18	14					
62	100	95	91	86	82	78	74	70	66	62	59	56	53	50	47	44	41	38	36	33	31	27	23	19	16					
64	100	95	91	86	82	78	74	70	67	63	60	57	54	51	48	45	42	39	37	34	32	28	24	20	17					
66	100	95	91	86	82	78	75	71	67	63	60	57	54	51	49	46	43	40	38	35	33	29	25	22	18	15				
68	100	95	91	87	82	78	75	71	68	64	61	58	55	52	49	46	44	41	39	36	34	30	26	23	19	16				
70	100	96	91	87	83	79	76	72	68	64	61	58	55	52	50	47	44	41	39	37	35	31	27	24	20	17				
72	100	96	91	87	83	79	76	72	69	65	62	59	56	53	50	47	45	42	40	38	36	32	28	25	21	18				
74	100	96	92	87	84	80	76	72	69	65	63	60	56	53	51	48	46	43	41	39	37	33	29	26	22	19	14			
76	100	96	92	87	84	80	77	73	70	66	64	61	57	54	52	49	47	44	42	40	38	34	30	27	23	20	15			
78	100	96	92	88	84	80	77	73	70	66	64	61	58	55	53	50	48	45	42	40	38	34	31	27	24	21	16			
80	100	96	92	88	84	80	77	73	70	66	64	61	58	55	53	50	48	45	43	41	39	35	31	28	25	22	17			
82	100	96	92	88	84	80	77	74	71	67	65	62	59	56	54	51	49	46	44	42	40	36	32	29	26	23	18			
84	100	96	92	88	84	80	77	74	71	68	65	62	59	56	54	51	49	46	44	42	40	36	32	29	26	23	19	14		
86	100	96	92	88	84	80	78	75	72	69	66	63	60	57	55	52	50	47	45	43	41	37	33	30	27	24	20	15		
88	100	96	92	89	85	81	78	75	72	69	66	63	60	57	55	52	50	48	46	44	42	38	34	31	28	25	21	16		
90	100	97	93	89	85	81	79	75	72	69	66	63	61	58	56	53	51	49	47	45	43	39	35	32	29	26	22	18		
92	100	97	93	90	86	82	79	76	73	70	67	64	62	59	57	54	52	50	47	45	43	39	36	33	30	26	22	19	16	
94	100	97	93	90	86	82	79	76	73	70	67	65	62	60	57	54	52	50	48	46	44	40	37	33	30	27	23	20	17	
96	100	97	93	90	87	83	80	76	73	70	68	65	62	60	58	55	53	51	48	46	44	41	37	34	31	28	24	21	18	
98	100	97	93	90	87	83	80	77	74	71	68	65	63	60	58	55	53	51	49	47	45	41	38	34	31	28	25	22	19	16
100	100	97	93	90	87	83	80	77	74	71	68	66	63	61	59	56	54	52	49	47	45	42	38	35	32	29	26	23	20	17
102			94	91	88	84	81	78	75	72	69	67	64	62	59	56	54	52	50	48	46	42	38	35	32	29	26	23	21	18
104					88	84	81	78	75	72	69	67	64	62	60	57	55	53	50	48	46	42	39	35	32	30	27	24	22	19
106							81	78	75	72	69	67	64	62	60	57	55	53	50	48	46	43	39	36	33	30	27	24	22	20
108									75	72	69	67	64	62	60	57	55	54	51	49	46	43	40	36	33	31	28	25	23	21
110											69	67	65	63	61	58	56	54	51	49	46	43	41	37	34	31	29	26	24	21
112													65	63	61	58	56	54	52	50	47	44	42	38	35	33	30	27	24	22
114															61	58	56	54	52	50	48	45	42	38	35	33	30	27	25	22
116																	57	55	53	51	49	46	43	39	36	34	31	28	25	23
118																			53	51	50	46	43	40	37	34	32	29	26	23
120																					50	47	44	41	38	35	32	29	26	24
125																								41	38	35	33	30	27	25
130																										35	33	31	28	26

干球温度 t/℃	干湿球温度差 Δt/℃(气流速度小于 0.5m/s)																													
	0	1	2	3	4	5	6	7	8	9	10	11	12	13	14	15	16	17	18	19	20	22	24	26	28	30	32	34	36	38
20		88	78	67	57	47																								
22		89	79	69	60	50																								
24		90	80	71	62	53	45																							
26		91	81	73	64	56	48	40																						
28		91	82	74	66	58	51	43																						
30		92	83	75	68	60	53	46	39																					
32		92	84	76	69	62	55	49	42																					
34		92	85	77	71	64	57	51	45	39																				
36		93	85	78	72	65	59	53	47	41																				
38		93	86	79	73	67	61	55	49	44	39																			
40		93	87	80	74	68	62	57	51	46	41																			
42		93	87	81	75	69	63	58	53	49	43																			
44		93	87	81	75	70	64	59	54	50	45	40																		
46		94	88	82	46	71	66	61	56	51	47	42																		

续表

干球温度 t/℃	干湿球温度差 Δt/℃(气流速度小于 0.5m/s)																													
	0	1	2	3	4	5	6	7	8	9	10	11	12	13	14	15	16	17	18	19	20	22	24	26	28	30	32	34	36	38
48		94	88	82	77	72	67	62	57	53	49	44	40																	
50		94	88	83	78	73	68	63	59	54	50	46	42																	
52		94	89	83	78	73	69	64	60	55	51	48	44																	
54		94	89	84	79	74	69	65	61	56	52	49	45	41																
56		95	90	84	79	74	70	66	62	57	53	50	46	43																
58		95	90	85	80	75	71	67	63	58	56	51	47	44	41															
60		95	90	86	80	75	71	67	63	59	56	52	48	45	42															
62		95	90	85	81	76	72	68	64	60	57	53	49	46	43	40														
64		95	90	86	81	76	73	69	65	61	58	54	51	47	44	41														
66		95	91	86	82	77	73	69	65	62	58	56	52	48	45	42	40													
68		96	91	86	82	77	73	70	66	62	59	57	53	49	46	43	41													
70		96	91	87	82	78	74	71	66	63	60	57	54	50	47	44	42	39												
72		96	91	87	83	78	74	71	67	64	60	58	55	51	48	45	43	40												
74		96	91	87	83	79	75	72	67	65	61	58	55	52	49	46	44	41	39											
76		96	91	87	83	79	75	72	68	65	62	59	56	53	50	47	45	42	40											
78		96	91	87	84	80	76	73	68	66	63	60	56	54	50	48	46	43	41	39										
80		96	91	88	84	80	76	73	69	66	63	60	57	55	51	49	47	44	42	39										
82		96	92	88	84	80	77	74	69	67	64	61	58	55	52	50	47	45	42	40	38									
84		96	92	88	84	81	77	74	70	68	64	61	58	56	53	51	48	46	43	41	39									
86		96	92	88	85	81	78	74	70	68	65	62	59	56	53	51	49	46	44	42	40									
88		96	92	88	85	81	78	75	71	68	66	62	59	57	54	52	49	47	45	43	40									
90		96	92	88	85	82	78	75	71	69	66	63	60	57	55	53	50	48	45	43	41									

3. 湿含量　以湿空气为工作介质的干燥、吸湿等过程中，干空气作为载热体或载湿体，其质量或质量流量是恒定的，发生变化的只是湿空气中水蒸气的质量。因此，湿空气的一些状态参数，如含湿量、焓、气体常数、比体积、比热容等，都是以单位质量干空气为基准的。

湿含量是指含有 1kg 干空气的湿空气中水蒸气的质量(又称为含湿量、比湿度)，用 d(g 水蒸气/kg 干空气)表示，即

$$d=1000\times\frac{m_{v}}{m_{a}}=1000\times\frac{M_{v}n_{v}}{M_{a}n_{a}} \tag{2-18}$$

式中，m_v 和 m_a 分别为湿空气中水蒸气和干空气的质量；M_v 和 M_a 分别为水蒸气和干空气的摩尔质量，$M_v=18.016$g/mol，$M_a=28.97$g/mol；n_v 和 n_a 分别为湿空气和干空气中的物质的量(mol)。

由分压力定律可知，理想气体混合物中各组分的摩尔数之比等于分压力之比，且 $P_a=P-P_v$，所以，

$$d=622\times\frac{P_{v}}{P_{a}}=622\times\frac{P_{v}}{P-P_{v}} \tag{2-19}$$

可见，总压力一定时，湿空气的含湿量 d 只取决于水蒸气的分压力 P_v，并且随着 P_v 的升降而增减，即

$$d=f\,(P_{v})\quad (P=\text{常数}) \tag{2-20}$$

将式(2-17)代入式(2-19)，则

$$d=622\times\frac{\varphi P_{s}}{P-\varphi P_{s}} \tag{2-21}$$

因为 $P_s=f(t)$，所以压力一定时含湿量取决于 φ 和 t，即

$$d=F(\varphi,t)$$

4. 热含量　湿空气的热含量(也称为焓)代表它所携带的能量，它和温度、压力、比容等参数一样，也是一个状态参数。用 H 和 h 分别表示湿空气的焓和比焓。湿空气的焓等于干空气的焓和水蒸气的焓之和。比焓是指含有 1kg 干空气的湿空气的焓值，它等于 1kg 干空气的焓和 dg 水蒸气的焓值总和。因为湿空气的焓以每千克干空气为计算单位，故实际上是计算$(1+0.001d)$kg 湿空气的焓值 H。它等于 1kg 干空气的焓与 $0.001d$kg 水蒸气的焓之和。即

$$H=h_{a}+0.001dh_{v} \tag{2-22}$$

式中，h_a 和 h_v 分别为湿空气中干空气和水蒸气的比焓(kJ/kg)。

湿空气的焓值以 0℃时的干空气和 0℃时的饱和水为基准点，单位为 kJ/kg 干空气，则任意温度 t 的干空气比焓

$$h_{a}=c_{p,a}\cdot t=1.005t \tag{2-23}$$

式中，$c_{p,a}$ 为干空气的定压比热容，在温度变化的范围不大(通常不超过 100℃)时，$c_{p,a}=1.005$kJ/(kg·K)，t 为湿空气从 0℃开始的温升。

任意温度水蒸气的比焓可近似用式(2-24)计算：

$$h_{v}=h_{s}+c_{p,v}\cdot t \tag{2-24}$$

式中，h_s 为 0℃时饱和水蒸气的比焓，$h_s=2501$kJ/kg；$c_{p,v}$ 为水蒸气处于理想气体状态下的定压比热容，常温

低压下水蒸气的平均定压比热容 $c_{p,v}=1.86\text{kJ/(kg}\cdot\text{K)}$。

将式(2-22)～式(2-24)合并求得含有 1kg 干空气的湿空气焓(kJ/kg 干空气)的计算式，即

$$H=1.005t+0.001d\cdot(2501+1.86t) \tag{2-25}$$

式中，d 的单位为 kg 水蒸气/kg 干空气。

5．密度 ρ 与比容 υ　湿空气的密度 ρ 是指单位体积的湿空气所具有的质量，也可用 1m^3 湿空气中所含干空气的质量和水蒸气的质量的总和来表示，其单位是 kg/m^3。

$$\rho=\rho_a+\rho_v \tag{2-26}$$

式中，ρ 为湿空气的密度(kg/m^3)；ρ_a 为干空气的密度(kg/m^3)；ρ_v 为水蒸气的密度(kg/m^3)。

根据式(2-14)、式(2-15)、式(2-17)，湿空气的密度又可以写成式(2-27)：

$$\rho=\frac{P}{287T}-\left(\frac{1}{287}-\frac{1}{461}\right)\frac{\varphi P_s}{T}=\frac{P}{287T}-0.001315\frac{\varphi P_s}{T} \tag{2-27}$$

从式(2-27)中可以看出，在大气压力 P 和绝对温度 T 不变时，湿空气的密度将永远小于干空气的密度，即湿空气比干空气轻。而且，湿空气的密度还将随着相对湿度的增大而减小。

湿空气的比容 υ(m^3/kg 干空气)是指在一定湿度和压力下，1kg 干空气及其含有的水蒸气(kg)所占有的体积，即 1kg 干空气与压力为 P_v 的 $d$kg 水蒸气占据着同样的容积。因此

$$\upsilon=(1+d)\cdot\frac{RT}{P} \tag{2-28}$$

式中，R 为湿空气的气体常数。

注意：湿空气的比容并非普通意义上的比容，它是以 1kg 干空气为基准的，即$(1+d)$kg 湿空气所占有的体积，而不是 1kg 湿空气的体积。

2.3.3　焓湿图

在工程上为了计算方便，常采用湿空气的状态参数坐标图确定湿空气的状态及其参数，并对湿空气的热力过程进行分析计算。最常用的状态参数坐标图是湿空气焓湿图，或称 h-d 图，如图 2-4 所示。它是以湿空气的比焓 h 为纵坐标，含湿量 d 为横坐标绘制的。为使图形清晰，两坐标夹角为 135°。但不管纵横坐标之间的交角取值如何，通过坐标原点的水平线以下部分都没有用，因此将斜角横坐标上的刻度投影到水平轴上，故湿含量 d 仍标注在水平轴上，因此水平轴只是一个辅助轴。

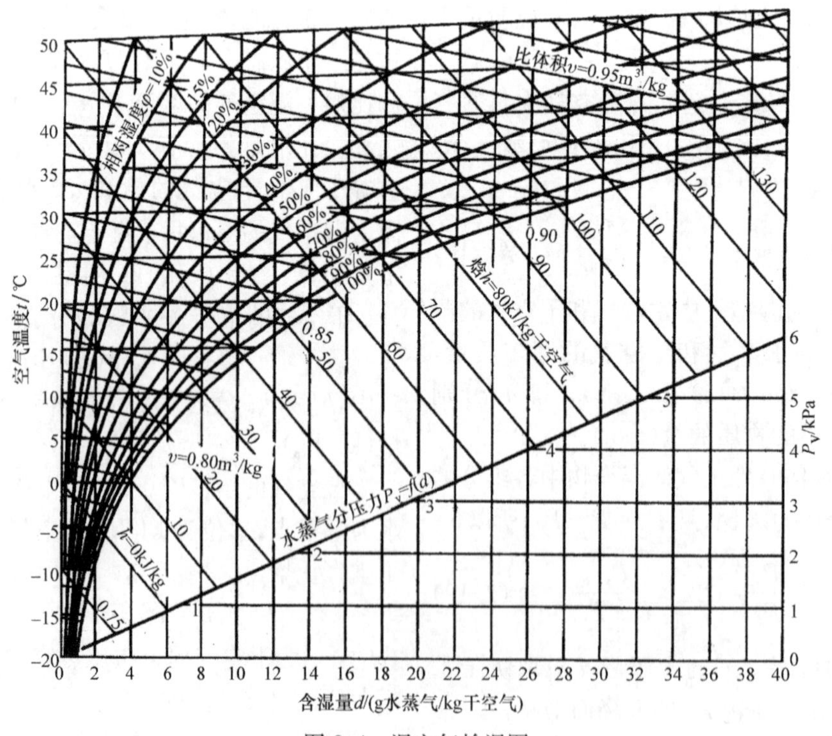

图 2-4　湿空气焓湿图

焓湿图是针对某确定大气(湿空气)压力 P，根据式(2-21)、式(2-24)绘制而成的。压力不同，图也不同，使用时应选用与当地大气压力相符(或基本相符)的 h-d 图，亦可参考湿空气通用焓湿图，如图 2-5 和图 2-6 所示。

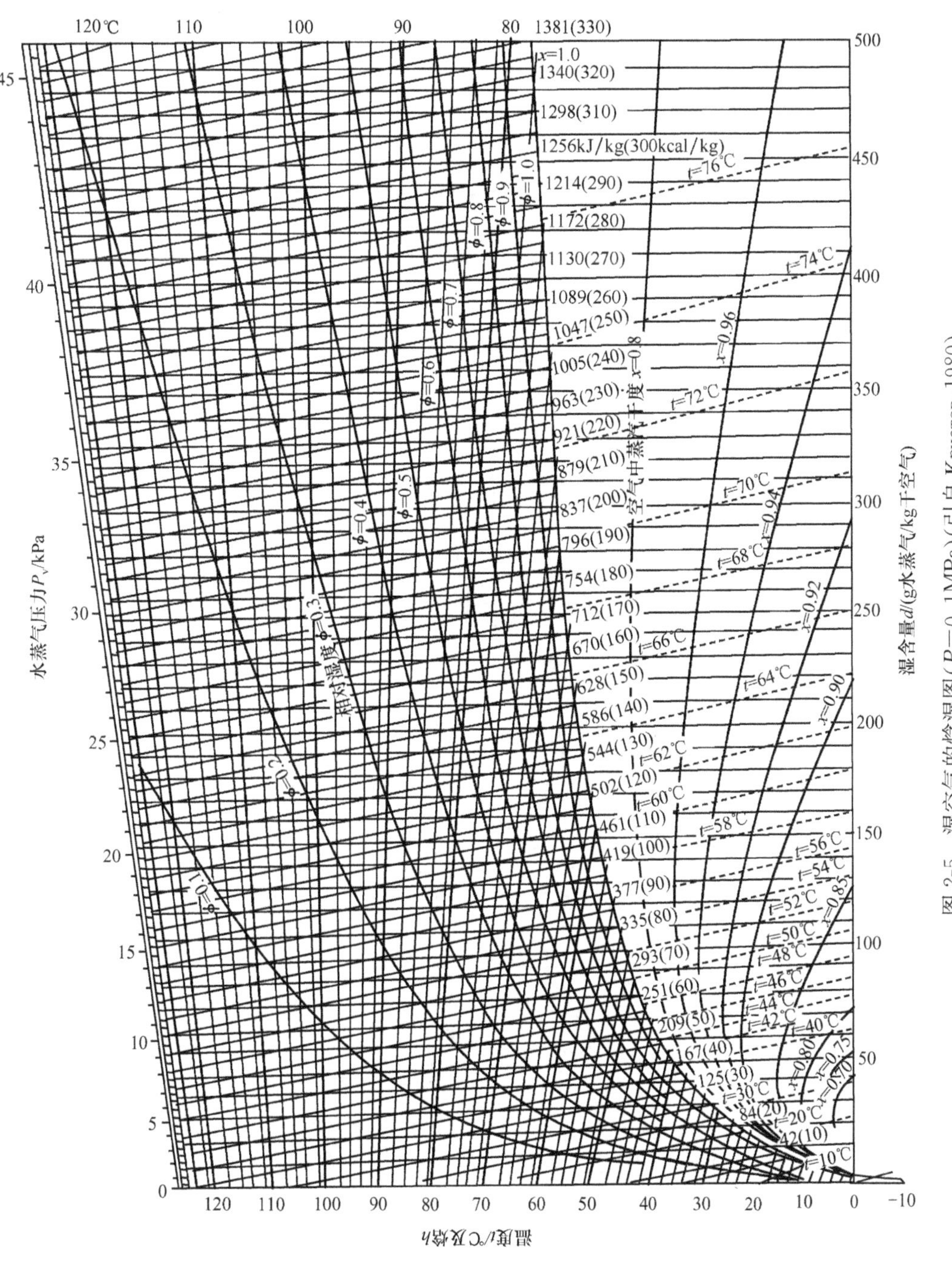

图 2-5　湿空气的焓湿图(P=0.1MPa)(引自 Kрчетов,1980)

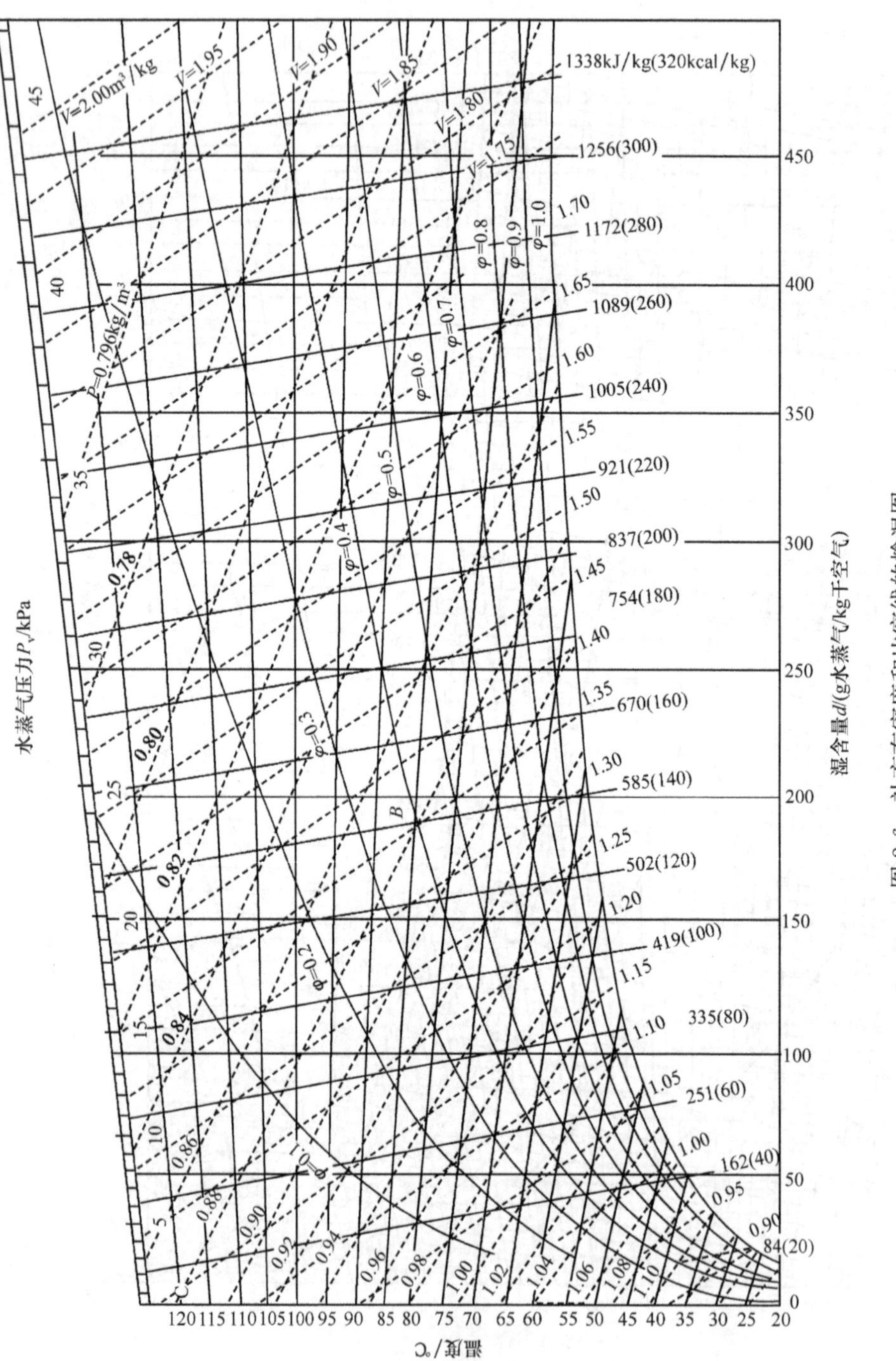

图 2-6　补充有密度和比容线的焓湿图

1cal≈4.186J

一般情况下，h-d 图主要由下列线簇组成。

1) 等湿线(等 d 线)：等 d 线是一组平行于纵坐标的直线。

2) 等焓线(等 h 线)：绝热增湿过程近似为等 h 过程，湿空气的湿球温度 t_w(近似等于绝热饱和温度 t_w)是沿着等 h 线冷却到 $\varphi=100\%$时的温度。因此，焓值相同，状态不同的湿空气具有相同的湿球温度。

3) 等温线(等 t 线)：等温线是一组直线。湿空气干球温度 t 为定值时，h 和 d 间成直线变化关系。t 不同时斜率不同，等 t 线是一组互不平行的直线，t 越高，则等 t 线斜率越大。

4) 等相对湿度线(等 φ 线)：等 φ 线是一组上凸形的曲线，总压力 P 一定时，$\varphi=f(d,t)$。$\varphi=100\%$ 的等 φ 线称为临界线，代表湿空气饱和状态的相对湿度。它将 h-d 图分成两部分，上部是未饱和湿空气($\varphi<1$)；$\varphi=100\%$曲线上的各点是饱和湿空气；下部没有实际意义，因为达到 $\varphi=100\%$时已经饱和，再冷却则水蒸气凝结成水析出，湿空气本身仍保持 $\varphi=100\%$。

5) 等水蒸气分压线：由式(2-19)绘制出 P_v-d 的关系曲线；等水蒸气分压力线和等湿含量线一一对应，为清晰起见，其值标注在图的最上方。

此外，还有密度和比容线系等。为使图面清晰，密度和比容线系绘在另一张 h-d 图上，如图 2-6 所示。以重点显示密度和比容两个参数。

在 h-d 图上，每一个点都代表湿空气的一个状态，只要知道湿空气的任意两个独立参数，即可在 h-d 图上确定湿空气的状态，找出其余的参数。

例 2-4　已知湿空气的温度 $t=61℃$，湿含量 $d=89\text{g/kg}$ 干空气，在 h-d 图上查出其余参数。

解　在图 2-5 中找出 $t=61℃$线和 $d=89\text{g/kg}$ 干空气线的交点，然后由此点沿着等焓线向着图的右下方求出 h 的值为 293kJ/kg 干空气，沿着等 φ 线求出的值为 60%，沿着 P 线垂直向上求出 P_v 的值为 12 800Pa。同理，在图 2-6 上可求出相应的密度值 $\rho=0.99\text{kg/m}^3$，比容值 $v=2.1\text{m}^3/\text{kg}$ 干空气。

由于通过湿空气的 h-d 图查得湿空气的状态参数比较直观，所以经常应用在对所求数据要求精度不高的工程计算中。如果要求精度相对较高时，通过 h-d 图查得的参数则满足不了要求，这时往往通过湿空气热力性质表来查得相对精确一些的参数值。湿空气压力为 10^5Pa 时的湿空气热力学性质表，见附录 1，表中 t 为湿空气的温度，t_d 和 t_w 分别表示湿空气的干球温度($t_d<0℃$)和湿球温度($t_w>0℃$)，d 为湿含量，H 为湿空气的焓，φ 为湿空气的相对湿度。

2.3.4　湿空气的基本热力过程

像其他状态参数坐标图一样，h-d 图不仅可以表示湿空气的状态，确定状态参数，在图上还可以清晰地表示出湿空气的状态变化过程，并可方便地对这些过程进行分析和计算。因此 h-d 图是研究湿空气的一个十分重要的工具。

1. *加热和冷却过程*　在木材干燥过程中，利用湿空气作干燥介质干燥木材时，首先需要将湿空气加热，这个湿空气的加热(或冷却)过程是在湿含量 d 保持不变的情况下进行的，在 h-d 图上过程沿等 d 线方向上下移动(图 2-7)。加热过程中湿空气温度升高，焓增加，相对湿度减小，为图 2-7 中的 1→2。冷却过程相反，为图 2-7 中的 1→2′，此时湿空气的温度降低，焓减少，湿含量也保持不变，但相对湿度却增加了。过程中吸热量(或放热量)等于焓的增量，即

$$q=\Delta h=h_2-h_1 \tag{2-29}$$

式中，h_1 和 h_2 分别为初、终状态湿空气的焓值。

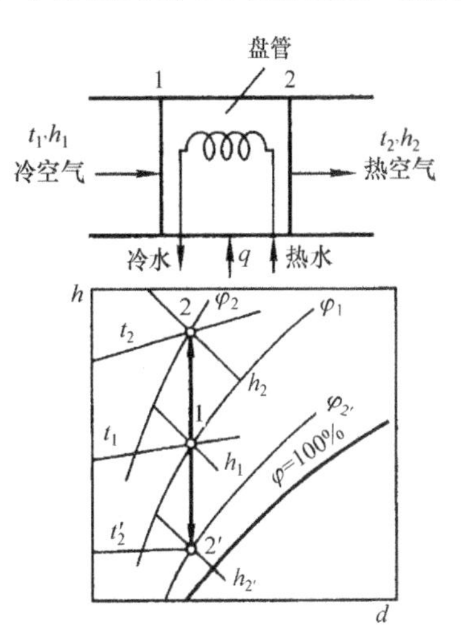

图 2-7　加热(或冷却)过程

2. *绝热加湿(蒸发)过程*　在木材干燥过程中，木材的干燥过程也就是干燥介质-湿空气的加湿过程(图 2-8)。这种加湿过程往往是在压力基本不变，同时又和外界基本绝热的情况下进行的。湿空气将热量传给水，使水蒸发变成水蒸气，水蒸气又加入空气中，过程进行时与外界没有热量交换，因此湿空气的焓不变，湿含量增大，温度下降，相对湿度增加，如图 2-8 中 1→2 所示(绝热喷水过程)；在喷入蒸汽时，湿空气的焓、湿含量和相对湿度均增大，如图 2-8 中 1→2′所示(绝热喷蒸汽过程)。

图 2-9 是一种绝热加湿过程的绝热饱和冷却器示意图。主体是绝热良好的容器，内置一多层结构，以保证水和空气有足够的接触面积和时间。来自底部的循环水和补充水经水泵送到容器的上部并喷淋

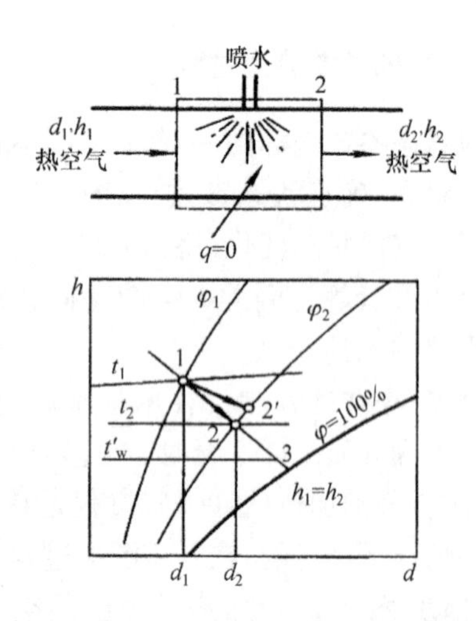

图 2-8 湿空气的绝热加湿过程

而下，未饱和空气(t_1、d_1、h_1、$\varphi<1$)则自下而上流过，它们在中部填料层中接触，因为空气尚未饱和，水分不断汽化进入湿空气。又因容器是绝热的，水分汽化所需潜热只能来自空气中的热量，使空气温度逐渐降低，湿含量逐渐增大，水分汽化潜热又被蒸汽带回了空气中，所以湿空气的焓值几乎不变，因此可以认为该过程是等焓增湿降温过程。当接触时间足够长时，最终湿空气达到饱和后流出，空气温度也不再下降，维持循环水和补充水的温度与空气的温度相等。这时测得出口饱和空气的温度称为初始状态湿空气的绝热饱和温度，也称为冷却极限温度(cooling limit temperature)，以 t'_w表示。该过程的空气状态变化在 h-d 图上的表示与绝热加湿(蒸发)过程相同。湿空气由未饱和状态到饱和状态的过程如图 2-8 的 2→3 所示(绝热饱和过程)，点 3 所对应的状态参数(t'_w，d_3，h_2)为湿空气处于饱和时的状态参数。

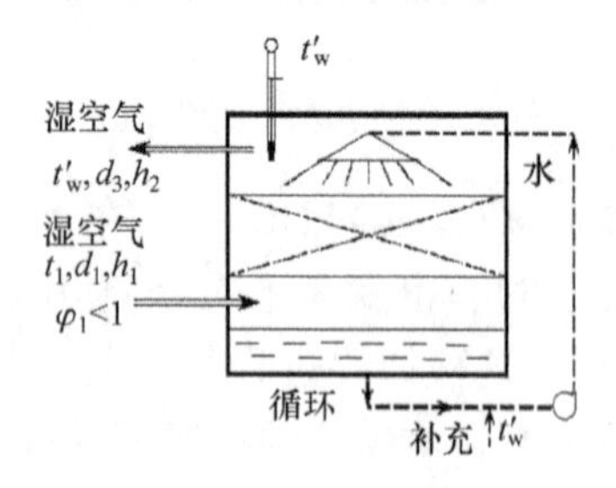

图 2-9 绝热饱和冷却器

在绝热饱和过程稳定进行时，每流过 1kg 干空气的能量平衡式为

$$h_2=h_1+h'_w=h_1+\frac{d_3-d_1}{1000}\cdot c_{p,a}t'_w \quad (2\text{-}30)$$

相对于一定的湿空气进口状态，绝热饱和温度有完全确定的值，所以说，它是湿空气的重要状态参数之一。由于$\frac{d_3-d_1}{1000}$通常都比较小，特别当温度较低时，h'_w比起 h_1 来常可以忽略，因而 $h'_w\approx h_1$，即湿空气的绝热饱和过程近似等焓。

一般情况下，绝热饱和温度的测定比较困难，经验表明，便于测量的湿球温度与绝热饱和温度非常接近，通常都用湿球温度来代替绝热饱和温度，以致人们在说湿球温度时实际上是指绝热饱和温度。

3. 绝热去湿过程　对于未饱和湿空气，在保持湿空气中水蒸气分压力 P_v 不变的条件下，若降低湿空气的温度 t，可使水蒸气从过热状态达到饱和状态，这个状态点所对应的湿空气状态称为湿空气的露点 d。露点所处的温度称为露点温度，用 T_d 或 t_d 表示，它是湿空气中水蒸气分压力对应的饱和温度。在湿空气温度一定条件下，露点温度越高说明湿空气中水蒸气压力越高、水蒸气含量越多，湿空气越潮湿；反之，湿空气越干燥。因此，湿空气露点温度的高低可以说明湿空气的潮湿程度。

当湿空气被冷却到露点温度，空气为饱和状态，若继续冷却，将有水蒸气凝结析出，达到冷却除湿的目的(图 2-10)。过程沿 A→2 方向进行，温度降到露点 A 后，沿 $\varphi=100\%$的等 φ 线向 d、t 减小的方向并一直保持饱和湿空气状态。析出的凝结水带走的热量为

$$q=(h_1-h_2)-(d_1-d_2)\cdot h_1 \quad (2\text{-}31)$$

式中，h_1 为凝结水的比焓；$(d_1-d_2)h_1$ 为凝结水带走的热量。

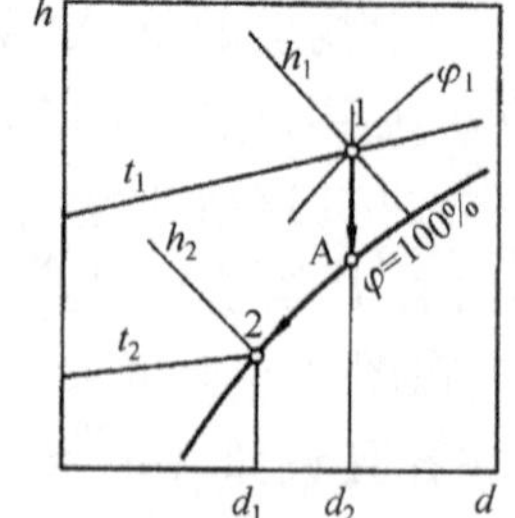

图 2-10 冷却去湿过程

湿空气达到露点后再冷却，有水滴析出，形成所谓的“露珠”“露水”。这种现象在夏末秋初的早晨，经常在植物叶面等物体表面看到，也会出现在保温性能不好的木材干燥室内壁上。同样，利用除湿设备干燥木材的过程也是利用冷却去湿过程的原理，通过将湿空气中的水蒸气凝结析出，降低湿空气的相对湿度，加速木材表面水分的蒸发，达到干燥木材的目的。

4. 绝热混合过程　几种不同状态的湿空气流绝热混合，一般忽略混合过程中微小的压力变化，混合后的湿空气状态取决于混合前各种湿空气的状态及流量比。

设混合前两种气流中干空气的流量分别为 q_{m1}、q_{m2}，含湿量分别为 d_1、d_2，焓分别为 h_1、h_2；混合后气流中干空气的流量为 q_{m3}，含湿量为 d_3，焓为 h_3。根据质量守恒和能量守恒原理可得

$$q_{m1}+q_{m2}=q_{m3}\text{（干空气质量守恒）} \tag{2-32}$$

$$q_{m1}d_1+q_{m2}d_2=q_{m3}d_3\text{（湿空气中水蒸气质量守恒）} \tag{2-33}$$

$$q_{m1}h_1+q_{m2}h_2=q_{m3}h_3\text{（湿空气能量守恒）} \tag{2-34}$$

在焓湿图中可以利用图解的方法来确定混合后的湿空气的状态。将式(2-32)～式(2-34)联立求得

$$\frac{q_{m1}}{q_{m2}}=\frac{d_3-d_2}{d_1-d_3}=\frac{h_3-h_2}{h_1-h_3} \tag{2-35}$$

式(2-35)是连接焓湿图上点 1 和 2 的直线方程，绝热混合后的状态 3 就落在这条直线上，直线距离$\overline{32}$和$\overline{31}$之比就等于流量 q_{m1} 和 q_{m2} 之比，即$(\overline{32}/\overline{31})=q_{m1}/q_{m2}$，参照图 2-11。设两种空气状态的混合比例系数为 n，则

$$n=\frac{q_{m1}}{q_{m2}}=\frac{d_3-d_2}{d_1-d_3}=\frac{h_3-h_2}{h_1-h_3} \tag{2-36}$$

亦可根据已知的 n，求 h_3 和 d_3：

$$h_3=\frac{h_2+nh_1}{1+n};d_3=\frac{d_2+nd_1}{1+n} \tag{2-37}$$

根据上述结论，求两种状态空气混合的状态时，其实无须计算，只要在 h-d 图上把参与混合的两种空气的状态点连成直线，再根据其质量成反比的关系，分割该直线，就可找到混合后的状态点。

当有三种或多于三种状态的湿空气进行混合时，可采取两两依次混合计算或图解的方法即可求出最终的混合状态点。

5. 混合点的虚假状态与真实状态　当用上述方法求出的混合点 c′位于 $\varphi=100\%$等湿度线的下方时(图 2-12)，那么这一点是不真实的。需要通过 c′点引一条直线沿等 h 线向上与 $\varphi=100\%$线相交得 c 点，这个 c 点才是混合气体的真实状态点。

6. 空气与蒸汽的混合

1) 干饱和蒸汽与空气的混合。设湿空气的状态点为 A(图 2-13)，参数为 d_A、t_A，干饱和蒸汽的温度为 t_v，如喷入蒸汽质量相当于 $1000m$g/kg 干空气，则混合后气体的湿含量 $d_B=d_A+1000m$g/kg 干空气。其中，m 为混合气体的比例系数，即 1kg 新鲜空气与 $m$kg 蒸汽相混合。

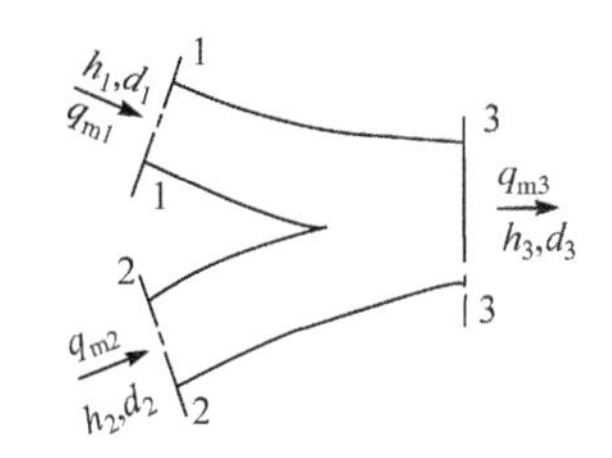

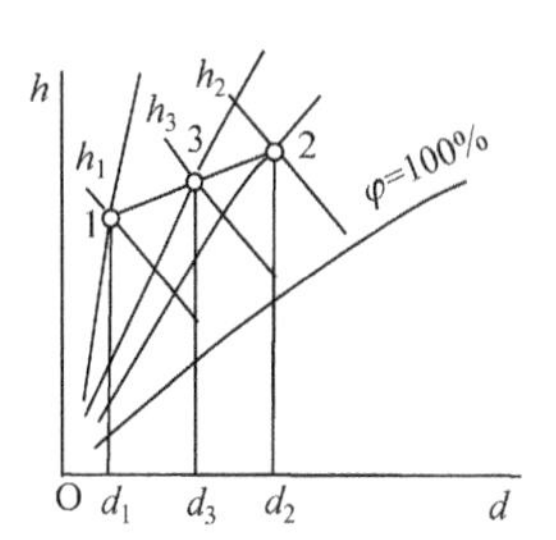

图 2-11　两种状态湿空气绝热混合过程

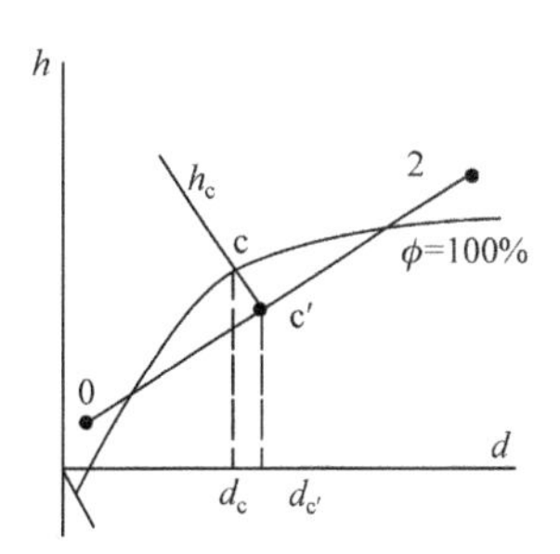

图 2-12　混合点真实状态

由 A 点作与 t_v 相平行的直线 AM 并与等湿含量线 d_B 交于 B 点，则点 B 即为所求的混合气体状态点。

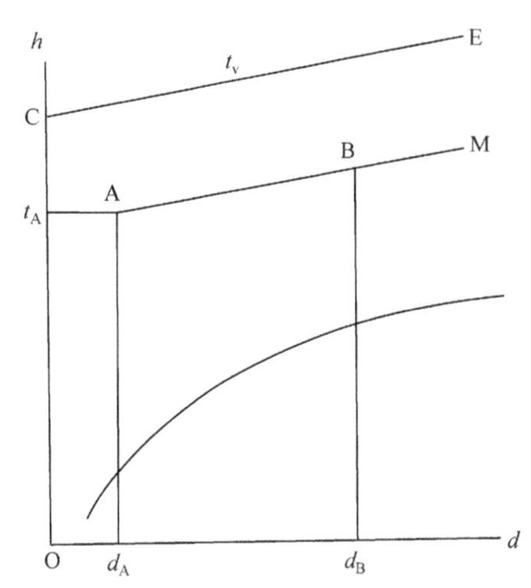

图 2-13　干饱和蒸汽与空气的混合

2) 湿饱和蒸汽与空气的混合。设湿饱和蒸汽的干度为 $x(x=0.9)$，混合的湿饱和蒸汽量相当于 $1000m$g/kg 干空气，则其中干饱和蒸汽量为 $1000mx$g/kg 干空气，水滴含量为 $1000m(1-x)$g/kg 干空气。如图 2-14 所示，此时的混合过程可看作两步进行：第一步为干饱和蒸汽和空气相混合，按前述方法得混合状

态点C，第二步为水滴向空气中蒸发，蒸发后，空气的湿含水量由 d_C 增大到 d_B。因水滴温度较高，本身焓值不应忽略，则蒸发后空气的焓值增量为

$$\Delta h(\text{kJ/kg 干空气})=4.19\frac{t_v(d_B-d_C)}{1000} \quad (2\text{-}38)$$

从过C点的等焓线与湿含量线 d_B 的交点K沿线 d_B 向上截取KD段，使KD的长度等于 Δh，则D点即为所求的最终的混合气体状态点，其过程线为AD。

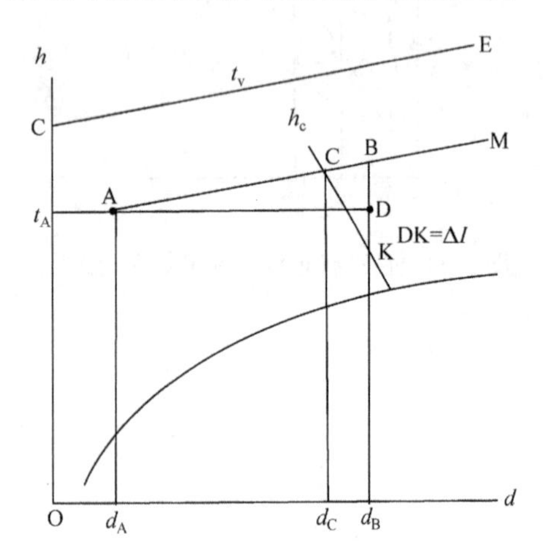

图2-14　湿饱和蒸汽与空气的混合

7. 木材干燥过程　　不考虑热量损失的干燥过程称为理论干燥过程。在干燥室内，被加热的空气只通过材堆一次即排出室外，称为一次循环。被加热的空气在室内做往复循环，通过材堆多次，称为多次循环。

多次循环理论干燥过程在 h-d 图上的绘制，如图2-15所示，流入干燥室的新鲜空气0与从材堆流出的废气2混合成循环空气3，经加热器加热成热空气1，然后流过材堆，蒸发木材的水分，变成废气2，其中一小部分排出室外，大部分废气再与新鲜空气相混合，如此反复。在 h-d 图上，线段0-2为混合过程，线段3-1为加热过程，线段1-2为木材水分蒸发过程。三角形1-2-3称为干燥三角形。

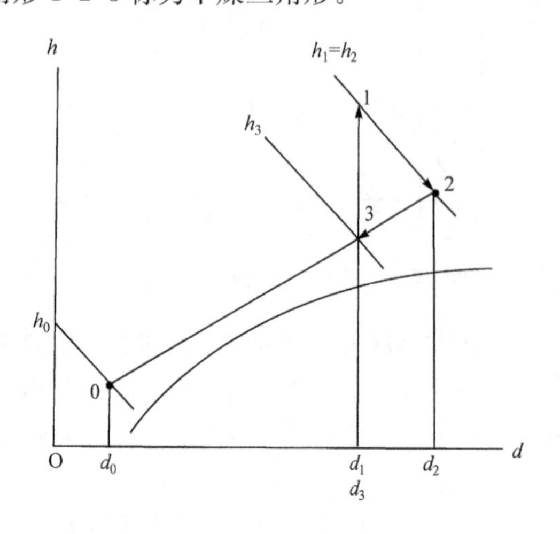

图2-15　多次循环理论干燥过程

蒸发1kg水分所需新鲜空气量 g_0 为

$$g_0(\text{kg/kg})=\frac{1000}{d_2-d_0} \quad (2\text{-}39)$$

蒸发1kg水分所需循环空气量 g 为

$$g(\text{kg/kg})=\frac{1000}{d_2-d_1} \quad (2\text{-}40)$$

蒸发1kg水分所需热量 q_0 为

$$q_0(\text{kJ/kg})=(h_2-h_0)g_0=\frac{1000(h_2-h_0)}{d_2-d_0} \quad (2\text{-}41)$$

h-d 图在设计理论计算上具有重要意义，但在生产实践中一般少用，木材干燥过程中加入新鲜空气或喷入水的量一般通过实测介质的温度和湿度来确定。

2.3.5　工程应用举例

例2-5　已知湿空气温度 $t=80$℃，湿球 $t_w=75$℃，求空气的相对湿度 φ、含湿量 d 及焓 h 值。

解　查表2-6得 $\varphi=80\%$，利用图2-5（h-d 图）可查得 $d\approx405$g/kg 干空气，$h\approx1088$kJ/kg 干空气。或利用附录1，可查得 $d=379.3400$g/kg 干空气，$h=1086.1000$kJ/kg 干空气。

例2-6　已知湿空气温度 $t=40$℃，相对湿度 $\varphi=25\%$，求湿空气的露点温度。

解　查附录1，$t=40$℃、$\varphi=20\%$ 时，$d=9.3100$g/kg 干空气；而 $t=40$℃、$\varphi=30\%$ 时，$d=14.0700$g/kg 干空气。求得 $t=40$℃、$\varphi=25\%$时，$d=(9.3100+14.0700)/2=11.6900$g/kg 干空气。

由于露点温度是含湿量 d 和 p_v 不变的情况下，冷却至饱和时的温度，查附录1，16℃时，$\varphi=1$，$d=11.5080$g/kg 干空气；17℃时，$\varphi=1$，$d=12.2790$g/kg 干空气，求得 $t=40$℃，相对湿度 $\varphi=25\%$时湿空气的露点温度约为16.1℃。

例2-7　已知湿空气温度 $t=30$℃，相对湿度 $\varphi=60\%$，$P=0.1013$MPa，求湿空气的 d、t_d、h、P_v、P_a。

解　利用图2-5（h-d 图），根据 $t=30$℃的等温线和 $\varphi=60\%$的等湿度线的交点确定状态A，直接读出 $d=0.016$kg 水蒸气/kg干空气，$h=71$kJ/kg干空气。由通过A的等湿含量线与 $\varphi=100\%$的等湿度线的交点B，读出 $t_d=21.5$℃；再向下由与空气分压力线的交点C读得 $P_v=2.5$kPa，如图2-16所示。

$$P_a=P-P_v=101.3\text{kPa}-2.5\text{kPa}=98.8\text{kPa}$$

例2-8　已知湿空气温度 $t=15$℃，$t_w=12$℃，$P=0.1$MPa，求 d、φ、P_v、P_a。

解　利用图2-5（h-d 图），根据 t_w 的等温线与 $\varphi=100\%$的等湿度线的交点A，得 $h=34.0$kJ/kg 干空气。该等焓线与 $t=15$℃的等温线相交于B，B点

即为要求确定的湿空气状态点，得 $d=0.007$kg 水蒸气/kg 干空气，$\varphi=71\%$，如图 2-17 所示。

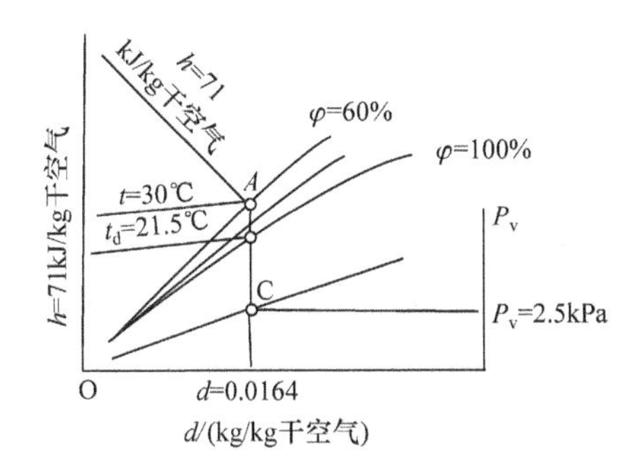

图 2-16　例题 2-7 附图

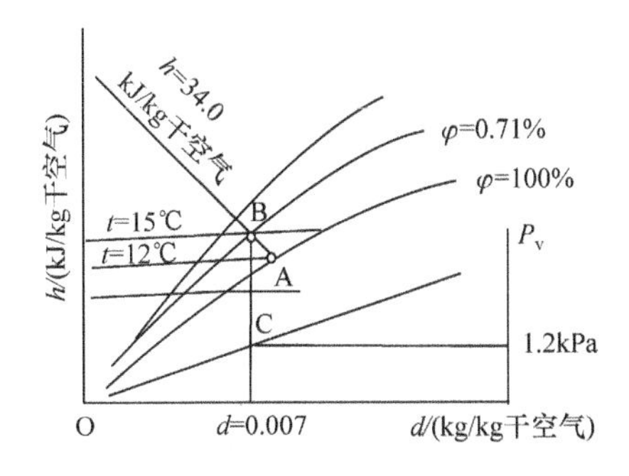

图 2-17　例题 2-8 附图

例 2-9　已知湿空气温度 $t=100℃$，$t_d=20℃$，总压力 $P=0.1$MPa，试在 h-d 图上确定湿空气的状态点 A。

解　如图 2-18 所示，由 $t_d=20℃$的等温线与$\varphi=100\%$的等湿度线的交点 B，得 $d=0.015$kg 湿空气/kg 干空气，沿等含湿量线向上与 $t=100℃$ 的等温线相交于 A，点 A 即为$t=100℃$，$t_d=20℃$的湿空气状态点。

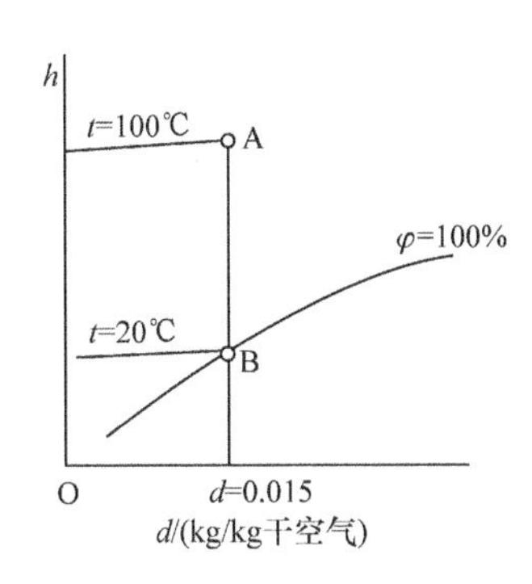

图 2-18　例题 2-9 附图

例 2-10　干燥用的湿空气进入加热器前，$t=25℃$，$t_{w1}=20℃$，在加热器中被加热到 $t_2=90℃$后进入烘箱，出烘箱时 $t_3-40℃$，如图 2-19 所示。设当地大气压 $P=0.1013$MPa，求①d_1、h_1、t_d、P_{v1}；②1kg 的干空气在烘箱中吸收的水分；③烘箱中每吸收1kg 水分所用的湿空气及在加热器中吸收的热量。

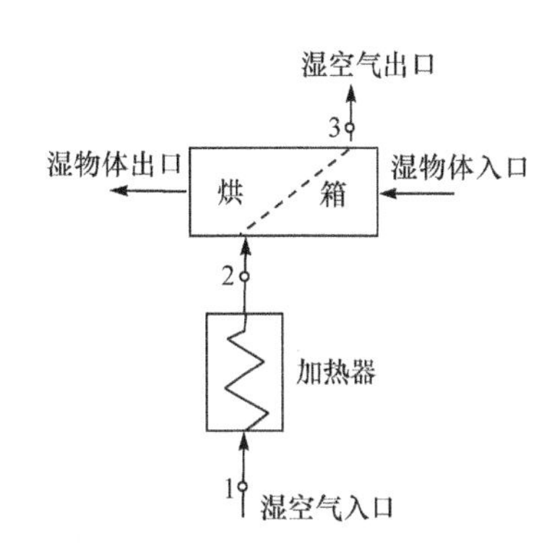

图 2-19　干燥装置示意图

解

1）在图2-20 上，由 $t=20℃$ 的等温线与 $\varphi=100\%$的等湿度线的交点 a 得 $h_1=56.5$kJ/kg 干空气。该等焓线与 $t=25℃$的等温线相交于点 1，通过点 1 的等湿含量线与 $\varphi=100\%$的等湿度线交于 A，即为露点，直接读出 $t_{d1}=17℃$，通过点 1 的等湿含量线与水蒸气分压力线交于点 B，得 $P_{v1}=1.9$kPa。

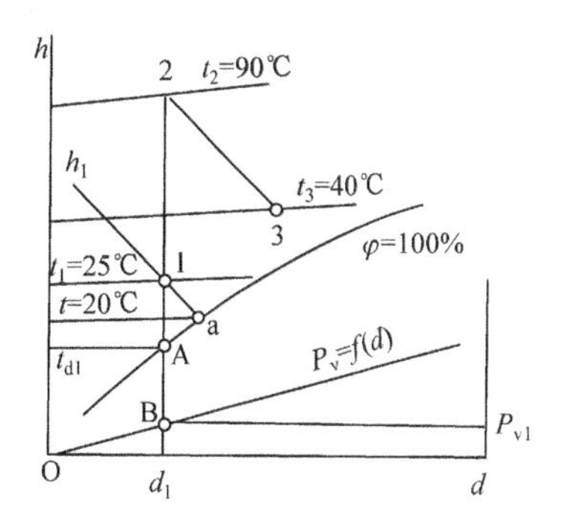

图 2-20　干燥过程在 h-d 图上的表示

从点 1 向上作垂线与 $t_2=90℃$的等温度线相交于点 2 得出：

$h_2=123.5$kJ/kg 干空气

$d_2=d_1=12.5$g 水蒸气/kg 干空气

由点 2 沿等焓线与 $t_3=40℃$ 的等温线相交于点 3，得 $d_3=32.5$g 水蒸气/kg 干空气。

2）1kg 干空气吸收的水分为

$\Delta d=d_3-d_2=d_3-d_1$

$=32.5\text{g}-12.5\text{g}=0.02$kg 水蒸气/kg 干空气

3）每吸收 1kg 水分所需要的干空气量

$$m_a=\frac{1}{\Delta d}=\frac{1}{0.02}=50\text{kg}$$

在加热器中的吸热量

$Q=m_a(h_2-h_1)=50\text{kg}\times(123.5\text{kJ/kg}-56.5\text{kJ/kg})$
-3350kJ

例 2-11　已知含 100kg 干空气的湿空气初始状态为 $t_A=40℃$、$\varphi=65\%$，经加热器加热至 $t_B=80℃$，求空气的吸热量 Q_a。

解 由热力学知，空气经加热器的吸热量等于它的焓的增量，即 $Q_a=m_a(h_B-h_A)$。

已知干空气质量 $m_a=100$kg，查附录1，$t_A=40$℃、$\varphi=65\%$时的焓 $h_A=120.8600$kJ/kg 干空气，此状态含湿量 $d_A=33.1220$g/kg 干空气；从附录1中查得$t_B=80$℃、$d_B=d_A=33.1220$g/kg 干空气时的焓值 $h_B=162.41001$kJ/kg 干空气，则空气吸热量为

$$Q_a=100\times(162.4100-120.8600)=4155\text{kJ}$$

例 2-12 已知含 1000kg 干空气的湿空气进入材堆前的参数为 $t_B=80$℃，$\varphi_B=30\%$时，离开材堆时温度 $t_C=60$℃，求空气流经材堆吸收的水分 m。

解 查附录1，$t_B=80$℃，$\varphi_B=30\%$时湿空气的焓湿量 $d_B=107.97$g/kg 干空气，$h_B=353.49$kJ/kg 干空气。同时查得 $t_C=60$℃时 $h_C=368.40$kJ/kg 干空气、含湿量 $d_C=124.5700$g/kg 干空气。则空气流经材堆吸收的水分为

$$m=m_a(d_C-d_B)=1000\text{kg}\times(124.5700-107.9700)\text{g/kg}=16.60\text{kg}$$

2.4 炉气(生物质燃气)

燃料燃烧产生的湿热气体称为炉气。炉气可以由固体燃料(如煤和木材废料)、液体燃料(如石油)或气体燃料(如天然气和焦炉煤气)燃烧产生。炉气也是一种混合气体，其组分较空气更为复杂，主要由氮(N)、氧(O)、二氧化碳(CO_2)、二氧化硫(SO_2)、一氧化碳(CO)、水蒸气及灰分等成分组成。

在木材干燥生产中，炉气可以通过换热管路作为载热体为木材干燥装置提供热量，也可以直接与木材接触作为干燥介质被利用。在实际生产中，用炉气作干燥介质时，要求燃烧完全，不能有烟或最大限度降低炉气中烟尘的含量，不能有火花，避免烟尘堵塞气道、污染木料、引起火灾等；同时，炉气的温度和流量应连续稳定，要符合生产装置正常运行的要求。

目前，国内外以炉气作为干燥介质干燥木材的加工企业主要是利用木材加工剩余物，即木废料(制材、木制品加工车间产生的树皮、锯屑、不能被利用的小板条、碎木料及人造板生产车间产生的碎单板、边条、砂光木粉等)作为生成炉气的主要原料。这些加工剩余物在木材加工企业数量很大，根据企业的最终产品不同可以达到原木加工总量的35%～50%。把木废料作为燃料加以利用，还可以减轻对环境的污染。

炉气具有与湿空气类似的性质，因此关于炉气的状态方程、主要参数与湿空气基本相同。在实际生产中，炉气干燥的测控方式与湿空气干燥也基本相同，因此以下仅就木废料及所产生的炉气性质及相关知识做简要介绍。

2.4.1 木废料的化学成分

木材加工生产中产生的木废料的化学成分与木材一样，是一种复杂的有机化合物。主要成分为纤维素、半纤维素和木质素，见表2-7，占绝干木材质量的91%～99%；次要组成是少量的低分子物质，主要是木材抽提物(如芳族化合物的单宁、萜烯化合物、酸类等)和无机物(燃烧后成为灰分，如钠、钾、钙、镁的碳酸盐等)。

表 2-7 针阔叶树材中的高分子聚合物含量(%)

高分子聚合物	针叶树材	阔叶树材
纤维素	42±2	45±2
半纤维素	27±2	30±5
木质素	28±3	20±4
抽提物	1.1～9.6	
无机物	0.1～2.0	

不同树种的木废料元素组成比较相近，不同部位的绝干木材中各主要化学元素组成见表2-8。作为燃料用的木废料水分含量的多少用相对含水率表示。

表 2-8 木材和树皮的主要化学元素组成(%)

主要化学元素	木材	树皮
碳	50.8	51.2
氧	41.8	37.9
氢	6.4	6.0
氮	0.4	0.4
灰分	0.9	5.2

2.4.2 木废料的燃烧

木废料的燃烧是木材中所含的碳、氢、氧等可燃性元素在空气中发生剧烈氧化并同时伴有烟或火焰产生的化学反应；这一过程同时伴有物质转换和能量转换。

木废料的燃烧过程大致可分为以下三个阶段。

1. 预热阶段　木材只有达到一定的温度后才能发生剧烈的氧化反应——燃烧，所以在新的燃料被投入燃烧炉内的最初阶段是使其被加热到一定温度的预热阶段；这时木材中所含的水分开始蒸发，不断逸出木材表面，不但不能释放热量，反而因水分蒸发还要吸收大量的热量，木材本身温度比较低，不能燃烧。

2. 热分解阶段　当木材在预热阶段吸收了大量的热量后，使所含的水分蒸发成水蒸气，木材自身的温度也迅速上升，使高分子聚合物的分子发生热运

动，分子碰撞加剧，造成分子链断裂，原来的大分子转变成简单小分子，发生热分解反应。

在这个过程中，最初温度较低（150～200℃）时开始产生不燃性气体二氧化碳（CO_2）、微量甲酸（CH_3OH）、乙酸（C_2H_5OH）和水蒸气（H_2O）等。当温度高于 200℃时，碳水化合物开始分解产生焦油液滴和可燃性气体（如 CO、H_2、CH_4 等），形成可燃性挥发物从木材中逸出。

3. 有焰燃烧和无焰燃烧阶段　在热分解阶段的后期逸出的可燃性挥发物与燃烧炉内的空气混合后形成可燃性混合物，在可燃性混合物的温度继续升高达到燃点时，发生燃烧，形成明亮的光和炽热的火焰，释放出大量的热量。这时释放出的热量占木材发热量的 2/3 以上，热值约为 12.5MJ/kg。与此同时，在有焰燃烧后的木材热分解残留物炭化层的表面，也发生着缓慢的氧化反应（称为无焰燃烧或红热燃烧，也称为表面燃烧），呈辉光，没有火焰和烟雾，缓慢地释放出一定的热量，直至木材全部燃烧后只留下少量的灰分为止。在燃烧过程中还发生一种无可见光但含有一定热量烟雾的徐徐燃烧，称为发烟燃烧。

在我们平时常见的木材燃烧过程有时看到的白烟或黑烟，是由于来不及燃烧的高温焦油液滴吸湿性很强，当其悬浮在空气中时，在四周聚集了一圈蒸气，形成白烟，含水量较大时白烟更多；当热分解速度过快，携带了大量游离的炭微粒时则形成黑色的烟雾。在热分解过程中产生的一氧化碳燃烧时产生的烟雾是青白色。

2.4.3　木废料的发热量

木废料在燃烧时产生的热量也是木材的正常发热量。因为这些木废料一般都含有一定的水分，所以在其完全燃烧后产生的烟气所含的发热量包括水蒸气汽化潜热，称为高位发热量，用 $Q_{高}$ 表示；绝干木材的高位发热量为 18 000～20 511kJ/kg，通常针叶材的发热量比阔叶材稍大一些，通常取 18 837kJ/kg 作为平均量，树皮的高位发热量约为 17 581kJ/kg。如果按照木废料的化学组成计算它的高位发热量，则有

$$Q_{高}(\mathrm{kJ/kg})=339\cdot C+1256\cdot H+109\cdot O \tag{2-42}$$

式中，C、H、O 分别是绝干木废料中碳、氢、氧含量的百分率。

在近似计算木废料作为燃料的高位发热量时可用式(2-43)表示：

$$Q_{高}(\mathrm{kJ/kg})=198\times(100-\mathrm{MC_0})=\frac{1980000}{100+\mathrm{MC}} \tag{2-43}$$

式中，$\mathrm{MC_0}$ 为木材相对含水率(%)；MC 为木材绝对含水率(%)。

在实际生产中燃烧烟气高位发热量中所含有的汽化潜热不能被利用，可以利用的热量只是从高位发热量中扣除水蒸气汽化潜热（2510kJ/kg）后剩余的部分，称为低位发热量，用 $Q_{低}$表示，即

$$Q_{低}(\mathrm{kJ/kg})=Q_{高}-25.1\times(9H+\mathrm{MC_0}) \tag{2-44}$$

式中，H 为木废料中氢的百分含量(%)；绝干木材的 H 为 6.1%。相对含水率为 $\mathrm{MC_0}$ 的木燃料中氢的百分含量按 $H=6.1(1-\mathrm{MC_0}/100)$ 计算。$25.1\times(9H+\mathrm{MC_0})$ 为燃料燃烧生成的水蒸气的热量。

木废料可利用的发热量受其含水率的影响，含水率 $\mathrm{MC_0}$ 越高，可利用的发热量 $Q_{低}$ 越少。显然，当含水率 $\mathrm{MC_0}=0$ 时，木材发热量为 18 422kJ/kg。

2.4.4　木废料燃烧所需空气量

木废料在燃烧时需要大量的含有氧气的空气，这些空气和热分解过程中生成的可燃性挥发物混合成可燃性气体，保证有焰燃烧的进行。在无焰燃烧和发烟燃烧过程中也许要消耗一定的氧气。理想条件下的完全燃烧过程所必需的最少空气量称为理论空气量 G_0；实际燃烧过程所必需的最少空气量称为实际空气量 G_α。即

$$G_\alpha=\alpha\cdot G_0 \tag{2-45}$$

式中，α 为过量空气系数；实际燃烧过程中需要超过理论空气量的过量空气，使空气能与可燃性挥发物充分混合和满足燃烧所需要的氧气供应，保证木废料的充分燃烧。实际需要空气量 G_α 和理论需要空气量 G_0 之比即为过量空气系数 α。

木废料完全燃烧时所需的理论空气量 G_0 为

$$G_0(\text{kg 干空气/kg 木废料})=0.115\times C+0.345\times H-0.043\times O \tag{2-46}$$

式中，C、H、O 分别为木废料中碳、氢、氧元素的质量百分比。

将表 2-8 中的相关数值代入式(2-46)，求得燃烧绝干木材所必需的理论空气量为 6.26kg 干空气/kg 木废料，折合标准空气体积 L_0 为 5.2Nm³/kg。

木废料燃烧时，过量空气系数 α 一般取 1.25～2.0；过量空气不足时，燃烧不充分，量太大又会导致炉膛温度降低，燃烧不稳定，燃烧效率下降。在考虑了过量空气系数后，木废料燃烧实际需要的空气量 $L_\alpha=7\sim10\mathrm{Nm^3/kg}$。

2.4.5　炉气的生成量

所谓炉气的生成量也就是炉气发生炉（燃烧炉）

在燃烧木废料时产生炉气的量。木废料在燃烧时生成的理论炉气量 V_0 为

$$V_0(\mathrm{Nm^3/kg})=\frac{0.213}{1000}\times Q_{低}+1.65 \quad (2\text{-}47)$$

实际燃烧时，炉气的生成量 V_α 为

$$V_\alpha(\mathrm{Nm^3/kg})=V_0+(\alpha-1)L_0=\frac{0.213}{1000}\times Q_{低}+1.65+(\alpha-1)L_0 \quad (2\text{-}48)$$

2.4.6 炉气含有的水蒸气量

炉气含有的水蒸气量，包括 1kg 木燃料燃烧生成的水蒸气和由空气带来的水蒸气两部分。

1kg 木燃料燃烧生成的水蒸气量(G'_n)只由它的含水率来确定，所以：

$$G'_n(\mathrm{kg/kg})=0.549+0.0045\mathrm{MC_0} \quad (2\text{-}49)$$

空气(湿含量为 d_0)带来的水蒸气量(G''_n)为

$$G''_n(\mathrm{kg/kg})=0.0000596\alpha d_0(100-\mathrm{MC_0}) \quad (2\text{-}50)$$

因此，炉气含有的水蒸气量(G_n)为

$$G_n(\mathrm{kg/kg})=G'_n+G''_n=0.549+0.0045\mathrm{MC_0}+0.0000596\alpha d_0(100-\mathrm{MC_0}) \quad (2\text{-}51)$$

2.4.7 炉气的湿含量

气炉中的水蒸气除了燃料燃烧所产生的水蒸气外，还有空气带入的水蒸气。空气带入的水蒸气不仅与其湿含量 d_0 有关，还与过剩空气系数 α 有关，因此炉气的湿含量为

$$d(\mathrm{g/kg}\ 干空气)=\left[\frac{9210+75.7\mathrm{MC_0}}{\alpha(100-\mathrm{MC_0})}+d_0\right]\Big/\left(1+\frac{0.072}{\alpha}\right) \quad (2\text{-}52)$$

在生产应用上可简化为

$$d(\mathrm{g/kg}\ 干空气)=\frac{9210+75.7\mathrm{MC_0}}{\alpha(100-\mathrm{MC_0})} \quad (2\text{-}53)$$

2.4.8 炉气的热含量和温度

木废料完全燃烧后生成的炉气热含量 h 与含水率 $\mathrm{MC_0}$ 无关，由过量空气系数 α 和混入燃烧炉内新鲜空气的热含量 h_0 来确定。即

$$h(\mathrm{kJ/kg})=\frac{Q_{高}+\alpha V_0 h_0}{V_\alpha} \quad (2\text{-}54)$$

木废料完全燃烧时所产生炉气的温度 t 在不考虑热损失时，主要与木材含水率和过量空气系数有关，其最高理论燃烧温度 $t_{\max}$ 在 $\alpha=1$、$d=0$、$\mathrm{MC_0}=0$ 时，若 $h_0=0$，大约为 3100℃。由于热量损失和过量空气的影响，燃烧炉的燃烧室内实际温度大约为理论温度的一半。在燃烧炉热效率为 80%、$\mathrm{MC_0}=40\%$、$\alpha=2$ 时，$t\approx1000$℃。

2.5 导热油

导热油是导热油炉中重要的热载体，是有机热载体中的典型代表。它是一种有机化合物，由石油馏分化学合成。因其外观状态呈油状液体而又用作传热介质，故俗称为“导热油”，也叫作“热媒油”。一般而言，导热油按生产原料可分为合成型和矿物油型两类。

所谓合成型导热油是以石油化工或化工产品为原料，由两种或两种以上基本油，按一定配比经有机合成工艺制得，其中包括合成芳烃、醇、酯和杂环烃及硅油等。合成型导热油组分比较单一，就是几种同分异构体或是几种化学性质相近的混合体。这种导热油由美国道氏化学公司首创，故俗称为“道生油”。它的特点是热稳定性好，使用温度高(可达 400℃)；但合成型导热油加工工艺复杂，成本较高，有毒、气味难闻，凝固点偏高。

矿物型导热油是以石油经高温裂解过程或催化过程生产的某段馏分油产品作为基础油，再经过深度加工，加入清净分散剂和抗氧化剂等添加剂调配制成。其组分有长碳链饱和烃、芳香烃、混合烃等，包含了多种化合物。各个组分之间除馏程一致外，化学性质特别是化学键能的差别很大。20 世纪 70 年代后期，通过向油中添加复合剂，其热稳定性有了较大提高，使用温度可达 330℃。矿物油型导热油的原料来源比较丰富，价格便宜，制造工艺简单，大多无毒无味，常温下不易氧化。

导热油可以在较低的工作压力下(工作压力一般不超过 1MPa)被加热到较高的工作温度，达到液相 340℃或气相 400℃，并有较好的热稳定性。一般不腐蚀金属设备，黏度不大，泵送性能好，在工程上已得到广泛使用；但在使用过程中，当油温超过 80℃时必须有隔离空气的措施，否则导热油会被急剧氧化而变质，影响使用性能。导热油一般都是可燃的，故使用中必须注意防火要求；随着使用时间延长，导热油会出现热劣化和酸化变质，其发生时间根据使用温度和载体种类的不同而不同，导热油裂解后析出碳，增加黏度，使传热效果下降，造成加热炉受热面结碳而引发事故；导热油劣化后经再生处理可重复使用。

有机热载体(导热油)在不超过 320℃时使用与其他传热介质相比较，其优势主要在于：①使用温度比较宽泛；②热稳定性较好，使用寿命较长；③无毒或低毒、无刺激性气味，不污染环境；④安全、节能，对设

备无腐蚀；⑤加工工艺较简单，所用原料充足；⑥凝点较低的有机热载体低温流动性好，适用于寒冷地区；⑦在最高允许适用范围内蒸汽压较低、蒸发损耗少。

用有机热载体作为热载体比用水蒸气作为热载体具有十分显著的优点。

第一，使用温度高，简便安全，最高使用温度可达400℃。由于其在大气压下有较高的起始沸点，使装置在 350℃条件下可保持“无压”，而一般情况下水加热到 150～160℃时，其压力将达 0.5～0.6MPa。温度越高时对应的压力越高，使用不方便。

第二，节约能源，根据有关资料提供的数据，与水蒸气相比较，可节约燃料 1/3～1/2。

第三，由于节约燃料，相应地减少了废烟、废气、废渣、废水的排放，减少了对环境的污染。

第四，有机热载体凝固时不膨胀，因而没有冻裂设备及管道的危险。

几种主要传热介质的性能比较如表 2-9 所示。

表 2-9　几种主要传热介质的性能比较

介质名称	使用温度/℃	导热性能	工作压力	毒性	设备要求	价格	限制条件
水(蒸汽)	0～200	很好	高	无	无	便宜	250℃以下
联苯-联苯醚	400 以下	好	低	小	无	高	300℃以上
矿物导热油	320 以下	稍低	低	无毒、微毒	无	中等	320℃以下
熔融盐	540 以下	好	低	有刺激气味	不宜铝、镁	中偏高	380℃以上
液态金属	1000 以下	好	低	很大	有严格限制	很高	严防泄露

本章重点

1. 水蒸气的性质。
2. 湿空气及其相关参数，湿空气 h-d 图的应用。
3. 干燥介质各参数之间的换算。

思考题

1. 简述木材干燥介质及其分类。
2. 湿空气的主要状态参数是什么？湿空气 h-d 图有什么应用？
3. 水蒸气的性质及主要参数是什么？
4. 简述常压过热蒸汽及其形成过程。
5. 木材干燥过程中湿空气状态变化是如何在 h-d 图上表示的？

主要参考文献

成俊卿. 1985. 木材学. 北京：中国林业出版社
渡边治人. 1986. 木材应用基础. 上海：上海科学技术出版社
高建民. 2008. 木材干燥学. 北京：科学出版社
梁世镇，顾炼百. 1998. 木材工业实用大全. 木材干燥卷. 北京：中国林业出版社
满久崇磨. 1983. 木材的干燥. 马寿康译. 北京：中国轻工业出版社
王喜明. 2007. 木材干燥学. 北京：中国林业出版社
尹思慈. 1996. 木材学. 北京：中国林业出版社
朱政贤. 1989. 木材干燥. 2 版. 北京：中国林业出版社

第3章　木材与水分的关系及其性质

要了解木材怎样由湿变干，首先需了解木材本身的性质及空气(或其他气体介质)的状态对木材和所含水分的影响。

木材的种类很多，其基本性质有共同特征，又各有不同特点。在干燥过程中需要具体情况区别对待，才能使木材干燥质量达到要求。

3.1　木材中的水分

任何一种木材性质的改变在很大程度上取决于木材中水分含量的变化。因此，为了探讨木材性质的改变，需从木材中的水分谈起。

3.1.1　木材中水分的由来

活树树根(主根和须根)的生活细胞不断地从土壤中吸取水分，送到树干，经过木质部中的管胞或导管输送到树枝和树叶。树叶内的水分一部分向大气中蒸发，另一部分在叶绿素中参与光合作用。因此，树干里含有大量的水分。活树被伐倒并锯解成各种规格的锯材后，一部分或大部分水分仍保留在木材内部，这就是木材水分的由来。

用新采伐的树木制成的板材和方材叫作生材。表3-1是我国东北林区5种主要树木的生材含水量，由此可了解一般树种的生材含水量。

表3-1　东北林区5种主要树木的生材含水量(%)

树种	水分含量		
	心材	边材	平均
红松	70	200	135
臭冷杉	130	200	165
春榆	125	100	113
色木	90	90	90
紫椴	130	130	130
5种树种总平均			127

3.1.2　水分含量的计算和测定

木材中水分的含量称为含水率或含水量(moisture content)，用水分的重量与木材重量之比的百分数(%)表示。

含水率可用全干木材的重量作为计算基础，算出的数值叫作绝对含水率或简称含水率，用字母MC表示。计算公式是

$$MC=\frac{G_{湿}-G_{干}}{G_{干}}\times 100\% \qquad (3\text{-}1)$$

式中，$G_{湿}$ 和 $G_{干}$ 分别为湿材的重量和全干材重量。

含水率也可用湿材重量为计算基础，算出的数值叫作相对含水率 MC_0，计算公式是

$$MC_0=\frac{G_{湿}-G_{干}}{G_{湿}}\times 100\% \qquad (3\text{-}2)$$

木材干燥生产和科研中一般采用绝对含水率(即含水率)。对于木燃料则多用相对含水率。

木材含水率的测定通常采用称重法和电测法(检测注意事项见7.2.1)。

1. 称重法(烘干法)　　称出湿材重量和全干材重量。求全干材重量的方法是从湿木材上截取一块小试片，刮去毛刺，立即称重并做记录，然后把试片放入烘箱内，在(103±2)℃的温度下烘干。在试片烘干过程中，每隔一定时间称重并做记录。到最后连续两次称出的重量相等或相差极小时，表明试片中的水分已全部排出，此时的试片重量就是全干重。再用式(3-1)计算木材含水率。

用称重法测定木材含水率，其优点是数值较可靠；其缺点是要从整块木材上截取试片，而且试片的烘干需要较长时间。另外，如果木材中含有较多的松节油或其他挥发性物质，这些挥发物的重量都算到水分当中，也会引起一定的误差。

2. 电测法　　即利用木材的电学性质如电阻率、介电常数等与木材含水率之间的关系，来测定木材的含水率。

用电测法测木材含水率的仪器主要有两类：一类是直流电阻式，即利用木材中所含水分的多少对直流电阻的影响，来测定木材的含水率；另一类为交流介电式，即根据交变电流的功率损耗与木材含水率的关系而设计的含水率仪。木材含水率仪结构简单，使用方便，可以进行快速测量，不破坏木材，生产上用得最广的是前者。其原理是：在一定的含水率范围内，木材的电阻率(即单位长度、单位横截面积的木材电阻)与其含水率呈线性关系。

但使用时，要注意以下4点，才能得出较精确的含水率数值。

1) 这种含水率仪测定的含水率范围有限。含水率高于30%及低于6%时，电阻随含水率的变化都不明显，精确测量数值只有6%～30%。

2) 需要进行温度校正。因除了木材含水率影响木材电阻之外，木材温度也影响其电阻，当木材含水率不变化时，温度越高，木材的电阻率越小。

3) 树种校正。树种不同，其密度也不同，也影响到含水率读数。

4) 含水率仪测针插入木材的深度和方向。被干燥的木材，在厚度方向上含水率分布是不均匀的，表层干，内部湿。所以测针插入木材厚度的 1/4～1/3，测出的读数能代表木材含水率的平均值。又因为木材横纹电阻率是顺纹的 2～3 倍，故两测针的连线需垂直于木材纹理方向。

3.1.3　木材干湿程度的分级

木材可按干湿程度分为 6 级。

湿材：长期置于水内，含水率大于生材的木材。

生材：和新采伐的木材含水率基本上一致的木材。

半干材：含水率小于生材的木材。

气干材：长期在大气中干燥，基本上停止蒸发水分的木材。因各地气候干湿不同，含水率为 8%～18%。

窑干材：经过干燥窑等人工干燥处理，含水率为 7%～15%的木材。

全干材：含水率为 0 的木材。

3.2　木材与水分的关系

3.2.1　湿物体的分类

一切能够容纳水分的物体，从它们与水分之间的相互作用来看，可分为三类：第一类是毛细管多孔体，如焦炭、砖等。这些材料在所含的水分增加或减少时，均不改变尺寸。第二类是胶体，如面团、黏土等。这类材料在吸水时，能无限膨胀，直至丧失其几何形状为止。第三类是毛细管多孔胶体，如木材等。能吸收一定量的水分，在吸水和失水时，不丧失其几何形状，但其尺寸发生有限变化，即吸水时尺寸增大，失水时尺寸缩小。

3.2.2　木材中的各级毛细管系统及其对水分的束缚作用

木材由多种细胞组成。细胞又有细胞壁和细胞腔。细胞腔的平均半径为$(1\sim2)\times10^{-3}$cm。最小的细胞半径也大于 0.25×10^{-3}cm。细胞壁由微纤丝构成。微纤丝又由基本纤丝构成。微纤丝与微纤丝之间，以及基本纤丝与基本纤丝之间，皆有空隙，其半径一般不超过 0.25×10^{-5}cm。木材的细胞腔、细胞间隙及细胞壁中的空隙组成错综复杂的毛细管系统。木材中的水分即包含在这些毛细管系统之内。

毛细管对水分的束缚力与其半径大小有关。若毛细管半径在 10^{-5}cm 以上，管内水表面上的水蒸气分压接近于自由水表面上的水蒸气分压。即此种毛细管对水分的束缚力很小甚至无束缚力。毛细管半径越小，水分在管内的表面张力越大，毛细管对水分的束缚力越大。

因此，木材中的毛细管可分为两大类。一类由相互连通的细胞腔及细胞间隙构成，对水分的束缚力很小甚至无束缚力，叫作大毛细管系统；另一类由相互连通的细胞壁内的微毛细管构成，对水分有较大的束缚力，叫作微毛细管系统。半径在 $0.25\times(10^{-5}\sim10^{-3})$cm 的毛细管在木材内基本上不存在。因此大、小两类毛细管系统是截然划分的。

大毛细管系统内的水分叫作自由水。自由水与木材呈物理机械的结合，结合并不紧密，因而这部分水容易由木材中逸出。而且大毛细管系统只能向空气中蒸发水分，不能从空气中吸收水分。微毛细管系统中的水分叫作吸着水。吸着水与木材既呈物理化学的结合又呈物理机械的结合，因此微毛细管系统既能向空气中蒸发水分，也能从空气中吸收水分。

3.2.3　纤维饱和点及木材的吸湿性

潮湿木材置于干燥的环境中，由于木材内水蒸气压力高于大气中的水蒸气压力，水分会由木材向大气蒸发。在大气条件下，当细胞腔内液态的自由水已蒸发干净，而细胞壁内的吸着水仍处于饱和状态时，这时木材的含水率状态叫作纤维饱和点或吸湿极限。纤维饱和点随树种和温度而异。就多种木材来讲，在空气温度为 20℃与空气湿度为 100%时，纤维饱和点含水率平均值为 30%，变异范围为 23%～33%。

纤维饱和点随着温度升高而降低。例如，在温度为 20℃的饱和湿空气中，纤维饱和点含水率为 30%；60℃时，降到 26%；120℃时，降到 18%。这说明温度越高，木材从饱和空气中吸湿的能力越低。

当较干的木材存放在潮湿的空气中，木材微毛细管内的水蒸气分压小于周围空气的水蒸气分压，则微毛细管能从周围空气中吸收水分，水蒸气在微毛细管内凝结成凝结水。这种细胞壁内的微毛细管系统能从湿空气中吸收水分的现象叫作吸湿。吸湿过程初始时，进行得很强烈，即木材的吸着水含水率增加得很快；随着时间的延续，吸湿过程逐渐缓慢，最后达到动态平衡或稳定，此时木材的含水率叫作吸湿稳定含水率（adsorption stabilizing moisture content），用 $MC_{吸}$ 表示，如图 3-1 所示。

若木材含水率较高，存放在较干燥的空气中，木材细胞壁微毛细管中的水蒸气分压大于周围空气中的水蒸气分压，则微毛细管系统能向周围空气中蒸发

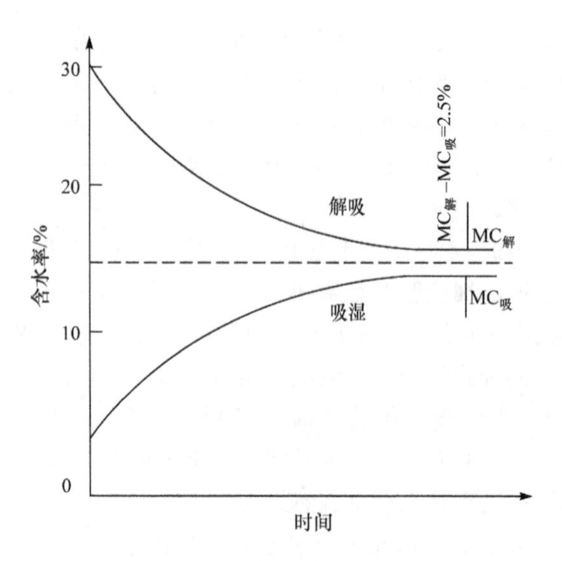

图 3-1 木材的吸湿与解吸

水分，这种现象叫作解吸。解吸过程初始时，木材向周围空气的水分蒸发很强烈，即木材的吸着水下降很快；随着时间的延续，解吸过程逐渐缓慢，最后达到动态平衡或稳定，此时木材的含水率叫作解吸稳定含水率(dsorption stabilizing moisture content)，用 $MC_{解}$ 表示。注意，解吸与干燥是两个不同的概念：解吸仅指细胞壁中吸着水的排除，而干燥则指自由水和吸着水两者的排除。

木材吸湿性的原因：①组成木材的细胞壁物质——纤维素和半纤维素等化学成分结构中有许多自由羟基(—OH)，它们在一定温度和湿度条件下具有很强的吸湿能力。微晶体表面借助分子间力和氢键力将空气中水蒸气分子吸引于其上，生成多分子层，从而形成一部吸附水。水层的厚度随空气相对湿度的变化而变化，当水层厚度小于它相应的厚度时，则由空气中吸附水蒸气分子，增加水层厚度。②木材是微毛细多孔体，木材内存在超物理学的大毛细管系统和微毛细管系统，它具有很高的空隙率和巨大的内表面，细胞壁微毛细管内水表面上的饱和蒸汽分压小于周围空气中的水蒸气分压，所以木材具有强烈的吸附性和毛细管凝结现象。干的木材在微晶表面吸附水蒸气时，先在最细小的微毛细管中形成凹形弯月面，产生毛细管的凝结现象而形成毛细管凝结水。发生水蒸气凝结现象的微毛细管半径与空气中一定的相对湿度相适应。空气湿度越低，发生水蒸气凝结的毛细管半径也就越小。

干木材吸湿的过程中，吸湿稳定含水率或多或少地低于在同样空气状态下的解吸稳定含水率。这种现象叫作吸湿滞后，用 ΔMC 表示。产生吸湿滞后的原因是：①吸湿的木材一定是已经过干燥的，在干燥过程中，木材的微毛细管系统内的空隙已部分地被渗透进来的空气所占据，这就妨碍了木材对水分的吸收。②木材在先前的干燥过程中，用于吸收水分的羟基借氢键彼此直接相连，使部分羟基相互饱和而减小了以后对水分的吸着性。吸湿滞后的数值与树种无关，但随木材尺寸的增大而加大。细碎或薄木料(如刨花、单板、薄木等)吸湿滞后很小，平均仅约为0.2%，可忽略不计。但锯材(板、方材)吸湿滞后较大，且随先前干燥温度的升高而加大，其变异范围为1%～5%，平均值为2.5%。

3.2.4 平衡含水率及其应用

木材的吸湿和解吸过程是可逆的，在进行过程中，既存在水蒸气分子碰撞木材界面而被吸收——吸湿，同时也有一部分被吸收的水蒸气分子脱离木材向空气中蒸发——解吸。两个相反过程同时进行的速度一般是不等的，若木材是较干的，存放在潮湿的空气中，在过程开始时，单位时间内木材自空气中吸着水蒸气分子的数目远大于由木材表面向空气中蒸发的水蒸气分子数目。如木材是较湿的，情况就会相反，即木材从空气中吸着的水分子数少于向空气中蒸发的水分子数。随着过程的继续进行，木材的吸湿速度与解析速度将趋于相等而达到平衡状态，即吸湿平衡。

木材吸湿或解吸过程达到与周围空气相平衡时的木材含水率叫作平衡含水率(equilibrium moisture content)，用 $MC_{衡}$ 或 EMC 表示。即薄小木料在一定空气状态下最后达到的吸湿稳定含水率或解吸稳定含水率，叫作平衡含水率。气干材及薄小木料的吸湿滞后数值不大，生产上可忽略，因此对气干材可粗略认为：

$$MC_{解}=MC_{吸}=MC_{衡}$$

室干材的吸湿滞后数值较大，且干燥介质温度越高，干锯材的吸湿滞后越大，平均为2.5%。因此，对于室干材，可以认为：

$$MC_{衡}=MC_{解}=MC_{吸}+2.5\% \tag{3-3}$$

或

$$MC_{吸}=MC_{衡}-2.5\% \tag{3-4}$$

木材平衡含水率随树种的差异很小，生产上并不考虑。平衡含水率主要随周围空气的温度和湿度的变化而变化，当温度一定时，木材的平衡含水率随着空气湿度升高而增大；当相对湿度一定时，木材的平衡含水率随着温度的升高而减小。所以说，木材平衡含水率是空气温度和湿度的函数，根据木材平衡含水率与空气温度和湿度的关系，可绘制出平衡含水率图表，知道了介质(空气)的干球温度和湿球温度(或相对湿度)，可查曲线图(图 3-2)求出木材的平衡含水率。也可根据表 3-2，由介质的干球温度和干、湿球温度之差查出木材的平衡含水率。平衡含水率可用实际测定方法来确定。

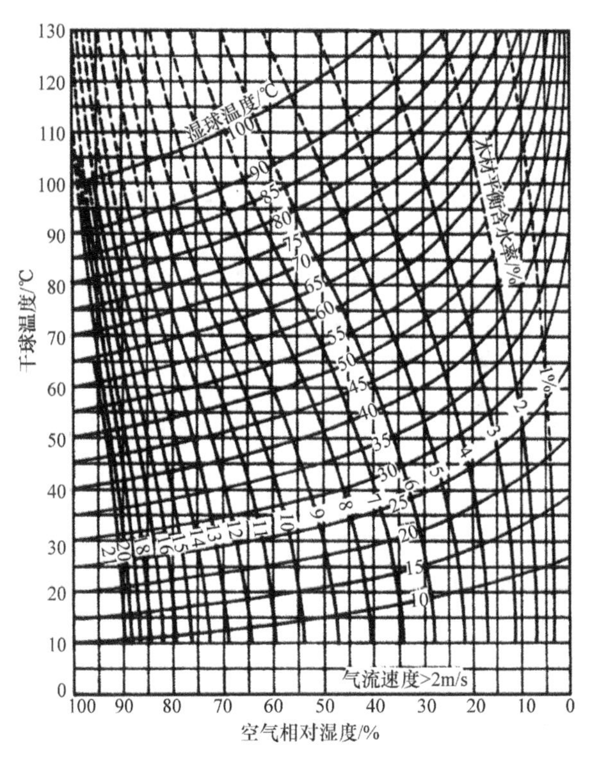

图 3-2　木材平衡含水率图
（引自 U. S. A Forest Prod. Lab.）

表 3-2　木材平衡含水率表（%）（改编自梁世镇，1994）

干球温度/℃	湿度计差/℃																										
	0	1	2	3	4	5	6	7	8	9	10	11	12	13	14	15	16	17	18	19	20	21	22	23	24	25	28
120																					4.5	4	4	4	3.5	3.5	3
118																			4.5	4.5	4.5	4	4	4	4	3.5	3.1
116																	5	5	5	4.5	4.5	4	4	4	4	3.5	3.1
114															5.5	5.5	5.5	5	5	4.5	4.5	4	4	4	4	3.5	3.2
112													6.5	6.5	6	5.5	5.5	5	5	4.5	4.5	4.5	4.5	4	4	3.5	3.2
110											7.5	7	6.5	6.5	6	5.5	5.5	5	5	5	4.5	4.5	4.5	4	4	4	3.3
108									8.5	8	7.5	7	6.5	6.5	6	5.5	5.5	5	5	5	4.5	4.5	4.5	4	4	4	3.3
106							10	9.5	8.5	8	7.5	7	6.5	6.5	6	5.5	5.5	5	5	5	4.5	4.5	4.5	4	4	4	3.3
104					11.5	11	10	9.5	8.5	8	7.5	7	6.5	6.5	6	5.5	5.5	5.5	5	5	4.5	4.5	4.5	4	4	4	3.4
102			14.5	13	11.5	11	10	9.5	9	8.5	7.5	7	6.5	6.5	6	6	5.5	5.5	5	5	4.5	4.5	4.5	4	4	4	3.4
100	22	16.5	15	13	12	11	10	9.5	9	8.5	7.5	7	6.5	6.5	6	6	5.5	5.5	5	5	4.5	4.5	4.5	4	4	4	3.4
98	22.5	17	15	13.5	12	11	10	9.5	9	8.5	8	7.5	7	6.5	6	6	5.5	5.5	5	5	4.5	4.5	4.5	4	4	4	3.3
96	23	17	15	13.5	12	11.5	10	10	9	8.5	8	7.5	7	6.5	6	6	5.5	5.5	5	5	4.5	4.5	4.5	4	4	4	3.3
94	23	17.5	15.5	14	12	11.5	10.5	10	9	8.5	8	7.5	7	6.5	6.5	6	5.5	5.5	5	5	4.5	4.5	4.5	4	4	4	3.3
92	23.5	18	15.5	14	12	11.5	10.5	10	9	8.5	8	7.5	7	6.5	6.5	6	5.5	5.5	5	5	4.5	4.5	4.5	4	4	3.5	3.3
90	24	18	15.5	14	12.5	11.5	10.5	10	9.5	8.5	8	7.5	7.5	6.5	6.5	6	6	5.5	5.5	5	4.5	4.5	4.5	4	4	3.5	3.3
88	24	18.5	15.5	14	12.5	11.5	10.5	10	9.5	8.5	8	7.5	7.5	6.5	6.5	6	6	5.5	5.5	5	4.5	4.5	4.5	4	4	3.5	3.3
86	24.5	18.5	15.5	14.5	12.5	11.5	11	10	9.5	8.5	8	8	7.5	6.5	6.5	6	6	5.5	5.5	5	4.5	4.5	4.5	4	4	3.5	3.3
84	24.5	19	16	14.5	12.5	11.5	11	10	9.5	9	8.5	8	7.5	7	6.5	6	6	5.5	5.5	5	4.5	4.5	4.5	4	4	3.5	3.3
82	24.5	19	16	14.5	13	12	11	10	9.5	9	8.5	8	7.5	7	6.5	6	6	5.5	5.5	5	4.5	4.5	4.5	4	4	3.5	3.3
80	25	19	16	14.5	13	12	11	10	9.5	9	8.5	8	7.5	7	6.5	6.5	6	5.5	5.5	5	5	4.5	4.5	4	4	3.5	3.3
78	25	19	16	15	13	12	11	10	9.5	9	8.5	8	7.5	7	6.5	6.5	6	5.5	5.5	5	5	4.5	4	4	4	3.5	3.2

续表

干球温度/℃	湿度计差/℃																										
	0	1	2	3	4	5	6	7	8	9	10	11	12	13	14	15	16	17	18	19	20	21	22	23	24	25	28
76	25	19.5	16.5	15	13	12	11	10	9.5	9	8.5	8	7.5	7	6.5	6.5	6	5.5	5.5	5	5	4.5	4	4	4	3.5	3.2
74	25.5	19.5	16.5	15	13	12	11	10	9.5	9	8.5	8	7.5	7	6.5	6.5	6	5.5	5.5	5	5	4.5	4	4	4	3.5	3.2
72	25.5	20	17	15	13.5	12.5	11	10	9.5	9	8.5	8	7.5	7	6.5	6.5	6	5.5	5.5	5	5	4.5	4	4	4	3.5	3.2
70	26	20	17	15.5	13.5	12.5	11	10.5	9.5	9	8.5	8	7.5	7	6.5	6.5	6	5.5	5.5	5	5	4.5	4	4	4	3.5	3.2
68	26	20	17.5	15.5	13.5	12.5	11.5	10.5	9.5	9	8.5	8	7.5	7	6.5	6.5	6	5.5	5.5	5	5	4.5	4	4	4	3.5	3.1
66	26.5	20.5	17.5	15.5	13.5	12.5	11.5	10.5	10	9	8.5	8	7.5	7	6.5	6.5	6	5.5	5.5	5	5	4.5	4	4	4	3.5	2.9
64	26.5	20.5	17.5	15.5	13.5	12.5	11.5	10.5	10	9	8.5	8	7.5	7	6.5	6.5	6	5.5	5.5	5	5	4.5	4	4	4	3.5	2.8
62	27	21	17.5	15.5	13.5	12.5	11.5	10.5	10	9	8.5	8	7.5	7	6.5	6.5	6	5.5	5.5	5	5	4.5	4	4	4	3.5	2.7
60	27	21	18	15.5	14	12.5	11.5	10.5	10	9.5	8.5	8	7.5	7	6.5	6.5	6	5.5	5	5	4.5	4.5	4	4	3.5	3.5	2.6
58	27	21	18	15.5	14	12.5	11.5	10.5	10	9.5	8.5	8	7.5	7	6.5	6.5	6	5.5	5	5	4.5	4.5	4	3.5	3.5	3.5	2.4
56	27.5	21	18	15.5	14	13	11.5	10.5	10	9.5	8.5	8	7.5	7	6.5	6.5	6	5.5	5	5	4.5	4	4	3.5	3.5	3	2.2
54	27.5	21.5	18	16	14	13	11.5	10.5	10	9.5	8.5	8	7.5	7	6.5	6.5	6	5.5	5	4.5	4.5	4	3.5	3.5	3	3	2
52	28	21.5	18	16	14	12.5	11.5	10.5	10	9	8.5	8	7.5	7	6.5	6	5.5	5.5	5	4.5	4.5	4	3.5	3.5	3	2.5	1.6
50	28	21.5	18.5	16	14	12.5	11.5	10.5	10	9	8.5	8	7.5	7	6.5	6	5.5	5.5	5	4.5	4	4	3.5	3	3	2.5	1.3
48	28	21.5	18.5	16	14	12.5	11.5	10.5	10	9	8.5	8	7.5	7	6.5	6	5.5	5	4.5	4.5	4	3.5	3.5	3	2.5	2	0.9
46	28.5	21.5	18.5	16	14	12.5	11.5	10.5	9.5	9	8.5	8	7.5	7	6.5	6	5.5	5	4.5	4	4	3.5	3	2.5	2.5	2	0.4
44	28.5	22	18.5	16	14	12.5	11.5	10.5	9.5	9	8.5	7.5	7	6.5	6	5.5	5.5	4.5	4.5	4	3.5	3	2.5	2.5	2		
42	28.5	22	18.5	16	14	12.5	11.5	10.5	9.5	9	8	7.5	7	6.5	6	5.5	5.5	4.5	4.5	4	3.5	3	2.5	2			
40	29	22	18.5	16	14	12.5	11.5	10.5	9.5	9	8	7.5	7	6.5	6	5.5	4.5	4.5	4	3.5	3	2.5	2				
38		21.5	18	15.6	13.8	12.4	11	10.3	9.4	8.8	8	7.4	6.9	6.3	5.7	5.2	4.5	4	3.5	3.1	2.4	1.6	0.7				
35		21.5	18	15.6	13.8	12.2	10.9	10.2	9.3	8.6	7.9	7.1	6.6	5.9	5.3	4.8	4	3.4	2.9	2.2	1.5						
32		21.5	17.8	15.4	13.5	12	10.8	10	9.1	8.3	7.6	6.8	6.3	5.5	4.9	4.2	3.4	2.6	2	1.2	0.4						
29		21.4	17.6	15.2	13.3	11.8	10.6	9.7	8.8	8	7.2	6.4	5.8	5	4.3	3.4	2.5	1.5	0.8								
27		21.2	17.4	15	13.1	11.5	10.2	9.3	8.4	7.6	6.8	5.9	5.1	4.3	3.4	2.4	1.2	0.3									
24		21.1	17.2	14.7	12.7	11.2	9.9	8.9	8	7.1	6.2	5.2	4.3	3.3	2.2	0.9											
21		20.8	16.9	14.4	12.3	10.9	9.5	8.5	7.5	6.5	5.5	4.4	3.2	2	0.6												

注：例如，干球温度＝82℃，湿球计差＝11℃，平衡含水率＝8%

木材平衡含水率在木材加工利用上很有实用意义。木材在制成木制品之前，必须干燥到一定的终含水率 $MC_{终}$，且此终含水率必须与木制品使用地点的平衡含水率相适应，即符合：$(MC_{衡}-2.5\%)<MC_{终}<MC_{衡}$。如使用地点的平衡含水率为15%，则干燥的终含水率以13%较为适宜。在这样的含水率条件下，木制品的含水率能基本保持稳定，从而其尺寸和形状也基本保持稳定。按气候资料查定的木材平衡含水率可作为确定干燥锯材终含水率的依据。附录3列出了我国300个主要城市木材平衡含水率的气象值，可供参考应用。

3.3　木材的干缩湿胀

3.3.1　木材的干缩湿胀现象

木材干燥时，首先排除细胞腔内的自由水，这时木材的尺寸不变。当细胞壁内的吸着水从木材中排出时，木材的尺寸随着减小，这是由于细胞壁内的微纤维之间和微胶粒之间的空隙因吸着水的排出而缩减，细胞壁变薄，引起木材的干缩。在纤维饱和点以下，随着吸着水含水率的降低，木材干缩量随之增大，直至木材含水率为零时，其干缩量达最大值。

在木材由全干状态逐渐湿润到纤维饱和点的过程中，可以观察到木材的膨胀现象，这叫作木材的湿胀。

干缩和湿胀是木材的一种固有的不良特性。这种性质使木制品的尺寸不稳定，给加工和使用带来不利的影响。例如，南京的木材加工厂为北京和海口各制造一批家具，若木材干燥不当，这批家具在北京使用时会开裂；在海口使用时，柜门和抽斗会不易开闭。因此，木材干燥时要按木制品使用地点的气候条件，干燥到相应的终含水率，以最大限度地减小木材的干缩或湿胀。

木材沿纵向的干缩极小，生产上在配料时不考虑顺纹理方向的干缩余量。

木材沿着年轮方向的干缩叫作弦向干缩；沿着树干半径方向或木射线方向的干缩叫作径向干缩；整块木材由湿材状态到绝干状态时体积的干缩叫作体积干缩。

木材的干缩率与木材的吸着水含水率有关。纤维饱和点以下，吸着水含水率每减小 1%，引起的木材干缩率的数值叫作干缩系数(coefficient of shrinkage)K(%)。

体积干缩系数用 $K_{体}$(%)表示；弦向干缩系数用 $K_{弦}$(%)表示；径向干缩系数用 $K_{径}$(%)表示。

我国主要木材树种的木材密度与干缩系数见附录 4。

利用干缩系数，可以算出纤维饱和点以下，任何含水率 MC 时，木材干缩率的数值 y_m：

$$y_m(\%)=K(30-\text{MC}) \tag{3-5}$$

木材从纤维饱和点至全干的全干缩率 y 为

$$y(\%)=K\times 30 \tag{3-6}$$

也可以通过计算木材全干缩前后尺寸的方法求得

$$y=\frac{L_1-L_0}{L_1}\times 100\% \tag{3-7}$$

式中，L_1 为湿材尺寸(mm)；L_0 为全干材尺寸(mm)。

木材由纤维饱和点干燥到某一点含水率的干缩率 y_w，可用式(3-8)计算：

$$y_w=\frac{L_1-L_m}{L_1}\times 100\% \tag{3-8}$$

式中，L_m 为木材干燥某个含水率时的尺寸(mm)。

知道了干缩系数和干缩率，可算出木材加工中应留的木材干缩余量。

例 3-1　水曲柳抽斗面板的成品厚度为 20mm，成品含水率为 10%，求湿材下锯时，板材厚度应为多少？

解　水曲柳的径向干缩系数为 0.184%，弦向干缩系数为 0.338%（由表 3-3 查出）。为保证尺寸，用弦向干缩系数计算。由湿材到 10% 的干缩率 $y_m=K(30-\text{MC})=0.338\%(30-10)=6.76\%$。

设板材的刨削余量为 3mm，则刨削前干板的厚度为 20+3=23mm，

则湿板厚度 $L_1=\dfrac{L_m}{1-y_m}=\dfrac{23}{1-0.0676}=24.7\text{mm}$

表 3-3　我国常用树种的木材密度、干缩系数及干燥特性

树种	试材采集地	密度/(g/cm³)		干缩系数/%			干燥特性
		基本	气干	径向	弦向	体积	
杉松冷杉	东北长白山		0.390	0.122	0.300	0.437	易干
柳杉	福建、安徽	0.294	0.352	0.090	0.248	0.362	易干
杉木	湖南、安徽、江西、广西、四川、贵州、广东	0.300	0.369	0.124	0.276	0.421	易干
柏木	湖北、贵州	0.474	0.567	0.134	0.194	0.348	不易干，易翘曲
兴安落叶松	东北大、小兴安岭	0.528	0.669	0.178	0.403	0.604	较难干，常有表裂、端裂、环裂缺陷
长白落叶松	东北长白山		0.594	0.168	0.408	0.554	较难干，常有表裂、端裂、环裂缺陷
长白鱼鳞云杉	吉林	0.378	0.467	0.198	0.360	0.545	易干
红皮云杉	东北小兴安岭、吉林	0.352	0.426	0.139	0.317	0.470	易干
红松	东北小兴安岭、长白山	0.360	0.440	0.122	0.321	0.459	易干，常有端裂、湿心缺陷，高温干燥时性脆易断
马尾松	湖南、安徽、江西、广西、贵州、广东	0.431	0.536	0.156	0.300	0.486	易翘曲、开裂，高温干燥时脆易断
樟子松	黑龙江	0.376	0.467	0.144	0.324	0.491	易干
云南松	云南、贵州	0.483	0.594	0.198	0.352	0.570	易干，常有翘裂缺陷
铁杉	四川、湖南、湖北	0.460	0.526	0.165	0.284	0.468	较易干
槭木(色木)	东北、安徽	0.616	0.749	0.200	0.332	0.544	不易干，易变形、翘曲，有端裂及内裂
桤木	安徽、云南	0.424	0.518	0.126	0.279	0.425	易干
硕桦	黑龙江	0.590	0.698	0.272	0.333	0.650	不易干，易变形、翘曲
白桦	黑龙江、吉林、陕西、甘肃	0.495	0.607	0.208	0.284	0.433	不易干，易变形、翘曲

续表

树种	试材采集地	密度/(g/cm³)		干缩系数/%			干燥特性
		基本	气干	径向	弦向	体积	
香樟	湖南、安徽	0.469	0.558	0.132	0.236	0.389	不易干,易变形
水曲柳	东北长白山、黑龙江	0.509	0.665	0.184	0.338	0.548	难干,易翘曲及内裂
核桃楸	东北长白山、黑龙江	0.420	0.527	0.191	0.296	0.491	不易干,有湿心、内裂、弯曲、皱缩等缺陷
枫香	湖南、安徽	0.473	0.603	0.165	0.333	0.528	不易干,易变形、翘裂
黄菠萝	东北长白山	0.430	0.449	0.128	0.242	0.368	不易干,有湿心
山杨	黑龙江、吉林	0.396	0.442	0.156	0.292	0.489	不易干,常有皱缩缺陷
麻栎	安徽、陕西	0.684	0.896	0.192	0.370	0.578	难干,常有表裂、内裂及纵向扭曲
柞木	东北长白山、黑龙江	0.603	0.757	0.190	0.317	0.555	难干,易翘曲,常有表裂及内裂
栓皮栎	安徽、贵州、陕西	0.707	0.895	0.203	0.403	0.620	难干,易翘曲,常有表裂及内裂
刺槐	北京、陕西	0.667	0.802	0.184	0.267	0.472	较难干
荷木	湖南、福建、安徽	0.502	0.624	0.172	0.284	0.481	难干,易翘曲,常有表裂及内裂
紫椴	黑龙江、长白山	0.355	0.476	0.194	0.257	0.470	易干

注:①试材如采自多数地区,则取平均值;②杉松冷杉、鱼鳞云杉及红皮云杉,通常合称白松;③本表根据成俊卿主编《木材学》统计而成

3.3.2 木材干缩的各向异性

木材干缩和湿胀在不同方向上的差异,称为木材干缩和湿胀的各向异性。木材在不同方向上的干缩为:纵向最小,全干缩率为 0.1%~0.3%;径向居中,为 4.5%~8%;弦向最大,为 8%~12%。

这种各向异性,主要是由木材构造特点造成的。由于木材细胞壁中次生壁的中层(S_2 层)厚度最大,又 S_2 层的微纤丝方向与木材纵向几乎平行,当木材微纤丝在失水时相互靠拢时,木材长度方向收缩很小,横纹方向收缩很大。

径弦向干缩差异的差异,主要是由于以下两点。

1) 木射线对径向收缩的抑制:因木射线是沿径向排列的细胞,木射线的纵向(即树干的径向)收缩小于其横向(弦向)收缩。

2) 晚材收缩量大,增加了弦向干缩:木材的干缩量与其细胞壁物质含量有关,晚材密度大于早材,其细胞壁物质含量大于早材,因此晚材的干缩大于早材。又在弦向,早晚材是并联的,晚材的较大的干缩迫使早材与它一起干缩。

树种不同,干缩的差异也很大。通常阔叶树材的干缩大于针叶树材。密度大的木材干缩大于密度小的木材。但也有例外,如椴木密度较小,但干缩不小。另外,抽提物含量高的树种,如桃花心木,其干缩较小。由于木材径弦向干缩的差异,引起原木横断面上不同位置的锯材在干燥后的变形如图 3-3 所示。

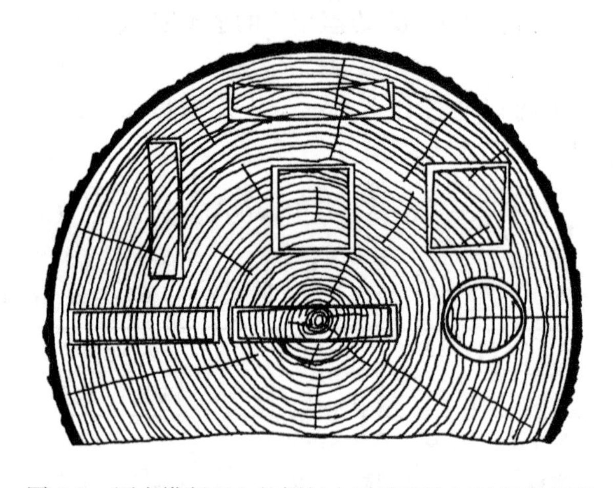

图 3-3 原木横断面上的锯材由干缩不均匀引起的变形

尽管正常木材纵向干缩很小,但应力木和幼龄材的纵向干缩相当大,可达 1%~1.5%。当前,人工林木材的应用越来越广泛,幼龄材的应用也越来越多,其较大的纵向干缩及其对翘曲的影响已成为较严重的问题。

理论上来讲,木材的干缩只有含水率降到纤维饱和点以下才发生。但实际生产上发现,当锯材含水率远高于纤维饱和点时,干缩就已发生。这主要是因为锯材干燥时,厚度方向上有较大的含水率梯度,当锯材平均含水率远高于纤维饱和点时,其表层含水率早已降到纤维饱和点以下,发生了干缩,从而使整块锯材产生少量的干缩。另外,干缩系数实际上也不是常数,当含水率较高时,干缩系数较小;当含水率较低时,干缩系数一般较大。径弦向干缩率及干缩系数的差异也会影响到木材的开裂。径弦向干缩系数差异大,且干缩系数绝对值也大的木材容易开裂。

3.4 木材的弹性、塑性和流变学特性

3.4.1 木材的弹性

木材在外力作用下发生变形,倘若木材的组织没有受到损伤,在除去外力后木材就恢复其原来的形状,这种性能叫作木材的弹性。

木材弹性的大小可以用静曲弹性模量来衡量。不同树种的木材具有不同的弹性模量。弹性模量大致上和密度有关。可以认为重木材的弹性较好，轻木材的弹性较差。由表 3-4 可知一般情况。

表 3-4　木材静曲弹性模量(含水率等于 15%)

树种	气干密度/(g/cm³)	基本密度/(g/cm³)	静曲弹性模量/×100MPa	
			径向	弦向
红松	0.44	—	99	97
樟子松	0.46	0.35	90	89
落叶松	0.70	0.52	134	138
鱼鳞松	0.45	—	105	104
水曲柳	0.69	—	—	141
春榆	0.59	0.48	—	96
柞木	0.77	—	—	148
黄波罗	0.45	—	—	89

弹性模量随木材的干燥程度而变化。在纤维饱和点以下，木材越干，弹性模量越大。纤维饱和点以上弹性模量不变，即干缩木材的弹性比湿木材的好。

弹性好的木材宜于制造车船、地板、体育运动器材、农具、工具柄等。水曲柳、柞木是弹性好的木材。

3.4.2　木材的塑性

木材还有一种和弹性相反的性质，即在除去外力作用以后，木材多少保持着改变后的形状，而不能完全恢复甚至完全不能恢复原形，这种性质叫作木材的塑性或可塑性。

由于木材既有弹性又有塑性。在恒定的外力下，木材变形随时间而增加。当木材受力时便产生相应的弹性变形，在此力作用下，随时间的推移而产生蠕变。当解除力时，便立即产生弹性恢复。随后的一段时间里逐渐有部分的蠕变恢复，但不能完全恢复，不能恢复的蠕变即为残留的永久变形，这便是木材的塑性变形。

3.4.3　木材的流变学特性

任何材料在外力的作用下将产生应力和应变。当给予一定的应变时，其应力随时间而减小，这种现象称为应力松弛。当给予的应力保持一定时，其应变随时间而增加，这种现象称为蠕变。完全弹性体材料不会产生松弛和蠕变。但如果不是完全弹性体材料，在给予一定的应变后，开始像弹性体那样产生应力，内部处于紧张状态，但紧张状态随时间而松弛，趋于一种自由的内部状态。另外，当给予这种材料一定的应力时，则像黏性流体那样应变随时间而继续下去。这种兼具有弹性体和黏性流体两种性质的力学性质称为黏弹性，具有黏弹性体的物质称为黏弹性体。因此，黏弹性体受到应力后产生的应变是由弹性应变和黏性应变两部分合成的。

木材在施加荷载后产生瞬间变形，在长期荷载下的变形将逐渐增加。若荷载很小，经过一段时间后，变形就不再增加；当荷载超过某极限值时，变形不但随时间而增加，甚至使木材破坏。所以木材在承受荷载时具有弹性和黏性，这就是木材的黏弹性或流变学性质。

木材属高分子结构材料，它受外力作用时有 3 种变形：瞬时弹性变形、黏弹性变形及塑性变形。木材承载时，产生与加荷速度相适应的变形称为瞬时弹性变形，它服从于胡克定律。加荷过程终止，木材立即产生随时间递减的黏弹性变形。这种变形是可逆的，与弹性相比，它有时间滞后。而卸载后木材所造成的不可恢复的变形称为塑性变形，该变形不可逆转。

木材产生塑性变形需要的荷载比产生黏弹性变形要大，这是纤维素分子链间相互滑动的缘故。当塑性变形出现后，纤维素的结构破坏，因此荷载超出木材的持久强度，木材终究会破坏，超过越多，破坏越快。

3.4.4　木材的弹性和塑性的相互转换

细胞壁的构造大致上可和钢筋混凝土相比：微纤维束起着钢筋的作用，分布在微胶粒之间的木素和半纤维素起着混凝土的作用，果胶质起硬化剂的作用。

干木材中微胶粒周围的吸着水较少，微胶粒和微胶粒互相吸引，此时木材弹性比塑性显著。

当木材处在高湿度空气中时，细胞壁内的微毛细管系统从空气中吸收水分。吸着水逐步增多，在微胶粒周围形成的水分层逐步增厚。水分使微胶粒互相分离，引起木材的湿胀。这样就降低了木材的弹性，提高了木材的塑性。

倘若在高湿与高温的共同作用下，细胞壁中的纤维素、半纤维素、木素和果胶质受热湿作用之后，逐步软化。结果是弹性更小，塑性较充分地表现出来。倘若木材外部变软的部分在以后的干燥过程中干到纤维饱和点以下，此部分应当发生干缩，但由于内部湿木材的牵制而不能充分干缩，此部分木材就处于被伸张状态。伸张时间较长之后，细胞壁的各种组成分在热的作用下由软变硬，此部分木材就在被伸张状态下固定下来，和它应当缩小的尺寸相比，构成了相对的塑化变形。

对于已塑化变形的木材，还可以用湿热空气进行处理，使塑化固定的部分再度软化。

3.5 木材的电学、声学和热学特性

3.5.1 木材的电学性质

绝干木材是良好的绝缘体，湿木材近于导电体。了解木材的电学性质对木材干燥作业中的含水率测量、高频或微波加热具有实用价值。

1. 木材的直流电性质　木材的电传导用电阻率或电导率来表示。电阻率等于单位长度、单位截面积的均匀导线的电阻值，单位为Ω·m。电阻率的倒数称为电导率，用K表示，单位为S/m。

木材导电中起重要作用的是离子的移动。木材内有吸附在结晶区表面的结合离子；还有处于游离状态，在外电场作用下可产生电荷移动的自由离子。电导率与自由离子的数目成正比。木材和纤维素的电导率，在低含水率情况下，自由离子数目起主要作用；在高含水率情况下，离子迁移率起主要作用。

木材的直流电导率不仅受木材构造、含水率、密度、温度和纤维方向等的影响，还受电压和通电时间等电场条件的影响。

(1) 含水率　如图3-4所示，含水率与直流电导率之间有极其密切的关系，从绝干状态到纤维饱和点，木材电导率随含水率增加而急剧上升，可增大几百万倍；从纤维饱和点至最大含水率，电导率的上升较缓慢，仅增大几十倍。

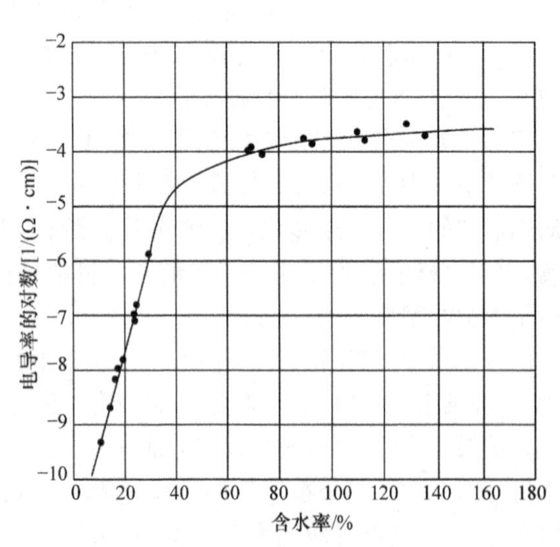

图3-4　电导率与含水率之间的关系
(引自 Серговский, 1958)

木材的电导率K的对数与纤维饱和点以下的含水率之间呈直线关系。

(2) 温度　木材电阻率随温度升高而变小。因木材属离子导电，在一定含水率范围内(MC<10%)的温度效应也可说明木材导电是借助于离子的活化过程。在0℃以上，温度对全干材的影响最为显著；从全干材至纤维饱和点，随含水率的增加，温度影响变小。

(3) 木材纹理　木材横纹理的电阻率较顺纹理大。针叶树材横纹理的电阻率为顺纹理电阻率的2.3～4.5倍；阔叶树材通常达到2.5～8.0倍。阔叶树材的差异一般大于针叶树材。而弦向电阻率大于径向。中等密度针叶树材弦向电阻率比径向大10%～12%，高密度树种的这种差异减小。

(4) 密度　密度的影响与含水率的影响相比小得多。通常密度大者，电阻率小，电导率大。原因是密度大，木材实质多，空隙小，而木材细胞壁实质的电阻率远比空气小。

(5) 水溶性电解质含量　木材的电导率还受存在于木材中水溶性电解质含量的影响。心材水溶性电解质含量高，因此心材比边材的电导率高。

2. 射频下木材的介电性质　射频是频率很高的电磁波，又称为高频。在木材工业中用于高频电加热的频率通常为1～40MHz；用于微波干燥的频率为915MHz或2.45GHz。

木材的介电常数是在交变电场中，以木材为电介质所得电容量与在相同条件下以真空为介质所得电容量的比值，用ε表示。介电常数是表明木材在交变电场下介质极化和储存电能能力的一个量。由于空气为介质和真空为介质两者相差甚微，为了简化起见，常以空气的电容或电量代替真空电容或电量。

介电常数按式(3-9)计算：

$$\varepsilon=\frac{11.3\times d\times c\times 10^{12}}{A} \tag{3-9}$$

式中，A为极板的面积(cm^2)；d为两块极板间的距离(cm)；c为电容(F)。

全干材的介电常数约为2，水的介电常数为81。介电常数值越小，电绝缘性越好。木材的介电常数随树种、含水率、电场频率与电场对木材的纤维方向而异。

(1) 含水率　含水率对介电常数的影响十分明显。在温度和频率不变的条件下，木材介电常数随含水率的增加而增大。含水率在5%以下时，介电常数较小，仅为2～3。含水率在5%以上至纤维饱和点的范围内，介电常数随含水率的增加呈指数形式增大。含水率在纤维饱和点以上时，呈直线形式增大，如图3-5所示。

(2) 密度　各种木材的介电常数随木材密度增加而变大。同一密度的不同树种，木材介电常数几乎没有差别，但因密度不同而有所不同。在一定频率下，介电常数受含水率和密度的共同影响。例如，频率$f=2$MHz，$\rho_0=0.3g/cm^3$，MC=17.5%时，$\varepsilon=3$；

当 $\rho_0=0.4\text{g/cm}^3$，MC=12.5%时，$\varepsilon=3$。

(3) 纹理方向　在温度、频率、密度和含水率相同时，电场方向为顺纹时，其介电常数比横纹大30%～60%。

(4) 频率　一般来说，介电常数随频率的增加而减小。在射频范围内，木材含水率愈低，介电常数受频率的影响愈小。只有在很大的频率差异时，才显示出较明显的差别。若含水率较高，尤其是含水率在20%以上时，频率对介电常数的影响才变得很明显，如图 3-5 所示。

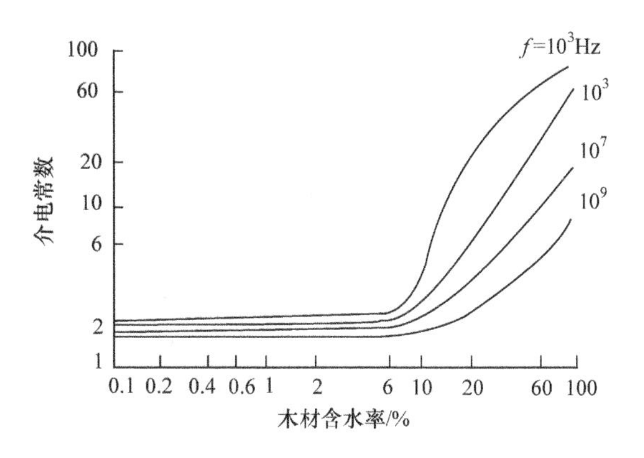

图 3-5　含水率与频率、介电常数的关系

3. *木材的介质损耗*　反映木材能量损失的介电损耗率在数值上等于介电常数与介质损耗角正切的乘积。所以射频下木材的介质损耗通常以损耗角正切 tgδ 来表示，其基本定义为：介质在交流电场中每周期内热消耗的能量与充放电所用能量之比，在数值上等于热耗电流与充放电电流之比。

在相同的频率下，木材的损耗角正切 tgδ 在纤维饱和点以下是随含水率的增加明显增大，而在纤维饱和点以上这种变化很小。此外，损耗角正切的 tgδ 是随电场频率、密度和木材纹理方向的变化而变化。我国主要树种木材的介电性见表 3-5。

表 3-5　我国主要树种木材的介电性*

树种	含水率/%	绝干密度/(kg/m³)	电阻率/MΩ·m	介电常数 ε	损耗角正切 tgδ
红松	12.1	420	0.154	2.80	0.045
杉木	12.0	400	0.138	2.67	0.049
马尾松	12.6	530	0.096	3.77	0.050
泡桐	11.4	260	0.136	1.95	0.066
糠椴	14.8	380	0.220	3.28	0.220
小叶杨	15.5	450	0.051	3.64	0.111
白桦	16.9	590	0.060	5.11	0.059
槭木	16.5	600	0.029	5.22	0.125
水曲柳	18.5	650	0.009	6.41	0.312
柞木	18.1	680	0.009	7.51	0.269

*径向，频率 $f=1\text{MHz}$

3.5.2　木材的声学性质

木材的声传播特性、声共振特性与木材的力学性质有着内在的联系，因此可利用木材的振动或机械波传递的测量，对其质量或强度进行无损检测。

当一定强度的周期机械力或声波作用于木材时，木材会被激励而受迫振动，其振幅的大小取决于作用力的大小和振动频率。木材受到瞬间的冲击(如敲击)之后，也会按照其固有频率发生振动，并能够维持一定时间。由于内部摩擦的能量衰减作用，这种振动的振幅不断地减小，直至振动能量全部衰减消失为止。

1. *木材中的声波性质*　声速与介质的弹性模量的平方根成正比，而与其密度的平方根成反比。对于长的板材来说，沿试样长度方向的纵波传递速度，用式(3-10)来表示：

$$v_s=\sqrt{\frac{E}{\rho}} \tag{3-10}$$

式中，v_s 为纵波传递速度(m/s)；E 为木材的纵向弹性模量(N/mm^2)；ρ 为木材密度(g/mm^3)。

木材试样的纵向自振频率 f_v(Hz)，随木材的传声速度和沿运动方向的木材尺寸而变。即

$$f_v=\frac{v_s}{2L} \tag{3-11}$$

式中，L 为试样长度(m)。

受外部冲击力或周期力作用的木材，当外力停止后，木材的振动处于阻尼振动状态，也就是振动的振幅随时间的延续而按指数规律衰减。木材振动自然衰减的阻尼系数 α 为

$$\alpha=\frac{1}{n}\ln\left(\frac{A_1}{A_2}\right) \tag{3-12}$$

式中，A_1 和 A_2 为两连续振动周期的振幅；n 为自由振动的周期。

木材是具有弹性的固体材料。声波在木材中的传播及使木材产生的振动，都与木材的弹性模量有关。通过测量木材的弹性模量、声波振幅的变化量来判别木材的变形和内部缺陷。

2. *声发射及其在木材干燥中的应用*　物体在发生开裂或破坏之前，其内部首先产生肉眼不可见的微小变形或裂缝，随后变形或裂缝逐渐成长、扩大，最后形成肉眼可见的宏观变化。物体在宏观变化之前，由于内部的变形能被释放出来，一般会产生微弱的声波(弹性波)。在一定的外界条件下，物体状态发生改变而以弹性波的形式释放出来的能量，称为声发射。例如，木材受拉或受压时，内部缺损或裂纹扩展而发出声波；木材干燥时由于内外干燥速度的差异而产生

的残余应力，这种应力又导致木材内部弹性或塑性状态发生变化，而形成声发射。物体的声发射的波形可分为连续型和突发型两种，如图 3-6 所示。木材干燥或受外力裂纹扩展的声发射属于突发型；而充压容器泄漏，材料屈服过程的声发射信号是连续的。

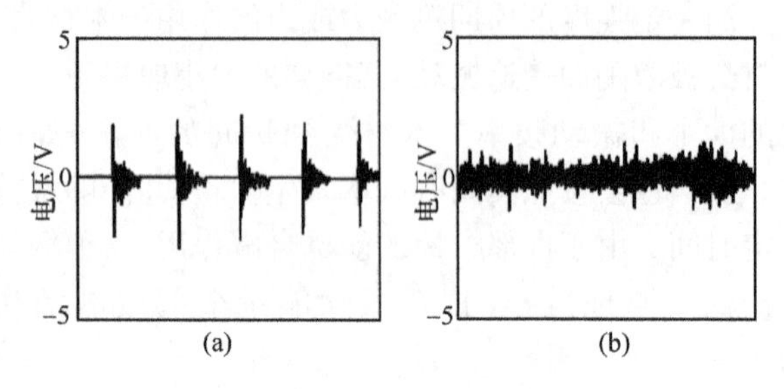

图 3-6　声发射信号（引自阮锡根，2005）

(a) 突发型声；(b) 连续型声

声发射装置原理如图 3-7 所示，是采用压电式的传感器，滤波器除去噪声、选取一定的频率窗口，记录装置可以通过存储示波器、数据采集仪，也可以通过 A/D 转换直接输给计算机，获得的时域声发射信号可以通过软件进行数据处理。

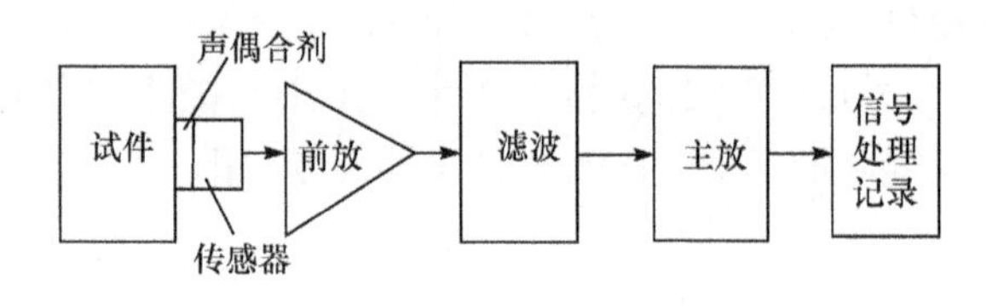

图 3-7　声发射测试装置示意图

声发射检测可以用于防止木材在干燥过程中的开裂。木材在干燥过程中会产生干燥应力，且在不同的干燥阶段和不同的干燥速度下有不同的干燥应力，干燥应力不同，声发射的发射频率及发生总数就不同。因此，通过声发射信息分析，可以及时了解并控制干燥过程。

3.5.3　木材的热学性质

进行木材干燥时，需了解热从空气或其他介质传递到木材内部的速度、温度在木材内部扩散的速度等有关问题，从而确定处理木材的条件。首先需要了解在一定条件下木材热学性质的一些参数，如木材的比热、导热系数、导温系数等。

1. 木材的比热 c_p　　木材的比热相当于把 1kg 的木材升高 1℃所需要的热量。木材是有机多孔性材料，其比热远比金属材料大。木材的比热取决于温度和含水率，而与树种、密度及树干中的部位无关。

湿材可以看成由木材和水分所组成的，湿材的热容量就等于水的热容量与全干材的热容量之和。湿材的比热 c_p[kJ / (kg · ℃)]可以用式(3-13)近似计算：

$$c_p = \frac{4.18\text{MC} + 100c_0}{\text{MC} + 100} \tag{3-13}$$

式中，MC 是木材的含水率(%)；c_0 是全干材的比热。

在 0～106℃，全干材比热的经验方程为

$$c_0 = 1.112 + 0.00485t \tag{3-14}$$

式中，t 为温度(℃)。

计算湿材比热的另一种经验公式为

$$c_p = 1.17\left[\text{MC}\left(1 + \frac{t}{100}\right)\right]^{0.2} \tag{3-15}$$

2. 导热系数 λ　　导热系数 λ 表示木材传递热量的能力，是指在木材单位厚度上，温度变化 1℃时，单位时间内通过单位面积上的热量。

由于木材中仅有极少的易于传递能量的自由电子，而且又是多孔性物质，因此其导热系数极小。

木材的导热系数与木材密度、含水率、温度、热流方向有关。

木材的密度越小，空隙率越大，导热系数就越小，绝热性越好。含水率越高，导热系数越大。木材沿顺纹方向的导热系数为横纹方向的 2～3 倍。木材的横纹导热系数 λ[W/ (m · K)]按式(3-16)和式(3-17)计算：

$$\text{MC} > 40\% \quad \lambda = (0.217 + 0.004\text{MC})\rho_0 + 0.0238V \tag{3-16}$$

$$\text{MC} < 40\% \quad \lambda = (0.217 + 0.0055\text{MC})\rho_0 + 0.0238V \tag{3-17}$$

式中，ρ_0 为全干材的密度；V 为木材的空隙率。

导热系数随温度的升高而增大。在 −50～100℃时经验公式为

$$\lambda_2 = \lambda_1\left[1 - (1.1 - 0.98\rho_0)\frac{t_1 - t_2}{100}\right] \tag{3-18}$$

式中，λ_1、λ_2 分别为 t_1、t_2 时的导热系数。

3. 导温系数 a　　导温系数(又称热扩散系数)表示木材使其内部各点的温度趋于一致的能力。导温系数越大，在同样外部加热或冷却的条件下，木材内部温度差异就越小，温度变化速度越快。它与木材的导热系数 λ、比热 c 及密度 ρ 之间有如下关系。

$$a = \frac{\lambda}{c\rho} \tag{3-19}$$

式中，a 为导温系数(m^2/s)；λ 为导热系数 [W/(m · ℃)]；c 为比热 [kJ/(kg · ℃)]；ρ 为密度(kg/m^3)。

木材的导温系数可以计算求出，也可用试验直接测定。

影响木材热扩散的因素有木材密度、含水率、温度和热流方向。

(1) 木材密度的影响　　木材的导温系数通常随密度的增加而略有减小。因为木材是多孔性材料，

密度小者空隙率大，孔隙中充满空气，而静态的空气导温系数非常大，比木材大两个数量级，所以密度低的木材，其导温系数也就相应高一些。

(2) 含水率的影响　水的导温系数比空气的导温系数小两个数量级，含水率的增加使得木材中部分空气被水所代替，则导致木材的导温系数降低。木材中的水分在纤维饱和点以上和以下有着不同的存在形式，因而在不同的含水率变化范围，导温系数的降低程度也不同(图 3-8)。

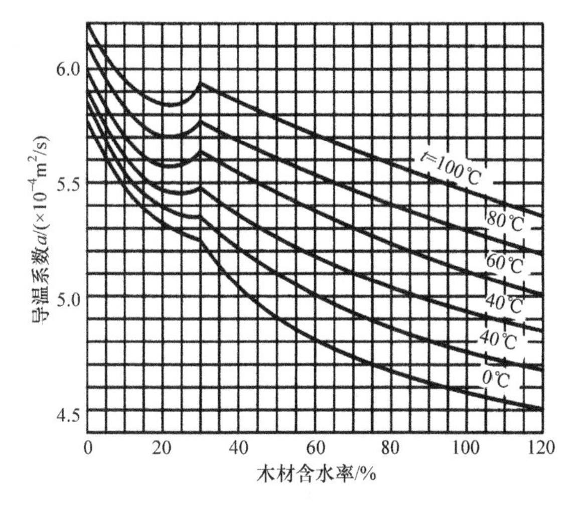

图 3-8　基本密度为 515kg/m³ 的木材横纹导温系数与含水率的关系
(引自 чудинов，1968)

(3) 温度的影响　导温系数与温度的关系，可看成温度与导热系数、比热及密度三者关系的综合。由于温度变化对密度的影响甚微；而导热系数和比热均随温度上升而增大，温度对导热系数的影响又大于比热的影响，导温系数随温度升高而增加。

(4) 热流方向的影响　热流方向对导温系数的影响与对导热系数的影响相同。顺纹的导温系数最大，其次是径向和弦向。在木材干燥过程中，木材的长度远大于宽度和厚度，热流传导的主方向为横向，因此通常仅测定木材的横向导温系数和导热系数。

3.6　木材构造、性质与木材干燥特性的关系

木材的构造差异及木材自身特性造成木材干燥特性的差异，使得各树种木材在干燥过程中体现出不同的干燥特性差异。

3.6.1　树种

针叶材的主要细胞是轴向管胞，阔叶材的主要细胞是木纤维，它们的细胞结构是相似的，且在排列上都与树干的主轴平行。一般针叶材水分移动速度大于阔叶材，木材虽然有专门的轴向输导组织，但是板材的水分移动主要靠横向，阔叶材的主要细胞木纤维较针叶材管胞直径小，壁上纹孔少而小等原因，造成阔叶材水分传导比针叶材困难。而密度大的硬阔叶材水分移动速度小于密度小的软阔叶材，原因是密度大的阔叶材含更多木纤维且壁厚、腔小。密度越大的木材，其内部的水分越难向表面移动，木材干燥时易形成较高的含水率梯度和较大的内应力，很容易产生开裂。

针叶材的解剖分子较简单，排列规则，轴向管胞占针叶材的 90%，呈狭长状厚壁细胞，管胞既有输导功能又具有对树体的支持机能。而阔叶材结构比针叶材复杂，排列不规整，材质不均匀，各类细胞的形状、大小和壁厚相差悬殊。因此，干燥过程中针叶材不仅水分向外移动速度比阔叶材快，而且由于其结构均匀及厚壁细胞的力学性能好，干燥产生的缺陷也比阔叶材少，绝大多数针叶材是属于较容易干燥的一类木材。

3.6.2　木材的三个方向

木材的纵向水分移动速度远快于横向，因为木材细胞中的水分是纵向输导的，而端头的水分蒸发更快，因此木材的端面极易开裂。木材横向的水分移动是径向大于弦向，主要是由于径壁上的纹孔数量多于弦壁，径向的木射线和树脂道也增加了水分移动强度。

木材的纵向干缩系数很小，而横向干缩系数较大。木材的收缩是细胞壁上的微纤丝在失去水分后的相互靠拢，而细胞壁上厚度最大的 S_2 层纤丝角与木材细胞方向的夹角很小，因而纵向收缩很小，可以忽略，所以在木材的干燥过程中不考虑木材的纵向干缩。

横向干缩弦向大于径向，这是由于木射线对径向收缩的抑制和早晚材收缩差异，因为木材的收缩量与其所含实质(细胞壁)量有关。晚材的细胞腔小而壁厚，细胞组织致密；早材细胞壁薄，体形较大，材质松软。晚材密度大于早材，其实质含量也多于早材，因此晚材的收缩比早材大。木材的径向，早晚材是串联的，木材径向收缩体现为晚材和早材按各自体积比例加权平均的效果；而在弦向，早晚材是并联相接，由于晚材的强度大于早材，因此收缩大的晚材就会强制收缩小的早材与它一同收缩，最终使得木材的弦向收缩大于径向收缩。锯材径、弦向的干缩差异越大，如弦切板及含髓心的方材，在干燥过程中越容易出现变形、开裂等干燥缺陷。

3.6.3　边心材差异

边材为立木时是输送水分和营养的活细胞，而心

材失去了这些功能，细胞腔中内含物沉积、纹孔闭塞，水分输导系统阻塞，材质变硬、密度增大，渗透性降低，使得水分向外迁移速度比边材慢，木材干燥过程中易产生开裂、变形等干燥缺陷。纹孔闭塞严重的木材，在干燥过程中会产生很大的毛细管张力，这时细胞的力学强度较低时极易产生皱缩现象。

3.6.4 木射线、轴向薄壁组织

木射线是沿径向排列的细胞，木射线的纵向为木材的径向，在干燥过程中抑制木材的径向收缩，使得木材的径向干缩小于弦向；大部分木射线是由薄壁细胞构成，其力学强度比一般的细胞低，所以木材在干燥过程中容易沿木射线产生开裂。

轴向薄壁组织在针叶材中不发达或根本没有，仅在杉木、柏木等少数树种中存在。阔叶材中的薄壁组织远比针叶材发达，其分布形态也是多种多样的，而薄壁组织的力学强度较低，易开裂，因而含有丰富薄壁组织的阔叶材的干燥比针叶材困难。木材的髓心周围是一种柔软的薄壁组织，强度低，因此在圆木的端头容易出现从髓心处向外呈辐射状开裂现象。

3.6.5 应力木、幼龄材

无论是应压木还是应拉木，它们的纵向干缩均大于正常木材，应压木细胞壁上的 S_2 层比正常材厚，微纤丝角比正常材大 45°甚至 50°，因此应压木的干缩系数与正常材的差异较大，容易产生侧弯和开裂。应拉木与正常材相比的管孔尺寸和数量减少，使得水分传导速度变慢。顺纹干缩系数比正常材显著增大，横向干缩系数降低，造成干燥过程产生侧弯等变形。

幼龄材又称为未成熟材，是次生人工林快速生长树株中严重影响木材品质的部分。幼龄材与成熟材相比，细胞短而壁薄，螺旋纹理的倾向较大，次生壁中层的微纤丝角较大。所以干燥时易产生翘曲变形；纵向收缩大，易产生侧弯等干燥缺陷。

3.6.6 斜纹

斜纹是由于木材纤维的排列方向与树干的主轴方向不平行，如螺旋纹理、交错纹理等产生的，斜纹木材的纵向收缩加大，干燥时板材会顺着纹理方向产生翘曲、扭曲变形。

3.6.7 变色

木材的变色有化学变色、初期腐朽变色、酶变色或变色菌变色，一般的变色是在高含水率条件下产生的，经过干燥使木材的含水率降到 20%以下，变色不会继续增加。初期腐朽变色、酶变色经过 60℃以上的温度干燥可以杀死酶和腐朽菌。对于腐朽菌和变色菌也可以先用化学药剂杀菌处理，再干燥以防止和减轻变色。对于本身含有变色成分的木材，可以针对变色成分先进行防变色处理，再进行干燥处理。需注意，在干燥前期高含水率阶段，高温高湿易诱发木材中变色成分产生变色，使用较低的温度干燥可以减轻或防止易变色木材变色，等含水率降低后再用较高的温度干燥。

思 考 题

1. 吸着水的最大含水率是多少？
2. 用称重法和直流电阻式含水率仪测定木材含水率各有何优缺点？
3. 何谓木材的纤维饱和点？它有何实用价值？
4. 何谓平衡含水率及吸湿滞后？它们在木材工业中有何实用价值？
5. 在南京生产的一批木制品，其木材室干到 10%的终含水率，运到北京和广州使用后，其含水率会有什么变化？
6. 宽度为 200mm 的马尾松湿材弦切板，干燥到 12%的终含水率，其终了宽度为多少？
7. 某木材加工厂要干燥一批水曲柳地板，终含水率为 10%，净厚度为 16mm，如果加工余量为 3mm，求地板材的毛料厚度为多少？
8. 在原木横断面上，不同位置锯出的锯材，干燥后会发生什么样的变形？
9. 木材在干燥过程中会受到哪几种应变的作用？
10. 什么是木材的介电常数？它与木材的哪些性质有关？
11. 木材的导温系数受哪些因素的影响？导温系数大的木材传热是快还是慢？

主要参考文献

成俊卿. 1985. 木材学. 北京：中国林业出版社
顾炼百. 2003. 木材加工工艺学. 北京：中国林业出版社
南京林产工业学院. 1981. 木材干燥. 北京：中国林业出版社
阮锡根. 2005. 木材物理学. 北京：中国林业出版社
尹思慈. 1996. 木材学. 北京：中国林业出版社
朱政贤. 1992. 木材干燥. 北京：中国林业出版社

第 4 章　木材干燥过程的物理基础

木材常规干燥过程，是木材与干燥介质（周围湿空气）间热量传递与质量传递的过程。例如，干燥室内干燥介质对木材的加热，透过干燥室壳体的热损失，干燥过程中木材内部水分的迁移及木材表面水分向干燥介质中的蒸发等。掌握干燥过程中热、质传递和木材内部应力的变化规律，对于改进和完善干燥设备、合理制定和可靠实施干燥工艺基准等具有重要意义。

4.1　热转移的基本规律

复杂的换热过程可归纳为三种基本的热传递方式：热传导（导热）、热对流和热辐射。在实际热传递过程中，这三种基本方式往往非单独进行，而是在具体场合下的不同组合。木材常规干燥过程中，干燥介质向木材表面的热量传递：三种热传递方式并存，干燥介质热量向木材表面的传递，以对流换热方式为主；木材表面向木材内部的热量传递，以导热方式进行。

4.1.1　热传导

热传导简称导热，从宏观角度来看，是指热量由物体的高温部分向低温部分或由一个高温物体向与其接触的低温物体的传递。从微观角度来看，是指物体各部分之间不发生相对位移时，依靠分子、原子和自由电子等微观粒子的热运动而产生的热量传递现象。对于非金属晶体如木材，热量是依靠晶格的热振动波来传递的，即依靠原子、分子在其平衡位置附近的振动所形成的弹性波来传递；对于金属固体，热量依靠晶格热振动波进行传递量很少，主要是通过自由电子的迁移来传递。在导热方式中，物体间必须彼此接触，亦即接触换热；物体内部各部分之间没有宏观相对运动。

如图 4-1 所示，固体传导的热量，用导热的基本定律[傅里叶定律(Fourier law)]来计算。其含义是：单位时间内在物体内部两平行等温面间传递的热量（热流量或导热速率），与垂直热流方向的断面积和温度差成正比，与等温面间的距离成反比。即

$$Q(\mathrm{W})=A\lambda\frac{\Delta T}{\Delta x}=A\lambda\frac{\Delta t}{\Delta x}=A\lambda\frac{t_1-t_2}{\delta}\qquad(4\text{-}1)$$

式中，A 为垂直热流方向的物体横断面积(m^2)；λ 为导热系数（热传导率）[W/(m・K)或 W/(m・℃)]；T 为热力学温度(K)；t 为摄氏温度(℃)；δ 为等温面间距离(m)。

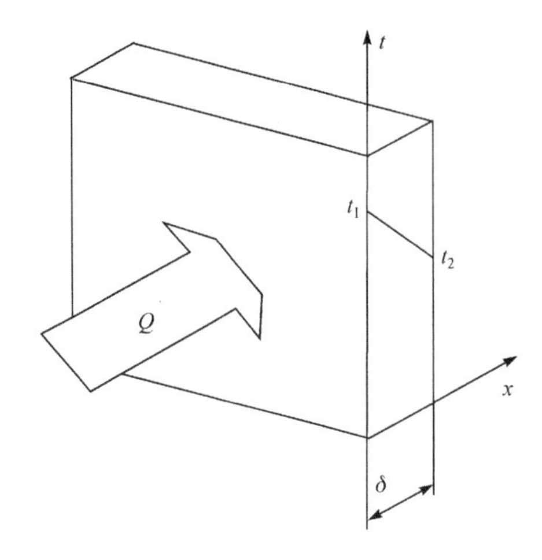

图 4-1　单层平壁稳态导热

式(4-1)表明，温差 ΔT 或 Δt（在数值上两者相等）为上述平壁导热的热动势（热转移势）。

若用 q 表示热流密度（热通量），即单位时间内通过垂直热流方向的物体截面上单位面积的热量(Q/A)，据式(4-1)，有

$$q(\mathrm{W/m^2})=\lambda\frac{\Delta t}{\Delta x}=-\lambda\frac{t_2-t_1}{\delta}=-\lambda\frac{\mathrm{d}t}{\mathrm{d}x}\qquad(4\text{-}2)$$

式中，$\frac{\mathrm{d}t}{\mathrm{d}x}$是一维导热时温度差 Δt 对热流方向上长度增量 Δx 之比的极限，称为温度梯度。式中的负号，表示热流方向（温度降低的方向）与温度梯度的方向（温度升高的方向）相反。若为多维导热，温度梯度则为$\frac{\partial t}{\partial x}$，其中热量沿 x 方向的传导分量为

$$q(\mathrm{W/m^2})=-\lambda\frac{\partial t}{\partial x}\qquad(4\text{-}3)$$

上述导热的基本定律表明，在木材干燥的传热过程中，加热木材的介质温度与木材心部温度差越大，木材的厚度越小，传热越快，即薄板材在较高的温度下被加热到预定温度所用时间较短。

不同物质的热传导性能不同，其按物质分类的排序依次为金属＞非金属固体＞液体＞气体。常温下纯铝的导热系数为 204W/(m・℃)。红砖、玻璃的导热系数为 0.6～1.0W/(m・℃)。羽毛、干木材和保温材料为多孔材料，孔隙内充满空气，导热系数一般小于 0.2W/(m・℃)。木材导热系数的影响因素，见 3.5.3。

常用建筑材料的导热系数，可由表 4-1 查得。

表 4-1 常用建筑材料的导热系数

材料名称	密度/(kg/m³)	导热系数/[W/(m·℃)]
膨胀珍珠岩散料	300	0.116
膨胀珍珠岩散料	120	0.058
膨胀珍珠岩散料	90	0.046
水泥膨胀珍珠岩制品	350	0.116
水玻璃膨胀珍珠岩制品	200～300	0.056～0.065
岩棉制品	80～150	0.035～0.038
矿棉	150	0.069
酚醛矿棉板	200	0.069
玻璃棉	100	0.058
沥青玻璃棉毡	100	0.058
膨胀蛭石	100～130	0.051～0.070
沥青蛭石板	150	0.087
水泥蛭石板	500	0.139
石棉水泥隔热板	500	0.128
石棉水泥隔热板	300	0.093
石棉绳	590～730	0.100～0.210
碳酸镁石棉灰	240～490	0.077～0.086
硅藻土石棉灰	280～380	0.085～0.110
脲醛泡沫塑料	20	0.046
聚苯乙烯泡沫塑料	30	0.046
聚氯乙烯泡沫塑料	50	0.058
锅炉炉渣	1000	0.290
锅炉炉渣	700	0.220
矿渣砖	1100	0.418
锯末	250	0.093
软木板	250	0.069
胶合板	600	0.174
硬质纤维板	700	0.209
松和云杉(垂直木纹)	550	0.174
松和云杉(顺木纹)	550	0.349
玻璃	2500	0.670～0.710
混凝土板	1930	0.790
水泥	1900	0.300
石油沥青油毡、油纸、焦油纸	600	0.174
建筑用毡	150	0.058
浮石填料(每块10～20mm)	300	0.139
纯铝	2710	236.000
建筑钢	7850	58.160
铸铁件	7200	50.000
砖砌圬土	1800	0.814
空心砖墙	1400	0.639
矿渣砖墙	1500	0.697
水泥砂浆	1800	0.930
混合砂浆	1700	0.872
钢筋混凝土	2400	1.546

4.1.2 热对流

热对流是指依靠流体(液体或气体)的宏观运动(不同部位的相对位移),使冷热流体相互掺混所引起的热量传递(由高温处传递到低温处)过程。热对流只能发生在流体介质中。

在木材干燥中常发生的是流体(干燥介质)流过固体(木材、干燥室等)壁面时对流和导热联合起作用的热量传递现象,称为对流换热。

对流换热的特点:①导热(固体表面形成的流体界层)与热对流(流体其他部位与流体界层表面)同时存在的复杂热传递过程。②必须有直接接触(流体与固体表面)和流体宏观运动。③必须有温差。

通常用牛顿公式计算对流换热的热流密度 q:

$$q(\mathrm{W/m^2})=\alpha\Delta t=\alpha(t_1-t_2) \qquad (4\text{-}4)$$

式中,α 为对流换热系数,简称为换热系数(放热系数)[$\mathrm{W/(m^2\cdot K)}$ 或 $\mathrm{W/(m^2\cdot ℃)}$];t_1 为与固体接触的介质的温度(℃);t_2 为固体表面的温度(℃)。

上述参数如图 4-2 所示。

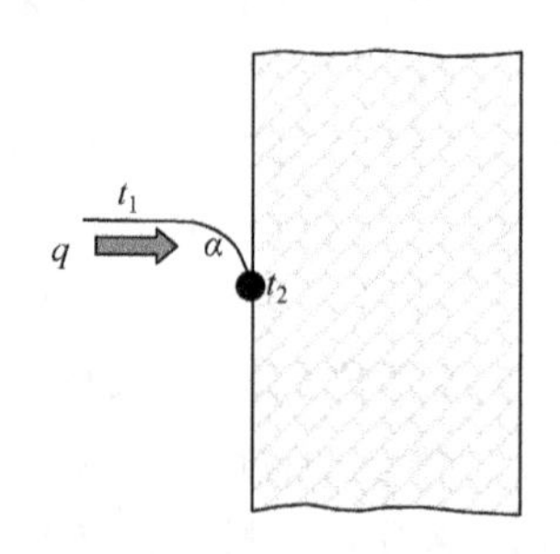

图 4-2 对流换热示意图

换热系数取决于流体界层表面介质流动的性质、流体界层厚度及其导热系数等。

实际干燥生产过程中,木材内部的导热及其表面的对流换热是同时进行的,如图 4-3 所示。

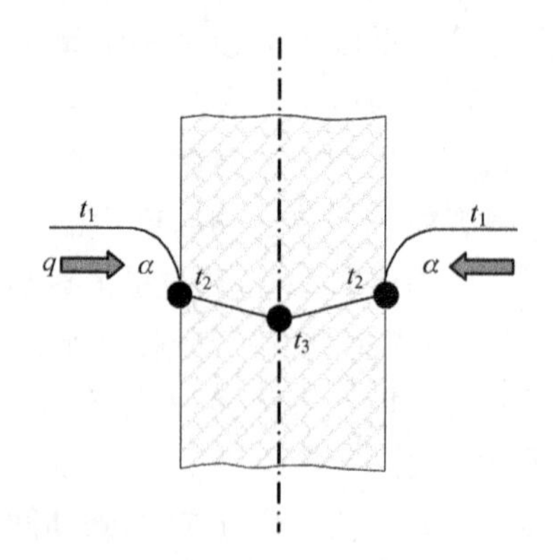

图 4-3 木材一维稳态传热

4.1.3 热辐射

物体通过电磁波来传递能量的方式称为辐射。物体会因各种原因发出辐射能,其中因热的原因而发出辐射能的现象称为热辐射,即热辐射是由温度差产生的电磁波在空间的传热过程。其是远距离传递能量的主要方式,如太阳能就是以热辐射的形式,经过宇宙空间传给地球的。辐射换热与导热及对流换热的明显区别在于，前者是非接触换热（在真空中最有效），而后者是接触换热。由于常规干燥过程中加热器和其周围低温物体、木材和干燥室内壁等存在温差，因此辐射传热存在于整个干燥过程。

描述热辐射的基本定律是斯蒂芬-玻尔兹曼定律（Stefan-Boltzmann law）：理想辐射体（黑体，电磁波波长 0.4～40μm）向外辐射的能量密度与物体热力学温度的4次方成正比，即

$$q(\mathrm{W/m^2})=\sigma_0 T^4 \tag{4-5}$$

式中，q 为黑体辐射的能量密度；σ_0 为黑体的辐射常数，称为斯蒂芬-玻尔兹曼常数，其值为 $5.67\times10^{-8}\mathrm{W/(m^2\cdot K^4)}$；$T$ 为黑体表面的绝对温度(K)。

式(4-5)仅适用于绝对黑体，且只能应用于热辐射。实际物体的辐射能量流密度可用下述经验修正公式计算

$$q(\mathrm{W/m^2})=\varepsilon\sigma_0 T^4 \tag{4-6}$$

式中，ε 为实际物体的黑度（发射率），其值小于1。

两无限大黑体间的辐射传热热流密度为

$$q\ (\mathrm{W/m^2})=\sigma_0(T_1^4-T_2^4) \tag{4-7}$$

式中，T_1、T_2 为黑体1、黑体2表面的绝对温度。

两无限大具有相同黑度 ε 的实际物体间的辐射传热热流密度为

$$q(\mathrm{W/m^2})=\varepsilon\sigma_0(T_1^4-T_2^4) \tag{4-8}$$

4.2　质转移的基本规律

在多孔固体中流体（液体或气体）在某种驱动力（动势）下由高动势区域向低动势部位的转移过程称为质量传递，简称传质。其包括毛细管系统内部液体在毛细管张力梯度、水蒸气压力梯度等驱动下及气体在水蒸气压力梯度等驱动下的流动（渗流），多孔固体中流体在浓度梯度、水蒸气压力梯度等驱动下的扩散，液、气界面上液体在液面温度所对应的饱和蒸汽压力与液面上方空气中水蒸气分压之差推动下的蒸发。即质转移具有渗流、扩散及蒸发等多种形式，分别由不同驱动力推动。

4.2.1　多孔固体中流体流动（渗流）的基本规律

1. *多孔固体中流体的流动强度*　多孔固体中流体在压力梯度下将产生流动（渗流）。其流动强度 J（也称为流量密度，等于 $\dfrac{Q}{A}$，亦即 $\dfrac{M}{\tau A}$，τ 为时间，M 为流体质量，A 为流体所通过的面积，Q 为流量），即流体单位时间通过单位面积流动的质量或容量，根据达西定律（Darcy law），可用如下偏微分方程表示：

$$J[\mathrm{kg/(m^2\cdot s)}]=-k\frac{\partial p}{\partial x} \tag{4-9}$$

式中，p 为作用于流体上的毛细管张力、水蒸气压力或加压、负压产生的静压力(Pa)；x 为流体流动的距离(m)；k 为流体在多孔固体中的渗透性[$\mathrm{m^3/(m\cdot Pa\cdot s)}$]。

2. *多孔固体渗透性*　如式(4-9)所示，多孔固体中流体的流动强度，由固体渗透性（渗透率，permeability）和压力梯度（驱动力）决定，所以多孔固体渗透性（渗透率，permeability）是决定其内部流体流动难易程度的重要性能。

渗透性是描述多孔固体（如木材）中流体在静压力梯度作用下渗透难易程度的物理量。无论将流体自多孔固体内排除（如木材干燥），还是将流体注入多孔固体（如木材防腐、染色等），渗透性都起着很重要的作用。

多孔固体可渗透的充分必要条件是，孔隙率（孔隙所占的空间百分比）大于零，且孔隙彼此相连通。例如，针叶树材内的自由水在静压力梯度下可通过各细胞腔及连通细胞腔的纹孔膜上的小孔流动，即具有渗透性。但如果纹孔膜上的小孔被抽提物等堵塞或纹孔闭塞而成为封闭的细胞结构，则其渗透性接近于零。

多孔固体渗透性理论以达西定律为基础而建立。

(1) 达西定律　可描述流体在多孔固体内的稳态流动，应用于多孔固体时需要满足下述附加条件：①流体在多孔固体中的稳态流动黏滞流动与层流；②流体是均匀不可压缩的；③固体中的孔隙是均匀的；④流体与多孔固体间不发生相互作用；⑤渗透性与流动方向上的固体长度无关。

液体达西定律可表示为

$$k=\frac{Q/A}{\Delta p/L}=\frac{QL}{A\Delta p} \tag{4-10}$$

式中，各参数如图4-4所示，k 为渗透性[$\mathrm{m^3/(m\cdot Pa\cdot s)}$]；$Q$ 为容积流量($\mathrm{m^3/s}$ 或质量流量，kg/s)；L 为试件在流动方向上的长度(m)；A 为试件垂直于流动方向的横截面积($\mathrm{m^2}$)；Δp 为压力差(Pa)。

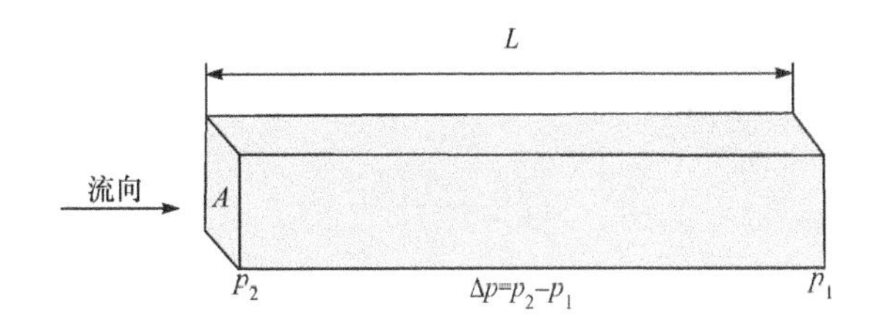

图4-4　达西定律参数示意图

当达西定律应用于气体流动时，因气体在木材内的流动过程中膨胀，其压力梯度和容积流量连续变

化，所以达西定律取微分形式，

$$k_g=-\frac{Q/A}{\mathrm{d}p/\mathrm{d}x} \tag{4-11}$$

式中，k_g 为气体渗透性[$m^3/(m \cdot Pa \cdot s)$]；x 为流动方向上的长度(m)。

负号是因为气体流动方向与压力梯度方向(压力升高方向)相反。

据理想气体状态方程，得到气体容积 V 与压力 p 和温度 T 的关系，即 $V=nRT/p$，n 为气体摩尔数(mol，物质的量，等于质量/摩尔质量)，将其带入式(4-11)，积分求解可得气体达西定律，即

$$k_g=-\frac{nRT\,\mathrm{d}x}{\tau Ap\,\mathrm{d}p}\longrightarrow k_g p\mathrm{d}p$$

$$=-\frac{nRT}{\tau A}\mathrm{d}x\longrightarrow k_g\int_{p_1}^{p_2}p\mathrm{d}p=-\frac{nRT}{\tau A}\int_L^0\mathrm{d}x$$

积分求解，得到

$$k_g=\frac{VLp}{tA\Delta p\bar{p}}=\frac{QLp}{A\Delta p\bar{p}} \tag{4-12}$$

式中，$\Delta p=p_2-p_1$；$\bar{p}=\frac{p_2+p_1}{2}$；$p$ 为流量为 Q 处的压力(Pa)。

(2) 泊肃叶定律　如果多孔固体中的孔隙为平行均布的圆形毛细管，则通过这些毛细管的流体流量，即上述达西定律中的流量，可用泊肃叶定律(Poiseuille law)来计算。

液体的泊肃叶定律：

$$Q=\frac{N\pi r^4\Delta p}{8\mu L} \tag{4-13}$$

式中，Q 为容积流量(m^3/s)；N 为相互平行的均布毛细管数；r 为毛细管半径(m)；L 为毛细管长度(m)；Δp 为压力差(Pa)；μ 为液体的黏度(Pa·s)。

流量 Q 除以毛细管横截面积 $N\pi r^2$ 得平均流速 $\bar{v}$，即

$$\bar{v}=\frac{r^2\Delta p}{8\mu L} \tag{4-14}$$

若该定律应用于 $L/r<100$ 的短毛细管时，考虑到因毛细管两端黏滞损耗所引起的压力降，需用修正长度 L' 代替 L，即

$$Q=\frac{N\pi r^4\Delta p}{8\mu L'} \tag{4-15}$$

式中，$L'=L+1.2r$。

则液体流过短毛细管的平均流速为

$$\bar{v}=\frac{r^2\Delta p}{8\mu L'} \tag{4-16}$$

与气体达西定律[式(4-12)]一样，泊肃叶定律用于气体时也要考虑气体膨胀，所以用于气体的泊肃叶定律为

$$Q=\frac{N\pi r^4\Delta p\bar{p}}{8\mu Lp} \tag{4-17}$$

式中，$\bar{p}$，p 与式(4-12)中的参数相同，μ 为液体的黏度(Pa·s)。

将式(4-13)代入式(4-10)得

$$k=\frac{N\pi r^4}{A8\mu}=\frac{n\pi r^4}{8\mu} \tag{4-18}$$

式中，n 为每单位横截面积的毛细管数量，$n=N/A$；μ 同前。

由式(4-18)可知，多孔固体渗透性除取决于其构造外，还与流体黏度有关。为消除后者的影响，将渗透性与液体黏度相乘，并称其为比渗透性或渗透系数。即

$$K=k\mu \tag{4-19}$$

式中，K 为比渗透性或渗透系数(m^3/m)。

将式(4-18)代入式(4-19)得

$$K=\frac{n\pi r^4}{8} \tag{4-20}$$

由式(4-20)可见，当多孔固体为均布且相互平行的圆形毛细管结构时，比渗透性仅为单位横截面积的毛细管数量 n 及半径 r 的函数，即与 n 及 r^4 成正比。

综上所述，流量及比渗透性与毛细管半径的 4 次方、毛细管横截面积的平方成正比，若横截面积增加一倍，则流量及比渗透性增加 4 倍。

3. 多孔固体中流体流动的驱动力　多孔固体内孔隙为一系列半径不等的毛细管。若毛细管系统中存在着液体及一定数量的气体，则气液界面(弯液面)处存在着毛细管张力，其是液体流动的主要驱动力。

(1) 表面张力　表面张力是液体-气体-固体界线上的一种特性，是由分子间的吸引力[范德瓦耳斯力(van der Waals force)]不平衡引起的。表面张力定义为液体-气体-固体界线上单位长度上的作用力(图 4-5)，即

$$\gamma(\mathrm{N/m})=\frac{F}{x} \tag{4-21}$$

式中，F 为沿界线长度 x 的作用力(N)；x 为界线长度(m)。

(2) 毛细管张力　如果毛细管中液体与管壁润湿(如木材毛细管中的水分)，由于表面张力 γ 的作用，液体在毛细管中升起。此时，作用于其上的力相平衡(图 4-5)。

以弯液面处球冠状液体为受力对象[图 4-5(b)]可得

$$2\pi r\gamma\cos\theta=(p_0-p_1)\pi r^2$$

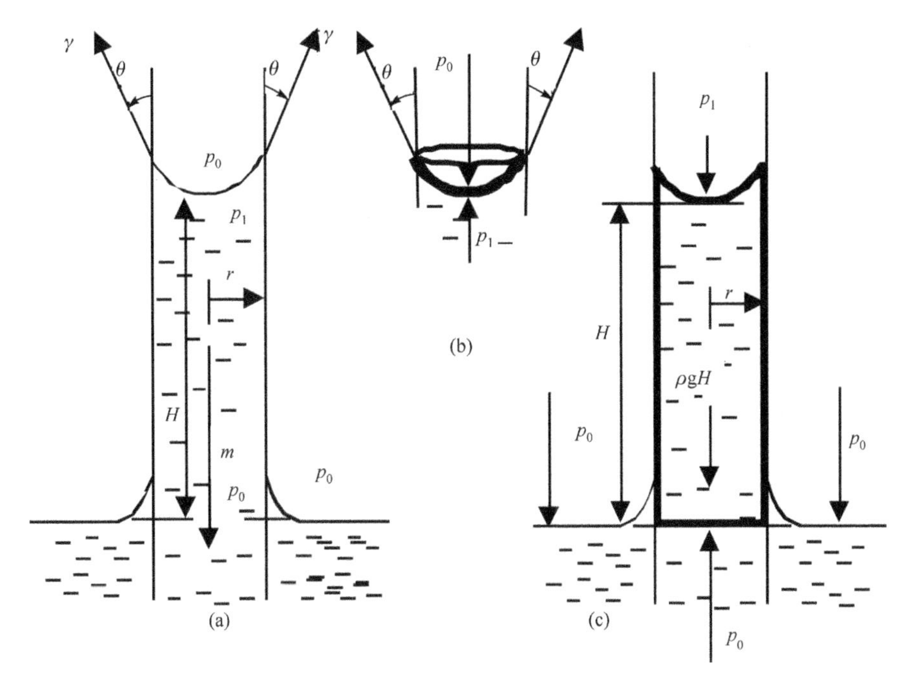

图 4-5　毛细管张力

式中，p_0 为弯液面上方气相压力(Pa)；p_1 为弯液面处液相应力，也称为毛细管张力(该式假定为压力，若计算结果为负值，则为拉应力)(Pa)；θ 为液体与壁面的润湿角(接触角)；r 为毛细管半径(m)。

等号左端为液体-气体-固体界线(半径为 r 的圆周)上的总作用力沿毛细管方向的向上分力，右端为作用在弯液面上沿毛细管方向的总向下压力，弯液面平衡时两者相等。整理上式可得应力差

$$p_0 - p_1 = \frac{2\gamma\cos\theta}{r} \tag{4-22}$$

如图 4-5(c)所示，以弯液面下方毛细管内液体(液柱)为受力对象，按前述假定，弯液面处液相应力(毛细管张力)为压力，可得

$$(p_0 - p)\pi r^2 = \rho\pi r^2 gH,$$

即

$$p_0 - p = \rho gH,$$

将其与式(4-22)联立可得

$$H = \frac{2\gamma\cos\theta}{\rho gr}$$

式中，H 为毛细管内液柱高度(m)；ρ 为毛细管内液体密度(kg/m^3)；g 为重力系数(N/kg)，等于 9.8N/kg(通常取 10N/kg)。

润湿角 θ 与润湿毛细管壁的液体种类、毛细管壁的光洁度、温度等有关。液体若为水，θ 小于 90°，其与玻璃接触 θ 近似为 0°。

表面张力 γ 与液体的种类、温度有关，20℃时水的表面张力约为 0.073N/m。

毛细管半径 r 与应力差 $p_0 - p_1$、表面张力 p_1 及液柱高度 H 成反比，且影响程度很大。若近似地取润湿角 θ 为 0°，表面张力 γ 近似地取 0.073N/m，其关系如表 4-2 所示。

表 4-2　毛细管半径与毛细管张力及液柱高度的关系

毛细管半径/μm	液柱高度/m	应力差 $p_0 - p_1$/atm	毛细管张力 p_1/atm	毛细管张力状态
1	14.86	1.456	−0.456	拉应力
<1.456	>10	>1	<0	拉应力
1.456	10	1	0	无应力
大于 1.46	<10	<1	>0	压应力
10	1.486	0.1456	0.8544	压应力

表 4-2 表明，毛细管张力 p_1 为 0(无应力)所对应的毛细管半径 r 等于 1.456μm，r 小于该值，毛细管张力为拉应力，r 大于该值为压应力。

(3) 其他驱动力　如上所述多孔固体中毛细管系统内液体流动的主要驱动力为毛细管张力。然而，加热引起的水蒸气压力升高，加压、负压等引起的流体静压力的变化等也对流体流动强度有影响，它们与毛细管张力共同作用驱动流体流动。尤其是流体仅为气体时，毛细管张力不存在，驱动力仅为后者。

4.2.2　多孔固体中流体扩散的基本规律

由分子运动而引起的质量传递过程称为质扩散(或分子扩散)。微观上是构成物质的大量分子，由于其在不同空间区域内所具有的能量分布不均而做不规则运动、相互碰撞，迫使其由能量大的区域向能量小的区域转移，最后达到均匀分布。当流体做紊流或

层流流动时，质交换不仅依靠分子扩散，还依靠流体各部分间的宏观相对位移(质量对流运动)来实现。这种由分子扩散和质量对流而引起的质量传递称为质对流(或对流扩散)。由于物质的能量可以用多种形式表示，因而传质过程中推动力的表达形式也有很多种。常用菲克(Fick)定律描述扩散规律，即浓度梯度等扩散势对扩散强度(扩散通量)的影响规律。

1. *扩散强度* 扩散进行的快慢用扩散强度(扩散通量)来衡量，扩散强度的定义为，单位时间内通过垂直于扩散方向的单位截面积扩散的物质量，即

$$J=\frac{\mathrm{d}m}{\mathrm{d}\tau}=\frac{M}{\tau A}$$

式中，J 为扩散强度[kg/(m² · s)]；M 为在时间 τ 内穿过木材扩散的水分质量(kg)；A 为木材垂直扩散方向的截面积(m²)；τ 为扩散时间(s)。

2. *扩散驱动力(扩散势)* 菲克定律(4.2.2 中的 3.)所描述的物质扩散驱动力(扩散势)主要为浓度梯度，该定律用于描述木材干燥过程水分扩散时，还常用含水率梯度、水蒸气压力梯度作扩散势(4.5.2)。接下来对扩散势之一的浓度梯度进行概述。

(1) 质量浓度和物质的量浓度(摩尔浓度) 浓度梯度中的浓度通常用质量浓度 ρ(kg/m³)和物质的量浓度[以前称为体积摩尔浓度(molarity)] c (kmol/m³)表示，定义式为

$$\rho_i=m_i/V \tag{4-23}$$

$$c_i=n_i/V \tag{4-24}$$

式中，m_i 为混合物容积 V 中某组分 i 的质量(kg)；n_i 为混合物容积 V 中某组分 i 的物质的量(以前称为摩尔数)，n=质量/摩尔质量，单位为 kmol。

(2) 浓度梯度 浓度梯度为扩散方向上单位扩散距离内浓度的变化量，即$\frac{\mathrm{d}\rho_i}{\mathrm{d}z_i}$。

3. *菲克定律* 1855 年，法国生理学家菲克(Fick，1829～1901)提出了描述扩散规律的基本公式——菲克(Fick)定律。由两组分 A 和 B 组成的混合物，在恒定温度、总压条件下，若组分 A 只沿 z 方向扩散，浓度梯度为$\frac{\mathrm{d}\rho_A}{\mathrm{d}z}$，则任一点处组分 A 的扩散强度与该处 A 的浓度梯度成正比，此定律称为菲克定律(菲克第一定律)，数学表达式为

$$J_A=-D_{AB}\frac{\mathrm{d}\rho_A}{\mathrm{d}z} \tag{4-25}$$

式中，D_{AB}为比例系数，称为扩散系数(diffusion coefficient)，单位为 m²/s；负号表示扩散方向(沿着组分 A 浓度降低的方向)与浓度梯度方向(沿着组分 A 浓度升高的方向)相反。

菲克分子扩散定律是在食盐溶解实验中发现的经验定律，只适用于双组分混合物的稳态扩散。该定律在形式上与牛顿黏性定律、傅里叶热传导定律类似。

气体的扩散系数与其物理性质及混合气体的温度和压力有关。例如，水蒸气，当它在压力 p 的空气内扩散时：

$$D_{AB}=D_0\left(\frac{T}{273}\right)^2\left(\frac{760}{p}\right) \tag{4-26}$$

式中，D_0 为在 0℃及大气压力 101.325kPa 下的扩散系数，近似等于 0.08m²/h。

多孔固体中流体的扩散包括稳态扩散和非稳态扩散两类。所谓稳态扩散，是指流体的扩散势场(浓度场或水蒸气压力场等)不随时间变化的扩散；而非稳态扩散则是指扩散势场随时间和空间变化的扩散。

(1) 稳态扩散 等温稳态扩散，其扩散强度可用菲克定律[式(4-25)]及式(4-24)来确定，即

$$J=-D_c\frac{\mathrm{d}c}{\mathrm{d}x} \tag{4-27}$$

或

$$J=-D_p\frac{\mathrm{d}p}{\mathrm{d}x} \tag{4-28}$$

式中，D_c 为物质的量浓度梯度下的流体扩散系数，D_p 对应流体压力梯度；$\frac{\mathrm{d}c}{\mathrm{d}x}$为流体扩散方向的物质的量浓度梯度[kmol/(m³ · m)]；$\frac{\mathrm{d}p}{\mathrm{d}x}$为流体扩散方向的压力梯度(Pa/m)。

上述各式适用于一维等温稳态扩散，若为多维稳态扩散，则各式中扩散势如浓度梯度、压力梯度中的 d 用∂替代，即沿 x 方向扩散的各梯度分别为$\frac{\partial c}{\partial x}$、$\frac{\partial p}{\partial x}$。

(2) 非稳态扩散 一维非稳态扩散，可用 Fick 第二定律描述。菲克第二定律是在第一定律的基础上推导出来的。该定律指出，在非稳态扩散过程中，在距离 x 处，浓度随时间的变化率等于该处的扩散通量随距离变化率的负值，即$\frac{\partial c}{\partial \tau}=-\frac{\partial J}{\partial x}$，将式(4-27)的偏微分形式 $J=-D_c\frac{\partial c}{\partial x}$代入，得

$$\frac{\partial c}{\partial \tau}=\frac{\partial}{\partial x}\left(D_c\frac{\partial c}{\partial x}\right),\quad \frac{\partial c}{\partial \tau}=\frac{\partial}{\partial x}\left(D_p\frac{\partial p}{\partial x}\right) \tag{4-29}$$

式中，D 为流体扩散系数，同式(4-27)、式(4-28)。若其与浓度 c 及压力 p 无关，则式(4-29)可表示为

$$\frac{\partial c}{\partial \tau}=D_c\frac{\partial^2 c}{\partial x^2},\frac{\partial c}{\partial \tau}=D_p\frac{\partial^2 p}{\partial x^2} \tag{4-30}$$

4.2.3 湿物体表面液体蒸发的基本规律

所谓蒸发是指在液体或湿物体表面进行的比较

缓慢的汽化现象。蒸发在任何温度下都可以进行，它是由液体或湿物体表面上具有较大动能的分子，克服了邻近分子的吸引力，脱离液体或湿物体表面进入周围空气而引起的。液体从自由液面或从湿物体表面蒸发，只有当液面或湿物体表面上方的空气没有被液体的蒸气所饱和（空气的相对湿度 $\varphi<100\%$）时才能发生。φ 越小，表明空气中液体的蒸气分压也越小，蒸发速度就越快。自由液面及湿物体表面的蒸发强度与蒸发温度下液体的饱和蒸气压 p_s 和周围空气的液体蒸气分压 p_0 之差（p_s-p_0）成正比。另外，蒸发强度还受液面上或湿物体表面上气流速度 ω 影响，因与液面或湿物体表面接触的空气层通常被液体的蒸气所饱和，即形成一层薄薄的饱和湿空气界层，该界层液体的蒸气分压大于周围空气中液体的蒸气分压，结果产生蒸气扩散，扩散强度小于水分的自由蒸发强度，即界层阻碍表面液体的蒸发，气流速度越大，界层就越薄，液体蒸发就越快。

大气压下自由液表面液体的蒸发强度可近似用道尔顿公式计算：

$$i[\mathrm{kg/(m^2 \cdot h)}]=B(p_s-p_0) \tag{4-31}$$

式中，i 为液体的蒸发强度，即单位时间内由单位面积蒸发的液体质量[kg/(m² · s)]；B 为液体的蒸发系数[kg/(m² · h · Pa)]；p_s-p_0 为蒸发势(Pa)。

液体蒸发势的确定较困难，为方便分析计算，常用干燥势(drying power)即干湿球温差 $\Delta t=t_d-t_w$ 来代替。若液体为水，当水蒸气分压 $p_0<60\mathrm{kPa}$ 时，两者具有下述关系：$p_s-p_0=\Delta t(65-0.0006p_0)$，代入式(4-31)得

$$i[\mathrm{kg/(m^2 \cdot h)}]=B\Delta t(65-0.0006p_0) \tag{4-32}$$

当气流方向平行于蒸发表面和温度为 60～250℃时，蒸发系数 B 近似为

$$B[\mathrm{kg/(m^2 \cdot h)}]=0.0017+0.0013\omega \tag{4-33}$$

式中，ω 为蒸发表面上的气流速度(m/s)。

当气流方向垂直于蒸发表面时，蒸发系数约加大一倍。

4.3　木材对流加热与冷却

木材对流加热干燥过程中，干燥介质热量，有一部分会透过壳体而损失掉；大部分则传给木材。接下来详述干燥过程中干燥室壳体的热损失及木材的热量传递过程。

4.3.1　干燥室壳体的热损失

1. 平壁干燥室的热损失　如图 4-6 所示，干燥室内、外表面与气体介质间的热交换为对流换热，热流密度用式(4-4)计算，透过室壁及壁内保温层的传热是一种稳态导热，热流密度用式(4-2)计算。即

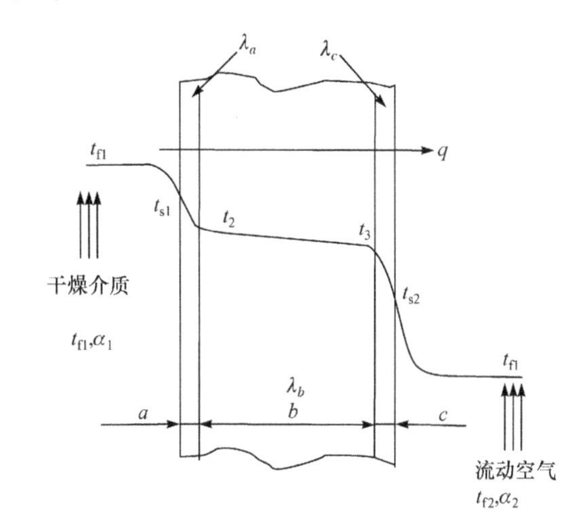

图 4-6　通过平壁的稳态传热

内壁与干燥介质的对流换热热流密度 $q_1=\dfrac{t_{f1}-t_{s1}}{\frac{1}{\alpha_1}}$；内壁的导热热流密度 $q_2=\dfrac{t_{s1}-t_2}{\frac{a}{\lambda_a}}$；内、外壁间保温层的导热热流密度 $q_3=\dfrac{t_2-t_3}{\frac{b}{\lambda_b}}$；外壁的导热热流密度 $q_4=\dfrac{t_3-t_{s2}}{\frac{c}{\lambda_c}}$；外壁与空气的对流换热热流密度 $q_5=\dfrac{t_{s2}-t_{f2}}{\frac{1}{\alpha_2}}$。因是稳态传热，所以 $q_1=q_2=q_3=q_4=q_5=q$，则将上述 5 个公式联立求解（将每式温度差项整理到一侧后各式相加），可得平壁干燥室损失的热流密度

$$q(\mathrm{W/m^2})=\frac{1}{\frac{1}{\alpha_1}+\frac{a}{\lambda_a}+\frac{b}{\lambda_b}+\frac{c}{\lambda_c}+\frac{1}{\alpha_2}}(t_{f1}-t_{f2})=k(t_{f1}-t_{f2}) \tag{4-34}$$

式中，α_1、α_2 为干燥室内、外壁与空气的对流换热系数。对于 α_1，当干燥室内干燥介质为湿空气时取 11.63W/(m² · ℃)，为常压过热蒸汽时取 14W/(m² · ℃)；对于 α_2，干燥室建于露天时取 23.26W/(m² · ℃)，在厂房内时取值为 11.63～23.26W/(m² · ℃)。a、c、b 为干燥室内壁、外壁、保温层厚度(m)；λ_a、λ_c、λ_b 为干燥室内壁、外壁、保温层的导热系数[W/(m · ℃)]；k 为干燥室传热系数[W/(m² · ℃)]。

式(4-34)中传热系数 k 的倒数 r_k 为传热（导热）热阻。即

$$r_k[(m^2 \cdot ℃)/W]=\frac{1}{\alpha_1}+\frac{a}{\lambda_a}+\frac{b}{\lambda_b}+\frac{c}{\lambda_c}+\frac{1}{\alpha_2} \tag{4-35}$$

若干燥室壁为更复杂的多层复合结构，由式(4-34)可推知其传热系数和热阻分别为

$$k[W/(m^2 \cdot ℃)]=\frac{1}{\frac{1}{\alpha_1}+\sum\frac{b_i}{\lambda_i}+\frac{1}{\alpha_2}} \tag{4-36}$$

$$r_k[(m^2 \cdot ℃)/W]=\frac{1}{\alpha_1}+\sum\frac{b_i}{\lambda_i}+\frac{1}{\alpha_2} \tag{4-37}$$

式中，b_i 为干燥室壁各层厚度(m)；λ_i 为干燥室壁各层的导热系数[W/(m·℃)]。

由式(4-34)、式(4-35)可知，平壁干燥室在干燥室内外温差($t_{f1}-t_{f2}$)下损失的热流密度 q，类似于在电路两端电压 V 下通过电路的电流 I；热路的热阻 r_k 类似与电路的电阻 R。

2. 圆筒壁干燥室的热损失　真空、压力(高温高压)干燥室等，其室壁常为圆筒形，其热损失可用式(4-38)计算

$$q_l(W/m)=\frac{1}{\frac{1}{\pi d_1\alpha_1}+\frac{1}{2\pi}\sum\frac{1}{\lambda_i}\ln\frac{d_{i+1}}{d_i}+\frac{1}{\pi d_{n+1}\alpha_2}}(t_{f1}-t_{f2})=\frac{t_{f1}-t_{f2}}{r_k}=k(t_{f1}-t_{f2}) \tag{4-38}$$

式中，q_l 为单位管长热流量(W/m)；α_1、α_2 含义同式(4-34)；d_i 为干燥室壁各层内径(m)；λ_i 为干燥室壁各层的导热系数[W/(m·℃)]。

4.3.2 木材干燥对流换热过程与基本规律

1. 导热微分方程　在木材干燥过程中，既存在木材表面与干燥介质之间的对流换热、辐射传热(斯蒂芬-玻尔兹曼常数很小、干燥介质与木材表面间温差不大，所以其相对较小，常忽略)，也存在木材内部热传递，即常规干燥过程中木材的传热机理近似为，干燥介质热量主要以对流换热形式传到木材表面，进而以导热形式向木材内部传递。从木材干燥过程的加热开始，到木材冷却、结束，自始至终存在着不稳定(温度场随时间和空间而变化，通常称为非稳态)热交换。因此掌握干燥过程中木材内部尤其是厚度上的温度场分布及变化规律，对于干燥工艺的优化及可靠实施可提供必要的信息，对提高木材干燥质量，减小干燥能耗具有重要意义。

在非稳态热交换中，木材中任意一点的温度变化可用傅里叶偏微分方程(导热微分方程)来确定，其根据能量守恒定律，描述了单位时间木材内部单元体(正方体)$dxdydz$ 吸收热量(以导热方式沿 x、y、z 方向传入的热量一相同方式沿 3 方向传出的热量)后温度的变化率，即

$$\frac{\partial t}{\partial \tau}=\frac{\lambda}{c\rho}\left(\frac{\partial^2 t}{\partial x^2}+\frac{\partial^2 t}{\partial y^2}+\frac{\partial^2 t}{\partial z^2}\right)+\frac{q_v}{c\rho} \tag{4-39}$$

式中，t 为木材中任一点(直角坐标 x、y、z)在时间 τ 时的温度(℃)；τ 为时间(h)；λ 为木材导热系数[W/(m·℃)]；c 为木材比热[kJ/(kg·℃)]；ρ 为木材密度(kg/m³)；q_v 为单位时间、单位体积木材的生成热量(如高频或微波加热)，称为发热率。

因木材为各向异性体，三方向的导热系数：径向 λ_r、弦向 λ_t、纤维方向 λ_l 各不相同，所以有带内热源的木材中任一点在时间 τ 时的温度为

$$\frac{\partial t}{\partial \tau}=\frac{1}{c\rho}\left(\lambda_x\frac{\partial^2 t}{\partial x^2}+\lambda_y\frac{\partial^2 t}{\partial y^2}+\lambda_z\frac{\partial^2 t}{\partial z^2}\right)+\frac{q_v}{c\rho} \tag{4-40}$$

因木材长度相对于厚度和宽度要大得多，所以可以忽略长度方向的温度变化，仅考虑厚度和宽度方向传热(二维传热)，并且常将上式中$\frac{\lambda}{c\rho}$用a 表示，即$a=\frac{\lambda}{c\rho}$，并称其为木材的导温系数或热扩散率(m²/h)，则无内热源的木材中任一点在时间 τ 时的温度为

$$\frac{\partial t}{\partial \tau}=a_x\frac{\partial^2 t}{\partial x^2}+a_y\frac{\partial^2 t}{\partial y^2} \tag{4-41}$$

需注意的是：①木材热质传递过程中，实际上存在着热质耦合变化，即热量变化会引起水分状态的变化及迁移，后者又会影响热量和温度的变化。而式(4-38)和式(4-39)中不含内热源的部分，所描述的单位时间木材内部单元体 $dxdydz$ 吸收热量后温度的变化率，并未考虑木材内部水分状态的变化。考虑水分状态变化(蒸发或冷凝)时，应确定单位时间单元体内水分的蒸发量(或细胞壁吸湿凝结量)，并在上述关系式基础上根据能量守恒方程增加汽化潜热项。②木材内部水分含量(含水率)的变化，会引起比热、密度及导热系数的变化。所以，求解上述关系式时，应先分别确定三者与含水率的关系。

2. 导热微分方程的解法

(1) 导热微分方程的分析解　若已知初始条件：开始加热时，$\tau=0$，$t=t_0$，假设加热前木材各点温度相同。

边界条件：加热时，木材表面的温度等于 t_1，即在 $x=0$，$y=0$，$x=b$，$y=h$ 处(图 4-7)，$t=t_1$。

加热介质若为嫌水性液体(煤焦油、液体石蜡等)和饱和水蒸气，t_1 可近似为介质温度。

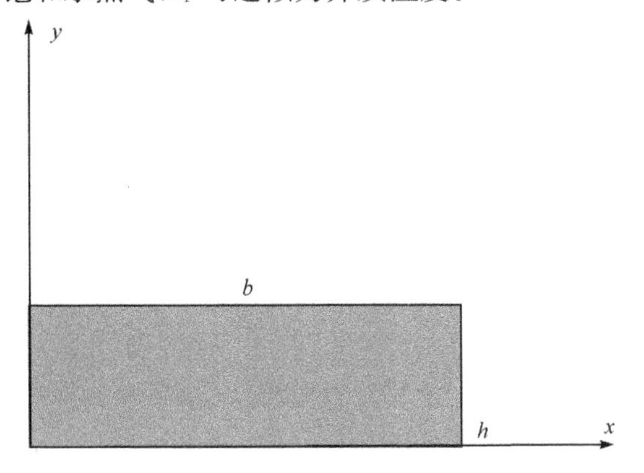

图 4-7　木材宽度和厚度坐标

图 4-7 中，b、h 分别为木材宽度和厚度；上述条件中，t 为木材中指定点温度，τ 为加热时间。

将上述条件代入式(4-41)，可解得

$$t=t_1+(t_0-t_1)\frac{16}{\pi^2}\left[e^{-\pi^2\cdot\tau\left(\frac{a_r}{b^2}+\frac{a_t}{h^2}\right)}\sin\frac{\pi x}{b}\cdot\sin\frac{\pi y}{h}\right]+\cdots \tag{4-42}$$

式(4-42)是傅里叶级数的展开式，此式快速收敛，大多数情况下前两项即能给出足够精确的解。因导温系数 a_r 和 a_t 相差不大，所以取 $a_r=a_t=a$。a 因木材密度及含水率而异，见表 4-3。

表 4-3　木材导温系数(引自 Kollmann，1968)

全干密度 ρ_0 /(g/cm³)	含水率 MC /(%)	导热系数 λ /[W/(m·℃)]	比热 c /[kJ/(kg·℃)]	导温系数 a /(m²/h)
0.20	10	0.066	1.612	0.000 68
	20	0.074	1.825	0.000 63
	30	0.083	2.009	0.000 59
	50	0.099	2.298	0.000 54
	100	0.142	2.771	0.000 52
0.40	10	0.107	1.612	0.000 56
	20	0.121	1.825	0.000 53
	30	0.134	2.009	0.000 50
	50	0.16	2.298	0.000 47
	100	0.227	2.771	0.000 41
0.60	10	0.144	1.612	0.000 51
	20	0.163	1.825	0.000 49
	30	0.18	2.009	0.000 47
	50	0.216	2.298	0.000 44
	100	0.307	2.771	0.000 38
0.80	10	0.181	1.612	0.000 49
	20	0.205	1.825	0.000 48
	30	0.227	2.009	0.000 46
	50	0.272	2.298	0.000 43

式(4-42)可用于计算木材或原木在饱和介质(饱和湿空气、水蒸气、热水或液体石蜡)中加热到指定温度所需要的时间，或计算加热到某一时间时木材中指定点可达到的温度。

求木材中心点温度时，$x=b/2$，$y=h/2$，则 $\sin\frac{\pi\cdot x}{b}=1$，$\sin\frac{\pi\cdot y}{h}=1$。

例 4-1　50mm×150mm 的松木板材，密度 $\rho_0=0.39\text{g/cm}^3$，含水率 MC=67%，初温度 $t_0=23.5$℃，在 100℃的饱和蒸汽中加热 3h，求板材中心温度 t。

解　已知，$b=150\text{mm}=0.15\text{m}$，$h=50\text{mm}=0.05\text{m}$，$\tau=3\text{h}$，$t_0=23.5$℃，$t_1=100$℃；又根据 $\rho_0=0.39\text{g/cm}^3$ 和含水率 MC=67%，用插值法查表 4-2 得 $a=0.000\ 45\text{m}^2/\text{h}$。

则根据式(4-42)得板材中心温度：

$$\begin{aligned}t&=t_1+(t_0-t_1)\frac{16}{\pi^2}\left[e^{-\pi^2\cdot\tau\left(\frac{a_r}{b^2}+\frac{a_t}{h^2}\right)}\sin\frac{\pi x}{b}\cdot\sin\frac{\pi y}{h}\right]\\&=100+(23.5-100)\frac{16}{\pi^2}e^{-\pi^2\cdot 3\left(\frac{0.00045}{0.15^2}+\frac{0.00045}{0.05^2}\right)}\\&=99.6℃\end{aligned}$$

若木材在不饱和介质如湿空气($\varphi<1$)中加热，如图 4-2、式(4-4)所描述的对流换热，此时在边界层中由于部分热阻而产生明显的温度差，木材表面温度小于介质温度，因而不能直接用式(4-42)精确求解。复杂的多维导热，可借助于计算机用数值解法近似求解。而较简单的一维非稳态导热，可采用无因次温度和相似准数，借助于图解法求解。

(2) 一维非稳态导热微分方程的图解　木材常规干燥过程中，由于堆垛时每块木材宽度方向的侧面、长度方向的端面不留空隙，因此近似认为，干燥过程中木材沿其厚度方向进行一维非稳态导热。用图解法可求出加热或冷却某一规定时间后木材各层所达到的温度，或木材某一层温度达到规定值时所需要的时间。

图解法所需相关参数如下。

1) 过余温度：木材周围湿空气(干燥介质)温度与木材厚度方向任一指定层的温度之差。即

木材加热时，$\theta=t_c-t$，木材冷却时，$\theta=t-t_c$。

式中，θ 为木材厚度方向任一指定层的过余温度(℃)；t_c 为干燥介质温度(℃)；t 为木材指定点(层)的当时温度(℃)。

则木材的初始过余温度为 $\theta_0=t_c-t_0$(加热)或 $\theta_0=t_0-t_c$(冷却)，木材中心水平纵断面的过余温度 $\theta_m=t_c-t_m$(加热)或 $\theta_m=t_m-t_c$(冷却)。

2) 无因次温度：

$$\frac{\theta_m}{\theta_0}=\frac{t_c-t_m}{t_c-t_0}\text{(加热)或}\frac{\theta_m}{\theta_0}=\frac{t_m-t_c}{t_0-t_c}\text{(冷却)} \tag{4-43}$$

$$\frac{\theta}{\theta_m}=\frac{t_c-t}{t_c-t_m}\text{(加热)或}\frac{\theta}{\theta_m}=\frac{t-t_c}{t_m-t_c}\text{(冷却)} \tag{4-44}$$

$$\frac{\theta}{\theta_0}=\frac{t_c-t}{t_c-t_0}(\text{加热})\text{或}\frac{\theta}{\theta_0}=\frac{t-t_c}{t_0-t_c}(\text{冷却}) \quad (4\text{-}45)$$

木材厚度方向任一指定层的过余温度 θ、木材初始过余温度 θ_0 和其中心水平纵断面的过余温度 θ_m，三者关系为

$$\frac{\theta}{\theta_0}=\frac{\theta}{\theta_m}\cdot\frac{\theta_m}{\theta_0} \quad (4\text{-}46)$$

3）相似准数及木材加热或冷却时间：

毕渥准数 $B_i=\frac{\alpha\delta}{\lambda}$

傅里叶准数 $F_0=\frac{a\tau}{\delta^2}$

木材加热或冷却时间据傅里叶准数求得

$$\tau(\mathrm{h})=\frac{F_0\delta^2}{a} \quad (4\text{-}47)$$

式中，δ 为木材厚度的一半(m)；λ 为木材的导热系数[W/(m·℃)]；τ 为木材加热或冷却的时间(h)；α 为干燥介质与木材表面的对流换热系数[W/(m²·℃)]。

当湿空气在垂直木材表面作自然对流（$\Delta t<10$℃）时：

$$\alpha[\mathrm{W/(m^2\cdot ℃)}]=3.5+0.093\Delta t \text{ 或}$$

$$\alpha[\mathrm{kcal/(m^2\cdot h\cdot ℃)}]=3.0+0.08\Delta t \quad (4\text{-}48)$$

当湿空气沿木材水平表面做自然对流时：

$$\alpha[\mathrm{W/(m^2\cdot ℃)}]=3.3\sqrt[4]{\Delta t}\text{或}$$

$$\alpha[\mathrm{kcal/(m^2\cdot h\cdot ℃)}]=2.8\sqrt[4]{\Delta t} \quad (4\text{-}49)$$

式中，Δt 为干燥介质与木材表面温度间的平均温度差(℃)。

强制对流时：

$$\alpha[\mathrm{W/(m^2\cdot ℃)}]=6.2+4.2\omega \text{ 或}$$

$$\alpha[\mathrm{W/(m^2\cdot ℃)}]=5.3+3.6\omega(\omega<5\mathrm{m/s}) \quad (4\text{-}50)$$

$$\alpha[\mathrm{W/(m^2\cdot ℃)}]=7.1\omega^{0.78}\text{或}$$

$$\alpha[\mathrm{W/(m^2\cdot ℃)}]=6.5\omega^{0.78}(\omega>5\mathrm{m/s}) \quad (4\text{-}51)$$

式中，ω 为木材表面的干燥介质流速(m/s)。

4）图解法所需图（诺谟图）：使用 Heisler（1947）的诺谟图[详见杨世铭所编《传热学》(1987)]，即表示无因次温度 $\frac{\theta_m}{\theta_0}$、毕渥准数的倒数 $1/B_i$ 和傅里叶准数 F_0 三者关系的图（图 4-8），以及表示无因次温度 $\frac{\theta}{\theta_m}$、毕渥准数的倒数 $1/B_i$ 和木材内部位置因数 $\frac{x}{\delta}$ 三者关系的图（图 4-7）。木材内部位置因数 $\frac{x}{\delta}$ 如图 4-8 所示。

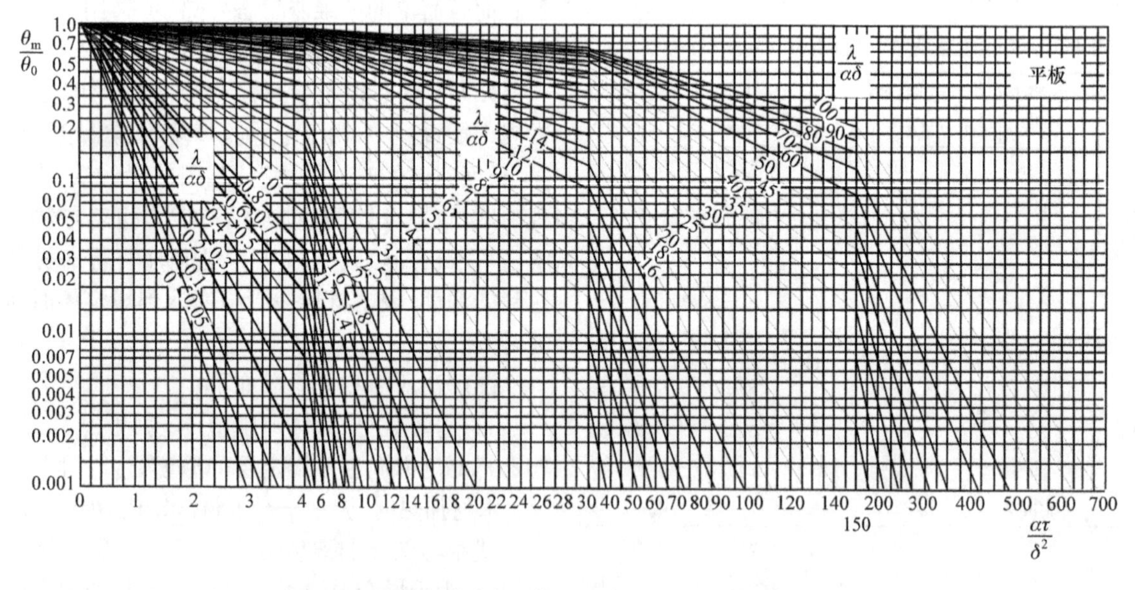

图 4-8 无限大平壁中心截面温度 $\theta_m/\theta_0=f(B_i,F_0)$ 图线

图解法求解步骤如下。

若已知木材的初温、尺寸，环境介质温度等参数，可据图 4-8 求得木材中心层温度加热或冷却到某指定值时所需时间，以及加热或冷却某段时间后木材中心层所达到的温度。求解前者的步骤如下。

求出无因次温度 $\frac{\theta_m}{\theta_0}$[据式(4-43)]、毕渥准数的倒数 $\frac{1}{B_i}=\frac{\lambda}{\alpha\delta}$，利用图 4-8，在其纵坐标上确定 $\frac{\theta_m}{\theta_0}$ 值所对应的点，过该点向右作水平线与算出的 $1/B_i$ 线交于一点，过该点向下作垂线与横坐标相交，由交点所对应的傅里叶准数 F_0 及式(4-47)计算出所求时间 τ。

求解后者的步骤如下。

求出毕渥准数的倒数$\frac{1}{B_i}=\frac{\lambda}{\alpha\delta}$、傅里叶准数$F_0=\frac{a\tau}{\delta^2}$，利用图 4-8，在其横坐标上确定$F_0$值所对应的点，过该点向上作垂线与算出的$1/B_i$线交于一点，过该点向左作水平线与纵坐标相交，由交点所对应的无因次温度$\frac{\theta_m}{\theta_0}$，据式(4-43)计算出中心层温度$t_m=t_c-(t_c-t_0)\frac{\theta_m}{\theta_0}$。求解例子如例 4-3 所示。

例 4-2　50mm 厚松木板材，密度$\rho_0=0.39\mathrm{g/cm^3}$，含水率 MC=67%，初温度$t_0=23.5$℃，在 100℃的湿空气($\varphi<1$)中加热中心温度 99℃，求所需时间$\tau$[设换热系数$\alpha$，或$h=7\mathrm{W/(m^2\cdot℃)}$]。

解　据式(4-43)，求无因次温度$\frac{\theta_m}{\theta_0}=\frac{t_c-t_m}{t_c-t_0}=\frac{100-99}{100-23.5}=0.013$，

查表 4-3 得木材导热系数λ为 0.183W/(m·℃)，导温系数$a=0.000\ 45\mathrm{m^2/h}$。

毕渥准数的倒数$\frac{1}{B_i}=\frac{\lambda}{\alpha\delta}=\frac{0.183}{7\times0.025}=1.046$

利用图 4-8，在其纵坐标上确定 0.013 的点，过该点向右作水平线与$1/B_i=1.046$线交于一点，该点读数即为傅里叶准数$F_0=6.25$，据式(4-47)得所求加热时间τ为

$$\tau=\frac{F_0\delta^2}{a}=\frac{6.25\times0.025^2}{0.00045}=8.7$$

对照例 4-1 和例 4-2，它们条件相似，区别是例 4-2 中为宽板，近似为无限平板，介质为不饱和湿空气，这种在不饱和介质中的一维非稳态加热时间要比在饱和蒸汽中二维加热时间长很多(8.7h vs 3h)。

若求木材其他层温度，则在求出无因次温度$\frac{\theta_m}{\theta_0}$后，继续进行下述步骤。

据图 4-9 确立木材指定层的位置因数$\frac{x}{\delta}$，如距材心($x=0$)为板厚/10($\delta/5$)处，$\frac{x}{\delta}=0.2$；距材心为板厚/4 处，$\frac{x}{\delta}=0.5$；材表，$\frac{x}{\delta}=1$。由该位置因数和毕渥准数的倒数$1/B_i$，查图 4-10(横坐标为$1/B_i$)求出无因次温度$\frac{\theta}{\theta_m}$(图 4-10 纵坐标)，最后由式(4-46)($\frac{\theta}{\theta_0}$为图 4-8 和图 4-10 纵坐标值的乘积)，求出指定点的温度。

例 4-3　60mm 厚木板，加热前温度$t_0=10$℃，在

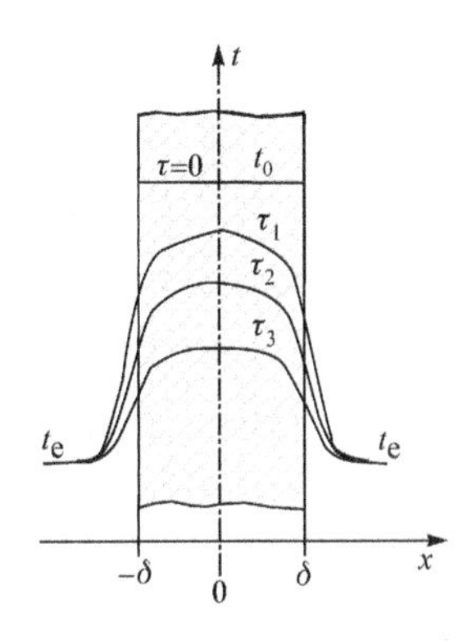

图 4-9　无限大平壁$\theta/_m=f(B_i,x/\delta)$图线

80℃的湿空气($\varphi<1$)中加热 5h，求此时该板材中心及表层温度[设换热系数$\alpha=7\mathrm{W/(m^2\cdot℃)}$，导热系数$\lambda=0.21\mathrm{W/(m\cdot℃)}$，导温系数$a=0.0005\mathrm{m^2/h}$]。

解　$\delta=0.03\mathrm{m}$，

毕渥准数的倒数$\frac{1}{B_i}=\frac{\lambda}{\alpha\delta}=\frac{0.21}{7\times0.03}=1$

傅里叶准数$F_0=\frac{a\tau}{\delta^2}=\frac{0.0005\times5}{0.03^2}=2.78$

图 4-8 上，上两条线的交点对应的纵坐标(无因次温度$\frac{\theta_m}{\theta_0}$)为 0.14，则据式(4-43)得

材心温度$t_m=t_c-(t_c-t_0)\frac{\theta_m}{\theta_0}=80-(80-10)0.14=70.2$℃；

材表位置因数$\frac{x}{\delta}=1$，图 4-10 上该位置因数 1 和毕渥准数的倒数 1 两条线交点的纵坐标$\frac{\theta}{\theta_m}=0.65$，由式(4-46)可得

$$\frac{\theta}{\theta_0}=\frac{\theta}{\theta_m}\cdot\frac{\theta_m}{\theta_0}=0.65\times0.14=0.091$$

则据式(4-45)得木材表面的温度为

$$t=t_c-(t_c-t_0)\frac{\theta}{\theta_0}=80-70\times0.091=73.6℃。$$

同理可求出木材其他层面的温度；若已知某一层面温度，据图 4-10、$1/B_i$、式(4-46)求出图 4-8 纵坐标$\frac{\theta_m}{\theta_0}$，据其和$1/B_i$、图 4-10 可求得对应的加热或冷却时间。

(3) 非稳态导热微分方程的计算机数值解

基本思想：如图 4-11 所示，把原来在空间与时间坐标中连续的物理量，用一系列有限个离散点(节点)上的值的集合来代替，通过一定的原则建立起这些离散点上变量值之间关系的代数方程(离散方程)，利用 MATLAB(Matrix Laboratory 的简称)、FORTRAN(Formula Translation 的缩写)等编程语言求解所建

立起来的代数方程以获得所求解变量的近似值[详见俞昌铭著《多孔材料传热传质及其数值分析》(2011)，赵景尧的博士学位论文《常规干燥木材热质迁移数值模型研究》(2017)]。

非稳态导热微分方程亦可在确立初始条件、边界条件后利用 ANSYS 中的自动求解器求解。

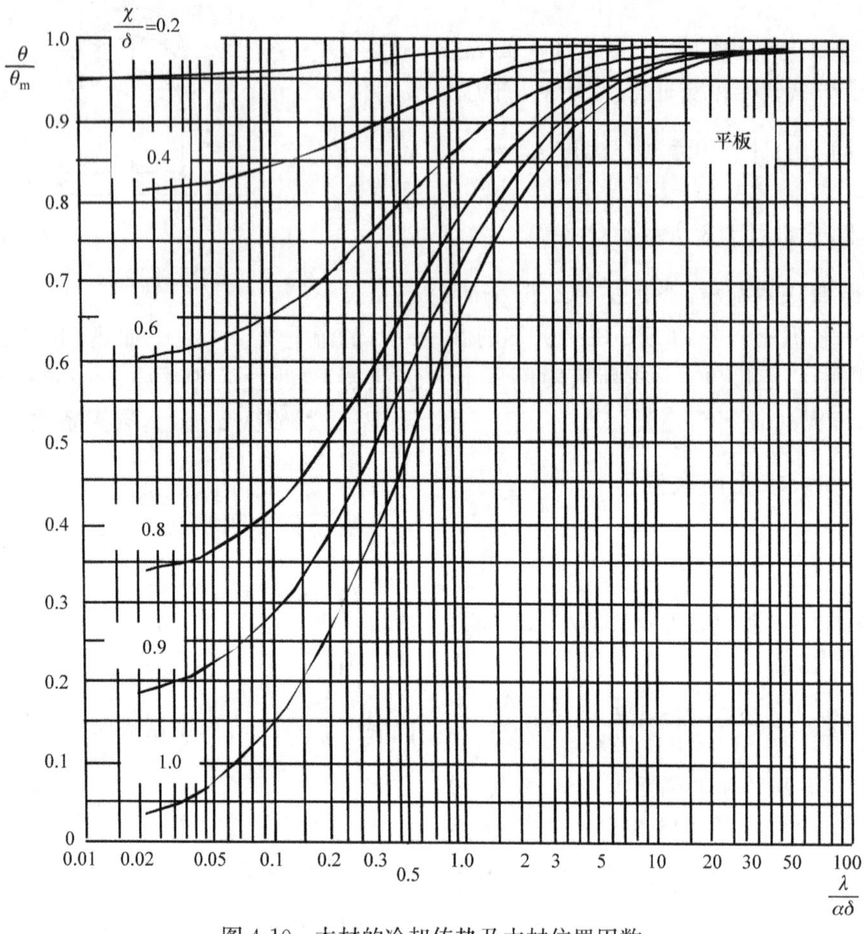

图 4-10　木材的冷却传热及木材位置因数

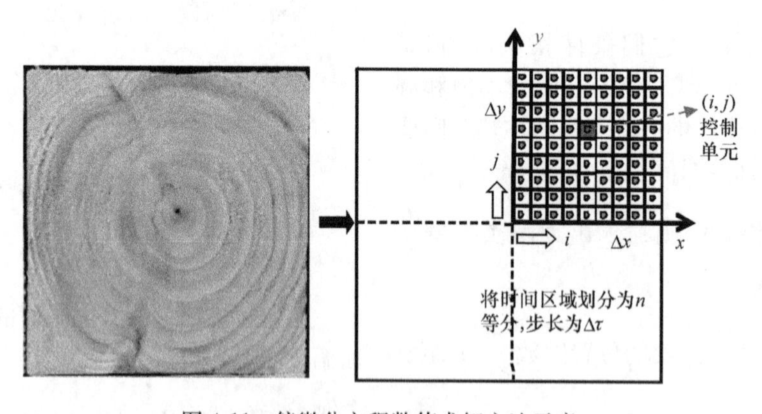

图 4-11　偏微分方程数值求解方法示意

4.4　木材非对流加热

4.4.1　电介质加热

1. 高频加热　　将木材放在高频振荡回路电容器内，由于介质损耗而强烈地变热。以木材作电介质的电容器，可以看作电容与有效电阻的并联(图 4-12)。

木材电介质加热消耗的功率，等于

$$N=U\times I_r \tag{4-52}$$

式中，U 为电压；I_r 为电流有功分量强度。

从向量图得知：

$$I_r=I_c\times \mathrm{tg}\delta \tag{4-53}$$

式中，δ 为损耗角。

电流无功分量强度用式(4-54)表示：

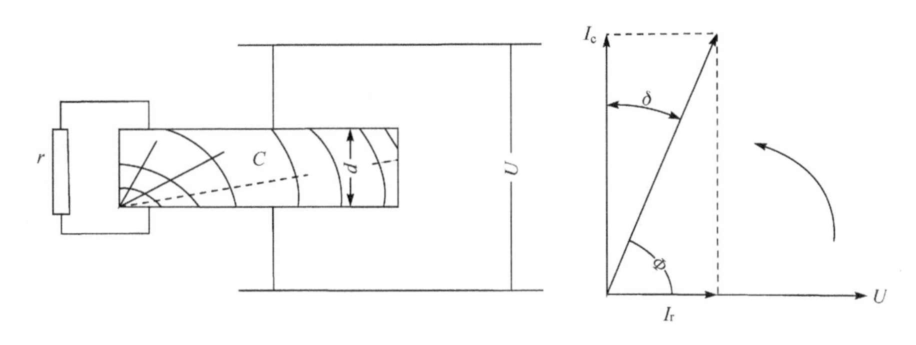

图 4-12　电介质加热原理图及向量图(引自 Ceproec,1958)

$$I_c=U\times\omega\times C \quad (4\text{-}54)$$

因而式(4-52)可以写成

$$N=U^2\times \mathrm{tg}\delta\times 2\pi f\times C \quad (4\text{-}55)$$

式中,f 为电流的频率,亦即高频电源的频率(Hz),实际干燥生产及实验中常用的为 6.78MHz、13.56MHz、27.12MHz;ω 为角频率(2π 秒内振荡的次数,即 $2\pi f$);C 为电容。电容 C 用式(4-56)表示:

$$C=\frac{F\times\varepsilon}{d} \quad (4\text{-}56)$$

式中,F 为电容的面积;d 为两极板之间的距离;ε 为介电常数。

式(4-55)经换算后得

$$N=\left(\frac{U}{d}\right)^2 \mathrm{tg}\delta\times 2\pi f\varepsilon\times F\times d \quad (4\text{-}57)$$

加热单位容积的木材所需的单位功率,可由式(4-57)确定。即

$$N_y(\mathrm{W/cm^3})=\frac{N}{Fd}=\left(\frac{U}{d}\right)^2 \mathrm{tg}\delta\times 2\pi f\varepsilon \quad (4\text{-}58)$$

式中,$\frac{U}{d}=E$,为电场强度(W/cm)。

由此可知,木材在高频振荡回路电容器内的加热强度和电场强度的平方及振荡频率成正比,并随材料的介电性质而异。

根据单位电消耗量方程式可以写出单位热消耗量方程式:

$$g_B[\mathrm{kJ/(cm^3\cdot s)}]=1\times N_y \text{ 或}$$

$$g_B[\mathrm{kcal/(cm^3\cdot s)}]=0.24N_y \quad (4\text{-}59)$$

或

$$g_B\left(\frac{\mathrm{kJ}}{\mathrm{m^3}}\cdot \mathrm{h}\right)=3.617N_y\times10^{-6}\text{或}$$

$$g_B\left(\frac{\mathrm{kcal}}{\mathrm{m^3}}\cdot \mathrm{h}\right)=0.864N_y\times10^{-6} \quad (4\text{-}60)$$

设高频发生器所需总功率 N_y 和被加热木材的体积为已知,木材向周围介质的热量损失忽略不计,并且认为被木材吸收的全部能量都用在提高木材温度上,而无水分蒸发;则木材由最初温度 t_0 升到最终温度 t_k 的加热时间可用式(4-61)确定:

$$\tau(\mathrm{h})=\frac{v\rho c(t_k-t_0)}{864N_y\eta_y\eta_k} \quad (4\text{-}61)$$

式中,ρ 为木材密度(kg/m);c 为木材的比热[kJ/(kg·℃)];η_y 为高频发生器的效率;η_k 为振荡回路的效率。

高频发生器的效率一般不大,为 0.55~0.60。

回路的效率,表示没有散失到周围空间而被木材吸收的能量部分的多少。当发生器调谐恰当时,η_k 为 0.90~0.95。

2. 微波加热　微波通常是指频率为 300~3000Hz 的电磁波。电磁波的频率 f 与波长 λ 和光在真空中的速度 v 之间的关系为:$f\times\lambda=3\times10^8$m/s。因此,微波的波长为 1mm~1m,由于微波的波长与通常的无线电波相比更为微小,所以叫作“微波”。微波加热规定了若干专用频率,对于木材,目前国内外主要采用 915MHz 和 2450MHz 两个频率,波长分别为 0.328m 和 0.122m。

微波加热的机理,是微波引起分子振动,导致摩擦生热。原因是分子的偶极性,分子由正、负离子组成,就水分子来说,每个分子是由两个带正电荷的氢离子和一个二价的带负电荷的氧离子结合而成。当电场作用于水分子时,该分子旋转并力图按电场方向排列;当电场反向时,分子倒转 180°。以便按电场方向重新排列。这样迅速改变电场方向,分子也就迅速摆动,由于相邻分子间的相互作用,产生了类似摩擦的效应,结果产生了热。根据能量守恒与转换定律,被介质吸收的微波能量将全部转换为热能。

在单位时间内加热物体所需的热量 Q 可用式(4-62)计算:

$$Q=GC(t-t_0) \quad (4\text{-}62)$$

式中,Q 为被加热材料所需的热量(kJ);G 为被加热材料的重量(kg);C 为被加热物体的绝干比热[kJ/(kg·℃)];t_0、t 分别为被加热物体的最初温度和最终温度(℃)。

木料干燥时有效的微波功率主要消耗在加热湿木料和蒸发水分两方面。

每小时从木料中蒸发水分的数量 $M_{水}$：

$$M_{水}(kg/h)=V\times 1000\times \rho_i\times (W_H-W_K) \quad (4-63)$$

式中，V 为每小时干燥湿木料的容积(m^3/h)；ρ_i 为木料的基本密度(g/cm^3 或 t/m^3)；W_H 和 W_K 为木料的初含水率和终含水率(%)。

湿木料加热所消耗的热量 $Q_{热}$：

$$Q_{热}(kJ/h)=1000\times V\times \rho_i\times (1.26+W_H)\times (t-t_0) \quad (4-64)$$

式中，1.26 为绝干木材的比热[kJ/(kg・℃)]；t 为木料被加热的温度，以 100℃ 计算；t_0 为木料的最初温度，以车间内的温度计算。

蒸发水分消耗的热量 $Q_{蒸}$：

$$Q_{蒸}(kJ/h)=2257\times M_{水} \quad 或 \quad Q_{蒸}(kcal/h)=539\times M_{水} \quad (4-65)$$

式中，2257(539)为水在 100℃时的汽化潜热(kJ/kg)(kcal/kg)。

木料干燥所耗用的微波功率 N：

$$N(kW)=\frac{Q_{热}+Q_{蒸}}{3600} \quad (4-66)$$

式中，3600 为功和热的换算系数，1kW=3600kJ/h

根据式(4-58)，单位体积内电介质吸收的微波功率 N_y 为

$$N_y=2\pi\varepsilon_0\varepsilon'\mathrm{tg}\delta E^2 t \quad (4-67)$$

式中，E 为电场强度；ε_0 为真空介电常数，$\varepsilon_0=8.854\,187\,817\times 10^{-12}$F/m；$\varepsilon$ 为介质介电常数，表示介质极化程度的参量；$\mathrm{tg}\delta$ 为介质的损耗正切，表示介质损耗的参量。

由式(4-67)可以看出，微波加热要比高频加热优越。因为要想提高单位体积的吸收功率，一是增大电场强度，二是提高频率。但增大电场强度受到高频击穿的限制，这就限制了高频加热所能输入的最大功率密度，因此在一定的击穿场强限制下，采用提高频率来提高功率较为有利。例如，以高频介质加热适中规格木材的常用频率为 13.56MHz，大断面较长木材常用频率为 6.78MHz，与常用的微波加热频率 915MHz 相比，在同样的场强下，单位体积内吸收的微波功率要比高频功率提高 20 倍以上，这就是采用微波加热比高频加热较为有利的重要原因之一。

单位时间内热量与功率之间有如下关系：

$$N(kW)=1Q(kJ/s)=Q/3600(kJ/h) \quad (4-68)$$

在工程计算上如果考虑加热效率 η_1 和由工业用电变换成微波功率的效率 η_2，则式(4-68)可写成：

$$N=\frac{Q}{\eta_1\eta_2\times 3600} \quad (4-69)$$

4.4.2 辐射加热

物体通过电磁波来传递能量的方式称为辐射。物体是由带电粒子所组成，当带电粒子振动或激发时都能辐射出电磁波向空间传播。物体会因各种原因发出辐射能，其中因热的原因而发出辐射能的现象称为热辐射。热辐射是远距离传递能量的主要方式，如太阳能就是以热辐射的形式，经过宇宙空间传给地球的。辐射换热与导热及对流换热的明显区别在于，前者是非接触换热(在真空中最有效)，而后者是接触换热。由于常规干燥过程中加热器和周围低温物体、木材和干燥室内壁等存在温差，因此辐射传热存在于整个干燥过程。

描述热辐射的基本定律是斯蒂芬-玻尔兹曼定律(Stefan-Boltzmann law)：理想辐射体(黑体，电磁波波长 0.4～40μm)向外辐射的能量流密度与物体热力学温度的四次方成正比，即

$$q(W/m^2)=\sigma_0 T^4 \quad (4-70)$$

式中，q 为黑体辐射的能量密度；σ_0 为黑体的辐射常数，称为斯蒂芬-玻尔兹曼常数，其值为 5.67×10^{-8} $W/(m^2\cdot K^4)$；T 为黑体表面的绝对温度(K)。

式(4-70)仅适用于绝对黑体，且只能应用于热辐射。实际物体的辐射能量密度可用下述经验修正公式计算：

$$q(W/m^2)=\varepsilon\sigma_0 T^4 \quad (4-71)$$

式中，ε 为实际物体的黑度(发射率)，其值小于 1。

两无限大黑体间的辐射传热热流密度为

$$q(W/m^2)=\sigma_0(T_1^4-T_2^4) \quad (4-72)$$

式中，T_1、T_2 为黑体 1、黑体 2 表面的绝对温度。

两无限大具有相同黑度 ε 的实际物体间的辐射传热热流密度为

$$q(W/m^2)=\varepsilon\sigma_0(T_1^4-T_2^4) \quad (4-73)$$

辐射加热时，材料表面吸收热能，一方面从材料表面向内部传导热量，另一方面也向周围介质对流换热，有关物体的温度场和加热时间的计算比较复杂。

红外线的波长介于可见光和微波之间，为 0.72～1000μm 的电磁波。一般把 5.6～1000μm 区域的红外线称为远红外线，而把 5.6μm 以下的称为近红外线。红外线照射在物体上能产生热效应。通常把波长在 0.4～40μm 的电磁波(包括可见光和红外线的短波部分)称为热射线，因为它的热效应特别显著。

远红外干燥(far-infra-red drying)是指木材在远红外线的照射下，木材中的水分子吸收了远红外线的辐射能，使水分子产生共振，从而将电磁能转化为热能来加热木材，以达到干燥木材的目的。木材干燥中使用的远红外线波长为 5.6～25μm。远红外线木材

干燥的优点是设备简单，干燥基准易于调节；缺点是电能消耗较大，干燥成本较高，红外线穿透木材的深度有限，干燥不均匀，易产生干燥缺陷，还易引起火灾等。1991 年全国第三次木材干燥学术讨论会指出不宜再建此类干燥窑。

4.5　木材中水分的移动

关于木材常规干燥过程中水分迁移（质转移）的基本规律（传质机理）目前仍未被完全揭示，人们的观点尚未统一。笔者的个人观点概括为：木材内部自由水，在木材毛细管张力、加热引起的水蒸气压力等作用下，沿大毛细管系统向移动蒸发界面迁移（渗流）并在该处蒸发，之后主要沿大毛细管系统向材外（干燥介质）扩散（若蒸发面与材外存在压力差，将同时产生渗流）；纤维饱和点之下，木材内部结合水，在热能作用下由被微毛细管系统吸附着的壁面、毛细管凝结着的凹液面向系统内的空气中蒸发，进而在含水率梯度（mositure content gradient of wood）、温度梯度、水蒸气压力梯度等作用下，扩散向大毛细管系统，并主要沿该系统继续向干燥介质扩散。内部水分向蒸发面的迁移强度与蒸发面处水分的蒸发强度协调一致，使木材由表及里均衡地变干。水蒸气沿大毛细管系统向外迁移过程中，途经含水率低于其相邻细胞腔湿空气状态对应的平衡含水率之细胞壁处时，会有部分被细胞壁吸附或凝结，但量不会很大。

干燥过程中木材内水分移动的方式、路径及驱动力与水分状态有关。图 4-13 示出了木材横断面上水分移动的路径：①纤维饱和点以上时，液态自由水向移动蒸发界面的迁移主要是由毛细管张力差引起的，在毛细管张力差、水蒸气压力差等作用下，其沿大毛细管路径，即细胞腔和细胞壁上的纹孔（图 4-13 中 a）流动至移动蒸发界面（流动的难易程度主要取决于木材渗透性），并在该处蒸发。所谓移动蒸发界面，是因为自由水的蒸发面由干燥开始的木材表面随着干燥过程的进行逐步向材内迁移而由笔者命名，在木材内部，其为大毛细管系统内自由水的凹液面。非饱水材的大毛细管系统中存在着气泡，气液界面间将产生水蒸气的扩散，虽然路径较短，不能直接扩散到木材表面，但可破坏连续的自由水两端液气界面处毛细管张力的平衡，促进水分移动。蒸发的蒸汽主要沿大毛细管系统向材外扩散或渗流。若干燥过程中含水率分布不均，移动蒸发界面至表面间存在含水率远低于纤维饱和点、细胞壁内微毛细管系统中水蒸气分压低于其周围大毛细管系统中水蒸气分压（细胞壁含水率低于其相邻细胞腔湿空气状态对应的平衡含水率）之处，水蒸气途经该处时会有部分被细胞壁吸附，但占比很小。②纤维饱和点以下时，吸着水在热能作用下由被微毛细管系统吸附着的壁面、毛细管凝结着的凹液面向系统内的空气中蒸发，之后在含水率梯度、水蒸气分压梯度等扩散势下扩散至大毛细管系统。该过程在细胞壁的微毛细管中进行，包含了水分的蒸发和扩散（接下来的分析中，将其近似地等效为吸着水通过细胞壁的扩散），图 4-13 所示其在横断面上的路径为垂直 b_1 及沿着 b_1（前者路径短，扩散强度占比远大于后者）。扩散至大毛细管系统的水蒸气，基本上沿大毛细管系统向材外干燥介质扩散，若该扩散过程的路径较长，途径细胞壁内微毛细管系统中水蒸气分压低于其周围大毛细管系统中水蒸气分压之处，将有一部分向细胞壁内微毛细管系统扩散并被吸附。由于水蒸气沿大毛细管系统的扩散系数远大于吸着水通过细胞壁的扩散系数，且存在吸湿滞后现象，因此上述吸湿量占比很小，即间歇穿过细胞壁（横穿壁 b_2）和纹孔膜（$b_1 \rightarrow a \rightarrow b_1$）的扩散移动可以忽略，亦即可近似认为大毛细管系统的水蒸气在扩散势下基本上沿相邻的细胞腔、纹孔及纹孔膜上的微孔直接向木材外部扩散（捷径或短路）（图 4-13 中 a）。

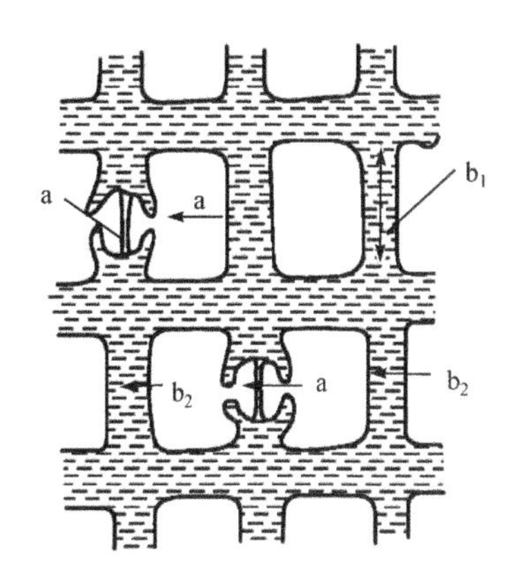

图 4-13　木材横断面上水分移动的路径

上述水分移动方式、路径及驱动力，可用图 4-14 和表 4-4 概括。

表 4-4　常规干燥过程中木材水分移动的路径及驱动力

	水分移动路径	移动形式	驱动力
纤维饱和点之上	大毛细管路径（细胞腔和细胞壁上纹孔）(a)	自由水流动、蒸发及扩散	毛细管张力、加热引起的水蒸气压力
纤维饱和点之下	横穿壁 b_2（为主）→大毛细管路径	吸着水蒸发、扩散	浓度梯度 水蒸气压力梯度等

4.5.1　纤维饱和点以上时木材中水分的移动

1. 纤维饱和点以上木材中自由水的移动机理

以针叶材管胞为例，分别用图 4-15 和图 4-16 示意自由水在大毛细管系统中沿纤维方向和弦向的移动。

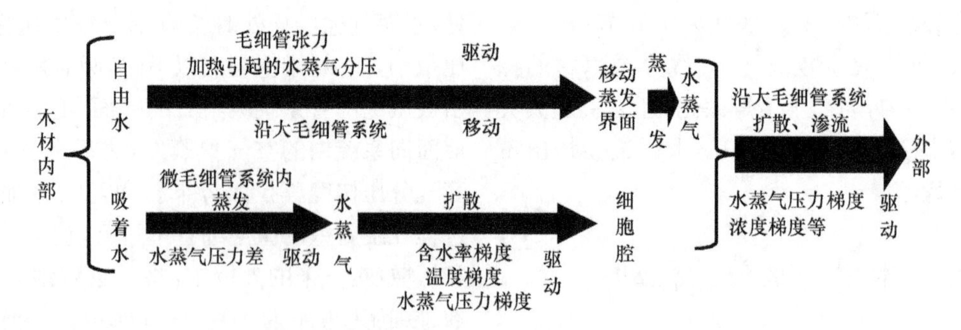

图 4-14　常规干燥过程中木材的水分迁移示意

图 4-15 示出了针叶材内自由水沿纤维方向的流动。针叶材管胞锥形端部都是互相交错的，且纹孔多在锥形端部的径面上。以天然干燥为例，由于木材表面(端面)水分蒸发速度快，因此靠近表面的管胞腔中的自由水快速减少(图 4-15)，并且蒸发面(毛细管弯液面 B)逐渐后退，其半径不断减小。B 和通过自由水与其相连的毛细管弯液面 C 之间的毛细管张力平衡被破坏，产生毛细管张力差 Δp。由式(4-22)可得

$$\Delta p = p_B - p_C = -2\left(\frac{1}{r_B} - \frac{1}{r_C}\right)\gamma\cos\theta$$

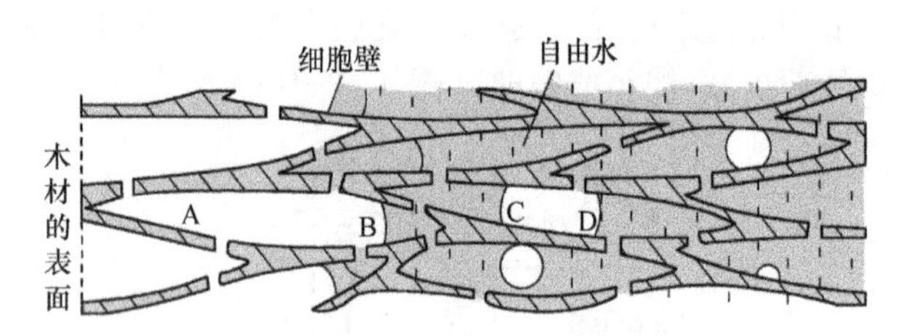

图 4-15　木材中的水分移动

因 r_B 小于 r_C，所以该值为负，说明 B 和 C 间自由水流动驱动力的方向由 C 指向 B，该段自由水在驱动力下朝 B 向流动，直至平衡(r_B 等于 r_C，驱动力 $\Delta p=0$)。如 4.2.1 中 3. 中对表 4-2 的数据分析，若 r_B 和 r_C 大于 1.456μm，p_B 和 p_C 为压应力，p_C 大于 p_B，推动(推压)B 和 C 间的自由水朝 B 向流动；若 r_B 和 r_C 小于 1.456μm，p_B 和 p_C 为拉应力，p_B 绝对值大于 p_C 绝对值(液相拉应力，B 处大于 C 处)，拉动 B 和 C 间的自由水朝 B 向流动。由此可得结论，毛细管系统中两个半径不等弯液面间连续的液体，总是由半径大处向半径小处流动，直至平衡(半径相等)。

接下来分析 C 和 D 间气泡。据开尔文(Kelvin)定理，在半径为 r、润湿角为 θ 的毛细管中，弯液面上水蒸气分压 p_r 可用式(4-74)(开尔文定理)表示：

$$p_r = p_0 \exp\left(-\frac{2\gamma M}{RT\rho_1}\cdot\frac{\cos\theta}{r}\right) \tag{4-74}$$

式中，γ 的含义同式(4-28)；ρ_1 为水的密度；R 为水蒸气的气体常数；T 为绝对温度；p_0 为同温度 T 下自由水面上饱和蒸汽压。

由式(4-74)可知，毛细管中弯液面上水蒸气分压 p_r 与毛细管半径 r 成反比，r 越大，p_r 越低。如上述对 B 和 C 间自由水的分析，在 Δp 作用下 C 液面后退，则其半径将小于 D 液面，其上的饱和水蒸气压较 D 液面上的低，在该饱和水蒸气压差下将发生由 D 向 C 的水蒸气扩散。此外，C 后退，亦使 C 和 D 间气泡膨胀，增大了与其相邻内层(D 右方)液气界面间液体的压力差(毛细管张力与该力之和)，使其向 D 方向流动。这种扩散和流动将进行至压力平衡。事实上 B 处蒸发是不断的，所以 B 和 C 间自由水朝 B 向的流动、D 向 C 的水蒸气扩散、与 D 相邻内层水分向 D 的流动……是连续进行的。

接下来继续以针叶材管胞为例分析自由水沿弦向的流动。如图 4-16 所示，随着蒸发面(图上方)水分的快速蒸发，管胞腔 1 中自由水液面逐渐后退，毛细管半径不断减小使得 r_1 小于 r_2，产生 Δp，在其作用下 2 中自由水通过管胞壁上的纹孔流向 1，2 中液面后退，又使得 r_2 小于 r_3，3 中自由水在 Δp 作用下流向 2……同理，6 中自由水流向 5。如此，在毛细管张力差作用下，自由水沿管胞腔及管胞壁上纹孔由内向外(整体上为弦向)流动。

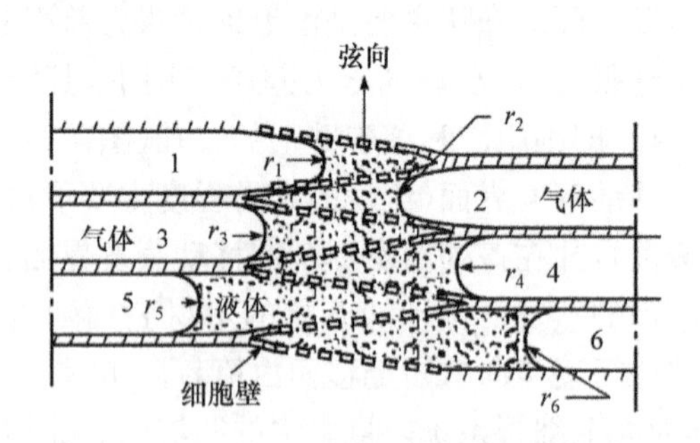

图 4-16　针叶材管胞中自由水移动示意

综上所述，纤维饱和点以上时木材中水分的移动，是在大毛细管系统中存在的各种非平衡力、主要是非平衡毛细管张力作用下液态自由水的流动。即毛细管系统中两个半径不等弯液面间连续的自由水，总是由半径大处向半径小处流动，直至平衡(半径相等)。若毛细管半径大于 1.456μm，毛细管张力为压应力，自由水由半径大处推压向半径小处；若半径小于 1.456μm，毛细管张力为拉应力，拉动自由水由半

径大处向半径小处流动。因为针叶材的管胞的弦向半径为 7.5～40μm，接近尖楔形端部虽逐渐减小，但驱动自由水移动的最小有效值却不会小于管胞壁上的具缘纹孔半径（最小值大于 1.456μm），所以大毛细管系统内自由水的毛细管张力均为压应力。典型的纹孔膜上大微孔半径约为 1μm，若自由水弯液面形成在该处，则会产生很大的毛细管拉应力，在其作用下，将会引起纹孔闭锁或木材皱缩。大毛细管系统中同时存在的水蒸气扩散，虽不能直接扩散到木材表面，但可破坏连续的自由水两端液气界面处毛细管张力的平衡，促进水分移动。如果对木材加热，如常规室干，因加热而引起的内部水蒸气压力的增大也将成为水分移动的附加驱动力。

2. *木材自由水的流动强度*　自由水流动的强度 J（流量密度，即自由水单位时间通过单位面积流动的质量），据 4.2.1 中 1. 的达西定律[式(4-9)]确定，即可用如下偏微分方程确定：

$$J[\mathrm{kg/(m^2\cdot s)}]=-E_1\frac{\partial p}{\partial x} \tag{4-75}$$

式中，p 为毛细管张力，∂p 同 4.5.1 中 1. 中的 Δp（Pa）；x 为木材中自由水流动的距离（m）；E_1 为液体流动的有效渗透性。

由于毛细管半径难以确定，因此驱动力毛细管张力难以计算，亦即难以据式(4-75)确定自由水的流动强度。又因为该式与描述扩散的菲克定律式(4-25)形式上一致，所以可用木材的扩散强度公式(4.5.2 项)计算自由水的流动强度。

自由水流动的有效渗透性是木材自由水流动强度的重要影响因素之一，其与木材自由水的渗透性有关：

$$E_1=\frac{K_1\cdot\rho_1}{\eta_1} \tag{4-76}$$

式中，K_1 为木材自由水的比渗透性或渗透系数（$\mathrm{m^3/m}$），见式(4-19)；ρ_1 为自由水的密度（$\mathrm{kg/m^3}$）；η_1 为自由水的黏度（Pa · s）。

3. *木材渗透性*　如本节开头所述，木材常规干燥过程中自由水的迁移，可认为是木材移动蒸发界面水分蒸发和木材内部水分移动同时进行的过程。木材内部水分移动要较水分蒸发困难得多，所以内部水分移动的难易程度制约着干燥速度。而木材渗透性是决定内部自由水移动难易程度的重要性能。

据式(4-75)，木材自由水流动的强度，由木材的渗透性（渗透率，permeability）和毛细管张力梯度（驱动力）决定。渗透性是描述多孔固体（如木材）中流体在静压力梯度作用下渗透难易程度的物理量。无论将流体自木材内排除（干燥），还是将流体注入木材（防腐、染色等），木材渗透性都起着很重要的作用。

木材可渗透的充分必要条件是，孔隙率（孔隙所占的空间百分比）大于零，且孔隙彼此相连通。例如，针叶树材内的自由水在静压力梯度下可通过各细胞腔及连通细胞腔的纹孔膜上小孔流动，即具有渗透性。但如果纹孔膜上的小孔被抽提物等堵塞或纹孔闭塞而成为封闭的细胞结构，则其渗透性接近于零。

木材渗透性理论以达西定律为基础，同时又根据木材流体渗透特点对达西定律的形式进行修正而建立。

（1）木材渗透性的模式　木材的渗透性与木材的毛细构造密切相关，而木材的构造又相当复杂，所以研究木材渗透性时，应首先确立与对应材种相接近的结构模型，再相应于模型对达西定律等进行修正。

1）简单的平行毛细管模型：木材的纵向结构近似为相互平行的均布圆形毛细管时，式(4-18)和式(4-20)可分别用于计算其纵向渗透性和纵向比渗透性。该模型较适于阔叶散孔材畅通的导管。Smith 和 Lee(1958)的研究证明，用此模型计算的数种阔叶树材的纵向气体渗透性的值与实验所测较一致。由式(4-20)可知，当木材为均布且相互平行的圆形毛细管结构时，比渗透性仅为单位横截面积的毛细管（导管）数量 n 及半径 r 的函数，即与 n 及 r^4 成正比。

由式(4-17)可知，上述模型中毛细管半径对流量的影响也与对比渗透性的影响相同，即流量也与毛细管半径的 4 次方成正比，若横毛细管半径增大一倍，则流量及比渗透性增大 4 倍。由此可推知，对于毛细管径不均匀的木材，可能会出现毛细管半径大的部位流量大（液流或气流短路）、其他部位则极小，即其纵向渗透性（测量值）虽高但干燥困难的现象。

2）针叶树材的 Comstock 模型：针叶树材内的管胞间是通过具缘纹孔对相连通的，而纹孔口，尤其是纹孔膜小孔的直径与细胞腔相比非常小，所以流体在针叶树材内沿着上述通路迁移时，较大阻力发生在纹孔口，最大阻力发生在纹孔膜小孔处。如果忽略纹孔膜小孔处阻力的增量，则可认为纹孔口的数量和状态（开放、半闭锁、闭锁）决定着木材的渗透性。

如图 4-17 所示，Comstock(1970)根据针叶树材的细胞结构，进一步假设所有的纹孔都分布在管胞梢端（锥形端部）径面上，且所有纹孔口尺寸都相同。每个管胞上有 4 个纹孔对，由于纹孔两两相邻，故实际上每个管胞分摊 2 个。又假设管胞横截面为正方形，其边长为管胞直径 $d=2r_t$，r_t 为其半径，则其横截面面积为 $(2r_t)^2$；管胞端部搭接长度 ΔL 与管胞长 L_t 之比为管胞端部搭接比率 β，所以 $\Delta L = L_t\beta$。有效长度为管胞长与搭接长度 ΔL 之差，即为 $L_t - \Delta L = L_t - L_t\beta = L_t(1-\beta)$；管胞纵截面面积为其有效长度乘以其直径，即 $2r_tL_t(1-\beta)$。

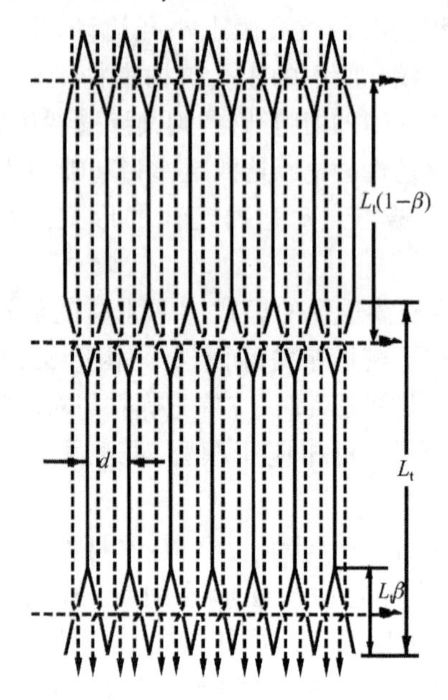

图 4-17　针叶树材的 Comstock 模型

显然，纵向和弦向渗透性都随垂直于流动方向单位横截面积上并联具缘纹孔对数量的增加而提高，而随流动方向单位长度上串联纹孔对数量的增加而降低。即渗透性与前者成正比，与后者成反比。

对于纵向流动，垂直于流动方向，每个管胞有 2 条并联的通道，则垂直流动方向单位横截面积（管胞横截面积）有 $\frac{2}{(2r_t)^2} = \frac{1}{2r_t^2}$ 条并联通道；沿流动方向，每个管胞有 1 条串联的通道，则每单位长度串联的纹孔通道数为 1 除以管胞的有效长度，即 $1/L_t(1-\beta)$。所以纵向渗透性

$$k_L \propto \frac{1/2r_t^2}{1/L_t(1-\beta)} = \frac{L_t(1-\beta)}{2r_t^2}$$

上式表明，具有该模型的木材纵向渗透性，与管胞有效长度成正比，与管胞横截面积成反比。

对于横向流动，垂直于流动方向，每个管胞仅有一条并联通道，则垂直流动方向单位横截面积（管胞纵截面积）有 $1/2r_tL_t(1-\alpha)$ 条并联通道；沿流动方向，每单位长度串联的纹孔通道数为 2 除以管胞的直径，即 $2/d = 1/r_t$。所以横向渗透性

$$k_T \propto \frac{1/2r_tL_t(1-\beta)}{1/r_t} = \frac{1}{2L_t(1-\beta)}$$

上式表明，具有该模型的木材横向渗透性与管胞有效长度成反比。

据上两式可得纵横向渗透性之比

$$\frac{k_L}{k_T} = \frac{L_t^2\ (1-\beta)^2}{r_t^2} \tag{4-77}$$

假设管胞长度与直径之比为 100，则 $L_t/r_t = 200$，式(4-77)可简化为

$$\frac{k_L}{k_T} = 4\ (1-\beta)^2 \times 10^4$$

当 β 从最大值 0.5 减小到 0，k_L/k_t 为 10 000～40 000，与实验结果（Comstock，1970）相吻合。

可以推知，导管被侵填体堵塞的阔叶树材，由于流动只能沿着由纹孔对相互连通的木纤维细胞之间进行，所以 Comstock 模型亦可应用。而导管畅通的阔叶树，k_L/k_T 可高达 10^6。

（2）改善木材渗透性的方法　木材是由大毛细管和微毛细管构成的多孔固体。如上所述，制约木材渗透性的因素主要是其毛细管系统的微细构造。提高其渗透性，主要是设法使其改变。

提高木材渗透性的方法主要有物理法、化学法和生物法，以增大木材细胞等效毛细管半径和增加毛细管数量。

1）物理法：主要是以机械式破坏木材组织结构的方式来提高木材的渗透性，如采用对木材进行压缩处理、水蒸气局部爆破处理等方式来提高木材的渗透性。压缩是将木板通过由水力驱动的两个钢辊之间，使木材压缩，从而使其纹孔局部破裂，使液体在木材中的流动阻力减小，以加快干燥速度和改善化学药剂的渗透；用高温加压软化和瞬时降压的方法对木材进行水蒸气局部爆破处理，使其导管壁上纹孔膜出现不同程度的破裂，甚至脱落为空洞，其渗透性可得到较明显的改善；常规干燥将增大毛细管内水气界面的表面张力，尤其是水气界面形成在纹孔膜小孔处时，由于毛细管半径很小，会产生很大的毛细管张力，将使该纹孔膜移动，致使纹孔塞贴紧纹孔，即产生纹孔闭锁，极大影响渗透性。改进干燥基准减小表面张力，或采用如冷冻干燥或溶剂置换干燥等其他干燥方法，消除毛细管张力，可减少或避免干燥过程中的纹孔闭锁，保证较好渗透性。

2）化学法：是采用热水或一些有机溶剂溶解或侵蚀阻碍流体渗透性的成分或要素（如树脂）的一种方法。例如，用苯-乙醇对长白鱼鳞云杉木材进行浸提处理，可明显改善其渗透性；用稀碱液来提高桐木的渗透性，用乙醇、丙酮和戊烷溶剂提高马尾松和杉木渗透性；水热处理是将木材用水蒸煮或用不同压力、温度的饱和水蒸气对木材进行处理，以改善其渗透性，这属于物理化学方法。

3）生物方法：如采用水池贮存处理、霉菌处理和酶处理等方法。霉菌处理木材一般是接种绿色木霉、

哈氏木霉等，放置一周，以提高木材渗透性。菌处理是利用菌来破坏早材管胞的纹孔膜，提高渗透性，而它对木材的机械性能无实质性影响；酶处理木材是利用各种酶制剂，如果胶酶和半纤维素等分解木材具缘纹孔或射线薄壁细胞，使木材的渗透性得以提高。

抽提物对木材的渗透性影响显著，超临界流体能有效地从木材中去除抽提物，因此可以作为提高木材渗透性的手段。实验证明，利用超临界流体对花旗松、柳杉心材进行处理后，渗透性得到了明显提高。超临界流体技术可作为改善木材渗透性的一种有前途的方法，用于木材功能性改良或干燥的预处理。

4.5.2　纤维饱和点以下时木材中水分的迁移

木材内流体（液体或气体）的迁移可分为两种主要类型：一是容积流或质量流，即流体在静压力梯度或毛细管张力梯度作用下，沿木材中相互连通的孔隙网络的流动（如前所述自由水的移动）；二是扩散，即水蒸气在细胞腔空气中的扩散和吸着水在细胞壁中的扩散。

1. 纤维饱和点以下时木材中水分的扩散途径

对于木材中水分扩散路径，传统的观点如图 4-18 所示：①水分子以蒸汽形式通过细胞腔，凝结，以吸着水方式通过细胞壁再到下一个细胞腔，如此一直重复到水分子到达木材的表面（图 4-18 中 A）；②水分子以水蒸气的形式通过细胞腔和纹孔（图中 B）；③水分子以吸着水的形式连续从一个细胞壁到下一个细胞壁（图中 C）。

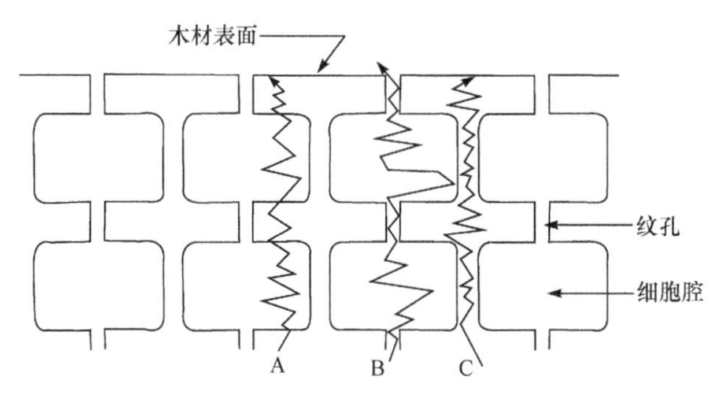

图 4-18　木材中水分的扩散途径

A. 水蒸气-吸着水组合扩散；B. 水蒸气扩散；C. 吸着水扩散

基于本节起始部分对干燥过程中木材水分迁移机理新观点的概括，笔者关于木材纤维饱和点以下时水分迁移路径的观点（新观点）如图 4-19 所示：①吸着水在热能作用下由细胞壁微毛细管系统扩散至大毛细管系统，并主要沿该系统继续向干燥介质扩散，后者的路径如图 4-18 中 B 所示。其中吸着水通过细胞壁的扩散，包含了吸着水在热能作用下由被微毛细管系统吸附着的壁面、毛细管凝结着的凹液面向系统内空气中的蒸发，以及水蒸气在扩散势下由微毛细管系统向大毛细管系统的扩散。②关于图 4-18 中路径 A，由于水蒸气沿大毛细管系统的扩散系数远大于吸着水通过细胞壁的扩散系数（图 4-22），且存在吸湿滞后现象，所以水分沿改路径迁移量占比很小，即可近似认为大毛细管系统的水蒸气在扩散势下基本上沿相邻的细胞腔、纹孔及纹孔膜上的微孔直接向木材外部扩散（捷径或短路）。③关于图 4-18 中路径 C，由于其远长于其垂直方向的路径，且弦、径向扩散系数差异不大[见本节 4.5.2 中 2.(3)]，所以沿着该路径的扩散强度占比远小于后者，沿路径 C 的水分迁移量极其微小。

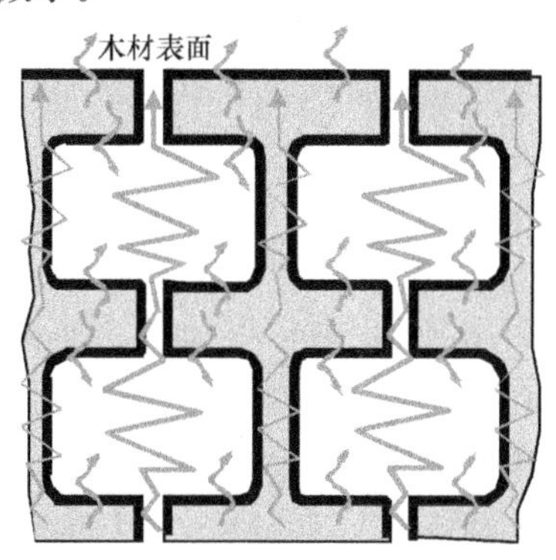

图 4-19　木材中水分的扩散途径（新观点）

无论哪种形式的扩散，都有稳态和非稳态过程。

2. 稳态扩散

（1）等温稳态扩散　　木材中水分的扩散，宏观上忽略 4.5.2 中 1. 所述吸着水和水蒸气扩散的区别及扩散路径的影响，近似简化为水分沿板厚（一维）进行，其扩散强度可用菲克第一定律来确定，即用式（4-27）、式（4-28）及式（4-78）确定。

$$J = -D_{MC}\frac{dMC}{dx} \tag{4-78}$$

式中，D_{MC} 为含水率梯度下的水分扩散系数；$\frac{dMC}{dx}$ 为水分扩散方向的含水率梯度（%/m）。

上述 3 个公式说明，等温条件下，水分扩散强度取决于扩散系数 D 和浓度梯度、含水率梯度或水蒸气压力梯度。实际干燥过程中木材各部分温度是不相等的，即大都是非等温扩散。但若木材经过加热处理，在随后的短暂干燥过程中，其各部分温度相差不大，则可近似认为是等温扩散。

式（4-78）适用于一维扩散，若为多维稳态扩散，则扩散势含水率梯度中的 d 用∂替代，即沿 x 方向的含水率梯度为 $\frac{\partial MC}{\partial x}$。

对于吸着水或水蒸气在浓度梯度下穿过木材的扩散系数，由式（4 27）及 4.2.2 中的 1. 中扩散强度

定义可得

$$D_c(\mathrm{m^2/s})=\frac{M/(\tau \cdot A)}{\Delta c/L} \tag{4-79}$$

式中，除 4.2.2 中的 1. 所介绍的参数外，Δc 为水分浓度差($\mathrm{kmol/m^3}$)；L 为扩散方向上的长度(m)。

Bramhall 的研究结果表明，温度梯度和含水率梯度(或浓度梯度)都与水分压力梯度有关，同时据理想气体状态方程导出了相互关系：

由 $pV=nRT$ 得

$$p=\frac{n}{V}RT=R(cT)$$

式中，p 为绝对温度 T 时，体积为 V、物质的量为 n [式(4-24)]mol 的水蒸气的压力；R 为气体常数；c 为水蒸气的物质的量浓度[式(4-24)]。

p 对 x 求导，得

$$\frac{\mathrm{d}p}{\mathrm{d}x}=R\left(T\frac{\mathrm{d}c}{\mathrm{d}x}+c\frac{\mathrm{d}T}{\mathrm{d}x}\right) \tag{4-80}$$

式(4-80)表明，压力梯度反映了水分浓度梯度和温度梯度两者的作用，所以压力梯度作为扩散势来分析计算水分扩散更科学。

(2) 非等温稳态水分扩散　干燥过程中，通常木材内各部分的温度是不同的，这时的水分扩散除了含水率梯度等的作用外，还有温度梯度的影响，即水分从高含水率(或高浓度、高温等)处向低含水率(或低浓度、低温等)处扩散。非等温稳态水分扩散的强度可用式(4-81)计算：

$$J[\mathrm{kg/(m^2 \cdot s)}]=\frac{\mathrm{d}m}{\mathrm{d}\tau}=-D_{\mathrm{MC}}\left(\frac{\mathrm{dMC}}{\mathrm{d}x}+\delta\frac{\mathrm{d}T}{\mathrm{d}x}\right) \tag{4-81}$$

或

$$J[\mathrm{kg/(m^2 \cdot s)}]=\frac{\mathrm{d}m}{\mathrm{d}\tau}=-D_{\mathrm{MC}}\left(\frac{\partial \mathrm{MC}}{\partial x}+\delta\frac{\partial T}{\partial x}\right) \tag{4-82}$$

式中，$\frac{\mathrm{dMC}}{\mathrm{d}x}$或$\frac{\partial \mathrm{MC}}{\partial x}$为含水率梯度(%/m)；$\frac{\mathrm{d}T}{\mathrm{d}x}$或$\frac{\partial T}{\partial x}$为温度梯度(℃/m)；$\delta$ 为热力梯度系数或热湿传导系数(%/℃)，$\delta=\frac{\Delta \mathrm{MC}}{\Delta T}$，即木材内 1℃温差造成的含水率差，可据木材含水率和温度由图 4-20 确定。

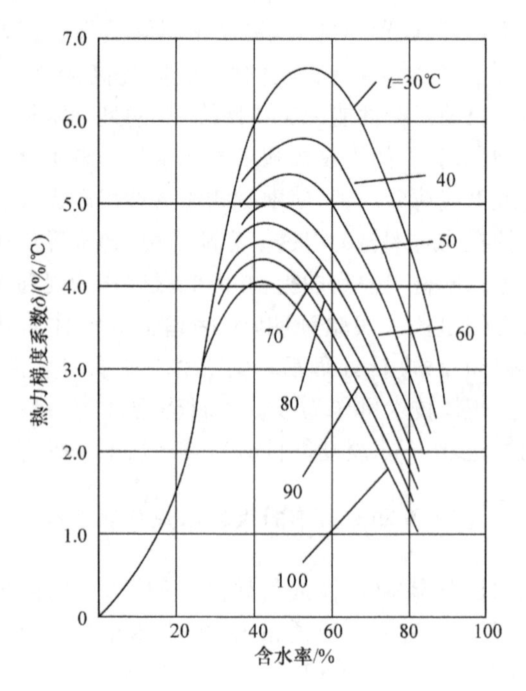

图 4-20　热力梯度系数(引自 Шубин，1983)

上述(1)和(2)项是对木材内部水分一维扩散的宏观分析，而微观上吸着水穿过细胞壁的扩散与水蒸气在细胞腔中的扩散有别，接下来分别进行叙述。

(3) 吸着水穿过细胞壁的扩散　吸着水通过细胞壁的移动也是一个扩散过程。在此过程中，水分子从一个吸湿性位置移动到另一个位置，较干的位置上离开的水分子较少，而湿的位置离开的水分子较多，从而使水分自较湿区域向较干区域移动。如前所述，其实际上包含了吸着水在热能作用下由被微毛细管系统吸附着的壁面、毛细管凝结着的凹液面向系统内空气中的蒸发，以及水蒸气在扩散势下由微毛细管系统向大毛细管系统的扩散。木材表面水分的快速蒸发及内部水分外移的缓慢，使心、表层形成含水率梯度，因此水分从湿的心层向干的表层不断扩散。吸着水扩散的驱动力为含水率梯度(浓度梯度)或水蒸气压梯度。吸着水扩散远比水蒸气扩散要慢。吸着水穿过细胞壁的扩散系数与木材吸着水的含水率有关。含水率越高，木材中吸湿点与水分的结合能越小，在纤维饱和点，结合能趋近于零。所以吸着水含水率越高，扩散系数越大。

图 4-21 表示北美云杉在 27℃时，其吸着水纵向扩散系数与其平均含水率间呈指数关系。

木材常规对流加热干燥过程中，其含水率分布规律近似抛物线，所以从高含水率 $\mathrm{MC_2}$ 干燥到 $\mathrm{MC_1}$，其平均含水率可用式(4-83)计算

$$\overline{\mathrm{MC}}=\mathrm{MC_1}+\frac{2}{3}(\mathrm{MC_2}-\mathrm{MC_1}) \tag{4-83}$$

Stamm(1964)发现，纵向水分扩散系数 D_{BL} 为径向的 2 倍，为弦向的 3 倍，平均为横向的 2.5 倍，即 $D_{\mathrm{BL}}=2.5D_{\mathrm{BT}}$。

除含水率之外，温度对吸着水的扩散系数也有很大影响。Stamm(1964)发现，吸着水扩散系数随温度的升高而迅速增大，可用式(4-81)确定，

$$D_{\mathrm{BT}}=\mathrm{C}\cdot\exp\left(-\frac{E_b}{RT}\right) \tag{4-84}$$

式中，D_{BT} 为木材吸着水的横向扩散系数($\mathrm{m^2/s}$)；C

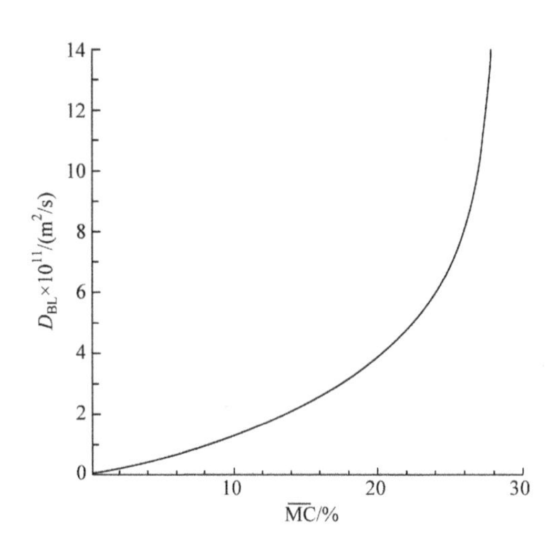

图4-21 北美云杉在27℃时吸着水纵向扩散系数与木材平均含水率关系

为常数；E_b 为活化能(J/mol)，与木材含水率MC有关，$E_b=38500-290MC$。

将 E_b 代入式(4-84)，并将常数 C 调整到最佳值，则 D_{BT} 可用式(4-85)计算，

$$D_{BT}(m^2/s)=7\times10^{-6}\exp[-(38500-290MC)/RT] \tag{4-85}$$

式中，MC=5%～28%。

据式(4-85)所确定的木材吸着水横向扩散系数与木材温度及平均含水率的关系，如图4-22下部所示。图中木材平均含水率$\overline{MC}$据式(4-83)计算。

(4) 水蒸气在细胞腔中的扩散　水蒸气在某种扩散势(浓度梯度、水蒸气压力梯度等)作用下，在细胞腔中由分子运动所引起成分的连续移动。在这个过程中，分子在各个方向上随机运动，如果一个区域的分子浓度较高，另一个区域的分子浓度较低时，高浓度区域离开的分子较该区域进入的分子要多，因此含水率要降低；同样，如果许多水分子被吸附、凝结或从其他区域移动过来时，扩散进入的水分子要比扩散出去的多，造成在某一方向上水分的移动。水蒸气扩散速率与扩散分子的浓度差成正比，或更精确地讲，与水蒸气压差成正比。整个干燥过程中水蒸气在细胞腔中的扩散可据(式4-86)计算，即

$$J=\frac{dm}{d\tau}=-D_{vc}\frac{dc}{dx} \quad 或 \quad J=-D_{vMC}\frac{dMC}{dx} \tag{4-86}$$

式中，D_v 为水蒸气在细胞腔中的扩散系数(m^2/s)。D_{vc}及 D_{vMC}分别为水蒸气在浓度梯度和含水率梯度下的扩散系数。

气体的扩散系数关系到其物理性质，以及混合气体的温度和压力。当水蒸气在大气压力 p 的空气内扩散时具有式(4-26)所述关系。

水蒸气通过细胞腔的扩散系数还与木材含水率有关，其与木材温度及平均含水率的关系如图4-22上部所示。

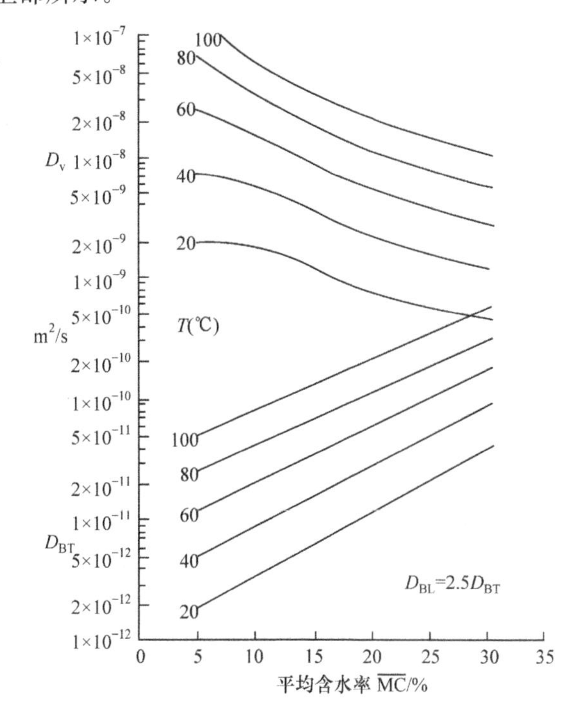

图4-22 D_{BT}及 D_v 随含水率和温度的变化曲线

水蒸气横向通过细胞腔和纹孔扩散时，大部分阻力来自纹孔口，其次是纹孔上的小孔，而细胞腔的阻力很小。由于细胞长和其直径之比很大，所以水蒸气纵向扩散时主要阻力来自细胞腔。

传统观念都认为，水蒸气及细胞壁内吸着水的扩散势为水分浓度梯度(或含水率梯度)和温度梯度，如式(4-86)所示。但据Bramhall的研究结果式(4-77)，因压力梯度反映了水分浓度梯度和温度梯度两者的作用，所以压力梯度作为扩散势来分析计算水分扩散更科学。

由图4-22可知，水蒸气在细胞腔中的扩散系数 D_v 远大于吸着水在细胞壁中的横向扩散系数 D_{BT}；两者都随着温度的升高而增大；D_v 随含水率的增大而减小，D_{BT}随含水率的增大而增大。

3. 非稳态扩散　沿木材厚度方向的一维非稳态扩散，可用菲克第二定律描述，即用式(4-29)、(4-30)及式(4-78)描述：

$$\frac{\partial MC}{\partial\tau}=\frac{\partial}{\partial x}\left(D_{MC}\frac{\partial MC}{\partial x}\right) \tag{4-87}$$

式中，MC为板厚方向某点的瞬时含水率(%)；τ 为扩散时间(s)；D_{MC}含义同式(4-78)。

4.5.3 木材的水分蒸发

如4.2.3中所述，蒸发是指在液体或湿物体表面进行的比较缓慢的汽化现象。当木材移动蒸发界面上方的湿空气未被水蒸气饱和(空气的相对湿度 $\varphi<$

100%)，亦即移动蒸发界面上的水蒸气压力大于周围湿空气的水蒸气分压，且湿空气的相对湿度小于100%时，界面上水分会向周围湿空气中蒸发。

当蒸发面在木材表面时，与自由水面的水分蒸发情况相似，可用式(4-31)或式(4-32)来确定水分蒸发强度。

当移动蒸发界面移动至木材内部时，移动蒸发界面上自由水的蒸发强度可用类似于式(4-31)的公式计算。即

$$i[\mathrm{kg/(m^2 \cdot h)}]=B(p_r-p_v) \qquad (4\text{-}88)$$

式中，i 为移动蒸发界面自由水的蒸发强度[kg/(m² · s)]；B 为移动蒸发界面自由水的蒸发系数[kg/(m² · h · Pa)]；P_r 为移动蒸发界面上的水蒸气压力(Pa)；P_v 为移动蒸发界面上方的水蒸气分压(Pa)。

随着移动蒸发界面向木材内部的迁移，蒸发系数减小，蒸发面上方湿空气中水蒸气分压增大(水分浓度增大)，因而蒸发强度逐渐降低。

当木材表层含水率大于周围干燥介质状态相应的平衡含水率时，水分蒸发强度 i 亦可用式(4-89)计算：

$$i[\mathrm{kg/(m^2 \cdot h)}]=\alpha'\rho_0(\mathrm{MC_s}-\mathrm{EMC}) \qquad (4\text{-}89)$$

式中，α' 为换水系数，亦称为木材表面的水分蒸发系数(m/s)；ρ_0 为木材的全干密度(kg/m³)；$\mathrm{MC_s}$，EMC 分别为木材的表层含水率及与周围介质状态相对应的平衡含水率。

换水系数表明水蒸气分子逸过木材表面上的边界层扩散到周围空气中的能力，它与空气的温度、相对湿度及气流速度有关，可用图 4-23 确定。

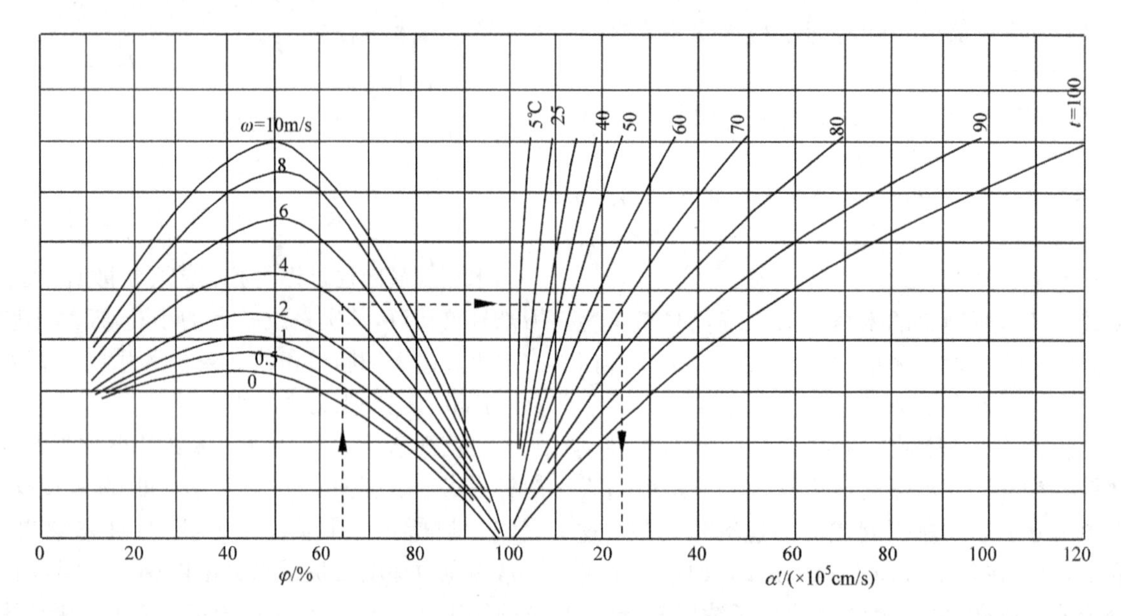

图 4-23　换水系数(引自 Шубин，1983)

4.6　木材在气体介质中的对流干燥过程

木材在气体介质中的对流干燥，亦即木材常规干燥。木材含水率高于纤维饱和点和低于纤维饱和点时，常规干燥过程中的内部水分移动机理不同，下面结合图 4-24 所示木材厚度方向上的含水率分布曲线和干燥曲线(drying curve)，即木材含水率和温度随干燥时间的变化曲线分别叙述。

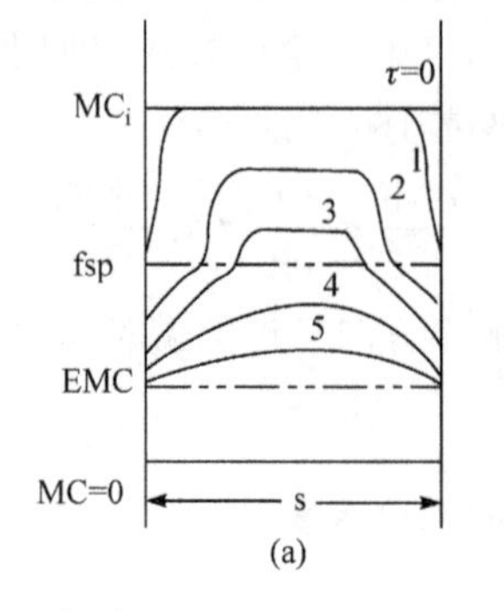

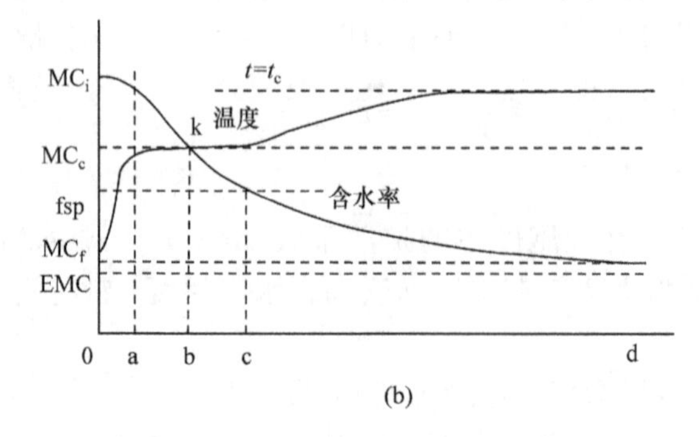

图 4-24　木材厚度上的含水率分布曲线[(a)]和干燥曲线[(b)]

4.6.1 含水率高于纤维饱和点的干燥过程

1. 预热阶段　木材干燥开始时首先要对其进行预热处理，目的是在尽量减少木材表面水分蒸发的前提下将其热透，将其从保存的环境温度加热至干燥所需温度。该阶段中木材含水率基本无变化，近似为初含水率(initial moisture content，MC_i)[图 4-24(a) $\tau=0$、(b)0a 段]。

2. 等速干燥阶段　预热结束转入干燥阶段后，木材表层的水分向周围空气中蒸发，表层含水率降低，当表层含水率降低到纤维饱和点时，木材内部细胞腔内还充满着液态自由水，而表层的大毛细管系统内的液态自由水几乎蒸发完毕。这时内部和表层之间产生了毛细管张力差，木材内部液态自由水在其作用下由内部向表层移动(流动)。这一阶段内，表层含水率保持在接近纤维饱和点的水平，并且内部有足够数量的自由水移动到木材表面，供表面蒸发，干燥速度保持不变且由木材表面的蒸发强度来决定；木材表层含有自由水时，其就像湿球温度计的吸湿纱布一样，温度一直保持在湿球温度水平。因而此阶段水分的蒸发强度正比于干燥介质的干湿球温度差。该阶段中木材厚度上的含水率分布如图 4-24(a)中曲线1、干燥曲线如同图(b)中 ab 段所示。

3. 减速干燥阶段　等速干燥阶段后，随着水分蒸发面向木材内的深入，水分由内部向表面移动的速度逐渐减小，且移动速度低于蒸发面的蒸发速度，木料的表层含水率降到纤维饱和点(fsp)之下。此后，木材厚度上形成了两个区域：含水率低于纤维饱和点的外层和含水率高于纤维饱和点的内部。木材横断面上出现明显的交界线——“湿线”，如图 4-25所示。“湿线”外部含水率梯度加大，水分在含水率梯度等作用下向外做扩散运动；而内部的自由水在毛细管张力等作用下，由内向外移动到“湿线”处，一部分在此蒸发为水蒸气，并沿大毛细管路径向外扩散，另一部分则以吸着水形式在外层的细胞壁内向外扩散。该阶段内，木材心部向表面移动的水分量小于表面的蒸发强度，因而干燥速度逐渐减小；随着木材表层蒸发的水分量变小，热量消耗也不断变小，所以表层温度开始升高。该阶段中木材厚度上的含水率分布如图 4-24(a)中曲线 2、3，干燥曲线如同图 4-24(b)中 bc段所示。

等速干燥阶段结束、减速干燥期开始这一瞬间的含水率，叫作临界含水率 MC_c(critical MC)。由于木材厚度上含水率分布不均匀，当表层含水率低于纤维饱和点(fsp)时，整块木料的平均含水率可能还远高于 fsp，因此临界含水率常高于 fsp。含水率越不均

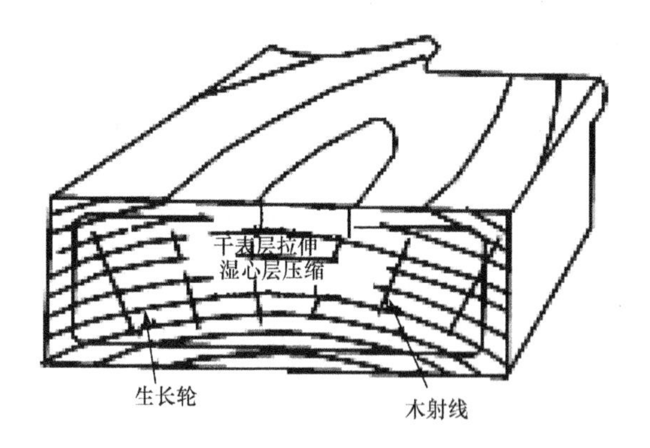

图 4-25　木材横断面上的“湿线”

匀，如木材越厚、密度越大、表面水分蒸发强度越大，临界含水率 MC_c 就越接近初含水率(MC_i)，等速干燥期就越短。在实际常规干燥过程中，木材厚度在一定尺寸(25mm)以上时，等速干燥期实际上几乎是不存在的。

4.6.2 含水率低于纤维饱和点的干燥过程

当含水率低于纤维饱和点时，木材内不含自由水，细胞腔内充满着空气和水蒸气。由于表层水分快速蒸发，形成木材横断面上的含水率梯度。在含水率梯度等作用下，水分由内部向表面扩散，木材整个断面上的含水率也随之降低，如图 4-24(a)中的 4、5 所示。随着含水率的降低，干燥速度越来越慢，干燥曲线越来越平缓[图 4-24(b)中的 cd 段]。当木材含水率接近于周围干燥介质相应的平衡含水率(EMC)时，干燥速度趋近于零。该阶段木材表面温度升高并趋向于干燥介质温度。

4.6.3 影响木材干燥速度的因子

木材干燥过程中，一方面木材内部的水分向移动蒸发界面移动，另一方面在该界面蒸发并向木材周围干燥介质中扩散。必须兼顾两者，协调促进这两方面的进展，才能合理地加快干燥速度。影响干燥速度的因子有外因也有内因。外因有干燥介质的温度、湿度和流速；内因有木材的树种、厚度、含水率、温度、心边材和纹理方向等。

1. 干燥介质温度　干燥介质温度是影响木材干燥速度的主要因素。温度升高，木材中水蒸气压力升高，液态自由水的黏度降低，有利于促进木材中水分的流动和扩散；同时干燥介质的容湿能力提高，加快木材表面水分的蒸发速度。但温度过高，会引起木材的开裂和变形、降低力学强度、变色等，应适当控制。

2. 干燥介质湿度　相对湿度是影响木材干燥速度的重要因子。在温度与气流速度相同的情况下，

相对湿度越高，介质内水蒸气分压越大，木材表面的水分越不易向介质中蒸发，干燥速度越慢；相对湿度低时，表面水分蒸发快，表层含水率降低，含水率梯度增大，水分扩散势等增大，干燥速度快。但相对湿度过低，会造成开裂及蜂窝裂等干燥缺陷的发生或加重。

3. *干燥介质循环速度* 介质循环速度(circulation velocity)是另一个影响木材干燥速度的因素。高速气流能破坏木材表面上的饱和蒸汽界层，从而改善介质与木材之间传热、传质条件，加快干燥。对于难干材或当木材含水率较低时，木材内部水分移动决定着干燥速度；通过提高介质流速来加快表面水分的蒸发速度没有实际意义，反而会加大含水率梯度，增大产生干燥缺陷的危险性。所以，难干材不需要很大的介质循环速度；对于所有材种，随着其含水率的降低，气流循环速度对其干燥速度的影响都会减小，因而可在干燥末期采用降低风速的方式来节能。

上述三因子是可以人为控制的外因，控制得当，可在确保木材干燥质量的前提下加快干燥。例如，干燥针叶材或软阔叶材薄板时，因木材内部水分移动较易，可适当提高介质干球温度、降低湿度、提高介质循环流速，以加快干燥；但干燥硬阔叶材或厚板板时，宜采用较低的温度、较高的湿度和较小的气流循环速度，以免产生干燥缺陷。

4. *木材树种及构造特征* ①树种和密度：不同树种的木材具有不同的构造，它的纹孔大小与数量，以及纹孔膜上微孔的大小都有很大差异，因此水分沿上述路径移动的难易程度有别，即木材树种是影响干燥速度的主要内因。由于环孔硬阔叶树材(如栎木)导管和纹孔中充填物多、纹孔膜上微孔的直径小，因此其干燥速度明显小于散孔阔叶树材和大部分针叶树材；在同一树种中，密度增大，大毛细管内水分流动阻力增大，细胞壁内水分扩散路径延长，难以干燥。②木材心边材：阔叶树心材细胞中内含物较多，针叶树心材中的纹孔多数是闭塞的，所以心材较边材难干燥。③木材纹理方向：木射线有利于水分传导，沿木材径向的水分传导比沿弦向大 15%～20%，所以弦切板通常比径切板干燥速度快。

5. *木材厚度* 木材常规干燥过程可近似认为是沿材厚方向的一维传热传质过程，厚度增加，传热传质距离变长、阻力加大，干燥速度明显下降。

6. *木材含水率* 如图 4-22 所示，纤维饱和点之下，随着含水率的降低，吸着水的横向扩散系数减小，而水蒸气在细胞腔中的扩散系数则增大，由于干燥过程中吸着水在细胞壁中的扩散系数很小，制约着吸着水的迁移速度，因此含水率对其的影响也为对纤维饱和点之下干燥速度的影响，即含水率越低越难干燥。

4.7 木材干燥应力与应变

木材干燥过程中，其任何部分的含水率降到纤维饱和点以下时，就将产生正常干缩。其横断面上含水率分布的不均、构造上的各向异性及生长应力，导致相互间内应力的产生；当木材的一部分受到拉应力(tensile stress)时，则其相邻部分就受压应力(compressive stress)；木材受应力时会产生变形与应变。按传统观点应变分为两种：一种是弹性应变，受短时间的应力作用而产生，且在比例极限范围内，当应力消除后，此应变消失。此应变也被习惯性称为湿应变，对应的应力叫作湿应力；另一种是蠕变，应力超过了比例极限，或虽在此范围内但作用时间很长而产生，应力消除后随着时间的延长缓慢恢复的应变为黏弹性蠕变，最终不能恢复的应变为机械吸附蠕变，亦称为残余应变，也叫作塑化固定。

木材干燥过程中，影响干燥质量的既有弹性应力，又有残余应力；干燥过程结束，且木材厚度上的含水率分布均匀后，弹性应变已经消失，此后继续影响干燥质量的是残余应力。

4.7.1 木材干燥应力应变产生的机理

干燥过程中，木材应力主要由含水率分布不均及干缩异向性(径弦向干缩不一致)所引起的非同步干缩所致，而生长应力已基本释放，对干燥应力的影响可以忽略。

1. *木材厚度上含水率不均引起的应力与变形*

干燥过程中，不考虑木材干缩的各向异性，并假定仅在木材厚度上发生水分移动，则厚度上含水率分布、应力与变形的变化如图 4-26 所示，可按 4 个阶段分析。

(1) 干燥初始尚未产生应力的阶段 此阶段中尽管表层含水率低，厚度上含水率分布不均，但都在纤维饱和点之上，不产生干缩，因而不产生应力。

(2) 干燥初期，应力外拉内压阶段(图 4-26 Ⅰ)

干燥过程开始后，木材表面自由水先蒸发，经过一段较短时间(取决于干燥介质的温度、相对湿度和木材内部自由水向外流动的速度)后，表层含水率降到纤维饱和点之下，断面上含水率梯度增大且出现“湿线”(图 4-25)，“湿线”以外区域降到纤维饱和点以下，以内区域仍高于纤维饱和点。随着干燥的进行，“湿线”不断向内移动。

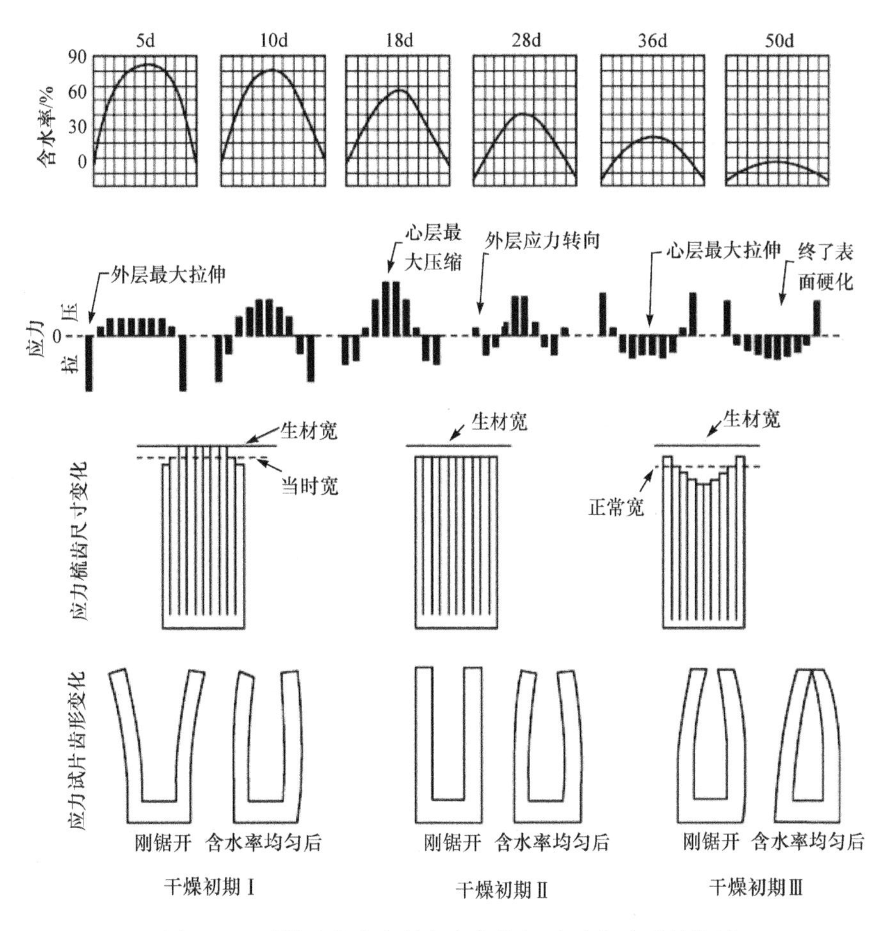

图 4-26　干燥过程中木材含水率分布、应力与变形的发展

木材表层因含水率在纤维饱和点以下，要产生干缩，但因内部各层含水率高于纤维饱和点保持尺寸不变而受到牵制，所以表层因该牵制受拉应力，内部则同时受压应力。又因为干燥初期木材横断面上，含水率降到纤维饱和点以下的区域较薄，相应受拉应力的区域较小，而受压应力的区域较大，且总拉力与总压力相平衡，所以内部单位面积上的压应力较小，而表层单位面积上的拉应力相当大，且很快发展，达到最大值，当该应力大于表层抗拉强度极限时，即产生裂纹，这也是干燥初期易产生表裂（surface check）的主要原因。

该阶段，若将应力试片（stress section）剖成梳齿形，由于表层拉应力消除，弹性拉应变消失，所以表层齿长缩短，而内部各层齿长由于压应力的消除，弹性压应变消失，恢复到原长度。若将应力试片剖成两齿，刚剖开后，由于表层拉应力消除，弹性拉应变消失，则齿形外张。

由于木材是弹性-塑性体，当表层拉应力超过其比例极限时，就会产生塑性变形，或拉应力虽没超过比例极限，但受力时间长会产生蠕变，并产生某种程度的塑化固定。若已产生塑化固定，则上述剖制成的梳齿形应力试片，在其含水率均匀及黏弹性蠕变恢复后，由于表层塑化固定没有达到自由干缩尺寸，而内层则可达到同含水率所对应的自由干缩尺寸，所以外层齿较内层齿长。同理，两齿应力试片向内弯曲。表层的拉伸塑化固定越严重，两齿应力试片向内弯曲程度越大。

随着干燥过程的进行，“湿线”不断内移，即表层以内的一些区域也逐渐降到纤维饱和点之下，受拉应力的区域逐渐扩大，而内部在纤维饱和点以上的受压应力作用的区域则逐渐减小。因此，表层单位面积上的拉应力逐渐减小，而内部单位面积上的压应力逐渐增大，并达到最大值，但内层压应力发展较慢（图 4-26，Ⅰ中干燥到第 18 天）

（3）干燥中期，内外应力暂时平衡阶段（图 4-26Ⅱ）如图 4-27 所示，假定该阶段表层含水率 $MC_{表}$ 低于内层含水率 $MC_{内}$，则表层的非受限干缩率（自由干缩率）$Y_{MC表}$ 大于内层的 $Y_{MC内}$。由于前期表层在拉应力下产生了某种程度塑化固定，即产生了受限干缩，所以表层的梳齿长度比自由干缩应该达到的尺寸长，即受限干缩率较自由干缩率减小 ΔY，暂时与内层干缩率 $Y_{MC内}$ 相等，因而此时木材中内外层的应力暂时平衡，梳齿形应力试片各层梳齿在刚锯开时长度相等，两齿应力试片刚锯制后齿形平直，但此时内层含水率还高于表层，当含水率均匀后，内部由于含水率的降低而进一步缩短了尺寸，使得齿形向内弯曲。注意，若内层于前期在压应力下产生了压缩塑性变形，则内外应力暂时平衡时刻将提前，即内层当其含水率在高于 $MC_{内}$ 时，其实际尺寸即与外层的实际尺寸暂时相等。

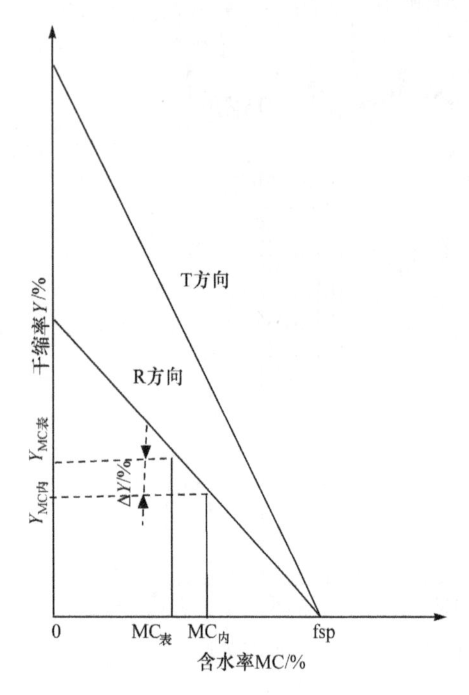

图 4-27 不同方向干缩率与含水率关系

（4）干燥后期，应力外压内拉阶段（图 4-26Ⅲ）

该阶段“湿线”继续内移，木材横断面上含水率梯度减缓，由于表层塑化固定已停止了干缩，因而硬化的表层及纤维饱和点之上的心层牵制了中间层的收缩，使中间层产生拉应力，表层及心层产生压应力，表层和中间层发生了应力转变。继续干燥，“湿线”消失，即木材各部位含水率都降到纤维饱和点之下，此时内部各层都在表层牵制下产生受限干缩，因而都受拉应力，表层迅速达到最大压应力，内部拉应力亦相继达到最大值。当该拉应力大于内部抗拉强度极限时，即产生裂纹。这也是干燥后期易产生内裂的原因。由此可知，内裂尽管产生在干燥后期，但却主要由干燥前期(the early stage of drying)表层的严重塑化固定引起。

此阶段的梳齿形应力试片，刚锯开时中间的一些齿在解除了拉应力后，拉伸弹性应变消失，因而尺寸短，而表层由于塑化固定，尺寸与锯开前基本一致；两齿应力试片，刚锯开时由于内侧拉伸弹性应变消失而向内弯曲。含水率平衡后，由于在干燥前期外层产生了严重拉伸塑化固定，内部产生了某种程度的压缩塑化固定，而后期内层在拉应力下的塑性变形很小，所以导致试片齿形内弯程度更大。

综上所述，可用两齿应力试片的齿形变化来判断干燥过程中木材内外层的应力方向、在应力下的塑性变形情况。若刚锯开时齿形外张，表明此时外层受拉应力内层受压应力。含水率均匀一致后，若齿形平行，表明应力为弹性应力(无塑性变形)，齿形内弯，表明应力超过了比例极限，产生了塑性变形，弯曲程度越大，塑性变形越严重；若刚锯开时齿形内弯，表明此时外层受压应力内层受拉应力。含水率均匀一致后，齿形内弯加剧，表明干燥前期外层产生了严重拉伸塑化固定，内部产生了某种程度的压缩塑化固定。

2. *木材径弦向干缩不一致引起的应力与变形*

根据木材弦向干缩系数约是径向的 2 倍的特性，分析三种木材的干缩、应力与变形情况。

1) 径切板：两个板面都是径切面，板厚都为弦向，干缩均匀，不会引起前述应力应变之外的附加应力和变形。

2) 弦切板：外板面(靠近树皮的面)接近弦向，其干缩率大于接近径向的内板面(靠近髓心的面)，因此干燥时向外板面翘曲[图 4-28(a)]，但实际干燥作生产中，板材都堆积成材堆，并在其顶部放置压块以防止其翘曲变形，因而板材的外板面就产生附加拉应力，而内板面则产生附加压应力。这种应力与含水率梯度无关。外板面由于附加拉应力与干燥前期含水率不均匀引起的表面拉应力相叠加，很容易引起表裂。

3) 带髓心的方材：4 个表层干缩方向接近弦向，其干缩率比直径方向的大，干燥时 4 个表层的干缩受到内部直径方向木材的抑制，结果在表层区域产生附加的拉应力，中心区域产生附加的压应力。这种应力同样与含水率梯度无关。带髓心方材表层由于这种附加的拉应力与干燥初期含水率梯度引起的拉应力相叠加，很易引起开裂。所以，大断面含髓心方材，干燥时很容易产生缺陷[图 4-28(b)]。

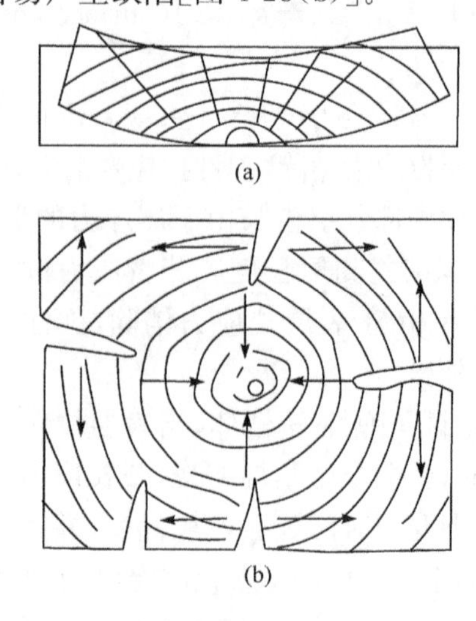

图 4-28 干缩异向性引起的应力及开裂

4.7.2　干燥应力的检测

干燥应力(drying stress)的发生及发展与干燥工艺有关,并直接影响干燥质量。因此,干燥过程中必须了解和掌握应力的变化情况,以便确定适宜基准;干燥结束后的质量检验,也需要检测其残余干燥应力。

干燥应力测定的方法可归纳为实测法、切片分析法和梳齿分析法三种。

实测法是根据胡克定律(Hook's law),用切片测出应力试片沿厚度方向各层的弹性模量和应变量,从而求出各层的应力值,并绘成沿木材厚度方向上的应力分布图。此法虽可直接测出应力值,但测量麻烦、费时间,并且最主要的是难以把握干燥过程中木材各层的弹性模量,所以难以应用。

近年来,有些科技工作者,试图将电测技术应用于木材干燥应力的测量,其方法之一是在木材表面贴大标距的电阻应变片,用应变仪来测量表层的变形和弹性模量,这种方法的关键在于应变片与木材的黏结方法和传感系统的设计。木材含水率较高时,一般胶黏剂难以粘牢。若采用高强度胶黏剂,胶层太硬又影响测量结果。又因粘贴应变片处木材不能蒸发水分,影响正常收缩,其测量结果失真。为解决这些技术问题,涂登云曾尝试,将表面贴有应变片的弹性元件一端固定,另一端(自由端)随木材的表层变形同步位移,产生挠度,应变片处产生应变,应变仪将该弹性元件产生的应变转换成电信号,并通过二次仪表 YJR5 静态电阻应变仪显示所测数据。经过适当标定,YJR5 静态电阻应变仪可显示木材干燥过程中表面位移量,可在线测出干燥过程中木材表面的应变,较直接在木材表面贴应变片法要精确可靠。注意使用时,需进行零漂检测、温度修正等。

切片分析法和叉齿分析法参看 6.1.4。

4.7.3　应变理论的新发展

新的应变理论认为,木材干燥时的总应变由干缩应变、弹性应变、黏弹性蠕变应变和机械吸附蠕变应变组成。干缩应变是与木材含水率有关的木材固有特性。弹性应变见 4.7.2。黏弹性蠕变应变与干燥时间有关,随着时间的延续而增加,是可恢复的应变(应力消除后,随着时间的延长该应变缓慢恢复)。机械吸附蠕变应变是永久的残余应变,其与木材含水率及温度有关。

上述应变可用切片法来测定:①先在刨光的湿材应力检验板上沿长度画干燥过程不同时期需截取的应力片位置线,沿这些线测量检验板宽度,即应力片的初始长度 L_0;②干燥过程中定期取出应力检验板(stress sample board),按标画位置线截应力片,画分层线,测定劈开前各层长度 L_1;③沿线将各层劈开,测定劈开后各层(试片)即时长度(劈开后立即测量的长度)L_2;④将劈开的试片置于恒温恒湿箱内(介质状态所对应的平衡含水率等于应力片劈解时的平均含水率),尺寸稳定(黏弹性蠕变恢复)后测其长度 L_3;⑤试片基本干缩(自由干缩)长度 L_4,是干燥前在同一块检验板上截取的对应层薄试片,缓慢气干至与上述过程④的试片同含水率后的长度,是无约束的自由干缩。如果上述对应层薄试片难以选定,可将上述过程④的试片用水浸泡 24h,之后汽蒸 10 余小时(近似认为塑性变形恢复)后,缓慢气干至目标含水率,其长度近似等于 L_4。

切片的长度变化如图 4-29 所示。可用千分表测量(图 4-30),操作较便利,但精度低;较精确的测量方法是将检验板(sample board)划线并确定各试片长度测量的 2 个基准点,用数码相机拍照,劈解后或劈解的试片含水率平衡后用弹力卡具将各试片加紧连同刻度尺拍照,将图片输入计算机并用图形分析软件计算各试片 2 个基准点间的距离。测出上述各长度后,可据式(4-90)计算各种应变,即

$$自由干缩应变\ \varepsilon=\varepsilon_S+\varepsilon_E+\varepsilon_C+\varepsilon_M \tag{4-90}$$

式中,ε_S 为受限干缩应变

$$\varepsilon_S=\frac{L_0-L_1}{L_0} \tag{4-91}$$

ε_E 为弹性应变

$$\varepsilon_E=\frac{L_1-L_2}{L_0} \tag{4-92}$$

ε_C 为黏弹性蠕变应变

$$\varepsilon_C=\frac{L_2-L_3}{L_0} \tag{4-93}$$

ε_M 为机械吸附蠕变应变

$$\varepsilon_M=\frac{L_3-L_4}{L_0} \tag{4-94}$$

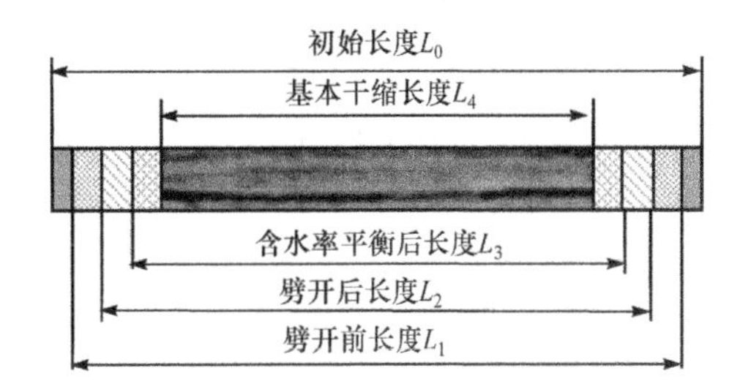

图 4-29　应变切片在干燥前后的长度变化

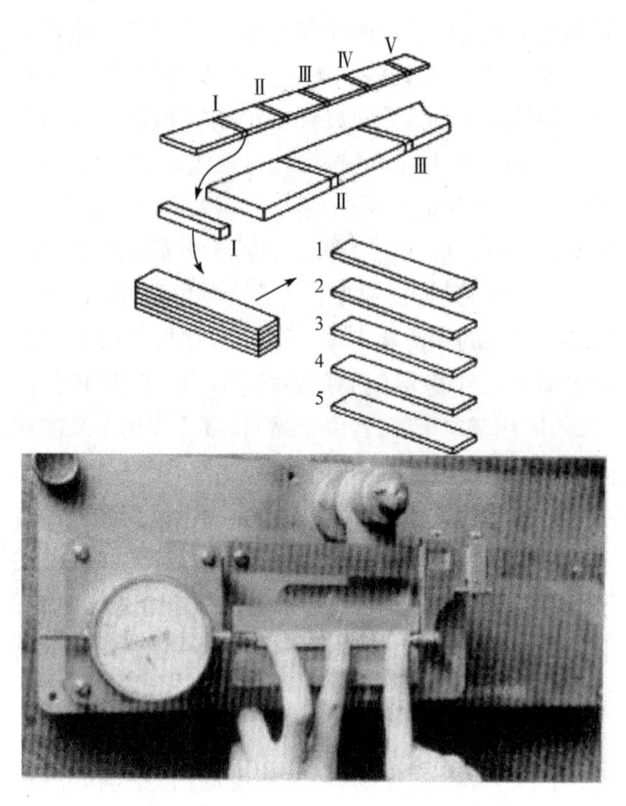

图 4-30 切片长度检测

4.7.4 木材干燥应力的消除

如 4.7.1 中木材干燥应力应变产生的机理所述，干燥过程中，含水率分布不均和干缩异向性导致木材前期表层产生拉应力、内部产生压应力，而干燥后期则应力转向，即内拉外压。由此可知，干燥应力的削弱应从增大木材中水分均匀性和减小干缩异向性(差异干缩系数)入手。

1. *干燥过程中木材水分分布均匀性的改善* 干燥过程中采用较软的干燥基准(见 6.2)缓慢干燥，可有效改善木材中水分分布均匀性，减小干燥应力。但干燥速度过慢，影响干燥效率。所以实际干燥生产中较适宜的干燥基准都兼顾了干燥速度，即干燥介质的温度较高、相对湿度较低，含水率梯度较大，只是在木材将产生开裂前进行适宜的湿热处理，以削弱应力，确保干燥质量。例如，干燥过程前期在表层拉应力将大于抗拉强度前进行适宜的湿热处理(第 1 次中间处理，见 6.3.2)，以增大含水率的均匀性、削弱干燥应力、抑制表裂；干燥后期在将产生内裂前进行适宜的第二次中间湿热处理，以增大含水率的均匀性、恢复或部分恢复干燥前期表层产生的拉伸塑性变形、削弱应力、减小内裂。

2. *干缩异向性的减小* 有研究表明，木材适当温度的饱和湿空气或常压饱和蒸汽处理对差异干缩系数的减小有一定作用；而对于更有效的化学处理，人们还在不断研究中。

3. *动态黏弹性对应力松弛的作用* 对于弦切板、含髓心方材及树盘，由于其干缩异向性，干燥过程中即使其含水率分布均匀，仍然会产生由弦、径向非同步干缩而引起的应力，并导致开裂。这种干燥过程中应力无法消除的木材，只能采取措施减小应力以抑制开裂。

理论上，上述木材在干燥过程中，如果在开裂前进行适当软化处理，使其产生蠕变和应力松弛，将能使开裂得到有效抑制。生产实际中，日本在对含髓心方材(建筑用柱材)的干燥过程中有实际运用。例如，断面 120mm 含髓心柳杉方材的干燥，干燥前进行 2～6h 的常压饱和蒸汽或 8h 的 96℃饱和湿空气软化处理，之后进行干球温度 120℃、湿球温度 90℃的快速干燥，干燥初期很快产生表层拉伸应力，但在软化状态下产生蠕变和应力松弛，从而能有效抑制表层开裂。

4.8 木材干燥时间的理论计算

木材干燥时间是指每一干燥周期所需要的天数或小时数。这是木材干燥生产企业比较重视的问题，主要因为干燥周期与干燥成本、企业的经济效益关系重大。下面从理论和实践两方面介绍木材干燥时间的确定。

4.8.1 木材干燥时间的理论确定

1. *周期式干燥室低温干燥过程* 对于多堆室干，采用高硬度干燥基准(干燥过程终期相对湿度 $\varphi=0.3\sim0.4$)和湿球温度 t_W 不变时，根据湿转移方程式求得干燥时间的基本计算公式为

$$\tau=\frac{C_\tau \cdot S_1^2 \cdot K}{a'_M \cdot 10^6}C \cdot A_p \cdot A_\varphi \cdot \lg\frac{MC_H}{MC_K} \quad (4\text{-}95)$$

式中，τ 为干燥时间(h)；C_τ 为多维修正系数；a'_M为木材导水系数，按干燥过程中的平均湿球温度确定(cm²/s)；S_1 为木材的厚度(cm)；K 为厚度(S_1)系数；C 为多堆干燥比单独干燥的延迟系数；A_p 为循环特性(可逆，不可逆)系数；A_φ 为介质最初饱和度系数；MC_H、MC_K 为木材初、终含水率。

用 B_1 代式(4-95)中的首项：

$$\frac{S_1^2 \cdot K}{a'_M \cdot 10^6}=B_1 \quad (4\text{-}96)$$

得出

$$\tau(h)=C_\tau \cdot B_1 \cdot C \cdot A_p \cdot A_\varphi \cdot \lg\frac{MC_H}{MC_K} \quad (4\text{-}97)$$

为了计算方便，将式(4-97)中的数值绘成曲线图，并按下列次序进行计算。

1）按照已知的厚度与宽度之比 S_1/S_2 来确定数值 C_τ，当 $MC_H>50\%$ 和 $MC_K=8\%\sim20\%$ 时用图 4-31(a)确定；当 $MC_H<50\%$ 和 $MC_K<8\%$ 或 $MC_K>20\%$ 时用图 4-31(b)确定。

图中：

$$\bar{E}=\frac{MC_K-MC_p}{MC_H-MC_p} \tag{4-98}$$

式中，MC_p 为干燥最后阶段的平衡含水率，按图 3-2 确定。

2）按照树种、已知的数值 t 和木材厚度用图 4-32 确定复数 B_1。

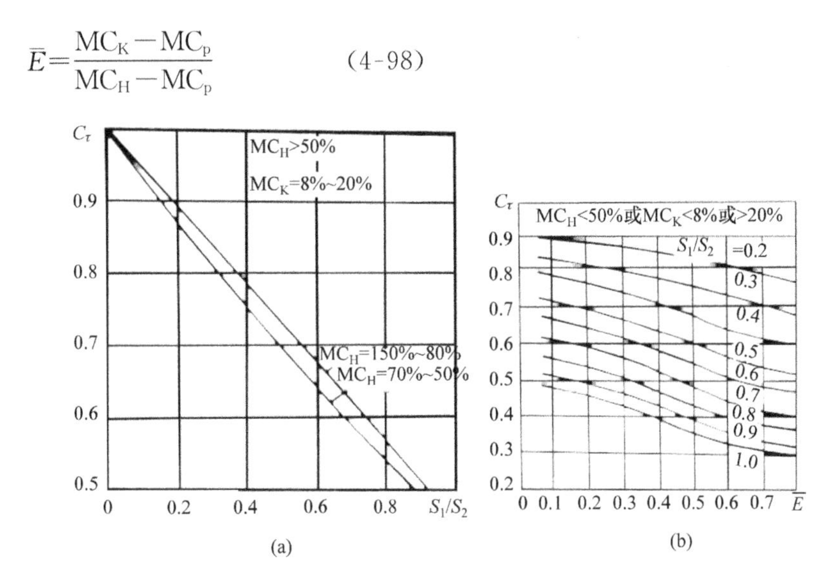

图 4-31　系数 C_τ 的确定图(引自 LlnumoⅡ,1985)

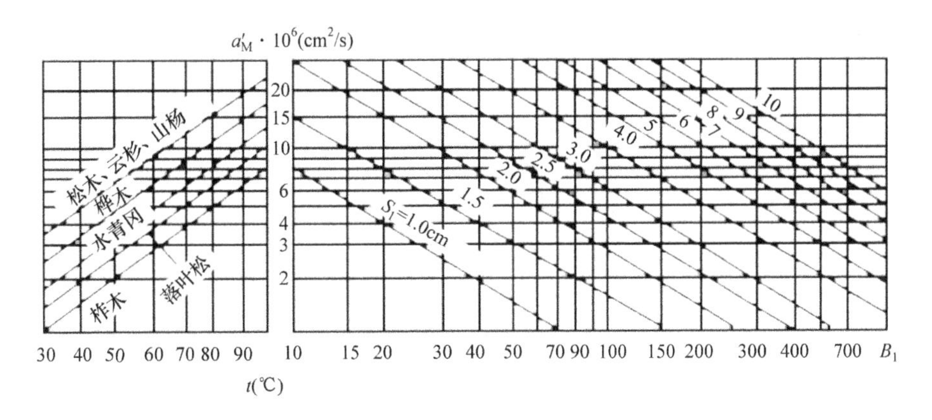

图 4-32　复数 $\frac{S_1^2\cdot K}{a'_M\cdot10^6}=B_1$ 确定图

3）求出 $C_\tau\cdot B_1$ 的积，并根据 $C_\tau\cdot B_1$、干燥介质沿木料循环速度 ω_M 及材堆宽度 B，按图 4-33 确定干燥延迟系数。

4）确定数值 A_p，可逆循环时等于 1，不可逆循环时等于 1.1。

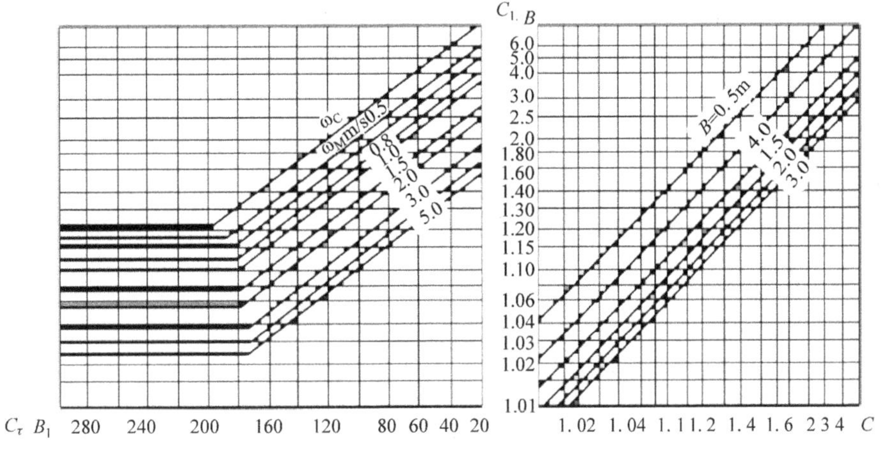

图 4-33　确定材堆干燥延迟系数

5）根据介质最初饱和度 φ_H 及木材最初含水率 MC_H，按图 4-34 确定系数 A_φ。

6）按图 4-35 确定数值 $\lg=\frac{MC_H}{MC_K}$。

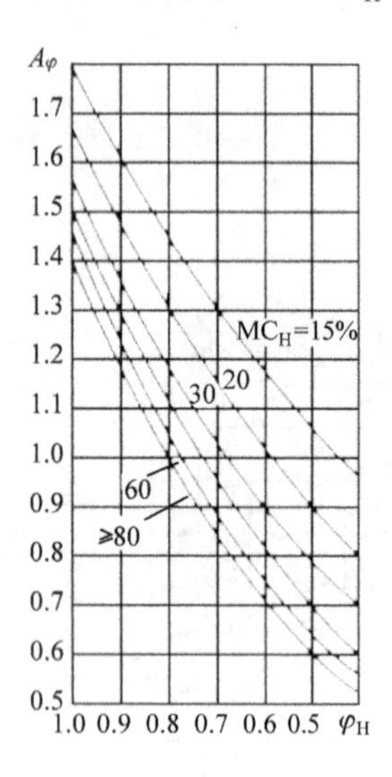

图 4-34　系数 A_φ 确定图

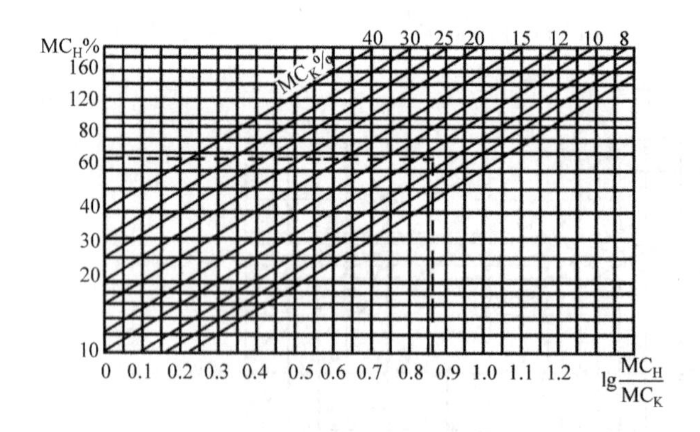

图 4-35　$\lg=\frac{MC_H}{MC_K}$确定图

上述干燥时间的计算也适用于横向循环连续式干燥室。

例 4-4　松木锯材，断面 $S_1\cdot S_2=5\text{cm}\times12\text{cm}$，由初含水率 $MC_H=65\%$ 干到终含水率 $MC_K=9\%$，湿球温度 $t_W=60℃$，最初相对湿度 $\varphi_H=80\%$，在可逆循环干燥室内干燥，$\omega_M=1\text{m/s}$，材堆宽度 $B=1.8\text{m}$，确定干燥时间。

解　$S_1/S_2=0.417$，查图 4-31(a) 求得 $C_\tau=0.76$；查图 4-32 求得 $B_1=165$。当 $C_\tau\cdot B_1=125$ 时，查图 4-33 求得 $C=1.28$；$A_p=1.0$；查图 4-34 求得 $A_\varphi=1.02$；查图 4-35 求得 $\lg=\frac{MC_H}{MC_K}=0.86$，因此用式(4-97)求得

$$\tau=C_\tau\cdot B_1\cdot C\cdot A_p\cdot A_\varphi\cdot\lg\frac{MC_H}{MC_K}$$
$$=0.76\times165\times1.28\times1.0\times1.02\times0.86=141\text{h}$$

在所有情况下，特别是在干燥过程中湿球温度变化时（其中包括落叶松干燥），较为精确的图解计算是按式(4-99)～式(4-101)分阶段计算出干燥时间的总和。采用三阶段干燥基准时，干燥基准第一阶段：

$$\tau_1=C_{\tau1}\cdot\frac{65S_1^2}{a'_{c1}\cdot10^6}\cdot C_1\cdot A_p\cdot\lg0.81\frac{MC_{H1}-MC_{p1}}{MC_{K1}-MC_{p1}}\tag{4-99}$$

当 MC_{H1} 较低时 $\left(\frac{MC_{H1}-MC_{p1}}{MC_{K1}-MC_{p1}}<1.4\right)$，式(4-99)中的数值 0.81 改用 1。

干燥基准第二阶段：

$$\tau_2=C_{\tau2}\cdot\frac{65S_1^2}{a'_{c2}\cdot10^6}\cdot C_2\cdot A_p\cdot\lg\frac{MC_{H2}-MC_{p2}}{MC_{K2}-MC_{p2}}\tag{4-100}$$

干燥基准第三阶段：

$$\tau_2=C_{\tau3}\cdot\frac{65S_1^2}{a'_{c3}\cdot10^6}\cdot C_3\cdot A_p\cdot\lg\frac{MC_{H3}-MC_{p3}}{MC_{K3}-MC_{p3}}\tag{4-101}$$

总干燥时间为

$$\tau=\tau_1+\tau_2+\tau_3\tag{4-102}$$

式中，a'_{ci}为导水系数(m^2/s)，按干燥基准各阶段的介质温度（图 4-32 左边部分）确定；MC_{Hi}、MC_{Ki} 为干燥基准各阶段的初、终含水率，采用常规干燥基准时，$MC_{H2}=MC_{K1}=35\%$；$MC_{H3}=MC_{K2}=25\%$；MC_{pi} 为干燥基准各阶段的木材平衡含水率，按图 3-2 确定；

$MC_{\tau i}$ 为干燥基准各阶段的多维修正系数，按无因次含水率 E 及 S_1/S_2 查图 4-31(b)确定；

$$\bar{E}_i=\frac{MC_{Ki}-MC_{pi}}{MC_{Hi}-MC_{pi}}\tag{4-103}$$

C_i 为干燥基准各阶段的干燥延迟系数，按照复数 $C_{\tau i}\cdot B'_i$，循环速度 ω_M 及材堆宽度查图 4-33 确定。

$$C_{\tau i}\cdot B'_i=C_{\tau i}\frac{65S_1^2}{a'_{ci}\cdot10^6}\times1.31\tag{4-104}$$

2. 周期式干燥室高温干燥过程　近似求解斯蒂芬问题和干燥过程热湿转移系列方程，求得计算干燥时间的基本方程。对于多堆室干和 $MC_H>MC_e$ 及 $MC_K<MC_e$（MC_e 为过渡含水率），干燥时间计算方程式如下。

干燥过程前期：

$$\tau_1=C_\tau\frac{S_1\cdot\rho_j r_0(MC_H-MC_e)}{72(t_c-t_K)}\left(\frac{1}{\alpha}+\frac{S_1}{400\lambda}\right)\cdot C\cdot A_p\tag{4-105}$$

干燥过程后期：

$$\tau_2=C_\tau\frac{S_1\cdot\rho_j r_0}{72(t_c-t_K)}\left(\frac{1}{\alpha}+\frac{S_1}{200\lambda}\right)\cdot(MC_e-MC_p)\cdot2.3\lg\frac{MC_e-MC_p}{MC_K-MC_p}\cdot C\cdot A_p\tag{4-106}$$

式中，τ_1 及 τ_2 为干燥过程前期及后期的干燥时间(h)；t_c 为介质温度(℃)；r_0 为汽化潜热(MJ/kg)；MC_e 为干燥前、后期之间的过渡含水率，在生产上计算时取20%；t_K 为木材中水分沸腾温度，对于松木、云杉、桦木等于100℃；α 为干燥时介质与木材之间的换热系数[W/(m^2·K)]；λ 为干燥区域的木材导热系数[W/(m·K)]。

取 $t_K=100$℃，$MC_e=20\%$，并用下列复数：

$$\frac{S_1\cdot\rho_j\cdot r_0}{72(t_c-100)}=B \tag{4-107}$$

$$\left(\frac{1}{\alpha}+\frac{S_1}{400\lambda}\right)=D_1 \tag{4-108}$$

$$\left(\frac{1}{\alpha}+\frac{S_1}{200\lambda}\right)=D_2 \tag{4-109}$$

$$(20-MC_p)\times 2.3\lg\frac{20-MC_p}{MC_K-MC_p}=E \tag{4-110}$$

则可写出下述表达式。

干燥过程前期：

$$\tau_1=C_\tau(MC_H-20)\cdot B\cdot D_1\cdot C\cdot A_p \tag{4-111}$$

干燥过程后期：

$$\tau_2=C_\tau\cdot B\cdot D_2\cdot E\cdot C\cdot A_p \tag{4-112}$$

高温干燥时可以使用固定干燥基准和双阶段干燥基准。干燥过程总时间按下列公式确定。

使用固定干燥基准时：

$$\tau=\tau_1+\tau_2=C_\tau\cdot B\cdot C\cdot A_p[(MC_H-20)D_1+D_2\cdot E] \tag{4-113}$$

使用双阶段干燥基准时($MC_e=20\%$)：

$$\tau=\tau_1+\tau_2=C_\tau\cdot C\cdot A_p[(MC_H-20)\cdot B_1\cdot D_1+B_2\cdot D_2\cdot E] \tag{4-114}$$

终含水率 $MC_K>20\%$时(无干燥后期)，干燥时间(过程前期)为

$$\tau_1=C_\tau\frac{S_1\cdot\rho_j\cdot r_0(MC_H-MC_K)}{72(t_c-100)}\cdot\left[\frac{1}{\alpha}+\frac{S_1}{400\lambda}\left(\frac{MC_H-MC_K}{MC_H-20}\right)\right]\cdot C\cdot A_p \tag{4-115}$$

或用符号表示

$$\left(\frac{1}{\alpha}+\frac{S_1}{400\lambda}\cdot\frac{MC_H-MC_K}{MC_H-20}\right)=D' \tag{4-116}$$

则

$$\tau_1=C_\tau\cdot(MC_H-MC_K)\cdot B\cdot D'\cdot C\cdot A_p \tag{4-117}$$

当 $MC_K=20\%$，则式(4-116)化为式(4-108)，而式(4-117)化为式(4-111)。

如果 $MC_H\leqslant 20\%$，则可使用式(4-112)，式中的数值 E 可用式(4-110)计算，并用 MC_H 的实际数值代替其中的 $MC=20\%$。

式(4-101)～式(4-114)及式(4-117)中的主要数值均可用曲线图表明，利用这些曲线图按下列顺序进行计算。

1) 按照 S_1/S_2 的值查图4-31(a)(当 $MC_H>50\%$及 $MC_K=8\%\sim20\%$时)或查图4-31(b)(当 $MC_H<50\%$及 $MC_K>20\%$时)求出 C_τ。图中的 $E=\dfrac{MC_K-MC_p}{MC_H-MC_p}$；式中的 MC_p(按图3-2查定)，当确定总干燥时间时为干燥过程后期的平衡含水率，当只确定第一阶段干燥时间时，则为干燥过程前期的平衡含水率。

2) 按照厚度 S_1、木材树种及介质温度查图4-36求出 B(采用双阶段干燥基准时为 B_1 及 B_2)。

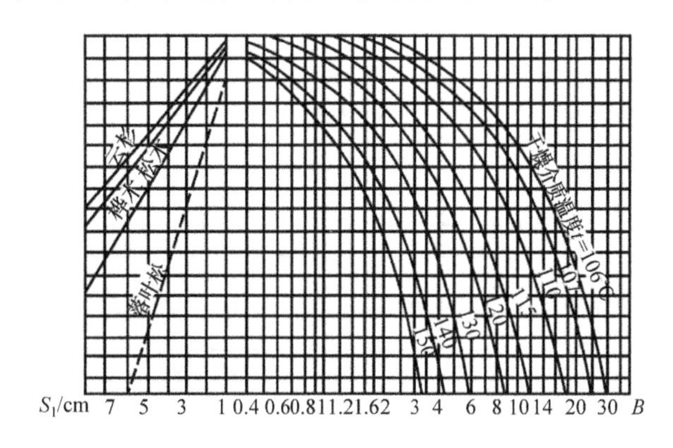

图4-36　数值 B 确定图

3) 按照 S_1、木材树种及循环速度 ω_M 查图4-37求出数值 $D_1(D')$及 D_2。这里的 D'按 $S_1\cdot\dfrac{MC_H-MC_K}{MC_H-20}$ 确定，而 D_2 则按 $2S_1$ 确定。

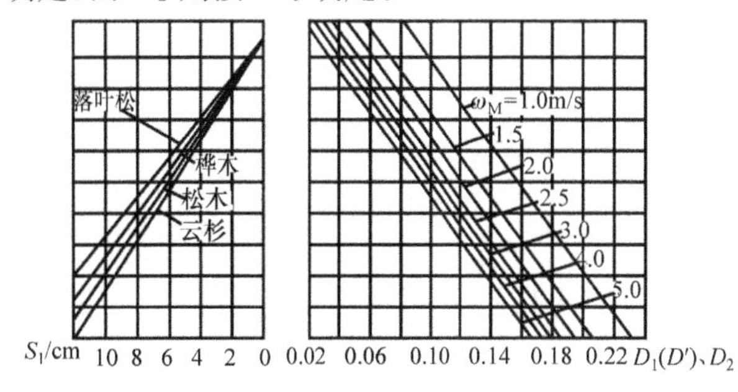

图4-37　数值 $D_1(D')$、D_2 确定图

4) 确定木料的计算厚度：

$$S_p=S_1\cdot C_\varphi \tag{4-118}$$

式中，C_φ 为形状系数；当 C_τ 按图4-31(a)查定时则 C_φ 按图4-38(a)确定，当 C_τ 按图4-31(b)查定时则 C_φ 按图4-38(b)确定。C_φ 可用公式 $C_\varphi=\sqrt{C_\tau}$ 计算。

5) 按照木料计算厚度 S_p、循环速度 ω_M 和材堆宽度，查图4-39直接求出全部树种(落叶松除外)的

材堆干燥延迟系数 C。

落叶松的干燥延迟系数 C_l 按式(4-119)确定：

$$C_l=1+\frac{C-1}{2} \tag{4-119}$$

式中，C 为按图 4-39 确定的数值。

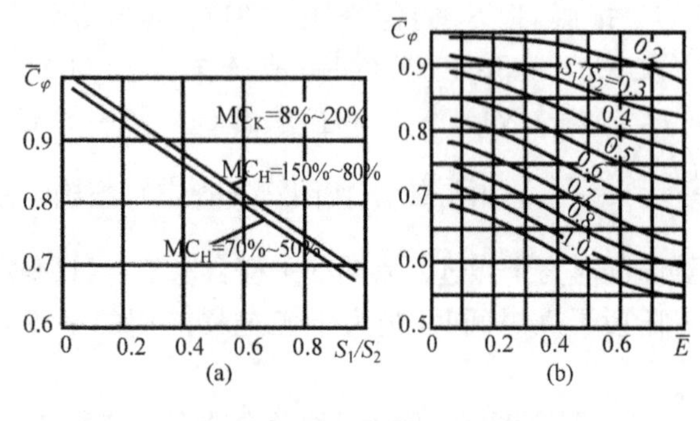

图 4-38　系数 $\overline{C}_\varphi$ 确定图

6) 根据循环性质确定系数 A_p。

7) 按照介质温度 t_c、湿球温度 t_W 及终含水率 MC_K 按图 4-40 确定数值 E。

例 4-5　松木锯材，断面为 5cm×12cm，在过热蒸汽介质中用固定温度 $t_c=100$℃进行干燥，沿着木料的可逆循环速度 $\omega_M=2.0$m/s，$MC_H=80\%$，$MC_K=25\%$，$B=2$m，求干燥时间。

解　查图 3-2，求得 $MC_p=7\%$，则 $E=\dfrac{MC_K-MC_p}{MC_H-MC_p}=\dfrac{25-7}{80-7}=0.247$；$S_1/S_2=0.417$；根据 E 及 S_1/S_2 的数值查图 4-31(b)求得 $C_\tau=0.74$；按图 4-36 求得 $B=6.3$；按照 $S_1\cdot\dfrac{MC_H-MC_K}{MC_H-20}=5\times\dfrac{80-25}{80-20}=4.6$cm 及 $S_p=S_1\cdot C_\varphi=S_1\sqrt{C_\tau}=5\times 0.836=4.18$cm，查图 4-37 求得 $D'=0.105$；按照 $S_p=4.18$cm，$\omega_M=2.0$m/s 及 $B=2$m，查图 4-39 求得 $C=1.52$；$A_p=1$；根据式(4-117)算出干燥时间为

$$\begin{aligned}\tau&=C_\tau\cdot(MC_H-MC_K)\cdot B\cdot D'\cdot C\cdot A_p\\&=0.74\times(80-25)\times6.3\times0.105\times1.52\times1\\&=40.9\text{h}\end{aligned}$$

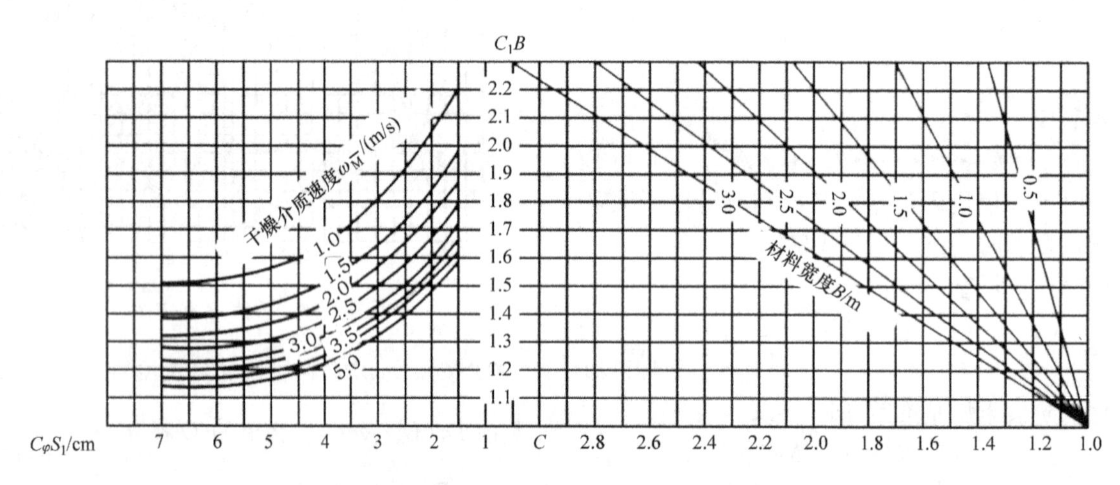

图 4-39　材堆干燥延迟系数确定图

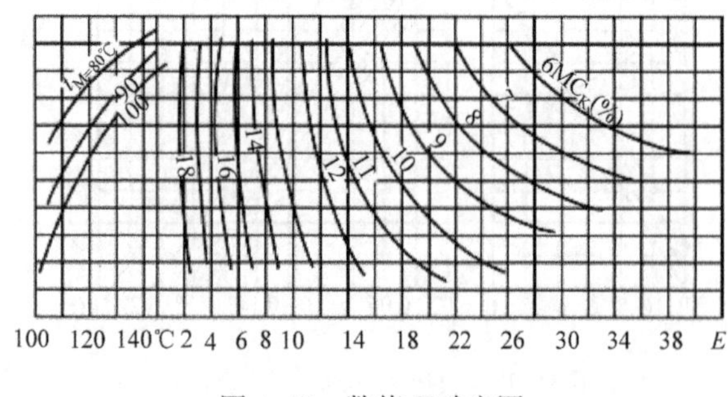

图 4-40　数值 E 确定图

例 4-6　条件与例 4-5 相同，但是 $MC_K=10\%$，采用固定干燥基准，求干燥时间。

解　按照 $S_1/S_2=0.417$ 查图 4.31(a)求得 $C_\tau=0.78$；复数仍为 $B=6.3$(图 4-36)，按图 4-37 查得 $D_1=0.11$ 及 $D_2=0.166$；$S_p=S_1\cdot C_\varphi=S_1\cdot\sqrt{C_\tau}=5\times\sqrt{0.78}=5\times0.883=4.41$cm；按照 $S_p=4.41$cm，$\omega_M=2.0$m/s，$B=2$m，查图 4-39 得出 $C=1.48$；按照 $t_c=110$℃，$t_W=100$℃，$MC_K=10\%$，查图 4-40 求得 $E=20$；根据式(4-113)求得干燥时间为

$$\begin{aligned}\tau&=C_\tau\cdot B\cdot C\cdot A_p[D_1\cdot(MC_H-20)+D_2\cdot E]\\&=0.78\times6.3\times1.48\times1.0(0.11\times60+0.166\times20)=72.1\text{h}\end{aligned}$$

例 4-7　根据例 4-6 的条件，对于双阶段干燥基准，干燥前期 $t_{c1}=110$℃，干燥后期 $t_{c2}=120$℃，求干燥时间。

解　除上例已经求出的数值外，需要确定 B_2 及新的数值 E。按照图 4-36 求得 $B_2=3.7$；按照图 4-40 求得 $E=16.6$；利用式(4-114)求出：

$$\begin{aligned}\tau&=C_\tau\cdot C\cdot A_p[(MC_H-20)\cdot B_1D_1+B_2\cdot D_2\cdot E]\\&=0.78\times1.48\times1.0(80-20)\times6.3\times0.11+3.2\times0.166\times16.6)=56.8\text{h}\end{aligned}$$

4.8.2　木材干燥时间的参考确定

木材干燥时间的确定一直是木材干燥生产企业比较重视的问题，尤其是专门从事木材干燥生产服务的企业，把这个问题看得更为重要，主要是因为干燥周期与干燥成本、企业的经济效益关系重大。一般都希望木材干燥质量好，干燥周期短，干燥成本低，经济效益好，这种愿望是好的。但是由于木材的树种繁杂，相同树种下木材的厚度又不同，其干燥周期也就不能相同。所以树种和厚度不同，干燥周期是不一样的。树种不同但厚度相同的情况下，难干材的干燥周期要比易干材的干燥周期长；树种相同但厚度不同，厚度大的要比厚度小的干燥周期长，具体长多少时间也没有固定的数值。对于干燥周期来说，木材干燥的原则是：在保证干燥质量的前提下尽量缩短干燥周期。干燥时间可以利用公式进行计算，但它的计算公式比较麻烦。经过多年的技术研究和生产实践的总结，有关人员编制了一个干燥时间定额表以便实际生产中参考使用，同时也作为设计新干燥室的参考数据。

利用查表法确定干燥时间是最简单的方法。表 4-5 列出了一些常用木材树种和厚度的干燥时间，以小时为计算单位。

表 4-5 中的干燥时间是在木材的初含水率大于或小于 50％的情况下，把木材的终含水率干燥到 10％～15％时所需要的时间。经过多年的实践证明，按表中所列的干燥时间控制，一般能把木材的终含水率干燥到 12％～15％，能达到 10％的较少。而现在大多数的生产企业，都需要把木材的终含水率干燥到 8％左右，所以实际干燥时间都要比表中确定的时间长。由于木材在较低的含水率状态下干燥速度越来越慢，尤其是到干燥后期。为此，木材的含水率由 10％或 12％干燥到 8％附近的具体时间应该是多少，目前没有比较精确的计算数据。一般以天数计算，一般需要 2～4d。主要根据木材的树种和厚度来掌握。难干材和厚板材时间要长一些，易干材和薄板材时间会短一些。

表 4-5 中所列的干燥时间的具体数值只能作为一个参考数据，企业在安排木材干燥生产时，应当根据企业木材干燥生产的实际情况和被干木材的实际情况及对木材干燥质量的要求等合理地确定木材干燥生产量和实际干燥生产周期，以满足企业的正常生产。

表 4-6 和表 4-7 列出了当一些常用木材的初含水率大于 50％，锯材长度为 1m，在不同宽度下，要求最终含水率分别为 10％、9％、8％、7％、6％时各自需要的干燥时间（h）。根据所采用干燥基准的软硬度不同，干燥时间也不同。通过计算发现，对于厚板材来说，木材的宽度对干燥时间影响也是较大的，有的相差 24h 左右，甚至更多。

表 4-5　干燥时间定额表　　（单位：h）

板材厚度/cm	红松、白松、椴木		水曲柳		榆、色、桦、杨、落叶松		楸木		栎木、海南杂木、越南杂木	
	木材初含水率/％		木材初含水率/％		木材初含水率/％		木材初含水率/％		木材初含水率/％	
	＜50	＞50	＜50	＞50	＜50	＞50	＜50	＞50	＜50	＞50
2.2 以下	50	80	80	120	60	90	70	90	163	209
2.3～2.7	64	108	96	140	72	117	90	120	205	289
2.8～3.2	82	130	115	168	87	142	122	167	242	335
3.3～3.7	105	156	156	209	110	180	164	209	282	397
3.8～4.2	125	172	264	315	149	202	207	274	372	504
4.3～4.7	150	206	338	421	190	261	292	365	479	628
4.8～5.2	195	246	413	532	265	334	377	457	579	755
5.3～5.7	234	283	489	619	335	420	464	569	612	806
5.8～6.2	265	311	543	698	445	525	552	669	646	857
6.3～6.7	281	342	598	767	488	625	607	752		
6.8～7.2	309	376	693	910	542	703	658	833		
7.3～7.7	340	450	787	1052	596	781	757	983		
7.8～8.2	408	495	1102	1471	691	840	856	1194		
8.3～8.7	450	565			787	938				
8.8～9.2	498	624								
9.3～9.7	557	695								
9.8～10.2	615	766								
10.3～11.2	634	789								

表 4-6　采用软干燥基准时常规低温干燥时间表　　(单位:h)

锯材厚度/mm	锯材宽度为 60～70mm					锯材宽度为 80～100mm					锯材宽度为 110～130mm				
	终含水率/%					终含水率/%					终含水率/%				
	10	9	8	7	6	10	9	8	7	6	10	9	8	7	6
松木、云杉、冷杉、雪松															
25	80	84	91	97	106	84	89	96	102	111	86	91	98	105	114
32	97	103	110	118	128	104	110	119	127	137	117	124	133	143	154
40	131	139	149	160	173	139	147	158	170	183	142	151	162	173	187
50	154	163	176	188	203	164	174	187	200	216	171	181	195	209	226
60	168	178	192	205	222	188	199	214	229	248	201	213	229	245	265
落叶松															
25	160	170	182	195	211	161	171	183	196	213	162	172	184	198	214
32	175	186	200	214	231	187	198	213	228	247	195	207	222	238	257
40	230	244	262	281	304	257	272	293	314	339	280	297	319	342	370
50	162	172	185	198	214	184	195	210	224	243	196	208	223	239	259
60	183	194	209	223	242	216	229	246	264	285	236	250	269	288	312
山杨、椴木、白杨															
25	98	104	112	120	129	101	107	115	123	133	105	111	120	128	139
32	138	146	157	168	182	145	154	165	177	191	152	161	173	185	201
40	144	153	164	176	190	157	166	179	192	207	162	172	185	198	214
50	162	172	185	198	214	184	195	210	224	243	196	208	223	239	259
60	183	194	209	223	242	216	229	246	264	285	236	250	269	288	
桦木、赤杨															
25	123	130	140	150	162	131	139	149	160	173	144	153	164	176	190
32	147	156	168	179	194	152	161	173	185	200	160	170	180	195	211
40	162	172	185	198	214	173	183	197	211	228	174	184	198	212	230
50	196	208	223	239	259	227	241	259	277	300	246	261	280	300	325
60	261	277	298	318	345	315	334	359	384	416	359	381	409	438	474
水青冈、槭木、裂叶榆、白蜡树、糙榆、核桃楸、黄波罗															
25	173	183	197	211	228	175	186	200	214	231	180	191	205	220	238
32	196	208	223	239	259	209	222	238	255	276	215	228	245	262	284
40	225	239	257	275	297	249	264	284	304	329	271	287	309	331	358
50	296	314	337	361	391	347	368	396	423	458	392	416	447	478	517
60	427	446	480	514	556	499	529	569	609	659	572	606	652	698	755
栎木、胡桃、千金榆、水曲柳															
25	239	253	272	292	315	253	268	288	309	334	261	277	298	318	345
32	322	341	367	393	425	359	381	409	438	474	383	406	437	467	506
40	417	432	475	509	550	479	508	546	584	632	522	553	595	637	689
50	636	674	725	776	840	751	796	856	916	991	851	902	970	1038	1123
60	948	1005	1081	1157	1251	1145	1214	1305	1397	1511	1310	1389	1493	1598	1729

注:锯材长度为 1m,初含水率为 50%

表 4-7　采用标准干燥基准时常规低温干燥时间表　（单位：h）

锯材厚度/mm	锯材宽度为 60～70mm					锯材宽度为 80～100mm					锯材宽度为 110～130mm				
	终含水率/%					终含水率为/%					终含水率/%				
	10	9	8	7	6	10	9	8	7	6	10	9	8	7	6
松木、云杉、冷杉、雪松															
25	47	49	54	57	62	49	52	56	60	65	51	54	58	62	67
32	57	61	65	69	75	61	65	70	75	81	69	73	78	84	91
40	77	82	88	94	102	82	86	93	100	108	84	89	95	102	110
50	91	96	104	111	119	96	102	110	118	127	101	106	115	123	133
60	99	105	13	121	131	111	117	126	135	146	118	125	135	144	156
落叶松															
25	94	100	107	115	124	95	101	108	115	125	95	101	108	116	120
32	103	109	118	126	136	110	116	125	134	145	115	122	131	140	151
40	135	144	154	165	179	151	160	172	185	199	165	175	188	201	218
50	186	198	212	228	246	229	243	262	280	303	262	278	299	320	346
60	233	247	265	284	308	302	320	344	368	398	358	380	408	437	473
山杨、椴木、白杨															
25	58	61	66	71	76	59	63	68	72	78	62	65	71	75	82
32	81	86	92	99	107	85	91	97	104	112	89	95	102	109	118
40	85	90	96	114	112	92	98	105	113	122	95	101	109	116	126
50	95	101	109	116	126	108	115	124	132	143	115	122	131	141	152
60	108	114	123	131	142	127	135	145	155	168	139	147	158	169	184
桦木、赤杨															
25	72	76	82	88	95	77	82	88	94	102	85	90	96	104	112
32	86	92	99	105	114	89	95	102	109	118	94	100	107	115	124
40	95	101	109	116	126	102	108	116	124	134	102	108	116	125	135
50	115	122	131	141	152	134	142	152	163	176	145	154	165	176	191
60	154	163	175	187	203	185	196	211	226	245	211	224	241	258	279
水青冈、槭木、裂叶榆、白蜡树、糙榆、核桃楸、黄波罗															
25	102	108	116	124	134	103	109	18	126	136	106	112	121	129	140
32	115	122	131	141	152	123	131	140	150	162	126	134	144	154	167
40	132	141	151	162	175	146	155	167	179	194	159	169	182	195	211
50	174	185	198	212	230	204	216	233	249	269	231	245	263	281	304
60	248	262	282	302	327	294	311	355	358	388	336	356	384	411	444
栎木、胡桃、千金榆、水曲柳															
25	141	149	160	172	185	149	158	169	182	196	154	163	175	187	203
32	189	201	216	231	250	211	224	241	258	279	225	239	257	275	298
40	245	260	279	299	324	282	299	321	344	372	307	325	350	375	405
50	374	396	426	456	494	442	468	504	539	583	501	531	571	611	661
60	558	591	636	681	736	674	714	768	822	889	771	817	878	940	1017

注：锯材长度为 1m，初含水率为 50%

表4-6和表4-7中的数据是根据中华人民共和国国家标准《锯材干燥设备性能检测方法》(GB/T17661—1999)中有关干燥时间的计算公式和相关参数计算出来的。它只是干燥木材长度为1m时所需要的干燥时间。对于木材长度在1m以上的干燥时间,还需要进一步参考有关公式和参数通过比较详细的计算才能初步确定。

采用三阶段干燥基准,其干燥时间可以参考这两个表进行计算。

表4-5～表4-7中列出的树种是木材加工生产中比较常见的树种,但近年来人们又开发应用了一些树种资源,大多数树种和不同厚度木材的干燥时间还没有确定。对于一些树种的干燥时间还不清楚的木材,可以参考其基本密度和气干密度与已知干燥时间相近的木材,并根据具体情况调整比较合理的干燥时间,以满足生产要求。

思考题

1. 热量的传递方式有哪些?
2. 试述木材干燥过程中热量和水分传递的基本规律。
3. 木材中水分移动的动力和途径有哪些?
4. 木材内部水分移动和表面水分蒸发的影响因子有哪些?
5. 木材干燥时产生应力变形的原因是什么?
6. 木材干燥中产生的表裂和内裂各在什么阶段可能发生?

主要参考文献

艾沐野,崔兆立. 2003. 木材干燥实用技术. 哈尔滨:东北林业大学出版社
北京林学院. 1983. 木材学. 北京:中国林业出版社
傅秦生,何雅玲,赵小明. 2001. 热工基础与应用. 北京:机械工业出版社
顾炼百. 1998. 木材工业实用大全(木材干燥卷). 北京:中国林业出版社
顾炼百. 2003. 木材加工工艺学. 北京:中国林业出版社
刘一星,赵广杰. 2004. 木质资源材料学. 北京:中国林业出版社
骆介禹. 1992. 森林燃烧能量学. 哈尔滨:东北林业大学出版社
沈维道,蒋智敏,童钧耕. 2001. 工程热力学. 3版. 北京:高等教育出版社
肖若F·约翰. 1989. 木材传热传质过程. 肖亦华译. 北京:中国林业出版社
严家騄,王永清. 2004. 工程热力学. 北京:中国电力出版社
严家騄,余晓福. 1989. 湿空气和燃气热力性质图表. 北京:高等教育出版社
严家騄,余晓福. 1995. 水和水蒸气热力性质图表. 北京:高等教育出版社
张壁光,乔启宇. 1992. 热工学. 北京:中国林业出版社
张壁光. 2005. 实用木材干燥技术. 北京:化学工业出版社
朱政贤. 1992. 木材干燥. 2版. 北京:中国林业出版社

第5章 木材干燥设备

从人们利用空气对流的方法干燥木材开始，几十年来随着科学技术的进步，各种新的干燥方法，如真空干燥、微波干燥和除湿干燥等不断问世，并在工业上逐步得到应用。然而，由于采用对流方法的常规蒸汽干燥历史悠久，技术比较成熟，从干燥的经济性、干燥质量等指标来综合衡量，和其他干燥方法相比仍然占有优势，在目前及在今后相当长的时期内仍然占有主导地位。本章节就木材的常规干燥设备进行介绍与分析。

5.1 木材干燥室的分类

木材干燥室(wood drying kiln)是对木材进行干燥处理的主要设备。干燥室多为砖结构或钢筋混凝土结构，近年来金属结构壳体的干燥室也得到了较广泛的使用。在干燥室内装备有通风和加热设备，能够人为地控制干燥介质的温度、湿度及气流速度，利用对流等传热作用对木材进行干燥处理。

图5-1为完整的木材干燥室总体布置图，由干燥室、控制室、加热房和料仓4部分组成。以木材加工剩余物，如刨花、锯屑及板皮等碎料或油为燃料，以蒸汽为热源。待干木材采用组堆堆积，叉车装卸。

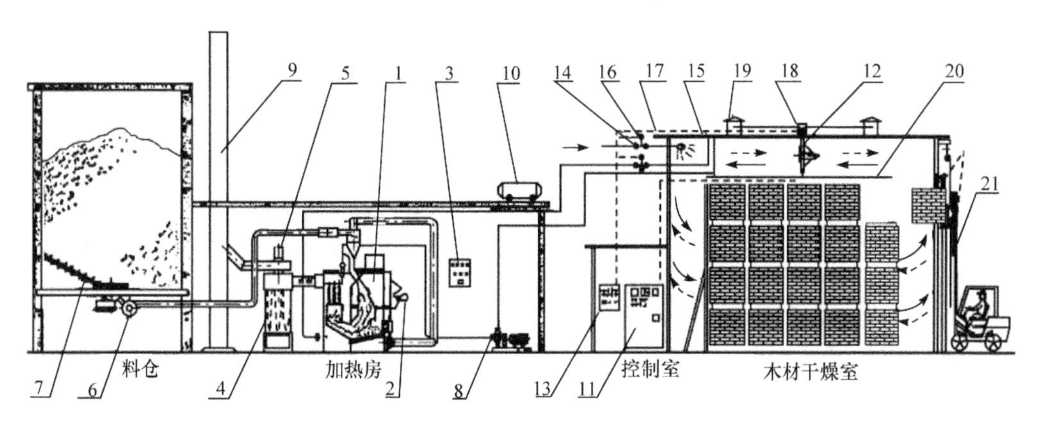

图5-1 木材干燥室总体布置示意图(引自 Hildebrand-Singapore，1970)

1. 炉灶；2. 备用油燃烧器；3. 控制器；4. 旋风分离器；5. 排气风机；6. 进料风机；7. 料仓螺旋出料器；8. 加热循环泵；9. 烟囱；10. 伸缩贮罐；11. 强电柜；12. 风机；13. 电子控制器；14. 加热器控制阀；15. 加热器；16. 喷蒸控制阀；17. 喷蒸管；18. 排湿执行器；19. 进排气口；20. 顶板；21. 室门

常规蒸汽干燥是长期以来使用最普遍的一种木材干燥方法，这种传统干燥方法就是把木材置于几种特定结构的干燥室中进行干燥的处理过程。其主要特点是以湿空气作为传热介质，传热方式以对流传热为主。其干燥的过程是：待干木材用隔条(sticker)隔开，堆积于干燥室内，干燥室装有风机，风机使空气流经加热器，升高温度，经加热的空气再流经材堆，把热量部分地传给木材，并带走从木材表面蒸发的水分，吸湿后的部分空气通过排气口排出，同时，相同质量流量的新鲜空气又进入干燥室，再与干燥室内的空气混合，成为温度和湿度都较低的混合空气，该混合空气再流经加热器升温，如此反复循环，达到干燥木材的目的。干燥室设有喷蒸系统，在室内相对湿度过低时，向室内喷蒸汽或水雾。

5.1.1 常规干燥设备的分类

木材干燥室(机)是指具有加热、通风、密闭、保温、防腐蚀等性能，在可控制干燥介质条件下干燥木材的建筑物或容器。一般按照下列主要特征来分类。

1) 按照作业方式，可分为周期式干燥室(compartment kiln)和连续式干燥室(progressive kiln)。

周期式干燥室是指干燥作业按周期进行，湿材从装室到出室为一个生产周期，即材堆一次性装室，干燥结束后一次性出室。周期式干燥室有叉车装材和轨道车装材两种作业方式，在我国这种形式的干燥室数量最多，分布也最为普遍。

连续式干燥室如图5-2所示，此类干燥室比较长，通常在20m以上，有的甚至长达100m，被干木材在如同隧道一样的干燥室内连续干燥，部分干好的木材由室的一端(干端)卸出，同时由室的另一端(湿端)装入部分湿木材，干燥过程是连续不断进行的。

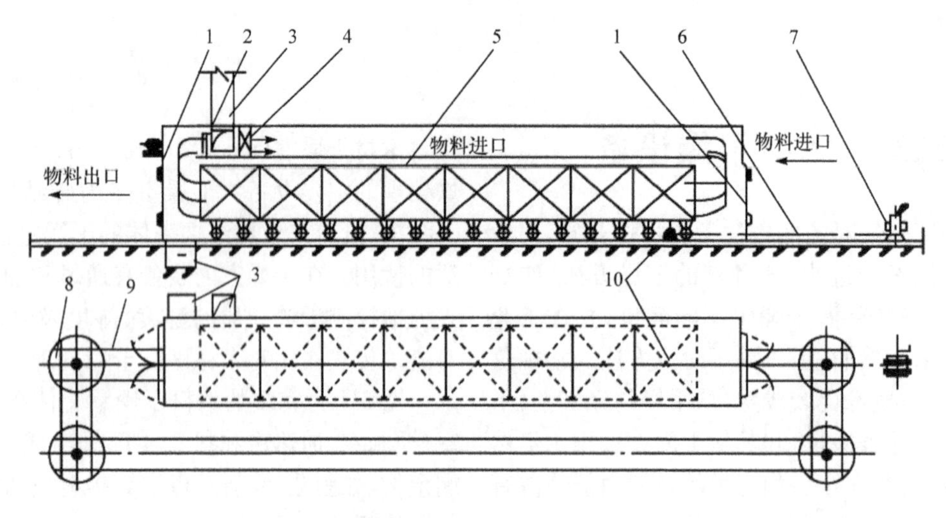

图 5-2 连续式木材干燥室(引自金国淼,2002)

1. 门;2. 循环风机;3. 废气出口;4. 预热器;5. 小车;6. 钢索;7. 绞车;8. 转车盘;9. 回车道;10. 滑车

连续式干燥室可用于大批量均质木材(特别是针叶材或竹材)的干燥,经济效果比较显著。但此类干燥室空气介质条件的控制不如周期式干燥室精确,而且使用时,应尽可能地使推入干燥的木材的树种、厚度及初含水率都相同,否则木材的干燥周期很难确定。

2) 按照干燥介质的种类,可分为空气干燥室(air kiln)、炉气干燥室(furnace gas kiln)和过热蒸汽干燥室(superheated steam kiln)。

空气干燥室是以常压湿空气作为干燥介质,室内设有加热器,通常以蒸汽、热水、热油或炉气间接加热作为热源,用加热器加热干燥介质;炉气干燥室的干燥介质为炽热的炉气,通常室内不安装加热器,把燃烧所得到的炉气,通过净化与空气混合,然后直接通入干燥室作为干燥介质;过热蒸汽干燥室的干燥介质是常压过热蒸汽,其通常以蒸汽为热源,特点是散热面积较大,以保证使干燥室内蒸汽过热,并能保持干燥室内的过热度。就目前而言,由于干燥质量和设备的原因,炉气干燥室和过热蒸汽干燥室在我国应用较少。

3) 按照干燥介质的循环特性,可分为自然循环干燥室(natural circulation kiln)和强制循环干燥室(forced circulation kiln)。

自然循环干燥室如图 5-3 所示,干燥室内的气流循环是由冷热气体的重度差异而实现的,这种循环只能引起气流上、下垂直流动。循环气流通过材堆的速度较低,仅为 0.2～0.3m/s,新建干燥室基本不再采用此种通风方式。

在强制循环干燥室室内装有通风设备,循环气流通过材堆的速度在 1m/s 以上。通风机可以逆转,定期改变气流方向,进而保证被干材均匀地干燥,获得较好的干燥质量。

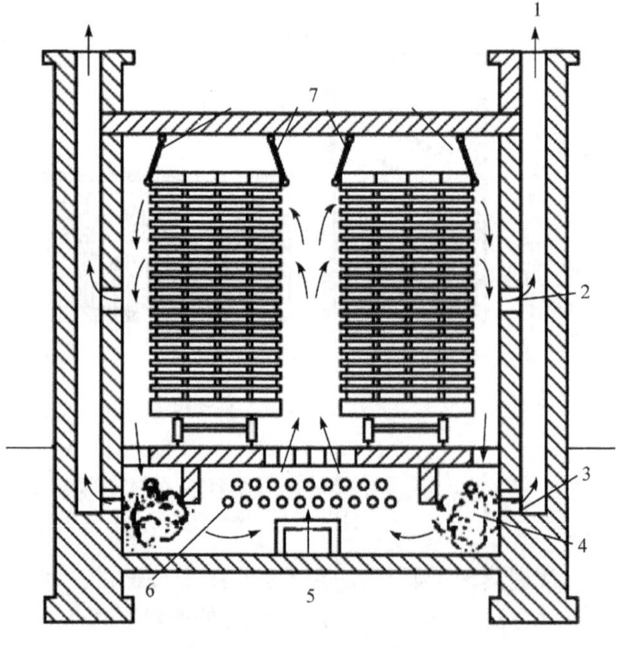

图 5-3 自然循环干燥室

(引自莫尔-谢瓦利埃,1985)

1. 湿空气排出口;2、3. 湿空气排放阀门;4. 加湿器;5. 新鲜空气进气阀门;6. 加热器;7. 挡风板

我国木材干燥室的应用状况,概括为:周期式占绝大多数,按容量估算约占 99%,连续式极少,约占 1%。强制循环室约占 4/5,自然循环室约占 1/5。中、小型室占多数,大型室占少数。目前,新建的干燥室几乎均为强制循环干燥室。

4) 按热媒种类分类,可分为蒸汽干燥室、热水干燥室、炉气干燥室及热油干燥室。

5.1.2 常规干燥设备的型号命名

在我国林业行业标准《木材干燥室(机)型号编制方法》中,规定了各类木材干燥室(机)的型号表示法。

它包括型号表示法，干燥室分类，风机位置，壳体结构及能源等的代号，主参数与第二主参数的表示法，以及木材干燥室（机）型号示例等。编制该标准的目的，在于规范木材干燥室（机）的型号，指导木材干燥室（机）生产定型化和标准化，以便用户正确选用木材干燥室（机），常规干燥室的型号命名方法如下。

1. 干燥室（机）型号

（1）型号表示法　方法如下，其中：①“□”符号为大写的汉语拼音字母；②“△”符号为阿拉伯数字；③有“（ ）”的代号或数字，当无内容时不表示，若有内容应不带括号。

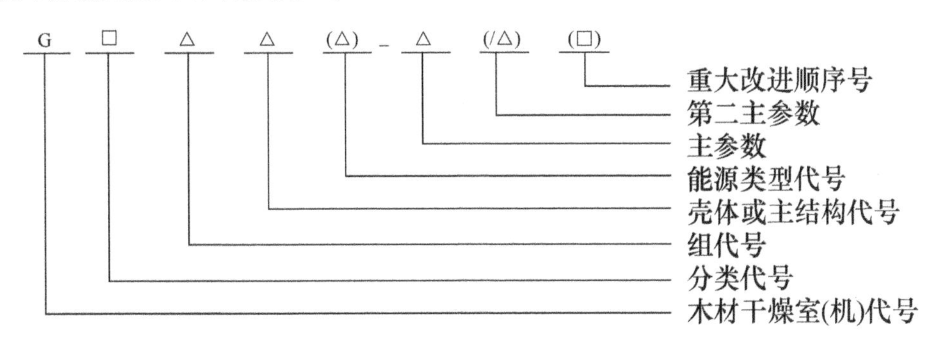

（2）木材干燥室（机）的分类及代号　木材干燥室（机）共分 7 类，用汉语拼音字母表示，其表示方法应符合表 5-1 的规定。

表 5-1　木材干燥室（机）分类及代号

常规干燥	除湿干燥	真空干燥	太阳能干燥	高频干燥	微波干燥	其他干燥
C	S	K	T	P	W	Q

注：常规干燥指以常压湿空气作介质，以蒸汽、热水、炉气或热油作热媒，干燥介质温度在 100℃以下。其他干燥包括过热蒸汽干燥、温度为 100℃以上的高温干燥，以及目前使用较少的干燥方法

（3）组、型表示方法　组、型代号均以阿拉伯数字表示。

对于常规干燥、高温干燥及太阳能干燥，以风机布置型式来划分组，而对于除湿、真空、高频及微波干燥则以各自的特点来划分组。

型的划分包括两个方面：①干燥室壳体或主体结构型式；②干燥室加热所用能源的类型，若只有电作能源，则该项不作标注。另外，除湿干燥的能源类型一项是指用于干燥室升温的辅助能源。

（4）主参数表示法　型号中的主参数，位于组、型代号之后，用阿拉伯数字表示，并用“-”号与组、型代号隔开。室内木材以按标准木料（standard timber）计的实材积（m^3）作为主参数。根据中华人民共和国国家标准《锯材干燥设备性能检测方法》（GB/T17661—1999）的定义，标准木料是指厚度为 40mm、宽度为 150mm、长度大于 1m、按二级干燥质量从最初含水率为 60%干燥到最终含水率为 12%的松木整边板材。对于某些干燥方法（如微波干燥），其木料采用传送带式（或转动式）连续干燥，则以每小时干燥（从含水率 50%降至 10%）的实材积（m^3/h）作为主参数。

（5）第二主参数表示方法　第二主参数，用阿拉伯数字表示，详见表 5-2。

（6）重大改进序号　若木材干燥设备在性能、结构等方面与原型号相比确有重大改进，可在原型号之后加重大改进序号。用大写的汉语拼音字母 A、B、C…的顺序标示。

（7）联合干燥表示法　凡两种或两种以上方法联合的干燥，其型号表示法是在两种或几种干燥方法的代号之间用“-”号相连。符号的先后顺序按它在干燥中的重要顺序排列。

（8）木材干燥室（机）示例

1）示例 1：木材常规蒸汽干燥室、顶风式、金属壳体、实材积 100m^3，干燥室内风机总功率 6×2.2kW，其型号为 GC111-100/13.2。

2）示例 2：木材常规热水干燥室，侧风式，砖砌体铝内壳，实材积 40m^3，干燥室内风机总功率 5×1.1kW，热水供热功率为 235kW，其型号为 GC232-40/5.5。

3）示例 3：木材除湿干燥室，双热源（热泵除湿式）高温型，实材积 50m^3，用蒸汽热源作辅助加热，除湿机的压缩机功率 15kW，除湿机经过第一次改进设计，其型号为 GS121-50/15A。

4）示例 4：微波真空联合干燥机，多点式谐振腔加热，方形壳体，从初含水率 50%到终含水率 10%，每小时干燥的实材积 0.1m^3/h，微波和真空总功率 8kW，其型号为 GW23-K32-0.1/8。

2. 干燥室（机）的类、组、型划分　木材干燥室（机）类组、型等，应符合表 5-2 的规定。

表 5-2 干燥室(机)的类、组、型划分

类	组		型			主参数	第二主参数
	代号	名称	代号	壳体(或主结构)型式	能源类型		
C	1	顶风式	1	金属型壳体	蒸汽	实材积(m³)	干燥室风机总功率(kW)
			2	砖混壳体	热水		
			3	砖砌体铝内壳	炉气		
			4	其他	其他		
	2	侧风式	1	金属型壳体	蒸汽		
			2	砖混壳体	热水		
			3	砖砌体铝内壳	炉气		
			4	其他	其他		
	3	端风式	1	金属型壳体	蒸汽	实材积(m³)	干燥室风机总功率(kW)
			2	砖混壳体	热水		
			3	砖砌体铝内壳	炉气		
			4	其他	其他		
	4	其他	1	金属型壳体	蒸汽		
			2	砖混壳体	热水		
			3	砖砌体铝内壳	炉气		
			4	其他	其他		
S	1	高温 ≥70℃	1	单热源(除湿式)	蒸汽	实材积(m³)	压缩机功率(kW)
			2	双热源(热泵除湿式)	热水		
			3		炉气		
			4		电热		
	2	中温 50～70℃	1	单热源(除湿式)	蒸汽		
			2	双热源(热泵除湿式)	热水		
			3		炉气		
			4		电热		
	3	低温 <50℃	1	单热源(除湿式)	蒸汽		
			2	双热源(热泵除湿式)	热水		
			3		炉气		
			4		电热		
K	1	对流加热	1	圆形金属壳体	蒸汽	实材积(m³)	装机功率(kW)
			2	方形金属壳体	热水		
			3	其他	电热		
	2	热压板加热	1	圆形金属壳体	蒸汽		
			2	方形金属壳体	热水		
			3	其他	电热		
	3	高频或微波加热	1	圆形金属壳体			
			2	方形金属壳体			
			3	其他			

续表

类	组		型			主参数	第二主参数
	代号	名称	代号	壳体(或主结构)型式	能源类型		
T	1	顶风式	1	集热器与室体分离型	蒸汽	实材积(m^3)	单位材积的集热器面积(m^2/m^3材)
			2	半温室型	热水		
			3	温室型	炉气		
			4		其他		
	2	侧风式	1	集热器与室体分离型	蒸汽		
			2	半温室型	热水		
			3	温室型	炉气		
			4		其他		
	3	端风式	1	集热器与室体分离型	蒸汽		
			2	半温室型	热水		
			3	温室型	炉气		
			4		其他		
P	1	单一式	1	极板垂直布置		实材积(m^3)	高频输出功率(kW)
			2	极板水平布置			
			3	极板水平,上一块板可活动			
	2	联合式	1	极板垂直布置			
			2	极板水平布置			
			3	极板水平,上一块板可活动			
W	1	单一式	1	隧道式		实材积(m^3)	微波输出功率(kW)
			2	谐振腔曲折波导			
			3	多点式谐振腔			
	2	联合式	1	隧道式			
			2	谐振腔曲折波导			
			3	多点式谐振腔			

注:①除湿机的高温、中温和低温型是根据除湿机的最高供风温度来划分,是指在不加辅助热源的情况下,除湿机冷凝出口处可能达到的最高风温。②高温干燥的组、型划分和代号与常规干燥相同

5.2　典型常规干燥室的结构

目前在国内外应用最广泛的木材干燥室是周期式强制循环空气干燥室,一般按照通风设备在室内外的配置情况加以分类,可概括为 5 种类型:室内顶风机纵轴型(长轴型)、室内顶风机横轴型(短轴型)、室内侧风机型(侧向通风型)、端风型及喷气型。

通风设备设在室内顶部的周期式强制循环空气干燥室,称为顶风机型干燥室。我国的顶风机型干燥室有长轴型和短轴型两种,长轴型干燥室(line-shaft kiln)的所有风机都沿着室的纵向串联安装在一根长轴上,由一台电动机驱动;短轴型干燥室(cross-shaft kiln)的风机则与干燥室的纵向成 90°角安装在各自的短轴上,各用一台电动机驱动。它们的共优点是技术性能比较稳定,气流循环比较均匀,干燥质量好,容量大;缺点是设备多集中在室的上部,施工和安装维修困难。两者相比,长轴型干燥室只用一台电动机,动力消耗小,但长轴的安装调整不易平衡,轴承易磨损,易出故障。短轴型干燥室机轴短,安装时容易平衡,轴承磨损小,故障少,可以认为是对长轴型干燥室的改进。随着电动机性能的提高,短轴型干燥室已多采用防潮耐热特种电动机与风机直联,一起安装在室内,从而具有更多优点,正在逐渐代替长轴型而得到更广泛的应用。

侧风机型的干燥室(drying kiln with side fan),其结构特点是轴流风机安装在材堆的侧边,每台风机配用一台电动机,根据风机位置高度可以分为风机位于堆高中部和堆高下半部两种,侧风机型干燥室的最大的缺点在于材堆内循环速度分布不均,可逆循环效果较差,影响木材的均匀干燥。

20 世纪 80 年代初,在我国出现了端风机型干燥

室(drying kiln with end fan),它是一种适合作中、小容量木材干燥室的室型,其特点是结构简单,安装和维修保养方便,干燥效率一般较高,干燥均匀度介于上风机型和侧风机型之间,并与结构设计是否合理有关,若斜壁设计合理,也可取得较好的干燥效果。目前,在我国形成了短轴型、端风机型、侧风机型三大主要类型的发展趋势。针对这一情况,本节重点对以上三种室型的干燥室进行介绍与分析。

5.2.1　顶风机型干燥室

图 5-4 为顶风机型强制循环干燥室示意图,它的结构特点是:顶板将干燥室分为上下两间;每台风机由一台电机带动;通风机间无气流导向板;进、排气口在干燥室上部两列式排列。

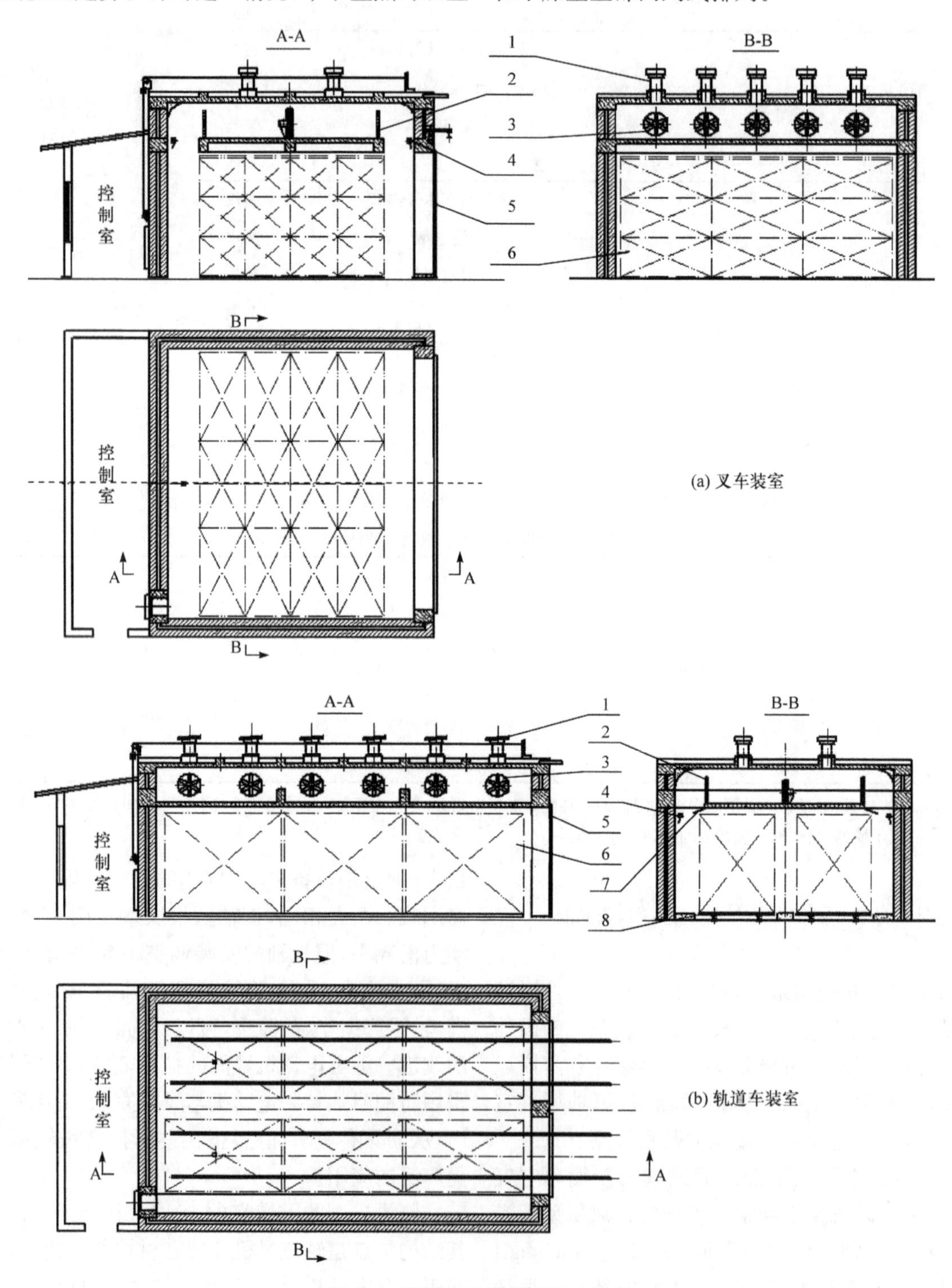

图 5-4　顶风机型强制循环干燥室

1. 进排气口;2. 加热器;3. 风机;4. 喷蒸管;5. 大门;6. 材堆;7. 挡风板;8. 材车

顶风机型干燥室的优点是:气流分布优于长轴型,虽然气流循环也是“垂直—横向”,但曲折转弯比长轴型要少,室内空气循环比较均匀,干燥质量也优于长轴型,能满足高质量的用材要求;而且电机与风机叶轮之间可采用短轴或直联方式，安装和维修较为方便。缺点是：每台通风机要配置一台电动机，动力消耗大；建筑费用高于长轴型干燥室；若采用室外型电机，需设电机夹间，占地面积大，若电机与风机叶轮之间采用直联方式，则不存在这一问题。

在图5-4中，图(a)为叉车装室、图(b)为轨道车装室。用叉车直接装室比较简单，所以大型干燥室($60m^3$以上)都趋于用这种装室方式。用叉车装材的优点是：不需要设置转运车、材车、相应的轨道及与此相应的土建投资。缺点是：装材、出材所需时间较长；叉车直接进入干燥室，若操作不当，可能会造成对室体的损坏；提升高度较大时，门架升得太高，无法全部利用干燥室的高度。轨道车装室的优点是：在干燥室外堆积木材，可确保堆积质量，装室质量好；湿材装室和干材出室十分迅速，干燥室的利用率较高，干燥针叶材最好用这种装室法。缺点是：干燥室前面一般需要有与干燥室长度相当的空地或需要预留出转运车的通道；干燥室内部材车轨道或转运车轨道需要打地基，土建工程量大；材车或转运车造价较高，投资额较大。对于一些小型的干燥室，个别厂家通常采用在干燥室内直接堆垛的方式装室，室的容积利用系数不高，堆积质量难以保证，且劳动强度较大，装室效率低。实际上木材的堆积质量与干燥质量之间关系密切，木材在干燥过程中产生的弯曲变形、表裂、端裂、局部发霉及干燥不均等缺陷均与堆积质量直接相关。因此，在可能的情况下尽量不要选用直接在室内堆垛的装室方式。

5.2.2　侧风机型干燥室

图5-5为侧风机型强制循环干燥示意图。它的结构特点是：风机在干燥室的一侧安装；无通风机间，其建筑高度低于长、短轴型干燥室；进排气口在室顶二列式排列；若采用室外型电机则在干燥室一侧需设电机夹间。侧风机型干燥室气流循环特点是气流通过风机一次，流过材堆两次，材堆高度上的通气断面等于减小一半，干燥介质的体积可以减少一半，因而风机的功率也可减小。

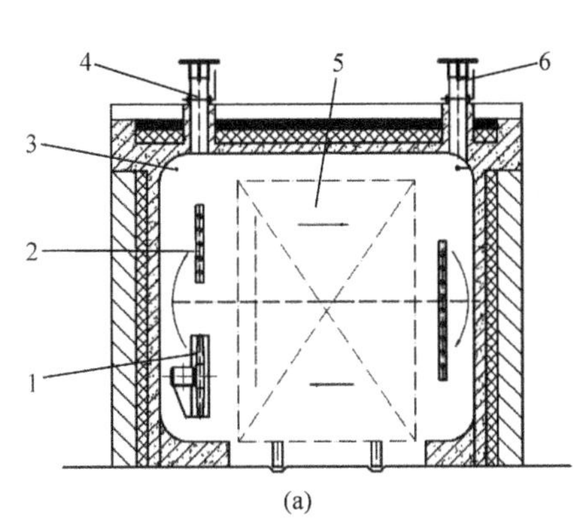

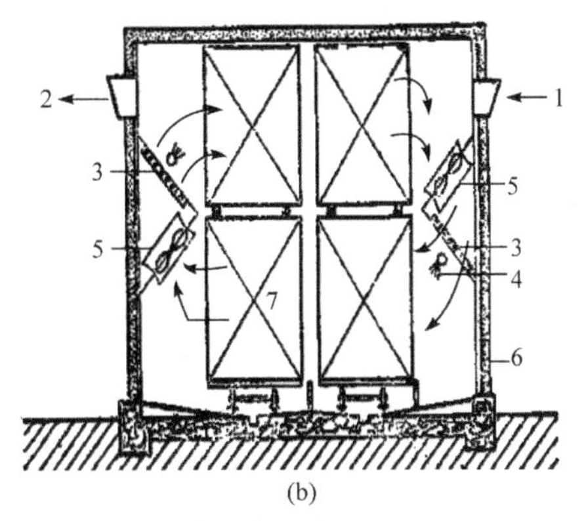

图5-5　侧风机型强制循环干燥(引自若利和莫尔-谢瓦利埃，1985)

(a) 风机位于堆高下半部：1. 轴流风机；2. 加热器进气道；3. 喷蒸管；4. 排气道；5. 材堆；6. 排气道。
(b) 倾斜侧装风机：1. 新鲜空气进口；2. 湿空气排放口；3. 加热器；4. 喷蒸管；5. 轴流风机；6. 干燥室壳体；7. 材堆

侧风机型干燥室的优点是：结构简单、室内容积利用系数较高，投资较少；设备的安装和维修方便；气流的循环速度比较大，干燥速度较快。缺点是：气流速度分布不均，有气流$V=0$的区域，即"死区"存在，干燥质量低于长轴型；气流一般为不可逆流动，不如可逆循环干燥效果好；若采用室外型电机，需要增设电机夹间，非直接生产性占地面积较大。

5.2.3　端风机型干燥室

端风型干燥室(图5-6)是对侧风机型结构的改进。其结构特点是：轴流风机安装在材堆的端部，即风机间在材堆端部；进排气口在风机间顶部风机的两侧。

端风机型干燥室的优点是：空气动力学特性较好，能形成"水平一横向一可逆"的气流循环，若斜壁设计合理，气流循环比较均匀，干燥质量较好；设备安装与维修方便，容积利用系数高；投资较少。缺点是：干燥室不宜过长，装载量较小。为确保干燥质量，材堆长度通常不要超过6m；若斜壁角度设计不当，会使材堆断面气流不均，进而降低木材的干燥质量。

关于端风机型干燥室斜壁斜度问题的研究非常重要，因为斜壁斜度直接影响到干燥室内气流循环的均匀性。赵寿岳对端风机型干燥室斜壁斜度的确定问题，进行了一定的理论研究，并给出了设计的理论依据和方法。

5.2.4　木材干燥室类型的分析

木材干燥室的类型结构，直接关系到干燥室内的

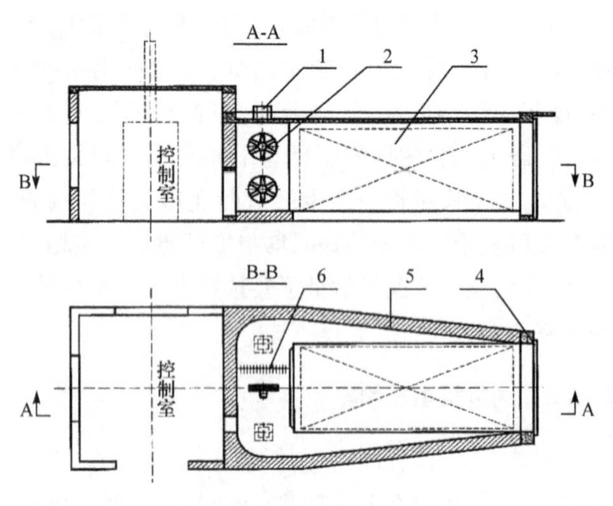

图 5-6　端风机型干燥室

1. 进排气口；2. 轴流风机；3. 材堆；4. 大门；5. 斜壁；6. 加热器

气流动力学特性，最终关系到干燥效果。按照气流动力学特性，周期式干燥室可以分为顶风机型、端风机型和侧风机型三种类型，如图 5-7 所示。

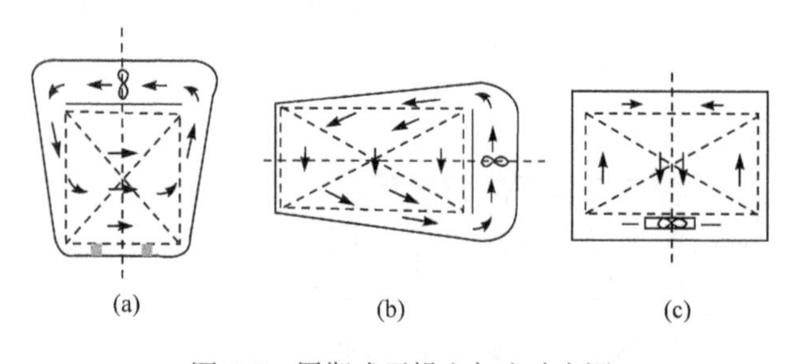

图 5-7　周期式干燥室气流动力图

林伟奇等对顶风机型与端风机型干燥室进行了气流动力特性的实验分析。通过对具体选定的国产顶风式短轴型干燥室进行测试，结果表明：顶风式干燥室材堆内进口方向的平均风速为 2.43m/s，出口方向的平均风速为 1.90m/s，均方差分别为 0.56m/s 和 0.44m/s。可见，我国这种比较狭长的短轴型顶风式干燥室，其空气动力学特性是好的。对所选定的端风机型干燥室进行测试，结果表明：端风机型干燥室可获得很大的风速，材堆进口的平均风速可达 4.48m/s，出口风速为 2.06m/s，远比顶风型的大，但均匀性比顶风型的差，特别是靠近风机端的材堆和靠近大门的材堆，风速差异很大，进口风速为 1.67～8.5m/s，出口风速为 0.85～3.39m/s，因而导致端风机型干燥室的均方差和变异系数都较大，对木材干燥均匀性会造成不良的影响。以上资料表明，端风机型干燥室的空气动力学特性比顶风机型的差一些，但它建造容易，安装维修方便，容积利用系数较高，投资较少，近年来在我国发展较快。

朱大光等(1995)对端风机型和侧风机型木材干燥室的空气动力学特性进行了对比分析。两者相比的结果表明：端风机型干燥室大多数平均风速的变异系数都为 20%～30%。测试结果最好的一种端风机型木材干燥室，其出口反转平均风速的变异系数为 13.81%。而侧风机型大多数平均风速的变异系数均为 35%～50%，且离散程度较大。因此，端风机型干燥室的空气动力特性优于侧风机型干燥室。对于风速不均程度，前者较后者小，而且端风机型干燥室在用较少电机功率的前提下，可获较高的气流循环速度。

实验证明：在风机位于材堆侧面的侧风机型干燥室[图 5-7(c)]内，干燥介质在材堆长度乃至高度上不能得到均匀的分配，循环速度差异明显，这样就不会有相同的干燥速度。风机位于室端的端风机型干燥室[图 5-7(b)]基本可以消除这种缺陷，但室内材堆总长度一般不能超过 6m，否则沿材堆长度上气流循环不均匀。风机位于室顶的顶风机型干燥室[图 5-7(a)]，气体动力特性最好，在材堆整个断面上，循环速度的分布比较均匀，干燥后木材终含水率(final moisture content)均匀性好。

研究指出：为使干燥质量和生产量能够获得最好的效果，干燥室内干燥介质的设计计算循环速度应有 4m/s 或以上。有的资料建议采用下列计算循环速度：非高温干燥时为 4m/s，高温干燥时为 5m/s，干燥硬阔叶树材时为 2.5～3m/s。

实际上周期式干燥室内的循环空气有 1/3～2/3 从材堆外面的空隙处空流而过，这样循环速度明显降低，整个材堆干燥不均，板端干得快，容易形成较深的端裂，对干燥周期和干燥质量都有严重的影响。为了消除这种缺陷，可以采取下列几点改进措施。

1) 在材堆与材堆之间，以及材堆与端墙或门之间设置挡板(图 5-8)。挡板用铝板(厚 2mm)制作，悬挂在两根臂杆上，有铰链可以转动，臂杆固定在顺沿侧墙的钢管上(Φ50mm)，钢管外端有手轮，转动手轮可使挡板贴近材堆，遮住材堆之间，以及材堆与端墙之间的空隙，不让空气空流过去。卸料时可使挡板靠近墙边。

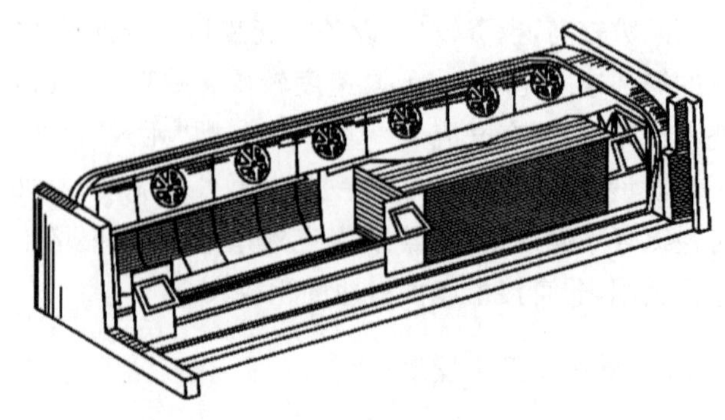

图 5-8　木材干燥室侧面挡风板装置图

(引自 Соколов，1971)

2) 在堆顶两侧置活动挡板(图 5-9)，挡板的上边连接在顶板上。可以转动，下边搭在材堆上，并使它伸出材堆侧部，遮住堆顶与顶板之间的空隙，不让空气流过。

3) 在材堆下部设置弧形挡板或台阶(图5-9)，挡住堆底空隙，防止空气流失。另外将干燥室顶部两角改为圆弧形(图5-9)，减小空气流动阻力。

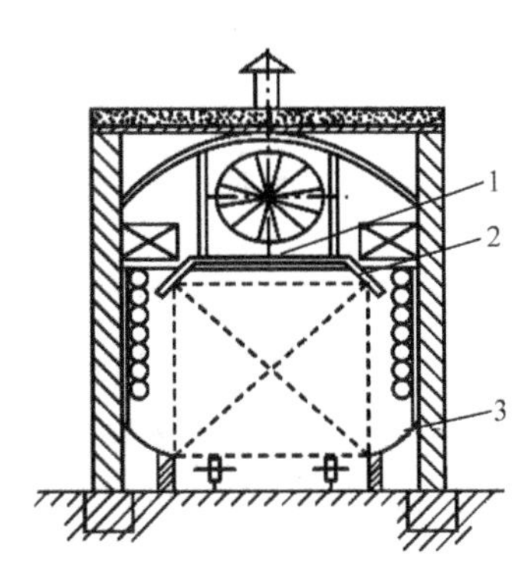

图5-9　干燥室结构改进示意图
(引自林科院木材所，1966)
1. 顶板；2. 活动挡板；3. 弧形挡板

初步实践证明，上述改进措施可以收到良好的效果。

为使材堆高度上的循环速度分布均匀，可以采用斜侧壁(斜挡板)。对于周期式干燥室，可用调速电动机，在干燥过程后期(MC=30%～35%及以下)减低转速，减小材堆的循环速度，可以节省30%的电力消耗，特别是对于干燥硬阔叶树材和大断面慢干木料的干燥室，比较合适。

综上所述，除加大风机能量外，改善干燥室的结构，合理组织气流循环，对于加强和均匀循环速度，提高干燥效果，具有重要的意义。

木材干燥室的结构、类型多种多样。选择干燥室的型式是生产中常常碰到的问题，由于各种类型的干燥室都有各自的优缺点，对于某一类型的干燥室来说，可能在这种情况下适用的，但在另一种情况下可能就不很适用。必须根据具体情况进行具体分析，然后选用比较合适的干燥室。

干燥设备的好坏主要用技术经济性能来衡量。不同类型的干燥室适合于不同的应用场合，必须根据企业的规模、可提供能源的种类、被干燥木材的特点及质量要求来确定。

选择干燥室类型的依据主要是根据被干木材的树种，规格和数量，木材的用途对干燥质量的要求及生产单位的具体情况等。

蒸汽加热的木材干燥法的主要优点是技术性能稳定，工艺成熟，操作方便(温、湿度易于调节和控制)，干燥质量有保证；干燥室的容量较大，节能效果较好，干燥成本适中或偏低。缺点是需要蒸汽锅炉。因此，蒸汽加热干燥法是国内外应用最普遍的木材干燥方法。

节能减排是永恒的主题，从干燥技术的发展来看，今后木材干燥的变化或许是干燥所需的能源，而不是干燥方法本身，因此我国相关学者和企业技术人员，有责任在高效节能干燥技术的研究、推广方面，继续做出大量卓有成效的工作。

选择干燥设备时还应充分注意干燥设备产品的技术经济指标；有无技术鉴定证书或质检部门对产品的检测与认定证书；考察产品性能、质量及其品牌；制造商的技术力量、信誉及售后服务，包括是否提供安装、调试和技术培训等服务，以及价格是否合理等。

5.2.5　木材干燥室内空气的流动特性

为了确保干燥质量，提高整个材堆容积内木材干燥的均匀性，要尽量使材堆长度和高度上的空气分布均匀。

在干燥室长度方向上均匀分配空气方面，对于目前广泛采用的短轴型干燥室，干燥室长度方向上均匀分配空气的主要方法是分散放置多台平行作用的通风机。根据《木材干燥工程设计规范》，一间干燥室安装多台风机时，风机中心距一般为风扇直径的2～2.5倍。

在材堆高度方向上均匀分配空气方面，从干燥室的侧部空间自上而下或自下而上地沿着材堆高度均匀分配空气，很有困难。材堆与墙壁之间的侧面空间，起着短而宽的气道作用，从材堆的一侧配(进)气，从材堆的另一侧吸气。通常短配气道内的静压力沿着空气流动线路逐渐增大，因此在图5-10(a)中的左边，空气以较大的速度冲向下部，大部分空气由材堆下部流过。

此外，在干燥室的上部，空气温度较高，热交换和质交换加速。材堆下部空气速度大的影响，在某种程度上可以平衡材堆上部温度高的影响，即可通过改变空气速度的大小在一定程度上调整材堆高度方向上的均匀性。

当材堆与墙壁之间的空隙增加时，沿材堆的空气分配较为均匀。经验指出，这种空隙不小于材堆整个高度方向上全部隔条总厚度的一半。例如，材堆高2.6m，木料和隔条的厚度均为25mm，这样隔条的总厚度为1.3m，因此材堆与墙壁间的空隙应为0.65m。采用抑流配置、导流板等措施，也可以改善空气在材堆高度上的均匀分配。

材堆侧边不齐，空气在各层板子之间的强制流动就会不均，甚至会出现逆流[图5-10(b)]。空气向突出的板边冲击，将使板子前面的动压力部分地变为静压力，这层板子前面的空气速度就会增大，下层板子

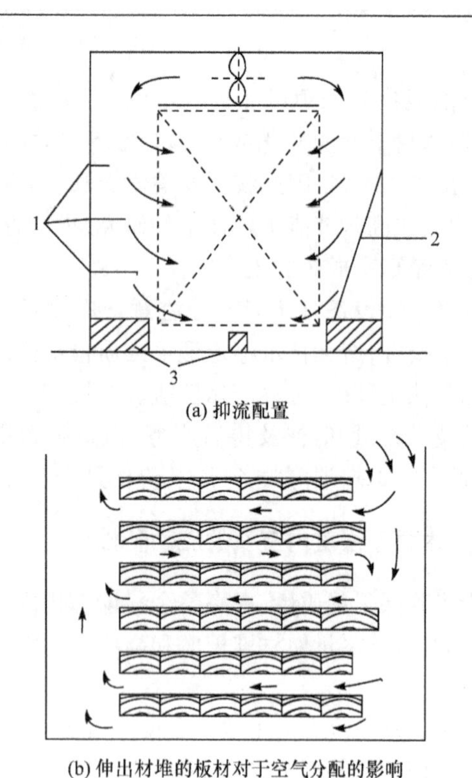

(a) 抑流配置

(b) 伸出材堆的板材对于空气分配的影响

图 5-10 周期式干燥室气流动力图

1. 隔板,按空气流动逐渐增宽;2. 导流板;3. 挡风墩

的空气速度会减少甚至无风,因此从上述空气进入材堆的示意图表明,材堆侧边堆积不齐,将会导致空气循环不均,木料干燥速度不一。

在木材干燥过程中,随着空气向材堆内部的移动并蒸发木料中的水分,空气的温度和干湿球温度差将逐渐减小,如此将会减缓以后的水分蒸发。结果在空气流程上的材堆不同部位,木料的干燥速度存在差异。空气沿着木料的流动,速度愈大及在材堆内的流程愈短,木材干燥愈均匀。Кречетов 对此进行了理论分析,并以宽度为 1.8m 的材堆为例,依据计算结果绘制了含水率落差的计算图,如图 5-11 所示。

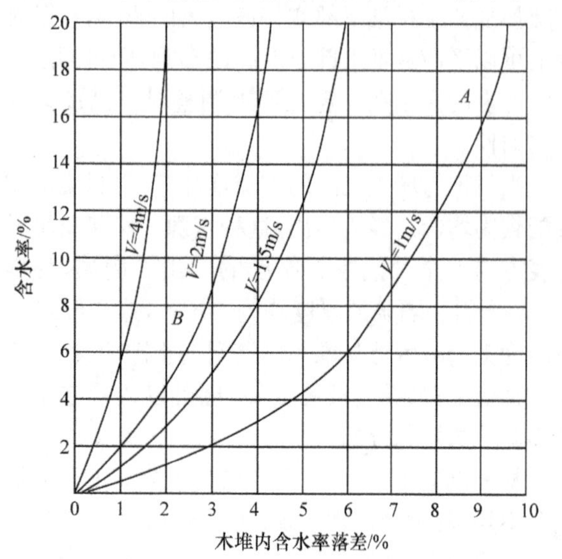

图 5-11 在不同空气速度下作单向循环时材堆内被干木料的含水率落差

木材干燥室采用的空气速率的数值,对于加速单块板子的干燥过程并不是主要的,因为对于锯材来说,实际上是没有等速干燥期的,而排除吸附水(吸着水)时,空气的速度对于加速干燥过程的影响平均不大。这个参数主要是影响到整批木料同时干燥时干燥时间的缩短,以及锯材干燥质量的改善。

5.3 干燥室壳体结构和建筑

木材干燥室是在温、湿度经常变化的气体介质中工作的。常规干燥室的温度在室温至 100℃变化,相对湿度最高为 100%。此外,干燥室内的空气介质还含有由木材中溢出的酸性物质,并以一定的气流速度不断在室内循环。因此,木材干燥室的壳体除了要满足坚固、耐久、造价低等一般要求外,还必须保证干燥室对密闭性、保温性,耐腐蚀性的要求。

干燥室壳体保温的原则是确保在高温高湿的工艺条件下室的内表面不结露。因为结露意味着冷凝水所释放的凝结热已大部分通过壳体传出室外,既造成热损失,也使室内温度难以升高,因冷凝水的渗透使壳体易遭腐蚀。

目前干燥室的壳体主要有三种结构形式,即砖混结构的土建壳体、金属装配式壳体和砖混结构铝内壁壳体。我国现阶段的生产性干燥室大多仍以砖混结构为主。但随着生产水平的提高,装配式室的应用也将会越来越多。

5.3.1 砖混结构室体

砖混结构是最常用的干燥室壳体结构,它造价低,施工容易,但在建筑结构的设计和施工时,要防止墙壁、天棚开裂。通常采用的室体结构及施工要求如下。

(1) 墙体 为加强整体牢固性,大、中型室最好采用框架式结构,即室的四角用钢筋混凝土柱与基础圈梁、楼层圈梁、门框及室顶圈梁连成一体。对多座连体室,应每 2～4 室为一单元,在单元之间的隔墙中间留 20mm 伸缩缝,自基础至屋面全部断开。墙面缝嵌沥青麻丝后照做粉刷,屋面缝按分仓缝处理。

墙体采用内外墙带保温层结构,即内墙一砖(240mm),外墙一砖(240mm),中间保温层 100mm。外墙采用实体砖墙,砖的标号不低于 75#,水泥砂浆的标号不低于 50#,并在低温侧适当配筋,保温层填塞膨胀珍珠岩或硬石,墙上少开孔洞,避免墙体厚度急剧变化。在圈梁下沿的外墙中应在适当位置预埋钢管或塑料管,作为保温层的透气孔。连体室的隔墙可用一砖半厚(370mm)。在高寒地区,干燥室应建在室内。如建在室外，应根据当地冬季温度，重新计算确定室内壁不结露所需的保温层厚度。注意不要用空心砖砌室墙，因为那样容易开裂；也不要留空气保温层，因为墙体的大面积空气保温层，会因空气的对流换热而降低保温效果。

对混凝土梁、钢梁，要设置足够大的梁垫；在天棚下设置圈梁，地耐力较差时在地面以下设置基础圈梁，对门洞设置封闭的混凝土门框；钢筋混凝土构件本身要有足够的刚度，在进行结构计算时应充分考虑温度应力；墙体内层表面作 20mm 厚水泥砂浆抹面，并仔细选择其配合比，尽量满足隔汽、防水、防龟裂的要求；墙砌体采用 1∶20～1∶25 普通硅酸盐水泥砂浆并掺入 0.8%～1.5%无水纯净的三氧化二铁砌筑，以增加密实性。墙内预埋件要严密封闭。

为保证壳体内部的抗腐蚀能力，内壳体表面可涂刷沥青或环氧树脂涂料，以增强防腐效果。壳体内表面涂刷沥青操作简单，但需定期涂刷，且污染环境，涂刷沥青使用效果不如涂刷环氧树脂。这里介绍一种利用环氧树脂和呋喃树脂进行混合改性处理的方法(张爱莲，2002)。在保持环氧树脂优良性能的基础上，用呋喃树脂混合改性，使其耐温性能得到显著改善，从而满足木材干燥室内防腐的要求。呋喃改性环氧树脂玻璃钢在木材干燥室内壁的成型，采用手工铺贴法。这种方法不需特殊的工艺设备，不受干燥室内壁形状、尺寸的限制，可进行随意的局部加强，操作简便，容易掌握，对玻璃钢防腐层的整体性和密封性有较好的保证。

(2) 室顶　　必须采用现浇钢筋混凝土板，不能用预制的空心楼板。室顶应做保温、防水屋面。

保温层必须用干燥的松散或板状的无机保温材料，常用膨胀珍珠岩，但不能用潮湿的水泥膨胀珍珠岩。应在晴天施工。施工时压实并做泛水坡。

(3) 基础　　木材干燥室是跨度不大的单层建筑，但工艺要求壳体不能开裂，因此基础必须有良好的稳定性，不允许发生不均匀沉降。通常采用刚性条形砖基础，并在离室内地坪以下 5cm 处做一道钢筋混凝土圈梁。在做基础，包括地面基础时，必须做防水、防潮处理。在永久冻土层上做基础时，必须做特殊的隔热处理。基础埋置深度，南方可为 0.8～1.2m，北方可为 1.6～2.0m，由地基结构情况、地下水位、冻结线等因素决定。基础深埋可增加地基承载能力，加强基础稳定性，但造价也随之增加，且施工麻烦。因此，在满足设计要求的情况下，应尽量将基础浅埋，但埋深不能少于 0.5m，防止地基受大气影响或可能有小动物穴居而受破坏。

(4) 地面　　室内地面的做法一般分三层：基层素土夯实；垫层为 100mm 的厚碎石；面层 120mm 厚素混凝土随捣随光。单轨干燥室的地面开一条排水明沟，双轨干燥室开两条，坡度为 2%，以便排水。干燥室地面也要根据需要做防水和保温处理。

对于采用轨道车进出室的干燥室，干燥室地面载荷应按材堆及材堆装入、运出设备确定，其轨道通常埋在混凝土中，使轨头标高与地坪相同，这样可防止室内介质对钢轨的腐蚀。而叉车装干燥室，通常要求地面平整，并具有足够的承载能力。

5.3.2　金属装配式室体

对于金属装配式室体，其构件先在工厂加工预制，现场组装，施工期短，但需要消耗大量的合金铝材，价格昂贵。对金属壳体的一般要求是：壳体内壁应采用厚度为 0.8～1.5mm 纯度较高的铝板或采用厚度不小于 0.6mm 的不锈钢板制造，外壁可用厚度不小于 0.6mm 的一般铝板或镀锌钢板制造，内、外壁间填以对壳体无腐蚀作用的保温材料；壳体内壁一般采用焊接连接。焊缝不得漏气，渗水。用于常温干燥(normal temperature drying)、高温干燥(high temperature drying)的内壁，在制造时要压制成凸凹形表面，对组合壳体要用有机硅密封膏等密封材料对结合处进行密封；组装后的壳体内壁表面在最不利的工况下不得结露。

通常的做法是，先用混凝土做基础和面，然后在基础上安装用合金铝型材预制的框架，可用现场焊接或用不锈钢螺钉连接。再安装预制的壁板和顶板及设备。预制板由内壁平板、外壁瓦楞板和中间保温板(或毡)组成，可以是一块整板，也可以不是整板，于现场先装内壁板，然后装保温板，最后装瓦楞面板。内壁板不能用抽芯铆钉连接，而用合金铝横梁或压条靠螺钉连接将壁板或顶板夹在框架上。预制壁板也可采用彩塑钢板灌注耐高温聚氨酯泡沫塑料做成。

5.3.3　砖混结构铝内壁室

这种室的做法是先在基础圈梁上安装型钢框架，然后用 1.2mm 厚的防锈铝板现场焊接成全封闭的内壳，并与框架连接。内壁做完后再砌砖外墙壳体，并填灌膨胀珍珠岩或硅石板保温材料。内壁与框架的连接通常用抽芯铆钉直接铆接，也可在内壁板后面焊些"翅片"，通过翅片与框架铆接。前者会破坏内壁的全封闭，并因铝板的热膨胀易将抽芯铆钉剪断。一旦内壁有孔洞或破损，水蒸气进入壳体保温层，就会引起框架和壁板的腐蚀。后一种连接方法较好，但施工麻烦。

铝内壁的砖混结构室要求铝内壁全封闭，施工难度大，对焊接技术要求高，只适用于中、小型室。

5.3.4 大门

干燥室的大门要求有较好的保温和气密性能，还应能耐腐蚀、不透水及开关操作灵活、轻便、安全、可靠。大门的型式归纳起来有5种类型，即单扇或双扇铰链门、多扇折叠门、多扇吊拉门、单扇吊挂门和单扇升降门。目前，生产中常用的大门是铰链门和吊挂门，如图5-12所示。

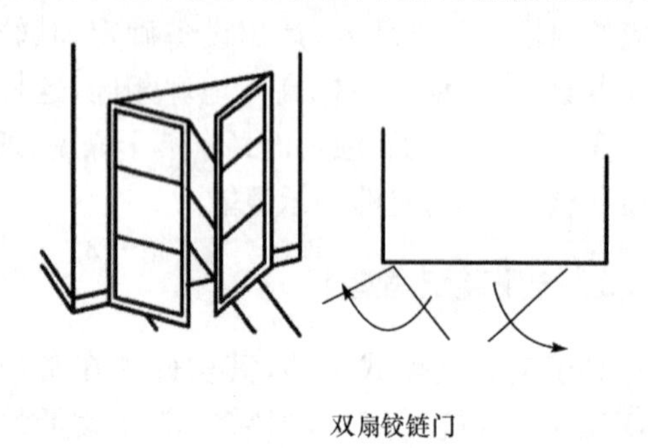

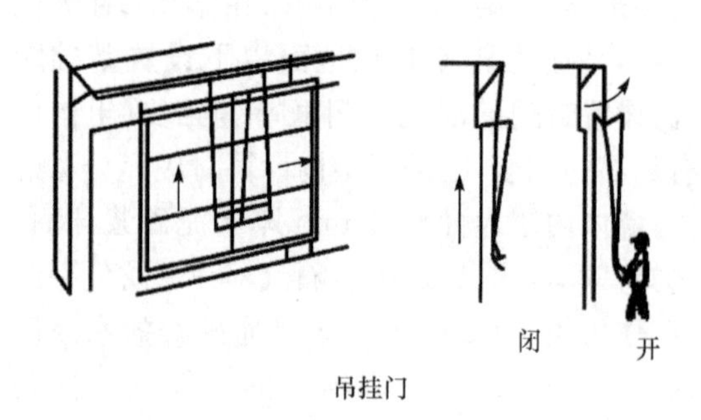

图5-12 大门结构简图

干燥室大门一般以金属门使用效果较好；以型钢或铝型材制成骨架，双面包上0.8～1.5mm厚的铝板或外表面包以镀锌钢板，用超细玻璃棉或离心玻璃棉板作保温材料(也可用彩塑钢板灌注耐高温聚氨酯泡沫塑料)。内面板的拼缝用硅橡胶涂封，门扇的四周应嵌密封圈。室门的密封圈通常用耐高温橡胶特制的"Ω"'形空心垫圈，可装于门扇内表面四周的"嵌槽"中，门内缝隙须用耐腐、耐温与耐湿的密封材料做密封处理。对砖混结构室，可直接用钢筋混凝土门框，也可在混凝土门框上嵌装合金角铝或角钢门框。

5.4 干燥室设备

除壳体之外，木材干燥室设备包括：供热与调湿设备、通风设备、木材的运载装卸设备、检测和控制设备等。

5.4.1 供热与调湿设备

木材干燥室内的供热与调湿设备主要包括：加热器、疏水器、喷蒸管或喷水管、进排气口和连接管路等。

1. 加热器　　木材干燥室安装加热器，用于加热室内空气，提高室内温度，使空气成为含有足够热量的干燥介质，或者使室内水蒸气过热，形成常压过热汽作为干燥介质干燥木材。加热器要根据设计干燥室时的热力计算配备，以保证其散热面积和传热系数；加热器的安装要求操作时能灵活可靠地调节放热量的大小，并且当温度变化幅度比较大时，加热器的结合处不松脱。

(1) 加热器的分类　　用于木材干燥室内的加热器，可分为铸铁肋形管、平滑钢管和螺旋翅片三种。其中铸铁肋形管、平滑钢管是早期干燥室中常用的加热器，现已较少应用。目前新建干燥室，几乎全部采用双金属挤压型复合铝螺旋翅片加热器，如图5-13所示。

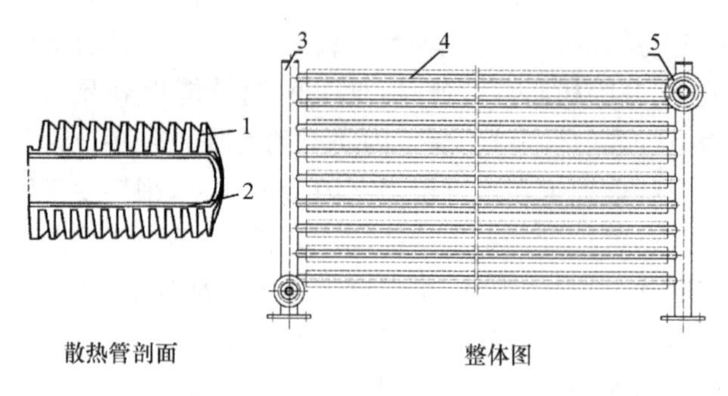

图5-13 螺旋翅片加热器

1. 翅片；2. 基管；3. 分配管；4. 散热管；5. 法兰

铸铁肋形管加热器有圆翼管、方翼管两种，其优点是坚固耐用、散热面积大；缺点是质量大，易积灰尘。

平滑钢管加热器(无缝钢管)的优点是构造简单，接合可靠，安装、维修方便；传热系数大，不易积灰尘；缺点是散热面积小。

螺旋翅片加热器有绕片式和整体式两种，绕片式是在无缝钢管外绕钢带(或铜、铝带)成螺旋片状，并经镀锌(或锡)，使钢管和翅片连接成一体，即成为绕片管，再由绕片管焊接成整体的加热器；整体式加热器是利用轧制式散热管制成的，金属散热管表面经过粗轧、精轧多道工序，轧出翅片，可获得优良的传热性能，是一种理想的散热器。通常有单金属轧制翅片管散热器和双金属复合翅片管散热器两种类型。

单金属翅片管，是由一根铝管或铜管轧制而成，不存在接触热阻的问题，大大提高了翅片管的换热性能。常见的单金属翅片管有铝翅片管和铜翅片管两种;双金属翅片管,是由两种不同材料的金属管复合轧制而成。它的基管种类有铜、铜合金、不锈钢、碳钢等;翅片材料为纯铝;将铝管套在基管上,然后在表层的铝管上轧制出翅片。螺旋翅片加热器的优点是形体轻巧,安装方便,散热面积大,热阻小,传热性能良好;缺点是对气流阻力大,翅片间隙易被灰尘堵塞,降低加热器效应。从目前应用情况来看,整体式(扎片式)螺旋翅片加热器应用最多。

(2) 加热器散热面积的计算

∵放热量 $Q=F\cdot K\cdot(t_{蒸}-t_{空气})$

∴加热器的散热面积:$F=\dfrac{Q\cdot C}{K\cdot(t_{蒸}-t_{空气})}$

式中,F 为加热器表面积(m^2);Q 为加热器应放出的热量(kJ/h);$t_{蒸}$ 为加热器材管道内蒸汽的平均温度(℃);$t_{空气}$为干燥介质的平均温度(℃);C 为后备系数,取 1.1~1.3;K 为加热器的传热系数[W/(m²·K)]。

在上式中,由于加热器应放出的热量 Q 是干燥室设计中的已知条件,因此在运用上式进行加热器散热面积的计算时,关键是要确定出加热器的传热系数 K 值。由于加热器的布置形式、流经加热器外表面的介质流速及加热管内热媒性质等因素的不同,传热系数 K 值的计算公式繁多。具体在确定传热系数 K 值时,可参考生产厂家提供样本说明。

例如,天津某厂生产的 IZGL-1 型盘管,如图 5-14 所示。它是以蒸汽为热媒加热空气的换热装置,广泛应用于化工食品、建筑等工业的生产之中,也可以成为集中和局部空调的组成部分。其梯形的助片截面,可获得更好的传热性能,产品质量可靠,性能优良,具有传热性能高、耐腐蚀、耐高温、寿命长等特点。IZGL-1 系列产品有 5 种宽度、9 种长度,以及 2、3 排两种厚度,共 30 种规格。产品可根据用户的使用需要,任意串、并联组合。表 5-3 列出了 IZGL-1 型管盘的性能参数,以便参考。

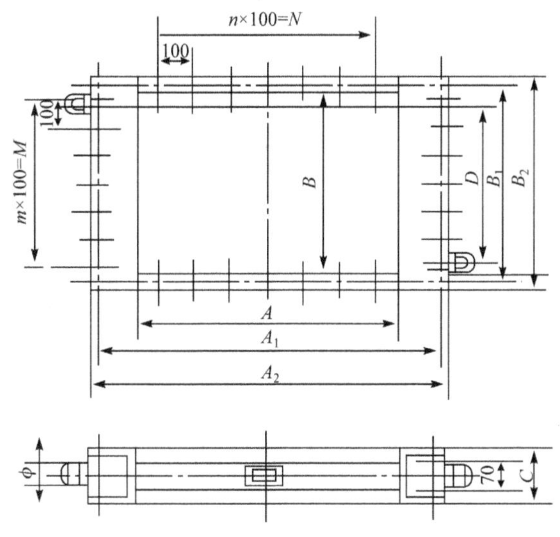

盘管厚度尺寸

管排数	2	3
C	120	166

图 5-14　IZGL-1 加热器管盘外形及安装尺寸图(引自天津暖风机厂)

表 5-3　IZGL-1 型管盘性能参数

管排数	传热系数 K/[W/(m²·℃)]	空气阻力 Δh/Pa
2	$k=23.54\cdot V_r^{0.301}$	$\Delta h=12.16\cdot V_r^{1.43}$
3	$k=19.64\cdot V_r^{0.409}$	$\Delta h=17.35\cdot V_r^{1.55}$
4	$k=19.46\cdot V_r^{0.412}$	$\Delta h=27.73\cdot V_r^{1.51}$

注:V_r 为迎风面质量流速[kg/(m²·s)]

(3) 加热器的配备与安装　　加热器面积的配备,因被干木材的树种、厚度及选用加热器的类型而异。选用光滑管或绕片式散热器时,一般每立方米实际材积需要 2~6m² 散热面积;用铸铁散热器时一般需要 7~10m²;如果采用高温干燥时,散热器的面积要增加一倍。

干燥所需的热量随木材的树种和规格、室型与结构、地区气候、木材的最初和最终含水率等因素而变化。一般蒸发 1kg 水分需 2~3kg 的蒸汽量;强制循环干燥室蒸发 1kg 水分需 3768~5024kJ(900~1200kcal)热量,参见表 5-4 及表 5-5。

表 5-4　蒸发木材中水分所需的热量

树种	含水率/%	季节	热量消耗/(kJ/kg)	用于蒸发水分/%	热损失/%	加热空气/%	其他/%
栎木	65~18	冬	4962	53	25	8	14
		夏	3815	69	19	6	16
云杉	50~10	冬	4568	58	11	10	29
		夏	3655	71	8	8	13

干燥室中若安装热量回收装置,则热量可节省 12%~30%。不同类型干燥室中热消耗量的数值,参见表 5-6。

表 5-5　木材室干基本能耗(引自何定华,1987)

能耗项目	比热耗/(kJ/kg)					
	红松				水曲柳	
	年平均	%	冬季	%	年平均	%
木材及残留水分加热	239	5.1	289	5.3	209	4.0
蒸发水分加热	264	5.7	565	10.5	222	4.2
水分蒸发	2 320	49.8	2 320	42.9	2 345	44.6
新鲜空气加热	272	5.8	335	6.2	389	7/4
壳体热损失	846	18.4	1 084	20.1	1 030	19.6
终了处理喷蒸热耗	285	6.1	322	6.0	590	11.2
其他	423	9.1	490	9.0	477	9.0
合计	4 650	100	5 405	100	5 262	100
每立方米木材能耗/kJ	1 173 242		13 621 050		1 989 341	
每立方米木材需要的蒸汽/kg	549.5289		637.9		931.7	

注:表列数值以北京一台纵轴干燥室干燥厚5cm红松和水曲柳齐边板材为例,容重分别取为360kg/m³ 和540kg/m³,初含水率80%,终含水率10%,干燥周期168h和360h,表列各项能耗的预测值是以北京1台纵轴干燥室干燥厚5cm红松和水曲柳齐边板材为例,容重分别取为360kg/m³ 和540kg/m³,初含水率80%,终含水率10%,干燥周期168h和360h。

表 5-6　不同类型干燥室在干燥松木时蒸发 1kg 水分所需的热消耗　(单位:kJ/kg)

周期式干燥窑(常温)		连续式干燥室		高温干燥室
		无热回收	有热回收	
夏季	3868	3375	2973	2604
冬季	6351	4999	4007	3458

加热器在安装时应注意以下几个问题:①为保证沿干燥室的长度方向散热均匀,在安装加热器时,一般应从大门端进气(对热量的漏失可得以补偿),这样可减少在干燥室长度方向上的温度差;②加热器应布置在循环阻力小,散热效果好,且便于维修的位置;各种热媒的加热器在安装时均不可与支架成刚性连接,以便于热胀冷缩;③蒸汽为热媒的加热器应以加热器上方接口为蒸汽进端,下方接口为蒸汽冷凝水出端,并按蒸汽流动方向留有0.5%~1%的坡度;④热水或热油为热媒的加热器应以加热器下方接口为热媒进端,上方接口为热媒出端。按热媒流动方向上扬0.5%~1%的坡度,并在加热器超过散热片以上的适当位置加放气阀;⑤大型干燥室加热器宜分组安装,自成回路,可根据所需的干燥温度,全开或部分打开加热器;⑥加热器管线在温度变化时,长度上应能自由伸缩,长度超过40m的主管道应设有伸缩装置。

此外,管道通过墙壁的孔眼,必须在砌墙时预先留好,待管道安装好后,将孔眼严密堵塞。堵塞物料可用蛭石粉拌水泥,以3∶1配比为宜,以便修理时拆除;室外管道安装完后,用石棉等保温材料包扎厚25mm以上,防止冻裂。

2. 疏水器　疏水器是安装在加热器管道上的必需设备之一,其作用是排除加热器中的冷凝水,阻止蒸汽损失,以提高加热器的传热效率,节省蒸汽。

疏水器的类型较多,根据其工作原理的不同,可分为机械型、热静力型、热动力型三种。在木材干燥生产中通常使用的是热动力式和自由浮球式。

(1) 热动力式疏水器　热动力式疏水器是一种体积小、排水量大的自动阀门。它能阻止蒸汽管道中的干热蒸汽通过,又能及时排除管道中的凝结水,并有防止水击现象产生及凝结水对管道的腐蚀作用。其型式有热动力式(S19H-16)、偏心热动力式等。现以S19H-16热动力式疏水器为例,说明如下。

S代表疏水器;1代表内螺纹;9代表热动力式;H代表密封件材料;16代表能承受的压力。它适用于蒸汽压力不大于16kg/cm²(1.6MPa),温度不大于200℃的蒸汽管路及蒸汽设备上。安装位置在室内或室外皆可,不受气候限制。其结构如图5-15所示。

此种疏水器的工作原理如图5-16所示。当进口压力升高时,通过进水孔6使阀片2抬起,凝结水经过环形槽5从出水孔3排出,随后由于蒸汽通过阀片与阀盖1间的缝隙进入阀片上部的控制室4,控制室的气压因而升高,使阀片上部所受的压力大于进水孔压力,于是阀片下降关闭进水孔,阻止了蒸汽向外漏逸;随后由于疏水器向外散热,控制室内的气压因蒸汽冷凝而下降,进口压力则相应地升高,阀片又被抬起,凝结水又从疏水器排出。

此种疏水器的性能曲线见图5-17。

此种疏水器的选用主要根据疏水器的进出口的压力差 $\Delta P = P_1 - P_2$ 及最大排水量而定。

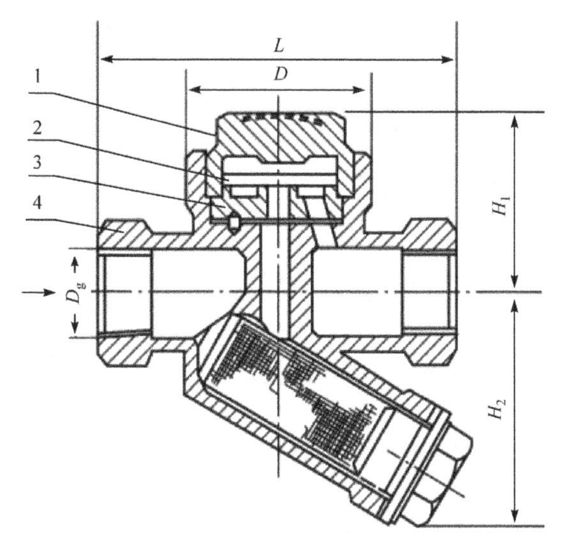

图 5-15　S19H-16 热动力式疏水器剖面图
（引自采暖通风设计手册，1979）
1. 阀盖；2. 阀片；3. 阀座；4. 阀体

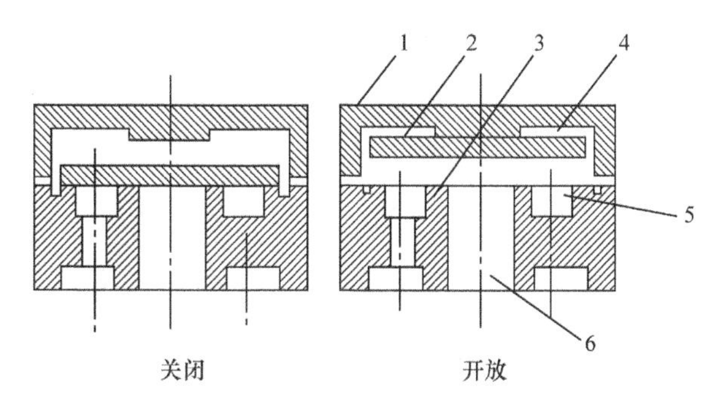

图 5-16　S19H-16 热动力式疏水器剖面图
（引自采暖通风设计手册，1979）
1. 阀盖；2. 阀片；3. 出水孔；4. 控制室；5. 环形槽；6. 进水口

1）疏水器的进出口的压力差

$$\Delta P = P_1 - P_2$$

式中，P_1 取比加热器进口压力小 1/10～1/20（0.1MPa）的数值；P_2 取 $P_2=0$（排入大气）；$P_2=0.03$～0.06MPa（排入回水系统）。

2）水流量 Q：因为蒸汽设备开始使用时，管道中积存有大量的凝结水和冷空气，如按出水常量选用，则管道中积存的凝结水和冷空气不能在短时间内排出，因此按凝结水常量加大 2～3 倍选用，即实际的 Q 比计算的 $Q_{计}$ 大 2～3 倍。

例 5-1　已知干燥室加热器的平均蒸汽消耗量为 200dm³/h，进入干燥室的蒸汽压力为 0.32MPa，凝结水自由地倾泻入水箱，试选疏水器型号。

解　已知蒸汽压力为 0.32MPa（3.2kg/cm²），疏水器进口压力 $P_1=0.95\times0.32\approx0.3$MPa（3kg/cm²），压力差 $\Delta P=(P_1-P_2)=0.3-0=0.3$MPa（3kg/cm²），疏水器最大排水量＝200×2＝400dm³/h（kg/h）。

根据已知的压力差 0.3MPa 及最大排水量 400dm³/h，查图 5-17 可知，应选用公称直径 D_g25 的

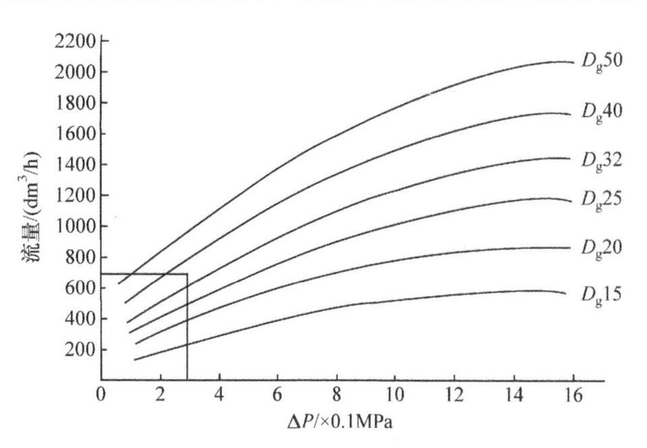

图 5-17　S19H-16 热动力式疏水器的性能曲线
（引自采暖通风设计手册，1979）

S19H-16 热动力式疏水器。

（2）自由浮球式疏水器　其工作原理是利用凝结水液位的变化而引起浮子（球状或桶状）的升降，从而控制启闭件工作。

S41H-16C 型自由浮球式疏水器的结构见图 5-18，其在不同压力差下的最大连续排水量见表 5-7。这种疏水器适用于工作压力不大于 1570kPa、工作温度不大于 350℃的蒸汽供热设备及蒸汽管路上，它结构简单，灵敏度高，能连续排水，漏汽量小但抗水击能力差。

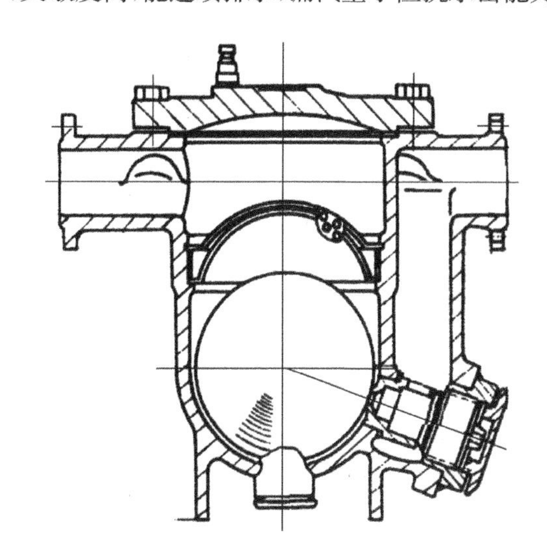

图 5-18　S41H-16C 型自由浮球式疏水器的结构图

表 5-7　不同压差的最大连续排水量

最高工作压力差/kPa	B	D	F	G
	通径 D_g/mm	通径 D_g/mm	通径 D_g/mm	通径 D_g/mm
	15、20、25	25、40、50	50、80	80、100
150	1 110	5 640	19 500	27 600
250	1 000	5 350	18 000	25 100
400	950	4 700	17 000	22 700
640	810	3 590	14 300	18 200
1 000	660	3 190	11 870	16 600
1 600	550	2 740	9 180	12 900

注：B、D、F、G 为球体的类型

（3）疏水器的安装　疏水器安装得是否正确，对其能否发挥性能功效有很大的关系。安装时，疏水器的位置应低于凝结水排出点，以便能及时排出凝结水。

为使疏水器在检修期间不停止加热器的工作，须在疏水器的管路上装设旁通管（图 5-19）。旁通管须装在疏水器的上面或在同一平面内，不可装在疏水器的下面。

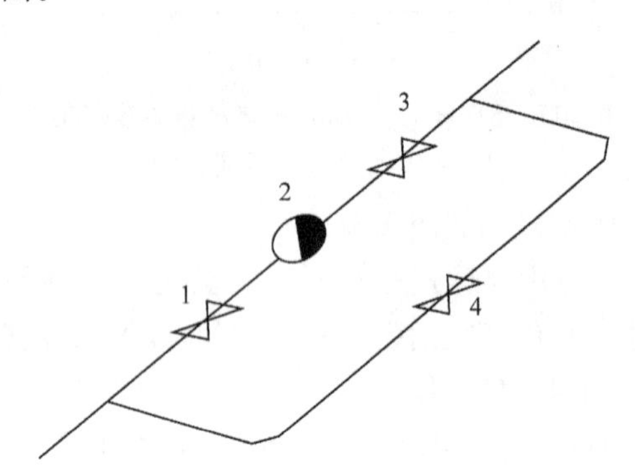

图 5-19　装有旁通管的疏水器管路
1、3、4. 阀门；2. 疏水器

正常使用时应打开疏水器管道上的 1、3 号阀门，关闭 4 号阀门。

注意检查疏水器是否失灵，方法是关闭 4 号阀门，打开 1、3 号阀门。如果只有凝结水排出，疏水器是正常的。如果凝结水和水蒸气同时排出，说明疏水器失灵。此时必须关闭 1、3 号阀门，打开 4 号阀门，使凝结水从旁通管流出，将疏水器卸下修理。

定期检查疏水器的严密性。定期清洗滤网和壳体内的污物。在冬季要做好防冻工作，如静水力式疏水器在不用时应将内部存水放尽，以免冻裂。

3. 干燥室调湿设备

（1）喷蒸管或喷水管　喷蒸管（steam spray pipe）或喷水管是用来快速提高干燥室内的温度和相对湿度的装置。在干燥过程中，为克服或减少木材的内应力发生，必须及时对木材进行预热处理（preheating treatment）、中间处理（intermediate treatment）和终了处理（final treatment），这就需要使用喷蒸管或喷水管向干燥室内喷射蒸汽或水雾，以便尽快达到要求的温度和相对湿度。

喷蒸管是一端或两端封闭的管子，管径一般为 1.25～2inch（1inch＝25.4mm），管子上钻有直径为 2～3mm 的喷孔，孔间距为 200～300mm；喷水管与喷蒸管的不同之处在于，喷水管的水喷出位置要安装雾化喷头，在实际应用中常采用农用喷头来产生雾化效果。

喷蒸管或喷水管的喷蒸流量取决于干燥室容积和规定的喷蒸时间。在使用喷水管进行加湿时要注意，由于水雾在干燥室内蒸发为水蒸气时，要吸收一定的热量，这会略微降低干燥室内的温度。此外，为达到良好增湿效果，喷水管的水压必须达到 3～5kg/cm^2。如达不到这一压力，或喷管设计不当，不但达不到增湿效果，反而会将木材浇湿。

喷蒸管或喷水管安装应符合以下规定：①喷孔或喷头的射流方向应与干燥室内介质循环方向一致；②在干燥室长度方向上喷射应均匀；③不应将蒸汽或水直接喷到被干燥的木材上，否则将使木材发生开裂或污斑。

通常在强制循环干燥室内两侧各设一条喷蒸管，根据气流循环方向使用其中的一根。喷蒸管的喷孔容易被水垢和污物堵塞，应当经常检查及时清除。

厚度大的阔叶树板材一般要求低温干燥，宜用喷水管调湿，既可很快提高温度，还可节省蒸汽能源。或在干燥过程中需要进行热湿处理，如用喷蒸管提高介质的湿度，相应地温度也会上升，并常高于干燥基准规定的温度，此时即使关闭加热器，温度一时也难以降下来，因此采用喷水管进行调湿也是可以的，国外一些国家如丹麦已将纯水液压技术中的最新研究成果即高压（不低于 10MPa）细水雾化技术应用于木材干燥系统，与普通低压雾化喷水管相比，快 70 倍左右（在相同温度下），而雾滴直径则是低压雾化的 1/7 左右，因此其增湿效果好，同时可降低水的消耗。

（2）进、排气系统　在木材干燥过程中，进气口用于向干燥室导入新鲜空气，而排气口用于排放湿空气。干燥室中进、排气口的大小、数量及位置是影响木材干燥的重要因素，直接影响到干燥室的技术性能。通常进、排气口成对地布置在风机的前、后方。根据干燥室的结构，可以设在室顶，也可设在室壁上。

图 5-20 为一种进、排气系统工作示意图。由于从木材中释放出来的酸性物质腐蚀性较强，因此进、排气口一般应用铝板制作。进、排气口需设置可调节的阀门，干燥室的进气量和排气量应维持在木材干燥所必需的最低水平。它取决于干燥木材的树种、初含水率和需达到的终含水率、木材的厚度及材堆的堆积密度等。通过调节阀门控制排气量，使排气量稳定在为保持干燥室内空气介质的规定相对湿度所需的最佳值。

通常情况下，进、排气口直径和数量应与按需要排除的水分计得的排风量相当。排气口必须设在风机的风压所及范围内，以利于在风机驱动下，将湿空气排出。同样，进气口应设在风机能抽取到新鲜空气的地方，使干燥空气得以借风机之力而进入干燥室。使用逆转风机，由正转变为逆转时，进气口变为排气口，排气口变为进气口。

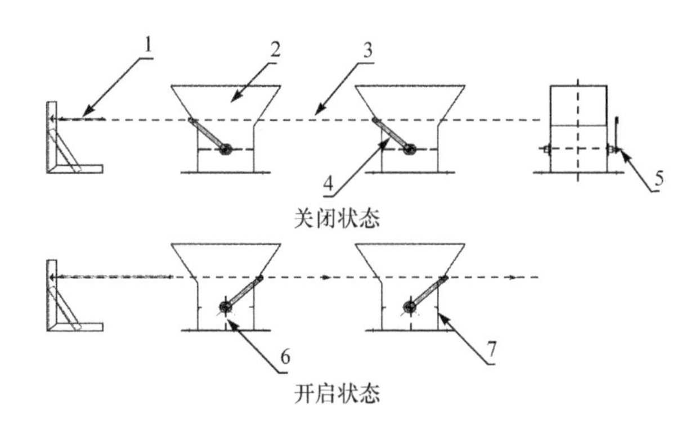

图 5-20　进排气系统工作示意图

1. 复位弹簧；2. 排气口；3. 钢丝绳；4. 拉杆；5. 转轴；6. 翻板；7. 限位角铝

铝制进排气道装于砖混结构室体的预埋孔中时，应在室内侧进排气道周边的缝隙中嵌塞沥青麻丝后用防水水泥砂浆涂封。此外，进排气道室外部分应能有效地防雨和防风。

4. *蒸汽管路*　常规木材干燥室使用的蒸汽压力为 0.3～0.5MPa，过热蒸汽室为 0.5～0.7MPa。若蒸汽锅炉压力过高，需在蒸汽主管上装减压阀，减压阀前后要装压力表。蒸汽主管上应安装蒸汽流量计，以便核算蒸汽消耗量。

干燥车间应根据需要设置分汽缸，以便给各组散热器及喷蒸管均匀配汽。分汽缸下面应装有疏水器，以排除蒸汽主管中的凝结水。管道沿蒸汽及冷凝水流动方向上须带 0.002°～0.003°的坡度，以便凝结水的排除，蒸汽管道的安装可参考图 5-21。

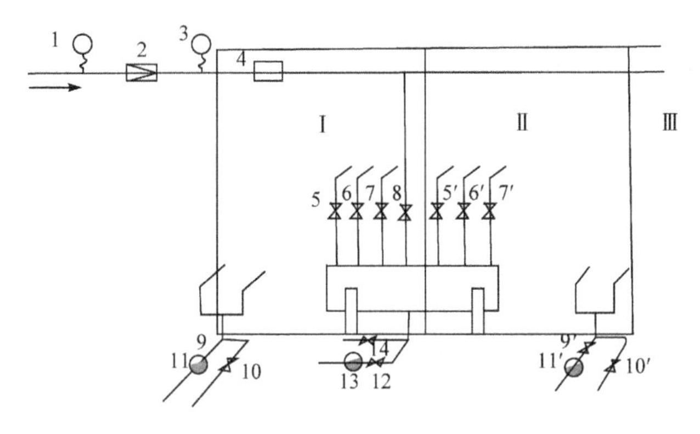

图 5-21　干燥室蒸气管道图

1、3. 压力表；2. 减压阀(若压力不高，可省略)；4. 蒸汽流量计；5、6 和 5′、6′散热器的供汽阀门；7、7′喷蒸管供汽阀门；8. 蒸汽主管阀门；9、9′、12. 疏水器前的阀门；11、11′、13. 疏水器；10、10′、14. 旁通管阀门

5.4.2　气流循环设备

用对流加热的方法干燥木材必须要有干燥介质的流动，在木材干燥室中，安装通风机能促使气流强制循环，以加强室内的热交换和木材表面水分的蒸发。通风机按其作用原理与形状可分为离心式通风机和轴流式通风机两种；根据其压力可分为高压(3kPa 以上)、中压(1～3kPa)和低压(不大于 1kPa)三种。木材干燥室一般采用低压和中压通风机。

通风机的性能常以气体的流量 Q(m³/h)、风压 H(Pa)、主轴转速 n(r/min)、轴功率 N(kW)及效率 η 等参数表示。尺寸大小不同而几何构造相似的一系列通风机可以归纳为一类。每一类通风机的风量 Q、风压 H、转数 n、轴功率 N 之间存在着一定的相互关系，见表 5-8。

表 5-8　风机性能参数的关系(引自 Кречетов，1980)

按介质比重 γ 换算	按转速 n 的换算	按叶轮直径 D 换算	换 γ、n、D 换算
$Q_2=Q_1$	$Q_2=Q_1\dfrac{n_2}{n_1}$	$Q_2=Q_1\left(\dfrac{D_2}{D_1}\right)^3$	$Q_2=Q_1\dfrac{n_2}{n_1}\left(\dfrac{D_2}{D_1}\right)^3$
$H_2=H_1\dfrac{r_2}{r_1}$	$H_2=H_1\left(\dfrac{n_2}{n_1}\right)^2$	$H_2=H_1\left(\dfrac{D_2}{D_1}\right)^2$	$H_2=H_1\dfrac{r_2}{r_1}\left(\dfrac{n_2}{n_1}\right)^2\left(\dfrac{D_2}{D_1}\right)^2$
$N_2=N_1\dfrac{r_2}{r_1}$	$N_2=N_1\left(\dfrac{n_2}{n_1}\right)^3$	$N_2=N_1\left(\dfrac{D_2}{D_1}\right)^5$	$N_2=N_1\dfrac{r_2}{r_1}\left(\dfrac{n_2}{n_1}\right)^3\left(\dfrac{D_2}{D_1}\right)^5$
$\eta_2=\eta_1$	$\eta_2=\eta_1$	$\eta_2=\eta_1$	$\eta_2=\eta_1$

注：①注脚"1"表示已知的性能及其参数关系，注脚"2"表示所的性能及关系参数。②风机性能一般均指在标准状态下的风机性能，标准状态是指大气压力 $P=7.6$kPa，大气温度 $t=20$℃，相对湿度 $\varphi=50\%$时的空气状态。标准状态下的空气比重 $\gamma=12$kg/m³

例 5-2　某型号的风机，叶轮直径 $D_1=800$mm，转数 $n_1=600$r/min，流量 $Q_1=8000$m³/h，风压 $H_1=120$Pa，轴功率 $N_1=1$kW，若将叶轮直径放大到 $D_2=1600$，转数放慢为 $n_2=300$r/min，求流量、风压及轴功率有何变化？

解　本例中空气的状态没有改变，故 $\gamma_1=\gamma_2$，

$$\because Q_2=Q_1\frac{n_2}{n_1}\left(\frac{D_2}{D_1}\right)^3$$

改变后的流量 $Q_2=8000\times\left(\dfrac{1600}{800}\right)^3\times\dfrac{300}{600}=32000$m³/h

$$又\because H_2=H_1\frac{r_2}{r_1}\left(\frac{n_2}{n_1}\right)^2\left(\frac{D_2}{D_1}\right)^2$$

改变后的风压 $H_2=120\times\left(\dfrac{300}{600}\right)^2\times\left(\dfrac{1600}{800}\right)^2=120$Pa

$$又\because N_2=N_1\frac{r_2}{r_1}\left(\frac{n_2}{n_1}\right)^3\left(\frac{D_2}{D_1}\right)^5$$

改变后的功率 $N_2=1\times\left(\dfrac{300}{600}\right)^2\times\left(\dfrac{1600}{800}\right)^5=4$kW

该例说明，若相似风机的叶轮直径增加到 2 倍，

同时把主轴转数减小一半，则风量可增大到4倍，风压不变，功率消耗也增大到4倍。因此，当干燥室内气流阻力不大时，利用加大风机叶轮直径并适当降低主轴转数的方法（即大风机低转数）来提高风量，从而提高流过材堆的气流速度是经济有效的。

1. 轴流式通风机　轴流式通风机如图5-22所示，它是以与回转面成斜角的叶片转动所产生的压力使气体流动，气体流动的方向和机轴平行。其叶轮由数个叶片组成，轴流式通风机的类型很多，其主要区别在于叶片的形状和数量。通常使用的有Y系列低压轴流式通风机和B系列轴流式通风机等。风机叶片数目为6～12片，叶片安装角一般为20°～23°（Y系列）或30°～35°（B系列）。Y系列轴流式通风机可用于长轴型、短轴型或侧向通风型干燥室；B系列轴流式通风机由于所产生的风压比较大（大于1kPa），一般可用于喷气型干燥室（jet kiln）。与离心风机相比，轴流式通风机具有送风量大而风压小的特点。

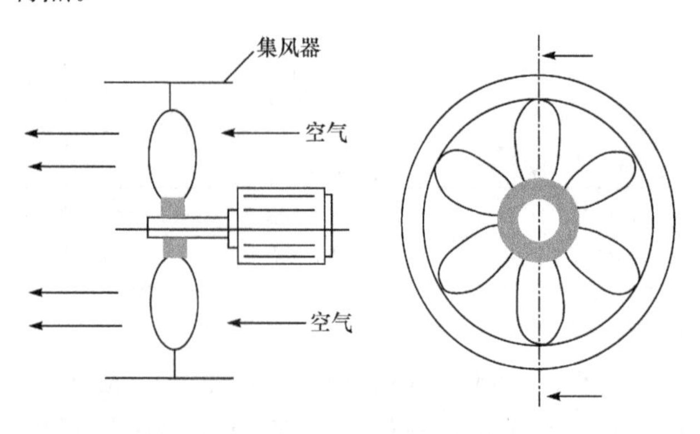

图5-22　轴流式通风机示意图
（引自莫尔-谢瓦利埃，1985）

木材干燥室所采用的轴流式通风机可分为可逆转（双材堆）和不可逆转（单材堆）两类。可逆转通风机的叶片横断面的形状是对称的，或者叶片形状不对称而相邻叶片在安装时倒转180°。可逆转通风机无论正转或逆转都产生相同的风量和风压。不可逆转通风机叶片横断面是不对称的，它的效率比可逆通风机的效率高。

木材干燥用轴流式通风机不同于普通轴流式风机，它要求能够频繁地进行正反风工作，有尽量一致的正风、反风性能，以满足强制循环干燥室中木材干燥的工艺要求。1988年，东北林业大学和黑龙江省林业设计研究院对我国木材干燥行业所采用的典型的干燥通风机进行实际测试，测试结果表明：木材干燥风机所采用的对称型、三角平板型和正反向相间安装的机翼型叶轮风机的风机效率均明显偏低，最高仅达41%，而且叶轮笨重，流量系数偏小，是耗能耗材的非节能产品。针对木材干燥行业使用风机的现状，李景银等（1996）将一种适用于正反双向通风的新型翼型用于木材干燥可逆轴流风机，并应用最优控制理论合理地组织空间气流，设计了新型木材干燥可逆轴流风机。试验表明，该新型风机可直接正反转，其正反向旋转时空气的流量、压力、效率基本相同，具有结构简单、调节方便、叶轮轻巧、安装维护方便、造价较低、效率高等优点。它较老式风机的综合性能指标有大幅度提高，完全能满足现在木材干燥行业对风机的性能要求，是一种新型的节能、降耗、性能优良的木材干燥轴流风机。

目前国内的多个厂家已开发出能耐高温、高湿的木材干燥专用轴流风机，常用型号有No6～No10，其选用铝合金和不锈钢制作，具有耐高温高湿、风量大、效率高风压稳定、维护方便等特点，由于叶轮直径、叶片安装角度、主轴转速的不同，其风量、风压及动力消耗也不同，经实际生产运用完全能满足木材干燥的使用要求。

2. 离心式通风机　离心式通风机如图5-23所示，由叶轮与蜗壳等部分组成。当叶轮离心式风机工作时，叶轮在蜗壳形机壳内高速旋转，迫使叶轮中叶片之间的空气跟着旋转，因而产生了离心力，使充满在叶片之间的空气在离心力的作用下沿着叶片之间的流道被甩向叶轮的外线，使空气受到压缩，这是一个将原动机的机械功传递给叶轮内的空气，使空气的压力增高的过程。这些高速流动的空气，在经过断面逐渐扩大的蜗壳形机壳时，速度逐渐降低，因此流动的空气中有一部分动压转化为静压能，最后以一定的压力（全压）由机壳的排出口压出。与此同时，叶轮的中心部分由于空气变得稀薄而形成了负压区，由于入口呈负压，外界的空气在大气压力的作用下立即补入，再经过叶轮中心而去填补叶片流道内被排出的空气。于是，由于叶轮不断地旋转，空气就不断地被吸入和压出，从而形成连续地输送空气。

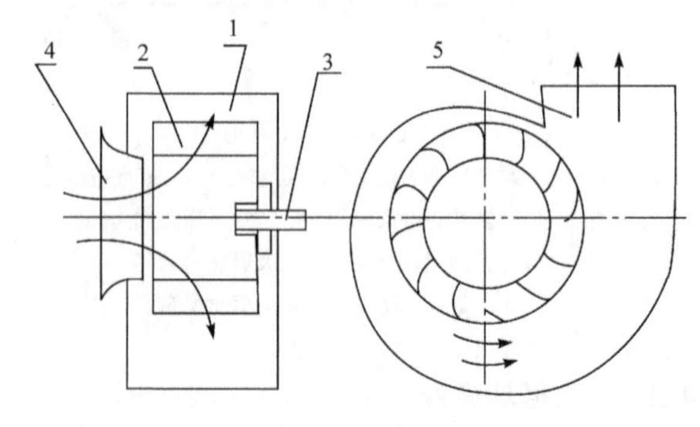

图5-23　轴流式通风机原理图（引自李维礼，1993）
1. 蜗壳；2. 叶轮；3. 机轴；4. 吸气口；5. 排气口

离心式通风机在木材干燥生产上主要用于喷气型干燥室，一般安装在室外的管理间或操作室内。

在木材干燥室的设计过程中，风机的选择及风量和风压的确定是一个非常重要的问题。通常情况下，干燥室内的干燥介质，在风机的带动下通过加热器并穿过材堆时，其载荷的下降是很大的。因此，为干燥室配备风机时，必须认真选择。有时，干燥室并不理想，但风机选得好，可显著改善木材的干燥效果。一般来说，轴流式通风机的送风量较大，风压较小；离心式通风机则相反，风压较大，而送风量较小。

根据通风机的送风量和风压等参数，可绘制出反映风机性能的曲线即风机的性能参数曲线。从曲线图即可查出以下数据：①在一定风速条件下的风机总风压，它取决于送风量，还可能与静压力及动压力有关；②不同送风量所需的输入功率；③风机效率。在通风机的具体选型时，首先要对干燥室进行准确的动力计算，根据干燥室内气流的循环方式及流经材堆的风速，确定出风机所需的流量，根据风速及干燥室内设备选型及布置的情况，计算出气流经过加热器、材堆等处的沿程阻力和局部阻力，进而确定出风机所需的风压。之后，参考生产厂家提供的产品说明书及风机的性能参数曲线，最终选定循环风机。

在干燥室内的小气候条件是相当恶劣的。一方面，温、湿度都很高；另一方面，木材还会放出若干腐蚀性酸类。所以，用于制作风机的材料必须是耐腐蚀的。特别要注意的是，如风机的驱动电机和周围空气接触，更是要防止锈蚀。在生产中，应经常保持通风机的清洁，对通风机、电动机和传动装置要经常检查、润滑，发现电动机过热或通风机发生异响时，应该迅速停电，进行检修。

3. 风机的传动和安装　　风机产生的风量 Q 和风压 H 取决于风机的类型结构和叶轮的圆周速度。叶轮的周围速度又取决于其直径和转数。

风机每秒钟的风量 Q，计算如下：

$$Q_s(\mathrm{m^3/s}) = V_c \cdot F_c$$

式中，F_c 为风机出口的横截面积（m^2）；V_c 为风机出口处的气流速度（m/s）。

风机所需的理论功率 N_n，按下式计算：

$$N_n(\mathrm{kW}) = \frac{Q_s \cdot \mathrm{H}}{102\eta} = \frac{Q \cdot H}{3600 \times 102\eta}$$

式中，Q_s 和 Q 分别为风机每秒钟的流量（m^3/s）和每小时的流量（m^3/h）；H 为风机的全风压（Pa）；η 为风机的效率。

驱动风机所需要的电动机的功率 N，

$$N(\mathrm{kW}) = \frac{N_{理论} \cdot K}{\eta_c}$$

式中，η_c 为传动效率，其值如下：风机叶轮直接安装在电动机轴上，$\eta_c=1$；用联轴器与电动机连接，$\eta_c=0.95$；用三角胶带传动，$\eta_c=0.9$；用平皮带传动，$\eta_c=0.85$。K 为起动时的功率后备系数，按表5-9选取。

若安装电动机的管理廊的温度高于35℃时，按上式算出的电动机功率 N 的数值，还应乘以如下系数：温度 $t=36\sim40$℃时，乘以1.1；$t=41\sim45$℃时，乘以1.2；$t=46\sim50$℃时，乘以1.25。

表5-9　起动时的功率后备系数

电动机功率/kW	功率后备系数 K	
	轴流风机	离心风机
0.5以下	1.20	1.50
0.51～11.0	1.15	1.30
1.01～2.0	1.10	1.20
2.01～5.0	1.05	1.15
大于5.0	1.05	1.10

有条件的干燥室，建议采用双速电动机：木材干燥第一阶段（由初含水率 $MC_{初}$ 到 MC=20%），风机用高转数，使室内保持较高的气流速度，促使木材表面水分的最大蒸发；而在干燥第二阶段（由 MC=20%到终了），采用较低的转数，这样可节省约30%的电能。

轴流式通风机转动时，会产生一定的轴向推力，同时风机轴难免有微量的径向跳动（靠近风机一端），因此可以自动调心；而另一端的轴承采用双列圆锥滚子轴承，可以承受双向的轴向推力。风机过墙处，要有气密装置，以达到气密目的。

国内外越来越多的工厂把轴流风机直接安装在耐热防潮电动机上，电动机装在干燥室内，使风机的传动结构大为简化，且效率高，但对电动机的耐热和防潮性能要求较高，此类电动机国内已专业化生产。

4. 木材干燥室内通风机的节电方法　　木材干燥是木制品生产过程中能耗较高的工艺环节，其能耗占木制品生产总能耗的40%～70%。在常规干燥中，木材干燥的能耗结构中包括蒸汽消耗和运行期间的电耗两部分，而电耗中除了干燥工作期间的照明、控制线路系统的用电外，大部分就是风机运转产生的电耗。因此，有关专家学者通过研究提出在整个木材干燥过程中，可针对不同的干燥阶段或含水率阶段，实施不同的风速，从而在保障快速干燥木材的同时又可以降低风机的电耗。在高含水率阶段（木材平均含水率≥30%），通风机采用高转速，使室内保持较高的介质循环速度，促使木材表面的大量水分快速蒸发；而在低含水率阶段（木材平均含水率<30%），由于从木材中蒸发出来的水分明显减少，这时可采用较低的风机转速，进而达到节电的目的。

目前，我国木材干燥室使用的风机电机都是异步电机，电机转速是按最大风量要求设计的，一般选转速为 1400r/min，每台电机功率在 2.2kW 或 3kW 左右。虽然每间干燥室使用的电机数量不等，但一般有几台电机同时运行。以木材干燥周期 15d 为例，多台电机连续长时间地运转，其耗电量是很大的。因此，风机电机节电具有十分显著的经济效益。姜艳华等(2000)对木材干燥室内通风机的节电方法进行了系统研究，提出通过采用变频装置，通过调整电源的频率来改变电动机的转速，达到低含水率阶段低气流速度要求，也可以采用双速或三速电机来改变电机转速。

木材干燥工艺理论研究和实践证明，在木材干燥的后期大约占整个干燥周期的 1/2 时间，如能降低窑内风速，即降低风机电机转速，既可以降低风机能耗，又对木材干燥质量有益。所以，在不影响木材干燥总体要求的前提下，风机转速降得越低，节电效果越显著。

依据风机特性可知，负载转矩与转速的平方成正比；轴功率与转速的立方成正比(表 5-8)，设电机转速为 n 时，输入功率为 N，下调至时 n'，输入功率降至 N'，则 $N'=N(n'/n)^3$。若风速减少 20%，实际转速为原来的 80%，则 $(0.8)^3\times100\%\approx51\%$，即风机可节电达 50%。若实际转速为 50%，则 $(0.5)^3\times100\%\approx13\%$，风机可节电 87%。

5.4.3　木材的运载装卸设备

木材运输和材堆装卸是木材干燥生产中消耗劳动力最多的工序，亟待机械化作业。为此，介绍几种国内外常用的、切实可行的运输和装卸设备。

1. 木材的运输　　木材干燥生产中，木料的运送和材堆的进出干燥窑，一般是通过铁路线作业。木料事先在载料车上堆好，然后由转运车沿轨道转运，推入干燥窑。木材运输作业所用轨道与铁道轨道类似，但轨距宽度无统一标准，视材堆尺寸而定。

周期式干燥窑内铺设铁轨时应保持水平，以利于载料车进出。连续式干燥窑内则须把铁路线沿材堆运行方向做 0.005°～0.1°的倾斜度，使载料车易于移动。为保证载料车顺利运行，铁路线的宽度应该一致，应该用轨距规进行检查。转运车的轨面应在同一水平面上，以免发生材堆歪斜和材堆碰撞门档或导向板等事故。

(1) 载料车　　是指直接承载材堆的小车，有时也叫作材车。

载料车可以与木材一起进出干燥窑，该形式有固定式和组合式；也可以是过渡型的，即由载料车沿轨道将材堆送入干燥窑后，材堆留在窑内，材车退出，待干燥结束时，载料车仍由轨道进入干燥窑将材堆拉出，运送到指定地点后与材堆分离。

固定式载料车是指根据窑的大小和相应木料长度所设计的有固定尺寸的材车。优点是使用方便，不需临时组合。缺点是无法根据材长调整自身尺寸，且多为一窑一车，但窑的大小不同时无互换性。另外，因其是和个别的干燥窑配合的，无统一标准可循，必须自行设计。尽管如此，由于使用方便，且我国中小规模的木材加工企业很多，窑的深度和宽度较为单一，故此型车的使用仍很普通。

组合式载料车是指用单线车经由横梁组合而成的材车。优点是可根据窑的大小，木料长度等临时进行组合，缺点是需现场组合，使用不便。

用于组合成载料的单线车是一种放在单根轨道上的双轮小车，有标准长度的(1.8m)和较短的(1.4m)两种。其构造和组合的情况见图 5-24。

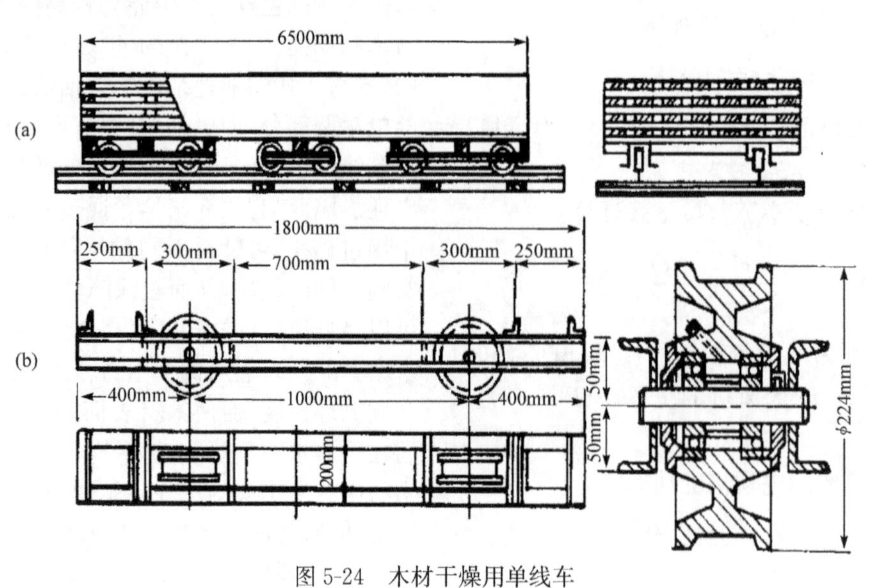

图 5-24　木材干燥用单线车

(a) 材堆在单线车上的堆置；(b) 单线车的结构

单线车的框架由槽钢做成。车轮由铸铁或钢做成，有一个或两个轮缘，安装在有轴承或轴瓦的轴上，成对的单线车可用横梁连接成载料车。横梁断面为140mm×160mm，长度等于材堆宽度，6m长的材堆可用3对单线车（两长一短）堆放。单线车的高度（由轨头到材堆底部的距离）一般不超过260mm，以充分利用干燥窑的容积。堆底横梁上平面应保持水平，以免材堆倾斜。

过渡型载料车由子母车组成，该系统由液压系统、升降装置、行走装置和电气控制系统组成。使用过渡型载料车必须在干燥窑和材堆准备场地铺设有可以让子母车通行的铁轨和堆放材堆的水泥墩座，铁轨在水泥墩座的中间，水泥墩座沿铁轨两旁布置，待干燥的木材预先按规定尺寸整齐地堆垛并放在水泥墩座上。启动行走按钮，载料车沿铁轨至材堆底部并停稳，此时，启动升降装置中的上升按钮，使子车上升并抬起材堆，使子车在抬起状态下行走至干燥室内部确定位置停下，再启动下降按钮，使子车下降，材堆平稳地下降搁置到干燥室内的水泥墩座上。子车继续下降至与母车完全结合位置，材堆与子车彻底分离，再启动行走按钮，使子母车空车退出干燥室，以同样方式继续运送下一个材堆。

（2）转运车　　将载料车由一条铁路线转运到另一条铁路线的车称为转运车。

转运车上铺有轨道，轨距宽度与干燥窑内和装卸场上的相同。转运车上铁轨的轨面应与干燥窑铁轨轨面在同一水平面上。装上载料车的转运车可沿着干燥窑大门前沿移动，当对准干燥窑的材堆进窑轨道时即可将载料车转运到窑内，或将已干好的材堆从窑内拉出，并沿线运送至干料仓库后卸料场。

目前生产上采用的是电动转运车，其结构见图5-25。

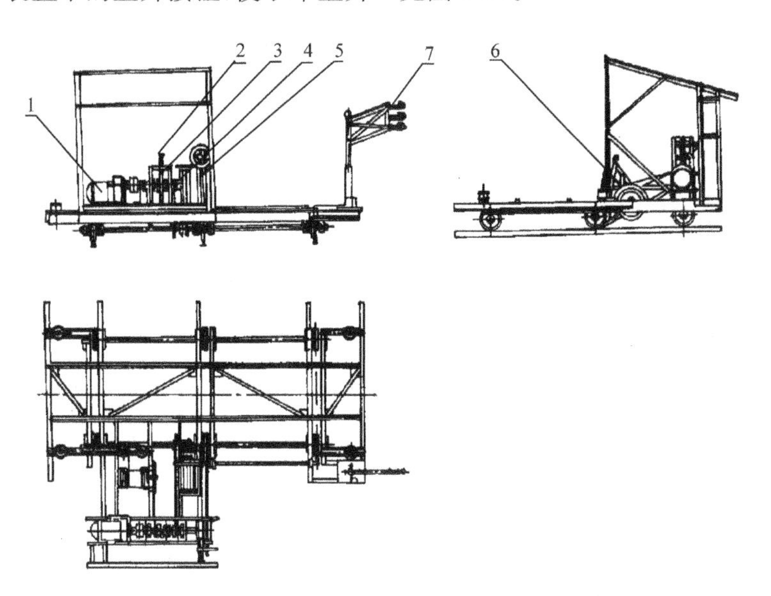

图5-25　电动转运车

1. 电动机；2. 离合器操纵杆；3. 牙嵌式离合器；4. 主动轴轴承；5. 制动器；6. 卷扬机；7. 电路系统

电动转运车主要包括下列部分：减速电动机一台；离合器；制动器；卷扬机；转运车主架与车轮；电路系统。

电动转运车包括两种操作，即使载料车移动和使转运车本身移动，当电动机1运转时，使离合器操纵杆2与卷扬机6连接，卷扬机转动，使卷扬机上的钢索通过滑轮和干燥窑内的载料车挂上，通过钢索的牵引即可使载料车从窑内拉出。当载料车装在转运车的轨道上后，再操纵离合器使车轮和主轴部分相连，转运车即可沿干燥窑前沿的转运线移动。

（3）叉车　　近几年来，叉车工业发展迅速。叉车优点很多，如操作方便，作业灵活，占用空间小，不需铁路线，不受场地和距离限制等，且种类、规格多样，可根据需要任意选用，因此在木料运输中，转运车已逐渐被叉车所取代。在大型干燥窑内，材堆的进出干燥窑也可直接使用叉车，从而又可将载料车省去。

叉车又称为叉式装卸机，它以货叉作为主要的取物装置，依靠液压起升机构实现物品的托取和升降，由轮胎式运行机构实现物品的水平运输。叉车除使用货叉外，还可装换成各种类型的取物装置，因此它可以装卸搬运各种不同形状和尺寸的成件成包装物品，包括装载、卸载、堆垛、拆垛和水平运输等多项作业。

叉车的类型，按结构形式可分为正面叉车、侧面叉车和其他特种型式的叉车。正面叉车的特点是货叉朝向叉车运行的前方，货叉从叉车的前方横向装卸货物；按动力形式可分为电瓶叉车、内燃叉车和人力叉车。其中内燃叉车的动力可分为汽油机和柴油机两种。一般来说，载重量小的叉车多用蓄电池或汽油机作动力，重量大的叉车则多采用柴油机作动力。

叉车的重量为 0.1～40t，国内常用叉车的载重量为 0.5～5t，物品起升高度为 2～4m。木材工业中目前应用的主要是正面叉车和侧面叉车，动力装置有蓄电池、汽油机和柴油机。

说明叉车性性能的主要技术参数有额定载重量、最大起升高度、载荷中心距、门架倾角、行驶速度、最小转弯半径及外形尺寸等。可以预见，在未来的木料运输设备中，叉车将起着越来越重要的作用。

周期式干燥室有叉车装室和轨道车装室这两种装室方式，用叉车直接装室比较简单，所以大型干燥室（60m^{3}以上）都趋于用这种装室方式。轨道车及转运车是最老的装室及运载设备，也是迄今为止应用最广的设备，它几乎适用于所有类别和尺寸的干燥室的装室作业。

用叉车装室的优点是不需要设置转运车、材车、相应的轨道及与此相应的土建投资。缺点是装室、出室所需时间较长；叉车直接进入干燥室，若操作不当，可能会造成对室体的损坏；提升高度较大时，门架升得太高，无法全部利用干燥室的高度。

轨道车装室的优点是在干燥室外堆积木材，可确保堆积质量，装室质量好；湿材装室和干材出室十分迅速，干燥室的利用率较高，干燥针叶材最好用这种装室法。缺点是干燥室前面一般需要有与干燥室长度相当的空地或需要预留出转运车的通道；干燥室内部材车轨道或转运车轨道需要打地基，土建工程量大；材车或转运车造价较高，投资额较大。

2. 装载设备　在干燥生产上，材堆的工人堆置和拆卸是一项繁重费时的工作。为减轻劳动强度，缩短作业时间，应尽量使装卸过程机械化或半机械化。

基于木材堆积的重要性，有些大型企业正致力于木材堆积和拆垛的自动化，于是出现了木材的堆积和拆垛机械。堆积机械应根据各企业的具体情况设置，分自动化和半自动化两类，其主要区别在于：自动化堆积机械是自动放置隔条，而半自动化堆积机械是人工放置隔条。

升降机是一种既可装又可卸的常用机械设备。升降机上铺有与干燥窑轨距相同的铁轨。装料车可直接由干燥窑的铁路线或经由转运车推送到升降机的铁轨上，然后载料车将随升降机一起升降，从而使工作面处于最有利于工人装卸的水平面上，以方便工人操作，加速木材装卸。

螺旋式升降机的主要部件有电动机、伞齿轮减速器、伞齿轮弯角减速器、4 根丝杆（左旋及右旋各两根）及丝母、升降机的支柱及托梁等部件。在升降机的梁上连接有升降机铺板，铺板上装有铁轨，轨距与干燥窑轨距相同，载料车可经由铁路线推送到升降机的铺板上。

螺旋式升降机的结构见图 5-26。当电动机 1 运转，通过伞齿轮减速箱 2 减速，再传动到伞齿轮弯角减速箱 3，通过蜗轮蜗杆运动而改变方向并带动丝杆旋转。而升降机铺板 10 与其上梁 9 及横托梁 8 连接，横托梁 8 又与托梁承重板丝母 6 连接，当丝杆旋转时，就带动丝母沿丝杆运动。载料车是放在升降机的铺板上的，因此也随之上升或下降，使工作面处于最利于工人操作的水平面上，从而方便了转卸。

螺旋式升降机技术规格举例：

载重量	23t
升降速度	1130mm/min
承重平台外形尺寸	6200mm×1800mm
转载干燥车车轨距	1000mm
电动机	J072-4 20kW　1440r/min
设备占用空间	6340mm×3670mm×4210mm
设备重量	6835kg

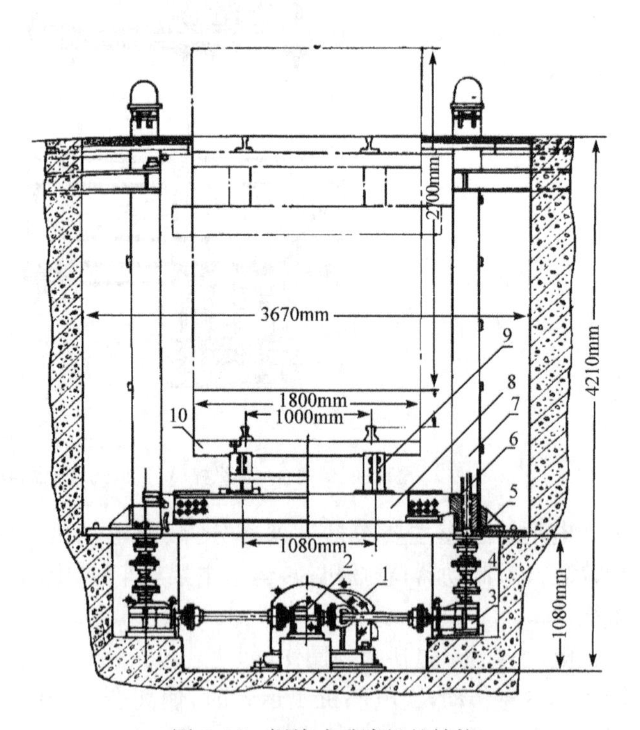

图 5-26　螺旋式升降机的结构

1. 电动机；2. 伞齿轮传动减速箱；3. 伞齿轮弯角减速箱；4. 伞齿轮传动减速箱；5. 升降丝杆支承组合；6. 托梁承重板丝母组合；7. 升降立柱；8. 升降横托梁；9. 升降上梁；10. 升降机铺板

图 5-27 为木材堆积流水线示意图。目前，各企业木材堆积的机械化程度很不平衡，从需要人工放置隔条的简单堆积机械到全自动木材堆积流水线都能见到。

干燥后材堆的拆垛比较简单。先用带液压传动

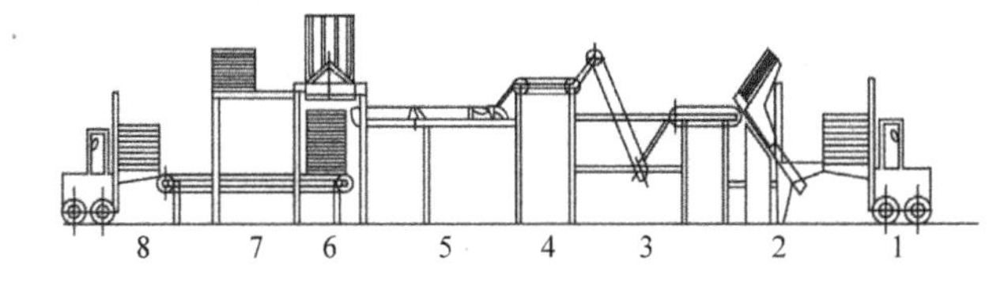

图5-27　木材堆积流水线示意图
(引自若利和莫尔-谢瓦利埃，1985)
1. 叉车将板材送到堆积流水线始端；2. 升降台倾斜，板材靠自身重力滑落；3. 传送中将板材分开；4. 检验将等外材剔出；5. 传送带；6. 隔条放置位置；7. 升降台；8. 叉车将材堆送往干燥室

装置的平台将材堆掀起，使之倾斜，板材靠自重滑落到运输带上，运往加工车间。隔条则滑落到隔条收集箱内。木材厂使用拆垛机比用堆积机更加普遍，小型企业通常直接采用人工方式进行拆垛。

5.5　干燥设备的维护与保养

由于干燥室内的设备需长期在高温、高湿的环境中运行，再加上木材中排出的有机酸对室内设备的腐蚀作用，这种恶劣的环境将严重影响到设备的使用寿命。因此，对干燥室设备及壳体的正确使用和维护保养，已成为当前木材干燥生产中倍受重视的问题。对于砖混结构室体和有黑色金属构件的干燥室，应有维修制度，可根据干燥室的耐久性能等级制订，只有这样，才能延长干燥室的使用寿命。

5.5.1　干燥设备的正确使用和保养

对于干燥设备的正确使用和保养，要根据设备的具体情况制定。在木材装室之前，首先要对干燥室进行检验和开动前的检查，以保证干燥过程的正常进行，如有问题应及时检修。否则，在干燥过程中，加热、通风、换气等机械设备会出现故障。检查工作主要包括以下几方面。

(1) 干燥室壳体的检查　　干燥室壳体是指屋顶、地面和墙壁等，它们起围护作用。应检查墙壁、天棚的隔热情况，如发现有裂缝、漏汽及防腐涂料脱落或沥青脱落现象，应及时用水泥砂浆等抹平堵塞，再用防腐涂料涂刷；干燥室大门如发现因长期使用出现变形、漏汽或关闭不严等现象，应及时维修，需要时及时更换密封胶条；室内地面应清扫干净。干燥室壳体如有塌陷或凸凹不平，应及时修补；轨道如不符合要求，应修理校正。

(2) 动力系统的检查　　应检查风机运转是否平稳，如有螺丝松动、挡圈松脱、轴承磨损等现象，应及时修理或调换；检查进、排气道，如闸板、电动执行器、钢丝绳是否损坏，如操纵不灵，要修理、调整；检查电动机的地脚螺丝、地线、电线接头等。

(3) 热力系统的检查　　热力系统包括加热器、喷蒸管、疏水器、回水管路、控制阀门及蒸汽管路等。

检查加热器时，应向加热器内通入蒸汽，时间需10～15min，以观察是否能均匀热透和有无漏汽现象；检查喷蒸管时，应将喷蒸管阀门打开，进行2～3min的喷汽试验，观察全部喷孔是否能均匀射流；疏水器最易出问题，若在供汽压力正常的情况下，操作也正常，但升温、控温不正常，这有可能是疏水器工作不正常所致，要定期检查和维修，清除其内部污物，发现有零件磨损失灵时，应及时修理或调换；回水管路如有堵塞现象，应及时疏通，以便及时排除冷凝水。

(4) 测试仪表系统的检查　　如干燥室内采用干湿球温度计来测量干燥介质状态，则注意干湿球温度计的湿球纱布应始终保持湿润状态，但不能使湿球温包浸在水中。应对湿度计的干球和湿球两支温度计刻度指数做定期的检查，校正指数误差，以求得准确读数。此外，感温元件与水盒水位的距离不得大于50mm，感温元件一般安装在材堆侧面，感温元件与气流方向垂直放置，室内露出部分的长度必须大于感温体长度的1/3；含水率测定仪在使用前要检查电池电压是否能满足要求，如电压不够，应及时更换。

此外，在木材干燥过程中还应注意：装、卸材堆或进、出室时，注意不撞坏室门、室壁和室内设备；当风机改变转向时，应先“总停”2～3min，待全部风机都停稳后再逐台反向启动；风机改变风向后，温、湿度采样应跟着改变，即始终以材堆进风侧的温、湿度作为执行干燥基准的依据；干燥过程中，如遇中途停电或因故停机，应立即停止加热或喷蒸，并关闭进排气道，防止木材损伤降等(degrade)；对于蒸汽干燥室，干燥结束时应打开疏水器旁通阀门和管系中弯管段的排水旁通阀门，排尽管道内的余汽和积水；干燥室长期不用时，必须全部打开进、排气道，保持室内通风透气，以保持室内空气干燥、室内壁和设备表面不结露。

5.5.2　干燥室壳体的防开裂措施

干燥室壳体的开裂和腐蚀是木材干燥设备最常见也较难解决的问题。干燥室若出现开裂，就会因腐蚀性气体的侵袭而加速壳体的破坏，并使热损失增大，工艺基准也难以保障。因此，干燥室一般不允许开裂。

干燥室壳体的开裂主要与基础发生不均匀沉降、壳体热胀冷缩、壳体结构不牢固和壳体局部强度削弱使应力集中等因素有关。防止开裂采取主要措施包括：①基础设计须合理、可靠，为确保基础稳定，可增设基础圈梁;②外墙采用实体砖墙,砖的标号不低于75#,水泥砂浆标号不低于50#,并在低温侧适当配筋;③在砌好的墙上少开孔洞,避免墙体厚度急剧变化,尽量不在墙体内做进、排气道;④采用框架式结构,对混凝土梁、钢梁,要设置足够大的梁垫;⑤设法减小连续梁的温差,应以2~4座室为一单元,做出温度伸缩缝;⑥内层表面作20mm厚水泥砂浆抹面,并仔细选择其配比,尽量满足隔汽、防水、防龟裂的要求。

5.5.3 壳体防腐蚀措施

干燥室壳体的防腐蚀,主要是防止水蒸气和腐蚀性气体的渗透。

对金属壳体或铝内壁壳体,关键是处理好拼缝和螺丝、铆钉孔的密封,可现场焊接做成全封闭,并用性能好的耐高温硅橡胶涂封铆钉孔和拼缝。对砖混结构室体,砖墙内表面须用1∶2的防水水泥砂浆粉刷。另外,还须选用耐高温和抗老化性能好、着力强的防水防腐涂料涂刷壳体内表面。

目前防水涂料的新产品很多,如乳化石棉沥青、JG型冷胶料、建筑胶油、聚醚型聚氨酯防水胶料、再生橡胶沥青防水胶料、氯丁橡胶沥青防水涂料等。这些涂料都采用冷施工,既省时又省料,各项性能指标均优于以往采用的热沥青涂刷。在诸多牌号的涂料中,以JG-2冷胶料较适合干燥室使用,既可用于涂刷室内表面,也可用做屋面防水层,如配用玻璃纤维布做二布三油屋面防水代替二毡三油的老式做法,可降低造价1.5~2倍,并可延长使用寿命。

5.5.4 室内设备的防腐蚀措施

室内设备的防腐蚀,主要是选用耐腐蚀材料,如选用铝、铜、不锈钢和铸铁制品。较先进的干燥室几乎不用黑色金属构件和设备。但我国现阶段的木材干燥室还不可能完全不用黑色金属材料,生产上还保留有许多老式干燥室,所用的黑色金属材料更多。因此,室内设备的防腐蚀,仍然是一个不容忽视的问题。

对于钢铁件的防腐蚀,通常用以下办法处理。

(1) 表面油漆法　这是最常用、最简单易行的办法。处理得好,可获得良好的效果。

油漆效果好坏的关键,取决于涂漆前除锈是否干净,以及对油漆涂料的选用是否合适。

对于表面已有铁锈的钢件,可采用H06-17或H06-18环氧缩醛除锈底漆(西安、天津、杭州等地油漆厂生产)除锈。对于锈厚为25~150μm,尤其是在70μm左右,用此法除锈效果极佳。

环氧缩醛底漆只起除锈作用,还须再涂刷底漆和面漆。油漆的种类繁多,针对干燥室的工作环境,比较好的选择是:采用F53-31红丹酚醛防锈漆或Y53-31红丹油性防锈漆作为底漆。这两种漆的防锈性和涂刷性好,附着力强,能防水隔潮。红丹酚醛漆干燥快,漆膜硬;红丹油性漆干燥慢,漆膜软。面漆可采用F82-31黑酚醛锅炉漆或F83-31黑酚醛烟囱漆。这两种漆的附着力和耐候性能好,耐热温度可达400℃,防锈效果较好。施工时,在钢铁表面彻底除锈的基础上,涂刷底漆和面漆各两道。

王广阳等对防腐环氧树脂涂料进行了试验研究。实践证明,该涂层不流失、不起泡。与同期用于防腐的沥青涂料相比较,使用时间可延长2~3年,如能定期涂刷,效果还会更好一些。该防腐环氧树脂涂料的原料种类、配比、调制及涂刷方法如下。

原料:E-44(或E-42)环氧树脂、乙二胺、邻苯二甲酸二丁酯、丙酮、滑石粉。配比见表5-10。

表5-10　环氧树脂涂料配比表(引自王广阳等,1997)

原料名称	比例/份	允许范围/%	备注
E-44或E-42环氧树脂	100		① 允许范围为环氧树脂的百分含量 ② 滑石粉一般在粘接时加入且加入量不定
邻苯二甲酸二丁酯	10	5~15	
丙酮	10	5~10	
乙二胺	7	6~8	
滑石粉		35	

调制方法:先取环氧树脂100份与邻苯二甲酸二丁酯10份相混合,在50℃下水溶解,加热并充分搅拌10min左右。然后取乙二胺7份与丙酮10份,待上述溶液冷却至30℃以下时,将丙酮倒入,同时缓缓加入乙二胺并充分搅拌15min左右后,即可使用。

涂刷方法:涂刷时按涂料的状态(水质、黏稠或糊状)及被涂零部件的面积、大小、形状与部位的要求,采用涂刷或喷涂方法,涂层要均匀,防止局部缺胶或有气泡。在保证形成连续胶层的情况下,保持一定的厚度,一般涂层厚度在0.10~0.15mm为宜。涂刷要进行2次,第1次干透以后再涂刷第2次。调制好的胶液应在规定时间内用完(2h以内)。

(2) 表面喷铝法　此法是用一支特制的喷枪,一方面向喷枪内送进铝丝,另一方面送进乙炔、氧和压缩空气,铝丝在乙炔氧焰下被熔化,在压缩空气作用下,通过喷嘴将熔化的铝液喷在金属表面上,形成厚度为0.3~1mm的铝膜,用以保护铁件不受腐蚀。喷铝防腐效果的好坏,主要与铝膜的结合强度有关,受除锈是否干净及喷涂时的风压、喷距、角度、预热及铝丝质量等因素的影响。其缺点是喷铝设备及操纵技术比较复杂，成本较高，在生产上应用不多。

5.6 简易型常规干燥设备举例

木材干燥是木制品生产过程中最为重要的工艺环节，木材含水率的高低，直接影响着木材制品及各种木制品的质量。而通常的干燥设备对于小型木材加工厂来说，价格较高，难以接受，这使它们产品的质量受到严重的影响，在市场上没有竞争力。而这些小型木材加工厂具有数量可观的木材加工剩余物，如能建一些利用加工剩余物作能源的简易、实用的木材干燥室，则不但设备投资小、干燥成本低，而且也清除了工厂的垃圾，这对于小型木材加工厂来说，是一种简单易行、经济实用的木材干燥方法。

在具体介绍简易干燥设备之前，首先要对简易干燥设备的热源，即木材加工剩余物的燃烧特性及影响因素进行分析，以便为正确使用简易式干燥设备打下一定的理论基础。

木材加工剩余物是指制材和木制品车间的树皮、锯屑、刨花、边条及人造板车间的边条、截头、砂光木粉等，是一种数量大、热值高的能源。其元素组成为：碳51%，氧42%，氢6%，氮和灰分1%。绝干木材加工剩余物的高热值为18 000～20 000kJ/kg。通常针叶树材的热值比阔叶树材稍高。根据顾炼百等的研究：木材加工剩余物在燃烧时，其燃烧的速度和效果受到一系列因素的影响，主要包括如下几种。

木材加工剩余物含水率。含水率增加，加工剩余物的热值显著减小。此外，由于燃烧时水分的大量蒸发，阻碍了燃料温度的升高，使着火时间延长，且燃烧不充分、易冒黑烟，当炉膛温度较低时，甚至不能燃烧。因此，尽可能利用干的加工剩余物作燃料，进而提高燃料的利用率，减少环境污染。含水率较高的加工剩余物最好先经预干处理，以降低其含水率。

燃烧空气量。顾炼百等的研究表明，1kg木材加工剩余物燃烧所需的理论空气量为6.26kg，折标准空气体积为5.2m^3。为了保证加工剩余物的充分燃烧，其所需的过量空气系数为1.25～2.0，故实际所需空气量为6.5～10.4m^3/kg。若空气量不足，木废料燃烧不完全，燃烧效率降低；空气量太大，会降低炉气体的热含量及炉膛温度，使燃烧不稳定。

炉膛温度。炉膛温度增高，木材加工剩余物氧化反应速度加快，着火时间缩短。例如，350℃时，针叶树加工剩余物的着火时间为3～5min，而550℃时，只需12～20s。当炉膛温度低于木材着火温度（通常为290～310℃）时，则不能燃烧。因此，要增强燃烧炉的耐高温和绝热性能，以提高炉温及减少辐射热损失。

木材加工剩余物的尺寸和形状。加工剩余物越细碎、膨松，则与空气接触的表面积越大，氧化反应速度越快，越容易着火。

设计简易干燥室的指导思想是在满足正规干燥室要求的基本条件的前提下，尽量降低建室成本，并做到简单易建，就地取材。下面就介绍几种以木材加工剩余物燃烧为热源的简易式干燥室。

炉气间接加热的木材干燥室，根据其燃烧炉及散热管的布置方式，大体可分为布置于干燥室内和室外两种情况。散热管布置于干燥室内的炉气间接加热干燥室，按照风机的在干燥室内的安装位置来划分，常见到的是顶风式和端风式两种室型。从目前的生产情况来看，尤其以端风式的干燥室较为多见。

图5-28为燃烧炉内置的炉气间接加热干燥室。此类干燥室多为端风机型斜壁室，若采用长方形结构，则需在侧墙位置设置一组或多组气流导向板，以提高气流分布的均匀性。干燥室内可设1～2台轴流通风机，若设两台风机则需在同一垂直线上，上下布置。这种燃烧炉由钢板卷焊而成，燃烧室内可不砌耐火砖，筒外也不需要保温材料，它既是燃烧装置，又是散热器，因此室内的散热管与常规干燥室相比数量可大大减少。木材加工剩余物在炉内充分燃烧，产生的炽热炉气体通过散热管和烟囱排往大气。

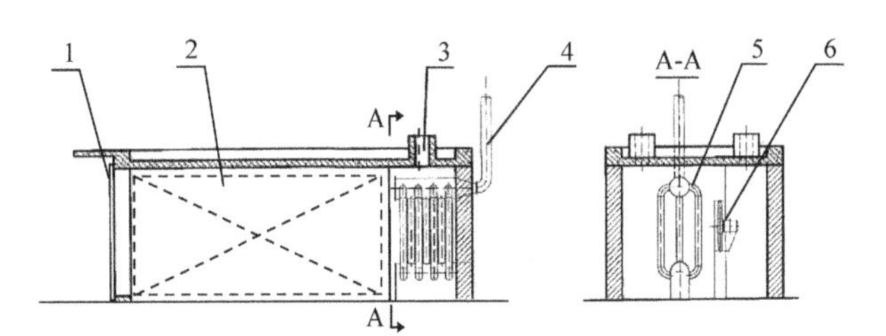

图5-28 燃烧炉内置的炉气间接加热干燥室

1. 大门；2. 材堆；3. 进排气口；4. 烟囱；5. 散热管；6. 循环风机

在轴流风机前后两侧的室顶部或端墙上，设有一对进排气口。当室内干燥介质湿度太高时，可打开进排气口，以排除室内潮湿的废气(exhaust air)。当室内干燥介质空气湿度太低时，可由开动管道泵，通过雾化喷头向室内喷雾化水，以提高干燥介质的相对湿度。

（1）燃烧炉内置的炉气间接加热干燥室 干燥室在运行过程中，室内的干燥介质在轴流风机的带动下，可垂直冲刷散热管，实现炉气体和干燥介质之间的间接换热。为强化传热效果，散热管采用叉排布置。烟囱中增设控制炉气体流量的阀门，根据物料燃烧和干燥室所需温度的情况，进行适当调节以减少热量的损失。

经实际运行表明，上述类型的干燥室具有结构简单，投资费用较少，运转费用低等一系列的突出优点，适宜中小型木材加工企业的使用。然而由于燃烧炉及散热管的结构型式很多，换热效果会差异很大。散热管布置的主要的原则是有利于换热和清灰。

燃烧炉内置的炉气间接加热木材干燥室，虽然具有结构简单、投资费用较少、运转费用低等一系列的突出优点，但从理论和实际使用的情况来看，存在一定的不足。主要表现在：温度控制不够精确，室内温度受燃料燃烧情况等因素的影响，波动较大。特别是当室内温度达到干燥基准要求的温度时，控温不灵活，即便是通过减少燃料，甚至是采用停炉降温的方法，在一段时间内，由于热交换的作用，仍会有多余的热量进入干燥室。因此，此类型干燥室最好用于干燥易干的针叶材。针对燃烧炉内置的炉气间接加热木材干燥室的不足，笔者设计了一种能灵活控温的燃烧炉外置顶风式炉气间接加热干燥室。

(2) 燃烧炉外置的炉气间接加热干燥室　燃烧炉外置的炉气间接加热干燥室多为采用顶风式和端风式结构。如图 5-29 所示，为一种燃烧炉外置的顶风式炉气间接加热木材干燥室，其主要由干燥室本体和立式热风炉供热系统两部分组成。

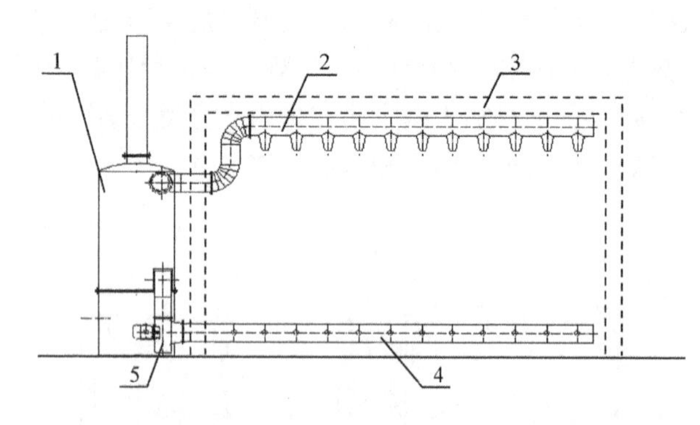

图 5-29　燃烧炉外置的顶风式炉气间接加热干燥室

1. 燃烧换热炉；2. 送气管；3. 壳体；4. 回气管；5. 供热风机

干燥室本体部分，为较常见的顶风式干燥室结构。本设计与其他类型的炉气间接加热干燥室最大的不同之处在于：干燥室内部的轴流式循环风机和离心式供热风机是分别独立运行的，即室内气流的循环流动，主要的动力是室内的轴流式循环风机；离心式供热风机仅用于供热。采用这种结构设计可以实现对室内温度较为精确的控制，如当干燥室内的温度达到工艺要求的温度时，即可关闭供热风机，仅开动循环风机，进而维持正常的干燥过程。当室内干燥温度降低时，再重新启动供热风机即可。

立式热风炉供热系统，是本设计的核心部分。主要由立式燃烧换热炉、离心式供热风机及干燥室内的回气管和送气管等部分组成。室内干燥介质被加热的过程是：启动离心式供热风机，在供热风机的带动下，干燥室内待升温的干燥介质由室内回气管，进入燃烧换热炉，在炉内与炽热的烟气进行间接换热，之后再通过送气管，重新回到干燥室。如此往复循环，逐渐将干燥室升温。

立式燃烧换热炉，如图 5-30 所示，是一种新型的燃烧、换热一体化的热风炉。其下炉体为燃烧区，上炉体为换热区。在换热区内竖立多根散热管，炽热的烟气从散热管内通过，在换热区顶部重新汇合后，从烟囱排出；待加热的干燥介质在供热风机的驱动下，沿热风炉的切线进入换热区，并以高速状态垂直冲刷散热管。为进一步强化传热，在换热区内设气流导向板，如图 5-33(b)所示。此结构导向板迫使待加热的干燥介质形成螺旋上升气流，多次的冲刷散热管。实践证明：设置该气流导向板可使热风炉换热效率大幅度提高。

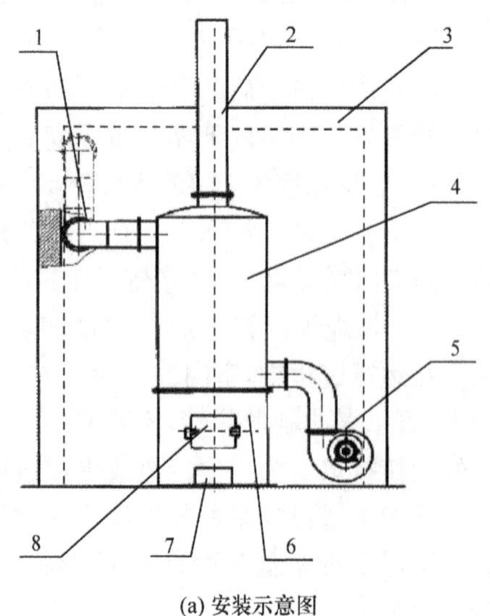

(a) 安装示意图

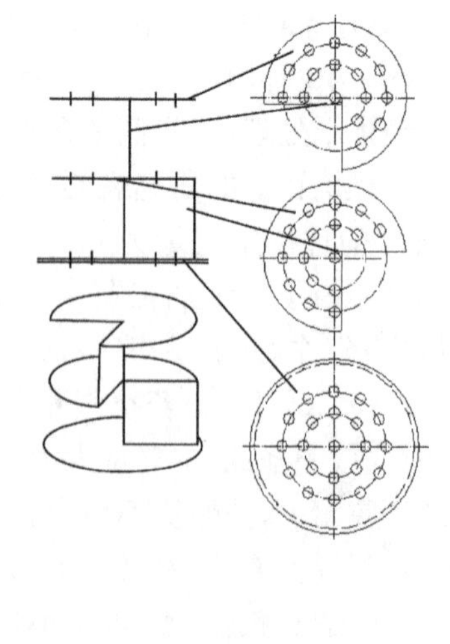
(b) 气流导向板示意图

图 5-30　立式热风炉原理图

1. 送气管；2. 烟囱；3. 壳体；4. 上炉体；5. 供热风机；6. 下炉体；7. 出灰口；8. 进料口

经实际使用表明，该干燥设备除保持了燃烧炉内置的木材干燥室的一系列优点之外，最大的优势在于室内温度控制的准确性，这一点对于确保木材干燥质量具有重要的意义。

思 考 题

1. 常规木材干燥设备如何进行分类和命名？
2. 简述典型的常规木材干燥室结构及特点。
3. 木材干燥对壳体有哪些要求？
4. 简述木材干燥室通风设备的种类及特点。
5. 简述木材干燥室供热设备的组成及特点。
6. 简述木材干燥室调湿设备的组成。
7. 简述疏水器的原理及选用。
8. 如何降低木材干燥过程中的电能消耗？

主要参考文献

陈远玲，周华. 2001. 浅谈高压细水雾木材调湿新技术，林业机械与木工设备，29(7)：29～30

高建民. 2008. 木材干燥学. 北京：科学出版社

顾炼百. 2003. 木材干燥第 6 讲-锯材干燥方法、窑型及设备的选择. 林产工业，30(1)：49～51

姜艳华，徐鹏. 2000. 木材干燥窑风机的节电方法. 林业机械与木工设备，28(5)：28～29

金国淼. 2002. 化工设备设计全书　干燥设备. 北京：化学工业出版社

李景银，赵德文. 1996. 新型木材干燥轴流风机的优化设计. 林产工业，23(1)：31～34

梁世镇，顾炼百. 1998. 木材工业实用大全(木材干燥卷). 北京：中国林业出版社

林伟奇. 1997. 顶风机型与端风机型干燥窑特性的分析. 林产工业，(2)：20～24

潘永康，王喜忠，刘向东. 2007. 现代干燥技术. 2 版. 北京：化学工业出版社

若利 P，莫尔-谢瓦利埃 F. 1985. 木材干燥－理论、实践和经济. 宋闯译. 北京：中国林业出版社

帅定华，雷斌. 1990. RJC-25-1 型运材车在大型木材干燥窑中的应用. 木材加工机械，1：22～25

王广阳，刘庆义. 1997. 木材干燥室防腐环氧树脂涂料. 林业科技，22(4)：57～59

王喜明. 2007. 木材干燥. 2 版. 北京：中国林业出版社

伊松林，张璧光. 2000. 小型移动木材干燥设备. 林产工业，27(4)：40～41

张爱莲. 2005. 对木材干燥窑壳体结构设计的探讨. 北京：化学工业出版社

张璧光. 2005. 实用木材干燥技术. 北京：化学工业出版社

中华人民共和国国家标准《锯材干燥设备性能检测方法》GB/T17661—1999

中华人民共和国林业行业标准《木材干燥工程设计规范》LY/T5118—1998

中华人民共和国林业行业标准《木材干燥室(机)型号编制方法》LY/T1603－2002

朱大光，韩建涛. 1995. 端风和侧风机型木材干燥室性能的对比分析. 木材加工机械，(3)：12～15

朱政贤. 1987. 我国木材干燥常用三种轴流风机性能测试与分析. 林产工业，(2)：32～36

朱政贤. 1989. 木材干燥. 2 版. 北京：中国林业出版社

朱政贤. 2000. 我国木材干燥工业发展世纪回顾与前瞻. 林产工业，27(1)：7～10

Кречетов ИВ. 1980. Сушка древесины. Москва: Лесная промышленность

第6章　木材常规干燥工艺

常规干燥是指以常压湿空气为干燥介质，以蒸汽、炉气(生物质燃气)、热水或热油为热媒，在具有加热、通风、排气、测控等功能且密闭、保温、防腐的建筑物或金属容器内，人工控制干燥介质的温度、湿度及气流循环速度，主要以对流换热的方式，对木材进行干燥处理的过程。国内外木材干燥方法的种类繁多，但其干燥工艺及干燥过程的控制和检测方法大同小异。常规干燥具有历史悠久、工艺技术成熟、易于实现大型工业化干燥等特点，在国内外木材干燥行业中占主要地位。因此，本章主要介绍木材常规干燥工艺。

6.1　干燥前的准备

6.1.1　干燥室壳体和设备的检查

同使用其他设备一样，干燥室在使用前也要进行壳体和内部设备的检查，特别是对长期运行的干燥室的状态必须进行检查，以保证干燥生产过程的正常运行。

(1) 干燥室壳体　包括室顶、地面、墙壁和大门，需对木材干燥室壳体进行定期检查和维修。常见砖砌干燥壳体的损坏有墙壁出现裂隙，抹光层灰泥脱落，内壁涂饰的防护层脱落，暴露的砖块粉碎，以及大小门使用后腐蚀和关闭不严等。金属壳体的损坏有铆焊处开裂，局部损坏，壳体与地基间出现裂隙等。上述缺陷如果出现，应及时修复，以确保木材干燥室壳体的保温性、密封性和使用寿命，充分发挥干燥室和内部各种设备的性能，保证木材干燥工艺的正常实施。

(2) 通风设备　包括通风机、机架和导流板等。要求通风机运转平稳，定期加注润滑剂，检查导流板是否变形。

(3) 供热和调湿设备　包括加热器、散热片、疏水器、喷水管或喷蒸管等。在干燥过程中，加热器在阀门打开10～15min后，应均匀热透；如果加热器配置和安装不合理，或长期使用造成表面积污和内部冷凝水淤积等，将会使加热器局部或大面积不热，从而降低和阻碍加热器的传热和放热能力；散热片发生变形，应及时修理或更换；疏水器要定期检查维修，清除内部污物和水锈，磨损失灵的部件要及时更换，或换用新的疏水器；喷水管或喷蒸管工作时，全部喷头应均匀地喷出雾化水或蒸汽，喷射方向应与循环气流方向一致，不能直接喷向材堆。在热力输送管道中，法兰和弯头连接处易发生漏汽和漏水，应及时进行修理。

(4) 测控设备与仪表　包括温度计、湿度计、自动控制系统、含水率测定仪、蒸汽流量测定仪等，这些仪表要定期校正。湿球湿度计上的纱布要始终保持湿润状态，并定期更换。平衡含水率测试的感湿片要每次必换。

6.1.2　木材的堆积

木材的干燥效果与干燥室的结构、设备的性能及操作人员的技能有关，同时材堆的堆积方式也直接影响到木材的干燥质量。

1. *材堆的规格和形式*　材堆的堆积要有利于循环气流均匀地流过材堆的各层板面，使木材和气流能够充分地进行热湿交换。材堆的规格和形式取决于干燥室的室型结构，干燥室的室型结构不同，循环空气的动力学特性不同，材堆的规格和形式各异。目前，国内周期式强制循环空气干燥室材堆的装卸有叉车装卸和轨车装卸两种方法，单材堆的形状大同小异，材堆见图6-1。

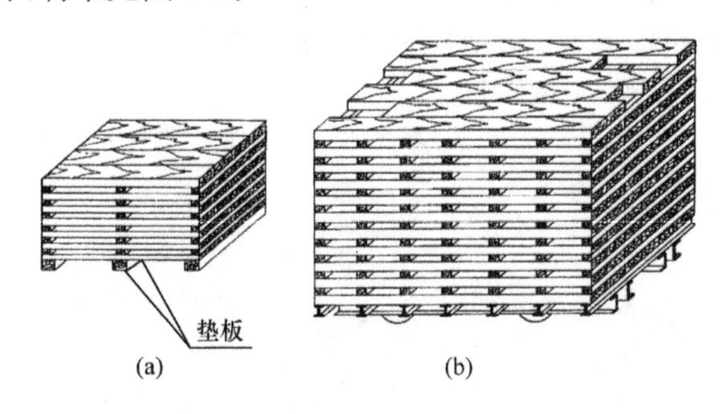

图6-1　单元小材堆和轨车材堆
(a) 用叉车装卸的单元小材堆；(b) 用轨车装卸的单元小材堆

由图6-1可见，在材堆的高度方向上，每层木材之间用均匀分布的隔条隔开，形成了材堆高度方向上的水平气流通道；干燥介质流过气流通道时，一方面与木材表面进行充分的热湿交换，另一方面带走木材表面蒸发出来的水蒸气。

材堆的外型尺寸是根据干燥室的结构和内部尺寸确定的，是在设计木材干燥室时就确定下来的技术参数。对于轨车式装材的干燥室，材堆的宽度与材车等宽，材堆的长度与材车等长，对于较长的木材，也可两个材车联合使用。对于叉车式装材的干燥室，材堆设计为单元小材堆，如图6-1(a)所示；通常单元小材堆的尺寸是长2m或3m，宽1.2m或1.5m，高1.2m或1.5m。单元小材堆由叉车横向装入干燥室，干燥室的内部宽度即单元小材堆长度的总和，通常装 2～4 节；干燥室进深方向是单元小材堆宽度的总和，通常装 3～4 列，列与列之间错开 200～300mm，以防止在干燥室进深方向上形成节与节之间的较大气流通道（防止在气流方向形成较大的气流通道）；高度方向上约装 3 个单元小材堆，材堆顶至隔板的距离为 200mm 左右。

在设计干燥室时，材堆的外型尺寸可参考如下经验数据。

材堆外型：与门框之间的间隙为 75～100mm；与顶板或室顶的间隙为 200mm；与侧墙之间的距离为 400～600mm、500～800mm（侧风型）；材堆底部与轨面的距离为 300mm。

2. 隔条　　在材堆中，相邻两层木材要用隔条均匀隔开，在材堆的高度方向上形成水平气流通道。在这些通道中间干燥介质和木材表面进行着有利于木材逐渐变干的热湿交换。

隔条的作用：①在上下木材之间造成水平方向的气流循环通道。②使材堆中的各层木材互相夹持，防止或减轻木材的翘曲和变形。③使材堆在宽度方向上稳定。

隔条的断面尺寸：隔条尺寸一般取 25mm×(30～40)mm，应四面刨光，厚度公差为±1mm。

隔条的间距：按树种、材长、材厚确定。一般为 0.3～0.9m，阔叶树木材及薄材应小一些，针叶树木材及厚材应大一些，厚度 60mm 以上的针叶树木材可以加大到 1.2m，易翘曲的木材可取 0.3～0.4m。

在实际生产中，隔条反复经受高温与高湿的作用。因此要求隔条材的物理力学性能好，材质均匀，纹理通直，能经久使用，一般使用变形小、硬度高的干木材制作，也可用不锈钢、铝合金等材料制作。

3. 木材堆积时的注意事项　　木材堆积得是否合理，直接影响到木材的干燥质量，对于堆积作业有如下要求。

1）在同一个干燥室的材堆中，木材的树种、厚度要相同，或树种不同而干燥特性相近。木材厚度的容许偏差为木材平均厚度的 10%，初含水率力求一致。

2）材堆中，各层隔条在高度上应自上而下地保持在一条铅垂线上，并应着落在材堆底部的支撑横梁上。

3）支持材堆的几根横梁，高度应一致，因而应在一个水平面上。

4）木材越薄，要求的干燥质量越高，配置的隔条数目应该越多，沿材堆长度横置的隔条，一般采取表 6-1 所配置的数量。

表 6-1　隔条配置数量表

木材厚度/mm	木材长度/m					
	2	2.5	3	4	5	6
	隔条数量（针叶材/阔叶材）/根					
30 以下	4/4	5/5	6/6	8/9	10/11	12/13
30 以上	4/4	5/5	6/6	8/8	10/10	11/12

仅木材厚度而言，25mm 厚的木材，隔条间距不应超过 0.5～0.7m；50mm 厚的板材隔条间距可按 0.7～0.9m 布置，60mm 以上的厚木材，隔条间距可取 1.2m。

5）材堆端部的两行隔条，应与板端齐平，以免发生端裂。若木材长短不一，应把短料放在中部，长料放在两侧。

6）为防止材堆上部几层木材发生翘曲，材堆装好后，应在材堆顶部加压重物或压紧装置，重物应放在有隔条的位置上，不要放在两个隔条的中间。如无压顶，最上面 2～3 层应为质量较差的木材，或要求干燥质量不高的木材。

7）将含水率检验板放在合适的位置，以便准确测量干燥过程木材的含水率。采用含水率测定仪和电测含水率法在线检测时，应在干燥室中布置 6 个含水率测量点，并预先将探针装好。人工检测时，是通过检验门将含水率检验板放置在木材材堆预留放置检验板的位置上。

8）干燥毛料时，若木材的厚度小于 40mm、宽度小于 50mm，毛料可作为隔条，若毛料尺寸超过上述数据，应放置隔条，否则会影响板材的干燥质量。

6.1.3　干燥前的预处理

木材干燥前根据不同的树种、用途和质量要求分别进行不同的预处理，可达到缩短干燥周期、降低干燥成本、保证干燥质量或提高产品档次的效果。

1. 预干处理　　硬阔叶树材的生材含水率一般都比较高，通常在 90%以上。若生材直接进入干燥室干燥，不但干燥周期长、能耗大，而且干燥质量难以保证。因此，硬阔叶树材进行常规室干之前，最好先实施预干处理。预干的方法有两种：气干预干和低温室预干。木材预干从生材干燥到 30%～20%的含水率，然后再进入常规干燥室进行二次干燥，这样可缩短常规室干周期约 50%，总能耗也可得到大幅度降低，特别是木材的干燥质量得到了显著改善。西方国家（如美国、加拿大）普遍采用大型低温预干室干燥难干的硬阔叶树材（如栎木等），我国也有部分家具厂使用低温预干室干燥栎木的先例，效果都很好。

(1) 气干预干　气干预干投资和运转费很低，但需较大场地，且木料周转期长，资金积压。详细请参考第8章。

(2) 低温室预干　将木材堆放在具有一定温度和气流循环速度的低温预干室中进行的低温干燥处理。低温室预干比气干预干的质量高，预干周期较短，预干过程易于控制；但预干能耗较高，投资也比较大。

低温预干室一般很大，木材实积容量有数百立方米，大型的低温预干室可达数千立方米，好比是一个大型的木材仓库。预干室内装有散热器(由蒸汽或热水供热)和轴流式循环风机；室内空气温度通常不超过37.5℃，气流循环速度约为0.5m/s；因为温度不高，所以同一室内可以装树种、规格不同的木材；但要分区堆放，以便装卸和管理。

2. 预刨处理　预刨处理主要适用于硬阔叶木材的干燥，即在室干前先将硬阔叶木材经过粗刨加工，使其厚度均匀，然后再进入干燥室干燥。预刨处理通常用于硬木地板和实木家具面板的干燥。

预刨处理的特点：①缩短了木材的干燥周期。通常锯制的板材厚度误差都比较大，如地板毛坯，如果规定的名义厚度为22mm，可实际生产中带正公差的板材厚度达到23～24mm，个别板材的厚度甚至达到25mm；而带负公差的板材厚度只有21mm。如果将厚板材的多余厚度刨去，一律预刨成21mm，则可显著缩短室干周期。②可降低木材干燥的能耗(由于缩短了木材的干燥周期)。③可防止板材在干燥过程中的翘曲变形。如果板材的厚薄不均，则隔条只能夹持较厚的板材，而较薄的板材就会在没有束缚的状态下干燥而发生翘曲；如果板材预刨至厚度均匀一致，则全部板材都受到隔条的夹持，从而可防止或减少板材干燥时的翘曲变形。④可降低干燥中板材表面开裂的危险性。由于锯制的板材表面都有锯齿切削时引起的板材表面的微小撕裂，在干燥过程中，这些微小撕裂会扩大引起板材表面开裂；而经过预刨处理后，这些微小撕裂都被刨去，形成光滑的表面，可有效地降低板材表面开裂的危险。⑤可增加干燥室的有效容量。板材经过预刨处理后，刨去了过厚的部分，从而增加了干燥室的净容量。

预刨处理在国内外实际生产中得到了一定的应用，这一处理方法不仅在技术上可行，而且对确保干燥质量和提高经济效益具有一定的实际意义。

3. 预浸泡处理　预浸泡处理就是在木材室干前将木材浸泡在一定温度及不同溶剂的水溶液中，以获得防变色、防霉变和脱脂等的特殊效果。

(1) 防变色的预浸泡　对于某些易变色的木材，如泡桐、三角枫等，含有会引起木材变色的抽提物(大多数学者认为是多元酚类或丹宁等物质)，干燥后木材板面会发生红、灰或黑等的变色，使用价值大幅度下降。因此，在室干前可将木材堆放在水池中用清水浸泡10～14d，其间可换清水漂洗2～3次；或用碱性溶液(如浓度为0.25%洗衣粉，或碳酸氢钠0.225%+烧碱0.02%的浓度)浸泡5～10d(依水溶液的温度高低而异)；之后再用清水漂洗2～3次；然后取出经预干处理约15d，至含水率30%左右，即可进行室干处理。

(2) 防霉、防蓝变的预浸泡　某些木材，如橡胶木、三角枫等，含有丰富的糖类物质，很容易生霉和蓝变；还有些木材，如马尾松、樟子松等，边材颜色黄白，在温暖潮湿且不通风的环境中很容易蓝变。这分别是由霉菌和蓝变菌引起的；目前我国多用五氯酚钠溶液蘸渍处理，即在沟槽中盛放五氯酚钠溶液，用抱材车抱起一堆板材，从沟槽中开过，板材表面就沾上了药液。这种药液防霉、防蓝变效果较好，价格也不贵，但毒性较大，对环境有污染。

国外也有用二甲基二癸基氯化铵(DDAC)的，这是一种高效广谱杀菌剂，是最具潜力的木材抗变色药剂。这种药剂固定作用较慢，预浸泡时间长达1～2周。采用DDAC与惰性胶乳(作为黏合剂)配合制成的Timbercote，可渗透到木材中，有效抗蓝变，对木材表面和内部均能起到保护作用，对腐朽菌、霉菌、蓝变菌均具有很好的效果，适用于松木和栎木防霉变和蓝变。

(3) 脱脂浸泡处理　有些木材，如马尾松、落叶松，含有丰富的树脂，不仅影响到木材的干燥质量，还影响到木材的加工利用；故在干燥前需进行脱脂浸泡处理。脱脂的化学药剂主要为碱性溶液，常用的有碳酸氢钠和过氧化氢等；药剂浓度大，其脱脂效果好，但会引起板材表面发黄，且失去光泽，常用的浓度为0.2%～0.5%；常温脱脂浸泡处理时，药液不易渗入木材，且不利于松脂的溶解，故生产中常采用热水药液浸泡处理，且温度越高，脱脂效果越好；浸泡温度可控制在70～90℃，浸泡时间约为8h。药物浸泡处理后，除了脱脂外，还有漂白的效果；木材脱脂后，需用清水漂洗以免板面泛黄。然后取出经预干处理约15d，至终含水率30%左右，即可进行室干处理。

4. 预汽蒸处理　预汽蒸处理就是在实施干燥工艺过程前将木材置于密闭的容器中用饱和蒸汽进行处理；或在干燥过程的预热阶段用饱和蒸汽对木材进行处理。这样不仅可以改善木材的某些品质，提高其使用价值；而且在一定程度上提高了木材的干燥速度。例如，松木(马尾松、落叶松等)通过汽蒸处理可取得较好的脱脂效果，同时汽蒸处理在一定程度上改善了木材的渗透性，有利于提高干燥速度；汽蒸处理还可以使三角枫、山毛榉等材色发红，受到广大用户的欢迎；汽蒸处理还可以起到杀虫、除菌、防霉、消毒等作用；但汽蒸处理对干燥室或预处理容器有特殊的要求，如气密性和防腐性能，还可能会增加一些辅助设备，并较大幅度地增加了干燥过程的用汽量，提高了木材干燥的成本；另外，一些难干的硬阔叶树材如栎木等，在饱和蒸汽处理时，因木材强度降低和水分蒸发(在饱和蒸汽及饱和湿空气环境中，木材的平衡含水率均低于 30%)，很容易产生木材表面开裂；加上较长时间的汽蒸还会使木材颜色加深；故在使用预汽蒸处理前，应对木材物理性能和干燥特性进行测试，不宜随便使用。松木(马尾松、落叶松)的汽蒸脱脂在国内外被广泛采用，且获得较满意的效果，现重点介绍如下。

松脂的主要成分是树脂酸(松香)和松节油，在气温较高时，松节油就会被溶解而渗出木材表面，破坏木制品表面油漆，造成粘手；除去松节油即可防止松脂的渗出，确保木制品的表面质量，故脱脂实质上是脱"油"。松节油是由多种沸点不同的组分组成，沸点为 150～230℃，但如果与水共存，其共沸点则可降到 100℃以下(约为 95℃)。因此，可用常压饱和蒸汽汽蒸，即蒸馏脱除。

需脱脂的松木含水率越高，其脱脂效果越好，因此尽量用生材脱脂，不需要大气干燥；脱脂可与室干结合进行，木材堆垛(与常规室干相同)入室后，先将室温升至 50～60℃，随后向室内喷射饱和蒸汽，使室内介质的干、湿球温度均达 100℃(即为常压饱和湿空气)；因松木生材的初含水率很高，加之高温的湿空气与温度较低的木材表面接触，在木材表面产生冷凝水滴，其热量被木材吸收，木材中的松脂黏度降低，渗至木材表面。其中松节油和水在木材内部及表面产生共沸现象，松节油和水蒸气一道蒸发出来；汽蒸时间越长，脱脂效果越好；但随着时间延长，木材的颜色加深，且强度下降，能耗增大，故应权衡考虑。从室内干、湿球温度升到 100℃起算，木材每厚 1cm 汽蒸约 1h；汽蒸后即刻转入第一阶段的干燥过程。这种与干燥过程结合起来的汽蒸脱脂方法，简单易行，效果较好，且不像碱液浸泡法那样污染环境，故国内外生产单位广泛地采用。

5. 预分选处理　预分选处理主要用于针叶树材，因针叶树材初含水率相差比较大，特别是速生人工林木材存在有不规则的湿心材，其湿心部分的含水率比正常的生材约高出 1 倍。若与正常材同室干燥，当正常材终含水率达到要求时，湿心材的含水率还远在纤维饱和点以上。另外，由于初含水率相差比较大，湿心材与正常材同室干燥时，还会产生开裂等比较严重的干燥缺陷。因此，针叶树材(特别是速生人工林木材)干燥前应进行预分选，将高含水率的湿心材与正常材区分开，使其与正常材分室干燥。

区别湿心材最简便的方法是根据其重量与声音确定。因其含水率很高，故重量比同样规格的正常材大得多。

6.1.4　检验板

常规干燥室通常可装载几十甚至上百立方米的木材。为了掌握干燥过程中木材的干燥质量和含水率的变化，生产中通常采用设置检验板，并通过测定检验板的含水率和应力的变化来进行干燥过程的操作。用于检验木材含水率的检验板，叫作含水率检验板(moisture content section)。设置含水率检验板的目的就是为了检测干燥过程中木材含水率的变化，作为实施干燥基准阶段转换和结束干燥过程的依据。用于检验木材干燥应力的检验板，叫作应力检验板(stress section)。设置应力检验板的目的就是为了检测干燥过程中木材应力的大小，作为干燥过程中实施调湿处理的依据。在干燥过程中，应该按时(每班或每天)测定检验板的含水率下降情况，以此作为按干燥基准调节干燥介质温度、湿度的依据；同时还要按时(每一阶段)测定检验板的应力变化情况，以此来确定木材是否需要进行调湿处理(前期处理、中间处理和平衡处理)并确定处理时间的长短。可以说，检验板(含水率检验板、应力检验板)是干燥室被干木材的代表。

1. 检验板的选制　在实际干燥工艺操作过程中，特别是按含水率基准操作的工艺过程中，必须使用检验板。挑选锯制检验板的木材，应具有代表性，对材质的要求如下：①无腐朽，无裂纹，无虫蛀，非偏心材、无涡纹，少节疤；②含水率较高的边材；③材质密实，干燥缓慢的树基部材；④弦切板材(板面是弦切面)。

检验板和试验板的截取按国家标准《锯材干燥质量》GB/T6491—2012 规定的方法进行，先把木材的一端截去 250～500mm，然后按图 6-2 分别截取。

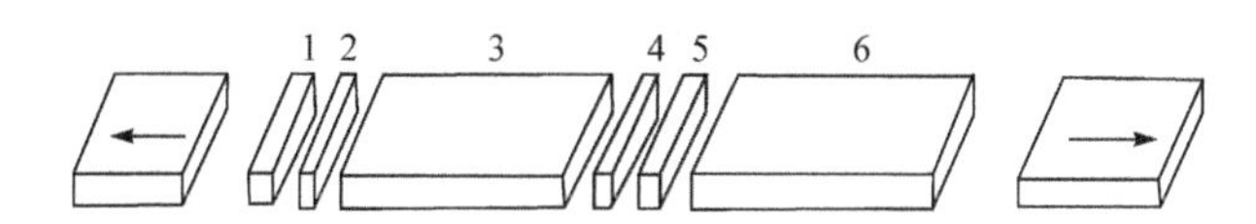

图 6-2　检验板和试验片的锯制

1,5(10～15mm). 应力试验片；2,4(10～12mm). 含水率试验片；3,6(1.0～1.2m). 检验板

2,4 含水率试验片采用烘干法测定其含水率，取

两试验片含水率的平均值作为检验板的初含水率；1，5 应力试验片采用切片法测定其应力大小，作为被干木材预热处理条件制定的依据；3，6 检验板（块）称重后按设定位置放在材堆中进行干燥。

2. 检验板的使用　在木材干燥过程中，检验板是操作人员随时掌握干燥过程的依据，必须保证检验板的完整性。从理论上讲，检验板应放在易于取放的位置；用于检测含水率的检验板最好放置在干燥室材堆中的水分蒸发最慢的部位，以确保被干木材终含水率均达到要求；用于检测应力的检验板最好放置在干燥室材堆中的水分蒸发最快的部位，以防止干燥缺陷的发生。

在检验板实际使用过程中，对于新的材种或规格、新建干燥设备、探索新的工艺、检查对比或科学试验等情况时，采用 9 块含水率试验板；对于材种和规格、干燥设备及干燥工艺等条件基本固定并掌握了干燥规律等情况的，采用 5 块含水率试验板。

试验板在材堆中的放置位置见图 6-3。

检验板经干燥后，按图 6-4 所示方法锯制最终含水率试验片、分层含水率试验片及应力试验片。

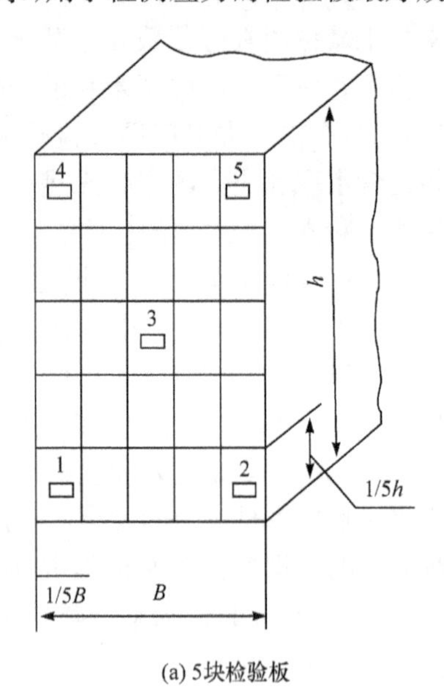

(a) 5块检验板

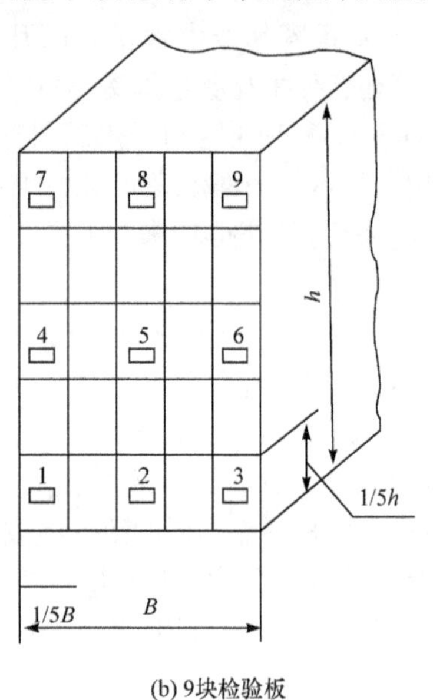

(b) 9块检验板

图 6-3　试验板放置位置

B 为材堆宽度；h 为材堆高度

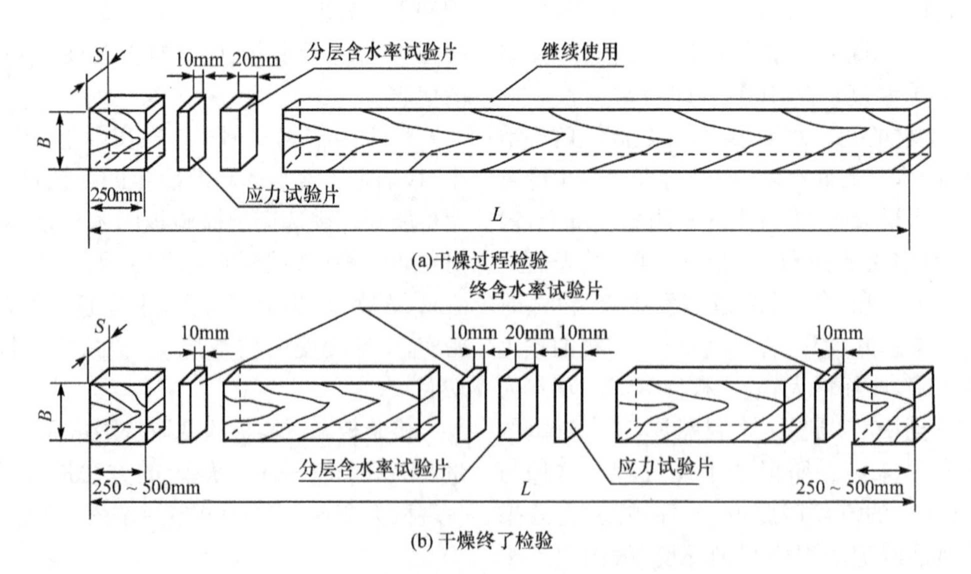

图 6-4　分层含水率和应力试验片的制取

B 为木材的宽度(mm)；S 为木材的厚度(mm)

当木材的宽度 $B \geqslant 200$mm 时，按图 6-5 的方法锯制应力试验片，含水率和分层含水率试验片也可以按此法进行。

（1）含水率检验板的使用　含水率检验板是用来测定干燥过程中木材含水率变化情况的。由于它的长度比被干材短，为使检验板尽量接近所代表的

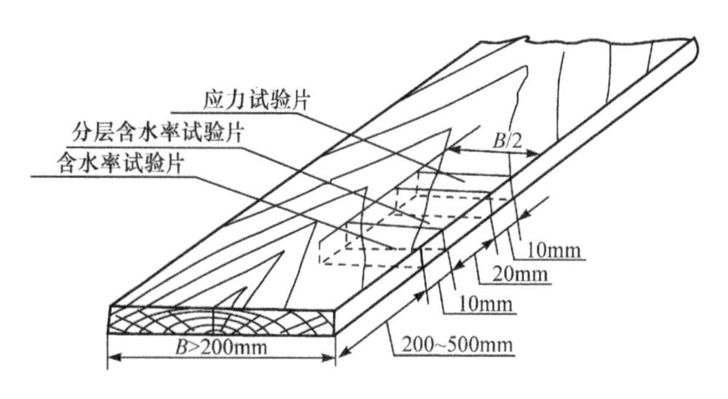

图6-5　宽材应力试验片的锯解

木材的实际情况，生产上把检验板的两个端头清除干净后，涂上耐高温不透水的涂料，防止从端头蒸发水分。

经过这样处理后的检验板，用天平或普通台秤称出其最初质量$G_{初}$，然后放在材堆中预先留好的位置上，使含水率检验板与被干木材经受同样的干燥条件，这样干燥过程中木材含水率的变化情况就可以通过测定含水率检验板的含水率变化情况来了解。

1）木材初含水率的确定：使用含水率检验板时，首先要确定检验板的初含水率。干燥木材初含水率采用称重法进行测定，称重法按照国家标准GB/T6491—2012《锯材干燥质量》中的规定进行。

$$MC_{初}=\frac{G_{初}-G_{干}}{G_{干}}\times100\% \quad (6\text{-}1)$$

为了正确地反映检验板的初含水率，应取两块试验片的含水率的平均值。

2）干燥过程中含水率的确定：根据已知检验板的$MC_{初}$（试验片的平均含水率）、$G_{初}$（检验板的最初质量），按式(6-2)可以算出检验板的全干质量，用$G_{干}$代表。

$$G_{干}=\frac{G_{初}}{1+MC_{初}} \quad (6\text{-}2)$$

推算出检验板全干质量的目的，是为了计算干燥过程中任何时刻检验板的含水率。

假设$MC_{当}$为测定当时的检验板含水率，那么，当时含水率可用式(6-3)计算：

$$MC_{当}=\frac{G_{当}-G_{干}}{G_{干}}\times100\% \quad (6\text{-}3)$$

若要了解干燥过程中任何时刻被干木材的含水率情况，只需把含水率检验板从干燥室中取出，迅速、准确地称其当时的质量$G_{当}$，把$G_{当}$的数值代入公式，就可计算出检验板当时的含水率$MC_{当}$。$MC_{当}$的数值可以认为代表被干木材当时的含水率状态。举例说明如下。

假设，①号含水率试验片的最初湿重为18g，在干燥箱中干燥成全干质量为10g；②号含水率试验片的最初湿重为30g，在干燥箱中干燥成全干质量为20g。可根据公式计算：

①号试验片的初含水率

$$MC_{初}=\frac{G_{初}-G_{干}}{G_{干}}\times100\%=\frac{18-10}{10}\times100\%=80\%$$

②号试验片的初含水率

$$MC_{初}=\frac{G_{初}-G_{干}}{G_{干}}\times100\%=\frac{30-20}{20}\times100\%=50\%$$

取①号试验片初含水率和②号试验片初含水率的平均值：(80%+50%)/2=65%；则检验板的平均初含水率为65%。

若含水率检验板的初重为10kg，根据公式可以算出检验板的全干重$G_{干}$。

$$G_{干}=G_{初}/(1+MC_{初})=10/(1+65\%)=6.06\text{kg}$$

假设，检验板在干燥室内干燥了3昼夜，当时称出的质量为9kg，根据公式可以计算出检验板当时的含水率为

$$MC_{当}=\frac{G_{当}-G_{干}}{G_{干}}\times100\%=\frac{9-6.06}{6.06}\times100\%=48.5\%$$

这就是说，检验板（即被干木材）在干燥室内干燥了3昼夜后，含水率由原来的65%下降到48.5%，值班操作工此时可以根据干燥基准进一步调节干燥介质的温度、湿度，并继续干燥下去，直至达到所要求的标准为止。

通过每班或每天定期对检验板的观察和称重，可以掌握被干木材的干燥速度，以便调节和控制干燥介质的温度和湿度。这种方法简单、迅速，但在实际干燥作业时，还需注意以下两点：①用检验板的含水率代表该批量被干木材的含水率，无论在干燥前还是干燥过程中，都会有点出入；②因检验板比被干木材短，尽管两端头经过封闭处理，实际上还是比材堆内的木材干得快。同时在每次定期称量时，检验板暴露在大气之中，此时蒸发水分的速度比材堆内的木材要快，所以实际上检验板的含水率一般低于被干木材的含水率，特别是干燥到后期，误差明显。为调整误差，干燥到后期，可以从被干木材中锯切试验片，进行误差核对；也可以凭操作经验，妥善调节干燥基准。

（2）应力检验板的使用　由于木材是各向异性材料，在气态介质对流传热的条件下进行干燥时，弦、径和纵向不能同步收缩，发生内应力是难以完全避免的。了解木材在干燥过程中发生的内应力和沿木材厚度上的含水率梯度情况，以作为决定进行中间处理和终了处理的依据，必须从应力检验板上锯制内应力试验片和分层含水率试验片。

应力检验板在使用过程中，理论上应该放在水分蒸发最快的地方。在干燥过程中应力检验板允许锯割，在检查应力时，取出应力检验板，先锯去端头，锯去的端头长度随试验板长度而变化，一般为 10～20cm，然后锯取内应力试验片；通常内应力试验片锯制成应力切片和叉齿(prong)，根据切片和叉齿的变形来判断木材干燥应力的性质、大小和有无。

木材干燥内应力的性质可以根据刚刚锯制的应力切片和叉齿的变形(是向内弯曲还是向外弯曲)来判断当时木材干燥应力的性质；应力的大小根据应力切片和叉齿的弯曲程度来判断，并且可以判断被干木材开裂的可能性。

(3) 干燥应力的测量　　干燥应力是木材由湿变干的过程中由于内、外层干燥和收缩的不同步造成的。干燥应力的发生及发展与干燥工艺有关，干燥应力的大小直接影响到干燥质量。因此，无论是实际生产还是工艺性试验，都必须了解和掌握干燥过程中应力的变化情况。干燥结束后的质量检验，也需要测知木材残余干燥应力。

测定木材干燥应力的方法很多，主要包括切片法、叉齿法、贴应变片法、声发射法和电介质特性法等。下面主要介绍生产中常用的切片法和叉齿法。

1) 切片法是利用分层含水率试验片，比较其切开当时及烘干后试验片形状变化来判断干燥应力的方法。

如果木材内部有干燥应力存在，试验片切开时会立即变成弓形。变形的程度与应力大小、含水率梯度和表面硬化(即表层发生塑性变形)的程度等有关。因此，由试验片变形的程度便可分析木材干燥应力的大小。为便于比较木材干燥应力的大小，我们可把切片变形的挠度 f 与切片原长度 L 比值的百分率定义为应力指数 Y。应力切片的制作如图 6-6 所示。

$$Y=\frac{f}{L}\times 100\% \tag{6-4}$$

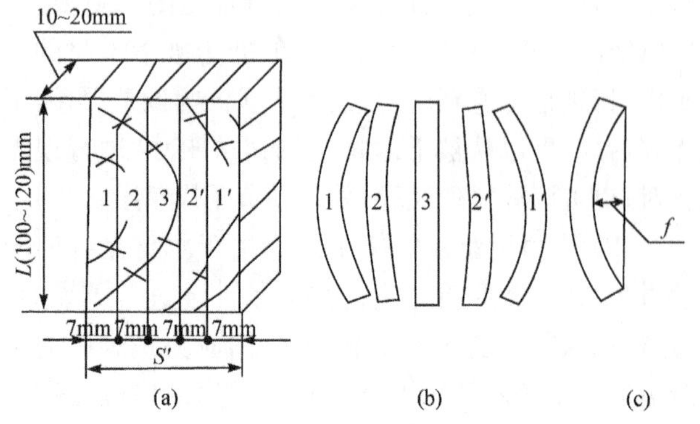

图 6-6　应力切片的制作与分析

(a) 划线；(b) 切片风干后；(c) 测量变形挠度

残余应力是在消除试片的含水率梯度之后测得的。即应力试验片切取后，在(103±2)℃的干燥箱内烘干 2～3h，或在室温通风处气干 24h，以使其含水率分布均衡，然后再按上述方法测量其应力指数，这样测得的是残余应力指数。

应力切片分析法简单易行，可与分层含水率同时测量，沿木材厚度各层均可测量。

2) 叉齿法是实际生产中应用最为普遍的应力检验方法。

干燥过程中需要检验干燥应力时，取出应力检验板，按图 6-4 所示锯制应力试验片，然后按图 6-7 所示锯制叉齿应力检验片。

叉齿应力检验片锯制后，在(103±2)℃的干燥箱内烘干 2～3h，或在室温通风处气干 24h，以使其含水率分布均衡，使叉齿内、外层的含水率分布均衡后，便可根据叉齿变形的程度测知其应力指标 Y。

残余应力指标即叉齿相对变形(Y)，按式(6-5)计算。

$$Y(\%)=\frac{S-S_1}{2L} \tag{6-5}$$

式中，S 为叉齿未变形时两齿端外侧的距离，也即两齿根外侧的距离(mm)；S_1 为叉齿变形后两齿端外侧距离(mm)；L 为叉齿未变形时的外侧长度(mm)。

取残余应力指标的算术平均值($\bar{Y}$)为确定干燥质量的合格率的残余应力指标。

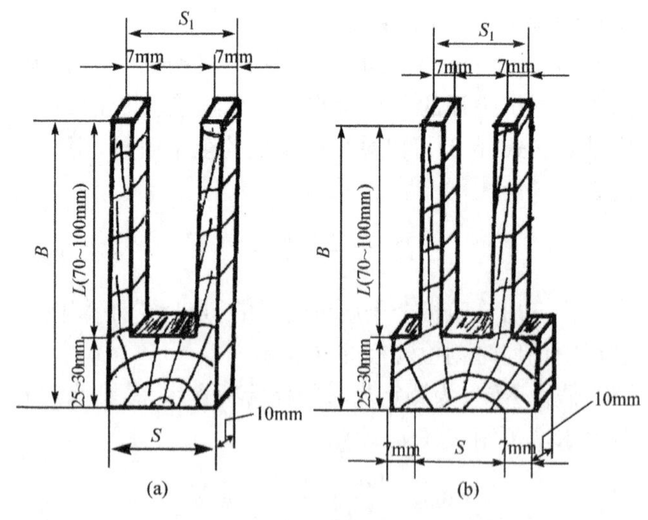

图 6-7　叉齿应力检验片的锯制

(a) 板厚＜50mm 时的叉齿尺寸；(b) 板厚≥50mm 时的叉齿尺寸

若 $\bar{Y}<2\%$，说明干燥应力很小，可忽略不计。若 $\bar{Y}>5\%$，应力较大，应进行调湿处理，将其消除。《锯材干燥质量》国家标准 GB/T6491—2012 对不同等级的干燥木材规定有干燥应力指标的允许范围。

(4) 分层含水率的检测　　分层含水率的检测是对应力测试的补充，分层含水率就是木材沿厚度上不同层次的含水率。及时检查被干木材分层含水率的分布情况，对干燥前或干燥过程中的工艺操作分析和干燥结束后干燥质量检查都很有用。

干燥前，被干木材的分层含水率，可用锯制含水率检验板时截取的分层含水率试验片来测定。

干燥过程中，不能从含水率检验板上锯取分层含水率试验片。因为含水率检验板在称初重后，一直作为干燥过程中含水率变化的测定对象，故需保持它的完整性。分层含水率试验片，可以从被干木材或者从内应力检验板上截取。

测定试材在不同厚度上的含水率，通常将试验片等厚分成 3 层或 5 层，用质量法测定每一层的含水率，以此求得木材的分层含水率偏差。分层含水率试验片的锯制方法见图 6-8。

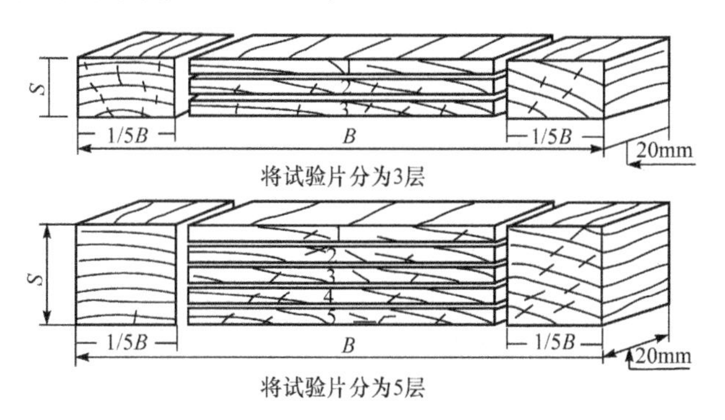

图 6-8　分层含水率试验片锯制图
B 为板材宽度；S 为板材厚度

干燥木材厚度上含水率偏差（ΔMC_h）按式(6-6)计算：

$$\Delta MC_h = MC_s - MC_b \qquad (6\text{-}6)$$

式中，MC_s 及 MC_b 为心层及表层含水率（%）。

厚度上含水率偏按其平均值（$\Delta \overline{MC_h}$）来检查，用式(6-7)计算：

$$\Delta \overline{MC_h} = \frac{\sum_{1}^{n}(MC_s - MC_b)}{n} \qquad (6\text{-}7)$$

式中，n 为分层含水率试验片数。

干燥木材含水率偏差 ΔMC_h 越小，表明干燥木材厚度上的含水率分布越均匀，意味着干燥工艺和干燥基准合理，干燥质量也就越好。如果沿木材厚度的含水率偏差 ΔMC_h 过大，干燥过程中必然会产生很大的内应力，则应调整干燥介质参数，及时进行调湿处理，使木材表面有限吸湿，均衡厚度上的含水率分布，以确保木材的干燥质量。干燥结束以后，沿厚度方向含水率偏差越小，说明木材干燥得越均匀，在加工时变形的可能性也就越小。

表 6-2 列出了几种木材不同含水率范围时的分层含水率分布的参考值（超出下述范围则需要调湿处理）。

表 6-2　ΔMC 允许范围表（%）

树种	平均 MC>30%			平均 MC<30%	
	外层	次外层	中心层	外层	中心层
松	20～25	40～45	60 以上	10～15	20～30
红松	15～20	25～35	50 以上	10	30～40
水曲柳	15～20	20～30	40～50	10～15	25～35
柞木	20～30	35～40	45～50	10～13	20～25

6.2　干燥基准

木材干燥是一个复杂的工艺过程。首先需要根据树种、木材规格、干燥质量和用途编制或选用合理的干燥基准；然后按干燥基准的要求制定出合理的干燥工艺。通过实施制定的干燥工艺，实现木材的干燥。干燥基准就是根据干燥时间和木材含水率的变化而编制的干燥介质温度和湿度变化的程序表。在实际干燥过程中，正确执行这个程序表，就可以合理地控制木材的干燥过程，从而保证木材的干燥质量。

6.2.1　干燥基准简介

1. 干燥基准的分类　　木材干燥基准（drying schedule）主要按干燥过程的控制因素来进行分类，目前生产中应用比较广泛的干燥基准主要是含水率干燥基准（moisture content drying schedule）和时间干燥基准（time drying schedule）。下面对常用干燥基准进行简要的介绍。

（1）含水率干燥基准　　就是按木材含水率变化来控制干燥过程，制定干燥介质的状态参数。即把整个干燥过程按含水率的变化幅度划分成几个阶段，每一含水率阶段规定了干燥介质的温度、相对湿度。含水率干燥基准示例见表 6-3。

含水率干燥基准是长期以来在木材干燥生产中使用最为普遍的一种干燥基准，在干燥工艺实施过程中可根据木材干燥的实际情况随时调整，是一种具有安全性和灵活性的干燥基准，尤其适用于无干燥经验木材的干燥。

表 6-3　含水率干燥基准（40mm 厚柞木）

含水率 /%	干球温度 /℃	干湿球温差 /℃	平衡含水率 /%
40 以上	60	3	15.3
40～30	62	4	13.8
30～25	65	7	10.5
25～20	70	10	8.5
20～15	75	15	6.3
15 以下	85	20	4.9

将整个干燥过程划分为2个或3个含水率阶段的干燥基准叫作双阶段或三阶段干燥基准，这两种干燥基准适用于厚度较薄和易干燥的木材。双阶段与三阶段干燥基准示例见表6-4和表6-5。

表6-4　双阶段高温干燥基准(40mm厚云杉)

第一阶段(MC>20%)			第二阶段(MC<20%)		
t/℃	Δt/℃	φ/%	t/℃	Δt/℃	φ/%
110	10	69	118	18	53

表6-5　三阶段干燥基准(40mm厚柞木)

含水率/%	干球温度/℃	干湿球温差/℃	相对湿度/%
30	62	4	82
30～20	70	10	61
20	80	18	43

含水率干燥基准中还包括波动式干燥基准(fluctuant drying schedule)，即在整个含水率阶段，干燥介质的温度做升高、降低之反复波动变化的基准。而干燥介质的温度在干燥的前期逐渐升高，在干燥后期(the latter stage of drying)做波动变化的基准，叫作半波动干燥基准(semi-fluctuant drying schedule)。对于硬阔叶树材的厚木材，因其干燥较为困难，在干燥过程中容易产生很大的含水率梯度，为了加快干燥速度，避免产生较大的含水率梯度，可采用波动式干燥基准。

木材波动式干燥工艺是使干燥介质的温度和湿度不断波动变化，即周期性地反复进行"升温—降温—恒温"的过程，升温过程只加热木材而不干燥，当木材中心温度接近介质温度时，即转入降温干燥阶段，当干燥介质的温度降到一定程度再保持一段时间，以便充分利用木材内高外低的温度梯度。当木材中心层的温度降低，使温度梯度平缓时，须再次升温，如此周而复始，以确保内高外低的温度梯度。波动干燥工艺在干燥前期对提高干燥速度比较明显，后期则不甚明显。但前期波动须确保一定的相对湿度，否则木材易产生开裂。后期波动则安全，在生产上，通常采用半波动工艺，即在干燥的前期采用常规含水率干燥基准，而后期采用波动式干燥基准。

(2) 时间干燥基准　就是按干燥时间控制干燥过程，制定干燥介质的状态参数。即把整个干燥过程分为若干个时间阶段，每一时间阶段规定了干燥介质的温度、相对湿度。时间干燥基准示例见表6-6。

时间干燥基准是在长期使用含水率基准的基础上总结出的经验干燥基准，是操作者对使用的干燥设备和被干木材的性能相当了解，只要按干燥时间控制干燥过程就可以干燥出合格的木材。

表6-6　时间干燥基准(30mm厚桦木)

时间/h	干球温度/℃	干湿球温差/℃	相对湿度/%
72(预热处理10h)	60	5	77
48	65	9	63
48	74	14	51
72(平衡处理10h)	85	20	41

(3) 连续升温干燥基准　在木材的干燥过程中，根据木材的树种、规格和干燥质量要求，规定了介质的初始温度、最高温度和升温速度，从基准初始温度开始，等速提升介质的温度，以保持干燥介质温度和木材温度之间的温层为常数，从而确保干燥介质传给木材的热流量不变，并使木材的干燥速度基本保持一致。但要求干燥介质以层流状态流过材堆，不改变气流方向。连续升温干燥基准(continuously rising temperature drying schedule)是一种方法简单、操作方便，干燥快速和节能的干燥基准，在美国广泛应用于针叶树材的干燥。连续升温干燥基准示例见表6-7和表6-8。

对30mm和50mm厚的红松板材用连续升温干燥基准进行初步试验，并与普通含水率干燥基准比较，有如下特点：①干燥时间比较短；②干燥的木材物理力学性能无明显区别；③连续升温干燥基准可采用较高的介质循环速度。

表6-7　连续升温干燥基准(30mm厚红松)

空气参数	工艺过程			
	开始	升温速度	最高	终了处理2h
干球温度/℃	43	3℃/h	123	100
湿球温度/℃	34	2℃/h	86	95

表6-8　连续升温干燥基准(50mm厚红松)

(引自唐一夫，1985)

空气参数	工艺过程			
	开始	升温速度	最高	终了处理2h
干球温度/℃	45	1.5℃/h	118	90
湿球温度/℃	37	1.0℃/h	85	86

(4) 干燥梯度基准　干燥梯度基准(gradient drying schedule)主要应用于木材干燥过程的自动控制。干燥梯度是指木材的平均含水率与干燥介质状态对应的木材平衡含水率之比。干燥梯度的大小反映了木材干燥速度的快慢，对控制木材干燥过程具有重要的意义。

在自动控制木材干燥过程中,木材的含水率可以采用电测法实现动态测量,而干燥介质状态对应的木材平衡含水率可以通过调节介质的温湿度进行控制即可获得动态的木材干燥梯度。在干燥梯度基准中,规定了不同阶段的干燥梯度,通过调节干燥介质状态对应的木材平衡含水率来控制木材的干燥速度。

干燥梯度的制定是根据木材的厚度和干燥的难易程度,以及不同含水率阶段木材中水分移动的性质,使干燥梯度维持在一定的范围内,从而保证木材的干燥质量。德国 GANN 公司安置在 HydromatT-KV-2 型自动控制装置上的干燥基准为干燥梯度基准,干燥梯度基准示例见表 6-9。梯度干燥基准的选用是根据木材树种选择其基准组,见表 6-10。根据木材的厚度选择干燥强度,厚度在 60mm 以上的选用软基准,厚度在 30～60mm 的选用适中基准,厚度在 30mm 以下的选用硬基准。

表 6-9　干燥梯度基准

基准组别		各含水率阶段的平衡含水率值(斜线上方,%)和干燥梯度(斜线下方)								
		60%	50%	40%	30%	25%	20%	15%	10%	6%
第一组	软	14.3	14	13.7	13.3/2.3	13.1/1.9	10.5/1.9	7.4/2.0	4.2/2.4	1.7/3.5
	中	13.3	13	12.7	12.3/2.4	12.1/2.1	9.5/2.1	6.4/2.3	3.2/3.1	0.7/9
	硬	12.3	12	11.7	11.3/2.7	11.1/2.3	8.5/2.4	5.4/2.8	2.2/4.5	0
第二组	软	11.7	11.4	11.1	10.8/2.8	10.6/2.4	8.4/2.4	5.8/2.6	3.2/3.1	1.1/5
	中	10.7	10.4	10.1	9.8/3.1	9.6/2.6	7.4/2.4	4.8/3.1	2.2/4.5	0.1/60
	硬	9.7	9.4	9.1	8.8/3.4	8.6/2.9	6.4/3.1	3.8/3.9	1.2/8.0	0
第三组	软	9.3	9.1	8.9	8.7/3.4	8.5/2.9	6.7/3.0	4.5/3.3	2.4/4.2	0.6/10
	中	8.7	8.1	7.9	7.7/3.9	7.5/3.3	5.7/3.5	3.5/4.3	1.4/7.0	0
	硬	7.3	7.1	6.9	6.7/4.5	6.5/3.8	4.7/4.3	2.5/6.0	0.4/25	0

资料来源:自 GANN,Hydromat TKV-2

表 6-10　干燥梯度基准选用表

树种	树种组别	基准组别	最初温度/℃	最终温度/℃	树种	树种组别	基准组别	最初温度/℃	最终温度/℃
赤杨	3	2	50～60	70～80	栎木	3	1	45～55	60～70
白蜡树	3	2	50～60	65～75	三角叶杨	3	2	60～70	70～80
椴木	2	3	55～65	70～80	苹果木	3	1	50～60	60～70
桦木	3	2	60～70	70～80	榆木	3	1	50～60	65～75
黑桤木	3	2	50～60	70～80	七叶树	3	2	40～50	65～75
黑刺槐	3	1	50～55	65～75	冬青	3	1	35～40	55～60
黑核桃	3	2	45～55	65～75	月桂树	3	2	60～70	70～80
蓝桉木	3	1	35～45	50～55	红栎	2	1	40～45	60～70
变色桉木	3	1	35～40	60～65	白栎	2	1	40～45	60～70
山核桃	2	1	45～55	65～75	梨木	2	1	50～60	60～70
核桃	3	2	45～55	65～75	李木	3	1	50～60	65～75

续表

树种	树种组别	基准组别	最初温度/℃	最终温度/℃	树种	树种组别	基准组别	最初温度/℃	最终温度/℃
黄杨木	2	1	40～50	55～65	柚木	2	1	50～55	65～75
樟木	3	2	50～60	70～80	紫树	3	2	45～50	65～70
杨木	3	2	60～70	70～80	香槐	3	1	45～50	65～70
铁树	3	3	60～70	70～80	紫杉	3	2	45～50	60～70
槭树	3	1	45～55	60～70	红松	3	3	60～70	75～85
红木	3	3	60～70	75～80	白松	3	33	65～75	75～80
橡胶木	1	3	50～60	65～75	落叶松	3	2	60～70	70～80
木棉	3	3	65～75	75～85	铁杉	3	3	60～70	70～80
栗树	2	2	50～60	70～80	云杉	3	3	65～75	75～85

2. 干燥基准的评价　干燥基准的使用效果可以用效率、安全性和软硬度三个指标进行评价。

效率：用干燥延续时间的长短作为评价标准。在同一干燥室内用两个不同的基准干燥同一种木材，在同样质量标准下，干燥延续时间短的基准效率高。

安全性：木材在干燥过程中不发生干燥缺陷，用干燥过程中木材内部存在的实际含水率梯度与使木材产生缺陷的临界含水率梯度的比值来表示，比值越小，安全性越好。

软硬度：在一定干燥介质条件下，木材内水分蒸发的程度。当木材的树种、规格和干燥设备性能相同时，干湿球温度差大和气流速度快的干燥基准为硬基准；反之为软基准。同一干燥基准对某一树种或规格的木材是软基准，对另一规格或树种的木材可能就是硬基准。

6.2.2 干燥基准的编制方法

对于未知树种和规格的木材需要制定新的干燥基准。在制定新干燥基准时，需了解木材的性质和干燥特性，特别是木材的基本密度、干缩系数和干缩性等，并以性质相近木材的干燥基准作为参考，制定出初步干燥基准；或者锯取小试样木材放在干燥箱内，在一定温度条件下进行干燥，观察木材试样的干燥状况，进行分析，制定出初步的干燥基准；还可以根据特定的图表来确定出初步的干燥基准。初步的干燥基准经实验室条件下的小试与基准调整，再经过实际生产条件下的中试与基准调整，即可成为合理的干燥基准。

1. 比较分析法　如果被干木材没有现成的干燥基准可以参考，干燥基准的制定首先从研究木材性质和干燥特性开始，然后用分析和试验相结合的方法在实验室进行干燥基准试验。

木材性质主要是指木材的基本密度、弦向和径向干缩系数；木材的干燥特性主要是指干燥的难易程度和难干木材易产生的干燥缺陷。通过测试被干木材性质和干燥特性，参考性质和干燥特性与其相近木材的干燥基准，确定出被干木材初步干燥基准。干燥基准的制定步骤如下。

1）根据测试拟干木材性质、干燥特性，参考与其相近木材的干燥基准，通过分析和比较制定出被干木材的初步干燥基准。

2）初步干燥基准在实验室条件下进行多次小试，将各个含水率阶段的分层含水率的结果绘成含水率梯度曲线，并注明各个阶段发生的干燥缺陷的性质和数量。

3）根据小试结果进行统计和分析，对初步干燥基准进行重新修订。

4）比较几次试验的结果，将干燥缺陷最小、含水率梯度最大的曲线设为标准曲线。

5）根据含水率标准曲线确定干燥基准各含水率阶段的介质状态参数，确定为初步应用干燥基准，进行生产性试验。

6）如果生产性试验成功，就可认为初步应用干燥基准是合理的，并在生产上继续考察和修改，最终确定为该树种和规格的干燥基准。

举例：某针叶树木材，厚度为30mm；初含水率为65%，用比较分析法编制出其初步干燥基准。

首先，测试拟干木材基本密度、弦向和径向干缩系数：基本密度为0.377g/cm^3；弦向干缩系数为0.188%；径向干缩系数为0.360%。从弦向和径向干缩系数值可以看出拟干木材干缩变异性比较小，属于易干木材。

其次，确定参照木材的树种。查表3-3（我国常用树种的木材密度、干缩系数及干燥特性），拟干木材的基本密度、弦向和径向干缩系数与表中长白鱼鳞云杉非常接近，确定以长白鱼鳞云杉作为拟干木材的参照树种。

最后，编制拟干木材的初步干燥基准。查表 6-20（针叶树木材基准表的选用），得长白鱼鳞云杉的干燥基准号为 1-2，查附录 5 得拟干木材的初步干燥基准，见表 6-11。由于两个树种的干燥特性比较相近，不对该干燥基准进行调整。

表 6-11　拟干木材初步干燥基准

MC/%	t/℃	Δt/℃	EMC/%
40 以上	80	6	10.7
40～30	85	11	7.5
30～25	90	15	8.0
25～20	95	20	4.8
20～15	100	25	3.2
15 以下	110	35	2.4

该基准还需经实验室条件下小试与修订和生产性中试与修订后方可使用。

2. *图表法*　根据凯尔沃思 Keylwerth 的研究，干燥基准可以通过图表直接查到。这种方法是根据被干木材沿厚度平均含水率规由图 6-9 确定表征干燥介质状态的平衡含水率 EMC 和干燥梯度 DG。

依据木材的初含水率，根据图 6-9 确定介质的平衡含水率，当木材的含水率在纤维饱和点以上时，介质的平衡含水率取定值，一般为 14%～18%；木材的含水率在纤维饱和点以下时，介质的平衡含水率随木材含水率的变化而变化，但它们的比例关系表征干燥基准软硬程度的干燥梯度基本保持不变，此值由树种和干燥速度要求来确定（图 6-9），同时可得介质的平衡含水率值。

干燥梯度的取值为 1.3～4，当干燥质量要求较高时，建议按如下取值。

针叶材 DG=2；阔叶材 DG=1.5。

当木材厚度小于 30mm 时，若可以进行快速干燥，建议按如下取值。

针叶材 DG=3.0～4.0；阔叶材 DG=2.0～3.0。

表 6-12 是推荐的干燥介质参数，根据干燥温度和平衡含水率再由图 6-10 查出对应的相对湿度和对应的湿球温度，从而制得干燥基准。

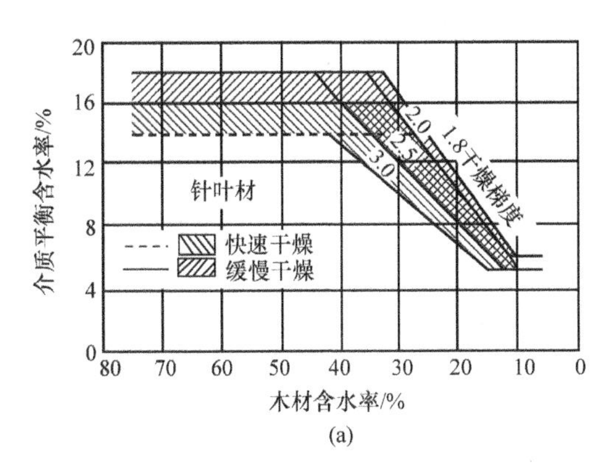

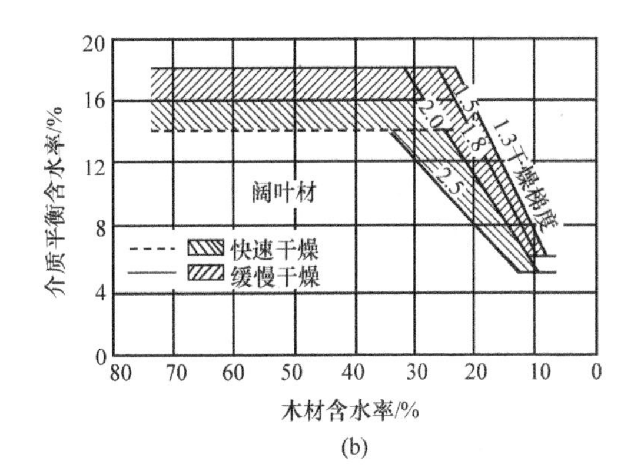

图 6-9　干燥基准推荐表

(a) 适用于针叶材；(b) 适用于阔叶材

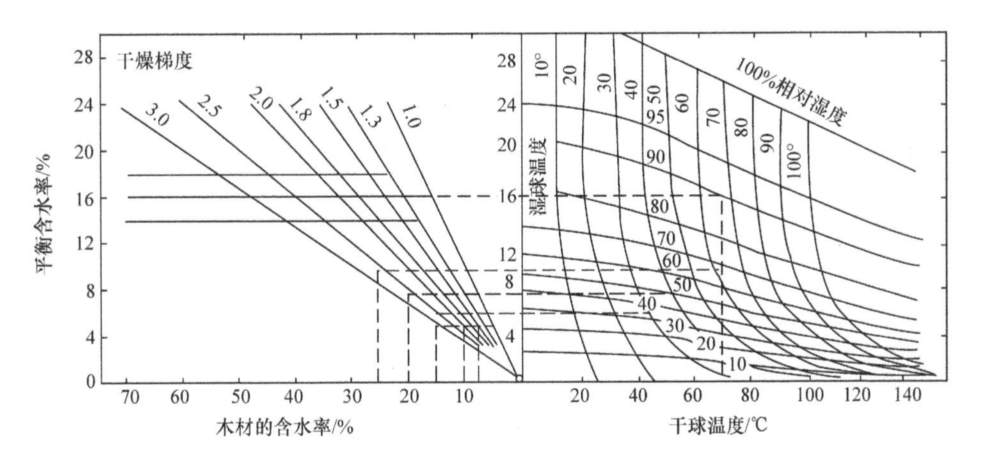

图 6-10　基准参数确定表

表 6-12 干燥温度推荐表 （单位：℃）

树种		最初温度	纤维饱和点以下的最高温度
栎木	T_1	40	50
栎木、黄杨、桉木	T_2	40	60
栎木	T_3	40	80
巴西松	T_4	50	70
黑胡桃	T_5	50	80
山毛榉、鸡爪槭、山核桃	T_6	60	80
桦木、落叶松、松木	T_7	70	80
黄衫属、松木	T_8	70	90
冷杉、云杉、松木	T_{10}	100	120

举例：已知桦木木材厚度 30mm；初含水率 50%；终含水率 8%。用图表法确定其干燥基准。

第一，确定干燥温度。由表 6-9 查得最初温度为 70℃，最高温度 80℃。

第二，确定干燥条件。纤维饱和点以上，取平衡含水率 EMC=2.5%。

第三，划分阶段。纤维饱和点以上为一阶段，纤维饱和点以下每降低 5%含水率为一阶段。

第四，确定相对湿度和湿球温度。纤维饱和点以上，由图 6-10 纵坐标平衡含水率=16%引水平线，与横坐标干球温度 70℃处的垂线相交，由该交点查得相对湿度为 90%，湿球温度为 68℃。对于纤维饱和点以下各阶段，须先由横坐标左右的含水率值引垂线与 DG=2.5 斜线相交，再过交点引水平线与右图干球温度值的垂线相交，交点处的相对湿度和湿球温度值即为所求的值。

最后，所查得的干燥基准如表 6-13 所示。

表 6-13 桦木木材初步干燥基准(30mm 厚)

MC/%	t/℃	Δt/℃	EMC/%
50～30	70	2	16
30～25	75	5	12～10
25～20	75	8	10～8
20～15	80	12	8～6
15～10	80	18	6～4
10～8	80	24	4～3.2

我们还可以根据经验对由该法查得的基准做适当的修正。例如，在含水率 40%～30%时，将平衡含水率降到 20%以后，将干燥梯度提高到 3。这样可以加快干燥速度而不影响干燥质量，使基准更为合理。当应力改变方向时，应及时转变干燥阶段；桦木不易发生内裂，后期可较大幅度地提高干燥速度。

3. *百度试验法* 百度试验法是寺沢真教授(1965)根据 37 种树种的木材干燥特性，采用欧美干燥基准系列，经过多年的实验和研究，总结出的一种预测木材干燥基准的方法。该方法简便易行，可快速编制未知树种木材的干燥基准，对从事木材干燥生产及研究工作者有一定的参考价值。百度试验法的要点是把标准尺寸的试件放置在干燥箱内，在温度为 100℃的条件下进行干燥并观察其端裂与表面开裂的情况，干燥终了后，锯开试件观察其中央部位的内裂(蜂窝裂)和截面变形(塌陷)状态，以确定木材在干燥室干燥时的温度和相对湿度。也就是说，百度试验法是根据试材的初期开裂(端裂与表面开裂)、内部开裂与塌陷等破坏与变形的程度而决定干燥基准的初期温度、末了温度和干湿球温度差(相对湿度)。用标准试件所确定出的是被试验树种的厚度为 25mm 厚板材的干燥基准。另外，根据试件在干燥过程中含水率的变化和干燥时间的关系，还可以估计被试树种木材在进行室干时所需要的时间。

根据北京林业大学戴于龙等的研究结果及对多年来百度试验法使用情况的总结，对木材干燥基准编制法——百度试验法介绍见 18.8。

6.2.3 干燥基准的选用

对木材进行干燥时，首先是根据被干木材的树种和规格选择适宜的干燥基准。基准选择得是否合理，直接影响到干燥室的生产量和木材的干燥质量。例如，一般用途的木材，干燥时选用了软干燥基准(mild drying schedule)，会延长干燥时间，影响干燥室的产量；因此干燥时应该考虑保持木材良好的机械性质和力学强度，应确保木材的干燥质量。所以，干燥重要的国防军工用材时，应当选用相对的软干燥基准。

对于缺乏干燥经验的木材和操作经验不足的干燥室来说，应选用软干燥基准试干，然后逐步调整，最后制定出合理的干燥基准。对于借用其他单位的干燥基准，只能参考使用。

木材干燥基准可通过查表获得。首先从表 6-14 和表 6-16 中查找某树种和规格对应的基准号，根据基准号查附录 5 和附录 6 中的木材干燥基准表，即可获得该树种和规格木材的干燥基准。

表 6-14 针叶树木材基准表的选用

树种	材厚/mm				
	15	25,30	40,50	60	70,80
红松	1—3	1—3	1—2	1—2*	2—1*
马尾松、云南松	1—2	1—1	1—1	2—1*	
樟子杉、红皮云杉、鱼鳞云杉	1—3	1—2	1—1	2—1*	2—1*

续表

树种	材厚/mm				
	15	25,30	40,50	60	70,80
东陵冷杉、沙松冷杉、杉木、柳杉	1-3	1-1	1-1	2-1	3-1
兴安落叶松、长白落叶松		3-1	4-1*	5-1*	
长苞冷杉		2-1	3-1*		
陆均松、竹叶松		6-1	7-1		

注:①初含水率高于 80%的木材,基准第 1、2 阶段含水率分别改为 50%以上及 50%~30%。②有 * 号者表示需进行中间高湿处理。③其他厚度的木材参照表列相近厚度的基准

举例:落叶松木材,厚度 28mm,初含水率为 85%;确定其干燥基准。

首先,确定干燥基准号。查表 6-14,选定基准号为 3-1。

其次,确定干燥基准。查附录 5,并修改第 1、2 阶段的含水率,该基准见表 6-15。

表 6-15　28mm 厚落叶松木材干燥基准

MC/%	t/℃	Δt/℃	EMC/%
50 以上	70	3	14.7
50~30	72	4	13.3
30~25	75	6	11.0
25~20	80	10	8.2
20~15	85	15	6.1
15 以下	95	25	3.8

表 6-16　阔叶树木材基准表的选用

树种	材厚/mm				
	15	25、30	40、50	60	70、80
椴木	11-3	12-3	13-3	14-3*	
沙兰杨	11-3	12-3(11-2)	12-3		
石梓、木莲	11-2	12-2(11-2)	13-2		
白桦、枫桦	13-3	13-2	14-10*		
水曲柳	13-3	13-2*	13-1*	14-6*	15-1*
黄菠萝	13-3	13-2	13-1	14-6*	
柞木	13-2	14-10*	14-6*	15-1*	
色木(槭)木、白牛槭		13-2*	14-10*	15-1*	
黑桦	13-4	13-5	15-6*	15-8*	
核桃楸	13-6	14-1*	14-13*	15-9*	
天锥、荷木、灰木、枫香、拟赤杨、桂樟		14-6*	15-1*		
樟叶槭、光皮桦、野柿、金叶白兰、天目紫茎		14-10*	15-1*		
檫木、苦楝、毛丹、油丹		14-10*	15-1*		
野漆		14-10	15-2*		
橡胶木		14-10	15-2	16-2*	
黄榆	14-4	15-4*	16-7*	16-8*	
辽东栎	14-5	15-5*	16-6*	17-1*	
臭椿	14-7	14-12*			
刺槐	14-2	14-8*	15-7*		
千金榆	14-9	14-11*			
裂叶榆、春榆	14-3	15-3	16-2		
毛白杨、山杨	14-3	16-3	17-3		
大青杨	15-10	16-1	16-5	16-9*	
水青冈、厚皮香、英国梧桐		16-4*	17-2*		
毛泡桐	17-4	17-4	17-4		
马蹄荷		17-5*			
米老排		18-1*			

续表

树种	材厚/mm				
	15	25、30	40、50	60	70、80
麻栎、白青冈、红青冈		18-1*			
稠木、高山栎		18-1*			
兰考泡桐	20-1	20-1	20-1		

注：①选用13～20号基准时，初含水率高于80%的木材，基准第1、2阶段含水率分别改为50%以上和50%～30%；初含水率高于120%的木材，基准第1、2、3阶段含水率分别改为60%以上，60%～40%，40%～25%。②有*号者表示需进行中间处理。③其他厚度的木材参照表列相近厚度的基准。4毛泡桐、兰考泡桐室干前冷水浸泡10～15d，气干5～7d，不进行高湿处理

6.3　干燥过程的实施

在干燥过程实施之初，首先须进行以下操作：①关闭进、排气道；②启动风机，对有多台风机的可逆循环干燥室，应逐台启动风机，不能数台风机同时启动，以免电路过载；③打开疏水器旁通管的阀门，并缓慢打开加热器，使加热系统缓慢升温同时排出管系内的空气、积水和锈污，待旁通管有大量蒸汽喷出时，再关闭旁通管阀门，打开疏水器阀门，使疏水器正常工作。

在干燥工艺实施过程中，当干燥室内干球温度升到40～50℃时，须保温0.5h，使室内壁和木材表面预热，然后再逐渐开大加热器阀门，并适当喷蒸，使干、湿球温度同时上升到预热处理要求的介质状态。处理结束后进入干燥阶段，按工艺要求进行操作。

6.3.1　预热阶段

木材干燥室启动后，首先对木材进行预热处理(preheating treatment)。预热前应对室内设备及室壳加热至30℃左右，防止水分凝结。预热处理的目的主要是通过喷蒸，或喷蒸与加热相结合，使温、湿度同时升高到要求的介质状态，并保持一定时间，让木材热透。在预热处理过程中，木材表面的水分一般不蒸发，且允许有少量的吸湿。

预热阶段干燥介质状态如下。

预热温度：应略高于干燥基准开始阶段温度。硬阔叶树木材可高至5℃，软阔叶树木材及厚度60mm以上的针叶树木材可高至8℃，厚度60mm以下的针叶树木材可高至15℃。

预热湿度：新木材，干湿球温度差为0.5～1℃；经过气干的木材，干湿球温度差以使室内木材平衡含水率略大于气干时的木材平衡含水率为准。

预热时间：应以木材中心温度不低于规定的介质温度3℃为准。也可按下列规定估算：针叶树木材及软阔叶树木材，夏季每1cm材厚预热约1h；冬季木材初始温度低于－5℃时，预热时间增加20%～30%。硬阔叶树木材及落叶松，按上述时间增加20%～30%。

预热结束后，应将介质温、湿度降到基准相应阶段的规定值，即进入干燥阶段。

6.3.2　干燥阶段

1. 干燥阶段的实施　　木材经预热处理后，已处于干燥的最佳状态，可以转入按干燥基准进行操作，进入干燥阶段。在干燥过程中，干燥介质参数的调节严格按照干燥基准进行。在做温度转换时，不允许急剧地升高温度和降低湿度。否则，会使木材表面水分蒸发强烈，造成表面水分蒸发太快，易发生表裂。

按含水率干燥基准控制的干燥过程，干燥介质的温度是逐步提高的，湿度是逐步降低的。温度提高和湿度降低的速度，根据被干木材的树种和厚度确定，调节误差：温度不得超过±2℃；湿度不得超过±5%。

温度上升速度：软杂木，3.5cm以下2℃/h，3.5cm以上1℃/h；硬杂木，3.5cm以下1.5℃/h，3.5cm以上1℃/h。

相对湿度下降速度：软杂木，3.5cm以下每小时下降3%，3.5cm以上每小时下降2%；硬杂木，3.5cm以下每小时下降2%，3.5cm以上每小时下降2%。

2. 干燥阶段的调湿处理

(1) 中间处理　　在木材干燥过程中，由于木材表面水分的蒸发速度比木材内部水分移动的速度大100～1000倍，因此木材表面的含水率首先降低到纤维饱和点，并开始发生干缩，而此时木材内部的含水率还远远高于纤维饱和点；干燥基准越硬，这种现象越突出，木材发生开裂的可能性就越大。因此在实际干燥操作过程中，要根据木材的干燥状态，及时进行中间处理(middle treatment)。

对表层残留伸张应力显著的木材应进行中间处理，防止后期发生内裂或断面凹陷。中间处理就是通过高温、高湿处理，促其表层吸湿，调整表层和内层水分分布，削弱含水率梯度，使已经存在的应力趋于缓和。经中间处理后再转入干燥时，在一定的时间内，

干燥速率明显加快而不会引起木材的损伤。

中间处理干燥介质的状态如下。

温度：要和木材当时的含水率适应。

干球温度比当时干燥阶段的温度高8～10℃，但湿球温度最高不超过100℃。

湿度：按室内木材平衡含水率比该阶段基准规定值高5%～6%确定，或近似地控制干、湿球温度差为2～3℃。

处理时间：参照木材终了处理时间，见表6-17。可近似地凭经验估计：针叶材和软阔叶材厚板，以及厚度不超过50mm的硬阔叶材，中间处理时间为每1cm厚度1h左右；厚度超过60mm的硬阔叶材和落叶松，每1cm厚度为1.5～2h。

中间处理主要以防止表裂和改善干燥条件为主，只需在含水率减少1/3～1/2时处理1次即可。针叶材和软阔叶材的中、薄板，以及中等硬度的阔叶材薄板，可以不进行中间处理。对于中等硬度的阔叶材中、厚板材，处理1～2次，处理2次时，可分别在含水率降低1/3时和含水率降到25%附近进行。对于硬阔叶材中、厚板，应处理3次或3次以上，可考虑在含水率为45%、35%、25%、15%附近进行。具体操作时应通过应力检验，在边面张应力达到最大值时，或当表面硬化比较严重时（残余应力较大）进行处理。

中间处理的效果从应力试验片的齿形变化状况来判断，如图6-11所示。在未处理以前木材中存在较大的应力，经中间处理后，这种应力消除[图6-11(b)]或减少[图6-11(c)]，如果中期处理过度，则会出现[图6-11(d)]的情况。如果处理时间不够，应力只有一部分消除，齿形的弯曲程度缓和了一些，仍应延长处理时间，直到应力完全消除。但是，切记不能处理过度，否则，使应力向相反方向发展，造成反应力，由于材质的固化，就难以矫正了。

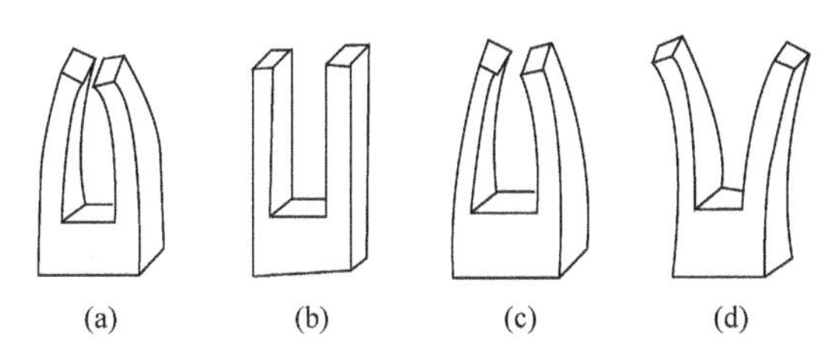

图6-11　中期处理前后应力试验片齿形的变化

(2) 平衡处理　平衡处理(equalization treatment)从最干木材含水率降至允许的终含水率最低值时开始，到最湿木材含水率降至允许的终含水率最高值时结束。平衡处理是为了提高整个材堆的干燥均匀度和沿厚度上含水率分布的均匀度。

平衡处理时干燥介质状态如下。

温度：可以比基准最后阶段高5～8℃；但干球温度最高不超过100℃。对于硬阔叶树木材中、厚板，对干燥质量要求较高，处理温度最好不要超过基准最后阶段的温度。

湿度：按室内介质对应的木材平衡含水率等于允许的终含水率最低值确定。介质平衡含水率可以比木材终含水率低2%。例如，当要求木材干燥到终含水率10%时，平衡处理的介质对应的平衡含水率应为8%。

时间：参照木材终了处理时间，如表6-23所示。可凭经验，按每1cm厚度维持2～6h估计，并在室干结束后进行检验，以便总结和修正。

对于针叶材和软阔叶材薄板，或次要用途的木材干燥，可不进行平衡处理。

6.3.3　终了阶段

1. 终了处理　当木材干燥到终含水率时，要进行终了处理(final treatment)。终了处理的目的：消除木材横断面上含水率分布的不均匀，消除残余应力。要求干燥质量为一、二和三级的木材，必须进行终了处理。

处理时干燥介质的状态如下。

温度：比干燥基准最后阶段的温度高5～8℃，或保持平衡处理时的温度。

相对湿度：按室内木材平衡含水率高于终含水率规定值的5%～6%确定。高温下相对湿度达不到要求时，可适当降低温度。例如，当要求木材终含水率为10%时，终了处理介质的平衡含水率应为15%～16%，再由温度和平衡含水率查平衡含水率图可得知介质的相对湿度。

时间：可参考表6-17；也可按树种和厚度近似地估计：针叶树材和软阔叶树材厚度小于60mm时，每1cm厚度处理1h；厚度大于60mm时，每1cm厚度处理1.5h。中等硬度的阔叶材和落叶松薄板，每1cm处理1h；中、厚板，每1cm处理1.5～3h，木材越厚处理时间越长。对于硬阔叶材，每1cm厚度处理2～5h，处理时间随材质的硬度和木材的厚度增加而增加。

终了处理后，应在干燥基准最后阶段的介质状态下继续干燥，并在和终含水率相平衡的空气状态中使锯材保持若干小时，进行调节处理(modifying treatment)，使没有干好的木材变干，过干(overdrying)的木材被润湿，使终含水率沿木材断面分布均匀。

表 6-17 终了处理时间 (单位:h)

树种	材厚/mm			
	25,30	40,50	60	70,80
红松、樟子松、马尾松、云南松、云杉、杉木、柳杉、铁杉、陆均松、竹叶松、毛白杨、沙兰杨、椴木、石梓、木莲	2	3~6	6~9*	10~15*
拟赤杨、白桦、枫桦、橡胶木、黄波罗、枫香、白兰、野漆、毛丹、油丹、檫木、米老排、马蹄荷	3	6~12*	12~18*	
落叶松	3	8~15*	15~20*	
水曲柳、核桃楸、色木、白牛老皮桦、天锥、荷木、灰木、桂樟、紫茎、野柿、裂叶榆、春榆、水青冈、厚皮香、英国梧桐、柞木	6*	10~15*	15~25*	25~40*
白青冈、红青冈、稠木、高山栎、麻栎	8*			

注:①表列值为一、二级干燥质量木材的处理时间,三级干燥质量木材的处理时间为表列值的 1/2。②有 * 号者表示需要进行中间处理,处理时间为表列值的 1/3

2. 干燥结束 干燥过程结束以后,关闭加热器和喷蒸管的阀门。为加速木材冷却卸出,让风机继续运转,进、排气口呈微启状态。待室内温度降到不高于大气温度 30℃时方可出室。寒冷地区可在室内温度低于 30℃时出室。

干木材存放期间,技术上要求含水率不发生大幅度波动。因此,要求存放干木材的库房气候条件稳定,力求和干木材的终含水率相平衡,不使木材在存放期间含水率发生大的变化。这样,就要求有空气调节设备,或安装简易的通风采暖装置,使库房在寒冷季节能维持不低于 5℃的温度;相对湿度维持在 35%~60%。对于贮存时间较长的木材,应按树种、规格分别堆成互相衔接的密实材堆,可以减轻木料的变化程度。

6.3.4 木材干燥操作过程及注意事项

1. 干燥室内温、湿度的调节 在木材干燥过程中,干燥室内的温度和相对湿度要符合干燥基准表规定的要求,这是实际操作中一项最主要、最经常的工作。干燥室内温度和相对湿度的调节,主要依靠操作人员经常观察和测定干燥室内温、湿度的变化情况,进行合理的调节与控制(全自动控制系统除外)。

通常情况下,干燥室内温度调节误差,不得超过±2℃;相对湿度调节误差,不得超过±5%,具体调控方法见表 6-18。

表 6-18 干燥介质状态调节顺序表

序号	温度 T	相对湿度 φ	加热器阀门	喷蒸管阀门	进排气口
1	正常	正常			
2	正常	偏高	微开^{2}		开^{1}
3	正常	偏低	微关^{3}	微开^{2}	关^{1}
4	偏高	正常	微关^{1}		微开^{2}
5	偏高	偏高	关^{1}		开^{2}
6	偏高	偏低	关^{1}	微开^{3}	微关^{2}
7	偏低	正常	微开^{1}		微关^{2}
8	偏低	偏高	微开		微开
9	偏低	偏低	微开	微开	微关

注:表中文字上角标表示操作顺序

2. 干燥室操作的注意事项

1) 干燥室要求供汽表压力不超过 0.4MPa,应尽量使供汽压力稳定。

2) 干球温度由加热阀门调节,相对湿度或干湿球温度差由进、排气道和喷蒸管调节。

3) 为使介质状态控制稳定,并减少热量损失,操作时应注意加热、喷蒸、进排气三种执行器互锁。即在干燥阶段,加热时不喷蒸,喷蒸时不加热,喷蒸时进排气道必须关闭,进排气道打开时不喷蒸。

4) 应尽量减少喷蒸,充分利用木材中蒸发的水分来提高室内相对湿度。当干湿球温度差大于基准设定值 1℃时,就应关闭进排气道,大于 2℃时再进行喷蒸,若大于 3℃,除采取上述措施外,还应在停止加热的同时打开疏水器旁通阀,排净加热器内的余汽,用紧急降温的办法来提高相对湿度。

5) 若干、湿球温度一时难以达到基准要求的数值,应首先控制干球温度不超过基准要求的误差范围,然后再调节干湿球温度差在要求的范围内。

6) 注意风机运行情况,如发现声音异常或有撞击声时,应立即停机检查,排除故障后再工作。如遇中途停电或因故停机,应立即停止加热或喷蒸,并关闭进排气道,防止木材损伤降等。

7) 注意每 4h 改变一次风向,先"总停"3min 以上让风机完全停稳后,再逐台反向启动风机。风机改变风向后,温、湿度采样应跟着改变,即始终以材堆进风侧的温、湿度作为执行干燥基准的依据。

8) 若在供汽压力正常的情况下,操作也正常,但升温、控温不正常,这有可能是疏水器工作不正常所致,需修理或更换。

9) 如遇停电或因故停机,应立即停止加热和喷蒸,并关闭进排气道。

10）采用干湿球温度计的干燥室，要每次更换纱布，并保持一定的水位。

6.3.5　木材干燥工艺举例

1. 举例1

水曲柳木材，厚度40mm，初含水率为65%，终含水率为8%～12%，干燥质量二级；制定其干燥工艺。

（1）确定水曲柳木材的干燥特性　查附录2得：基本密度为0.509g/cm³；弦向干缩系数为0.184%；径向干缩系数为0.338%。属于难干木材，易产生翘曲及内裂。

（2）确定水曲柳木材的干燥基准　查表6-16，选定基准号13-1；查附录6，选定（40mm厚）水曲柳木材干燥基准，见表6-19。

表6-19　水曲柳木材干燥基准（40mm厚）

MC/%	t/℃	Δt/℃	EMC/%
40以上	65	3	15.0
40～30	67	4	13.6
30～25	70	7	10.3
25～20	75	10	8.3
20～15	80	15	6.2
15以下	90	20	4.8

（3）预热处理介质状态　根据木材预热处理工艺规程中的规定，预热处理介质状态如下。

预热温度：65＋5＝70℃（取高于基准第一阶段温度5℃）。

相对湿度：98%（取Δt＝0.5℃确定介质湿度，用t＝70℃，Δt＝0.5℃查干燥介质湿度表）。

预热时间：6h（按厚度1cm处理1h增加30%来计算：4＋4×30%＝5.2h，取为6h）。

预热处理结束后，将介质温湿度降到基准第一阶段规定的值，进入干燥阶段。

（4）干燥阶段　严格按照干燥基准进行操作；以1℃/h速度升温。

1）中间处理：（40mm厚）水曲柳属于中等硬度的阔叶树中、厚木材，根据中间处理工艺规程，确定中间处理2次。第一次处理在含水率降低1/3时进行，即含水率在40%（65×2/3＝43%，取40%）时进行处理；第二次处理在含水率25%进行。

第一次中间处理介质状态如下。

温度：67＋8＝75℃（取高于基准该含水率阶段温度8℃）。

相对湿度：94%（取高于该含水率阶段EMC6%确定介质湿度；按t＝75℃，EMC＝13.6%＋6%＝19.6%，查图3-2）。

时间：5h（查表6-23，取15h的1/3）。

第二次中间处理介质状态如下。

温度：75＋8＝83℃（取高于基准该含水率阶段温度8℃）。

相对湿度：90%（取高于该含水率阶段EMC6%确定介质湿度；按t＝83℃，EMC＝10.3%＋6%＝16.3%，查图3-2）。

时间：5h（查表6-17，取15h的1/3）。

2）平衡处理：当检测的最干木材含水率降至8%时，开始进行平衡处理。

平衡处理介质状态如下。

温度：90＋5＝95℃（取高于基准该含水率阶段温度5℃）。

相对湿度：70%（取EMC＝8%确定介质湿度；按t＝95℃，EMC＝8%，查图3-2）。

时间：10h（查表6-17）。

（5）终了处理　当检测的木材平均含水率达到10%时，开始进行终了处理。

终了处理介质状态如下。

温度：90＋5＝95℃（取高于基准该含水率阶段温度5℃）。

相对湿度：90%（取介质EMC高于木材终含水率5%确定介质湿度；按t＝95℃，EMC＝15%，查图3-2）。

时间：10h（查表6-17）。

终了处理结束后，结束干燥木材干燥过程。待干燥室内温度降到不高于大气温度30℃时木材方可运出干燥室。

2. 举例2　红皮云杉木材，厚度28mm，初含水率68%，终含水率8%～12%，干燥质量二级；制定其干燥工艺。

（1）确定红皮云杉木材的干燥特性　查附录2得：基本密度为0.352g/cm³；弦向干缩系数为0.139%；径向干缩系数为0.317%。属于易干木材。

（2）确定红皮云杉木材的干燥基准　查表6-14，选定基准号1-2；查附录5，选定（28mm厚）红皮云杉木材干燥基准，见表6-20。

表6-20　红皮云杉木材干燥基准（28mm厚）

MC/%	t/℃	Δt/℃	EMC/%
50以上	70	3	14.7
50～30	72	4	13.3
30～25	75	6	11.0
25～20	80	10	8.2
20～15	85	15	6.1
15以下	95	25	3.8

(3) 预热处理介质状态　根据木材预热处理工艺规程中的规定，预热处理介质状态如下。

预热温度：70＋10＝80℃（取高于基准第一阶段温度10℃）。

相对湿度：96%（取 $\Delta t=1$℃确定介质湿度，用 $t=80$℃，$\Delta t=1$℃查干燥介质湿度表）。

预热时间：3h（按木材厚每1cm约1h确定时间，取为3h）。

预热处理结束后，将介质温湿度降到基准第一阶段规定的值，进入干燥阶段。

(4) 干燥阶段　严格按照干燥基准进行操作；以2℃/h速度升温。根据木材中间处理工艺规程中的规定，针叶材的中、薄板可以不进行中间处理；对一、二等材应进行平衡处理。

平衡处理：当检测的最干木材含水率降至8%时，开始进行平衡处理。

平衡处理介质状态如下。

温度：95＋5＝100℃（取高于基准该含水率阶段温度5℃）。

相对湿度：72%（取EMC＝8%确定介质湿度；按 $t=100$℃，EMC＝8%，查图3-2）。

时间：3h（按木材厚每1cm约1h确定时间，取为3h）。

(5) 终了处理　当检测的木材平均含水率达到10%时，开始进行终了处理。

终了处理介质状态如下。

温度：95＋5＝100℃（取高于基准该含水率阶段温度5℃）。

相对湿度：92%（取介质EMC高于木材终含水率5%确定介质湿度；按 $t=100$℃，EMC＝15%，查图3-2）。

时间：3h（按木材厚每1cm约1h确定时间，取为3h）。

终了处理结束后，结束干燥木材干燥过程。待干燥室内温度降到不高于大气温度30℃时木材方可运出干燥室。

3. 举例3　刺猬紫檀木材，家具用材，厚度40mm，初含水率42%，要求终含水率10%～14%，干燥质量二级。干燥设备为蒸汽加热常规干燥设备。

(1) 确定刺猬紫檀木材的干燥特性　查资料得：气干密度为0.85g/cm³；径向干缩率为3.5%，弦向干缩率为7.4%，属于难干木材。

(2) 确定刺猬紫檀木材的干燥基准　选定(40mm厚)刺猬紫檀木材干燥基准，见表6-21。

表6-21　刺猬紫檀木材干燥基准(40mm厚)

MC/%	t/℃	$t_{湿}$/℃	Δt/℃	EMC/%
35以上	50	47	3	16.0
35～30	52	47	5	12.5
30～25	54	47	7	10.5
25～20	56	46	10	8.5
20～15	58	44	14	6.5
15以下	60	44	16	6

(3) 干燥室及设备检查　在进行干燥生产之前，必须对干燥室及设备进行检查，避免带故障的干燥设备进行干燥生产。干燥设备检查项目包括：壳体、窑门、加热器、喷蒸管、风机及电机、加热阀、喷蒸阀及阀门、进排气窗、含水率测量导线、干球温度、湿球温度、测量仪表、湿球温度纱布及进水管路等。干燥设备检测无故障，方可进行干燥生产。

(4) 堆垛与装窑　生产中严格按堆垛要求执行，检测堆垛和装窑情况，并记录。在材堆上、中、下分别选择4块坯料作为含水率检测板，并把含水率测量探头埋入木材中，含水率测量探头应在木材长度的中间位置，与木材长度方向垂直，2个含水测探头之间的距离为25mm。

(5) 干燥设备启动　蒸汽加热干燥设备启动包括如下步骤：①关闭窑门。②开启控制系统。③关闭进排气窗。④关闭疏水器阀门，打开疏水器旁通，然后打开蒸汽管道阀门，让加热器及管道内的冷凝水排出。当听到从疏水器旁通有大量蒸汽流动时，关闭疏水器旁通，打开疏水器阀门，让疏水器自动控制排水。⑤启动风机。对于多台风机的干燥设备，应逐台启动风机，以免启动电流过大。

(6) 升温　关闭进排气窗，关闭喷蒸阀，微开加热阀，让干球温度以1℃/h的速度上升，在升温过程中，由于木材初含水率高，木材中蒸发出来的水分能够保持干、湿球温度同步上升，升温至40℃后保温1h，预防冷凝水产生。然后关闭加热阀，微开喷蒸阀，采用喷蒸方法把干球温度和湿球温度同步上升至预热处理阶段要求的干、湿球温度。

注意事项：升温阶段适当打开喷蒸阀，避免喷蒸过量产生冷凝水。

(7) 预热处理　根据木材预热处理工艺规程中的规定，预热处理介质状态如下。

预热温度：50＋5＝55℃（取高于基准第一阶段温度5℃）。

相对湿度：98%（取干湿球温差 $\Delta t=0.5$℃确定介质湿度，用 $t=55$℃，$\Delta t=0.5$℃查干燥介质湿度表）。

预热时间：6h（按厚度 10mm 处理 1h 增加 30%来计算：4＋4×30%＝5.2h，取为 6h）。

预热处理结束后，将介质温、湿度降到基准第一阶段规定的值，进入干燥阶段。

预热处理注意事项：预热处理时间是指温度达到55℃，相对湿度达到 98%后维持的时间。预热阶段应关闭进排气窗，适当打开喷蒸阀，避免喷蒸过量产生冷凝水。

（8）干燥阶段及中间处理　严格按照干燥基准表 6-27 进行操作，升温速度控制在 1℃/h 以内，降湿速度控制在每小时 1%以内（或湿球温度降低速度在 0.5℃/h 以内）。

中间处理：40mm 厚刺猬紫檀木材属于难干材、厚木材，根据中间处理工艺规程，确定中间处理 2 次。第一次处理在含水率降低 1/3 时进行，即含水率在30%（42×2/3＝28%，取 30%）时进行处理；第二次处理在含水率为 20%时进行。

第一次中间处理介质状态如下。

温度：54＋5＝59℃（取高于该基准含水率阶段温度 5℃）。

相对湿度：88%（取高于该含水率阶段 EMC6%确定介质湿度；按 t＝59℃，EMC＝10.5%＋6%＝16.5%）。

时间：6h

第二次中间处理介质状态如下。

温度：58＋5＝63℃（取高于该基准含水率阶段温度 5℃）。

相对湿度：78%（取高于该含水率阶段 EMC6%确定介质湿度；按 t＝63℃，EMC＝6.5%＋6%＝12.5%）。

时间：6h。

中间处理的方法是关闭进排气窗，关闭加热器阀门，打开喷蒸阀门，采用喷蒸的方法提高干燥介质温度和湿度。当干、湿球温度达到要求后，开始计算中间处理时间，中间处理时间为 6h。

中间处理 6h 后，关闭喷蒸阀门，微开进排气窗，让干、湿球温度缓慢降低。应注意降湿速度，因为中间处理结束后，温度较高，过快的降湿速度会造成木材开裂，相对湿度降低速度不应超过每小时 1%。当干、湿球温度降至相应的干燥基准阶段，继续按干燥基准表对木材进行干燥。

（9）平衡处理　当检测板中最干的木材含水率降至 8%时，开始进行平衡处理。

平衡处理介质状态如下。

温度：60＋5＝65℃（取高于该基准含水率阶段温度 5℃）。

相对湿度：60%（取 EMC＝8%确定介质湿度；按t＝65℃，EMC＝8%）。

时间：平衡处理至所有检测板的含水率低于14%时，平衡处理结束。

平衡处理的方法是关闭进排气窗、加热阀，打开喷蒸阀门，采用喷蒸的方法提高干燥介质温度和湿度。干、湿球温度达到平衡处理要求的工艺参数后，维持此工艺参数，当水分最高的检测板含水率降至14%时，平衡处理结束。

（10）终了调湿处理　平衡处理结束后，即开始进行终了调湿处理，终了调湿处理介质状态如下。

温度：65℃（取等于平衡处理阶段的温度）。

相对湿度：86%[取介质 EMC 高于木材平均终含水率（平均终含水率 12%）4%确定介质相对湿度；按t＝65℃，EMC＝16%]。

时间：6h（指干、湿球温度达到要求工艺参数开始延续的时间）。

终了调湿处理的方法是关闭进排气窗、加热阀，打开喷蒸阀，采用喷蒸的方法提高干燥介质湿度。干、湿球温度达到终了调湿处理要求的工艺参数后，维持此工艺参数，处理 6h，终了调湿处理结束。

（11）降温及出窑阶段　终了调湿处理结束后，即可降温出窑，具体步骤如下。

1）关闭进排气道，关闭加热阀，关闭喷蒸阀，关闭风机。

2）在闷窑的情况下，让窑内温度自然冷却。可根据自然冷却情况，适当打开进排窗和检测小门，以加快冷却速度。

3）当窑内温度自然冷却到比外界温度高 10～15℃时，打开进排气道，打开风机，吹 2h（正反各吹1h）。

4）关闭进排气道，关闭风机，出窑。

4. 举例 4　番龙眼木材，实木地板用材，长930mm，宽 140mm，厚度 25mm，初含水率为 56%，要求终含水率为 10%～15%，干燥质量二级。干燥设备为高温水供热常规干燥设备，增湿采用雾化水装置。

（1）确定番龙眼木材的干燥特性　查阅相关资料：气干密度为 0.6～0.81g/cm^3；弦向干缩系数为0.339%；径向干缩系数为 0.172%。属于难干木材，易产生翘曲及开裂。

（2）确定番龙眼木材的干燥基准　与家具用材相比，实木地板坯料对干燥质量要求更高，要求板材平整度高，开裂少，含水率均匀，适宜采用较软的干燥基准对其进行干燥（表 6-22）。

表 6-22 番龙眼木材干燥基准(25mm 厚)

MC/%	t/℃	$T_{湿}$/℃	Δt/℃	EMC/%
40 以上	45	42	3	16
40～35	47	42	5	12.5
35～30	49	43	6	11.5
30～25	52	43	9	9
25～20	55	43	12	7.5
20～15	60	45	15	6.5
15 以下	65	47	18	5.5

(3) 干燥室及设备检查　在进行干燥生产之前,必须对干燥室及设备进行检查,避免带故障的干燥设备进行干燥生产。干燥设备检测项目包括:壳体、窑门、加热器及加热阀、雾化水喷头、风机及电机、进排气窗、含水率测量导线、干球温度、湿球温度、测量仪表、湿球温度纱布及水箱进水管路等。干燥设备检测无故障,方可进行干燥生产。

(4) 堆垛与装窑　生产中严格按堆垛要求执行,检测堆垛和装窑情况,并记录。在材堆的上、中、下分别选择 4 块坯料作为含水率检测板,并把含水率测量探头埋入木材中,含水率测量探头应在木材长度的中间位置,木材长度方向垂直,2 个含水测探头之间的距离为 25mm。

(5) 干燥设备启动　高温水供热常规干燥设备启动包括如下步骤:①关闭窑门;②开启控制系统;③关闭进排气窗;④启动风机,对于多台风机的干燥设备,应逐台启动风机,以免启动电流过大。

(6)升温　考虑到干燥设备增湿采用雾化水装置,如果在升温阶段采用喷雾化水增加介质相对湿度,将影响升温速度,还会产生大量的冷凝水。由于番龙眼木材初含水率为 62%,适当的升温速度,可以使木材中的水分蒸发让干燥介质保持较高的相对湿度。操作方法为:关闭进排气窗,关闭雾化水装置,微开加热阀,让干球温度每小时上升 0.5～1℃,在升温过程中,由于木材初含水率高,木材中蒸发出来的水分能够保持干、湿球温度同步上升,升温至 45℃(注意,升温阶段要求干湿球温差不大于 1℃,如果干湿球温差拉大,应微开雾化水装置或降低升温速度,以保证干、湿球温差小于 1℃)。

(7) 预热处理　蒸汽加热干燥窑预热处理通常采用喷蒸方法提供热量,由于蒸汽含有较高的汽化潜热,预热处理的温度通常比基准第一阶段高 5～8℃。高温水加热干燥窑,采用加热器加热及雾化水装置提高干燥介质湿度维持预热处理温度和湿度,不会因为潜热而提高介质温度,因此预热处理的温度等于基准第一阶段的温度。由表 6-22 可知,番龙眼木材干燥基准第一阶段温度为 45℃,确定预热处理介质状态如下。

预热温度:45℃(等于基准第一阶段温度)。

相对湿度:95%～100%(取干湿球温差 $\Delta t=0$～1℃确定介质湿度,用 $t=50$℃,$\Delta t=0$～1℃查干燥介质湿度表)。

预热时间:4h(按厚度 10mm 处理 1h 增加 30% 来计算:2.5+2.5×30%=3.25h,取为 4h)。

预热处理结束后,将介质温度和湿度降到基准第一阶段规定的值,进入干燥阶段。

预热处理注意事项:预热处理时间是指温度达到 45℃,相对湿度达到 95%以上时维持的时间。预热阶段应关闭进排气窗,适当打开雾化水装置,避免产生大量冷凝水。

(8) 干燥及中间处理　预热处理结束后,保持干球温度不变,缓慢降低相对湿度,降湿速度小于每小时 1%(或湿球温度 0.5℃/h)。当湿球温度降至 42℃时,即进入干燥基准第一阶段。干燥过程中,调节和控制干燥窑内的温度和湿度时,要适时适量地开启和关闭进排气窗,因为窑内的湿度高,新鲜空气的湿度低,吸进少量的新鲜空气,使其和窑内的湿气相混合,可降低窑内的相对湿度。在排湿时,干球温度也会随之降低,这时可以适当打开加热阀门,以保持干球温度恒定。

操作时,不合理使用进、排气窗,既浪费热量,又使工艺过程偏离干燥基准,所以在任何情况下,都不允许敞开进排气窗,而同时打开雾化水装置的阀门,向干燥窑内喷雾化水。生产中,排湿时,会造成干球温度降低,为了节约能源,可以在排湿时关闭加热阀,待湿球温度达到要求时再关闭进排气窗,打开加热阀加热,使干球温度升至 45℃。

由于干燥的木材初含水率较高,干燥过程前期,如不需要进行中间处理,雾化水装置可关闭,只需调节加热器和进排气窗即可满足基准所要求的干、湿球温度。

当检测板含水率都降至 40%后,关闭进排气窗,适当打开加热阀,缓慢升高干球温度至 47℃,升温速度小于 1℃/h,保持湿球温度 42℃。当检测板含水率都降至 35%后,关闭进、排气窗,适当打开加热阀,缓慢升高干球温度至 49℃,升温速度小于 1℃/h,适合的升温速度,会带动湿球温度升高,此阶段保持干球温度 49℃,湿球温度 43℃。每一个干燥阶段的干、湿球温度控制同上。

中间处理:25mm 厚番龙眼木材,要求干燥质量高,开裂少,根据中间处理工艺规程,确定中间处理 2 次。第一次处理在含水率降低 1/3 时进行,即含水率在 35%(56%×2/3=36%,取 35%)时进行处理;第二次处理在含水率25%进行。

第一次中间处理介质状态如下。

温度：49℃（取等于该基准含水率阶段温度）。

相对湿度：90%（取高于该含水率阶段EMC6%确定介质湿度；按$t=49$℃，EMC＝11.5%＋6%＝17.5%）。

时间：4h（指干、湿球温度达到要求工艺参数开始延续的时间）。

第二次中间处理介质状态如下。

温度：55℃（取等于该基准含水率阶段温度）。

相对湿度：82%（取高于该含水率阶段EMC6%确定介质湿度；按$t=55$℃，EMC＝8.5%＋6%＝14.5%）。

时间：4h（指干、湿球温度达到要求工艺参数开始延续的时间）。

中间处理的方法是关闭进排气窗，打开雾化水发生装置，采用喷雾化水的方法提高干燥介质湿度，由于雾化水会吸收干燥介质热量，造成干燥介质温度降低，因此还应适时开启加热器，以保持干球温度。当干、湿球温度达到要求后，开始计算中间处理时间，中间处理时间为4h。

中间处理4h后，关闭雾化水发生装置，微开进排气窗，让湿球温度缓慢降低，湿球温度降低速度应不超过0.5℃/h。当湿球温度降至相应的干燥基准阶段，继续按干燥基准表对木材进行干燥。

(9) 平衡处理　当检测板中的最干木材含水率降至8%时，开始进行平衡处理。

平衡处理介质状态如下。

温度：65℃（取等于最后干燥基准温度）。

相对湿度：60%（取EMC＝8%确定介质湿度；按$t=65$℃，EMC＝8%）。

时间：平衡处理至所有检测板含水率低于15%，平衡处理结束。

平衡处理的方法是关闭进排气窗、加热阀门，打开雾化水发生装置，采用喷雾化水的方法提高干燥介质湿度。如果喷雾化水过程中，干球温度降低，应适当打开加热阀。干、湿球温度达到平衡处理要求的工艺参数后，维持此工艺参数。当水分最高的检测板含水率降至15%时，平衡处理结束。

(10) 终了调湿处理　平衡处理结束后，即开始进行终了调湿处理。终了调湿处理介质状态如下。

温度：65℃（取等于平衡处理阶段的温度）。

相对湿度：88%（取介质EMC高于木材平均终含水率（平均终含水率12.5%）4%确定介质湿度；按$t=65$℃，EMC＝16.5%）；

时间：4h（指干、湿球温度达到要求工艺参数开始延续的时间）。

终了调湿处理的方法是关闭进排气窗、加热阀，打开雾化水发生装置，采用喷雾化水的方法提高干燥介质湿度。如果喷雾化水过程中，干球温度降低，应适当打开加热阀。干、湿球温度达到终了调湿处理要求的工艺参数后，维持此工艺参数，处理4h，终了调湿处理结束。

(11) 降温及出窑阶段　终了调湿处理结束后，即可降温出窑，具体步骤为如下。

第一步：关闭进、排气道，关闭加热阀，关闭雾化水装置，关闭风机。

第二步：在闷窑的情况下，让窑内温度自然冷却。可根据自然冷却情况，适当打开进排窗和检测小门，以加快冷却速度。

第三步：当窑内温度自然冷却到比外界温度高10～15℃时，打开进、排气道，打开风机，吹2h（正反各吹1h）。

第四步：关闭进、排气道，关闭风机，出窑。

5. 举例5　槭木，二次干燥，厚度25mm，初含水率为15%～25%，要求终含水率为6%～10%，干燥质量二级。干燥设备为蒸汽加热常规干燥设备。

(1) 确定槭木木材的干燥特性　查资料得：气干密度为0.73～0.83g/cm³；径向干缩系数为0.196%～0.208%；弦向干缩系数0.339%～0.340%，属于难干木材。

(2) 确定槭木木材的干燥基准　选定（25mm厚）槭木木材二次干燥基准，见表6-23。

表6-23　槭木木材干燥基准（25mm厚）

MC/%	t/℃	$T_{湿}$/℃	Δt/℃	EMC/%
25～20	65	55	10	8.5
20～15	70	56	14	6.5
15～10	75	57	18	5.5
10以下	80	55	25	3.5

(3) 干燥室及设备检查　在进行干燥生产之前，必须对干燥室及设备进行检查，避免带故障的干燥设备进行干燥生产。干燥设备检测项目包括壳体、窑门、加热器、喷蒸管、风机及电机、加热阀、喷蒸阀及阀门、进排气窗、含水率测量导线、干球温度、湿球温度、测量仪表、湿球温度纱布及进水管路等。干燥设备检测无故障，方可进行干燥生产。

(4) 堆垛与装窑　生产中严格按堆垛要求执行，检测堆垛和装窑情况，并记录。在材堆上、中、下分别选择4块坯料作为含水率检测板，并把含水率测量探头埋入木材中，含水率测量探头应在木材长度的中间位置，木材长度方向垂直，2个含水测探头之间的距离为 25mm。

(5) 干燥设备启动　蒸汽加热干燥设备启动包括如下步骤:①关闭窑门。②开启控制系统。③关闭进排气窗。④关闭疏水器阀门,打开疏水器旁通,然后打开蒸汽管道阀门,让加热器及管道内的冷凝水排出。当听到从疏水器旁通有蒸汽流动时,关闭疏水器旁通,打开疏水器阀门,让疏水器自动控制排水。⑤启动风机,对于多台风机的干燥设备,应逐台启动风机,以免启动电流过大。

(6) 升温　关闭进排气窗,关闭喷蒸阀,微开加热阀。让干球温度每小时上升 2～3℃,升温至 40℃,后保温 1h,预防后续喷蒸时在干燥室内壁产生冷凝水。然后微开喷蒸阀,采用喷蒸和加热器共同加热的方法升高干球温度和湿球温度,升温过程中,应控制干湿球温差不小于 4℃。

(7) 预热处理　被干木材的含水率为 15%～25%,预热处理介质状态可以参考中间处理介质状态确定方法,确定预热处理介质状态如下。

预热温度:65+5=70℃(取高于基准第一阶段温度 5℃)。

相对湿度:85%(取基准第一阶段 EMC=6%,确定介质湿度;按 $t=70℃$,EMC=8.5%+6%=14.5%)。

预热时间:4h(按厚度 1mm 处理 1h 增加 30%计算:2.5+2.5×30%=3.25h,取为 4h)。

预热处理结束后,将介质温度和湿度降到基准第一阶段规定的值,进入干燥阶段。

(8) 干燥阶段　严格按照干燥基准表 6-29 进行操作;升温速度控制在 1℃/h 以内,降湿速度控制在每小时 1%以内(或湿球温度降低速度在 0.5℃/h 以内)。

(9) 平衡处理　当检测板中最干的木材含水率降至 6%时,开始进行平衡处理。

平衡处理介质状态如下。

温度:80+5=85℃(取高于该基准含水率阶段温度 5℃)。

相对湿度:48%(取 EMC=6%确定介质湿度;按 $t=85℃$,EMC=6%)。

时间:平衡处理至所有检测板含水率低于 10%,平衡处理结束。

平衡处理的方法是关闭进排气窗、加热阀,打开喷蒸阀门,采用喷蒸的方法提高干燥介质湿度。干、湿球温度达到平衡处理要求的工艺参数后,维持此工艺参数。当水分最高的检测板含水率降至 10%时,平衡处理结束。

(10) 终了调湿处理　平衡处理结束后,即开始进行终了调湿处理。终了调湿处理介质状态如下。

温度:85℃(取等于平衡处理阶段的温度)。

相对湿度:82%[取介质 EMC 高于木材平均终含水率(平均终含水率 8%)4%确定介质相对湿度;按 $t=85℃$,EMC=12%]。

时间:4h(指干、湿球温度达到要求工艺参数开始延续的时间)。

终了调湿处理的方法是关闭进排气窗、加热阀,打开喷蒸阀,采用喷蒸的方法提高干燥介质湿度。干、湿球温度达到终了调湿处理要求的工艺参数后,维持此工艺参数,处理 4h,终了调湿处理结束。

(11) 降温及出窑阶段　终了调湿处理结束后,即可降温出窑,具体步骤如下。

第一步:关闭进排气道,关闭加热阀,关闭喷蒸阀,关闭风机。

第二步:在闷窑的情况下,让窑内温度自然冷却。可根据自然冷却情况,适当打开进排气窗和检测小门,以加快冷却速度。

第三步:当窑内温度自然冷却到比外界温度高 10～15℃时,打开进排气道,打开风机,吹 2h(正反各吹 1h)。

第四步:关闭进排气道,关闭风机,出窑。

6.4　木材干燥质量的检验

木材干燥质量的检测一般在木材干燥结束后进行,根据《锯材干燥质量》国家标准 GB/T6491—2012 的规定进行检测。

6.4.1　干燥木材的干燥质量指标

干燥木材的干燥质量指标,包括平均最终含水率($\overline{MC_z}$)、干燥均匀度[即材堆或干燥室内各测点最终含水率与平均最终含水率的容许偏差(ΔMC_z)]、木材厚度上含水率偏差(ΔMC_h),残余应力指标(Y)和可见干燥缺陷[弯曲、干裂(drying checks)等]。

各项含水率指标和应力指标见表 6-24。

表 6-24　含水率及应力质量指标

干燥质量等级	平均最终含水率/%	干燥均匀度/%	均方差/%	厚度上含水率偏差/% 木材厚度/mm 20 以下	21～40	41～60	61～90	残余应力指标/% 叉齿	切片	平衡处理
一级	6～8	±3	±1.5	2.0	2.5	3.5	4.0	不超过 2.5	不超过 0.16	必须有
二级	8～12	±4	±2.0	2.5	3.5	4.5	5.0	不超过 3.5	不超过 0.12	必须有
三级	12～15	4±5	±2.5	3.0	4.0	5.5	6.0	不检查	不检查	按技术要求
四级	20	+2.5/4.0	不检查	不检查	不检查	不检查	不检查	不检查	不检查	不要求

注:①对于我国东南地区,一、二、三级干燥木材的平均最终含水率指标可放宽 1%～2%。②平衡处理的概念见 GB/T15035,即在干燥过程结束时木堆中各部分含水率和木材内外层含水率趋于平衡的热湿处理。热湿处理为初期处理(预热)、中期(间)处理、平衡处理的总称

可见干燥缺陷质量指标见表 6-25。

表 6-25　可见干燥缺陷质量指标

干燥质量等级	弯曲/% 针叶树材 顺弯	横弯	翘曲	扭曲	阔叶树材 顺弯	横弯	翘曲	扭曲	干裂 纵裂/% 针叶树材	阔叶树材	内裂	皱缩深度/mm
一级	1.0	0.3	1.0	1.0	1.0	0.5	2.0	1.0	2	4	不许有	不许有
二级	2.0	0.5	2.0	2.0	2.0	1.0	4.0	2.0	4	6	不许有	不许有
三级	3.0	2.0	5.0	3.0	3.0	2.0	6.0	3.0	6	10	不许有	2
四级	1.0	0.3	0.5	1.0	1.0	0.5	2.0	1.0	2	4	不许有	2

木材干燥质量的 4 个等级分别属于以下范围。

一级:适用于仪器、模型、乐器、航空、纺织、精密仪器制造、鞋楦、鞋跟、工艺品、钟表壳等的生产。

二级:适用于家具、建筑门窗、车辆、船舶、农业机械、军工、实木地板、细木工板、缝纫机台板、室内装饰、卫生筷、指接材、纺织木构件、文体用品等的生产。

三级:适用于室外建筑用料、普通包装箱、电缆盘等的生产。

四级:用于远道运输木材、出口木材等。

6.4.2　干燥木材含水率

1. 不同用途和不同地区对木材含水率的要求

干燥木材含水率即木材经过干燥后的最终含水率,按用途和地区考虑确定。以用途为主,地区为辅。我国各地区木材平衡含水率见表 6-26 所示,该值可以作为确定干燥木材含水率的依据。

表 6-26　我国各省市木材平衡含水率值(%)

省市名称	平衡含水率 最大	最小	平均	省市名称	平衡含水率 最大	最小	平均
黑龙江	14.9	12.5	13.6	湖北	16.8	12.9	15.0
吉林	14.5	11.3	13.1	湖南	17.0	15.0	16.0
辽宁	14.5	10.1	12.2	广东	17.8	14.6	15.9
新疆	13.0	7.5	10.0	海南(海口)	19.8	16.0	17.6
青海	13.5	7.2	10.2	广西	16.8	14.0	15.5
甘肃	13.9	8.2	11.1	四川	17.3	9.2	14.3
宁夏	12.2	9.7	10.6	贵州	18.4	14.4	16.3
陕西	15.9	10.6	12.8	云南	18.3	9.4	14.3
内蒙古	14.7	7.7	11.1	西藏	13.4	8.6	10.6
山西	13.5	9.9	11.4	北京	11.4	10.8	11.1
河北	13.0	10.1	11.5	天津	13.0	12.1	12.6

续表

省市名称	平衡含水率			省市名称	平衡含水率		
	最大	最小	平均		最大	最小	平均
山东	14.8	10.1	12.9	河南	15.2	11.3	13.2
江苏	17.0	13.5	15.3	上海	17.3	13.6	15.6
安徽	16.5	13.3	14.9	重庆	18.2	13.6	15.8
浙江	17.0	14.4	16.0	台湾(台北)	18.0	14.7	16.4
江西	17.0	14.2	15.6	香港	暂缺	暂缺	暂缺
福建	17.4	13.7	15.7	澳门	暂缺	暂缺	暂缺

注:全国木材平衡含水率值平均为13.4%

干燥木材含水率按用途确定见表6-27。

表6-27 不同用途的干燥锯材含水率(%)

干燥锯材用途		平均	范围	干燥锯材用途		平均	范围
电气器具及机械装置		6	5~10	建筑门窗		10	8~13
木桶		6	5~8	火柴		10	18~30
鞋楦		6	4~9	家具制造	胶拼部件	8	6~11
鞋跟		6	4~9		其他部件	10	8~14
铅笔板		6	3~9	指接材		10	8~13
精密仪器		7	5~10	船舶制造		11	9~15
钟表壳		7	5~10	农业机械零件		11	9~14
文具制造		7	5~10	农具		12	9~15
采暖室内用料		7	5~10	火车制造	客车室内	10	8~12
机械制造木模		7	5~10		客车木梁	14	12~16
飞机制造		7	5~10		货车	12	10~15
乐器制造		7	5~10	汽车制造	客车	10	8~13
体育用品		8	6~11		载重货车	12	10~15
枪炮用材		8	6~12	实木地板块	室内	10	8~13
玩具制造		8	6~11		室外	17	15~20
室内装饰用材		8	6~12		地热地板	5	4~7
工艺制造用材		8	6~12	普通包装箱		14	11~18
纺织器材	梭子	7	5~10	电缆盘		14	12~18
	纱管	8	6~11	室外建筑用料		14	12~17
	织机木构件	10	8~13	弯曲加工用锯材		15	15~20
细木工板		9	7~12	军工包装箱	箱壁	11	9~14
缝纫机台板		9	7~12		框架滑枕	14	11~18
精制卫生筷		10	8~12	铺装道路用料		20	18~30
乐器包装箱		10	8~13	远程运输锯材		20	16~22
运动场馆用具		10	8~13				

注:干燥木材含水率应比使用地区的平衡含水率低2%~3%

2. 干燥木材含水率与残余应力的检测

1) 检测被干木材各项含水率,除分层含水率外,其余均是指干燥木材断面上的平均含水率;干燥木材的各项含水率指标,采用称重法和电测法进行测定。以称重法为准,电测法为辅;采用电阻式含水率电测仪测定木材含水率时,探针(电极)插入木材的深度(D)应为木材厚度(S)的21%处(距木材表面),可按公式$D=0.21S$进行计算;使用电阻式含水率仪测定干燥木材含水率时,木材厚度不宜超过30mm。

2) 同室干燥木材的平均最终含水率($\overline{MC_z}$)、干燥均匀度(ΔMC_z)、厚度上含水率偏差(ΔMC_h)等干燥质量指标，采用含水率试验板(整块被干木材)进行测定。当木材长度≥3m 时，含水率试验板于干燥前的一批被干木材中选取，要求没有材质缺陷，其含水率要有代表性。木材长度≤2m 时，含水率试验板于干燥结束后的木堆中选取。

对于用轨车装卸的干燥室，木材长度≥3m 采用 1 个材堆、9 块含水率试验板进行测定；对于用叉车装卸小堆的干燥室，木材(毛料)长度≤2m，采用 27 个小堆、27 块含水率试验板(每堆 1 块)进行测定。

A. 干燥木材的平均最终含水率，可用含水率试验板的平均最终含水率来检测。含水率试验板的平均最终含水率($\overline{MC_z}$)用式(6-8)计算：

$$MC_z = \frac{\sum MC_{zi}}{n} \tag{6-8}$$

式中，MC_{zi} 为每块试片最终含水率(%)；n 为试片数量。

B. 干燥均匀度(ΔMC_z)可用均方差来检查。均方差(σ)用式(6-9)计算，精确至 0.1%。

$$\sigma = \sqrt{\frac{\sum_{i=1}^{n}(MC_{zi} - \overline{MC_z})^2}{n-1}} \tag{6-9}$$

当 $\pm 2\sigma$ 大于干燥均匀度(ΔMC_z)时(表 6-24)，木材必须进行平衡处理或再干(re-drying)。

C. 干燥木材厚度上含水率偏差(ΔMC_k)按其平均值($\Delta \overline{MC_k}$)来检查。干燥木材厚度上含水率偏差的检测参看 6.1.4。

3) 同室干燥木材的最初含水率、干燥过程中木材含水率的变化以及最终含水率，按 GB/T6491—2012 的规定进行检测。

4) 干燥木材残余应力的检测

干燥木材的残余应力指标用检验板锯解应力试验片确定。干燥木材残余应力的检测参看 6.1.4 中的叉齿法测量干燥应力，残余应力指标即叉齿相对变形 Y(%)。取残余应力指标的算术平均值($\bar{Y}$)为确定干燥质量的合格率的残余应力指标。最终含水率、分层含水率及残余应力指标等测定数据，可按表 6-28 进行统计与计算。

表 6-28　最终含水率、分层含水率及残余应力指标测定数据统计表

企业名称：　　　　　　　　　　　　干燥室编号：

　　　　　　　　　　　　　　　　　干燥时间：自　　年　　月　　日　　时　　分 至

木材树种：　　　　　　　　　　　　木材规格：长　　mm×宽　　mm×厚　　mm

最终含水率 MC_z/%						分层含水率/%				残余应力指标	
木堆或室高度方向	木堆或室宽度方向	木堆或室长方向				式片编号	心层 MC_s	表层 MC_b	偏差 ΔMC_h	式片编号	Y /%
		前端(门端)	中部	后端	平均						
上层	左	( )	( )	( )		1				1	
	中	( )	( )	( )		2				2	
	右	( )	( )	( )		3				3	
中层	左	( )	( )	( )		4				4	
	中	( )	( )	( )		5				5	
	右	( )	( )	( )		6				6	
下层	左	( )	( )	( )		7				7	
	中	( )	( )	( )		8				8	
	右	( )	( )	( )		9				9	
平均最终含水率 $\overline{MC_z}$						厚度上含水率偏差平均值 ΔMC_h				平均值 $\bar{Y}$	
均方差 σ= %											

注：括弧内填写式片(材)的编号

6.4.3 干燥木材可见干燥缺陷的检测

干燥木材的可见干燥缺陷质量指标按 GB/T 6491—2012 中的规定检算。采用可见缺陷试验板或干燥后普检的方法进行检测。

(1) 翘曲(warp)的计算　　翘曲包括顺弯(bow)、横弯(crook)及翘弯(cup)，均检量其最大弯曲拱高与曲面水平长度之比，以百分率表示，按式(6-10)计算：

$$WP=\frac{h}{l}\times 100 \tag{6-10}$$

式中，WP 为翘曲度（或翘曲率）（%）；h 为最大弯曲拱高（mm）；l 为内曲面水平长（宽）度（mm）。

（2）扭曲（twist）的计算　检量板材偏离平面的最大高度与试验板长度（检尺长）之比，以百分率表示，按式（6-11）计算：

$$TW=\frac{h}{L}\times 100 \tag{6-11}$$

式中，TW 为扭曲度（或扭曲率）（%）；h 为最大偏离高度（mm）；L 为试验板长度（检尺长）（mm）。

（3）干裂（drying checks）　干裂指因干燥不当使木材表面纤维沿纵向分离形成的纵裂和在木材内部形成的内裂（蜂窝裂）等：纵裂宽度的计算起点为 2mm，不足起点的不计。自起点以上，检量裂纹全长。在材长上数根裂纹彼此相隔不足 3mm 的可连贯起来按整根裂纹计算，相隔 3mm 以上的分别检量，以其中最严重的一根裂纹为准。内裂不论宽度大小，均予计算。

（4）干燥木材裂纹的检量一般沿材长方向检量裂纹长度与木材长度相比，以百分率表示，按式（6-12）计算：

$$LS=\frac{l}{L}\times 100 \tag{6-12}$$

式中，LS 为纵裂度（纵裂长度比率）（%）；l 为纵裂长度（mm）；L 为木材长度（mm）。

木材干燥前发生的弯曲与裂纹，干前应予检测、编号与记录，干后再行检测与对比，干燥质量只计扩大部分或不计（干前已超标）。这种木材干燥时应正确堆积，以矫正弯曲；涂头或藏头堆积以防裂纹扩大。对于在干燥过程中发生的端裂，经过热湿处理（conditioning treatmeat）裂纹闭合，锯解检查时才被发现（经常在木材端部 100mm 左右处），不应定为内裂。

可见干燥缺陷质量指标可按表 6-29 进行统计与计算。

6.4.4　干燥木材的验收

（1）干燥质量合格率　按平均最终含水率（$\overline{MC_z}$）、干燥均匀度（ΔMC_z）、厚度上含水率偏差平均值（$\Delta\overline{MC_h}$）及残余应力指标平均值（$\bar{Y}$）4 项干燥质量指标，以及按顺弯、横弯、翘曲、扭曲、纵裂、内裂 6 项可见干燥缺陷指标达标的可见缺陷试验板材积与 100 块总材积之比的百分率或 6 项缺陷指标达标的干燥木材材积与干燥室容量之比的百分率确定。

表 6-29　可见干燥缺陷质量数据统计表

企业名称：　　干燥室编号：　　干燥室容量：　　m^3 木材　　缺陷超标总材积：　　m^3 木材

木材树种：　　木材规格：长　　宽　　厚　　（mm）干燥时间：自　年　　月　　时　　分　至

试验板编号	弯曲												干裂					
	顺弯			横弯			翘弯			扭曲			纵列			内裂		
	拱高 h /mm	曲面长 l /mm	翘曲度 WP /%	拱高 h /mm	曲面长 l /mm	翘曲度 WP /%	拱高 h /mm	曲面长 l /mm	翘曲度 WP /%	偏离高度 h /mm	材长 l /mm	扭曲度 TW /%	裂长 l /mm	材长 L /mm	纵裂度 LS /%	裂长 l /mm	裂宽 L /mm	数量 /条
1																		
2																		
3																		
4																		
5																		
…																		
超标材积		m^3 材			m^3 材			m^3 材			m^3 材			m^3 材			m^3 材	

注：超过等级规定指标的材积按发生可见干燥缺陷木材的整块材积计算

干燥质量合格率不应低于 95%。要求 4 项含水率及应力指标(按平均值)全部达到等级规定,6 项缺陷指标(其中有一项均予计算)超标的可见缺陷试验板或干燥木材的材积与 100 块总材积或干燥室容量之比的百分率不超过 5%。

(2) 干燥木材降等率　根据 GB/T6491—2012 缺陷指标和等级,对照检查可见干燥缺陷质量指标,分项计算超标的可见缺陷试验板或干燥据材的材积与 100 块总材积或干燥室容量之比的百分率,求出总的降等率。例如,一块可见缺陷试验板或干燥木材兼有几项超标指标,则以超标最大的指标分项。

(3) 干燥木材的验收　每批同室被干燥木材于干燥结束后均应对干燥质量进行检查和验收,以保证干燥木材的质量。干燥木材的验收是以干燥质量指标为标准,以木材的树种、规格、用途和技术要求,以及其他特殊情况为条件。验收标准和条件可根据《锯材干燥质量》国家标准 GB/T6491—2012 中关于干燥木材验收的规定,根据干燥质量合格率和干燥木材降等率进行验收或根据干燥质量合格率进行验收,具体由供需双方协商确定。

6.5　干燥后木材的保管

经干燥后的木材无论是否经过刨光,如果以平台货车运输必须经防水包装;如果以货柜或车厢运输则可免之。木材加工厂中的气干木材均宜存贮于仓库中,无论户外还是仓库贮存,若木材的含水率在 20% 以上,均应适当堆垛使其通风,边贮边干。

6.5.1　户外贮存

有时因为贮存设备不够,干燥后的板材需做户外贮存。一般小料或用途粗放的板材可存放于户外,但应注意防水、防潮、防霉和防虫等的处理。室干材若存放于户外而不加保护(防湿),必然迅速回潮。任何干燥后的板材经过雨淋必有不利影响,而且使原有的干燥裂缝加深。

密实堆积(木材层间不放隔条)的木材较间层堆积(木材层间放置隔条)的木材更需要防雨和防潮设施。因为密实堆积的板材回潮和淋雨后,水分不易蒸发;另外,雨水渗入木材,可能使其含水率增加到恰好适合变色或腐朽菌的生长。有些飘浮的细雨,不管材堆上是否有防雨遮盖,都会渗入木材。由此可知,户外贮存不宜太久,尤其是密实堆积的木材。假如生材或半干材需要在户外存贮一段较长的时间,必须按照大气干燥的要求进行正确的堆垛等处理。

6.5.2　暂时或短暂保护

室干木材做长距离运输或在集散场地做短期放置时,可以用防雨塑料布、防水帆布或柏油纸包装予以防护。但此防水塑料布或柏油纸不可视为长期仓储的代用品,因为此类包装材料容易老化变脆而破损,失去防雨防潮作用,在存贮搬运期间,必须定期检查适时修补。包装破损会漏入并存留雨水,使木材发生回潮的程度比未包装者还要严重。为了避免雨水存留及堆垛机搬运时将包装纸或包装材料弄破,材堆(通常是 110cm 宽×110cm 高,高宽随木材而定)底部多不加包装纸而予裸露。当然,此种包装方式若遇存放地点的地面较潮湿而材堆(捆)又离地面过低时,地面上的水气自然会渗入木材中,尤以底部为甚。

防水布或纸保护室干木材的安全期限,随气候状况与包装材料的暴露情况,以及搬运机械或其他意外因素造成的劣化程度而定。

6.5.3　敞棚

敞棚可以说是具有屋顶的制品贮存场所。除含水率在 12%~14% 以下的室干材外,所有制品均可贮存于敞棚内。敞棚内的大气情况主要受户外影响,假如户外气流能不断循环通过棚内间层材堆,则木材可干燥至和户外气干同样的程度。

密实材堆的室干材,若长期贮存于敞棚内,仍会缓慢回潮,且材堆(捆)外层的回潮程度大于内层。

敞棚可以四面全开(四面无墙),也可仅开一面(三面有墙),全视需要而定。为便于堆高机作业方便,至少应开放一面或两面。大规模锯木厂的附设场棚(气干棚)的地面通常均铺设水泥或柏油。有的在棚内设置架空吊车供装卸材堆之用。家具工厂或制品厂的敞篷地面最好也铺设水泥或柏油。

6.5.4　常温密闭仓库

此种仓库通常用以贮存室干材以防止回潮或含水率发生变化。因此,被贮存材必须密实堆放。同时要以包装带适度捆扎以防止松散。

室干材存贮于常温密闭仓库内,仍会受大气影响而吸湿回潮,但较户外贮存减缓甚多。以美国 FPL 所做的试验为例:1inch 厚的南方松板材,密实堆叠贮存于密闭仓库内一年后其含水率由 7.5% 升至 10.5%。但同法堆叠贮存于户外的却升至 13.5%。

室干材贮存于密闭仓库内也会减小材捆中最湿和最干材间的含水率差距,也就是木材之间的水分剃度会缓和。再以美国 FPL 的试验为例:1inch 厚的花旗松,密实堆叠,贮存于密闭仓库内一年后其含水率差距由原来20%降为13%。此差距的减少是由于含水率较高木材中的水分扩散入含水率较低的木材中，其中有95%的木材，其含水率均有增加。

仓库的屋顶及墙壁吸收太阳的辐射而增加库内温度。但温暖的空气均滞留于库内上方，必然因为温度不均匀而形成上下部平衡含水率不等的现象。在库内装置风扇，强制循环气流，可有效地消除此缺失。库内地面必须铺设水泥或柏油，除非建在排水极好的高地，如在低洼地区，有时需铺设架高地板以保持木材与地面间的通风。此外，考虑到木材进出仓库的搬运，在库内铺设与库外运输系统配合的轨道或车道，以利作业。

6.5.5 加温密闭仓库

假如密闭仓库可以加温，木材平衡含水率自会降低，被贮存的室干材回潮问题也自可防止。

加温方式可采用蒸汽加热管或独立加热器。市面流行的瓦斯加热炉或类似产品也可使用。最主要的是在库内配置适当能量的风扇促进气流均匀循环，使每一角落的温度都保持一致，才可获得均匀的平衡含水率。若为人工控制，则需随时注意室外干湿球温度变化，估算库内相对湿度并做必要的温度调整。

密闭仓库内的加温系统，通常由简单的自动调温器控制。假如室外温度发生变化，调温器也必须适时调整才能保持仓库需要的木材平衡含水率。若使用热差自动调温器，则比简单的自动调温器方便很多；因其可自动保持库内温度高出户外温度某一数值，借以获得所需的近似平衡含水率而无须定期调整。因为库内加温的目的是降低相对湿度从而获得较低的平衡含水率以防止木材回潮；又因平衡含水率的形成受相对湿度的影响远较温度为大，故若以自动调湿器来控制库内的温湿度或木材平衡含水率比用自动调温器更为理想。自动调湿器的运转方式如下：当库内相对湿度超过设定标准时，调湿器即传送讯号至加温系统的控制阀使库内温度升高，降低相对湿度至设定标准，而达到所需求的木材平衡含水率。

6.6 木材干燥的缺陷及预防

6.6.1 干燥缺陷的类型

在木材干燥过程中会产生各种缺陷，这些缺陷大多数是能够防止或减轻的。与干燥缺陷有关的因子是木材的干燥条件、干缩率、水分移动的难易程度及材料抵抗变形的能力等。在同一干燥条件下，木材的密度越大，越容易产生开裂。

1. 木材的外部开裂　木材在室干过程中发生的初期开裂主要有以下两种情况（图6-12）。

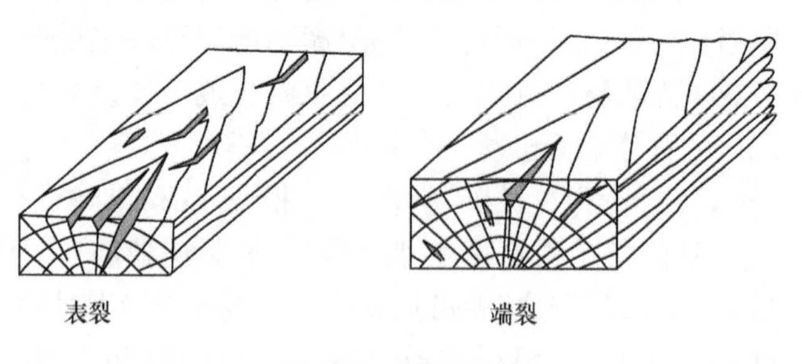

图6-12　外部开裂

（1）表裂　表裂是在弦切板的外弦面上沿木射线发生的纵向裂纹，它是由于干燥前期表面张应力过大而引起的。当表面张应力由最大值逐渐递减时，表面裂纹也开始逐渐缩小。若裂纹不太严重，到干燥的中、后期可完全闭合，乃至肉眼不易察觉。轻度的表裂对质量影响不大，但在加工为成品后的油漆时，裂纹处会渗入油漆而留下痕迹，影响美观。

（2）端裂（劈裂或纵裂）　端裂多数是制材前原木的生长应力和干缩出现的裂纹。当干燥条件恶劣时会发生新的端裂，而且使原来的裂纹进一步扩展。厚度较大的木材，尤其是木射线粗的硬阔叶树材或髓心板，会由于端部的干燥应力和弦、径向差异收缩应力及生长应力互相叠加而发生沿木射线或髓心的端头纵裂。对于数米长的木材来说，端裂在10～15cm是允许的，因为加工时总要截去部分端头。端裂直接影响木材加工的出材率。

室干时若材堆端头整齐，材堆相连处互相紧靠，或设置挡板，防止室内循环气流从材堆端头短路流过，可在一定程度上减轻端裂。对于贵重木材，可在端头涂刷能耐高温的黏性防水涂料，如涂以高温沥青漆或液体石蜡等。

2. 木材的内部开裂　内部开裂是在木材内部沿木射线裂开，如蜂窝状，如图6-13所示。外表无开裂痕迹，只有锯断时才能发现，但通常伴随有外表不平坦或明显皱缩或炭化或质量变轻等。内裂一般发生于干燥后期，是由于表面硬化较严重，后期干燥条件又较剧烈，使内部张应力过大引起的。厚度较大的木材，尤其是密度大的、木射线粗的或木质较硬的树种，如栎木、水曲柳、柯木、锥木、枫香、柳安等硬阔叶树材，都较易发生内裂。内裂是一种严重的干燥缺陷，对木材的强度、材质、加工及产品质量都有极其不利的影响，一般不允许发生。防止的办法，是在室干的中、后期及时进行中间处理，以解除表面硬化。对于厚度较大的木材，尤其是硬阔叶树材，后期干燥温度不能太高。

3. 木材的变形　弯曲变形是由于板材纹理不

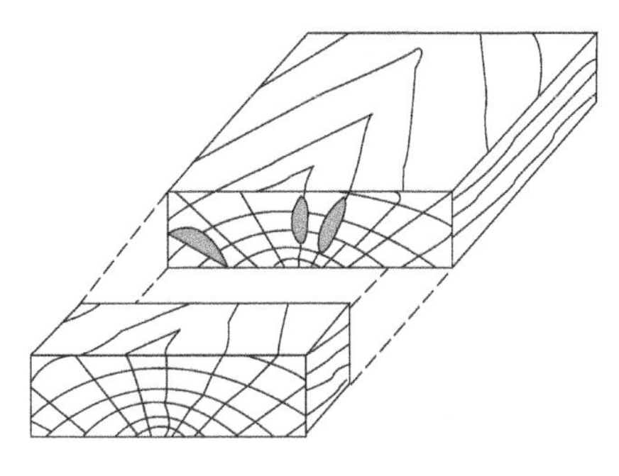

图 6-13　内部开裂

直、各部位的收缩不同或不同组织间的收缩差异及其局部塌陷而引起的。属于木材的固有性质，其弯曲的程度与树种、树干形状及锯解方法有关。但对于室干材来说，可通过合理装堆（stacking）和控制干燥工艺来避免或减轻这些变形。即利用木材的弹-塑性性质，在将木材压平的情况下使其变干，室干后就可保持原来所挟持的平直形状。被干木材的变形主要有横弯、顺弯、扭曲和翘曲等几种，如图 6-14 所示。木材弯曲变形会给木材加工带来一定的困难，并使加工余量增加，出材率明显降低。

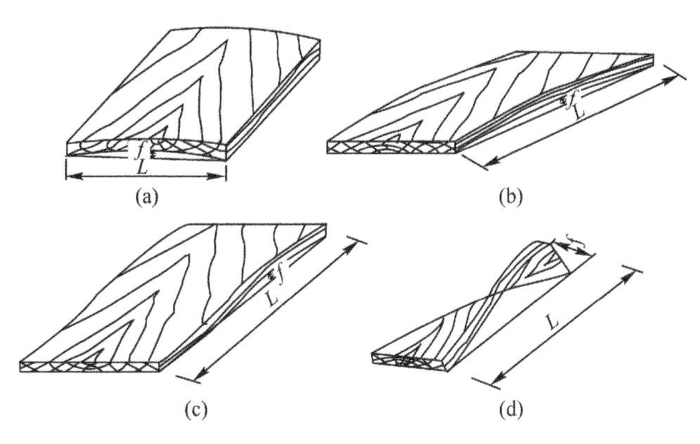

图 6-14　弯曲变形

(a) 横弯；(b) 顺弯；(c) 弓弯；(d) 翘曲

4. 木材的皱缩　皱缩亦称溃陷（collapse），是木材干燥时，水分移动太快所产生的毛细管张力和干燥应力使细胞溃陷而引起的不正常不规则的收缩。皱缩通常是在干燥初期，由于干燥温度高，自由水移动速度快而产生的一种木材干燥缺陷，其他木材干燥缺陷都是在纤维饱和点以下产生的，而木材皱缩则是在含水率很高时就有可能产生，且随着含水率的下降而加剧。木材皱缩的宏观表现是板材表面呈不规则的局部向内凹陷并使横断面呈不规则图形；微观表现通常是呈多边形或圆形的细胞向内溃陷，细胞变得扁平而窄小，皱缩严重时细胞壁上还会出现细微裂纹。皱缩不仅使木材的收缩率增大，损失增加 5%～10%，而且因其并非发生在木材所有部位或某组织的全部细胞，因而导致木材干燥时产生变形。皱缩时还经常伴随内裂和表面开裂，开裂使木材强度降低甚至报废。研究结果表明，虽然多数木材在干燥时均会发生程度不同的皱缩，但某些木材更易发生，已经发现容易发生皱缩的树种有澳大利亚桉树属、日本大侧柏、美洲落羽杉、北美香柏、北美红衫、胶皮糖香树、杨木、苹果木、马占相思、栎木等。即使是同一种木材，因在树干中的部位不同，其皱缩的程度也不同，其中心材较边材、早材较晚材、树干基部和梢部较中部的木材、幼龄材较老龄材容易发生皱缩；生长在沼泽地区的木材较生长在干燥地区的木材、侵填体含量大的木材、闭塞纹孔多的木材较其他木材容易产生皱缩。木材皱缩的类型如图 6-15 所示。

图 6-15　木材皱缩的类型

木材细胞的皱缩过程可以通过干燥工艺产生的外界条件来实施调控，如通过预冻处理可以在细胞腔内产生气泡，使纹孔膜破裂，使细胞的气密性下降；汽蒸处理也可以破坏细胞的气密性；用有机液体代替木材中的水分等。上述预处理均改变了细胞皱缩的基本条件，使本来能够产生皱缩的细胞不发生皱缩。另外，通过调控干燥工艺条件，降低水分移动的速度，同时降低了毛细管张力，也可以减少皱缩。对木材进行压缩处理可以使木材细胞发生变形，破坏细胞的气密性；在受拉状态下干燥木材时，也可以减少小毛细管张力。

5. 木材的变色　木材经干燥后都会不同程度地发生变色现象。变色主要有两种情况：一种是由于变色菌、腐朽菌的繁殖而发生的变色；另一种是由于木材中抽提物成分在湿热状态下酸化而造成的变色。

在干燥过程中霉菌会使木材变色。某些易长霉树种，如橡胶木、马尾松、榕树、椰木、云南铁杉等，在高含水率阶段，当大气环境温、湿度较高且不通风时，极易长霉。这些树种不宜采用低温干燥方法。尤其是湿材或生材的干燥，干燥温度不应低于 60℃。用高温干燥含水率高的木材时，往往会使木材的颜色加深或变暗；有时也会因喷蒸处理时间过长（湿度过大）或干燥室长期未清扫而使木材表面变黑。

氧化酶也会导致木材表面变色。所变颜色因树种不同而异，如冷杉边材变黄，桤木变红棕色，柳杉变黑。含水率和湿度是酶变色的重要影响因素。当环境相对湿度达 100%时，木材出现酶变色。温度也影响变色，环境温度在 20℃以下时变色缓慢。

6.6.2　干燥缺陷产生的原因及其预防

木材在室干过程中和室干结束以后，易产生的缺陷可分为两大类：一类为裸眼能看见的，称为可见缺陷，如开裂、弯曲、皱缩等。另一类为不可见缺陷，如内应力、木材的机械强度降低等。

木材在干燥过程中易产生的干燥缺陷种类繁多，产生干燥缺陷的原因各不相同。本节通过对实际生产中干燥缺陷产生的一般原因和预防及纠正方法进行了归纳和总结，列于表 6-30，仅供使用者参考。

表 6-30 干燥缺陷产生的原因和纠正方法

缺陷名称		产生的一般原因	预防、纠正方法
外部开裂	表裂	① 多发生在干燥过程的初期阶段，基准太硬，水分蒸发过于强烈 ② 基准升级太快，操作不当。干燥室内温度和相对湿度波动较大 ③ 被干木材的内应力未及时消除或者中间处理不当 ④ 平衡处理不当、被干木材有残余应力 ⑤ 平衡处理后，被干木材在较热的情况下，卸出干燥室 ⑥ 干燥前原有的裂纹在干燥过程中扩大	① 选用较软基准，或者采用湿度较高的基准 ② 改进工艺操作，减少温度和相对湿度的波动 ③ 及时进行正确的中间处理，消除内应力 ④ 进行正确的平衡处理 ⑤ 被干木材冷却至工艺要求后，卸出干燥室 ⑥ 做好预热处理
	端裂	① 基准较硬，木材水分蒸发强烈 ② 被干木材，顺纹理的端头蒸发水分强烈 ③ 堆积不当，隔条离木材端头太远 ④ 被干木材顺纹理的端头，水分蒸发较强烈 ⑤ 原有的端裂在干燥过程中扩大	① 选择较软的基准进行干燥 ② 被干木材端头涂上防水涂料 ③ 正确堆积材堆 ④ 材堆端部的隔条与材堆端面平齐或略突出材堆端面 ⑤ 严格按照干燥工艺操作
	径裂	径裂是端裂的特殊情况，这种缺陷主要发生在髓心板上，因为弦向收缩和径向收缩不一致而引起	对于大髓心板材，无论在气干还是室干过程中都会产生这种缺陷。而这种缺陷只能防止，主要是在木材时，将髓心部分除去或者使髓心位于木材的表面，方可预防这种缺陷的产生
内部开裂		① 发生在干燥后期，由于干燥条件较剧烈，木材内部的拉伸应力超过了木材横纹极限强度，形成了木材的内部开裂 ② 基准太硬，前期干燥过快，表面塑化固定 ③ 被干木材属于较易产生内部开裂的木材	① 做好被干木材的预热处理 ② 选择较软的基准，控制前期干燥速度，及时进行中间处理 ③ 对于易产生内裂的被干木材，采用较软的基准。干燥时加强检查，及时调节和控制干燥介质的温度和相对湿度
变形	弯曲	① 主要由于径向和弦向干缩不一致而产生，尤其是弦向板易发生弯曲 ② 被干木材的材堆堆积不正确，隔条厚度不均匀，隔条上下位置不在同一条直线上 ③ 被干木材厚度不均匀 ④ 终含水率不均匀，有残余应力 ⑤ 材堆顶部未加配重压块	① 按木材堆积工艺要求进行堆垛 ② 严按工艺要求配置隔条，使用厚度一致的隔条 ③ 在堆垛时确保被干木材厚度一致 ④ 做好干燥过程的平衡处理 ⑤ 在材堆顶部加配重压块
	翘曲	① 主要由于干燥过程中木材干缩不一致造成的板面扭翘不平 ② 材堆中温湿度分布不均，干燥介质循环速度缓慢和不均	① 在材堆顶部加配重压块 ② 确保材堆中温湿度和干燥介质循环速度的均布 ③ 加快介质循环速度
生霉		干燥室温度低，相对湿度高，干燥介质循环速度较慢	① 对已生霉的木材，可在较高湿度的情况下，用 60℃ 的干燥介质将木材热透若干小时，可以消除生霉现象 ② 加快介质循环速度
皱缩		① 主要是木材受高温的作用，微毛细管排出水分之后处于真空状态，在周围毛细管压力作用下，细胞被压扁而造成的 ② 某些硬阔叶树材（例如栎木），在高温干燥条件下易产生皱缩	① 对于易产生皱缩的木材，一般采用低温和缓慢的干燥工艺；对已发生皱缩的木材，可用 82～95℃ 的温度和 100% 的相对湿度进行长期（约一昼夜）喷蒸处理，使木料含水率重新湿润到纤维饱和点，然后再进行低温干燥 ② 在被干木材含水率没有降到 25%以前，不采用超过 70℃ 的温度干燥工艺

续表

缺陷名称		产生的一般原因	预防、纠正方法
干燥不均匀	沿木材长度方向	主要是因为沿干燥室长度方向干燥介质对材堆的加热不均匀	检查加热器的安装，排除加热管中的冷凝水和空气；检查输水器是否失灵，回水管是否堵塞；确保加热器正常工作
	沿材堆宽度方向	主要是由于通过材堆的气流速度太慢，材堆宽度方向上的介质循环速度分布不均	① 对于强制循环干燥室，通过材堆的介质循环速度应保持在1m/s以上 ② 对于干燥较慢的木材，在堆垛时可适当增加隔条的厚度
	沿材堆高度方向	主要原因是沿材堆的高度方向介质的循环速度分布不均	要做好干燥室介质循环的导向。在自然循环干燥室内，材堆沿高度方向的垂直气道不合理，或者没留垂直气道，加热管最好放在材堆底部；在强制循环干燥室内，要注意使介质循环速度沿材堆的高度方向均匀分布，如设置挡风板与导向板，或干燥室的侧墙做成斜壁等
	沿材堆横断面上	① 材堆内木材的规格，厚度不统一 ② 干燥薄板时，两块木材重叠堆积或者是多块木材重叠堆积 ③ 宽木料在自然循环干燥室内，干燥时往往会产生干燥不均匀	① 在制材时统一规格，使木材厚度一致 ② 合理堆积木材 ③ 对于有条件的单位来说，可把宽木材用强制循环干燥室来干燥

思　考　题

1. 木材干燥前的准备工作有哪些？
2. 隔条的作用是什么？如何使用？
3. 堆垛时的注意事项有哪些？
4. 木材干燥前的预处理方法有哪些？
5. 简述检验板的种类及选制原则。
6. 如何正确使用检验板？
7. 简述木材干燥基准及其分类。
8. 木材干燥基准的编制方法有哪些？
9. 简述木材干燥基准的编制依据。
10. 典型木材干燥工艺过程包括哪些？
11. 木材干燥实施过程中各阶段处理的目的和意义是什么？
12. 木材干燥质量指标有哪些？
13. 如何正确保管干燥后的木材？
14. 木材干燥缺陷产生的原因及预防措施？

主要参考文献

顾炼百. 1998. 木材工业实用大全木材干燥卷. 北京：中国林业出版社

顾炼百. 2002. 木材干燥“锯材室干前的预处理”. 林产工业，29(2)：46～47

顾炼百. 2003. 木材加工工艺学. 北京：中国林业出版社

王喜明. 2007. 木材干燥学. 3版. 北京：中国林业出版社

王喜明. 2008. 木材干燥实用技术问答. 北京：化学工业出版社

翟思勇. 1997. 木材室干实务. 台湾：木工家具杂志社

张璧光. 2005. 实用木材干燥技术. 北京：化学工业出版社

中华人民共和国国家标准《锯材干燥质量》GB/T6491—2012

中华人民共和国林业行业标准《锯材室干工艺规程》LY/T1068—2002

第 7 章　木材干燥过程控制

7.1　概　　述

木材干燥过程的控制是干燥工序的重要部分，直接关系到木材干燥质量的好坏、干燥周期的长短和干燥能耗的高低。好的控制是操作人员与控制设备的有机结合，再先进的控制系统，如果没有操作人员的正确操作也不会发挥实际效用。因此，干燥过程控制的前提就是要有经过良好培训的操作人员，确保他们对木材干燥知识、设备及控制系统软硬件有较全面的认识。

木材干燥过程的控制，目前多按木材当时含水率，按优化干燥基准表，半自动或全自动地控制干燥室中干燥介质的温度、湿度状态。控制系统按其使用能源来分，有气动、电动、液动和机械式控制之别。有的附加气-电转换单元，采用气、电混合控制方式。早期的气动式较多，近年来主要是电控式。例如，介质的温度主要是通过电磁法（有被电动调节阀取代的趋势）控制加热器进气量，湿度主要是通过电动执行机构控制进排气阀的开度及通过电磁阀控制喷蒸来实现。由于木材含水率和应力变化的自动检测技术尚不成熟，因此半自动控制应用较多。

木材干燥过程控制的基本要求是保证干燥过程监控参数与所选干燥基准参数的一致性，提高干燥设备的生产效率，保证干燥质量，降低干燥能耗。所以控制系统应能稳定、可靠、迅速地控制木材干燥基准参数达到优化值，操作人员应对木材干燥常识及设备和控制系统软硬件有较全面的认识。

木材干燥过程控制的目的如下。

1）保证木材干燥的质量。木材干燥质量的主要指标（见 6.4.1）是含水率达到要求，并在允许的误差范围内，而且木材干燥后不能有明显的干燥缺陷，如开裂、变形等，有时对木材干燥后的外观和色泽也有要求，如要求不能变色等。木材干燥控制的首要目的就是在各种干扰条件下，保持干燥后含水率的均匀性，且木材质量无明显降等现象的发生，以最大限度地减小企业因干燥而引起的经济损失。

2）将干燥过程尽量调节到优化基准状态，即在保持干燥质量的前提下，使干燥设备效率高、能耗低，木材降等损失最小等。

3）节省人力，使人为因素失误的可能性降到最低，同时降低人工成本。

4）提高干燥设备运转的安全性，减少发生火灾、干燥降等、严重机械故障等的发生。

为达到以上目的，首先是操作人员对木材干燥常识有较好的理解和掌握、对干燥设备和控制系统软硬件有较全面的认识，其次要求干燥设备及控制系统能稳定、可靠、迅速地控制木材干燥基准参数达到优化值，包括木材干燥过程中含水率的测量，温度、湿度的测量与校准，干燥室内风向及气流的控制，及时进行设备操作、维修等。

7.1.1　干燥过程中监控参数及主要影响因子

对已经掌握了一定干燥规律和经验的材种可采用时间基准，即介质温、湿度是与一定干燥时间相对应的；目前采用较多的是含水率基准，即基准表中的介质温、湿度是与木材含水率的不同阶段相对应的；为避免产生开裂等干燥缺陷，人们正在探索建立“介质温、湿度与干燥不同阶段木材的应力状态相对应”的应力基准。所以，为实现干燥过程的温、湿度自动控制，除需自动精确在线检测干燥过程中介质的温、湿度参数外，还需自动检测木材的含水率和应力的变化。

对于气流通道较长的干燥室，为保证材堆两侧干燥均匀，有的自控系统设置了风机自动换向装置。当检测到材堆两侧水分蒸发势相差较大时，自动改变介质循环方向，可在保证材堆两侧干燥均匀性的前提下降低风机能耗。

综上所述，木材干燥控制系统的监控参数，除了木材的含水率、干燥介质的温度和湿度外，实际上从干燥质量的总体出发，还应按照特定的基准控制木材的外观、干燥应力、含水率均匀性及减少干燥缺陷等。目前干燥过程中主要监控参数包括介质的温度、介质的湿度、木材含水率、木材干燥应力、介质流速等。随着干燥技术的发展，木材温度也将成为干燥过程的主要监控参数。

1）介质的温度是木材常规干燥过程中必须检测和控制的主要参数之一，通过调控进入加热器内的蒸汽量来控制。温度控制稳定性主要取决于木材干燥室所配置的加热器面积与被干燥木材的容量是否相匹配，如果加热器面积配比过小，则介质温度达到设定温度需要时间长，造成温度的下偏差大，面积配比过大，会造成加热的滞后效应加大，即阀门关闭后，加热器内仍充满了某一较高压力的饱和蒸汽，它还会释放出热量，使介质温度超过设定值很多，造成温度的上偏差大，从而导致介质温度波动性大。另外，温控仪表的控制方式所造成的影响也会影响温度控制稳定性，温度控制过程一般为：温度低于当时的设定下限值时，开启加热阀门，直到达到或高于设定上限值时加热阀门关闭，由于热惯性，同样会造成加热或停止加热的滞后效应，使介质的温度控制稳定性较差。

2）介质的湿度是木材常规干燥过程中必须检测和控制的另一主要参数，通过调控进排气系统和喷蒸阀门的启闭来控制。在干燥室气密性良好的情况下，湿度控制的稳定性主要取决于控制方式，在正常干燥阶段，当干燥室内介质的湿度高于设定值时，在确保喷蒸阀关闭的前提下，分阶段适当开启进排气系统至湿度降到符合干燥要求；当干燥室内介质的湿度低于设定值时，应先关闭进排气系统，利用自木材蒸发出的水分来逐渐增湿，一段时间后若仍不符合干燥基准要求，再开启喷蒸阀进行喷蒸。影响湿度提升的主要原因是进排气系统关闭不严或干燥室密封不好。

3）木材含水率是干燥过程干燥基准可靠实施的重要参数，因为含水率基准表中的介质温、湿度是与木材含水率的不同阶段相对应的。其检测精度直接影响木材的干燥质量和干燥周期。干燥过程多采用电阻式含水率仪实现其在线监测（详见 7.2），并在干燥过程的重要阶段抽取含水率检验板称重，以精确把握含水率（见 6.1.4），此内容将在参数检测一节里详述。

4）木材干燥应力是确保干燥质量的重要参数，人们一直在不断探索其检测技术，但目前尚不完善。

5）介质流速也是影响木材干燥质量的主要参数之一，合理控制流速，可在确保干燥速度、质量的前提下降低能耗。但在干燥设备安装完毕时，除特殊安装有变频电机的设备外，介质速度就已经确定，所以目前尚未控制该参数。

木材干燥的控制，就是以人工或自动的方式调节可操作元器件及设备部件，从而补偿各种干扰因素对干燥过程的影响，使各参数在人们期望的范围内，尽可能接近于所制定的木材干燥基准参数值，从而在保证木材干燥质量最大限度接近期望值的前提下，缩短干燥周期。

7.1.2　木材干燥监测与控制系统的要求

木材干燥监测与控制系统的要求是快速精确地实现参数监测，最大限度地满足控制要求，对控制系统的要求体现在以下几个方面。

1）准确性（稳态性）要求。即要求稳态误差（稳态时系统的期望控制参数值与实际达到的值之差）小。对于控制系统的最基本要求就是木材干燥质量必须符合国家标准或用户的要求，这首先取决于干燥设备的选型符合木材干燥的要求及木材干燥工艺的适应性，但控制系统的准确性也是满足干燥要求的必要条件。

2）稳定性要求。就是在控制过程中不允许出现超出误差范围的波动。如果木材干燥到某阶段时干燥基准所要求的温度和湿度波动太大，会严重影响木材的干燥质量。

3）动态性要求。动态性即反应速度，要求动态性高，即用较短的时间使干燥过程参数尽快稳定到干燥基准所设定的状态，从而减小由于温度或湿度波动而对木材干燥质量产生大的负面影响。

4）可靠性要求。主要是指木材干燥设备在长时间运转过程中，不能有大的性能衰退或某些部件的故障发生，也不允许控制系统误差过大或失效等。

5）可人为调控性要求。在全自控设备运行异常时，允许改为手动人为调控。

7.2　木材干燥过程监控参数测量

控制系统其实是监测与控制的总称，没有设备实时运行参数的监测也就不可能有良好的控制。下面介绍控制系统常用监控参数的测量及注意事项。

7.2.1　干燥介质温度和湿度

由于干燥基准中所规定的干燥介质温、湿度是指材堆入口侧介质的状态，因此温、湿度检测传感器探头在材堆出、入口侧都应设置，且能据介质循环方向及时自动切换监测数据，以确保其始终为材堆入口侧介质的状态参数值。目前，我国木材常规干燥设备仍不规范，大门大都在气道一侧（材堆出、入口侧），致使该侧无法设置检测装置探头。生产实际中使用的干燥设备，一部分仅单侧设置探头，另一部分将探头分别设置在大门侧和操作间侧气道的端壁（与材堆端头相对的室壁）上。对于前者，应测试把握干燥过程不同阶段材堆出、入口侧介质的温度差和湿度差的变化规律，并在风机换向时据此适时调整干燥基准；对于后者，则应测试把握气道端部和气道中介质状态的差异，进而适当调整干燥基准。

1. 干燥介质温度监测　温度测量仪表按测温方式可分为接触式和非接触式两大类。通常来说，接触式测温仪表比较简单、可靠，测量精度较高，但因测温元件与被测介质需要进行充分的热交换，需要一定的时间才能达到热平衡，所以存在测温的延迟现象，同时受耐高温材料的限制，不能应用于很高的温度测量；非接触式测温仪表是通过热辐射原理来测量温度的，测温元件不需与被测介质接触，测温范围广，不受测温上限的限制，也不会破坏被测物体的温度场，反应速度一般也比较快，但受到物体的发射率、测量距离、烟尘和水汽等外界因素的影响，其测量误差较大。

温度测量仪表的选用应考虑适用性、可靠性和经济性。适用性主要考虑使用环境、测温范围、精确度，并符合安装及使用要求。随着检测技术的发展及上述温度测量仪表的选用原则，木材干燥生产上，传统的带保护管的工业温度计、双金属温度计、压力式温度计基本上已被淘汰，取而代之的是金属热电阻、金属热电偶等温度计，但由于热电阻式温度计或热电偶式温度计使用时间较长后易发生漂移现象，故多用高精度玻璃温度计进行定期校正。

常规干燥过程中干燥介质温度监测基本上都用金属热电阻测温系统。

其由金属热电阻温度传感器、连接导线和测温仪表三部分组成。热电阻温度传感器是基于金属导体或半导体的电阻值与温度呈一定函数关系的特性来进行温度测量的。金属材料的电阻值随温度的增加而增加，铂、铜等金属的电阻-温度特性呈线性关系，根据金属的这种电阻与温度的关系，通过测电阻即可计算出温度。它的主要特点是测量精度高，灵敏度高，性能稳定，不易发生故障，测温可靠。诸多金属中，由于铂具有高纯度，易接线，阻值大易检测，不易受温度、电磁场之外的其他因素影响等优点，因此铂热电阻（Pt10、Pt100、Pt1000）不仅在工业上被广泛用于高精度的温度测量，还被制成标准的基准仪，适用于中性和氧化性介质，其中 Pt100 应用最广泛，其次是铜热电阻（Cu50 和 Cu100，Cu50 应用最广泛），其精度高，适用于无腐蚀介质，但分度号后面的数值超过 150 易被氧化。热电阻温度计也可实现远距离测量，便于实现多点检测和自动控制和半自动控制；也便于实现温度自动化记录和超温自动报警等多种功能，是适合于木材干燥过程控制的一种比较理想的温度计。目前我国常规干燥设备干燥介质温度的监测基本上都选用 Pt100。

热电阻感温元件的引出线等各种导线电阻的变化会给温度测量带来影响。为消除引线电阻的影响，一般采用三线制或四线制。目前木材干燥生产中常采用铠装热电阻，其是由感温元件、引线、绝缘材料、不锈钢套管组合而成的坚实体。其感温元件是用细金属丝均匀地缠绕在绝缘材料制成的骨架上而成的，当被测介质中有温度梯度存在时，所测得的温度是感温元件所在范围内介质层中的平均温度。该种热电阻具有体形细长，热响应时间快，抗振动，使用寿命长等优点。

与热电阻配套的测温仪表种类较多，随着计算机技术的发展，传统的动圈式仪表已逐渐被淘汰，微机化、智能化的数显式测温、控温仪表的应用也已相当普遍。

使用金属热电阻测温系统时必须注意以下几点。

1）带金属铠装的热电阻有传热和散热损失，所以尽可能避免使用较长金属铠装探头将其传过壳体且部分铠装体裸露室外，以防止室外空气及温度较低壳体沿铠装体导热的影响。应将其安装在固定于壳体内壁的支架上或用聚四氟乙烯保护管取代金属铠装[保护管长度同金属热电偶保护管、感温元件（金属电阻丝及骨架）与管端齐平、感温元件除测温端缘外其他部分及引线与保护管间填充硅胶密封固定]。

2）正确设定仪表参数。主要是在仪表的传感器型号选择项中，选择与所用热电阻相匹配的型号（分度号）。

3）为了消除连接导线电阻变化的影响，建议选用 3 引线热电阻，采用三线制接法。

4）传感器校正。使用前应用高精度温度传感器进行校正：将与仪表正确连接的被校正传感器、1 个标定用高精度传感器的测头保护管用橡皮筋捆绑在一起（各测头尽可能接近），再将其先后置于沸水和冰水混合物中，分别记录各传感器在两种物体中的温度，使用 Excel 软件建立标定传感器测值为纵坐标、被校正传感器测值为横坐标的曲线及其回归方程，该方程即为对应传感器的校正关系式，干燥过程控制系统应使用该校正关系式对测值进行校正；或操作者据检测值和关系式把握精准值，进而可靠实施干燥基准。

金属热电偶温度传感器很少用于干燥介质温度检测，其多用于检查干燥过程中木材的温度分布及变化（见材温检测）。

2. 干燥介质湿度监测　常规干燥过程中干燥介质湿度测量的常用方法为干湿球温度计法、平衡含水率法、电子式湿敏传感器法。

（1）干湿球温度计法　测量原理如 3.2.2 节所述，但目前干燥设备所用干湿球温度传感器已由早先的玻璃管温度计升级为金属热电阻温度传感器（Pt100）。介质相对湿度可根据使用其测得的干球温度、干湿球温差，由表 2-6 查得；或据公式（可查阅相关文献获得）计算。干燥室干湿球温度计安装示意图见图 7-1。测量的主要注意事项如下。

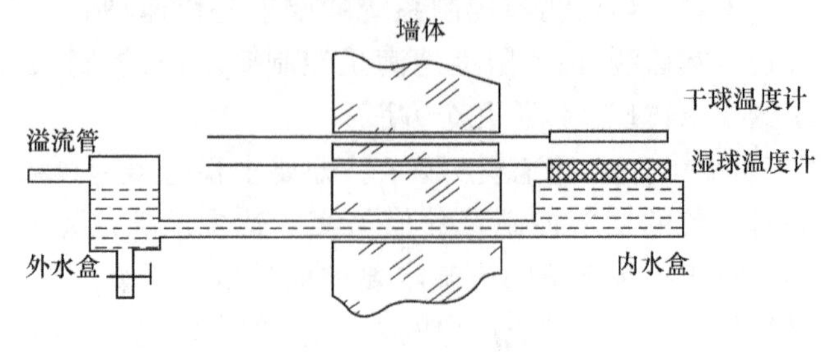

图 7-1　干湿球温度计

1）测量前应对两个传感器进行校正。即使不进行校正，也应至少把握两者的基础温差（不包纱布时两者的示数差），并在干燥过程介质温湿度监控时尽可能避免其影响。

2）两个传感器的感温部分（探头）位置应相近，装在干燥室内材堆的进风侧且具有代表性的位置，感湿纱包离干燥设备内壁的距离不小于 150mm，对于可逆循环干燥室，材堆两侧都应装温湿度传感器，以便任何时候都能以材堆进风侧的温湿度作为执行干燥基准的依据。

3）湿球温度传感器上应包覆医用脱脂纱布，层数适宜（经验值为 4），要及时更换（每一个干燥周期在装材前进行更换）。若纱布太厚，将无异于把湿球传感器浸于水中；若不及时更换，将因纱布变质而影响吸水性，两者都将反映不出实际干湿球温度差。

4）湿球温度传感器探头据水面距离应适宜（经验值为 30～40mm）并稳定[干燥室内、外水盒间连通管通畅、无泄露，外水盒（设置在操作间墙壁）最好设置浮子及自动加水装置]；水盒宜用铝、铜或不锈钢做成，避免锈蚀和污染水质。内水盒应加盖，内、外水盒均可排污。

（2）平衡含水率检测法　该方法实质上是使用电阻式含水率仪检测置于被测干燥介质中平衡含水率试片（亦称湿敏试片或感湿片，早期为薄木片、现多用专用纸片替代）的含水率及介质温度，进而据其查图 3-2 或查表 3-2 确定或计算介质的相对湿度。由于干燥介质状态改变后感湿片达到吸湿或解吸稳定状态需要一定时间，因此该检测法灵敏性较低。测量装置与电阻式温度传感器一起装在干燥室内前述适宜部位，所显示的平衡含水率应该是自动温度补偿后的值。目前我国木材常规干燥基准表中都列出了不同含水率阶段所对应的介质温度、干湿球温差、平衡含水率，部分基准还同时给出了相对湿度，所以实际干燥过程中可直接监控介质温度和平衡含水率，而不需要据其换算相对湿度。

平衡含水率测量装置如图 7-2 所示，包括平衡含水率传感器（装于干燥室内）、直流电阻式含水率测定仪（装于控制柜内）和连接导线。其中，平衡含水率传感器由感湿片、片夹和插座等组成。片夹实际上是一对电极，每副夹子两端装有带反力弹簧的压紧螺钉，夹子的一端有弹性插头。

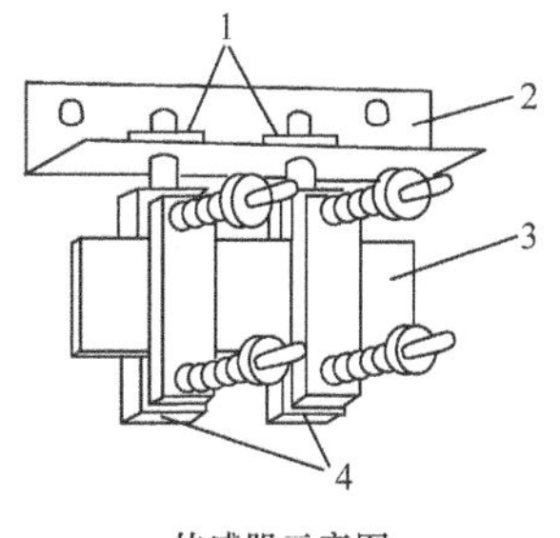

传感器示意图

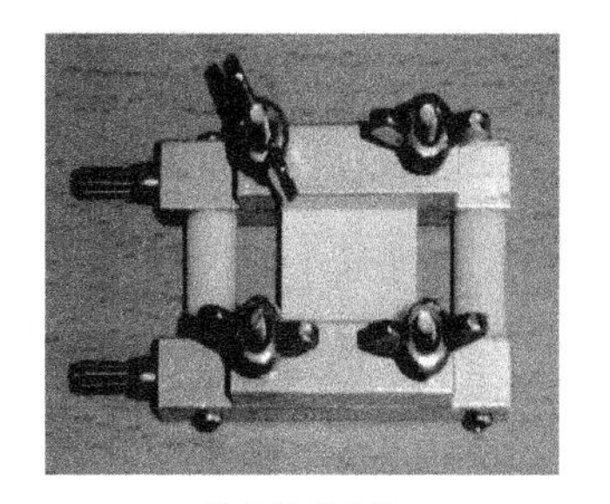
传感器实物图

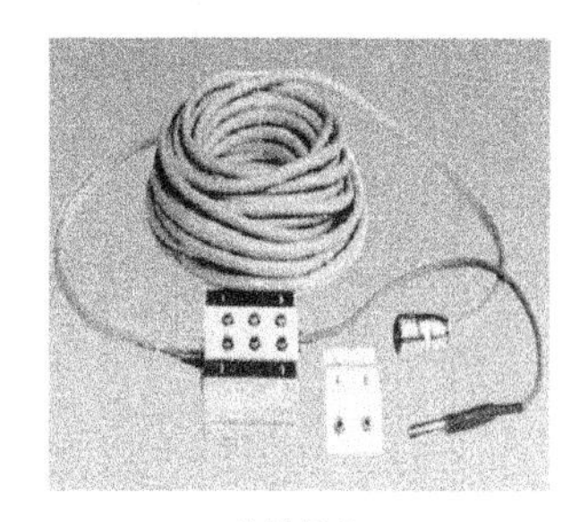
连接导航

图 7-2　平衡含水率测量装置

1. 接线柱；2. 插座；3. 感湿片；4. 片夹

由连接导线将传感器与操作间电控柜内的电阻式含水率测定仪相连接。使用时应注意：①感湿片若为薄木片，安装时应使其纵向木纹与试片夹相垂直。②传感器上方应装有防护挡板，防止水蒸气或冷凝水滴直接喷到或滴到感湿片上。③感湿片要在每一个干燥周期装材前进行更换，以避免“吸湿滞后”性质的影响。④确保接线可靠。

（3）电子式湿敏传感器检测法　电子式湿敏传感器的湿敏元件主要有电阻式、电容式两大类。

1）湿敏电阻。湿敏电阻的特点是在基片上覆盖一层用感湿材料制成的膜，当空气中的水蒸气吸附在感湿膜上时，元件的电阻率和电阻值都发生变化，利用这一特性即可测量其电阻率并据其计算空气湿度。湿敏电阻的种类很多，如金属氧化物湿敏电阻、硅湿敏电阻、陶瓷湿敏电阻等。湿敏电阻的优点是灵敏度高，主要缺点是线性度和产品的互换性差。

2）湿敏电容。湿敏电容一般是用高分子薄膜电容制成的，常用的高分子材料有聚苯乙烯、聚酰亚胺、酪酸醋酸纤维等。当环境湿度发生改变时，湿敏电容的介电常数发生变化，其电容量也相应地发生变化，电容变化量与相对湿度成正比。传感器的转换电路把湿敏电容变化量转换成电压变化量，对应于相对湿度（0～100%）的变化，传感器的输出呈 0～1V 的线性变化。湿敏电容的主要优点是灵敏度高、产品互换性好、响应速度快、湿度的滞后量小、便于制造、容易实现小型化和集成化，其精度一般比湿敏电阻要低一些。国外生产湿敏电容的主要厂家有 Humirel 公司、Philips 公司、Siemens 公司等。

3）其他湿敏元件。除电阻式、电容式湿敏元件之外，还有电解质离子型湿敏元件、重量型湿敏元件（利用感湿膜重量的变化来改变振荡频率）、光强型湿敏元件、声表面波湿敏元件等。

湿敏元件的线性度及抗污染性差，在检测环境湿度时，湿敏元件要长期暴露在待测环境中，很容易被污染而使测量精度及长期稳定性受影响。所以，上述湿敏元件多被制成集成式湿度传感器，或与铂热电阻等一起被集成为温度-湿度传感器。

总之，湿度传感器正朝着集成化、智能化、高精度、抗干扰、抗污染等方向发展。可据使用条件和要求选用。

3. 木材含水率的测量　木材含水率的测量方法很多，但在木材工业中常用的方法是称重法和电测法(详见 3.1.2)。

(1) 称重法　其是木材含水率测量的基本方法，也是校验其他方法准确性的基准。但测量时应注意：①避免试片称重前与环境进行湿交换；②试片烘至绝干时应及时称重，防止其因热分解而影响含水率测量精度；③试片锯解时，木材水分损失对烘干法测量精度的影响程度随含水率的升高而增大，计算含水率时，应适当考虑这种损失。称重法对于较大的测定对象来说，只能采用在对象的代表部位设置检验板，并将其分解为小试件或在干燥过程中定期取出截取含水率试片测量(详见 6.1.4)。

(2) 电测法　其又分为直流电阻式(简称电阻式)和交流介电式(电容式、高频式)。

在实际木材干燥中使用最多的是称重法和电阻法，一般在手动木材干燥控制中使用称重法或便携电阻式；半自动控制系统中采用便携电阻式或在线电阻式(带有显示单元)；全自动控制系统中绝大部分采用在线电阻式测量木材含水率。虽然电阻式含水率测量准确性稍差，尤其在高含水率范围内，但经过温度校正及树种校正后，基本上能够满足木材干燥过程控制的要求。

在使用电阻式含水率仪时应注意以下事项。

1) 树种修正。树种的影响主要是木材的构造及所含的电解质浓度，如内含物、灰分及无机盐等，而木材的密度对电阻率的影响较小。树种的分类可用没有含水率梯度的已知树种气干材，用电阻式含水率仪进行分档测试，并与烘干法进行对照实验，偏差最小的档即为该树种的修正档。

2) 温度修正。木材的温度升高，电阻率减小，含水率读数增加。电阻式木材含水率仪通常是在 20℃ 的室温下标定的，若测量温度不是 20℃，须进行修正。大约温度每增加 10℃，含水率读数约增加 1.5%。因此，将测量的读数减去这个数值才是真实的含水率。

比较好的测湿仪常带有温度修正旋钮。例如，国产 ST-85 型数字式木材含水率仪，温度修正范围为 −10～100℃。测量时只要将温度旋钮调到木材本身的温度值即可，仪器会自动进行修正，所测数值即为真实值。

3) 纹理方向。横纹方向的电阻率比顺纹方向大 2～3 倍。弦向略大于径向，但差异较小，一般可忽略不计。仪表的标定通常是以横向电阻率作为依据的，测量时须注意测量方向与纹理方向垂直。若在顺纹方向测量，所测数值将比真实值大。但也有以顺纹电阻率作为仪表设计依据的，如测量平衡含水率的感湿木片，其两个木片夹必须沿横纹理方向夹住木片，即测量木片的顺纹电阻率。

4) 探针插入木材的深度和两极距离。测量木材含水率通常采用针状电极，将电极插入木材内部。针状电极探测器有二针二极，也有四针二极，使用无多大差别。有的还配有不同长度的探针，以便适应不同厚度木材的含水率测量。由于电阻率与两电极之间的距离及探针的几何尺寸有关，因此探针的形状是电阻式含水率仪设计时确定的，使用时一定要用配套的探针。为便于安装电极，有些干燥室内所用木材干燥过程中含水率仪没有配整体式探针，只有分离式探针、电极导线及其头部装、卸探针的卡头。使用时要注意，两电极探针的安装距离应符合说明书的要求。探针有绝缘探针，也有无绝缘探针。前者只暴露其端头，可测量木材内部某一层次的含水率。而后者全针暴露，所测接近整个插入范围内最湿部分的含水率。若被测木材表面有冷凝水或被水湿润，采用无绝缘探针将会产生较大的误差。探针插入深度应为板厚的 1/5～1/4，这样所测的含水率将接近于沿整个厚度的平均含水率。若插入厚度是板厚的一半，则测得的是心层较高的含水率。上述结论适合于常规室干过程中木材的含水率检测，对于其他干燥方式，由于干燥过程中木材内部含水率分布不同，所以探针插入深度应据实测的含水率分布规律来确定。

7.2.2 木材干燥应力

干燥应力的发生及发展与干燥工艺有关，并直接影响干燥质量。因此，干燥过程中必须了解和掌握应力的变化情况，以便确定最佳基准；干燥结束后的质量检验，也需要测知其残余干燥应力。

干燥应力测定的方法可归纳为实测法、切片法和分析法三种(详见 4.7.2 和 6.1.4)。

7.2.3 干燥过程中木材温度监测

干燥过程中木材的温度分布及变化的精准监测，对于优化干燥基准、提高干燥质量和缩短干燥周期具有重要意义。我国的木材干燥设备，目前虽尚未对木材温度进行监测，但将来有增设的趋势。诸多温度检测装置中，金属热电偶测温元件由于线径较细、柔软、耐用、不需要铠装即可埋入木材需测温部位的预钻孔中，操作便捷，所以推荐使用该种温度传感器实现材温监测。

金属热电偶温度监测系统由热电偶温度传感器、连接导线和测温仪表三部分组成。

热电偶测温元件是两种不同材料的导体或半导体，其中一端互相焊在一起，作为工作端(测温端)，与被测接触；另一端不焊接，作为自由端(参比端或冷端)，直接或通过补偿导线与测温仪表相连接。当测温端和参比端存在温差时，就会在回路中产生热电动势和热电流，这种现象称为热电效应。当热电偶的材料及冷端的温度一定时，回路中的热电动势即是测温端温度的单值函数，可通过仪表以毫伏值或直接换算成温度值显示出来。与热电偶配套的测温仪表种类较多，微机化、智能化的数显式测温、控温仪表的应用也已相当普遍。

虽然热电偶温度计因需要冷端温度补偿而精度不及铂电阻温度计，但已能满足木材温度监测精度的需要。

常用热电偶的型号及其特点如下，可据需要选择。

最常用T型(铜-康铜)热电偶：正极为纯铜丝，负极为铜镍合金丝(铜55%，镍45%)，测温范围为−200～350℃，特点是测温灵敏度及准确度都较高，尤其是低温性能好，价格便宜。

其次是E型(镍铬-康铜)热电偶：正极为镍铬合金丝(镍90%，铬10%，)，负极为铜镍合金丝(铜55%，镍45%)，测温范围为−200～900℃，特点是热电动势较大，价格便宜。

金属热电偶的使用注意事项如下。

1) 测温端正负极合金丝可靠焊接，合金丝与其外部绝缘皮间用硅胶等密封，之后用聚四氟乙烯保护管保护(保护管长度以将其自锯材侧面埋入至所需的最深测点时留在材外部分刚好能用手指捏持为准、测头基本与管端齐平、保护管与绝缘皮间填充硅胶密封固定)。

2) 正确接线。热电偶接线有正负极，应将其与支持同型号热电偶测温的信号巡检仪的对应接线端子可靠连接。极性的简单判定法：①用颜色来区分，红或绿的多为正极，白或灰的为负极。②用万用表测量。③与巡检仪接线后看显示的温度走势，室温下手捏测温头后若温度升高则极性正确，反之两线调换。

3) 正确设定仪表参数。主要是在仪表的传感器型号选择项中，选择与所用热电偶相匹配的型号。若所用传感器型号未知，可在该选项中任选一型号，手捏测温头待显示值稳定后，若该值与体温接近则型号匹配正确，否则重选试验，直至仪表配型正确。

4) 传感器校正。使用前应用高精度温度传感器进行校正：将与仪表正确连接的诸多被校正传感器、1个标定用高精度传感器的测头保护管用橡皮筋捆绑在一起(各测头尽可能接近)，再将其先后置于沸水和冰水混合物中，分别记录各传感器在两种物体中的温度，使用Excel软件建立标定传感器测值为纵坐标、各被校正传感器测值为横坐标的多条直线，以及各直线的回归方程，该方程即为对应传感器的校正关系式，干燥过程中使用各传感器对木材温度分布的测值需用对应的校正关系式校正。

7.3　木材干燥控制系统

木材干燥是一项包含有多种不定因素的复杂过程，通过改变木材干燥室内的温度和湿度，控制木材内部含水率指标，使其按一定的工艺要求缓慢降低，满足不同用途木材的干燥质量要求。因此，木材干燥过程的控制实际上就是对干燥介质条件的控制。

常规木材干燥室中，干燥工艺条件的核心内容是含水率干燥基准，干燥介质的温度和湿度是与木材在干燥过程中实际含水率的变化相对应的。因此，若对干燥过程进行控制，必须要随时检测木材的实际含水率，根据木材含水率所对应的干燥基准中相应阶段来控制干燥介质的温度和湿度。所以，干燥室控制系统的作用就是适时地测量干燥室内干燥介质的温度、湿度或平衡含水率，以及被干木材在干燥过程中的实际含水率等，然后按照给定的干燥工艺条件，控制各执行机构的工作，合理地调节干燥介质的温度、湿度或平衡含水率，以完成整个木材干燥过程。干燥室的各执行机构是相对独立的，调整干燥介质的温度由加热器阀门控制加热器内的蒸汽量完成；调整干燥介质的湿度由喷蒸管阀门控制喷蒸量和进排气道阀门控制进排气量完成。

木材干燥控制技术的发展自20世纪80年代开始，先后经历了从手动控制、半自动控制、全自动控制，到基于串行通信的分布式计算机远程控制的发展过程。手动控制是最基本的控制方式，也是半自动控制和全自动控制系统的基础。随着计算机网络应用技术的不断发展与普及，利用计算机、网络技术来控制木材干燥过程，能起到保证木材干燥质量、缩短干燥周期、降低能耗、提高生产率的作用，因此研究开发计算机自动控制、网络远程控制系统及其相关技术，也是木材干燥技术研究领域里的重要课题和方向之一。

7.3.1　手动控制

1. *手动控制系统*　　干燥室的手动控制也叫作人工控制，其主要操作过程是：①根据干燥木材的种类及规格，参考国家林业行业标准《锯材室干工艺规程》或依工厂经验制定干燥基准；②含水率检验板选取及含水率的测量；③按要求码垛及将含水率检验板放置于具有代表性的位置；④干燥过程控制，木材实际含水率的变化通过对检验板的称重并依据初含水率计算或直接用电阻式含水率仪测量得到；干燥介质的温度控制是通过观察干球温度计的数值、调节加热器的手动阀门来实现的；干燥介质的湿度控制根据被干木材是处于热湿处理阶段还是处于干燥阶段这两种情况分别对喷蒸管的手动阀门或进排气的手动阀门进行操作。处于热湿处理阶段时在进排气阀门关严后调节喷蒸的手动阀门控制湿度；处于干燥阶段时调节进排气阀门开度及喷蒸阀关闭控制湿度。干燥室内气流换向依靠人工间隔一定时间启动或关闭电动机的按钮来完成。

手动控制设备比较简单，成本低，但要求操作者具备一定的木材干燥基本知识和生产实践经验，操作过程相对比较复杂、技术性比较强。在我国的木材干燥设备中，尤其是小型企业中还有部分应用。近年来随着监控仪表的涌现及成本的不断降低，手动控制也正在逐渐被半自动及全自动控制系统所取代。但由于手动控制直观和可靠性强，几乎所有的半自动及全自动控制系统都将其作为一个备份，即一旦半自动或全自动控制系统失灵或有特殊情况发生，就要用手动来完成；在安装和调试过程中也用来检验半自动或全自动控制系统的正确性。但是手动控制使操作人员劳动负荷较大，主要依靠操作人员凭经验控制干燥过程，从而导致干燥质量不易保证，干燥能耗偏高，给木材干燥带来较大的损失。所以，自动控制系统逐步取代手动控制系统势在必行，是木材干燥技术发展和生产的需要。

2. *手动控制系统示例*　　比较典型的手动控制系统包括风机的控制，加热、喷蒸及进排气的控制，风机的控制一般较简单，通过控制箱上的按钮进行操作，控制风机的开启和停止。比较复杂的是干燥过程中的温度和湿度的控制过程，常规干燥中主要是控制加热、喷蒸管路上的阀门及进排气装置的开启与关闭，图 7-3 中示出了加热和喷蒸控制中截止阀的布置简图。

木材干燥前，首先根据所干燥木材的树种、规格及其用途、最终含水率等质量要求，选择和制定相应的干燥基准，本例中所用干燥基准如表 7-1 所示，干燥过程控制如下。

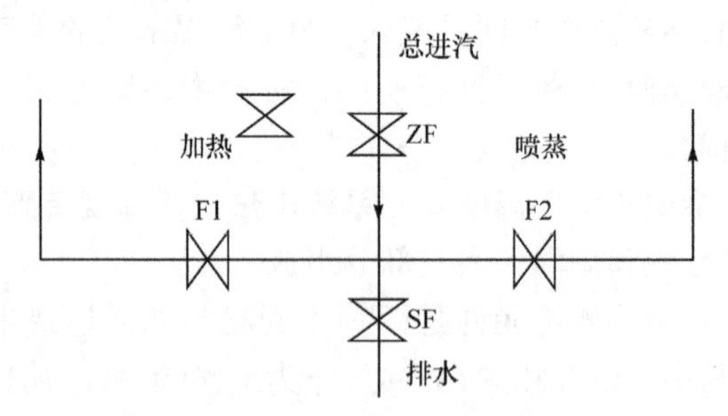

图 7-3　木材干燥手动温度控制系统简图

ZF. 总进气阀；SF. 总管排水阀；F1. 加热截止阀；F2. 喷蒸截止阀

表 7-1　干燥基准示例

含水率/%	干球温度/℃	湿球温度/℃
≥40	50	48
40～30	53	50
30～25	58	52
25～20	65	55
20～15	70	55
15～12	75	55
<12	80	58

1) 干燥设备的检查，如风机转动是否正常，总进气阀是否打开，疏水阀前的截止阀是否打开，等等。

2) 干燥室中木材的码放，是木材干燥质量影响较大的因素之一，按要求用隔条将木材码好，并按要求在材堆适当位置放好木材含水率检验板，干燥室大门密封好。

3) 用称重法或便携电阻式含水率仪测量木材试验板含水率数值，如果初含水率大于 30%，则要进行干燥预处理；如果含水率小于 30%，则依干燥工艺规程规定，从表 7-1 中查询对应的干、湿球温度值(在此假设初含水率为 28%，则从干燥基准表中查得干燥室中干球温度应为 58℃，湿球温度应为 52℃)。

4) 开启木材干燥室的风机，开启总进气阀(ZF)，然后，开启总管排水阀(SF)，放出管道中的水，待出来的已经没有水时，关闭此截止阀，开启加热截止阀(F1)，此时不能马上开启喷蒸阀，因为干燥室和木材材堆的温度都不高，容易在表面开成大量的凝结水。

5) 先将干燥室内升温至 45℃左右，此时开启喷蒸截止阀(F2)，使干、湿球温度同时升高，此时应适当关小加热截止阀的开度，使喷蒸起主导作用，喷蒸启动时不仅增加湿度，同时还会释放出大量的热量使温度升高。当干湿球温差接近选定木材干燥基准此阶段规定值时(在本例中为 6℃)，注意调节加热和喷蒸截止阀的开度，使它们升温保持同步。当干球温度升至接近设定值(如低于设定值 2℃，应根据干燥设备具体情况而定，如干燥室的加热面积配比较大，则此值应大一些)时,关闭加热阀,因为在干燥室内的散热器中充满着高温高压的水蒸气,即使关闭了加热阀,干燥室中的温度也会继续上升。当湿球温度升至木材基准的规定值时,关闭喷蒸截止阀,进入正常的木材干燥阶段。

6) 木材干燥过程中水分不断迁出木材,即空气中水分不断地增加,随着干燥的进行,湿球温度会不断上升,当超过设定值 2℃时,应打开进排气装置,使干燥室中的湿空气与外界新鲜空气进行交换,从而降低干燥室中的湿度,使湿球温度恢复至设定值(注意,此过程中应确认喷蒸截止阀处于关闭状态);当湿球温度降至设定值时应马上关闭进排气装置,因为过多地降低湿球温度会使干燥室中湿度过小,木材干燥中容易出现缺陷,另外,也会使干燥室中的温度波动太大,也不利于木材干燥的质量控制。

7) 在木材干燥过程中要不断检查木材含水率及干燥质量情况,一般每天检查一次即可,如果干燥易干材时可多次。每次检查木材的含水率值,对照干燥基准,进入下一阶段时,及时调整温度值,从而节约干燥时间与干燥能耗。检查干燥质量主要是开裂、变色等缺陷情况,如果发现木材干燥过程中锯材发生缺陷要马上采取必要的措施,如关闭进排气阀门、进行中间喷蒸处理等,及时进行补救,减少干燥降等损失。

8) 在正常干燥过程中,温度下降过程开始时应使加热截止阀保持一定的开度(不要过大,干燥操作人员应依干燥设备情况摸索经验),以使干燥室中不断有热量补充,这样干燥室中的湿空气的温度和湿度波动就不会太大,从而提高干燥质量。

9) 在干燥过程的中后期,即使进排气装置处于关闭状态,湿球温度可能也长时间都不会有大的变化,只要木材含水率还在继续下降,一般属于正常情况。因为木材干燥室的气密性的限制,会有部分湿空气不断地泄露出去,因此在湿球温度上看不出较大的变化。

10) 在干燥过程中,除非热湿处理阶段,一般应保持喷蒸截止阀处于关闭状态,主要依靠木材中蒸发出的水分维持湿球温度稳定。

11) 依要求对风机进行正反转的定时控制,使木材干燥在材堆宽度方向上能够均匀。

12) 干燥结束时,待室内温度下降至规定值后方可打开干燥室大门,否则,会因为木材中心与表层温度差过大而造成开裂,从而引起木材降等造成经济损失。

7.3.2 半自动控制

1. *半自动控制系统*　半自动控制是在手动控制的基础上,通过温度控制仪表、电动调节阀门和电动执行器来对干燥介质的温、湿度进行操控。温度控制仪表代替了手动控制的只读式温度仪表,电动调节阀门分别安装在加热器和喷蒸管的主管路上,代替了人工控制的手动加热器和喷蒸管的阀门,电动执行器代替了进排气道的手动开关。木材实际含水率的检测仍需要通过检验板来获得,但现在也有很多系统安装了木材含水率检测仪表。半自动控制目前是美国、德国、加拿大等发达国家应用最为广泛的一种控制方式(少部分实现了全自动控制),也是国内干燥行业应用最多的控制方式,它是反馈控制的最基本形式,也是全自动控制的基础。

手动控制过程可归结为测量被控制量—与给定值作比较求出偏差—根据偏差调节控制量以消除偏差三个步骤。所谓反馈控制系统就是通过检测这种偏差,并利用偏差去纠正偏差的控制系统。反馈就是指被控制量通过测量装置将信号返回控制量输入端,使之与控制量进行比较,结果就是偏差,控制系统再根据偏差的大小和方向进行调节,以使偏差减小,从而使被控制量与设定值一致,图 7-4 为控制流程图。如果将手动控制中操作人员的功能以一个自动化装置来对比,温度测量装置类似于人的眼睛,控制装置类似于人的大脑,执行元件类似于人的手,从而构成了一个采用反馈原理的自动控制系统。

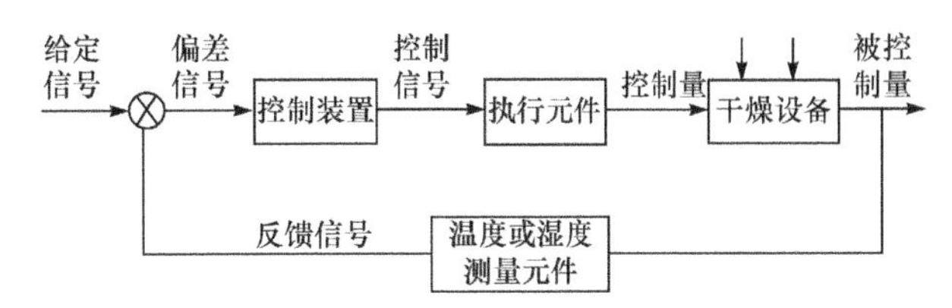

图 7-4　干燥过程参数(温度、湿度等)反馈控制(加热、喷蒸、进排气)流程图

半自动控制除温、湿度的控制外,与手动控制其他方面都是相同的。它是根据干燥基准的不同阶段进行分段控制的,也就是当一个阶段的控制结束后,要重新设定下一个需要控制的干球温度和湿球温度的数值,再进行新的阶段性控制。每一阶段都要设定干球温度和湿球温度的数值,一直到干燥过程结束。换言之,半自动控制在某一特定干燥阶段内实行的基本上是自动控制,只在改变含水率阶段需要重新设定温、湿度时才由操作人员进行操作。

干球温度的控制精度,根据所使用的电动调节阀的种类不同而有所不同。电动调节阀有电气调节阀和电磁阀两种。电气调节阀属于连续量调节,这种阀门的控制精度比较好,但价格比较高。电磁阀属于开关量调节,这种阀门的控制精度差,但价格低,有的甚至比电动调节阀低十几倍。用于喷蒸管的电动阀,般采用电磁阀的较多。但一些进口干燥设备采用的都是电气调节阀。

用于进排气道的电动执行器可以做到开关量控制和连续量控制两种方式。以连续量控制为最佳方式，但对安装电动执行器的连杆机构要求的精度要高。否则，易使进排气道盖门产生误动作，影响木材干燥过程的正常进行。

近几年，出现了采用平衡含水率控制仪表与干球温度控制仪表相配合来间接检测干燥室内干燥介质的湿度的装置。但平衡含水率控制仪表也有不足之处，主要是湿敏纸片的测试范围有限，即温度不能超过85℃，湿度不能大于95%；有时还会产生反应滞后的现象。

风机的正反转操作仍由操作人员按一定的时间间隔进行操作，以保证材堆宽度方向上含水率的一致性。

半自动控制方式大大减轻了操作人员的劳动强度，使操作人员有精力去关注木材干燥质量等更重要的因素，而不只注意干燥室的运行稳定性，从而提高木材干燥质量。半自动控制系统运行比手动控制稳定了许多，且仪器成本也比自动控制便宜，比较适合于一般干燥设备台数不多的中小型企业应用。半自动控制只是控制湿空气的温、湿度以达到干燥工艺的要求，具体的干燥工艺参数还需有经验的技工来设定，因此操作人员的实际经验对干燥控制过程的各阶段参数设定至关重要。

目前应用较多的是采用智能仪表型的半自动控制系统，由于大多为大公司批量产品，仪表质量稳定，价格不太高且性能好，每个仪表均可进行温度设定和实际值的显示，还有位式动作灵敏度设定，上限、下限报警及PID调节等功能，且仪表进行温度校准为数字式，对于线路及其他影响因素可进行及时快速的校正。

此外，利用单片机进行半自动控制木材干燥也发展较快，单片机成本较低，编程也不复杂，配上合适的工艺电路及输入、输出设备，就可直接对木材干燥过程中的温、湿度进行半自动控制，且比仪表型有较大的优势，是专门设计用于木材干燥控制的。此外，单片机半自动控制系统还可作为二级控制单元成为全自动控制系统的一部分。

2. 半自动控制系统示例　手动控制是半自动控制系统的基础，因此在半自动控制系统中都包括一个旁路——手动控制部分，用于当半自动系统不正常时，由手动控制来维持和进行干燥过程的操作。半自动控制系统主要也是控制干燥窑中的温度和湿度。在半自动控制系统运行时，关闭手动部分截止阀（图7-5中F1和F2），打开半自动部分控制阀（图7-4中F3和F4）。

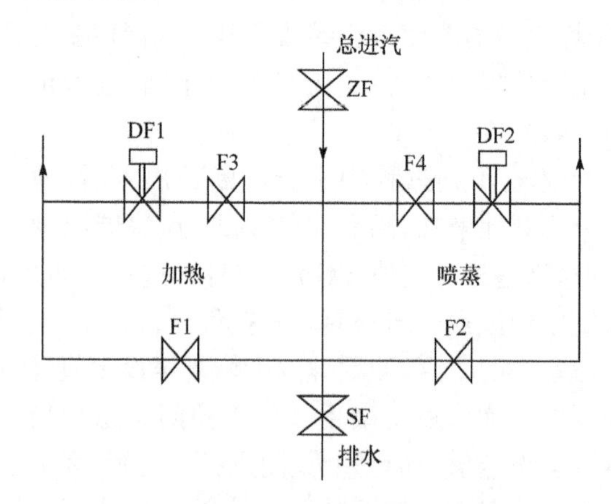

图7-5　木材干燥半自动控制系统简图

ZF. 总进气阀；SF. 总管排水阀；F1. 加热截止阀；F2. 喷蒸截止阀；F3、F4. 控制阀；DF1. 加热电磁阀；DF2. 喷蒸电磁阀

半自动控制系统与手动控制的不同点就是用仪表来保持干燥设备运行时的稳定性，以手动控制中的例子来讲，除温、湿度的设定外，其他均相同，干球和湿球温度值采用仪表设定，保持截止阀F3和F4的开启状态，由仪表来调节电磁阀DF1和DF2的动作，从而达到对干燥窑内温度和湿度的目的。在干湿球控制中，干球仪表控制加热电磁阀的动作，保持干燥窑内温度；湿球仪表控制喷蒸电磁阀和进排气装置的动作，保持干燥窑内的湿度。操作人员只要根据木材含水率所处干燥基准阶段对控制仪表的进行设定即可。其余方面与手动控制相同。半自动控制大大减轻了操作人员的劳动强度，也避免了由于操作人员注意力不集中等因素引起的木材干燥质量问题。

7.3.3　全自动控制

1. 全自动控制系统　全自动控制系统（图7-6）在半自动控制的基础上又迈进了一大步，基本实现了木材干燥过程的全反馈控制。全自动控制干燥设备在运行过程中不需要人工操作，只是在开始时由操作人员按被干木材的树种和规格确定合适的干燥基准，并将干燥基准按程序要求输入控制系统中，系统启动运行后一直到结束；当系统停止工作，就说明全部干燥过程结束。因此，全自动控制系统使操作人员能够同时管理多台干燥设备，提高生产效率，

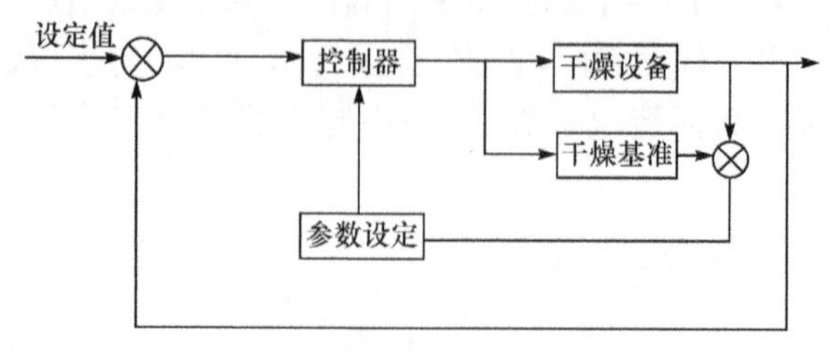

图7-6　全自动控制系统流程图

将是现代大型木材加工企业生产中的首选控制系统。但全自动控制的关键及难点在于干燥应力和含水率梯度的在线检测，目前已有的检测方法都存在一定的缺陷，使全自动控制系统的控制精度和可信度大大降低。所以，今后干燥过程全自动控制的重点将在于解决控制参数在线测试精度这一难题。

20 世纪 90 年代以来，随着工业控制用计算机技术的发展日臻成熟，控制类软件也多种多样，计算机技术开始应用到干燥设备控制系统中。由于应用了计算机技术，木材干燥控制系统的控制水平有了很大程度的提高，木材干燥质量得到了进一步的保证。计算机自动控制系统是采用光隔离输入输出卡(I/O卡)及通信接口把外部控制设备及元器件与计算机相连，由计算机中用户编辑好的控制程序通过检测系统对干燥过程中的温度、湿度、含水率等参数定时采集、并送入计算机系统中，然后与存储在计算机中的木材干燥工艺进行对比；当达到相应的阶段时，计算机输出信号，向执行机构发出一定的指令，电气调节阀或电动执行器根据给定的条件进行加热、喷湿、排气等动作，从而达到自动控制的目的。控制系统所控制的参数主要包括干燥室内干燥介质的温度、湿度和通风机的运转方向。由于电动机的转速一定，气流循环速度一般不作为控制参数。为了便于控制系统的计算机计算和控制，控制系统中引入了干燥势(有的也叫作干燥强度)这个概念。所谓干燥势就是在干燥过程中木材的实际含水率与在当时干燥介质条件下平衡含水率的比值。干燥势确定了，木材的实际含水率和所要达到的平衡含水率之间的差距就确定了。这样可以使木材不断得到干燥，但又总不能达到干燥介质的平衡含水率数值，直到将木材干燥到所要求的最终含水率。干燥势的具体数值一般都事先给定，根据计算和经验取 1.5～6 的较多。数值越小，干燥势越弱，干燥速度慢；数值越大，干燥势就越强，干燥速度快。

计算机自动控制系统具有以下优势：①降低干燥能耗。可以通过采集到的干、湿球温度计算出湿空气的焓值、水分含量等各项需要的参数，再与设定的标准值进行对比；同时可以快速计算出所需要的热量及蒸汽量或需排出的湿空气量，再通过加热、喷蒸管路及进排气阀及计量仪表来进行控制和反馈，就能达到精确控制湿空气状态的目的。②提高干燥质量。现行《木材干燥工艺规程》实际上是为手动及半自动控制所编制的基准形式，分为 4～6 个含水率阶段，含水率在 40%以下基本上以 5%为一干燥阶段，这主要是便于操作人员操作，而计算机控制则可以把含水率阶段分得更细，可把 1%～2%含水率作为一个阶段来进行控制，趋于连续基准干燥，这样木材干燥会更均匀，质量也会更好。因为含水率阶段范围越小，相邻干燥阶段之间干燥工艺参数差别也小，木材中含水率梯度在阶段变化过程中也不会很大，由此产生的干燥应力会显著减小，从而减少了木材干燥缺陷，提高了木材干燥质量。③便于控制和管理。所有在干燥过程中遇到的问题及解决方式都可以编程到计算机的用户程序中，当传感元件感受到相应的条件时，即可由计算机向相应的设备发出指令来使具体执行机构动作。此外，计算机还可以自动记录干燥过程中的参数变化情况，便于分析监测干燥过程的执行情况。但全自动控制系统的造价相对都比较高，目前还没有得到更广泛的应用，随着科学技术的发展，个人计算机也将逐渐应用到干燥设备中。

全自动控制系统一般能存贮一定数量的木材干燥基准，可通过输入干燥基准编号直接调出使用，也可以根据情况将现有基准进行部分或全部修改。系统有许多互锁机构，以保证木材干燥质量。例如，当风机停止运行时，加热、喷蒸阀及进排气阀门会自动关闭，以保证干燥室内的温度和湿度不会有大的波动。一般都使用电阻式木材含水率测量方式，虽然在高含水率时误差较大，但电测法的方便性可很好地用于自动控制系统中。系统会依木材的含水率阶段自动调整温度和湿度的设定值。全自动控制中，国外的设备大多采用电动调节阀作为加热和喷蒸的控制机构，因其开启不像电磁阀那样迅速，因此不会因蒸汽管道中的高压蒸汽而对加热器或其他设备造成冲击，从而延长了木材干燥设备的寿命。但同时，电动阀的成本很高。国内的许多厂家选用电磁阀作为控制元件，基本上也能够满足木材干燥控制的要求。

目前比较先进的仪表都是 PID 控制方式，也是反馈控制系统中的核心装置，但是在木材干燥过程中，由于干燥室中的加热器对于干燥过程中温度控制的缓冲很大，再加上木材干燥中一般锅炉蒸汽的压力并不十分稳定，因此还很难做到精确控制。而且，PID 方式在稳定性、准确性和快速性三者之间难以协调，加大比例控制作用可减少误差，准确性提高，但降低了稳定性。木材干燥设备中的控制通常是采用仪表本身的上下限报警功能输出信号，继而控制元器件动作，达到控制的目的。同一套控制系统用于不同设备上，控制效果可能差别很大，因此较简单的位式调节(开闭控制)对于木材干燥设备的适应性较好，使用电磁阀还可以减少许多设备费用开支。

在全自动控制系统中又可分为三种不同的方式。

(1) 时间基准控制系统　其是按干燥时间控制干燥过程，确定干燥介质的状态参数，它是在长期使用含水率基准的基础上总结出的经验干燥基准来进行过程控制。时间基准的控制系统，较以含水率为基准的控制系统简单易用。

(2) 含水率梯度控制系统　主要控制实际木材含水率与干燥介质对应的平衡含水率的比例。系统要连续测量木材干燥室内的温度和平衡含水率及木材含水率，木材含水率以预先设置在选定的几块检验板上的电阻含水率探针所测含水率的平均值为依据；平衡含水率则用平衡含水率测量装置直接测量，其测量原理与电阻式含水率测定仪相同。这种测量装置可与电阻温度计一起装在干燥室内，用来代替传统的干、湿球温度计，测量并控制干燥介质状态，尤其适用于计算机控制的干燥室，这种控制系统目前在生产现场的应用最为广泛。

(3) 称重为基础的控制系统　此种控制系统是将整个材堆的质量作为基本控制参数。干燥前，初选几块有代表性的木板测得初含水率，而整个材堆或部分材堆则由大型电子秤称重。干燥过程中，根据输出的电压与材堆的质量呈正比的关系来连续监测木材干燥过程中的含水率变化，然后再根据含水率所处阶段设定相应的干湿球温度。此种方式的含水率测量在含水率较高或较低时比电阻法准确可靠。但干燥初期为测量含水率需要破坏部分板材，同时，试样的选取对干燥系统的控制影响非常大。

目前较先进的全自动控制系统的特点是：利用最新软件技术，集成管理与控制，可监测气流速度、平衡含水率、木材含水率、木材温度、加热器内介质的温度、流量等参数，进行时间基准、含水率基准的控制，计算干燥费用(热、电消耗等)，甚至依用电高峰而设计节能程序等。

2. 全自动控制系统示例　与手动控制和半自动控制相比，全自动控制系统要复杂得多。一般由控制器、控制箱、伺服机构与干燥室构成一个统一整体，目前大多数自动控制系统都配有计算机。图 7-7 是一个较典型的全自动控制系统图。

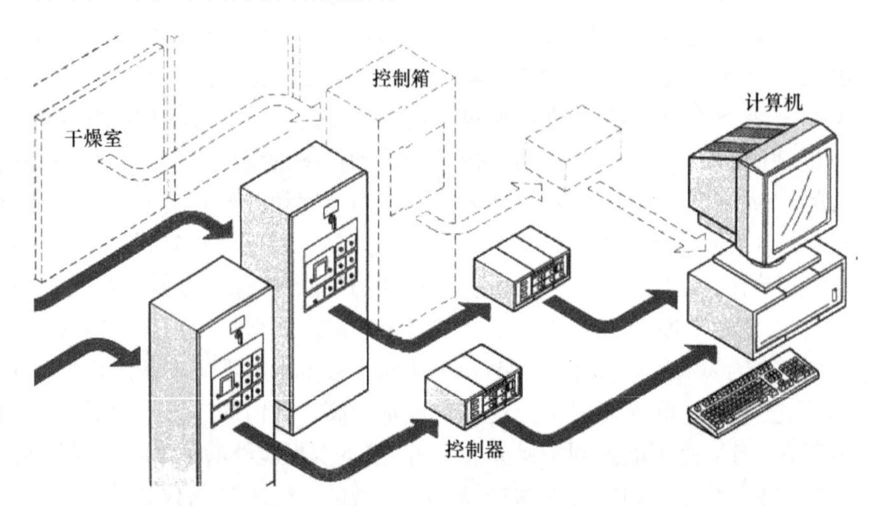

图 7-7　全自动控制系统构成图

控制器可根据操作人员指令自动调节干燥室的温度和相对湿度，根据被干燥木材含水率的变化依所选干燥基准自动改变干燥阶段温度和湿度设定值，且当达到木材最终含水率后，自动停止干燥程序。当超过预设的温度和湿度值时，自动停止操作并发出报警信号，一般配有 6 个木材含水率测点，有特殊需要时可适当增加。一台计算机可同时连接几台控制器，负责将干燥程序和指示输出给每个独立的控制器，同时也将干燥室内干燥情况记录下来。每个控制器都是完整和独立的，即使其中有的发生故障也不会影响其他控制器运行；而如果控制用的计算机发生故障，每个控制器均可独立完成所控制的干燥室至全部干燥程序完成。有关风机的转向调整方面，有的要手动控制箱的按钮进行，有的则直接由控制器来完成，同时还可设定转向的时间间隔。

全自动控制系统使用较为简单，与手动控制系统一样，先完成前三步的操作，主要的一步还包括在码材堆时将电阻含水率测量头钉在有代表性的试样上，并放在材堆中合适的位置，待材堆装室完成后将导线连接好。接通电源，启动系统，选好基准，设定终含水率值及自动记录时间间隔后，开始执行干燥过程。操作人员的主要任务是在干燥执行过程中检查设备及控制系统工作是否正常，检查木材干燥质量，如果出现问题及时采取补救措施。因此，对于自动控制系统，操作者必须要具有木材干燥生产技术的基本知识，熟悉并掌握干燥设备的性能，否则木材干燥过程中一旦出现了问题将束手无策，导致木材产生干燥缺陷，影响干燥质量；同时也不能充分发挥自动控制系统的优势作用。

图 7-8 是美国某公司生产的木材干燥室的全自

动控制系统框图。该系统由主机、控制器、PCM(信号采集处理器)、PLC(控制接口)及窑内设施等组成。各部分的功能如下。

(1) 主机　　由 PC 机构成,在 Windows 98 上运行 Lignomat 干燥窑控制软件。一台主机最多可控制 4 台控制器,实现如下功能。

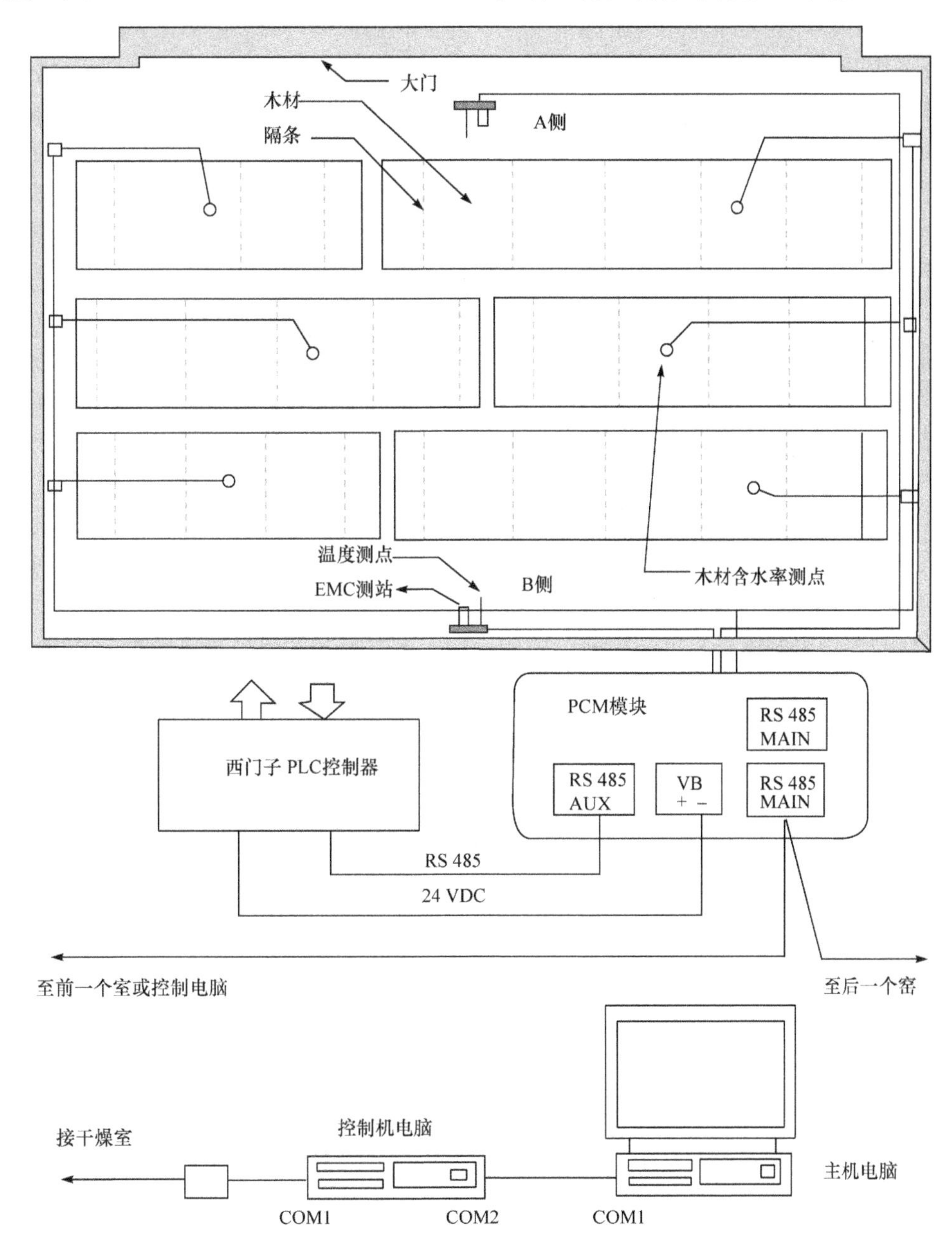

图 7-8　干燥控制系统框图

1) 人机交互。录入或修改干燥基准;启动或停止干燥窑;查询或分析各种记录;检查各窑状况;并可随时改变各窑设置等。

2) 自动记录各种信息。例如,MC、EMC、温度、风机状态、各启动器状态、各种操作及各种错误等,并提供文字及图形两种方式进行分析。

利用系统提供的各种分析功能,可不断调整干燥基准,提高烘干质量,节约费用,降低木材损耗率,减少人员数目等。

(2) 控制器　　由 PC 机构成,运行 DOS 软件。一台控制器最多可控制 16 个干燥窑,实现各窑的巡回监测和控制。

(3) PCM(信号采集处理器)　　Lignomat 专用设备,每窑使用一套。用以采集窑内的数据及处理该窑的控制。

每套 PCM 最多可处理 2 个温度传感器、2 个 EMC 传感器及 8 个 MC 探针,并可控制该窑的风机、加热、喷湿及排气设施。

(4) PLC(控制接口)　　采用西门子的通用可变程控制器,每窑使用一个。用于控制风机、加热、喷湿及排气窗等。

(5) 窑内设施　　包括 2 个温度传感器、2 个

EMC测站及6个MC探针等。

全自动控制系统的特点如下。

高可靠性：采用国际著名公司的产品或部件作为系统的组成部分，并有多年的实际应用经验。

直观易学：系统采用Windows 98中文界面，有图形显示，并附有联机帮助。

操作简便：开启、关闭干燥窑等日常操作仅需用鼠标选择窑号及木材种类即可。

功能强大：实时记录各种信息，并备有多种分析工具，用以不断改善烘干质量、提高效率。

使用安全：提供安全密码系统。用户可自行设定和更改操作员密码，防止误操作、保证运行安全。

维护性强：除PCM板外，全部采用通用设备。万一出现设备故障，用户自己也可以方便地进行更换，节省维护时间。

全自动控制系统的工作原理如下。

用PCM采集窑内的温度、EMC(平衡含水率)、木材含水率等信息，并将其转换为数字信号传送至控制器，同时根据控制器传来的基准要求和当前窑内的状态，控制PLC来调节风机、加热阀、喷湿阀及排气窗，以保证窑内的温度、平衡含水率达到干燥基准的要求。

控制器不断查询各个PCM(最多可查询16个PCM)的数据，并保存和记录各干燥窑的运行状态，如是否开启、干燥进程、当前温度、EMC、MC及风机运行状况等，同时不断刷新各个PCM的基准数据，完成干燥过程。即使关闭主机，控制机也可以独立完成整个干燥过程。

主机主要用于输入、修改和保存各种干燥基准和干燥记录，提供一个友善的人机交互界面，便于观察、调整各窑的状态，并提供多种分析工具，对干燥窑及干燥过程进行分析，用以改善干燥过程和进行设备检查及维护。

7.3.4 木材干燥远程控制技术

除全自动控制器外，在干燥设备较多的场合，一般都使用计算机进行网络控制，一台计算机将几台甚至几十台木材干燥设备连接起来，统一管理。在计算机上可设定各干燥室的参数，同时也可自动记录干燥过程中的参数变化情况，为企业分析木材干燥质量提供可靠依据。同时，还可进行网上远程管理，由设备制造商进行系统分析，从而省却了企业很大的一笔用于支付维护的费用。

木材干燥远程控制系统一般分为3级：远程控制端、本地遥控端、前端控制器。每间干燥室各配备1个单片机系统，与室内的传感器、执行器相连接。每若干台单片机再通过通信接口，连接到一个主机上。同样，若干台主机可通过互联网，连接到远程服务器上。单片机系统的功能单片机系统位于干燥室测量与控制的前端，执行对木材干燥环境参数、木材状态和设备状态的测量与调节功能。主机通过与各单片机的连接，为各干燥室选用适当的干燥基准，实时了解干燥进程和设备状况，必要时还可对室内设备进行直接控制。主机采用抗干扰性能强的工控机，加上适当的通信接口，可为用户提供详细的有关木材干燥、设备性能等方面的信息与帮助。主机还具有系统演示、操作指南、选择和修订干燥基准、控制单片机系统、监控干燥室内状态、与远程服务器通信、打印和记录等多项功能。研究木材干燥的专家和学者可以从远程服务器直接登录到各地的主机上，实时观察、会诊干燥室内状况。木材干燥远程控制系统将网络技术与木材干燥智能控制系统相结合，通过网络，专家可利用远程主控设备，对木材干燥系统实施监测、控制，为用户提供咨询服务。

木材干燥远程控制系统能够提高木材的干燥质量和干燥效率，能够弥补当前木材干燥自动控制系统的不足，其网络技术的应用，也可使远隔千里的木材干燥厂家通过网络方便地与远程主控工作站的木材干燥专家建立联系，解决生产中出现的问题。木材干燥远程控制系统的研究和应用现处于起步阶段，但得益于其工作状态稳定和工作方式灵活，必将受到业内重视，成为木材干燥控制技术发展的主要方向。

1. 现代控制技术简介　从理论上来看，效果不错的许多控制方式在实际应用过程中会遇到很大困难，与设计初衷有很大差距。这主要是因为：①在木材干燥过程控制系统的设计中，对于干燥过程的复杂性，即非线性和时间的滞后性认识不足；②木材干燥应力等一些木材干燥质量指标不能直接测量反馈到控制系统中；③干燥控制系统的模型是建立在近似的基础上，对实际干燥过程进行了简化处理，忽略了许多因素；④控制量和被控制量不止一个，且互相之间存在着一定的依存关系，互相制约，如利用干、湿球温差来控制湿度时，温度的变化会直接引起相对湿度的变化。为了解决这些困难，人们模仿人类大脑的思维方式研制出了新型控制系统——智能控制系统。在人工智能控制中，用于过程控制的方法主要有三种，它们是模糊逻辑控制、专家系统和神经网络控制系统。

2. 模糊逻辑控制　模糊逻辑控制的数学基础是模糊逻辑，是"软计算"的一个分支。"软计算"是解决复杂控制问题的有力工具。模糊逻辑控制是以模糊集合理论为基础，运用语言变量和模糊逻辑理论，用微机(单片机即可)实现的智能控制,它不需要确知被控对象的数学模型。

采用模糊控制可分为 3 个阶段,在第一阶段,将不精确的系统参数模糊化,转换为表示程度的语言参数(一般为 NB、NM、NS、O、PS、PM、PB 七级)。第二阶段是建立"若 A 且 B 则 C"类型的控制规则,将模糊参数和控制规则按一定的模糊算法进行计算,得出控制量的模糊集合。第三阶段是进行模糊决策,由模糊集合推导出精确的控制量经输出直接去控制对象。

由图 7-9 可知,模糊控制与一般反馈控制组成的基本环节是一致的,即由控制对象、控制器和反馈通道等环节组成。但两者设计方法不同,模糊控制不受控制对象数学模型束缚,而是利用模糊语言,采用条件语句组成的语句模型,来确立各参数的控制规则,并在实际调试中经人工反复修正,然后通过计算机采用查表法找出相应的模糊控制量,最后经一定加权运算后得到实际控制量再加到被控对象上。

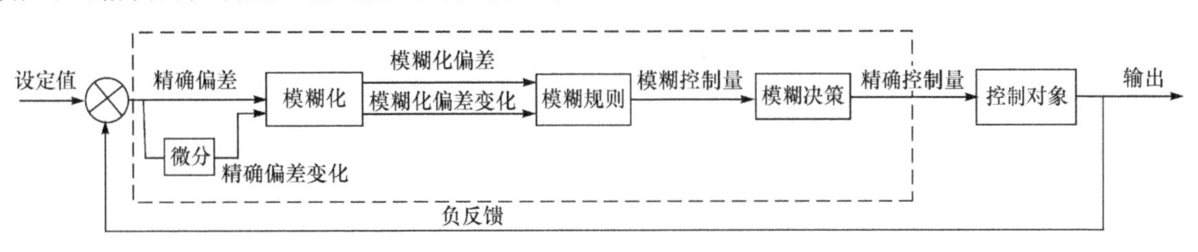

图 7-9　模糊逻辑控制的方框图

木材干燥过程中温度的模糊控制例子如下:先进行采样,获取温度(输入变量)的精确值,并计算误差和误差的变化值;然后将计算的精确值进行模糊处理,变成选定区域上的模糊集合;依模糊控制及推理规则,计算输出控制的模糊量;最后将输出控制模糊量解模糊(查询数据库)得到输出精确控制量(在温度控制中是电动阀的开度大小)。其中最重要的一点是拟定模糊规则,此规则是据操作人员的经验和科学实验的结果概括和总结出来的。

3. *专家系统*　专家系统可以看作一个计算机程序,具有知识表示与处理的能力,用其来解决系统控制问题,决策水平可同高级的专门技术人员相媲美(图 7-10)。

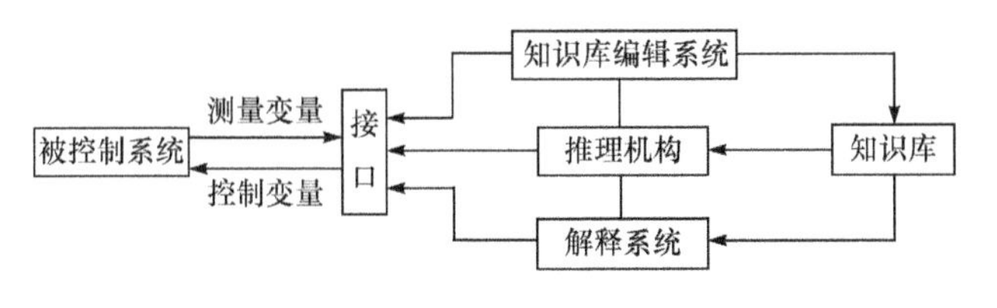

图 7-10　典型专家系统方框图

专家系统的核心是知识库,知识库中按一定的结构储存了尽可能多的人类所掌握的被控制规律等知识,并且人类可以不断注入新的知识,系统本身也可通过自身具备的学习能力积累更新知识。在推理机构的控制下,专家系统自动运用知识库中的知识对输入的多个测量变量进行分析判断,综合做出控制决策,然后输出到被控制系统完成控制动作。专家系统的决策过程模仿了人脑的思维活动,即根据已有的知识和经验分析判断,可以处理复杂的、没有确定数量关系或无规律的问题,而且其决策水平会随着知识积累的增加而提高。

4. *神经网络控制系统*　人工神经网络的概念是受到生物神经网络启发而产生的,人工神经网络是信息处理器件,又称为神经元芯片,它采用简化的数学函数来近似地描述神经在大脑中的行为。生物神经,作为大脑的构件,其计算速度比构成计算机的基本元件数字逻辑电路慢得多。然而,生物神经网络中的推理快于计算机。大脑通过具有大量大规模互连的神经来补偿较慢的计算操作。人工神经网络模仿了大脑的结构和思考过程,它包含有大量处理元件,好似大脑的神经元。每个处理元件都具有简单的计算能力(如求加权输入的总和然后放大或对总和施加门限),它们依靠局部信息,并独立于其他处理元件进行计算。元件间以单向通信通道形式进行连接和信息传递,组成多种类型的神经网络。神经网络的三个要素如下。①拓扑结构:描述处理元件的数量和特征,组成网络层的组织和层间的连接。②学习:说明信息是如何存储在网络中及训练步骤。③恢复:描述从网络中检索所存储信息的方法。

神经网络在工程中有多种用途,包括信息的分析和控制。例如,神经网络与前述专家系统相结合,智能化处理信息,可以提高专家系统对知识和经验的自组织自学习能力,也可提高专家系统的推理能力。用神经网络构成的控制器,可以有效地应用于未知模型参数和极其复杂的场合,它可以通过输入经验数据和自学习,在掌握较小的测量变量的条件下估计模型、进行有效的控制,但是神经网络控制器的控制精度要差于有精确模型的模型控制。

思 考 题

1. 实施木材干燥监控的目的及意义是什么?
2. 木材干燥过程中主要监控参数有哪些?
3. 木材干燥控制系统的分类及特点?

主要参考文献

顾炼百. 1998.《木材工业实用大全》木材干燥卷. 北京:中国林业出版社

顾炼百. 2003. 木材加工工艺学. 北京:中国林业出版社,2003

韩宇林. 2007. 新型木材干燥检测控制系统设计. 林业机械与木工设备,(3):33~35

李萍. 2007. 基于单片机的木材干燥窑湿、温度测量仪表系统的设计. 交通科技与经济,(1):55~56

韦文代. 2004. 木材干燥专家系统的建立. 林业科技,(3):49~50

张璧光. 2005. 实用木材干燥技术. 北京:化学工业出版社

张振涛. 2004. 木材热泵干燥窑内的湿度模糊控制模型初探. 华北电力大学学报,(6):88~92

曾松伟. 2006. 基于 MSP 430 的木材干燥窑测控系统. 浙江林学院学报,(6):673~674

第8章　木材大气干燥

木材的大气干燥是指利用太阳能干燥木材的一种方法，又称为天然干燥、自然干燥，简称气干。它是将木材堆放在空旷的板院内或通风的棚舍下，利用环境空气中的热能和风能蒸发木材中的水分使之干燥。木材气干在生产中很早就广泛采用，工艺简单，容易实施。随着现代社会科学技术的发展和进步，木材干燥方法和形式也在不断改进完善，人工干燥在很大程度上替代了大气干燥，成为木材加工行业木材干燥形式的主流。但在场地和工期等条件允许的情况下，对木材进行人工干燥之前预先采用大气干燥，可以缩短干燥周期，有效降低企业干燥生产能耗、减少生产成本，是合理利用木材的一项重要措施。

木材大气干燥根据是否进行人工干预分为自然气干和强制气干两种。

8.1　大气干燥的原理和特点

在大气干燥过程中，干燥介质的热量来自太阳能和风能，因此大气干燥受当地气候条件的影响较大，各地大气干燥的特点差别较大。我国幅员辽阔，各地气候不同，各种木材气干终含水率也有显著差别。例如，在干寒的拉萨，平衡含水率的年平均值约为8.6%；而在湿热的海口，平衡含水率的年平均值约为17.3%。因此，使用气干时必须针对每一地区的气候与季节特点具体分析。

在利用大气中的热力蒸发木材水分的过程中，干燥介质的循环是依靠材堆之间和材堆之内的小气候区形成自然循环促使木材得到干燥。小气候对水分蒸发强度和材堆内的温度与气流循环方向有一定的关系，也影响成材的干燥速度和干燥质量。

在堆放木料的场地，其内部水分的蒸发强度，一般来讲材堆中央部分的最小，靠材堆边缘处稍大，一旦超过材堆后水分蒸发强度就成倍地增加。根据资料显示，在晴天，水分蒸发以下午风速为2m/s时最强，上午风速为1m/s时居中，无风的夜晚最小。从材堆中的位置来看，顶盖下水分蒸发最强，上部次之，下部最小。以材堆内和材堆外相比，中层在有风的下午，水分蒸发强度仅是材堆外空地上的1/5。但在有雾的寒夜，材堆中层的气温比材堆外却高些，此时，材堆中层的水分蒸发强度比空地的大。

材堆内的温度与气流循环方向，在一昼夜内也是有变化的。夏秋之间的晴天，8:00～17:00是材堆的加热期间。此时材堆顶盖的温度最高，材堆上部的温度比下部高，材堆外部的温度比内部高。温度高处的空气向温度低处流动，这样就形成了空气的流动是由顶层向下层，由材堆外向材堆内，然后由材堆下层排出的气流循环。在17:00～18:00至第二天清晨，顶盖与材堆四周的空气逐渐冷却。但在夏秋之间的晚间，材堆内部的空气温度却有可能保持不变，甚至还稍稍升高。此期间内空气由材堆内经过顶层和4个侧面流出材堆，材堆外较冷的空气同时经过材堆下部与堆基(foundation)流进材堆内，因而形成了与白天相反的气流循环。在材堆的加热和冷却过程中，循环气流将从木材内蒸发出来的水分带出材堆，并传给大气，从而使木材逐渐变干。

在生产实践中，应根据材堆小气候的变化规律采取合理的措施，利用小气候的作用，在保证气干质量的前提下，加快干燥进程。例如，为使整个材堆内的干燥速度均匀一致，在堆积时，可使每一层的板材之间的间隙，按照由外到内间隙逐步加大的方式进行排列。

木材大气干燥的主要优点：利用太阳能和风能，不需要电与蒸汽；不需要干燥室和设备；操作简单，容易实施；干燥成本低。

木材大气干燥的缺点：干燥条件受季节及气候的影响大，很难人为控制干燥过程，干燥质量难以保证；干燥周期长，占用场地面积较大；雨季时间长，木材易遭虫、菌侵蚀，会使木材降等；木材的最终含水率受当地木材平衡含水率限制，只能干到含水率为13%～17%，一般不能直接使用。

8.2　大气干燥的木材堆积

由于大气干燥不能人工调节温、湿度，因此堆积场地的要求、堆积方法(piling method)和管理方法是否适当，极大地影响干燥速度与干燥的均匀度。

8.2.1　板院

板院(lumber yard)，即堆放自然干燥木料的场地，又称为气干场。板院场地的选择，应注意以下几方面。

(1) 板院选择条件　　板院地势应平坦，有一定的向外排水坡度(2‰～5‰)，四周应有排水沟渠。通风要良好，空气干燥，不宜为高地、林木或建筑物遮挡。板院应杜绝火灾隐患，远离居民区，设置在锅炉房上风方向，并与锅炉房和其他建筑物之间保持一定的距离，距离锅炉房烟囱100m以上，距离企业生活区和社会居民区等其他有火源的地方 50m 以上。

(2) 板院平面布置　板院应按木材树种、规格分为若干材堆组，每材堆组内可有 4～10 个小材堆。组与组之间用纵横向通道隔开。纵向通道宜南北向，使材堆正面不受阳光直射，并与主风方向平行，与材堆长度方向平行。针叶树种锯材和阔叶树种锯材(材堆间距可根据树种特点适当调整)的材堆分组布置及具体排列如图 8-1 和图 8-2 所示。其中，纵向主通道一般为 6m、横向通道一般为 1.8～6m，可根据企业使用的搬运机械和干燥锯材长度确定。

(3) 板院管理　板院场地树木杂草要及时清除，坑洼处要用砂土或煤渣填平，场内排水不宜设明沟；一旦发现材堆上有霉菌、干腐菌的侵害，应及时分开木材并进行消毒。此外，材堆的周围应设消防水源和灭火工具库。

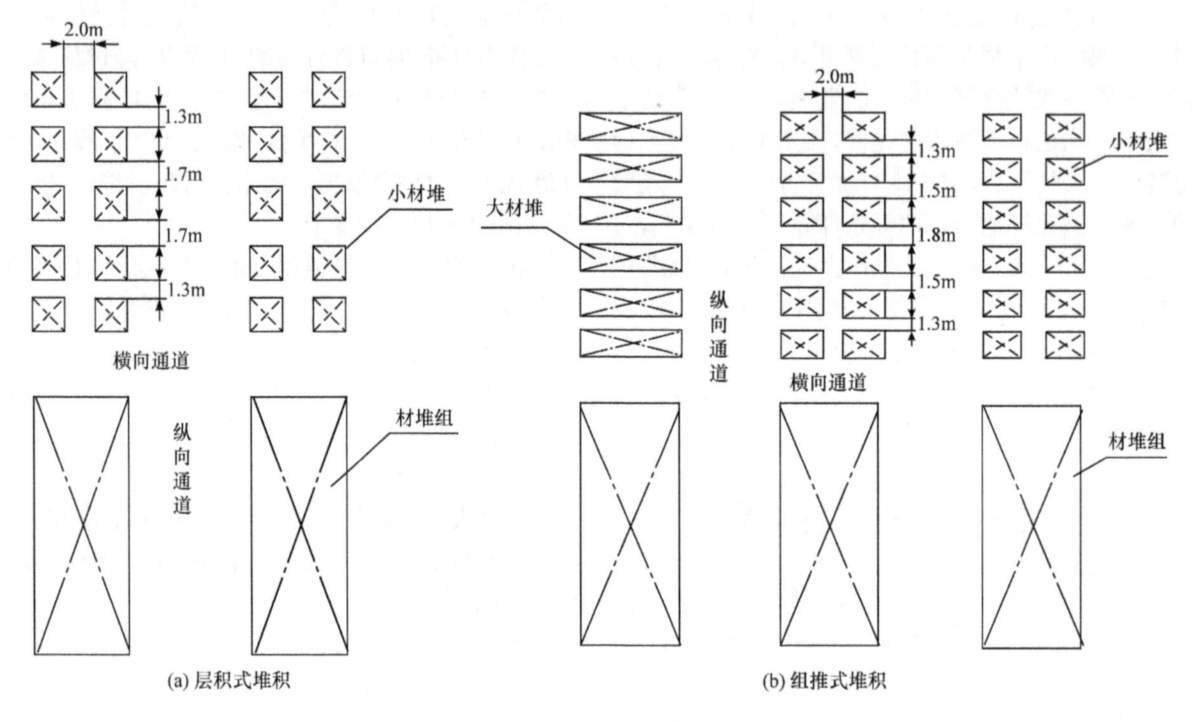

图 8-1　针叶树锯材材堆分组配置图

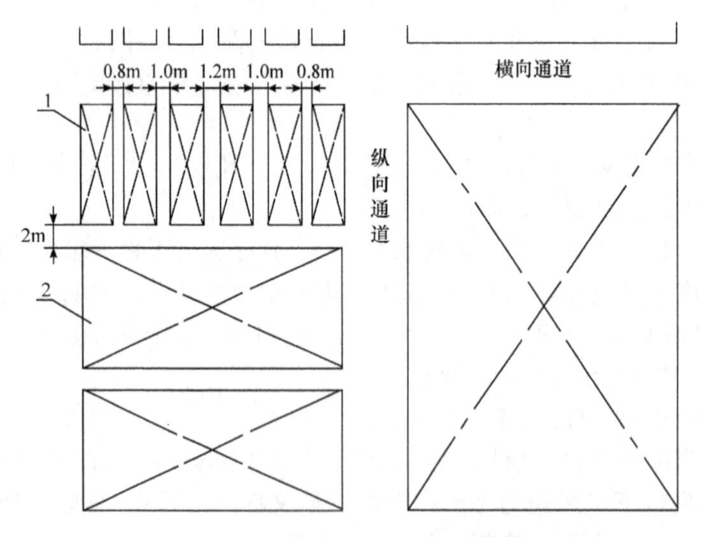

图 8-2　阔叶树锯材材堆分组配置图

8.2.2　材堆

为使木材得到干燥，必须使它和周围空气进行水分交换。因此，木材锯解后，应堆积在通风的地方，材垛堆积的好坏对木材干燥的影响很大。不同树种、规格的木材应分类堆积；同一个材堆中，只能堆积树种、厚度及初始含水率都相同的锯材。

大气干燥时每个材堆还应挂牌，标明树种、厚度、数量、堆积日期，以便定期翻堆，尽量使终含水率在木料中分布较均匀，保持木材的品质。

材堆在板院内布置应遵守如下原则：易青变、易发霉的针叶树木材的薄板放在板院迎风方向外侧周边；中板放在背主风的一侧，易开裂的硬阔叶树木材的厚板放在板院的中央；有青变或腐朽的等外木材放在板院的一隅。

（1）材堆堆基　　材堆堆基是为了使成材堆底留出保证空气在材堆内部和周围流动必需的自由空间，并使地面均匀地承受材堆质量，保持材堆保持平衡所特意设置的足够强度和稳定性的特殊结构基础。堆基一般应比地面高出 0.4～0.75m，以保证通风良好；易积水板院的堆基高度还应超过积水最高水位。一般来说，黄河流域及以北地区，堆基高度可采用 40～60cm，长江流域及以南地区可采用 50～75cm。

堆基可用钢筋混凝土、砖、石、木料制备，可移动，其形状及尺寸见图 8-3。木料堆基应进行防腐处理，可涂刷酚油或沥青等。堆基上面放置堆底桁条，桁条间距一般为薄材 1.3～1.6m、厚材 1.6～2.1m。桁条沿纵向最好有一定的倾斜度，便于排水。

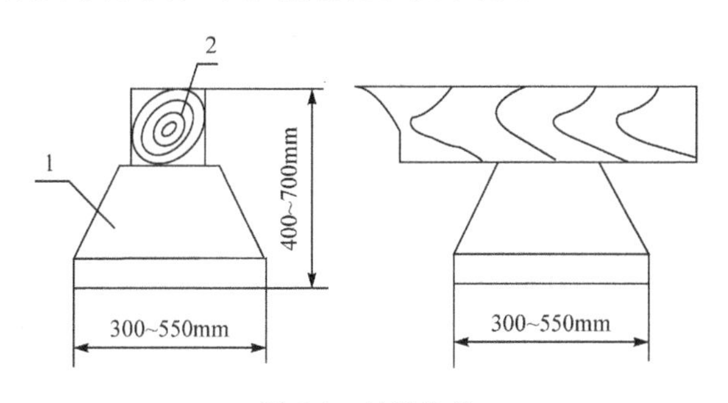

图 8-3　材堆堆基

1. 混凝土或木材堆基；2. 木材堆底桁条

（2）材堆尺寸　　材堆的大小与木料的树种、尺寸规格及堆积所用设备有关。材堆的宽度影响着干燥速度，一般针叶树材的材堆宽度与材长相等。各层板材之间用隔条隔开的材堆，阔叶树材的材堆宽度在南方为 2m，在北方为 4～5m；不用隔条而用板材一层一层地互相垂直堆成方整材堆时，材堆尺寸依板材的最大长度而异。材堆的一般形式见图 8-4。

材堆宽度随环境条件和树种而变化，易变色木材（如枫香）材堆宜窄，易开裂木材（如栎木）材堆宜宽。但材堆过宽则影响材堆下层木材内部干燥程度；有的特宽材堆中央留出 A 字形通风道，见图 8-5。采用叉机装卸材堆时，宽度可根据装运能力决定。一般标准宽度小于或等于 1.3m。若气干后再经人工干燥，其宽度应与干燥室的尺寸相匹配。材堆高度与干燥速度的均匀度有密切关系，具体由基础强度和堆积方法决定，一般手工堆积时高度为 2.7～4.8m；机械堆积高度可达 6～9m，堆置小坯件时可达 2～3m。高材堆可节省地面，但干燥速度慢，上下层木料干燥速度差异较大。阔叶树材大都采用较低的材堆。

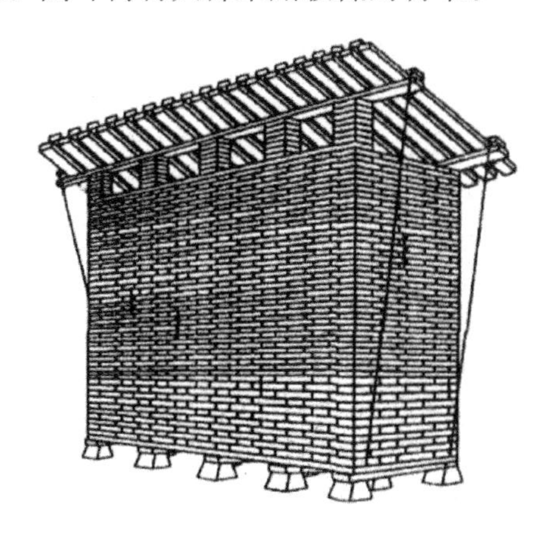

图 8-4　大气干燥的木材材堆

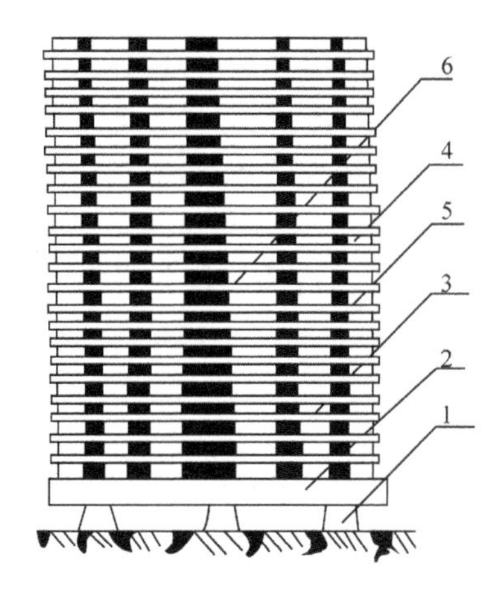

图 8-5　A 字形通风道材堆

1. 基础；2. 横梁；3. 隔条；4. 锯材；5. 边部气道；6. 中心气道

（3）材堆的板材间隙　　板材间隙主要取决于锯材树种、规格、含水率和季节。材堆内流动气流含有水分后，随自重增大而往下，与上升的热空气形成对流。通常两块板材之间的距离，为板材宽度的 20%～50%，最大不超过 100%。板材之间间隙较大，则上下通风良好，干燥加快；但间隙过大，材堆容积利用率降低。一般板材的间隙见表 8-1。材堆宽度方向的间隙还尽量要求形成垂直气道，气道的宽度以材堆宽度的 20%为宜。板材含水率较高时，间隙应宽些；当考虑树种不同时，针叶树板材应比阔叶树板材的间隙宽些；秋季和冬季堆积时，要留出比春季和夏季较大的间隙。

表 8-1　材堆内板材间横向间距

板材宽度/mm	间距尺寸/板宽
250 以下	1/2～3/4
250～450	1/3～1/2
450 以上	1/5～1/3
易表裂的树种	1/12～1/6

（4）隔条　　隔条是在大气干燥材堆中将相邻

两层木材均匀隔开，在材堆高度上造成水平气流通道，利于气流循环和加快干燥速度，保证材堆稳定性和干燥质量所用的木条。合理地使用隔条，不但可以保证材堆的稳定性和干燥质量，而且可造成适宜的水平气道，利于气流循环和加快干燥速度。

隔条尺寸和间距如表 8-2 所示，隔条要求用气干(接近当地自然干燥含水率)、无边材、无腐朽和贯通裂、通直的针叶材或软阔叶材制作，厚度公差为±1mm。实际生产中，为避免因隔条尺寸规格太多带来作业不便，对常规锯材厚度，即 27～65mm 板材，一般统一使用厚 25～30mm、宽 30～40mm 的隔条。例如，当使用横断面为 25mm×35mm 隔条时，堆积薄板时将隔条平放，堆积厚板时可将隔条侧立放置。生产中可通过改变隔条厚度来加快或放慢材堆干燥速度，隔条厚，空隙大，有利于锯材气干。一般对于是较厚或含水率较大的板材，隔条应厚些；干燥软材时隔条可以厚些，干燥硬材时隔条应薄些；气候潮湿季节隔条可厚些；干旱季节隔条要薄一些；材堆上、下部使用的隔条厚度可不同，材堆下部隔条可厚些，上部隔条可薄些。

表 8-2　隔条尺寸和间距 (单位：mm)

板材厚度	隔条间距	隔条厚度
18～20	300～400	20
20～25	400～500	25
40～50	500～600	30
50～65	700～800	35
65～80	900	40
>80	1 000	45

堆积材垛时，各层隔条必须上下垂直对齐，不应有交错、倾斜现象，隔条与被干燥锯材长度方向垂直。材堆两端的隔条应与板端齐平，以防止端裂，如锯材长度公差较大，可一端垫条与板端齐平，另一端近似齐平。锯材长短不一时，应将短材放在材堆中部，长材放在两侧。在短材对接或交错搭接时，在材堆内部的短板端部下面增设垫条。

材堆中隔条间距依据锯材树种和厚度而异，如表 8-2 所示，隔条间距越大，通风越良好，但间隔过大，又容易造成板材的翘曲变形。阔叶树锯材，隔条间距不超过材厚的 25 倍，针叶树锯材，隔条间距不超过材厚的 30 倍。

(5) 材堆的通气道　　材堆的通气道(通风口)是为加快气干速度，在材堆内按一定要求设置的气流通道，包括板材横向之间间隙、隔条造成的板材上下间隙、小材堆之间的水平通风道和大材堆、材堆组之间的垂直气流通道。通气道的大小与锯材干燥有着密切的关系。通气道过小，往往会造成木材的变色、发霉和腐蚀；通气道过大，虽然对干燥有利，但却减少了堆积量。

垂直通气道，是沿着材堆高度上留出的垂直气流通道。它有两种形式，一种是上下宽度一致，另一种是上窄下宽，依材堆宽度、高度和板材间隙而异。一般情况下，上下宽度一致的垂直通气道，其宽度为板材间隙的 3 倍；上窄下宽的垂直通气道，上部宽 0.2m，下部宽 0.5m。垂直通气道的高度可以为材堆高，也可以为材堆高度的 2/3。为加速材堆底部板材干燥速度，可设置 2 个或 3 个垂直通气道。

实际生产过程中，在材堆内堆积同一宽度整边板时，应从材堆两侧向中央均匀地加大横向间距并在材堆的高度上形成垂直气道，材堆中央横向间距可为材堆边缘的 3 倍。材堆垂直通气道在材长大于 6m 时，锯材的材堆中央应留有宽度为 0.2～0.4m 的垂直通气道(针叶树材大、阔叶树材小)。垂直通气道通常设在材堆中央下部(在材堆高度自下部算起 0.5～0.6m 的部位)，也可以与材堆高度相同。

水平通气道，是沿着材堆宽度上设置的水平气道，主要是为了增加材堆的横向通风。一般是自材堆底层起，每隔 1m 高(或一个小材堆)采用加厚隔条或托盘设置一个高度为 10～15cm 的水平通气道。水平通风口可用隔条或板材叠放而成。

(6) 材堆顶盖　　木材露天堆积，不能改善气干条件。在材堆的顶部设置顶盖，以防止阳光直射和遮住雨雪，可以改善干燥质量，减少木材损失，并缩短干燥时间。气候潮湿的地区给材堆加设顶盖能显著改善木材的干燥条件，在气候干燥的地区加设顶盖在一定程度上能防止干燥缺陷。

顶盖应从材堆前端向后端倾斜，带有 6%～12% 的坡度；同时向前端伸出 0.75m，后端及两侧伸出 0.5m。顶盖的材料可采用劣质板材铺设，外加油毡、防水纸等防水层。顶盖必须牢固地缚在材堆上。顶盖的固定方式有斜面、固定式和移动式，如图 8-6 所示。

(7) 材堆堆积方法　　大气干燥时，材堆堆积方法与自然循环木材干燥室材堆堆积方法相似，但当大气干燥和其他干燥方法实施联合干燥时，材堆一次堆积成功，与强制循环干燥时材堆堆积方法相同。

板院内木料堆积方式较多，一般采用水平堆积(平堆，flat stacking)，如图 8-6 所示。而对于特殊规格的木材，如尺寸较小的针叶材、软阔叶材和比较不易开裂的硬阔叶材，在数量不大的情况下，可分别选用效果较好的堆积法，如图 8-7 所示。例如，将木板互相垂直搭靠成交叉形的叉形堆法、互相水平搭靠成

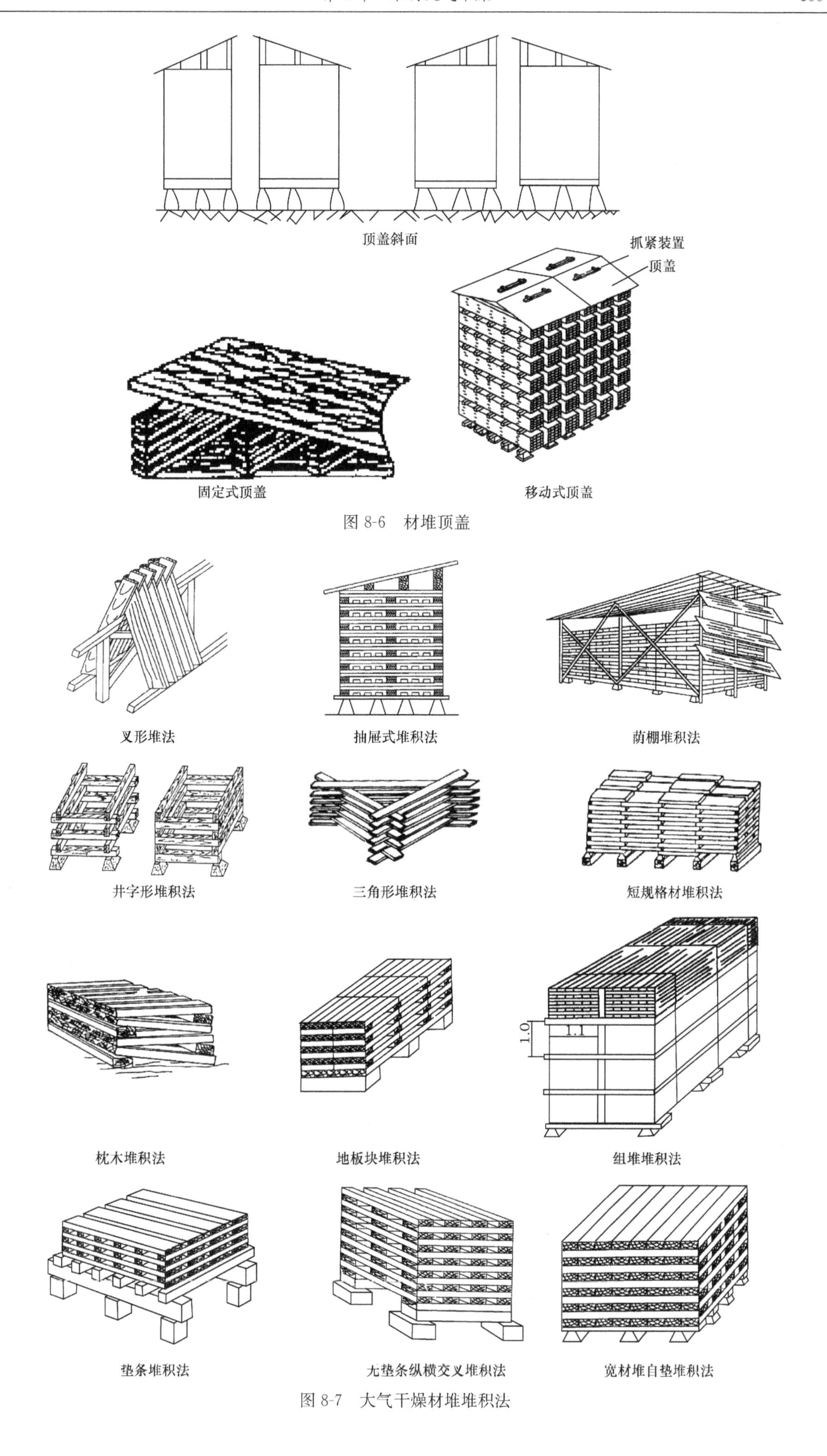

图 8-6　材堆顶盖

图 8-7　大气干燥材堆堆积法

三角形的三角形堆法、枕木堆积法、家具及建筑用短规格木板的堆积法、锹及铲柄等短小毛坯料采用的井字形堆积法等。

实际生产中，堆积法以平堆法应用最普遍。为了防止硬阔叶树板材的开裂，堆积时须将正板面向下；半径向锯切的长板材放在材堆的两侧，弦切板及短的板材放在材堆的中间；厚度大于 60mm 的湿板材，当含水率下降到 35%之后，最好翻堆一次，将上下部、侧中部对换一下。厚度在 40mm 以上的板材，其端部可涂沥青、涂料等。平堆、斜堆(slope piling)与其他堆积法相比较，干燥较均匀，但易发生开裂和变形。

8.3 大气干燥的干燥周期

木材从湿材状态气干到平衡含水率所需要的时间，随着地区、季节、树种而不同。大气干燥的前一个月，在任何地区或任何季节，干燥速度都较快；而在随后的几个月则受地区和季节影响较大。大气干燥锯材要求达到的最终含水率越低，干燥周期越长。在周围环境空气相对湿度较高的情况下，一般不可能达到很低的含水率，特别在含水率低于 25%以后时，干燥速度明显下降。生产企业要在使用中达到满意的干燥效果，就必须根据具体情况采取适当的措施。

8.3.1 影响大气干燥速度和周期的因素

影响大气干燥速度和周期的因素有干燥期间的环境气候条件、所在地区平均木材平衡含水率、干燥起始时机、锯材树种、厚度规格、初含水率及最终含水率、堆积条件(板院场地、堆积方法)等，其中最主要的因素是气候条件。

(1) 气候条件　影响大气干燥的气候因素包括空气温度、湿度、风速、降雨量和日照量等，而尤其以空气的温度和湿度最为主要。大气干燥的干燥速度、干燥周期、最终含水率取决于实施锯材大气干燥企业所在地的气候条件。低温、潮湿地区，木材大气干燥速度较慢；炎热、干燥地区则干燥得较快。在高温干燥的季节堆积材堆进行大气干燥和低温阴湿季节进行大气干燥所需干燥周期也有明显差别，如在德国巴伐利亚州进行针叶材大气干燥，分别在 8 月的月初与月底堆积材堆开始干燥，干燥周期相差 4～5 倍，其中 8 月初堆积的材堆达到终含水率需 60d，8 月底堆积最长需要约 300d。

木材在温、湿度一定的条件下干燥一段时间，即达到平衡含水率。锯材在大气干燥时，要达到当地的木材平衡含水率需较长时间。其干燥速度的快慢，主要取决于当地的月平均平衡含水率，如美国威斯康星州(Wisconsin State)，气干板厚 2.5cm 的栎木，分别在 1 月、5 月、7 月和 10 月堆积，刚开始干燥后约一个月内，干燥速度几乎相近，但后期的干燥速度差别很大。该地区的气候在 4～9 月较暖，平均平衡含水率为 12.5%，干燥快；而冬季气温多在零度以下，平均平衡含水率为 14%～15%，干燥速度缓慢。此外，平衡含水率还随树种不同而异，即使是同一树种，它的心材和边材的含水率也有较大的差异。

在实际生产中，堆积在大气环境中的木材，其含水率总是随环境空气条件而变化，不会达到绝对的平衡状态。因此，所谓气干含水率，即大气干燥最终含水率实际上是指与该地区某一时期或某一时间段的平均木材平衡含水率相对平衡的含水率状态。

(2) 树种及规格　在大气干燥过程中，树种也是对木材气干周期影响较大的因素。密度较低的针叶材较密度较大的硬阔叶材干燥速度快，干燥周期短，且差别较大。锯材厚度对干燥影响也很大，大气干燥时环境温度低，木材内部水分向表层的移动缓慢。干燥锯材的材型为齐边板材时，干燥速度高于毛边板材。心材和边材干燥速度也不同，心材含水率一般较低，干燥速度较慢，边材含的水分较多，干燥速度较快。

(3) 板院场地及堆积方法　成材板院很重要，场地选择是否适当，纵横道路配置是否合理，以及通风方向、材堆在板院内的布置等，对于气干质量和效果都有很大的影响。

按照板院应具备的条件选择场地，可起到存放、利于锯材干燥的作用。为保证板院的通风良好，板院的纵向道路应与当地主导风向相平行。不同树种、厚度的锯材，要分区(组)堆放，难干硬阔叶树材、厚板堆在板院中央或比较潮湿的主导风向的下方，易干针叶树材、薄板应堆在板院外围或主导风向上方，以充分利用气候条件和板院小气候的作用，提高干燥速度和减少干燥缺陷。

成材堆置的正确与否，直接影响到干燥的速度和均匀度。堆置形式、堆置密度、材堆尺寸、材堆间距等，应根据气候条件、树种和规格的不同而异。一般要求是：一个材堆应堆放同树种、规格的成材；当厚度不同的成材须堆在一个材堆上时，薄料、短料应堆在上部，但同一层板材的厚度应当相同；材堆中还应留有气流通道，材堆中间的板材间隙宽而外边的窄，以保证均匀干燥；使用隔条时，在材堆高度上，隔条应放在同一条垂线上，以免发生板材的翘曲变形。

8.3.2 干燥周期

锯材大气干燥所需延续时间即所谓的干燥周期，

受当地环境气候条件、锯材干燥速度等制约。目前很多企业都是依据本企业以往干燥记录和经验总结推测不同季节、不同树种、不同规格锯材的干燥周期，也可参考环境条件相近地区的干燥生产经验或科研实验成果推测。

中国林业科学研究院在北京地区对东北产的 10 种木材进行气干周期的测定，厚度为 20～40mm 的板材，由初含水率 60%干燥到终含水率 15%，所需的天数如表 8-3 所示。由于 4 月、5 月是平衡含水率最低的季节(月平均值各为 8.5%、9.8%)，因此在初夏易于干燥。难以气干的树种与易于气干的树种所需干燥周期的比值约为 4∶1；冬季气干和夏季气干所需干燥周期的比值约为 2∶1。

表 8-3　各树种随堆积季节不同的气干周期

(单位：d)

树种	晚冬至初春干燥周期	初夏干燥周期	初秋干燥周期	晚秋至冬初干燥周期
红松	55	16	42	54
落叶松	57	47	66	94
白松	—	13	—	23
水曲柳	59	38	50	102
紫椴	—	12	35	28
裂叶榆	39	16	33	39
桦木	53	22	69	46
山杨	55	—	37	30
核桃楸	52	20	43	43
槭木	—	28	62	58

注：表中数据为北京地区的

美国麦迪逊林产品研究所的试验报告中，在相当于法国气候条件下，大气干燥 27mm 厚不同树种板材，其干燥周期如表 8-4 所示。法国木材技术中心所进行的锯材大气干燥实验，结果如表 8-5 所示，可供参考。

表 8-4　美国麦迪逊林产品研究所锯材大气干燥实验结果

树种	干燥周期/月
俄勒冈松	1～6
欧洲赤松	2～6
云杉	3～6
板栗木	2～5
白蜡木	2～6
槭木	2～6
核桃木	3～6
桦木	3～7
山毛榉	3～7
栎木	4～10

表 8-5　法国木材技术中心锯材大气干燥试验结果

树种	厚度/mm	木材含水率/%		堆积日期	干燥时间/周
		初含水率	终含水率		
云杉	27	80	13	6 月	6
北美黄杉	27	55	13	6 月	6
雪松	30	40	16	4 月	4
冷杉	27	60	20	7 月	2
冷杉	27	100～120	20	7 月	3
欧洲赤松	51	100	15	3 月	10
海岸松	27	120～170	20～25	11 月	10～12
海岸松	27	120～70	17	4 月	5
海岸松	27	120～70	13～14	7 月	10
海岸松	27	120～70	15	8 月	5
杨木	27	80	14	3 月	8
杨木	27	80	14	5 月	4
杨木	40	80	14	4 月	10
杨木	40	80	14	5 月	6
山毛榉	34	120	25	3 月	19～20
栎木	27	82	20	3 月	19
栎木	27	80	18	12 月	26
栎木	27	80	15	12 月	32

法国热带林业技术中心在喀麦隆的杜阿拉和埃泽卡试验场及加蓬的利伯维尔进行了木材气干试验，结果表明：9 月采伐安哥拉密花树，11 月锯解成 30mm 后的锯材，11 月底堆垛，在喀麦隆的杜阿拉的气干试验结果如表 8-6 所示，干燥 30d 后，木材含水率降为 20%，达到当地使用含水率。

表 8-6　安哥拉密花树木材的自然干燥过程

干燥日数	材堆平均含水率/%	平均气温/℃	空气相对湿度		
			7:00	13:00	19:00
0	112	26	98	74	88
9	40	27	98	70	81
16	26	28	98	70	84
23	20.5	27	97	67	84
30	19.5	26	96	74	85
38	20	27	98	75	84

锯材大气干燥周期除上述通过实验和既往干燥生产经验推测外，还可根据通过实验总结的近似计算公式推测。这些计算公式是根据木材厚度、密度、干燥起始时间、环境木材平衡含水率等要素计算所得，其中的环境平衡含水率仅为某个时期的平均值，且木材每日含水率下降也是凭经验确定的近似值，所以据此所得的干燥周期为近似值，仅供企业生产管理参考。

在理论研究上亦有通过近似公式推测自然干燥周期的，因其最后计算结果亦为近似值，仍需根据干燥树种的相关大气干燥数据进行修正，故在实际生产中较少采用。

8.4 强制气干

木材自然干燥受其干燥条件等制约，干燥速度、干燥质量不能很好地掌控，无法满足企业生产需求。为了更加合理地利用自然条件，改善材堆内的气流循环速度，以提高干燥速度和缩短干燥周期，可在材堆的旁边设置风机，这种方法叫作强制气干。

强制气干是大气干燥法的发展。它和常规室干法的不同之处是在露天下或在稍有遮蔽的棚舍内进行，也不控制空气的温、湿度；它和普通气干法的不同之处是利用通风机在材堆内造成强制气流循环，以利于热湿传递。和气干法相比，周期较短，质量较好，但成本稍高。

根据风机在材堆中位置的不同，强制气干的方式可以分为图 8-8 所示的几种形式。当强制气干的气流循环速度为 4m/s 时，其干燥时间比普通气干缩短 1/2～2/3；在空气相对湿度小于 90%，温度大于 5℃时，空气的强制循环是有效的，但强制气干的成本比普通气干约高 1/3。一般来讲，强制气干适宜在木材含水率 30%以上，当含水率低于 30%后，因木材内部水分向表面移动速度快速下降，由此而缩短干燥周期得益不足以补偿电耗费用。

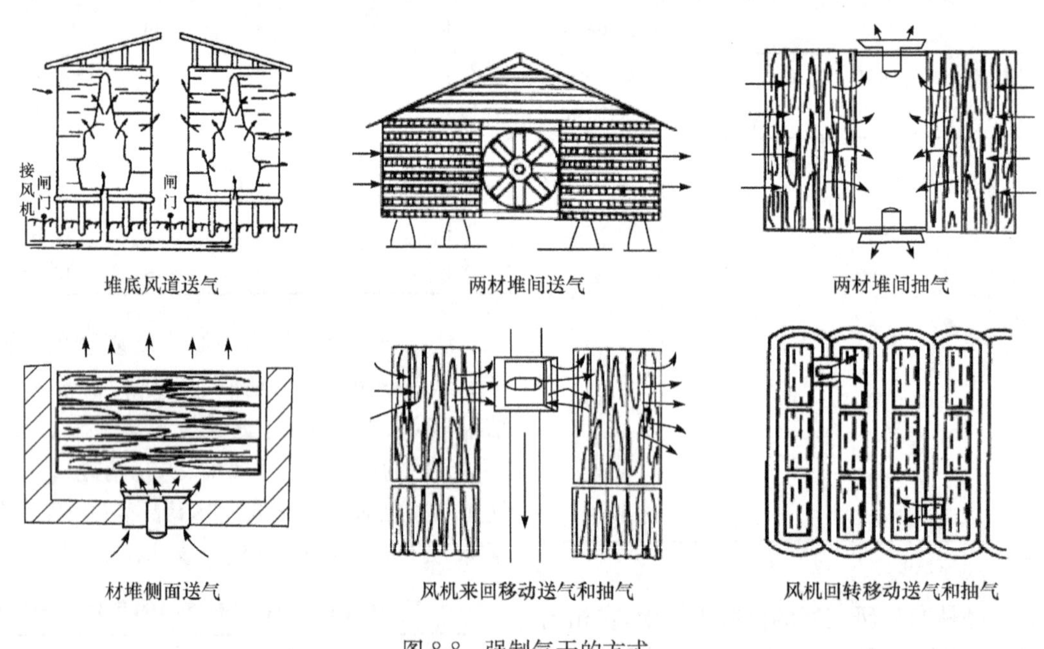

图 8-8　强制气干的方式

此外，当木材表层含水率高于纤维饱和点时，流过木材表面的风速对木材干燥的影响很大。所以，木材大气干燥时，应选择好材堆的设置方向，充分利用主导风。在风速过强时应减少主导风强度，防止发生干燥缺陷；在多风、干燥地区，为防止出现木材表面硬化、开裂等干燥缺陷，应适当减轻主导风影响。在有顶盖的情况下，可在迎风方向加设由木板组成、形状如同百叶窗的通气道调节风屏。如果没有这种风屏，也可在材堆端头设固定的或活动的挡风板，以改变风向或降低风速。

强制气干法目前主要用以干燥各种箱板材、高级家具材、软木或水运木材等，特别是应用于难干燥的阔叶材和易变色的软阔叶材效果较好。

8.5 大气干燥过程中的缺陷及预防

木材大气干燥过程中，容易引起的缺陷有开裂、翘曲及菌变腐朽等。开裂多表现为端裂、细短端表裂，这是由于端部干燥收缩较快而发生拉伸应力。翘曲呈现出顺弯、侧弯、瓦弯及扭曲等形状，主要是由横纹理之间、弦向与径向之间收缩差异引起的；另外，气干时受剧烈阳光的单面照射，或隔条间距太大而上下又没有对齐等均能造成翘曲。针叶树材如松属锯材气干时，若初期干燥较慢，易被蓝变菌侵蚀；而少数阔叶树材受气候条件的影响：如春季或梅雨季节，极易遭菌类、飞虫类的繁殖而造成缺陷。故必须采取相应的预防措施，如表 8-7 所示。

表 8-7　大气干燥缺陷的预防

缺陷名称	预防措施
开裂	①材堆宽度应加大；②材堆之间间距应减小（0.5～0.6m)；③板材之间的间隙须小，材堆上部相应缩小；④将两端隔条靠近板材的端面；⑤顶盖要能遮住风、雨及阳光；⑥尽量使用箱型堆积；⑦板材端面用防裂涂料涂抹或钉上防裂板条
翘曲	①隔条应放置在横梁上，并要求上下垂直；②隔条的间隔相应要小些；③板材的厚度、隔条的厚度均应一致；④必须设置顶盖；⑤材堆顶部所压重物前后应均匀
变色	①材堆宽度要小；②板材之间间距要大；③材堆之间的距离应大些；④材堆下部通风应良好；⑤辅助通道要宽畅；⑥堆积前，板材用防腐剂处理

思　考　题

1. 大气干燥在木材干燥生产中的意义和作用是什么？
2. 影响大气干燥速度和周期的因素有哪些？
3. 大气干燥的木材堆积应注意哪些问题？

主要参考文献

艾沐野. 2016. 木材干燥实践与应用. 北京：化学工业出版社
高建民. 2008. 木材干燥学. 北京：科学出版社
梁世镇，顾炼百. 1998. 木材工业实用大全. 木材干燥卷. 北京：中国林业出版社
满久崇磨. 1983. 木材的干燥. 马寿康译. 北京：中国轻工业出版社
王喜明. 2007. 木材干燥学. 北京：中国林业出版社
朱政贤. 1989. 木材干燥. 2 版. 北京：中国林业出版社

第 9 章 木材太阳能干燥

木材干燥是木材加工过程中能耗最多的一道工序，而太阳能是清洁、廉价的能源，将太阳能应用于木材干燥是木材加工行业未来技术发展的趋势之一。目前，木材干燥仍以传统的常规干燥为主，但随着全球能源与环境问题的日趋严重，太阳能利用会越来越受重视，木材太阳能干燥技术也必将获得进一步的发展。

太阳能具有廉价和可以直接转化的优点，也有密度低、间歇性的缺陷，受自然条件制约，干燥周期长，故干燥时通常将太阳能与其他能源如蒸汽、炉气等结合起来。

本章主要介绍太阳能及太阳能辐射的基本规律、太阳能干燥的基本设备和工艺，太阳能与其他能源的联合干燥技术将在第 15 章介绍。

9.1 我国的能源状况与太阳能利用

9.1.1 我国的能源及环境状况

能源是人类社会赖以生存的物质基础，是经济和社会发展的重要资源，也是世界各国面临的五大社会问题之一。目前世界各国的能源消费结构中，基本上都以化石能源为主，但化石能源是不可再生资源，终将枯竭。世界已探明的化石能源，石油可用 40～50 年，天然气 60～70 年，煤炭约 200 余年。

我国是当前世界上第二大的能源消费国。自 20 世纪 90 年代以来，我国经济的持续高速发展带动了能源消费量的急剧上升，要在 2020 年实现国民经济翻两番的宏伟目标，能源需求总量可能超过 36 亿吨标煤。从我国的能源供应能力来看，远远不能满足这一要求。能源需求持续增长对能源供给形成很大压力。自 1993 年起，我国由能源净出口国变成净进口国，能源总消费已大于总供给。2005 年，我国的石油消费中 42.9%依靠进口，能源需求的对外依存率迅速增大，这对我国的发展是一个很大的制约因素，近年来能源安全问题也日益成为全社会关注的焦点。

另外，能源需求也带来了巨大的环境压力。随着能源消费的迅速增长，由此造成的环境污染日趋严重。煤炭是我国的基础能源，富煤、少气、贫油的能源结构较难改变，因此煤是我国主要的一次能源资源。在我国近年的能源消费结构中，煤炭所占比例虽然趋于下降，但仍占能源消费总量的 60%以上，由煤燃烧引起的环境污染问题已日益严重。据世界卫生组织称，全球污染最严重的 10 个城市中，有 7 个在我国。2005 年 3 月，中国环境保护总局指出，按同等单位国内生产总值(GDP)的增长计算，我国一些主要污染物如 SO_2 和 NO_x 的排放强度，已达到发达国家的 8～9 倍。2015 年，我国超过美国成为全球第一温室气体排放大户。目前我国各种污染物的排放量，已经大大超过了环境的承载能力。

环境污染对经济增长具有负面效应。据有关专家估计，环境污染因素会使 GDP 大约下降两个百分点，因为清除空气的污染物的费用是所需燃料费用的 10 倍左右。2004 年，全国环境污染治理投资为 1908.6 亿元，比上年增长 17.3%，占当年 GDP 的 1.4%。大气污染的日益加剧不仅给国民经济造成了巨大损失，成为我国经济可持续发展的重大障碍，也给人民生活与健康带来了巨大危害。其中，排放废气中的可吸入颗粒物，已成为影响我国许多城市空气质量的首要污染物，同时废气中所含二氧化硫带来的酸雨问题也十分严重。2004 年，在全国进行大气监测的 342 个城市中，达到二级标准的城市仅占 38.6%；空气质量为三级、处于中度污染的城市占 41.2%；还有 20.2%的城市处于严重污染状态。2004 年，全国出现酸雨的城市为 298 个，占统计城市的 56.5%。在排放废气中的可吸入颗粒物中，直径小于 2.5μm 的细微颗粒占的比例很大，这种细微颗粒将在大气中长期悬浮，被人体吸入后，几乎无法去除，危害极大。据文献报道，在世界癌症死亡病例中，肺癌死亡率约占 28%，而其中 90%以上是通过呼吸道致癌的。据世界银行评估，环境污染所致疾病造成的损失占中国 GDP 的 2%～3%。

9.1.2 太阳能及其在我国的分布情况

1. *太阳能的基本知识* 太阳是一个高温气团，其表面温度为 6000K，不断地以电磁辐射方式向宇宙空间发射出巨大热能，地球接受的太阳辐射能量约为 1.7×10^{14}kW，仅占其总辐射能量的二十亿分之一左右。太阳的辐射热量的大小用辐射强度 I 表示，它是指 $1m^2$ 黑体表面在太阳照射下所获得的热量值，单位为 W/m^2。虽然太阳与地球之间的距离不是一个常数，地球大气层上界的太阳辐射强度随日地距离的变化而变化，然而日地间距在一年中的变化值与日地平均距离相比很小，以致地球大气层外的太阳辐射强度几乎不变。因此，人们用“太阳常数”来描述大气层上界的太阳辐射强度，这一辐射强度 $I_0=1353W/m^2$。虽然大气层上界的太阳辐射强度不变，但到达地面上的太阳辐射能量在不同的季节、不同的时间和不同的地点是不同的，直接受到太阳的赤纬、时角、太阳的高度、经度及纬度等影响。当太阳辐射线到达大气层时，其中一部分被臭氧层、水蒸气、二氧化碳和尘埃等吸收，另一部分被云层中的尘埃、冰晶、微小水珠及各种气体分子等反射或折射，形成漫无方向的散射。其余部分仍按原来的辐射方向，透过大气层直达地面，这部分为直接辐射，它占主要部分。到达地面的直射辐射的方向，取决于地球对太阳的相对位置。

图 9-1 所示为地球围绕太阳旋转过程中的位置。地球自转的轴线（NS 线）和它绕太阳旋转（即公转）轨道的平面始终保持一个固定的 66.5°的倾斜角，而且自转轴总是指向大致相同的方向（北极星附近）。椭圆形的面称为黄道面，地球与黄道面之间的倾斜角为 66.5°。

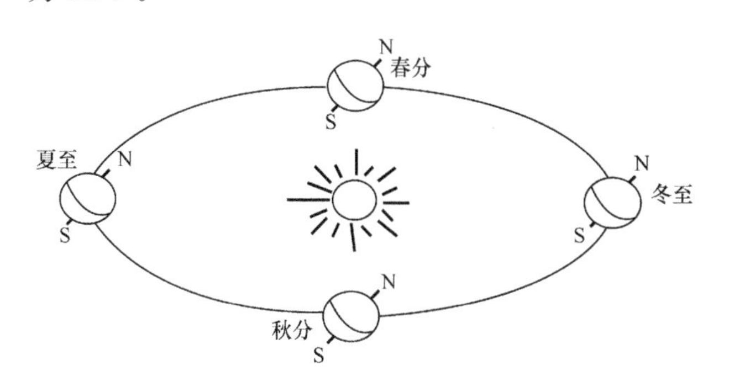

图 9-1　地球对太阳的相对位置

图 9-2 为由图 9-1 截取的夏至到冬至这一段期间太阳在中午照射时的几何图形。O 点表示地心，QQ′表示赤道，NS 线表示地球轴线。

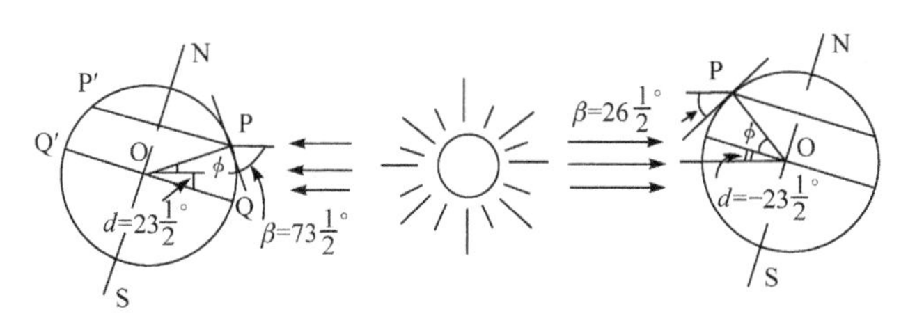

图 9-2　夏至、冬至时太阳高度与纬度之间的关系
地点 P 为北纬 40°

太阳辐射能量与纬度、太阳的赤纬、时角及其他因素有关。

纬度（ϕ）：地球表面某地的纬度是该点对赤道平面偏北或偏南之角位移（由地心度量），图 9-2 中 P 点纬度为北纬 40°。

太阳赤纬（d）：太阳光线对地球赤道的角位移称为太阳赤纬，亦即太阳与地球中心线和地球赤道平面的夹角。全年赤纬在$-23\frac{1}{2}°\sim+23\frac{1}{2}°$变化，在夏至时为$23\frac{1}{2}°$，冬至时为$-23\frac{1}{2}°$，春、秋分时赤纬$d=0$。

时角（h）：如图 9-3 所示，太阳时角是指 OP 线在地球赤道平面上的投影与当地时间 12:00 时日、地中心连线在赤道平面上的投影之间的夹角。当地时间 12:00 时的时角为零，前、后每隔 1h，增加 360°/24＝15°，如 10:00 和 14:00 均为 15°×2＝30°。

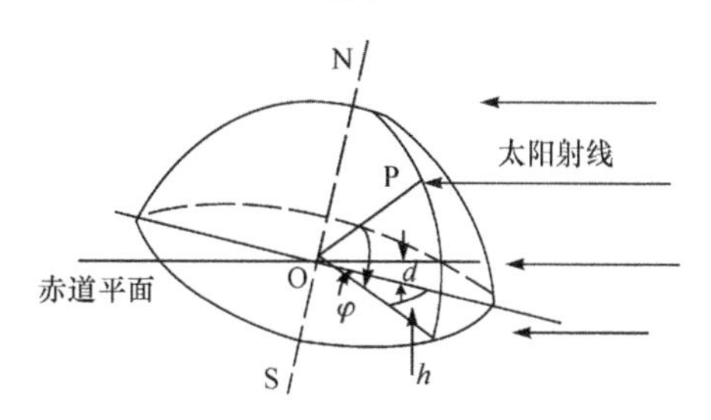

图 9-3　太阳与地球间的各种角度关系

地球上某一点所看到的太阳方向，称为太阳位置。太阳位置有两个角度表示：太阳高度角 β 和太阳方位角 A。太阳高度角为太阳方向与水平面的夹角，太阳方位角为太阳方向水平投影与正南方的夹角（图 9-4）。

$$\sin\beta=\cos\phi\cos h\cos d+\sin\phi\sin d \tag{9-1}$$

$$\sin A=\frac{\cos d\sin h}{\cos\beta} \tag{9-2}$$

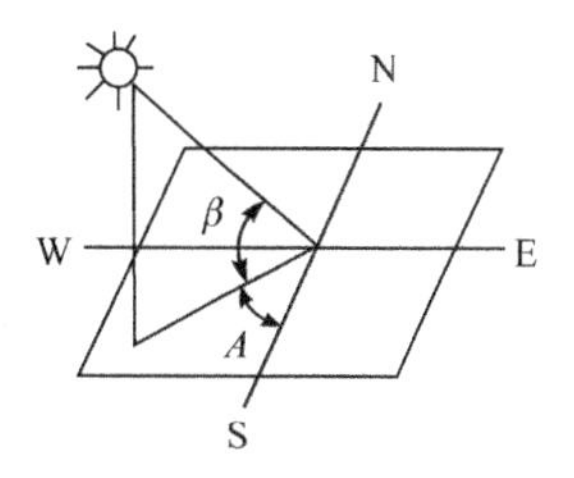

图 9-4　太阳高度角和方位角

2. 太阳辐射强度　太阳辐射分为太阳直射辐射、倾斜面上太阳的直接辐射和散射辐射三种情况。

（1）太阳直射辐射强度　以 I_x 表示离开大气层上界 x 处的太阳直射辐射强度，I_x 的梯度与其本身强度成正比（图 9-5），即

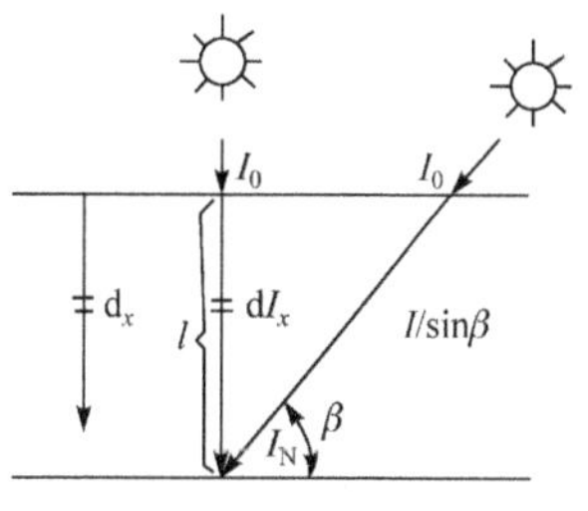

图 9-5　太阳光的路程长度

$$\frac{dI_x}{d_x}=-kI_x \tag{9-3}$$

式中，I_x 为离开大气层上部边界距离 x 处的日射强度（W/m^2）；k 为比例常数（m^{-1}）。

积分式（9-3）得

$$I_x = I_0 \exp(-kx) \tag{9-4}$$

k 值愈大，辐射强度衰减愈大，故 k 值称为消光系数，其大小与大气成分、云量等有关。x 为太阳光线的行进路程，即太阳光线透过大气层的距离，可由太阳位置来计算，当太阳位于天顶时（日射垂直地面），到达地面的太阳辐射强度为

$$I_l = I_0 \exp(-kx) \tag{9-5}$$

令 $\frac{I_l}{I_0} = P$，P 称为大气透明度，是衡量大气透明程度的标志，P 值越接近 1，大气越清澈，一般为 0.95～0.75。即使在晴天，大气透明度也是逐月不同的，这是因为大气中水蒸气含量不同。当太阳不在天顶，太阳高度角为 β 时，路程长度 $\lambda' = \lambda/\sin\beta$。若地球表面上某处有一平面垂直于太阳光线，则此平面上的太阳直射辐射强度称为法线直射辐射强度，其值可通过式（9-6）计算：

$$I_N = I_0 P^m \tag{9-6}$$

式中，$m = \frac{l'}{l} = \frac{1}{\sin\beta}$，称为大气质量。

由此可见，到达地面的太阳辐射强度的大小取决于地球对太阳的相对位置（亦即地理纬度、季节、昼夜等），即与太阳射线对地面的高度角和它通过大气层的路程等因素有关，此外，还与大气透明度有关。

（2）倾斜面上太阳的直接辐射　　太阳能集热器通常以一定的倾斜度朝着太阳。因此，确定倾斜面上太阳直接辐射是必要的。如图 9-6 所示，AB 面为水平面；AD 面为倾斜度为 θ 的倾斜面；太阳光线垂直于 AC 面入射，其辐射强度为 I_N，设斜面 AD 上直接辐射强度为 I_P，则

$$I_P = I_N \cos\theta \tag{9-7}$$

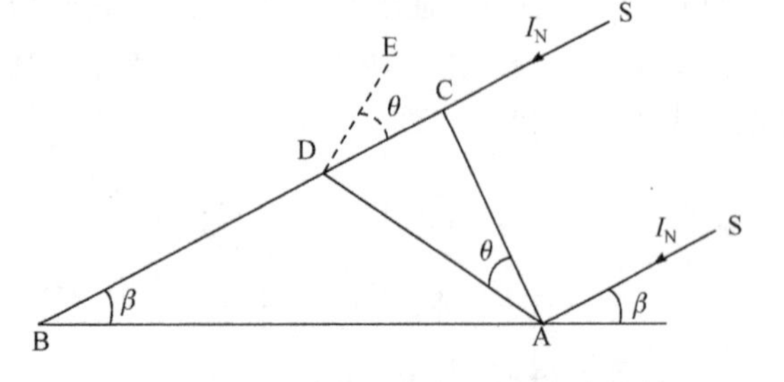

图 9-6　水平面、倾斜面上太阳直接辐射

（3）散射辐射　　太阳能集热器不但能利用直接辐射击，也能利用散射辐射。

晴天时散射辐射的方向可以近似地认为与直接辐射相同。天空布满云层时，认为散射辐射对水平的入射角为 60°。

（4）太阳的总辐射　　太阳的总辐射是指到达地表水平面上的太阳的直接辐射与散射辐射之和。此外，还包括来自地面的反射辐射，但一般情况下，地表面的反射辐射并不大，可忽略不计。

3. 我国的太阳能资源分布　　我国太阳能资源丰富，约有 2/3 的国土年辐射时间超过 2200h，年辐射总量超过 5000MJ/m²。全年照射到我国广大面积的太阳能相当于目前全年的煤、石油、天然气和各种柴草等全部常规能源所提供能量的 2000 多倍。全国各地太阳年辐射总量为 3340～8400MJ/m²，中值为 5852MJ/m²。从我国太阳年辐射总量的分布来看，西藏、青海、新疆、宁夏南部、甘肃、内蒙古南部、山西北部、陕西北部、辽宁、河北东南部、山东东南部、河南东南部、吉林西部、云南中部和西南部、广东东南部、福建东南部、海南岛东部和西部及台湾省的西南部等广大地区的太阳辐射总量很大。其中青藏高原地区最大，这里平均海拔高度在 4000m 以上，大气层薄而清洁，透明度好，纬度低，日照时间长。例如，称为“日光城”的拉萨市，1961～1970 年的年平均日照时间为 3005.7h，年平均晴天为 108.5d、阴天为 98.8d，年太阳总辐射量为 8160MJ/m²，比全国其他省区和同纬度的地区都高。全国以四川和贵州两省及重庆市的太阳年辐射总量最小，尤其是四川盆地，那里雨多、雾多、晴天较少。例如，素有“雾都”之称的重庆市，年平均日照时数仅为 1152.2h，年平均晴天为 24.7d、阴天达 244.6d。其他地区的太阳年辐射总量居中。

我国的太阳能资源可划分为 5 个资源带。表 9-1 中的一、二类地区，太阳能资源很丰富，最适宜用太阳能，三类地区也有用太阳能的优势，四类地区较差，五类地区最差，不宜用太阳能。表 9-2 为我国 7 个气象区部分大城市的日照情况，表中相对日照时数是指全年实际日照时数与最大可能日照时数（每天 12h）之比。同时根据太阳能年辐射总量（指单位面积上接收到的辐射能）的大小，可将我国划分为 4 个太阳能资源带：资源丰富带（≥6700MJ/m²），资源较丰富带（5400～6700MJ/m²），资源一般带（4200～5000MJ/m²），资源缺乏带（<4200MJ/m²）。

表 9-1 我国太阳能资源区划

地区分类	全年日照时数/h	年太阳辐射总量/(MJ/m²)	相当燃烧标煤/kg*	包括的地区
一	2800～3300	6700～8400	230～280	宁夏甘肃北部、新疆东南部、青海西藏西部
二	3000～3200	5900～6700	200～230	河北山西北部、内蒙古宁夏南部、甘肃中部、青海东部、西藏东南部、新疆南部
三	2200～3000	5000～5900	170～200	山东、河南、河北东南部、山西南部、新疆北部、吉林、辽宁、云南、陕西北部、甘肃东南部、广东和福建南部、江苏和安徽北部、北京
四	1400～2200	4200～5000	140～170	湖北、湖南、江西、浙江、广西、广东北部、陕西江苏和安徽三省的南部、黑龙江
五	1000～1400	3400～4200	110～140	四川和贵州

* 指于每平方地表水平面获得的太阳能相当的标准煤量

表 9-2 我国 7 个气象区部分大城市的日照情况

		东北地区			蒙新地区			黄河流域地区		
		长春	沈阳	大连	锡林浩特	乌鲁木齐	哈密	北京	太原	济南
日照时数	平均日照	2739.9	2642.8	2739.6	2882.8	2802.8	3205.8	2700.0	2800.9	2668.0
	相对日照	62%	58%	62%	65%	63%	75%	61%	64%	60%
阴晴天数	晴天	131.4	141.9	136.9	100.3	99.3	119.0	141.7	107.1	151.8
	阴天	80.8	75.8	82.8	64.2	82.0	72.7	81.5	87.6	71.2
云量					4.6	4.9	4.2	4.7	4.8	5.4

		长江流域地区			华南地区			云南高原和横断山区			青藏高原地区	
		上海	武汉	成都	福州	广州	台中	康定	昆明	西宁	昌都	拉萨
日照时数	平均日照	1885.2	1958.0	1152.2	1850.2	1891.0	2477.0	1727.2	2527.0	2647.3	2262.4	2982.8
	相对日照	43%	45%	26%	41.70%	43%	56%	39%	57%	61%	52%	68%
阴晴天数	晴天	72.8	53.6	24.7	58.7	59.4	52.0	29.5	70.7	66.4	64.6	108.5
	阴天	155.7	167.3	244.6	186.3	178.4	125.9	212.5	152.0	108.3	116.6	98.8
云量		7.0	6.3	8.4	6.9	6.8	6.0	7.0	5.9	5.6	5.9	4.8

我国太阳能资源分布总的趋势是西高东低，北高南低，高海拔(如青藏高原)大于低海拔地区。太阳能的高值中心和低值中心都处在北纬 22°～35°。这一带，青藏高原是高值中心，四川盆地是低值中心；太阳年辐射总量，西部地区高于东部地区，而且除西藏和新疆两个自治区外，基本上是南部低于北部；由于南方多数地区云多雨多，在北纬 30°～40°地区，太阳能的分布情况与一般的太阳能随纬度而变化的规律相反，太阳能不是随着纬度的增加而减少，而是随着纬度的升高而增长。

9.2 太阳能集热器

9.2.1 太阳能集热器的分类

太阳能集热器是太阳能供热系统中的重要设备。它收集太阳能使之转换为热能，其转换效率的高低主要取决于集热器的性能。目前太阳能集热器有平板型、真空管型和聚光型三类。按集热器的传热工质类型分为液体集热器和空气集热器。平板型构造简单，加工容易，造价低，但热损失大，热效率低。真空管型保温性能好，能提高集热温度和效率，但造价较高。聚光型一般用于太阳能动力装置，系统复杂，造价很高。用于木材干燥的太阳能集热器一般为平板型空气集热器。平板型集热器也有好几种类型，常用的几种如图 9-7 所示。图中(a)、(b)的吸热板均为平板，其中(a)型空气在吸热板上下流动，比(b)型换热充分一些；(c)、(d)分别是吸热板为 V 形(或波纹)和带肋片的情况，其目的在于增加换热面积，V 形(或波纹)面还可增强气流的扰动，增加换热，但造价比普通平板型高。(e)是在普通吸热板上加一层金属网，以增加气流的扰动，增加换热。

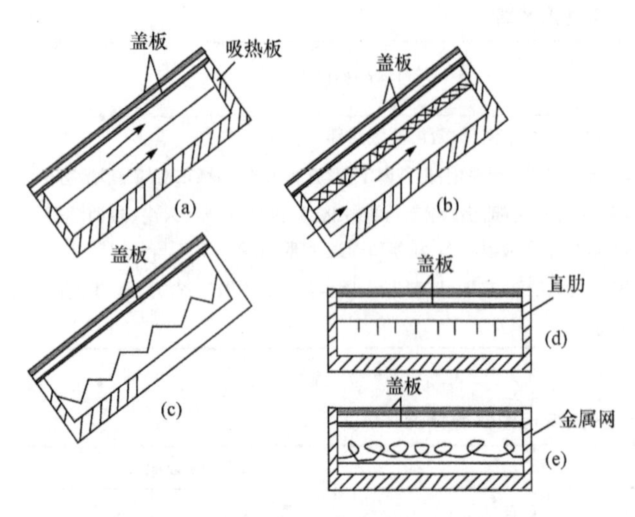

图 9-7 平板型空气集热器的几种类型

(a) 吸热板为平板,空气可上、下流;(b) 吸热板为平板,空气在板下流;(c) 吸热板为 V 形或波形;(d) 吸热板下带直肋;(e) 吸热板上面加一层金属网

9.2.2 典型的平板型集热器结构组成

平板型集热器由吸热板、透明盖板、隔热层和外壳几部分组成(图 9-8)。

1. *吸热板* 吸热板是平板型集热器内吸收太阳辐射能并向传热工质传递热量的部件,其基本上是平板形状。

对吸热板的技术要求:太阳吸收比高、热传递性能好、与传热工质的相容性好、具有一定的承压能力、加工工艺简单。吸热板的材料种类很多,有铜、铝合金、铜铝复合、不锈钢、镀锌钢、塑料、橡胶等。吸热板的结构型式可概括为 3 种基本类型,如图 9-8 所示。

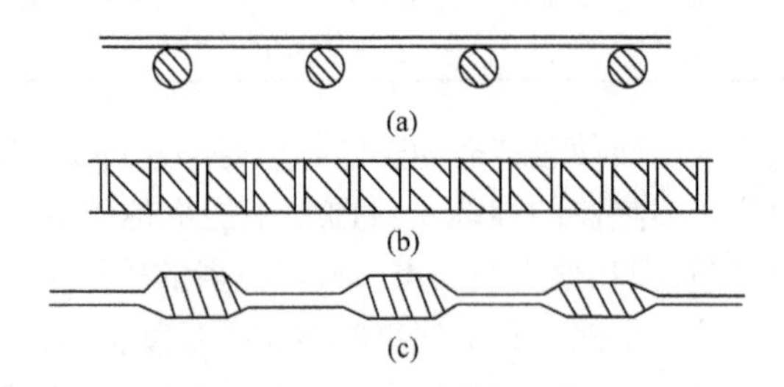

图 9-8 吸热板的基本类型

(a) 管板式;(b) 扁盒式;(c) 管翼式

(1) 管板式 管板式吸热板是将排管与平板以一定的结合方式连接构成吸热条带,然后再与上下集管焊接成吸热板。这是目前国内外使用比较普遍的吸热板结构类型。吸热板与流体间的传热性能与管板间的结合状况有很大关系。管板式吸热板的热容量一般都较小,承压性能好,加工灵活,被普遍使用。常用的金属材料是铜管-铜翅片、铜管-铝翅片、钢管-钢翅片、钢管-铜翅片。

(2) 扁盒式 扁盒式吸热板是将两块金属板分别模压成型,然后再焊接成一体构成吸热板。吸热板材料可采用不锈钢、铝合金、镀锌钢等。通常,流体通道之间采用点焊工艺,吸热板四周采用滚焊工艺。显然,其传热性能一般较好,承压能力差,不适用于高压系统,其水容量一般比管板式吸热板大,适用于小型自然循环式热水系统。

(3) 管翼式 管翼式吸热板是利用模子挤压拉伸工艺制成金属管,两侧连有翼片的吸热条带,然后再与上下集管焊接成吸热板。吸热板材料一般采用铝合金。管翼式吸热板的优点是热效率高,管子和平板是一体,无结合热阻;耐压能力强,铝合金管可以承受较高的压力。缺点是水质不易保证,铝合金会被腐蚀;材料用量大,工艺要求管壁和翼片都有较大的厚度;动态特性差,吸热板有较大的热容量。通道本身带有吸热翅片。

为使吸热板可最大限度地吸收太阳辐射能并将其转换成热能,在吸热板上应覆盖有深色的太阳能吸收涂层。一种是非选择性吸收涂层,是指其光学特性与辐射波长无关的吸收涂层;另一种是选择性吸收涂层,是指其光学特性随辐射波长不同有显著变化的吸收涂层。

2. *透明盖板* 透明盖板是平板型集热器中覆盖吸热板并由透明(或半透明)材料组成的板状部件。它的功能主要有三个:一是透过太阳辐射,使其投射在吸热板上;二是保护吸热板,使其不受灰尘及雨雪的侵蚀;三是形成温室效应,阻止吸热板在温度升高后通过对流和辐射向周围环境散热。用于透明盖板的材料主要有两大类:平板玻璃和玻璃钢板。目前国内外广泛使用的是平板玻璃。

透明盖板的层数取决于太阳集热器的工作温度及使用地区的气候条件。绝大多数情况下,都采用单层透明盖板;当太阳集热器的工作温度较高或者在气温较低的地区使用,宜采用双层透明盖板;一般情况下,很少采用三层或三层以上透明盖板,因为随着层数增多,虽然可以进一步减少集热器的对流和辐射热损失,但同时会大幅度降低实际有效的太阳透射比。透明盖板与吸热板之间的距离应大于 20mm。

3. *隔热层* 隔热层是集热器中抑制吸热板通过传导向周围环境散热的部件。用于隔热层的材料有岩棉、矿棉、聚氨酯、聚苯乙烯等。根据国家标准 BG/T6424—2007 的规定,隔热层材料的导热系数应不大于 0.055W/(m·K),因而上述几种材料都能满足要求。目前使用较多的是岩棉。隔热层的厚度应根据选用的材料种类、集热器的工作温度、使用地区的气候条件等因素来确定。应当遵循材料的导热系数越大、集热器的工作温度越高、使用地区的气温越低则隔热层的厚度就要求越大的原则。一般来说，隔热层的厚度选用 30～50mm。

4. 外壳　外壳是集热器中保护及固定吸热板、透明盖板和隔热层的部件。外壳要有一定的强度和刚度，有较好的密封性及耐腐蚀性，而且有美观的外形。用于外壳的材料有铝合金板、不锈钢板、碳钢板、塑料、玻璃钢等。为了提高外壳的密封性，有的产品已采用铝合金板一次模压成型工艺。

9.2.3 太阳能空气集热器

经太阳能空气集热器加热的空气可直接用于干燥，不需中间换热器；集热器所承受的压力很小，可用薄金属材料加工制作；微小的漏损不致严重影响集热器的工作和性能。但是对流换热系数远小于水，热容量很小，不能兼作储热介质。

按不同的吸热板结构，太阳能空气集热器可分为多种不同的类型，图 9-9 所示为部分常用的类型。

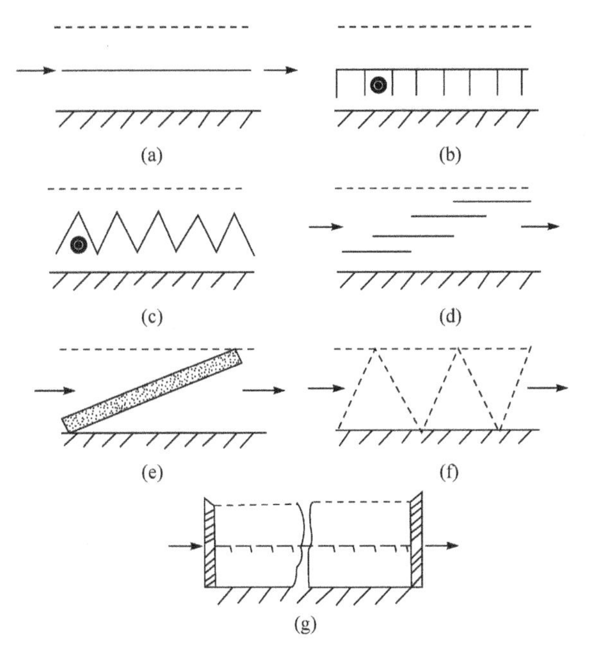

图 9-9　7 种典型的空气集热器简图

(1) 平板型吸热板集热器　这是一种最简单，但应用相当普遍的空气集热器。顶部是一层或两层透明盖板，底部为隔热材料，透明盖板与隔热材料之间即为吸热板，根据设计要求，空气可在板上方或下方流动，也可同时在上方和下方流动。

(2) 带肋的平板型吸热板集热器　为了强化吸热板和空气之间的换热，在吸热板下方加了肋，其结果是大大增加了气流与吸热板的接触面积，也增加了对气流的扰动，加强了空气和吸热板之间的换热。

(3) 波纹状吸热板集热器　其吸收板被加工成波纹状。其优点是不仅具有方向选择性，而且对太阳辐射的吸收率大于发射率。这是因为射入 V 形槽内的太阳直射辐射要经多次反射后才能离开 V 形槽，而热辐射则是半球向的，若采用具有光谱选择性吸热表面的波纹状吸热板，选择性辐射特性会进一步得到改善。另外，由于吸热板与底板组成的空气流道呈倒 V 形，故气流与吸热板的换热面积和换热系数都会增大。

(4) 叠层玻璃型集热器　吸热板是由位于透明盖板和底板之间的一组叠层玻璃组成的，在沿气流方向上的每层玻璃的尾部都涂有黑色涂层，空气流过叠层玻璃之间的通道时，被涂有黑色涂层的尾部加热。

(5) 多孔吸收体型集热器　此种集热器的吸热体是由金属网、纱网或松散堆积的金属屑、纤维材料等构成的。将多孔吸收体倾斜置于透明盖板和底板之间，就构成了一个多孔体型的集热器，它具有很高的体积换热系数。

(6) 带小孔的波纹状吸热板集热器　波纹状的吸热板的波纹槽方向和气流方向相垂直，气流通过倒 V 形槽壁上的小孔流动，由于小孔的扰动作用，增大了空气和吸热体之间的换热系数。

(7) 带小孔的平板型吸热板集热器　吸收板为普通平板，但其有很多小孔，空气的入口位于吸热板的上方，空气的出口则位于吸热板的下方。

9.2.4 集热器的基本能量平衡方程

根据能量守恒定律，在稳定状态下，集热器在规定时段内输出的有用能量等于同一时段内入射在集热器上的太阳辐照能量减去集热器对周围环境散失的能量，即

$$Q_u = Q_A - Q_L \tag{9-8}$$

$$Q_A = AI(\tau\alpha) \tag{9-9}$$

$$Q_L = AU_L(t_p - t_a) \tag{9-10}$$

式中，Q_u 为集热器在规定时段内输出的有用能量(W)；Q_A 为同一时段内入射在集热器上的太阳辐照能量(W)；Q_L 为同一时段内集热器对周围环境散失的能量(W)；A 为集热器面积(m^2)；I 为太阳辐照度(W/m^2)；$(\tau\alpha)$为透明盖板透射比与吸热板吸收比的有效乘积；U_L 为集热器总热损系数[W/(m^2 · K)]；t_p 为吸热板温度(℃)；t_a 为环境温度(℃)。

将式(9-9)和式(9-10)代入式(9-8)，可得到

$$Q_u = AI(\tau\alpha) - AU_L(t_p - t_a) \tag{9-11}$$

集热器的效率 η 为：在稳态(或准稳态)条件下，集热器传热工质在规定时段内输出的能量与规定的集热器面积和同一时段内入射在集热器上的太阳辐照量的乘积之比，即

$$\eta \frac{Q_u}{AI} = (\tau\alpha) - U_L \frac{t_p - t_a}{I} \tag{9-12}$$

当集热器表面垂直于太阳射线时，吸收的太阳能最多。但平板集热器要能跟踪太阳射线方向，其花费是很大的。故切实可行的办法是，集热器表面与水平面的夹角调定为当地纬度的数值，最大限度地保证太阳能辐射线垂直于集热器表面。

9.2.5　集热器面积的确定

由于各地的纬度、海拔高度、气温、太阳能辐射强度等地理气候条件的不同，以及所干木材的材种与含水率不同，干燥每立方米木材所需配的集热器面积也不同。纵观世界及我国各地所配的太阳能集热器面积，一般干燥每立方米木材配 $2\sim8m^2$ 集热器。若所配集热器面积偏小，投资会减少，但干燥室温度低，干燥周期长。若配的集热器面积偏大，干燥室升温快，温度高一些，可缩短干燥周期，但投资增大。具体到每一种情况所需配的集热器面积，可通过式(9-13)计算确定。

$$A_e=\frac{Q_T}{(HR_h)(\tau\cdot a)\eta} \tag{9-13}$$

式中，A_e 为太阳能集热器透光面积；Q_T 为木材干燥所需太阳能的供热量；(HR_h)为太阳能倾斜面上的辐射强度；τ 为集热器玻璃盖板的投射率；a 为集热器吸热板的吸收率；η 为集热器的瞬时热效率。

例如，北京地区干燥密度为 $0.431g/cm^3$ 的松木，材积 $20m^3$，初、终含水率分别为50%和10%，根据木材干燥有关热计算公式可算出预热阶段所需的热量。若取预热阶段所需热量的60%作为太阳能集热器供热量，取值为53 356.1KJ/h≈15kW。查北京地区有关太阳能辐射的资料，$(\overline{HR_h})=2310KJ/(m^2\cdot h)$，$\tau=0.85$，$a=0.9$，$\eta=0.45$，则所需的集热器面积为

$$A_e=\frac{53356.1}{2310\times0.85\times0.9\times0.45}=67.1m^2$$

由此可见单位材积所需的集热器面积约为 $3.4m^2$。表9-3所示为我国部分太阳能木材干燥室的材积与采光面积。

表9-3　我国部分太阳能木材干燥室材积及采光面积

地名	厂名	材积/m^3	采光面积		备注
			总面积/m^2	每 m^3 材所需面积/m^2	
广州	钢琴厂	30	103	5.2	
江西永修	纺织器材厂	60	230	3.8	配有水槽贮热
江西永修	纺织器材厂	10	68	6.8	
江西赣州	木材厂	15	120	8.0	
北京	北京林大干燥室	20	76	3.8	配有热泵供热
福建三明	荆西贮木厂	2×20	100	2.5	配有热泵供热
昆明	建筑木材厂	2×25	100	2.0	配有热泵供热
广州	东圃木材厂	25	80	3.2	配有热泵供热
山东济南	能源所	2×15	200	6.6	
山西运城	木材厂	14	36	2.6	配木废料炉供热

9.2.6　拼装式平板型空气集热器

由表9-3可以看出，中等容量的太阳能干燥室的采光面积都在 $100m^2$ 以上，若采用整体式集热器，安装和维修都比较困难。北京市太阳能研究所设计了拼装式太阳能空气集热器。一个单元的拼装式空气集热器尺寸为1527mm×776mm×230mm，采光面积为 $1.08m^2$，全部由薄钢板冲压而成。这种拼装式空气集热器结构简单，加工容易，安装施工与维修都很方便，它可根据用户需要和施工场地情况灵活布置。集热器的拼装可以有不同的陈列型式。图9-10为二行陈列，共有20个单元布两列（简称202陈列）。图9-11为三行阵列，共有30个单元（简称303陈列）。图9-12为空气在10个单元二阵列中的流程图。图9-13为202和303阵列太阳能集热器照片。

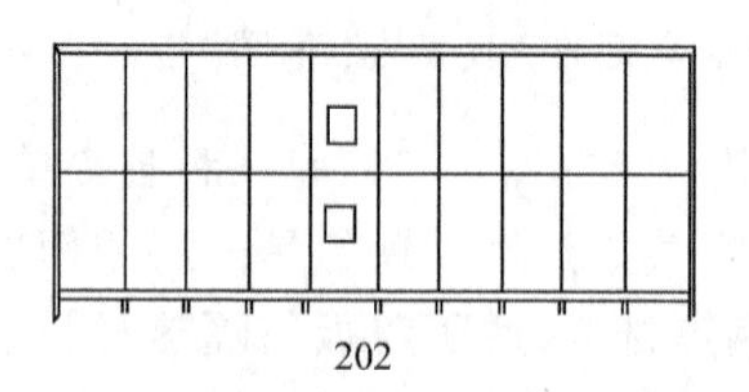

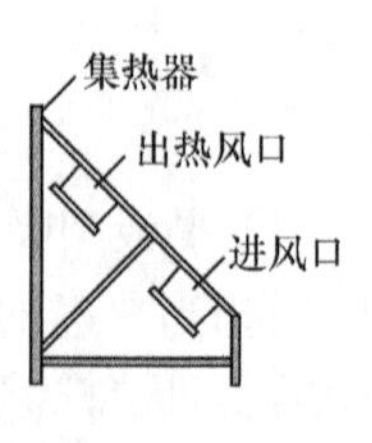

图9-10　二行阵列布置的集热器

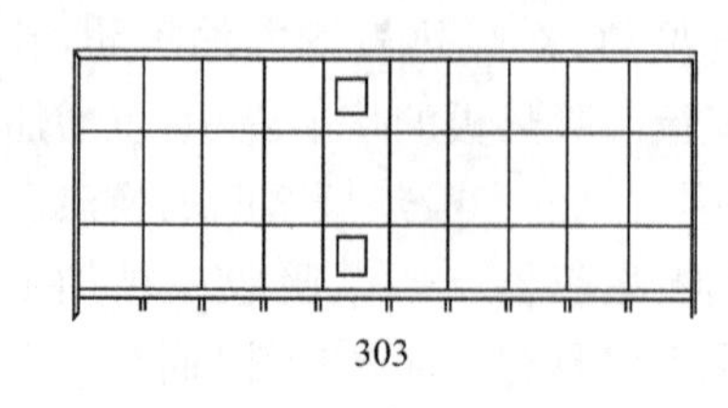

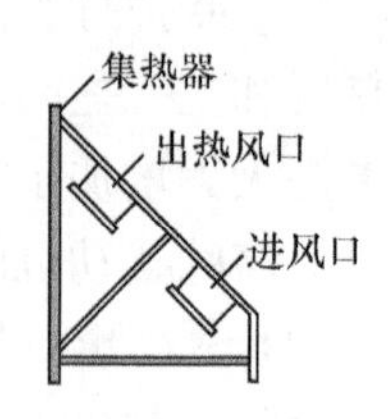

图9-11　三个阵列布置的集热器

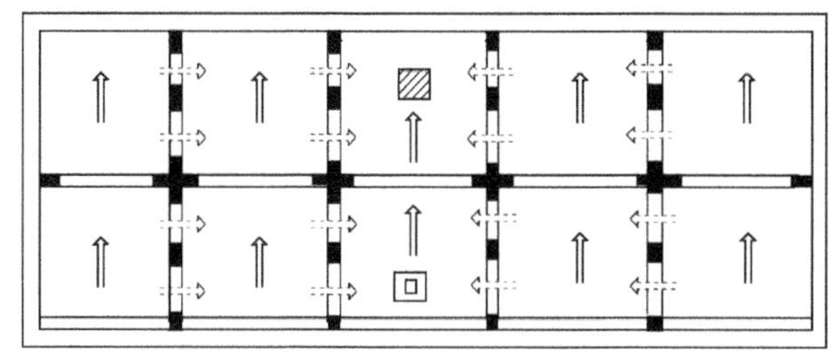

⇐ 吸热板上纵向气流　▨ 总进气口
⇠ 吸热板下横向气流　▣ 总出气口

图 9-12　十单元阵列中空气的流程图

图 9-13　202 和 303 阵列太阳能集热器照片

影响平板型空气集热器性能的因素主要是透光材料、吸热板及涂层、保温材料、吸热板与集热器的类型等。

(1) 透光材料　　透光材料有普通玻璃、钢化玻璃、透明玻璃钢和新型的 PC 阳光板等，目前应用最多的还是价格低廉的普通玻璃。有些温室型干燥室用塑料薄膜作透光材料。普通玻璃的优点是耐老化和透光率高，其缺点是易破损。按玻璃含铁量的不同，普通玻璃又分为低铁玻璃(含 Fe_2O_3 为 0.03%)、常规平板玻璃(含 Fe_2O_3 为 0.12%)和高铁玻璃(含 Fe_2O_3 为 0.48%)。目前我国生产的平板玻璃都是中等偏高。玻璃的厚度和含铁量对它的透光率影响很大。玻璃越薄，透光率越高，但强度降低。玻璃的氧化铁含量越低，透光率越高。例如，厚度为 3mm 的玻璃含铁(Fe_2O_3)量分别为 0.17%、0.18%、0.24%、0.25%、0.27%及 0.29%时，相应的玻璃透光分别为 85.9%、81.6%、79.9%、76.1%、74.1%及 73.2%。在选购玻璃时若无法测透光率，可以根据玻璃的断面颜色来判断。玻璃断面呈绿色的为高铁玻璃，浅色的为低铁玻璃。

集热器的玻璃盖板可以是单层或双层，单层可增加透光率，双层玻璃间的空气层有保温作用，可减少散热损失。双层玻璃间的间距一般在 10mm 左右，若间距过大，双层玻璃间的空气会产生对流作用，反而会增加散热，因此双层玻璃间的间距要适当。另外必须指出，在集热器使用过程中要注意经常清洗玻璃表面，因玻璃表面的灰尘将明显影响它的透光率。

(2) 吸热板及涂层　　吸热板是集热器中将太阳能转换为热能的关键部件，它对集热器性能起重要作用。我国常用的吸热板有钢板、铝板、镀锌铁皮等。吸热板表面(朝太阳一面)要涂增强吸收太阳能的涂层，而且最好是选择性涂层。吸热板的被面及四周要涂防锈漆。选择性涂层的作用是使吸热板对太阳射线(波长 0.2～3μm)的吸收率很高(通常＞0.9)，而本身(波长＞3μm)的辐射率却很低(通常＜0.5)。普通的黑色涂料由黑板漆或沥青漆加碳黑配制而成，不是选择性涂料，它们的吸收率 a 与发射率 ε 相等，$a=\varepsilon=0.93\sim0.95$。因为这类涂料价格低，一般温室型太阳能干燥的吸热板常用这种涂料。常用的选择型涂层有黑镍(电镀)、黑铬(电镀)、氧化铜(化学沉积)、氧化铁(化学沉积)、氧化钴(化学沉积)等。北京市太阳能研究所研制的 TXT-1 号和 TXT-2 号选择性涂层为铁、锰、铜氧化物，它的吸收率 $a=0.95\sim0.96$，而发射率 $\varepsilon=0.36\sim0.5$。

(3) 保温材料　　太阳能除透光盖板一面外，其余各面都要求采取保温措施。目前市场上的保温材料很多，如水玻璃珍珠岩保温板、聚苯板、岩棉板、玻璃棉板等。选购保温材料时除要求材料的保温性能好、价格便宜、施工方便外，还要求防潮、防水性能好。因为太阳能装置在露天工作，如果保温材料防潮性能差，吸湿后就会失去保温效果。同时除集热器保温外，联结干燥室与集热器间的风管也要求保温，否则热损失很大。例如，昆明某厂，太阳能集热器到干燥室的管路很长，保温又很差，结果导致热风从集热器出口经风管送至干燥室时，风温下降 9～10℃，热损失近 20kW。

(4) 吸热板与集热器的类型　　图 9-10 中已介绍了几种平板集热器及不同的吸热板。总的来说，吸热板为波纹、V 形、带肋片或平板上加金属网都能增强集热器的换热。表 9-4 列出了相同阵列(202)的集热器中，普通平板吸热板和加金属网吸热板的性能对比。表中 1# 集热器为普通吸热板，2# 集热器为吸热板加了一层网目为 10mm×10mm 的铝网并喷涂了 TXT-1 号选择性涂层。从表 9-4 中所列数据可以看出：在太阳能辐射强度、空气流量等条件相同的情况下，2# 集热器的热工性能优于 1#。2# 的供风温度比 1# 高 3～6℃，供热量增加 1～2kW，供热效率提高 3%～13%。这是因为 2# 集热器吸热板面上铺设金属网后，增加了空气的扰动，从而增加传热。

(5) 集热器的布置型式　　集热器布置型式对集热器性能的影响，可以从拼装式集热器不同阵列布置的性能对比中看出。表 9-5 列出了 202 阵列布置的 1# 集热器与 303 阵列布置的 3# 集热器的性能对比，在辐射强度、空气流量等条件相同的情况下，3#

集热器的热效率比 1# 高 3%～8%，供热量多 2～5kW。同时根据电表记录显示，3# 集热器的风机电耗仅比 1# 多 0.2～0.3kW。因此，303 阵列布置优于 202 阵列布置。这是因为空气在 303 阵列的集热器中的流程长，换热比较充分。

表 9-4 1# 和 2# 太阳能集热器的性能比

序列		t_0/℃	u/(m/s)	t_1/℃	t_2/℃	I/(kW/m²)	Q_1/kW	Q_2/kW	η_1/%	η_2/%
1	(1)	30.0	5.85	43.0	46.5	0.774	5.49	6.97	33	41
	(2)	30.0	5.85	50.0	54.5	0.937	8.45	10.40	42	51
	(3)	30.0	5.85	46.0	49.0	0.837	6.73	8.00	37	44
2	(1)	31.0	5.0	47.0	51.5	0.704	5.76	7.02	38	46
	(2)	32.0	5.0	56.5	60.5	0.837	8.28	9.90	49	54
	(3)	33.0	5.0	50.0	56.0	0.763	6.12	8.28	37	50
3	(1)	28.5	4.5	49.5	53.0	0.781	6.96	7.93	41	46
	(2)	30.0	4.5	56.0	61.5	0.965	9.42	10.20	45	49
	(3)	30.0	4.5	55.0	60.0	0.84	8.21	9.71	41	49
4	(1)	26.0	4.3	50.1	53.4	0.801	7.46	8.48	43	49
	(2)	27.0	4.3	58.0	62.0	0.994	9.63	10.7	45	50
	(3)	27.0	4.3	51.7	55.0	0.830	7.64	8.66	43	48

注：t_0 为环境温度；u 为集热器内空气流速；t_1、t_2 分别为集热器进、出口温度；I 为辐射强度；Q_1、Q_2 分别为 1# 和 2# 集热器的热量；η_1、η_2 分别为 1# 和 2# 集热器效率

表 9-5 1# 和 3# 太阳能集热器的性能比

序列	t_0/℃	I/(kW/m²)	M/(kg/h)	Δt_1/℃	Δt_3/℃	Q_1/kW	Q_3/kW	η_1/%	η_2/%
1	21.0	0.877		18.5	27.0	6.20	9.04	40.6	45.3
2	22.0	1.016		22.0	34.5	7.37	11.55	43.6	50.0
3	23.0	1.078	1200	23.0	38.5	7.70	12.89	44.1	50.4
4	23.5	1.066		21.0	36.0	7.03	12.06	46.1	52.7
5	24.5	0.904		20.0	33.0	6.70	11.05	45.3	52.9
6	25	0.709		14.0	20.0	4.69	6.70	51.2	54.0

注：t_0 为环境温度；I 为辐射强度；Δt_1、Δt_3 为分别为 1# 和 3# 集热器温升；Q_1、Q_3 分别为 1# 和 3# 集热器的热量；η_1、η_3 分别为 1# 和 3# 集热器效率

9.3 木材太阳能干燥室

太阳能干燥室的型式多种多样，根据集热器与干燥室的关系大致可分三大类型：温室型、半温室型和集热器型太阳能干燥室。温室型太阳能干燥室一般是由安装有玻璃或塑料薄膜等透明材料的东、西、南墙和倾斜屋顶构成的框架结构，空气式集热器是干燥室室体的组成部分。太阳辐射能穿过透明材料进入干燥室后，辐射能转换成热能。由于大多数透明材料绝热性差，通过墙体的散热损失较大，因此用于干燥木材的热能减少。为了减少墙体散热损失，温室型太阳能干燥室常采用双层透明材料。半温室型太阳能干燥室通常只有倾斜的室顶或室顶和南墙是透明材料，其余墙面采用不透明的绝热材料，这样可以减少大量的散热损失，干燥室的温度比温室型高，干燥速度也更快。集热器型太阳能干燥室与普通的干燥室一样，室顶和墙体都采用不透明的绝热材料。太阳能集热器与干燥室体分开，集热器中的热空气或热流体通过管道输送到干燥室内，夜晚或暗雨天可以关闭送热管道防止冷空气或冷流体进入室内，因此这种太阳能干燥室的散热损失最少，干燥的木材含水率最低。

根据太阳能干燥室是否带辅助热源分为：温室型太阳能干燥室和带辅助热源的太阳能干燥室。带辅助热源的太阳能干燥室既能利用太阳辐射能又可利用其他的热能，使整个木材干燥过程能连续进行。当太阳能干燥室内的温度达不到基准设定的温度时，可用辅助热源进行加热。因此，不受气候的影响，干燥速度和干燥终了木材的含水率与常规干燥相当。

我国很多地方喜欢使用简易太阳能干燥室，因为我国太阳能资源丰富地区大部分在经济欠发达地区，

简易太阳能干燥室建造容易，投资少，一般为同容量的常规干燥室建造费的 1/10，管理费也很少。

太阳能干燥室不仅可用于干燥木材，也可以干燥药材、野菜、干果类等经济作物。

9.3.1　温室型太阳能干燥室

图 9-14 是位于日本北海道的温室型干燥室剖面图，它为木质框架结构，东、西、南三面墙和屋顶采用透明材料，北墙材料为 9mm 厚的胶合板。南面高 2m，北面高 2.6m，室内面积为 4.86m²，为了较好地吸收太阳辐射能，屋顶和南墙都有一定的倾斜角度。屋顶向南倾斜 18°。为了提高室的保温性能，每面墙体都用聚酯薄膜板隔出 100mm 宽的空气层。基础用轻质 H 型钢直接固定在地面上。

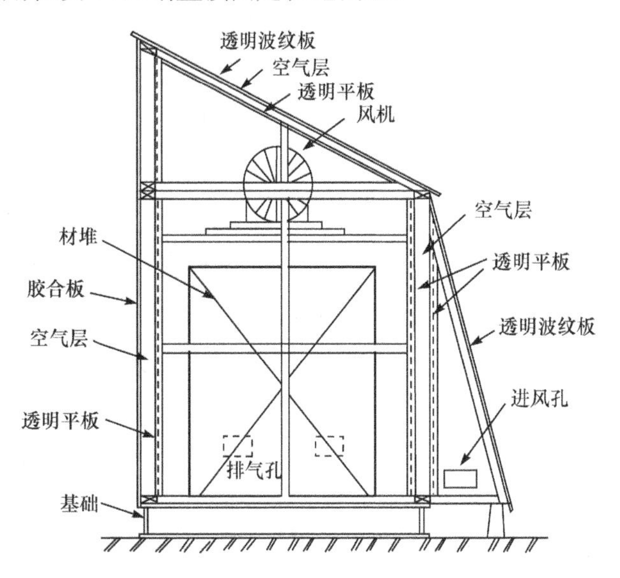

图 9-14　温室型太阳能干燥窑（引自野呂田隆史，1983）

太阳能集热器：太阳能集热器为透明的墙和屋顶，集热器的外层采用 0.8mm 厚的透明玻璃纤维增强塑料波纹板，内层为 1mm 厚的透明聚酯薄膜平板，两层透明板之间为流动的空气层。

气流循环：在室的东、西墙下各有两个排气孔，用排气扇控制。在东、西墙下面靠南墙集热器热空气层的两端有两个进气孔，在室的顶棚上装有两个直径为 50mm 轴流可逆风机，将集热器内吸收的太阳辐射能的热空气传给木材，从而蒸发木材中的水分，并通过排气孔将湿空气排出室外。

这种温室型太阳能干燥室干燥 30mm 厚、含水率在 40%以上的冷杉和白栎板材在春季比大气干燥速度快一倍，在冬季快 0.43～0.45 倍。夏季将冷杉从含水率 54%干燥到 10%需要 25d，冬季将含水率为 80%的白栎干燥到含水率 20%只需 40d，虽然比人工干燥速度慢，但是干燥质量优于人工干燥的板材。

9.3.2　半温室型太阳能干燥室

图 9-15 为安装在新西兰坎特伯雷（Canterbury）地区（约南纬 44°）的一种半温室型太阳能干燥室。它的材容近 10m³，透光玻璃板下有两个面积为 13m² 的铁制吸热板，室壁有良好的保温，室内设有风机强制通风。干燥用材为南岛的红山毛榉和银山毛榉，采用间歇式干燥工艺，即白天工作 7h，实施太阳能干燥和强制通风，晚间则闷室停止工作。白天最高室温可达 55～60℃。该干燥室干燥 25mm 厚的红山毛榉从生材到终含水率 13%左右的干燥时间为 66d，仅为天然干燥所需时间的 1/6。而且由于采用间歇干燥工艺，干燥应力小，干燥质量很好，几乎没有干燥缺陷。

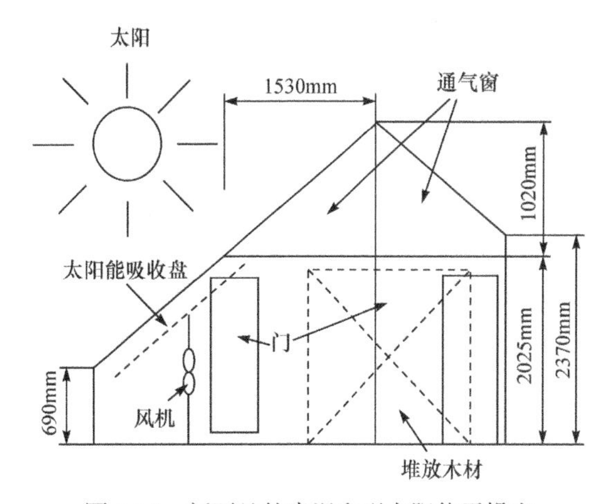

图 9-15　新西兰的半温室型太阳能干燥室

图 9-16 是建在加拿大湖首（Lakehead）大学的一种半温室型太阳能木材干燥室，地处北纬 48°。它的集热器面积为 4.4m²，底部铺有约 0.57m³ 的岩石用来贮热。这种太阳能干燥室比木材在大气种干燥（简称气干）快 2.3 倍，夏季快 9 倍。7 月当日平均气温 20°时，干燥室的最高温度可达 49℃。而且太阳能干燥的质量好，其干燥缺陷是气干材的 1/9～1/5。例如，试材为加拿大短叶松湿材，材厚 51mm、材积约 1.2m³，将此试材从初含水率 60%干燥至含水率

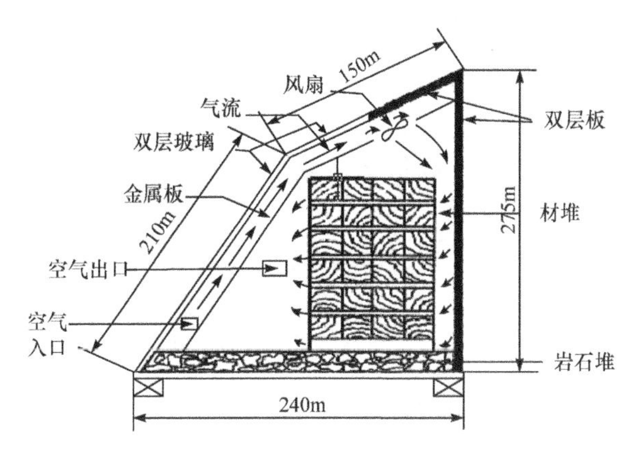

图 9-16　半温室型太阳能干燥室

19%，夏天需 12d，冬天需 100d。但将同样的试材放大气中干燥，从 8 月起需要 243d；从 11 月起需要 230d。8 月在太阳能干燥室内可在 30d 内将此试材干燥至终含水率 10%。而气干法在高纬度地区，根本达不到 10%的终含水率。

9.3.3 集热器型太阳能干燥室

温室型或半温室型太阳能干燥室的保温性能差，太阳能热利用系数很低。有研究资料表明，温室接受的太阳辐射能中用于木材水分蒸发的仅占 15%，即大部分能量都散发到空气中去了。夜间和雨天由于没有能量供应，温室内的温度下降很快。为避免这一缺点，人们设法给温室添加储热装置，通常用碎石、卵石、混泥土块或水作为储热物质。

图 9-17 是带蓄热装置的集热器型太阳能干燥室。由于太阳能干燥室受外界气温的较大，夜间室内温度下降很快，为了使室内较高的温度保持较长的时间，提高干燥速度，在太阳能干燥室的底部砌筑一个蓄热池，里面是碎石和卵石，将白天多余的热量加热底部的碎石层，夜晚则利用碎石层蓄积的热量继续干燥木材。

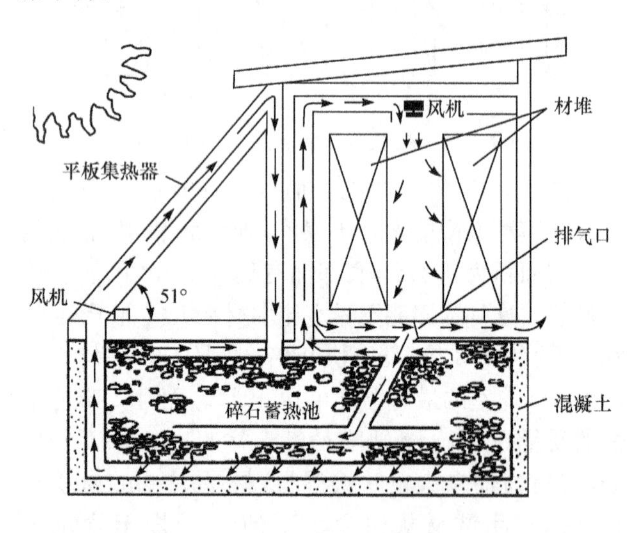

图 9-17　集热器型太阳能干燥室

加热系统是朝南的太阳能空气集热器，由两层的玻璃纤维聚酯薄板和在玻璃纤维聚酯薄板下面涂黑的纤维板组成，纤维板与玻璃纤维聚酯薄板相距 2inch。

通风系统是两台吊在顶棚上的风机向下吹风，使气流通过材堆，之后一部分湿热空气通过蓄热管送到蓄热器中，另一部分通过排气调节阀从北墙排出室外。蓄热器中的空气流入集热器，被加热后又送回到蓄热器。蓄热器中的热空气被风机抽吸上来，吹入材堆，如此反复。

9.3.4 带辅助热源的太阳能干燥室

具有贮热装置的太阳能干燥室虽然可减少干燥室温度的波动，但储热能力有限，不能解决连续阴雨天的问题，而且若要求贮热多，则贮热的体积庞大，投资也增加。所以依靠单一的太阳能作能源仍有不足之处。另外，木材加工过程中产生了许多木废料，对于小型木材家工厂采用燃烧木废料来作为太阳能的辅助能源是一种合理的利用方法，它既满足企业的能源需求又能解决剩余物占地和污染问题，而且成本低廉，具有现实的经济效益和社会效益。

图 9-18 所示为建于斯里兰卡科伦波市(北纬 7°)的集热器与干燥室分开的带有辅助热源的太阳能干燥室，其是美国林产品研究所设计的。

加热系统：太阳能集热器水平建造在干燥室前面的平地上。集热器四周用混凝土砌成，内表面涂哑光黑色涂料，顶部覆盖一层 4.7mm 厚的玻璃。透光面积共 136m^2，吸热层为 5.1～7.6cm 厚的木炭层(1.3～2.5cm 大小的碎块)。辅助热源为一台木废料燃烧炉，安装在干燥北墙后面。其热效率为 65%，发热量为 23kW(20178cal/h)，保证在阴雨天和夜晚供热。

气流循环：两台离心通风机(4.5 号，风量各为 6075m^3/h)，分别有 0.74kW 电机驱动，把集热器中的热量吸入干燥室内。集热器后端有 4 个回气孔，把材堆中的部分空气补充返回集热器内。两台通风机的运转由温差传感器控制，当集热器中的空气温度比干燥室中的高 2.8℃以上时，通风机才运转，以节约电能。室内材堆顶部还有 4 台 7.5 号的轴流通风机，每台风量为 17 820m^3/h，分别由 0.74kW 电机驱动，迫使气流穿过材堆循环。干燥后期，只开动其中 2 台通风机。炉灶间另有一台小型离心通风机，风量为 2252m^3/h，把热量送入干燥室。

进排气：干燥室一侧下部有 4 个排气孔，当室内湿度大于指定值时，它自动打开，把多余的湿气排出室外。阴雨天室内湿度太高时，有继电器自动停止干燥室内风机运转。此外，干燥室顶部装有压力喷雾口，当室内空气太干燥时，喷雾口自动打开，喷出水雾，以提高空气湿度。

干燥室容量：14m^3 木材。

集热器面积与木材容量比例：每立方米木料约为 10m^2 集热面。

装堆：材车堆积，轨道运送。材堆宽 1.5m。

干燥室壳体结构：墙壁由空心混凝土块砌成，内填保温材料。屋面铺一层 50mm 厚的木板，上面铺保温层和防水层。

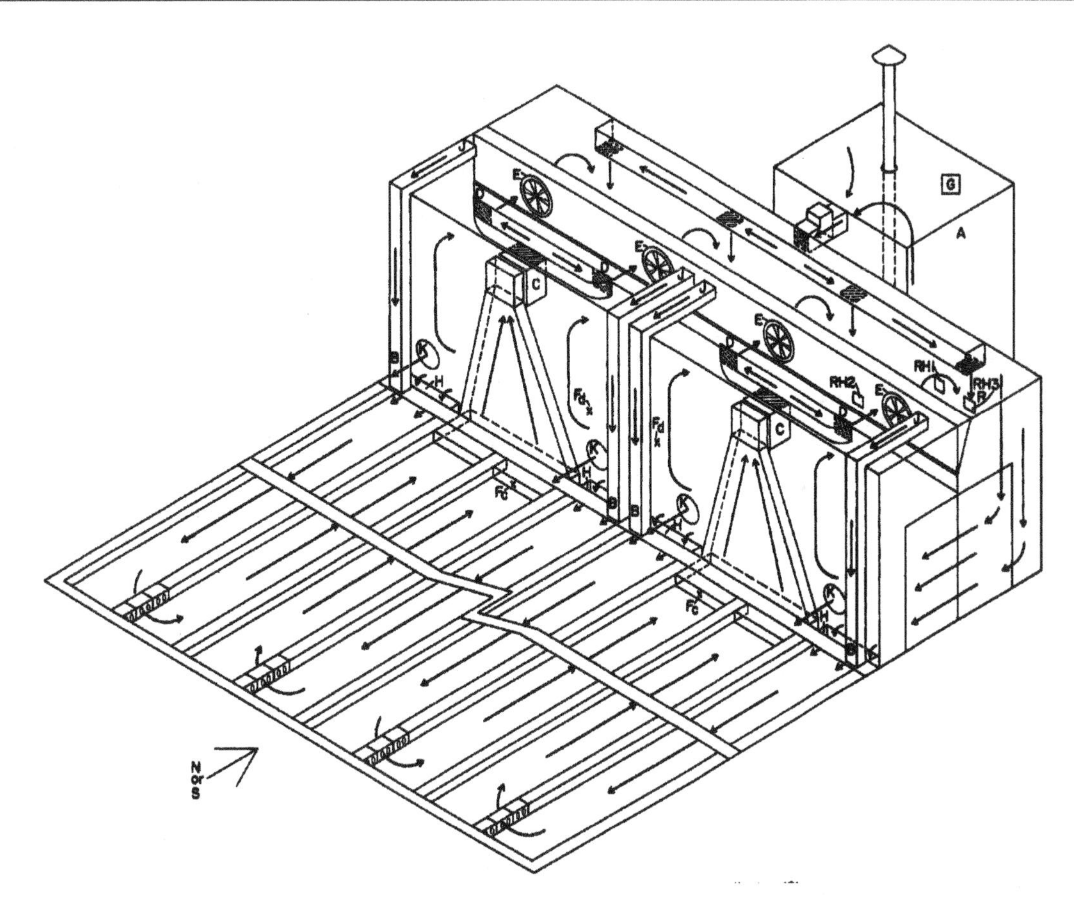

图 9-18　带辅助热源炉气的太阳能干燥窑

A. 木废料炉灶间；B. 空气流入集热器；C. 离心风机；D. 热空气集管；E. 轴流风机

干燥室性能：25mm 厚的橡胶木从初含水率 60%干燥到 13%需 7d；同样的木料初含水率 60%干燥到 12%需 10d。前者能耗比例为太阳能占 41%，木废料能占 46.9%，电能占 13%；后者能耗比例为 62%的太阳能，18%木废料能，20%电能。

9.4　木材太阳能干燥工艺

木材太阳能干燥大多采用低温干燥工艺，操作简单。但干燥室内温、湿度受天气和自然条件影响很大，且周期性变化。如果没有辅助热源，通常每天深夜 2:00～8:00 干燥室内温度最低，相对湿度和平衡含水率最高，这时应停止室内风机运转，以节约电能。12:00～18:00 干燥室内温度最高(16:00 达到最高峰)，相对湿度和平衡含水率最低，这是一天中干燥最快的时期。18:00 后至次日日出，室外大气温度降低，干燥室热损失增大，室内平衡含水率增高，木材干燥缓慢。温室型太阳能干燥室一般采用间歇式低温的室干工艺，即通过白天开风机、晚上停风机的操作方式来完成木材干燥过程。如果中期或后期发现木材应力较大，关闭排气道，直到应力减小或消失为止。全过程无喷蒸处理。这种最高平均室温按照不超过 55℃的低温室干工艺设计，适应多材种木材的干燥，重点是适应难干材的干燥需要，并能得到较好的干燥质量。另外，低温室干所能达到的终含水率数值取决于室内空气的相对湿度，而相对湿度的变化和温度变化密切相关。表 9-6 是建于北纬 18°波多黎岛的温室型太阳能干燥室内一天的温、湿度变化情况。图 9-19 是日本北海道温室型干燥室一天中室内外温、湿度的变化情况。

表 9-6　温室型太阳能干燥室内一天的温湿度变化情况

时间	温度/℃	相对湿度/%	平衡含水率/%
0:00	31	60	10.7
2:00	30	66	11.3
4:00	29	66	11.2
6:00	28	62	11.0
8:00	28	65	11.7
10:00	39	41	7.1
12:00	46	32	5.6
14:00	51	24	4.4
16:00	53	20	3.7
18:00	46	36	6.2
20:00	38	56	9.6
22:00	33	66	11.5
平均	37.7	50	8.7

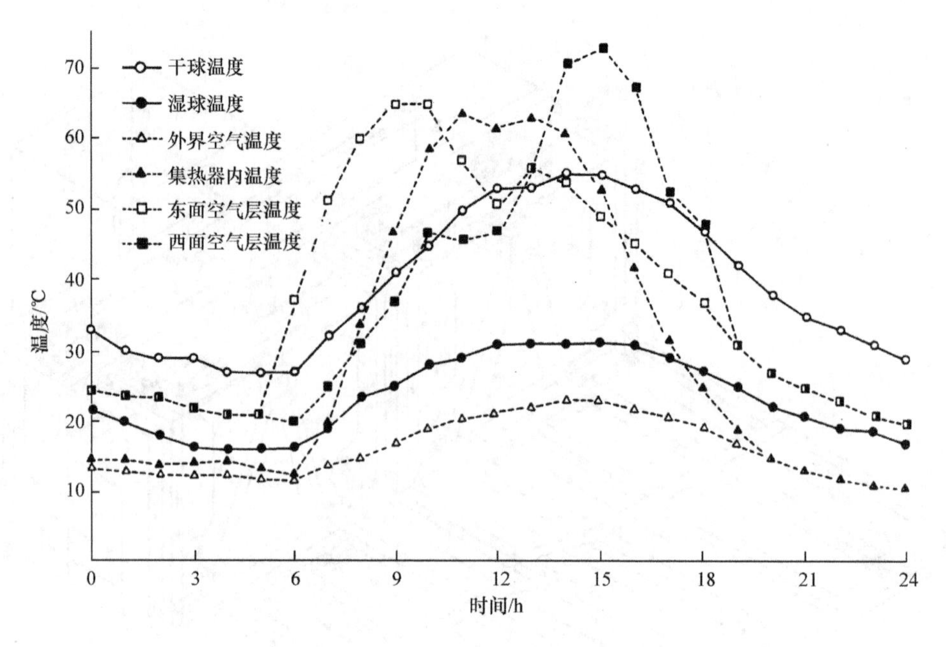

图 9-19　暖房型干燥窑一天中温、湿度的变化(引自野吕田隆史,1983)

一年中太阳能干燥又受季节影响,夏秋季节大气温度较高,干燥较快。

我国江西某厂的半温室型太阳能干燥室,7 月初到 10 月中旬,干燥 30～35mm 厚的栎木和落叶松板材的木材含水率及干燥周期情况见表 9-7,图 9-20 是 30mm 栎木板材干燥曲线及干燥室内温、湿度变化情况。由此可看出,在连续的阴雨天,木材的含水率仍有所下降。

表 9-7　夏秋季栎木和落叶松板材的干燥周期

树种	厚度/mm	初含水率/%	终含水率/%	天数/d	其中阴雨天/d
落叶松	30～35	23.4	9.0	13	2
栎木	30～35	30.7	9.1	21	8
栎木	30～35	56.0	12.2	43	22

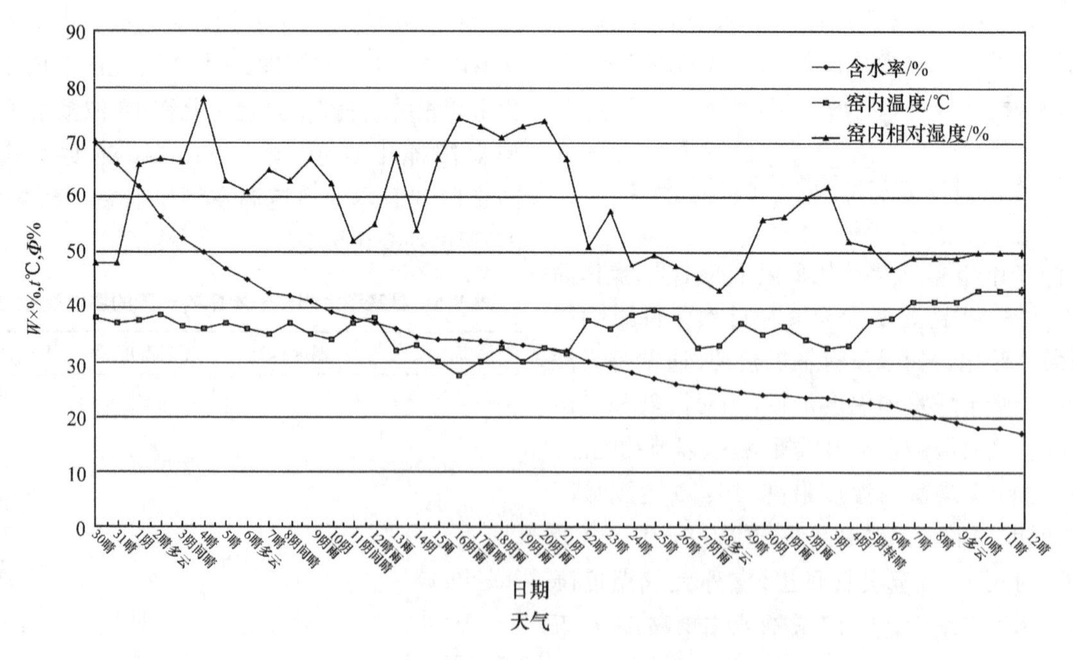

图 9-20　30mm 栎木板材干燥曲线(引自孙令坤,1984)

美国北方林业试验中心建的温室型蓄热太阳能干燥室,采用含水率干燥基准,表 9-8 是干燥 25mm 红橡木板材时对应不同的板材含水率采用的相对湿度。将其从生材干燥到终含水率为 8%,冬季需 91d,夏季只需 60d。冬季和夏季的干燥曲线见图 9-21。其干燥质量好,干燥应力小,干燥缺陷少。

表 9-8　25mm 红栎板材含水率和相对湿度(%)

平均含水率	相对湿度
>40	85
35～40	75
30～35	60
25～30	30
<25	15

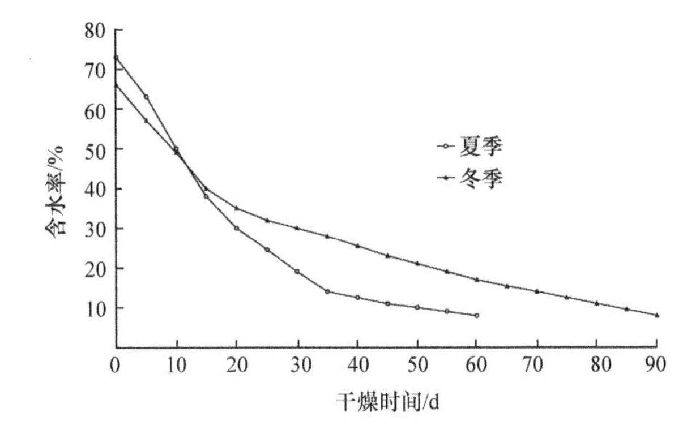

图 9-21　太阳能干燥的冬夏季干燥曲线

表 9-9～表 9-14(张璧光,2005)列出了几种温度范围、不同材种的太阳能干燥工艺基准。其中表 9-9～表 9-11 属于中、低温太阳能干燥工艺基准;表 9-12～表 9-14 为高温(或准高温)太阳能干燥工艺基准。表 9-9 和表 9-12 适于栎木、柚木等密度大的特别难干材;表 9-10 和表 9-13 适于水曲柳、山毛榉等中等难干材;表 9-11 与表 9-14 适于松木、杉木、杨木等软材。

表 9-9　太阳能干燥工艺基准 A

(材厚 38～40mm)

含水率/%	干球温度/℃	干湿球温度差/℃	平衡含水率/%	相对湿度/%
生材～60	40	2.5	17	85
60～40	40	3.5	15	80
40～35	45	4.5	13	75
35～30	45	5.5	12	70
30～25	45	6.5	11	65
25～20	50	8	9.5	60
20～15	60	12	7.5	50
15～10	60	16	6	40

注:此表工艺基准适于干燥栎木、柚木、胡桃木、枫木、板栗木及橄榄木等特别难干的硬材

表 9-10　太阳能干燥工艺基准 B

(材厚 38～40mm)

含水率/%	干球温度/℃	干湿球温度差/℃	平衡含水率/%	相对湿度/%
生材～60	40	2.5	17	85
60～40	40	3.5	15	80

续表

含水率/%	干球温度/℃	干湿球温度差/℃	平衡含水率/%	相对湿度/%
40～35	40	5	12	70
35～30	45	7.5	10	60
30～25	45	10	8.5	50
25～20	50	13.5	6.5	40
20～10	60	20	4.75	30

注:此表工艺基准适于干燥水曲柳、山毛榉、桉木、榆木、苹果木、铁杉及红木等中等难干材

表 9-11　太阳能干燥工艺基准 C

(材厚 38～40mm)

含水率/%	干球温度/℃	干湿球温度差/℃	平衡含水率/%	相对湿度/%
生材～50	50	7	14	80
50～40	55	9	12.5	75
40～30	60	14	10	65
30～20	60	20	8	55
20～10	60	32	5.5	35

注:此表工艺基准适于干燥杉木、落叶松、冷杉、云杉、白桦、杨木、柳木及杉木等软材

表 9-12　太阳能干燥工艺基准 D

(材厚 38～40mm)

含水率/%	干球温度/℃	干湿球温度差/℃	平衡含水率/%	相对湿度/%
生材～40	42	2.5	17	86
40～35	45	3.1	16	83
35～30	48	4.3	13.5	78
30～25	52	8.3	10	62
25～20	56	16.6	6.2	37
20～15	60	21.8	4.5	27
15 以下	65	29.5	2.8	16

注:此表工艺基准适于干燥栎木、柚木、胡桃木、枫木、板栗木及橄榄木特别等难干的硬材

表 9-13　太阳能干燥工艺基准 E

(材厚 38～40mm)

含水率/%	干球温度/℃	干湿球温度差/℃	平衡含水率/%	相对湿度/%
生材～40	46	3.4	15.5	82
40～35	50	4.0	14.5	80
35～30	54	6.2	11.5	71
30～25	58	10.7	8.5	56
25～20	62	19.1	5.5	34
20～15	68	26.7	3.5	22
15 以下	70	31.4	2.5	16

注:此表工艺基准适于干燥水曲柳、山毛榉、桉木、榆木、苹果木、铁杉及红木等中等难干材

表 9-14 太阳能干燥工艺基准 F
（材厚 38～40mm）

含水率/%	干球温度/℃	干湿球温度差/℃	平衡含水率/%	相对湿度/%
生材～40	50	4.8	13	76
40～35	54	7.7	10.5	65
35～30	58	11.9	8	52
30～25	62	19.1	5.5	34
25～20	66	26.6	3.5	21
20～15	70	29.9	2.5	18
15 以下	74	34.4	2	14

注：此表工艺基准适于干燥杉木、落叶松、冷杉、云杉、白桦、杨木、柳木及杉木等软材

对于有辅助加热的太阳能干燥室，采用间歇式低温干燥工艺，遇有连续阴雨天时，在开风机工作期间打开辅助热源供汽阀门，使室内温度维持该时期晴天的室温水平，停风机时关闭供热阀。也可采用连续的干燥基准，在太阳能不能满足工艺要求时，提供辅助热源，减小干燥室内的温度和相对湿度的波动，提高干燥速度。

使用太阳能干燥工艺基准时应注意以下情况。

1）由于材种、板厚及太阳能供热工况等条件的不同，在实际干燥过程中，可适当调整干燥温度、相对湿度等干燥参数，表 9-9～表 9-14 所提供的参数仅供参考。

2）对于没有蒸汽、热水、炉气等作辅助能源的太阳能木材干燥室，升温很慢。实际干燥过程中对应于某一含水率阶段允许干燥室温度低于工艺基准表中所要求的温度，但空气湿度应尽量保持该含水率阶段所要求的相对湿度。

3）太阳能干燥和常规干燥一样，待干的湿材装入干燥室后，首先要进行预热处理，待木材温度内外趋于一致时，才能按干燥基准的参数运行，进入干燥阶段。干燥终了时要停止加热，仅开干燥室内风机通风降温，待室温接近大气温度时，方可开启干燥室大门，准备出材。

4）干燥特别难干材及 4cm 以上的中等难干材时，即使是中、低温干燥，当木材处于纤维饱和点附近和接近干燥终了时，要做调质处理，以减少干燥应力，防止干燥缺陷。若干燥室内无喷蒸管或喷水管，建议用停机闷窑的方式达到调质处理的目的。

5）干燥室温度达 70℃以上的高温太阳能干燥（一般为联合型太阳能干燥），建议要加增湿设备，要像常规干燥一样，在干燥过程中进行中间预热处理、平衡处理和终了处理。

6）对于干燥室温度达 70℃以上的高温太阳能干燥，可采用常规的木材干燥工艺基准，可参照相关的木材干燥专门书籍。

9.5 木材太阳能干燥的实用性

9.5.1 太阳能干燥节能环保

太阳能既是取之不尽、用之不竭的可再生能源，又是没有污染的清洁能源，与大气干燥相比，干燥周期缩短，干燥缺陷减少；与常规干燥相比，建室的投资少，设备运转费低，干燥成本较低。但是太阳能是一种低密度、间歇性、不稳定的能源，且受自然条件制约，干燥室温度低，干燥周期长，使木材很难全年有效地干燥。但是由于全球面临日益严重的能源危机和环境污染问题，太阳能干燥木材的研究和推广应用工作在世界上许多国家展开。为了提高太阳能干燥室的干燥效率，可采用太阳能-热泵联合干燥，它与常规蒸汽干燥相比，节能效果十分明显，节能率在 70%左右，特别适合于太阳能资源丰富、电价便宜的地区。

9.5.2 太阳能干燥室设计有一定的灵活性

由于我国太阳能资源丰富地区大部分在经济欠发达地区，简易的温室型太阳能干燥室建造容易，投资少，也可用于药材、干果类等经济作物的干燥。带有辅助加热的太阳能干燥室的室型设计比较合理，具有灵活性；室的性能符合中低温室干工艺的需要。可以因地制宜地采用各种辅助加热器，辅助热源可以是炉气、蒸汽，也可以采用热泵供热。即使是集热器完全失效，干燥室部分还是可以继续干燥木材。

9.5.3 采用间歇式低温室干工艺对树种有较大的适应性

太阳能干燥室采用间歇式低温室干工艺，不仅操作简单、节能，并且可以在不用喷蒸处理的情况下，提高难干材的干燥质量。在中小型木材加工企业被干木材中的南方硬杂木居多，如麻栎、青岗栎，栲树、青稞、木荷，石楠等。木材树种杂，规格多，数量少，每室可装有厚度相近的 3 或 4 个树种的木材，只需白天开启风机进行强制循环，夜晚关风机气流作自然循环，干燥质量都比较好，有较强的适应性。另外，低温干燥室对室体的腐蚀性比常规干燥室小得多，可以减少维修费用和节省维修时间。

9.5.4 可以用于木材预干或强制气干

将太阳能干燥室用于湿材预干或气干保存，对节能和提高木材利用率有积极作用。一般木制品加工

厂都有一定批量的木材用来周转；由于干燥设备能力不足，为了减少干燥费用，或者保证难干树种湿材干燥质量，要将锯解的板材或湿坯料，堆放在露天场地进行气干，但是气干占地面积大、费劳力、木材降等比较严重。因此，用太阳能干燥室作为预干设备，使木材含水率降到25%或以下，然后转用其他方法干燥，既可缩短干燥周期，又可节约能耗降低费用，并能保持木材色泽。如果木材不急于机加工，继续存在太阳室内，即使在潮湿天气或冬季，木材还能继续缓慢干燥。

思　考　题

1. 太阳能作为一种能源有什么特点?
2. 太阳能集热器由哪几部分组成?
3. 简易太阳能干燥室有哪几种型式? 各有什么特点?
4. 太阳能干燥工艺常采用波动基准，是如何进行操作的?
5. 太阳能干燥可用于哪些方面?

主要参考文献

高建民. 2008. 木材干燥学. 北京：科学出版社
顾炼百. 2003. 木材加工工艺学. 北京：中国林业出版社
李业发. 1999. 能源工程导论. 合肥：中国科学技术大学出版社
罗运俊. 2005. 太阳能利用技术. 北京：化学工业出版社
孙令坤. 1984. 利用太阳能低温室干木材的试验研究. 木材防腐，(8)：5～20
王喜明. 2007. 木材干燥学. 北京：中国林业出版社
张璧光. 2005. 太阳能干燥技术. 北京：化学工业出版社
张璧光. 2007. 实用木材干燥技术. 北京：化学工业出版社
赵荣义. 1994. 空气调节. 3 版. 北京：中国建筑出版社
朱政贤. 1992. 木材干燥. 北京：中国林业出版社
野呂田隆史. 1983. 太陽熱利用木材乾燥に関する研究. 林産試驗場研究報告. 第 72 号别刷
Chen P. Helton CE. 1989. Design and evaluation of a low-cost solar kiln. Forest Products Journal, 39(1): 19～22
Jschernitz JL, Simpson WT. 1985. FPL Design for lumber dry kiln using solar/wood energy in tropical latitudes. Drying Technology, 4(4): 651～670
Robbins AM. 1983. Solar lumber kilns: design ideas. New Mexico Energy Research and Development Institute, University of New Mexico (Albuquerque): 17

第 10 章　木材除湿干燥

木材除湿干燥（dehumidification drying）通常是一种低温干燥方法。除湿干燥技术始于 20 世纪 60 年代初，首先在欧洲应用于干燥木材。第一代木材除湿机的供热温度一般小于 40℃，木材干燥周期很长，这影响了其推广使用。70 年代以后，随着制冷技术的发展，木材除湿机的供热温度可达 60℃以上，因此，其在欧洲、北美等地得到了推广应用。80 年代初，我国南方少数木材加工企业从国外引进了木材除湿干燥设备。1985 年后，我国广东、山东等地先后研制了国产除湿干燥设备，并在生产单位推广。1987 年底，上海一研究所研制了高温热泵，使除湿干燥技术在木材行业得到进一步推广。

10.1　主要设备和工作原理

除湿干燥系统分为木材干燥室和除湿机两大部分，如图 10-1 所示。干燥室与常规干燥室的干燥过程相似，但有两点不同：①排出的湿热废气不是进入大气，而是经过除湿机经脱湿后再返回干燥室内；②干燥室内通常不设加热器，而靠除湿机供热（有时设辅助加热器）。

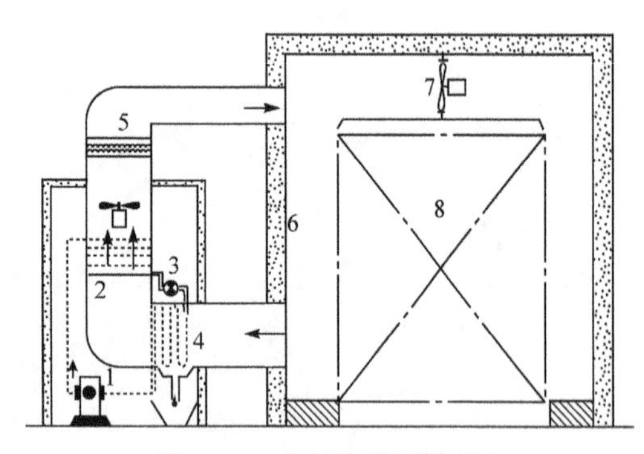

图 10-1　木材除湿干燥系统

1. 压缩机；2. 冷凝器；3. 热膨胀阀；4. 蒸发器；5. 辅助加热器；6. 干燥室外壳；7. 轴流通风机；8. 材堆

对除湿干燥室的要求与普通干燥室相同，一要保温，二要密闭。实际生产中采用的除湿干燥室外壳有三种结构：第一种为金属外壳，即在型钢或型铝骨架两面覆铝板，中间填玻璃棉或聚氨酯泡沫塑料保温层；第二种为砖砌结构，室壁为双层砖墙，中间填膨胀珍珠岩保温层；第三种为砖混结构铝内壁，用防锈铝板焊接成全封闭内壳，再砌砖外墙壳体，并填充膨胀珍珠岩或硅石板保温材料。以第一种结构使用效果最好，但造价高。室内气流循环可用轴流通风机，也可用离心通风机。用前者时，由于室内温湿度通常不高，轴流通风机连同电动机一起可装在室内材堆的顶部，使结构大为简化（图 10-1 中 7）；采用离心通风机时，需沿干燥室长度方向均匀配置吸气道和压气道，以保证气流均匀流过材堆。

10.1.1　除湿干燥设备

1. 除湿机的设备组成　　除湿干燥机系统如图 10-2 所示，各部件的相对位置如图 10-3 所示。除湿机由外壳、制冷压缩机、蒸发器（冷源）、冷凝器（热源）、热膨胀阀、辅助加热器、风机、连接管道及一定量的制冷剂组成（图 10-4）。

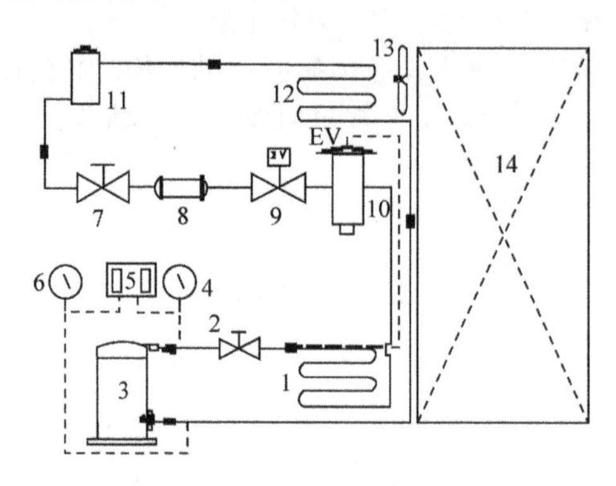

图 10-2　除湿干燥机系统

1. 蒸发器；2、7. 手动阀；3. 压缩机；4. 低压泵；5. 高低压控制器；6. 高压泵；8. 干燥过滤器；9. 电磁阀；10. 膨胀阀；11. 储液器；12. 冷凝器；13. 风机；14. 干燥器

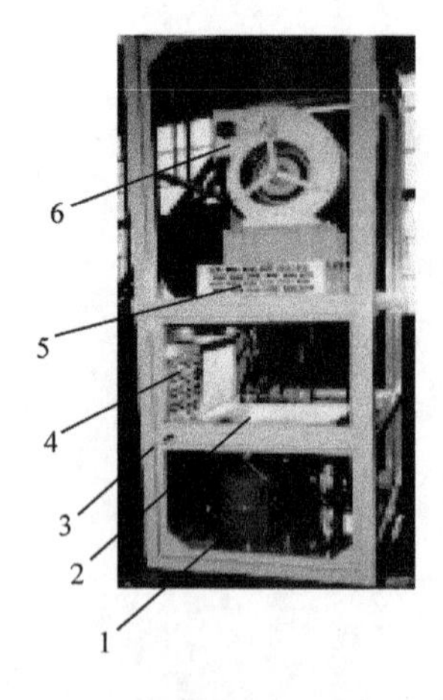

图 10-3　除湿机主要部件布置

1. 压缩机；2. 接水盘；3. 排水管；4. 蒸发器；5. 冷凝器；6. 风机

（1）压缩机　　压缩机是除湿干燥机系统的心脏，常称为“主机”，这足以说明它在系统中的重要地位。有用能的输入及制冷剂在系统中的循环流动都靠压缩机来实现。此外，除湿干燥机的整机性能、可靠性、寿命与噪声等，也主要取决于压缩机。除湿干燥系统中常用活塞式压缩机，其外形如图 10-5 所示。

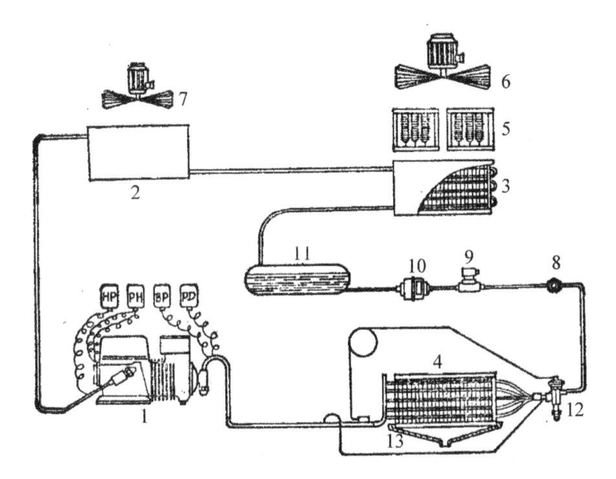

图 10-4　除湿机的组成(引自若利等,1980)

1. 压缩机;2. 辅助冷凝器;3. 主冷凝器;4. 蒸发器;
5. 辅助电热器;6. 主风机;7. 冷却风机;8. 液体观察孔;9. 阀门;
10. 疏水器;11. 制冷剂瓶;12. 膨胀阀;13. 冷凝水接收池

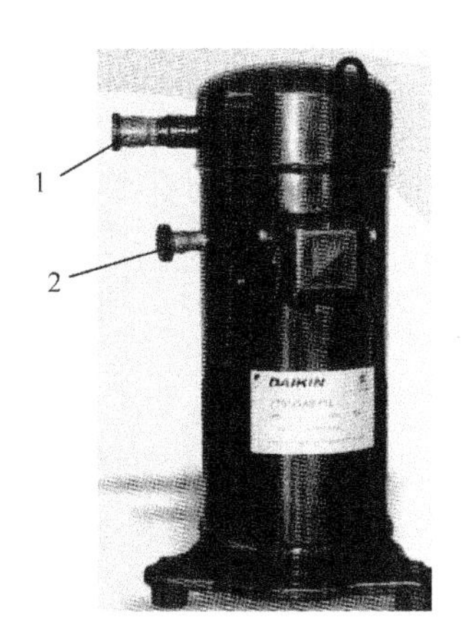

图 10-5　压缩机外形图

1. 吸气口;2. 排气口

(2) 冷凝器　　冷凝器的任务是将压缩机排出的高温高压气态制冷剂予以冷却使之液化,也即使过热蒸汽流经冷凝器的放热面,将其热量传递给周围介质(空气),而其自身则被冷却为高压饱和液体,以便制冷剂在系统中循环使用。

空气冷却式冷凝器中,根据管外空气流动方式,可分为自然对流空气冷却式冷凝器和强制对流空气冷却式冷凝器。图 10-6 是空气强制对流冷凝器图,在除湿干燥系统中应用的即是该类型的冷凝器。

(3) 蒸发器　　蒸发器是干燥机中冷量输出设备。制冷剂在蒸发器中蒸发,吸收低温热源介质的热量,达到制冷的目的。相比而言,蒸发器比冷凝器更麻烦些,它对制冷系统的影响也更重要些。蒸发器的工作温度低,而冷凝器的工作温度高,蒸发器在同样的传热温差下因传热不可逆造成的有效能损失要比冷凝器大;蒸发器处于系统的低压侧工作,蒸发器中制冷剂的流动阻力对制冷量与性能系数的影响也比

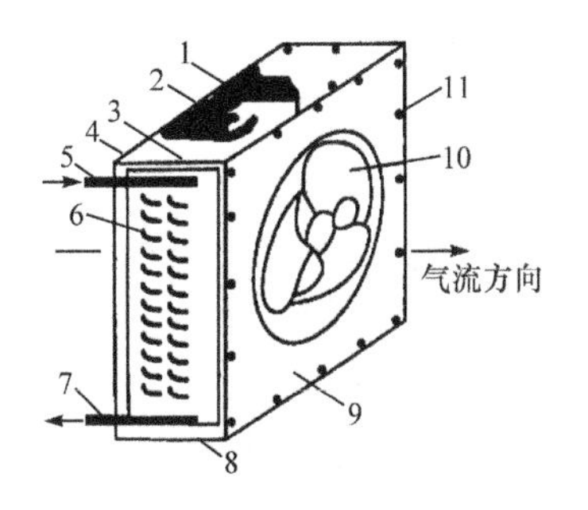

图 10-6　冷凝器结构图

1. 肋片;2. 传热管;3. 上封板;4. 左端板;
5. 进气集管;6. 弯头;7. 出液集管;8. 下封板;
9. 前封板;10. 通风机;11. 装配螺钉

冷凝器严重。对于上述问题,越是在低蒸发温度时越突出。此外,与冷凝器不同的是,蒸发器是"液入气出"。采用多路盘管并联时,进入的液体在每一管程中能否均匀分配是必须考虑的,如果分液不均匀则无法保证蒸发器全部传热面积的有效利用,所以在蒸发器设计和使用中必须精心考虑和正确处理这些问题。蒸发器采用翅片管结构,空气强制对流如图 10-7 所示。

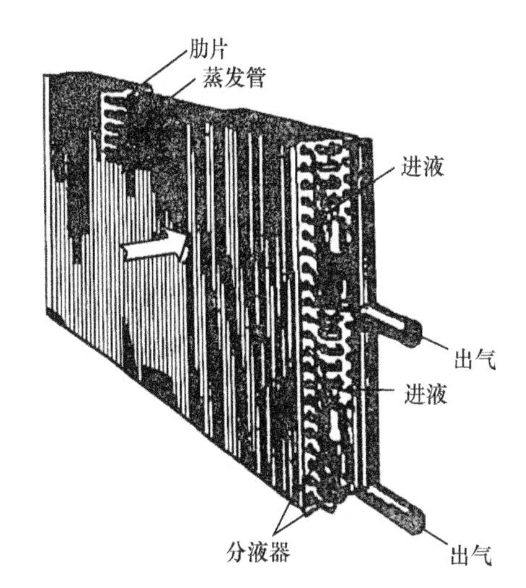

图 10-7　蒸发器结构图

(4) 节流机构　　节流机构有两大类:毛细管和膨胀阀(节流阀)。毛细管用在小型且不需要精确调节流量的制冷装置中。在除湿机中多用膨胀阀,膨胀阀具有可调的流通截面,因而它在造成制冷剂流动降压的同时,可以根据蒸发器负荷的变化实现流量调节。目前除湿机常用热力膨胀阀和新型的电子膨胀阀。

热力膨胀阀外形结构如图 10-8 所示,它以蒸发器出口处制冷剂的过热度为控制参数。通过弹簧力设定静态过热度(设定范围一般为 2～8℃),蒸发器出口制冷剂的过热度低于静态过热度时,阀处于关闭状态,过热度高于静态过热度时,阀才打开,并按二者之偏差成比例地改变阀开度,即成比例地调节送入蒸

发器的制冷剂质流率。蒸发器出口有过热度，表明液体在蒸发器中全部蒸发，控制过热度不过大，则使供液量满足制冷的负荷要求。

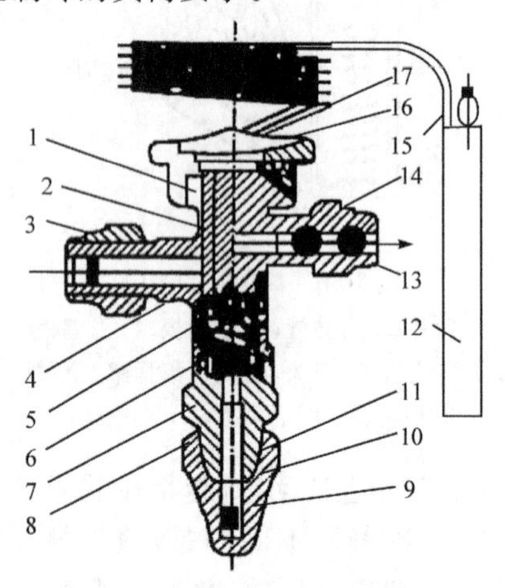

图 10-8　热力膨胀阀结构图

1. 阀体；2. 传动杆；3. 螺母；4. 阀座；5. 阀针；6. 弹簧；7. 调节杆座；8. 填料；9. 帽罩；10. 调节杆；11. 填料压盖；12. 感温包；13. 过滤器；14. 螺母；15. 毛细管；16. 感应薄膜；17. 气箱盖

电子膨胀阀结构如图 10-9 所示，它是将步进电机的永磁体转子密封在管路内，以保证系统的密封性。当管路外的定子通电，管路内的步进电机的转子转动，通过传递机构直接带动针阀上下移动，改变阀口开启大小，从而实现控制系统对工质流量的控制。

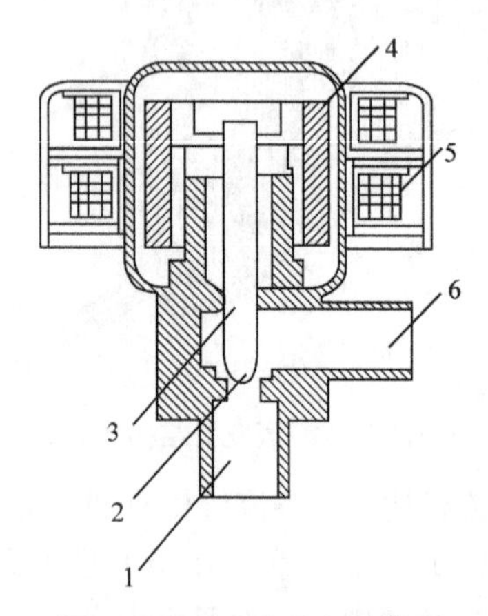

图 10-9　电子膨胀阀结构图

1. 入口；2. 针阀；3. 阀杆；4. 电机；5. 线圈；6. 出口

电子膨胀阀是全密封、高精度的流量控制阀门。它配以相应的控制电路可实现全自动闭环调试，具有流量调节范围大、控制精度高、调节速度快、耐氟等优点。主要用于高压液体或气体的控制，特别适用于空调及制冷装置的流量调节系统，可实现温度的自动调节，具有节约能源、卸载启动、自动除霜、延长整机使用寿命的特点。

（5）辅助设备　　除以上 4 个主要部件（压缩机、冷凝器、蒸发器、节流机构）是除湿机必备的部件外，除湿干燥机还装有其他辅助设备。

1）过滤器：压缩机的进气口应装有过滤器，以防止铁屑、铁锈等污物进入压缩机，损伤阀片和气缸。

2）干燥器：系统中不但有污物，还会有水分，这是由于系统干燥不严格及制冷剂不纯（含有水分）。水能溶解于氟利昂制冷系统中，它的溶解度与温度有关，温度下降，水的溶解度就小。含有水分的制冷剂在系统中循环流动，当流至膨胀阀孔时，温度急剧下降，其溶解度相对降低，于是一部分水分被分离出来停留在阀孔周围，并且结冰堵塞阀孔，严重时不能向蒸发器供液，造成故障。同时，水长期溶解于制冷剂中会分解而产生盐酸等，不但腐蚀金属，还会使冷冻油浮化，因此要利用干燥器将制冷剂中的水分吸附干净。

干燥器装在氟利昂制冷系统膨胀阀前的液管上，并可与过滤器结合，装设干燥过滤器。图 10-10 为干燥过滤器构造示意图。

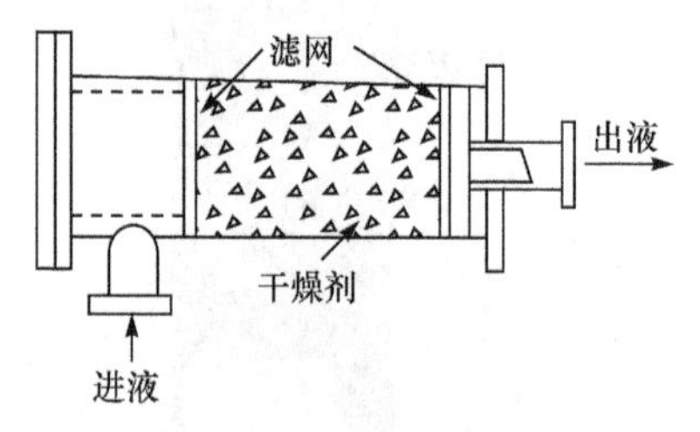

图 10-10　干燥过滤器

3）储液器：用来储集制冷系统中循环过剩的液态制冷剂，以平衡负荷变化时对液量需求的变化，并减少因泄漏而补充灌的次数，如图 10-11 所示。

图 10-11　储液器

4）高低压控制器：高低压控制器（图 10-12）用于压缩机排气压力与吸气压力保护，以避免压缩机排气压力过高与吸气压力过低所造成的危害。制冷装置运行中，有许多非正常因素会引起排气压力过高。例如，操作失误（压缩机启动后，排气阀却未打开）；系统中制冷剂充注量过多、不凝性气体含量过高；冷凝器风扇卡死等。排气压力过高，超过机器设备的承压极限时，将造成人、机事故。另外，如果膨胀阀堵塞，吸气阀、吸气滤网堵塞等，会引起吸气压力过低。吸气压力过低时，不仅运行经济性变差，蒸发温度过低，还会过分降低被冷却物的温度，增加干耗，使冷加工品质下降。

图 10-12 高低压控制器

2. 除湿干燥室特点 除湿干燥系统由干燥室和除湿机两大部分组成。除湿干燥室(dehumidification drying kiln)与常规干燥室基本相同，二者主要区别在以下几个方面。

1) 以电加热或以热泵供热的除湿干燥，其干燥室内没有蒸汽(热水或炉气等)加热器及管路。

2) 除湿干燥室无进、排气道，但大部分有辅助进排气扇，一般在干燥前期除湿量大于除湿机负荷时启动排气扇。

3) 除湿干燥室内风机的布置以顶风式居多，但一般无正、反转，且室内风机送风方向与除湿机送风方向相同。

4) 多数除湿干燥室内无喷蒸或喷水等增湿设备。图 10-13 为材积 20m³的除湿干燥室照片。

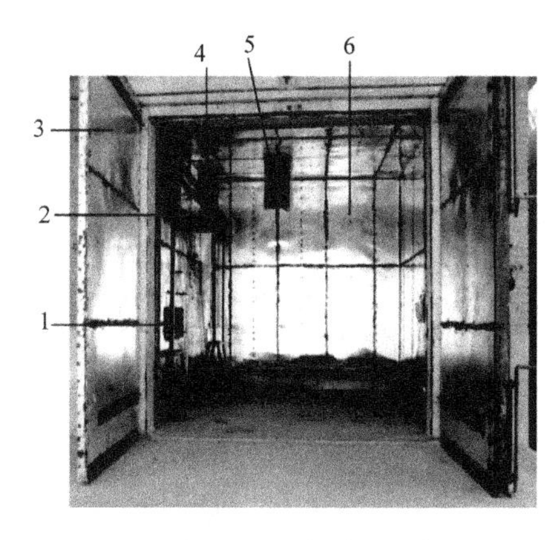

图 10-13 材积 20m³ 的除湿干燥室照片

1. 除湿机回风口；2. 送风口；3. 干燥室；4. 干燥室风机；5. 辅助排湿口；6. 干燥室

3. 除湿机的布置型式 除湿干燥机的布置型式一般有除湿机放干燥室内和室外两大类。除湿机室内布置型式如图 10-14 所示。除湿机室外布置形式如图 10-15 所示。

除湿机放干燥室内的布置特点是除湿机主机放干燥室内，而电控箱放干燥室外。放室内的除湿机没有回风管(通蒸发器进风口)和送风管(与冷凝器出风

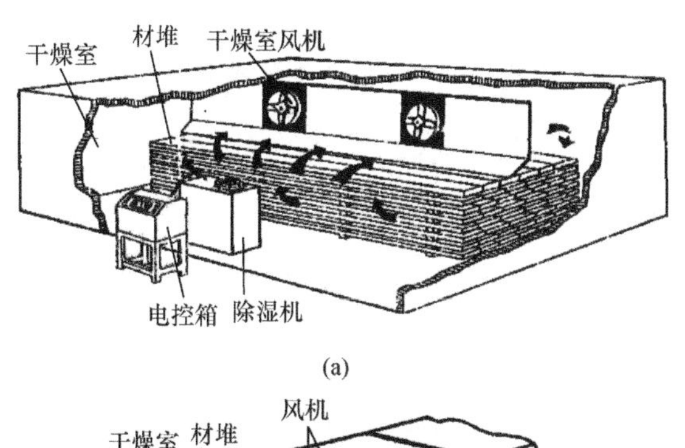

(a)

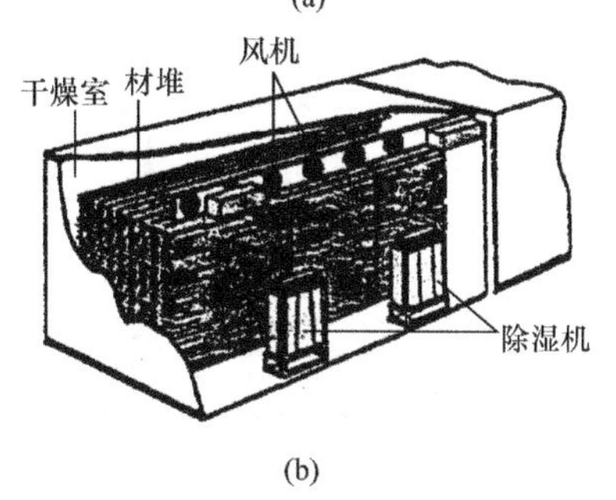

(b)

图 10-14 除湿机布置于干燥室内

(a) 布置一台除湿机；(b) 布置两台除湿机

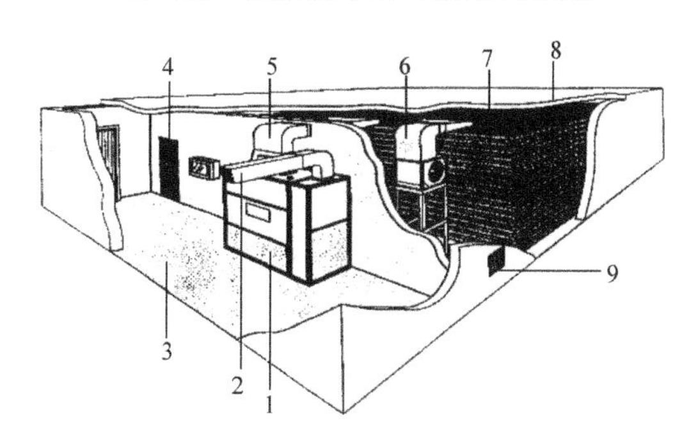

图 10-15 除湿机布置于干燥室外

1. 热泵除湿干燥机；2. 热泵排冷风管；3. 操作间；4. 干燥室小门；5. 热泵除湿机送热风风管；6. 干燥室风机；7. 材堆；8. 干燥室；9. 辅助排湿口

口连接)。除湿机室内布置的优点是：①结构简单，造价低；②布置灵活，它可根据材堆宽度布置数台除湿机，如图 10-14 所示；③除湿机的热量全部散发在干燥室内，没有热损失；④可放在普通蒸汽干燥室内与蒸汽干燥实施联合干燥。除湿机室内布置的缺点是：①除湿机要长期在高温、高湿度的环境中工作，影响压缩机、蒸发器、冷凝器等主要部件的使用寿命；②除湿机的调节与维护不方便；③一般只能是单热源除湿机，不能利用环境热量供热。

除湿机布置在干燥室外的特点是，除湿机布置在操作间内，通过回风与送风管与干燥室相连，干燥室内靠除湿机一侧的墙上分别开设有回风和送风口。除湿机室外布置的优点是：①除湿机工作条件好，可延长使用寿命；②除湿机的维护保养方便；③除湿机的一次风量和二次风量可根据干燥室工况调节，以提高除湿效率；④可采用双热源除湿机利用热泵向干燥室供热，以降低能耗。除湿机布置在室外的缺点是：

①除湿机回风、送风管及保温材料增加了干燥机的成本；②除湿机放干燥室外有少量散热损失；③除湿机需要单独的操作间，增加了投资。

10.1.2 除湿干燥的原理

除湿干燥(dehumidification drying)与常规干燥的原理基本相同，干燥介质为湿空气，以对流换热为主；二者的主要区别是湿空气的去湿方法不同。除湿干燥主要依靠空调制冷的原理使空气中水分冷凝来降低干燥室内空气的湿度，空气在干燥室与除湿机之间为闭式循环，基本上不排气。除湿机工作原理见图 10-16。

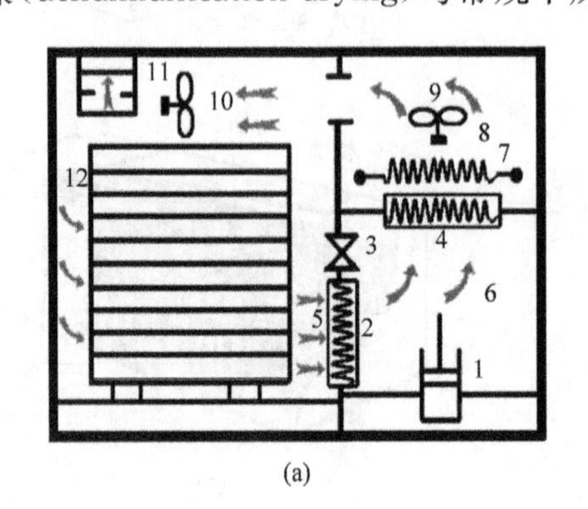
(a)

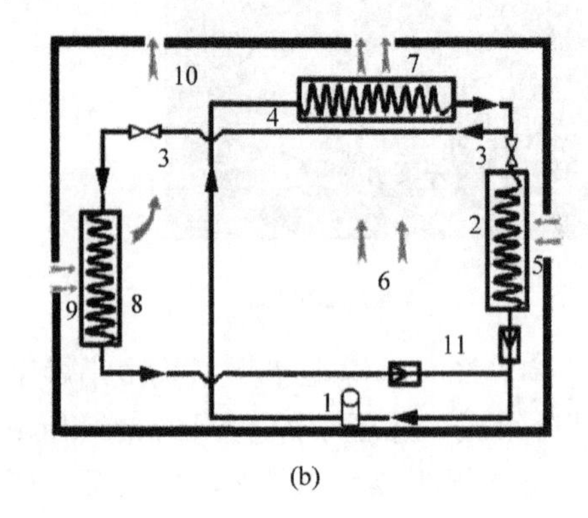
(b)

图 10-16 除湿干燥机工作原理(引自张璧光，2005)

(a) 单热源除湿机：1. 压缩机；2. 除湿蒸发器；3. 膨胀阀；4. 冷凝器；5. 通过蒸发器的湿空气；6. 脱湿后的干空气；7. 助电加热器；8. 除湿机风机；9. 除湿机送干燥室热风；10. 干燥室风机；11. 辅助排风扇；12. 材堆。
(b) 双热源除湿机：1. 压缩机；2. 除湿蒸发器；3. 膨胀阀；4. 冷凝器；5. 湿空气；6. 脱湿后的干空气；7. 送干燥室热风；8. 热泵蒸发器；9. 外界空气；10. 排出冷空气；11. 单向阀

由于除湿机回收了干燥室空气排湿放出的热量，因此它是一种节能干燥设备，与常规干燥相比，除湿机的节能率在 40%～70%。除湿机的工作原理与热泵基本相同，即从低温区(冷源)吸收热能 $Q_{冷}$，并使此热能伴随着某些机械功 W_p 的输入，一并传递到高温区(热源)，从而得到较高温度的、可供利用的热能 $Q_{热}$。

根据热力学第一定律，可得

$$W_p + Q_{冷} + Q_{热} = 0 \tag{10-1}$$

或

$$|Q_{热}| = |Q_{冷}| + |W_p| \tag{10-2}$$

使用压缩机型热泵时，热能从冷源向热源转移所需的补充能量是压缩机提供的机械能。

众所周知，液体在汽化时，需要从外界吸收热量(汽化潜热)，反之，如果气体液化时，就要向外界放出热量。根据这一原理，把除湿机的蒸发器、压缩机、冷凝器和热膨胀阀等主要部件用管道连接起来，构成封闭的循环系统。制冷剂在封闭的系统中循环流动，并与周围的循环空气进行热交换。从干燥室内排出的热湿空气流过蒸发器(冷源)表面时，如果温度降到露点，热湿空气中所含的水蒸气在蒸发器管道表面冷凝，并汇集排出机外。蒸发器内的制冷剂吸收了管外空气中的热量(汽化潜热)，蒸发为蒸汽，然后流入压缩机。在压缩机中，制冷剂被压缩，同时一部分机械能(即压缩机所做的功)转化为热能，被制冷剂吸收。然后从压缩机流出的高温高压气态制冷剂流入冷凝器。在冷凝器内，气态高温高压制冷剂在接近等压的过程中冷凝为液体，同时放出热量。另外，经蒸发器脱湿的空气流过冷凝器(热源)时，又吸收了高温制冷剂放出的热量，成为相对湿度较低的热空气，再流回材堆，加热和干燥木材。液态制冷剂离开冷凝器后，在热膨胀阀处膨胀为气、液两相的混合物，同时压力降低，然后再流入蒸发器，如此反复循环。

除湿干燥又可称为热泵干燥，它是借用水泵将水从低水位聚至高水位。热泵依靠制冷工质在低温下吸热，经压缩机在高温下放出热量，空气经热泵提高了空气的温度，即提高的热能的品质。图 10-17 为热泵工作的示意图，假设热泵从低温空气中吸收了 3kW 的热能，热泵压缩机耗 1kW 的热能，就可向干燥室(或取暖空间)供应含 4kW 热能的高温空气。

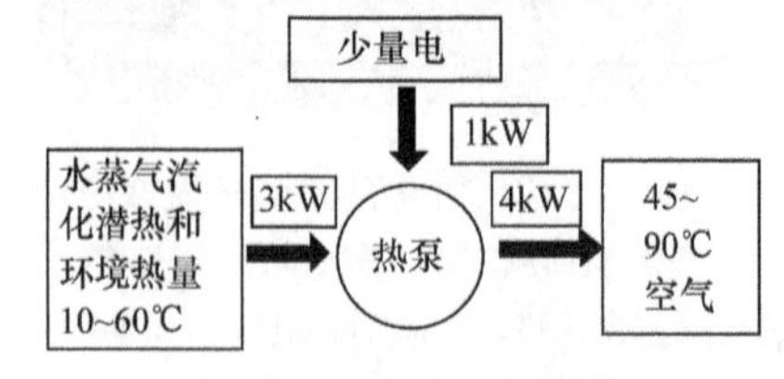

图 10-17 热泵工作原理图

为了进一步理解热泵系统的运转原理，可用相位图考察制冷剂的热力学特性，见图 10-18。此图是常用的制冷剂 R_{22} 的典型相位图。横坐标表示焓，纵坐标表示压力。图 10-18 左上角区域表示液态，拱形区域表示气液两相混合体，拱形之右的制冷剂为气体或蒸汽。

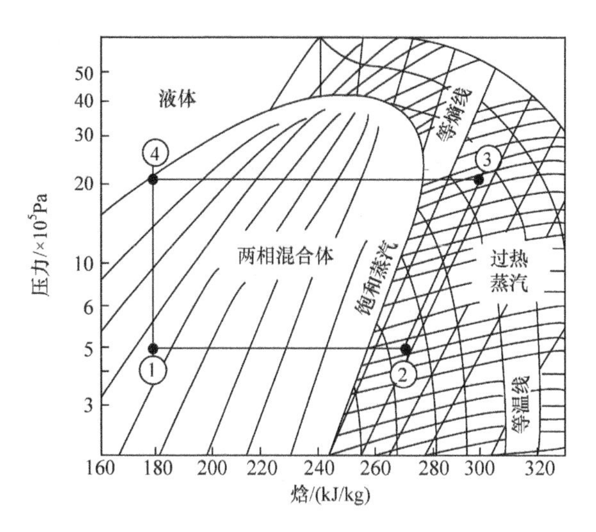

图 10-18　热泵循环图
（引自 Chen，1982）

从热泵（除湿机）的热膨胀阀排出的制冷剂是气液两相混合体（点 1），然后流入蒸发器（点 2），在此过程中，制冷剂的压力不变。但由于吸收了周围空气的热量，焓大大增加。在蒸发器中，制冷剂全部转变为蒸汽。

制冷剂如果以液态在压缩机中运转，必然会损坏压缩机的阀门，因此它必须在拱形右边的纯蒸汽区（过热区）内进入压缩机。热膨胀阀控制着制冷剂的流量，使点 2 偏离拱形区约 10°，叫“10 度过热”。从而防止液体微滴进入压缩机。

制冷剂在压缩机内压缩的过程近似于等熵过程。等熵线随着压力的增大温度逐渐升高。因此，制冷剂从压缩机流出时的温度（93℃）高于其冷凝温度（54℃）。制冷剂在压缩机出口处达到其最高温度（点 3）。

在冷凝器内，高温制冷剂在接近等压的过程中，冷凝为液体（点 3 到点 4）。在此过程中，由于制冷剂的热量又传回给周围空气，故其焓不断降低。液态制冷剂离开冷凝器后，在热膨胀控制阀处膨胀为两相混合体（点 4 到点 1），在此过程中，压力不断降低，但焓不变。制冷剂反复进行此种循环。

除湿机的性能，通常用性能系数来评价。性能系数又分为除湿机本身的性能系数 COP 和除湿装置系统的性能系数 COPs 两种。

$$\mathrm{COP}=\frac{Q_{热}}{W_p} \tag{10-3}$$

式中，$Q_{热}$ 为除湿机的热源提供的热量；W_p 为压缩机消耗的功。

$$\mathrm{COP}_s=\frac{Q_{热}}{W_p+W_{f1}+W_{f2}+W_2} \tag{10-4}$$

式中，W_{f1}、W_{f2}、W_2 分别为除湿机中的风机、干燥室内风机及辅助电热器消耗的功。

高温除湿机本身的性能系数 COP 值大致为 3.8；除湿装置系统性能系数 COPs 值为 2～2.75。这说明从外界输入少量的能量（压缩机及风机消耗的功等），可在除湿机的热源得到 2 倍多的热能。

木材除湿干燥时，干燥室内循环的空气可全部流过蒸发器（冷源），也可部分流过蒸发器，其余的直接在干燥室内循环。部分空气（通常为总量的 1/4）流过蒸发器时，其除湿效率较高。而全部空气流过蒸发器时，尽管蒸发器的大部分制冷功率用于冷却大量的空气，但有时仍很难将空气的温度降到露点以下，故脱湿量很少。特别是流过干、热空气时，更是如此。然而，当空气的湿含量很高时，降到露点温度相对容易，这时，流过除湿机的空气量不是影响除湿效率的主要因素。

10.2　除湿干燥工艺

10.2.1　除湿干燥工艺基准

木材除湿干燥时，干燥室内木料的堆积及干燥介质——空气穿过材堆的循环过程，与常规干燥相同。二者的主要区别在于：①除湿干燥大多属于中、低温干燥，干燥室温度一般小于或接近 70℃。②多数单纯的除湿干燥室没有增湿设备，故没有中间处理和平衡处理。由于除湿干燥速度慢，一般不易出现开裂、变形等干燥质量问题。③除湿干燥室若没有蒸汽加热管和喷蒸管，预热阶段很难热透。而且如果没有加湿设备，预热阶段实际是预干。

表 10-1～表 10-9 列出了两种除湿干燥温度范围、不同材种的除湿干燥工艺基准。其中，表 10-1～表 10-3 属于中、低温除湿干燥工艺基准；表 10-4～表 10-6 为高温（或准高温）除湿干燥工艺基准。表 10-1 和表 10-3 适于栎木、柚木等密度大的特别难干材；表 10-2 和表 10-4 适于水曲柳、山毛榉等中等难干材；表 10-3 与表 10-6 适于松木、杉木、杨木等软材。表 10-7 列举了中温除湿干燥 38mm 厚的冷杉、水曲柳及栎木的参考干燥时间。表 10-8 为干燥不同厚度板材的时间系数，表 10-9 为干燥材厚大于 38mm 厚板材时，每阶段温度、相对湿度的调整参数值。

表 10-1　除湿干燥工艺基准 A(材厚 38mm)

(引自 England Ebac 除湿机操作手册,1988)

含水率/%	干球温度/℃	干湿球温度差/℃	平衡含水率/%	相对湿度/%
生材～60	40	2.5	17	85
60～40	40	3.5	15	80
40～35	45	4.5	13	75
35～30	45	5.5	12	70
30～25	45	6.5	11	65
25～20	50	8	9.5	60
20～15	60	12	7.5	50
15～10	60	16	6	40

注:此表工艺基准适于干燥栎木、柚木、胡桃木、枫木、板栗木及橄榄木等特别难干的硬材

表 10-2　除湿干燥工艺基准 B(材厚 38mm)

(引自 England Ebac 除湿机操作手册,1988)

含水率/%	干球温度/℃	干湿球温度差/℃	平衡含水率/%	相对湿度/%
生材～60	40	2.5	17	85
60～40	40	3.5	15	80
40～35	40	5	12	70
35～30	45	7.5	10	60
30～25	45	10	8.5	50
25～20	50	13.5	6.5	40
20～10	60	20	4.75	30

注:此表工艺基准适于干燥水曲柳、山毛榉、桉木、榆木、苹果木、铁杉及红木等中等难干材

表 10-3　除湿干燥工艺基准 C(材厚 38mm)

(引自 England Ebac 除湿机操作手册,1988)

含水率/%	干球温度/℃	干湿球温度差/℃	平衡含水率/%	相对湿度/%
生材～50	50	7	14	80
50～40	55	9	12.5	75
40～30	60	14	10	65
30～20	60	20	8	55
20～10	60	32	5.5	35

注:此表工艺基准适于干燥杉木、落叶松、冷杉、云杉、白桦、杨木、柳木及杉木等软材

表 10-4　除湿干燥工艺基准 D(材厚 38mm)

(引自 Italia CEAF 除湿机操作手册,1988)

含水率/%	干球温度/℃	干湿球温度差/℃	平衡含水率/%	相对湿度/%
生材～40	42	2.5	17.0	86
40～35	45	3.1	16.0	83
35～30	48	4.3	13.5	78
30～25	52	8.3	10.0	62
25～20	56	16.6	6.2	37
20～15	60	21.8	4.5	27
15 以下	65	29.5	2.8	16

注:此表工艺基准适于干燥栎木、柚木、胡桃木、枫木、板栗木及橄榄木特别等难干的硬材

表 10-5　除湿干燥工艺基准 E(材厚 38mm)

(引自 Italia CEAF 除湿机操作手册,1988)

含水率/%	干球温度/℃	干湿球温度差/℃	平衡含水率/%	相对湿度/%
生材～40	46	3.4	15.5	82
40～35	50	4.0	14.5	80
35～30	54	6.2	11.5	71
30～25	58	10.7	8.5	56
25～20	62	19.1	5.5	34
20～15	68	26.7	3.5	22
15 以下	70	31.4	2.5	16

注:此表工艺基准适于干燥水曲柳、山毛榉、桉木、榆木、苹果木、铁杉及红木等中等难干材

表 10-6　除湿干燥工艺基准 F(材厚 38mm)

(引自 Italia CEAF 除湿机操作手册,1988)

含水率/%	干球温度/℃	干湿球温度差/℃	平衡含水率/%	相对湿度/%
生材～40	50	4.8	13.0	76
40～35	54	7.7	10.5	65
35～30	58	11.9	8.0	52
30～25	62	19.1	5.5	34
25～20	66	26.6	3.5	21
20～15	70	29.9	2.5	18
15 以下	74	34.4	2.0	14

注:此表工艺基准适于干燥杉木、落叶松、冷杉、云杉、白桦、杨木、柳木及杉木等软材

表 10-7　除湿干燥参考时间(材厚 38mm)

(引自 England Ebac 除湿机操作手册,1988)

含水率/%	干燥时间/h		
	冷杉	水曲柳	栎木
60～50	12	54	97
50～40	14	61	110
40～35	10	34	61
35～30	10	36	65
30～25	12	45	81
25～20	15	56	102
20～15	18	70	126
15～10	21	88	153
总计	112h (4.7d)	444h (18.5d)	795h (33.1d)

表 10-8　干燥不同材厚的时间系数

(引自 England Ebac 除湿机操作手册,1988)

材厚/mm	25	32	38	44	50	57	63	70	76
时间系数	0.6	0.8	1	1.2	1.4	1.65	1.9	2.15	2.4

表 10-9　干燥厚度大于 38mm 木材时对温、湿度的调整参数
(引自 England Ebac 除湿机操作手册，1988)

材厚范围	温度设定	相对湿度设定	平衡含水率设定
38～75mm	每阶段降低 5℃	每阶段增加 5%	每阶段增加 2%(含水率>12%)或 1%(含水率<12%)
>75mm	每阶段降低 8℃	每阶段增加 10%	每阶段增加 4%(含水率>12%)或 2%(含水率<12%)

10.2.2　干燥温度和湿度

目前，除湿干燥主要还是低温干燥。干燥开始时，辅助加热器把干燥室内空气温度预热到有效工作温度(约 24℃)。然后，辅助加热器自动切断电源，靠除湿机中的压缩机不断提供能量。在干燥过程中，干燥室内温度逐渐升高到 32～49℃(依被干燥木料的树种、厚度和含水率而异)。

除湿干燥的最高温度是由冷凝器中制冷剂的工作压力决定的。例如，采用氟利昂 R_{22} 为制冷剂时，设计的最大冷凝压力为 1862kPa，这时除湿机的供热温度约为 49℃。国内新近研制的高温除湿机，其冷凝温度可达 80℃以上，这时的供热温度可达 70℃。

干燥过程中，除了控制空气温度之外，还要控制空气的相对湿度。干燥针叶树材时，相对湿度控制在 63%～27%；干燥阔叶树材时，相对湿度为 90%～35%，即随着干燥过程的进行，相对湿度不断下降。例如，25mm 厚的岩槭木材低温除湿干燥基准见表 10-10，20～55mm 厚槭木器材中温除湿干燥基准见表 10-11。

表 10-10　低温除湿干燥基准

时间/h	干球温度/℃	干湿球温度差/℃	相对湿度/%	平衡含水率/%
44	32	2.8	81	16.1
48	34	4.7	71	13.0
33	39	10.0	47	7.9
36	40	12.5	39	6.2
13	40	16.0	25	4.4
36	41	18.0	19	3.5
187	44	20.0	18	3.3
8	49	6.1	69	11.8

表 10-11　中温除湿干燥基准(引自徐望飞，1987)

木材含水率/%	干球温度/℃	湿球温度/℃	干燥延续期/d	备注
≥40	40	40	0.5～1	升温预热
40	40.5	38	0.5	
35	44	40.5	0.5	
30	47	41～42.5	0.5	
25	51	41～45	0.5～1	
20	54	42～45	0.7～1	
15	57	41～45	1	
10	60	39～44	1	
6	60	35～40	1～1.5	

10.2.3　干燥时间

木材低温除湿干燥时，干燥时间相当长。例如，32mm 厚的红橡板材从生材干燥到 6%～8%的含水率，需要 40～45d；25mm 厚的白松从含水率 90%干燥到 8%需 18d。而常规蒸汽干燥同样的板材分别只要 26d 和 6d。

其他树种和规格的锯材，除湿干燥的时间见表 10-12。

表 10-12　木材除湿干燥的时间(引自 Aléon et al.，1981)

树种	厚度/mm	板型	初含水率/%	终含水率/%	干燥时间/d
栎木	24	毛边板	40	14	40
板栗	23	整边板	86	16	19
山毛榉	60	毛边板	67	34	32
非洲楝	41	毛边板	63	21	17
柳桉	50	毛边板	87	53	15
海岸松	27	整边板	56	15	13

除湿干燥欧洲赤松、栎木和山毛榉方材的干燥曲线如图 10-19 所示。干燥温度为 35℃。木材横断面尺寸为 50mm×50mm。干燥室空气相对湿度从 90%降为 20%。

10.2.4　除湿机功率的选择

木材除湿干燥过程中，热量是由除湿机的热源(冷凝器)供给的。调节干燥温度主要靠开启和停止压缩机，压缩机停止运转，就截断了除湿机的供热，起降温作用。干燥室内空气的相对湿度也可通过压缩机来控制。启动压缩机，就能降低干燥室内的相对湿度。

对于一台除湿机来说，其最大除湿(排水)能力是固定的。选择除湿机时，首先要计算被干木料每小时的排水量，然后对照除湿机的排水能力进行选择。又因干燥过程中，木料的干燥速度是不等的，初期干燥速度快，需要的除湿机排水能力大，故应按干燥初期的排水量来选择除湿机。

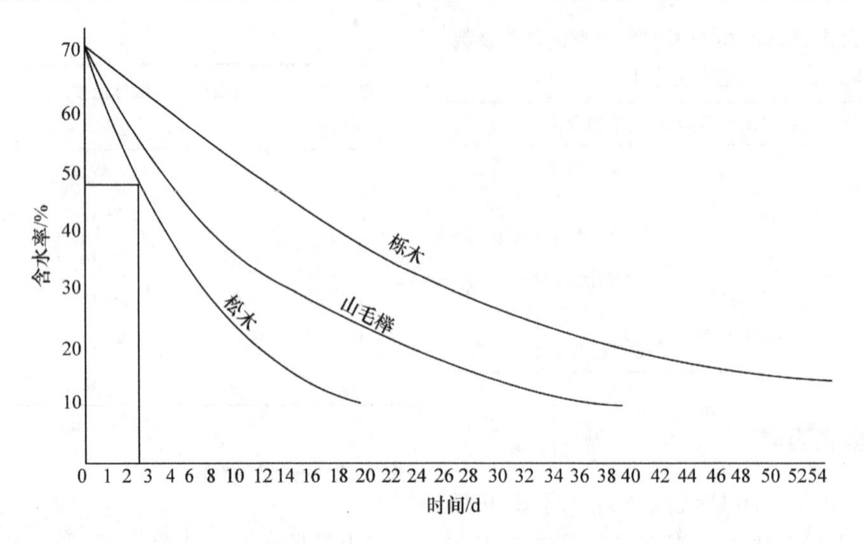

图 10-19 欧洲赤松、栎木和山毛榉木材的干燥曲线(引自若利等,1989)

10.2.5 干燥质量

由于除湿干燥通常是低温慢干,干燥质量较好,一般不会出现严重的干燥缺陷。但由于除湿干燥系统中,通常无调湿设备,干燥结束后,无法进行调湿处理,因此干燥的木材有时出现表面硬化现象。特别是用中温除湿机(干燥温度达 60℃)干燥硬、阔叶树材厚板时,表面硬化现象更为严重。

10.2.6 能耗分析

木材除湿干燥时,由于废气热量的回收利用,因此与常规干燥相比,除湿干燥可节省大量的能耗(干燥生材时可节省 45%~60%的能耗)。但是,木材含水率降到 20%以下时,由于干燥温度低,木材中的水分蒸发比较困难,蒸发单位重量水分的能耗大大增加。而且从木材中蒸发出来的水分越来越少,因此从废气中回收的能量也越来越少。用除湿法把气干材进一步干燥到 6%~8%的含水率,与常规干燥相比,能耗的节省很少。

32mm 厚的红橡生材在除湿干燥过程中,每立方米木料的能耗与木材含水率的关系曲线见图 10-20。由图 10-20 可见,木材从 60%干燥到 20%的含水率,每立方米木料约消耗 144kW · h 的电能。平均每降低 1%的含水率,消耗 3.6kW · h 的电能。而进一步从 20%干燥到 8%的终含水率,需要再消耗 136kW · h 的电能。平均每降低 1%的含水率,消耗 11.3kW · h 的电能,为干燥前期的 3 倍。以上数据也说明,除湿法干燥气干材或半气干材是不经济的。

10.2.7 使用除湿干燥工艺基准的注意事项

1) 由于材种、板厚及除湿机工作状况等条件的不同,在实际干燥过程中,可适当调整干燥温度、相对湿度等干燥参数,本章基准表中所提供的参数仅供参考。

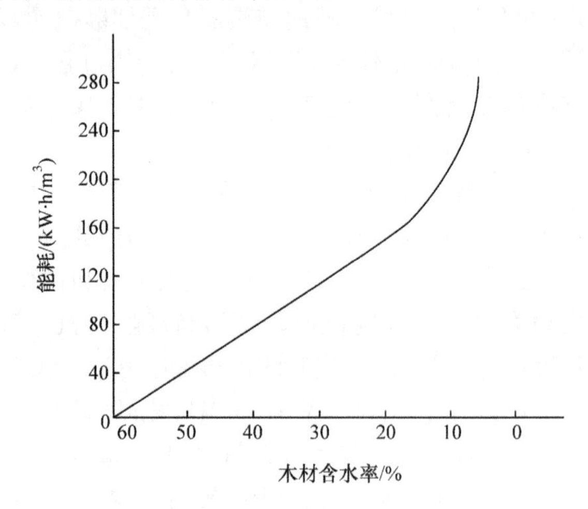

图 10-20 32mm 厚的赤栎生材除湿干燥时能耗与木材含水率的关系

2) 对于没有蒸汽、热水、炉气等作辅助能源的除湿干燥室,升温很慢。实际干燥过程中对应于某一含水率阶段,允许干燥室温度低于工艺基准表中所要求的温度,但空气湿度应尽量保持该含水率阶段所要求的相对湿度。

3) 除湿干燥和常规干燥工艺过程相似,待干的湿材装入干燥室后,待木材温度内外趋于一致时,才能按干燥基准的参数运行,进入干燥阶段。干燥终了时要停止加热和除湿机工作,仅开干燥室内风机通风降温,待室内温度降到不高于大气温度 30℃时,方可开启干燥室大门,准备出材。

4) 干燥特别难干材及 4cm 厚以上的中等难干材时,即使是中、低温干燥,当木材处于纤维饱和点附近和接近干燥终了时,要做调湿处理,以减少干燥应力,防止干燥缺陷。若干燥室内无喷蒸管或喷水管,建议用停机闷室的方式达到调湿处理的目的。

5) 干燥室温度达 70℃以上的高温除湿干燥,建议要加增湿设备，要像常规干燥一样，在干燥过程中进行预热处理、中间处理、平衡处理和终了处理。

10.2.8 除湿干燥工艺示例

（1）椴木除湿干燥工艺曲线　试材为椴木，其基本密度为355kg/m³，材积35m³，材厚6cm，木材初含水率为48.3%，试验地点为北京。除湿干燥机采用RCG30G高温除湿干燥机，制冷工质为R_{12}，压缩机额定功率为15kW，主风机功率为3kW，风量为（1～1.2）×10^4m³/h，通过除湿蒸发器的风量为2600m³/h。

椴木除湿干燥过程中干燥室内温度、空气相对湿度及木材含水率随时间的变化曲线如图10-21所示。图中干燥室温度、相对湿度、含水率等值，均取每天的平均值。由图中几条曲线的变化趋势可以看出，干燥过程中室温、空气相对湿度和木材含水率的变化规律和常规干燥是相同的。图10-21中显示，当木材的含水率大于29.5%时，木材中自由水的迁移和蒸发速度较快，含水率降低18.8%的干燥时间只占总干燥时间的33.5%，而当含水率小于29.5%，即在纤维饱和点以下时，木材内水分迁移速度明显降低，含水率从29.5%降到12.5%，只降低了17%，所需的干燥时间却占了总干燥时间的62.5%。椴木除湿干燥比常规干燥的温度低，干燥室升温慢，所以总的干燥时间比常规干燥要长一倍左右。

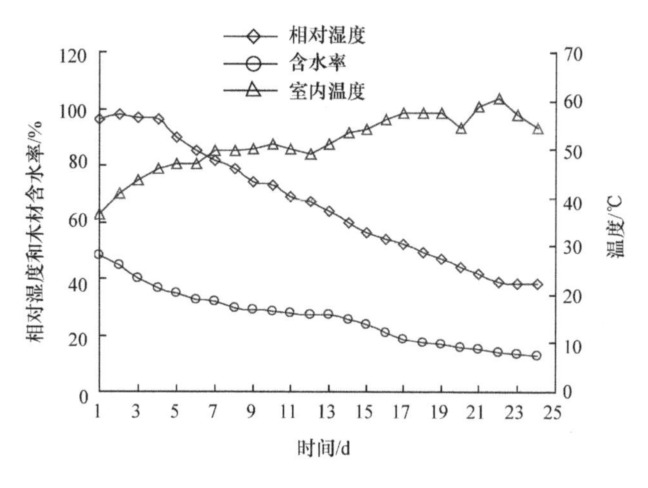

图10-21　椴木除湿干燥工艺曲线

（2）除湿干燥能耗分析　表10-13列出了椴木除湿干燥第1～24天的除湿时间、总除湿量、除湿能耗、回收能量及除湿比能耗等参数。表中除湿能耗包括除湿机的压缩机、主风机及干燥室内风机能耗之和，总除湿量是每天经除湿机排水管排除的水量之和。而除湿机回收的能耗包括三部分：①湿空气中水蒸气流经蒸发器时冷凝而放出的汽化潜热；②冷凝水降温放出的热量；③流经蒸发器的空气降温而放出的热量。从表10-13所列数据可以看出除湿干燥的能耗有两个特点。

表10-13　椴木除湿干燥能耗分析

时间/d	含水率/%	干燥室温/℃	室内相对湿度/%	除湿时间/h	总除湿量/(kg/d)	除湿能耗/(kW·h/d)	除湿回收能量/(kW·h/d)	除湿比能耗/(kW·h/kg水)
1	48.3	36.5	96.0	5.5	196.0	96.3	140.5	0.478
2	44.5	41.0	98.	10.5	330.0	160.8	232.5	0.487
3	40.1	43.5	97.0	11.0	375.4	198.0	265.7	0.527
4	36.3	46.0	96.0	12.4	341.0	224.0	242.2	0.657
5	34.5	47.0	90.0	11.2	297.0	204.0	214.8	0.657
6	32.7	47.0	85.0	10.0	285.0	188.0	206.8	0.660
7	32.1	49.6	82.0	10.9	277.0	190.0	204.1	0.686
8	29.5	49.6	79.0	10.0	209.1	178.8	157.6	0.850
9	28.9	50.0	74.0	12.5	196.5	230.4	148.9	1.170
10	28.4	51.0	73.0	10.0	191.6	189.2	143.5	0.987
11	28.1	50.0	69.0	9.5	141.6	179.2	102.6	1.265
12	27.4	49.0	67.0	5.4	125.4	93.2	91.7	0.743
13	27.1	51.5	64.0	4.6	111.5	86.4	83.1	0.775
14	25.6	53.5	60.0	4.5	101.5	78	77.1	0.768
15	23.6	54.0	56.0	4.0	69.7	70.8	55.7	1.010
16	21.0	56.0	54.0	3.5	59.1	57.2	48.7	0.960
17	18.3	57.5	52.0	3.5	37.6	60.8	35.1	1.600
18	17.2	57.6	49.0	3.5	32.5	67.2	31.6	2.070

续表

时间/d	含水率/%	干燥室温/℃	室内相对湿度/%	除湿时间/h	总除湿量/(kg/d)	除湿能耗/(kW·h/d)	除湿回收能量/(kW·h/d)	除湿比能耗/(kW·h/kg水)
19	16.6	57.5	47.0	5.4	34.7	101.2	33.1	2.910
20	15.8	54.3	44.0	2.0	23.4	40.0	33.6	1.710
21	15.1	59.0	42.0	6.4	33.4	112.4	35.3	3.360
22	14.2	60.5	39.0	2.0	16.5	36.0	23.7	2.180
23	13.4	57.0	38.0	2.7	15.1	43.2	22.6	2.860
24	12.5	54.5	38.0	2.8	10.0	45.2	19.2	4.520

1) 不同干燥阶段除湿机的节能效果有明显的差异:①干燥的第6、7天以前,尚处于木材中自由水蒸发阶段,除湿量大,由除湿机回收的能量大于它消耗的能量,在此阶段开除湿机是很合算的;②干燥的第8～10天除湿量有很大的下降,其回收的能量比它消耗的能量分别少11.9%和35.4%、24.2%,但据有关资料介绍,常规蒸汽干燥的平均脱水能耗为1.2～1.8kW·h/kg水,表10-13中第8～10天的平均脱水能耗仍小于常规蒸汽干燥,故这几天开除湿机仍比常规蒸汽干燥节能;③干燥的第20～24天已接近干燥终了,除湿量很少,开除湿机消耗的能量明显比它回收的能量多,而除湿干燥的能耗达1.7kW·h/kg水以上,这说明干燥后期不宜开启除湿机。

2) 湿空气参数和除湿时间是影响除湿效率和能耗的主要因素:①干燥的第二天比第一天的除湿量明显大得多,这主要是因为第一天木材尚处于预热阶段,室温低,水分蒸发量少,且第一天的除湿时间几乎只有第二天的一半。第二天干燥室内空气的温度增高,相对湿度也增大,单位容积内空气的含湿量增大,故除湿量明显增加而除湿比能耗较低。②除湿的第9天比第8天的除湿时间多了2.5h,但除湿量却少了6%,除湿比能耗增加了37.65%,这是因为第9天的相对湿度比第8天少了5%。③干燥后期的第21天,除湿时间达6.4h,它与第22天(除湿时间2h)相比,除湿量虽然增加了1倍,但能耗比却增加了2倍,除湿比能耗达3.36kW·h/kg水。这说明增加开除湿机的时间不一定能增加除湿量和节能效果,必须掌握好开除湿机的时间。

10.3 除湿干燥的经济性和实用性

10.3.1 投资和干燥成本分析

除湿干燥室单位容量的基建投资不高。根据加拿大林产品研究所的资料介绍,建造容量为70m³的除湿干燥室(包括除湿机),需投资42 000美元。而建同样容量的常规蒸汽干燥室需48 000美元。但由于除湿干燥速度慢,若要完成同样的年干燥任务,需建的室数较多。总投资大于常规蒸汽干燥。干燥硬阔叶树材(红橡)及针叶树材(白松)的投资与常规干燥的对比,见图10-22。

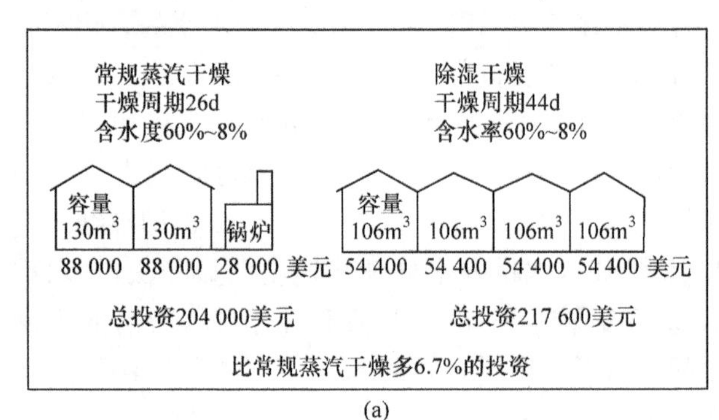

(a)

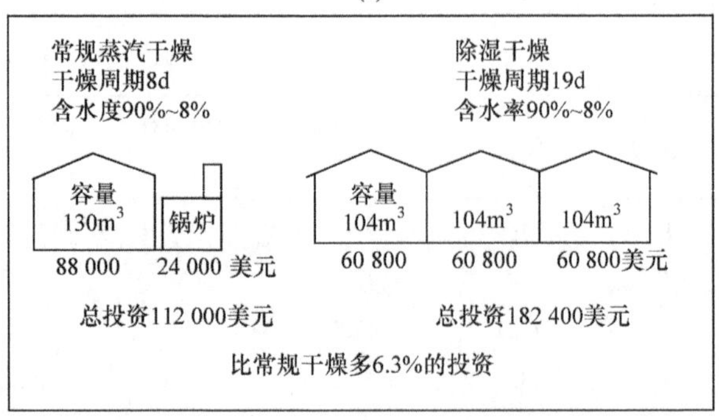

(b)

图10-22 除湿干燥与常规蒸汽干燥的干燥室数及投资对比图(引自Garrahan,1978)

(a) 年干燥3540m² 赤栎板材(厚32mm)时;

(b) 年干燥5900m³ 白松板材(厚25mm)时

由图10-22可见,干燥32mm厚的红橡板材,若要完成3540m³的年干燥任务,只要建容量为130m³的大型常规蒸汽干燥室两间,总投资204 000美元。若采用除湿干燥,需建容量为106m³的干燥室4间,总投资217 600美元,比常规干燥多投资6.7%。对于干燥针叶树材,投资差别更大,与常规蒸汽干燥相比,除湿干燥要多花费63%的投资。这说明用除湿法干燥本来可快干的针叶树材,从基建投资来讲也是不合算的。

干燥成本中，能量费用(电费和蒸汽费)占很大比重，故这里仅就能量费用，对除湿干燥与常规干燥进行对比。除湿干燥虽然节省能量，但使用的都是电能。电能无论在我国还是在发达国家，一般都比其他能源昂贵，所以除湿干燥的成本还是比常规干燥的高。干燥每立方米赤松及白松的能源费用对比见表10-14。

表10-14　除湿干燥与常规干燥费用对比(引自Garrahan，1978)

		常规干燥	除湿干燥
32mm厚红橡从含水率60%干燥到8%	能源费用	美元/m^3	
		9.76	7.84
	额外库存及折旧	—	2.00
	合计	9.76	9.84
25mm厚白松从含水率90%干燥到8%	能源费用	5.68	5.76
	额外库存及折旧	—	3.04
	合计	5.68	8.80

注：表中能源费用按每千瓦时电费3.2美分计算

表10-14说明，在电力工业发达的国家，虽然除湿干燥的能源费用比常规干燥略低或相当，但除湿干燥周期长，需要额外的库存；需建更多的干燥室，需要更多的设备折旧。因此，除湿干燥的成本则大于常规干燥。特别是干燥针叶树材，成本相差更大。我国目前大部分地区电力供应不足，电费较高，采用除湿干燥，从干燥成本上看并不合算。

10.3.2　除湿干燥的优缺点及适用范围

除湿干燥的优点：①节省能耗；②由于干燥温度低，因此对干燥室的设计和使用材料的要求不高，只要合理地气密、防水和保温就行，工厂可因陋就简地自行设计和建造干燥室；③干燥过程中要求的峰值能量较低；④使用电能，对周围环境污染很少。

缺点：①年干燥量相同时，基建设备投资比常规干燥大，干燥针叶树材时更为突出；②干燥成本大于常规干燥，干燥针叶树材薄板时，成本提高的幅度更大；③没有调湿装置，干燥的木料往往出现表面硬化现象；④压缩机和控制阀需要精心保养，否则容易损坏；⑤适用于高温除湿机的制冷剂，目前国内来源较困难。

根据以上分析，结合我国具体情况，除湿干燥的适用范围为：①水电资源丰富，电费便宜的地区；②没有锅炉的中、小型企业，小批量干燥硬阔叶树材或用于阔叶树材的预干；③大城市市区对环境污染要求高的地区。

总之，我国电力供应还比较紧张，不宜用除湿法干燥易干的针叶树材薄板，干燥硬阔叶树材也要考虑到干燥成本、投资回收期等问题。另外，从干燥能耗和成本综合考虑，最好采用除湿—常规蒸汽联合干燥方法，以充分发挥除湿干燥和常规蒸汽干燥各自的优点。

思　考　题

1. 试述木材除湿干燥的基本原理和工艺特点。
2. 试述除湿机的设备组成。

主要参考文献

高建民. 2008. 木材干燥学. 北京：科学出版社
若利. P. 1985. 木材干燥. 宋闯译. 北京：中国林业出版社
王喜明. 2007. 木材干燥. 2版. 北京：中国林业出版社
张璧光. 2003. 木材科学与技术研究进展. 北京：中国环境科学出版社
张璧光. 2005. 实用木材干燥技术. 北京：化学工业出版社
张璧光，李贤军. 2004. 椴木除湿干燥的能耗分析. 林产工业，31(1)：27～29
朱政贤. 1989. 木材干燥. 2版. 北京：中国林业出版社

第 11 章　木材真空干燥

木材真空干燥法是 20 世纪 70 年代中期在欧洲的木材工业中发展起来的一项较为先进的干燥技术，意大利、德、法等国家对此都做过较深入的研究，并在世界各地推广应用。我国于 80 年代初开始研究和推广木材真空干燥技术，研制出多种形式的木材真空干燥设备及与之相配套的工艺技术。该项技术已在我国家具、乐器、木制工艺品等行业得到一定的推广应用。

11.1　真空干燥的原理与分类

木材真空干燥是把木材堆放在密闭的容器内，在低于大气压力的条件下进行干燥的一种方法。在真空条件下，水的沸点降低，蒸发速度加快，从而可以在较低的温度下获得较快的干燥速度。一些常规室干中易开裂、皱缩的木材，较难干燥的厚木材，采用真空干燥法干燥周期明显缩短，并且干燥质量得到提高。

11.1.1　真空干燥的原理

在木材干燥过程中，木材中水分移动包含两个方面：表层水分的蒸发和内部水分向表层的移动。在通常情况下，木材表层水分的蒸发速度比木材内部水分的移动速度快得多，所以要加快干燥速度，关键是要提高木材内部水分的移动速度。而在影响木材内部水分移动速度的诸因子中，周围空气压力的影响最为显著；在空气温度、湿度保持不变的情况下，木材内部水分移动的速度随着空气压力的减小而急剧增大，如图 11-1 所示。因此，在真空作用下，采用较低的加热温度，即可获得快速干燥木材的效果。

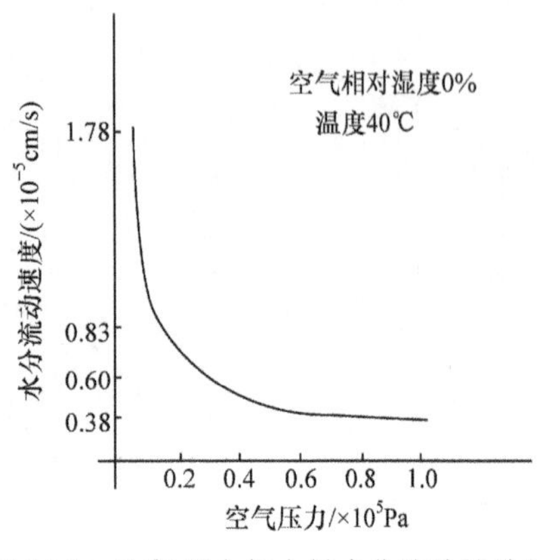

图 11-1　空气压力与木材水分移动的关系

11.1.2　真空与真空度

要想提高真空干燥的速度，就要搞清楚真空与真空度的概念。真空的物理学定义是指没有或只有很少原子和分子的空间，这样的空间在地球上几乎是无法获得的。在工程技术上，真空泛指低于大气压力的空间。

一般来说，气体的稀薄程度称为真空度，常用绝对压力表示，压力单位为帕斯卡，简称帕，用字母“Pa”表示。1 个标准大气压等于 1.013×10^5 Pa。容器内气体越稀薄，压力越低，真空度越高。

在真空干燥、真空介质浓缩等技术领域，真空作业的压力范围通常大于 0.05×10^5 Pa，压力测量精度要求也较低，“Pa”的测量单位太小，习惯上用“MPa”表示，$1\text{MPa}=10^6$ Pa。在工业生产中通常使用一种指示大气压力与容器内气体绝对压力之差的真空表粗略地表示真空度的大小。例如，当大气压力为 0.1MPa，容器内气体绝对压力为 0.08MPa 时，真空表上显示的真空度为－0.02MPa。如果需要了解容器内气体的绝对压力大小，则应根据当地大气压力和真空表读数反过来推算。

我国地域辽阔，不同地区大气压力值相差很大。在同一地区，大气压力也会随气温和空气中水蒸气含量变化而发生波动。采用显示压差的真空表测量容器内的真空度往往有较大的误差。如果需要准确地测定真空度数值，应该用绝对压力表直接测量气体的绝对压力。

11.1.3　真空度与水的沸点温度

在一个标准大气压下，纯水的沸点温度是 99.2℃（实际生活中近似为 100℃）。当气压降低时，水的沸点也随之下降。真空度与水的沸点温度关系见表 11-1。

表 11-1　水沸点与真空下的绝对压力

真空度/MPa	水沸点温度/℃
0.1	99.2
0.08	93.1
0.06	85.4
0.05	80.9
0.04	75.8
0.03	69.0
0.02	60.2
0.01	45.5

真空干燥工艺基准的制定原则是先确定合适的物料温度，之后根据该温度下的饱和蒸汽压来确立物

料的环境压力(真空度)。因而水的饱和温度(沸点)及饱和蒸汽压是真空干燥过程中的重要参数。水的饱和蒸汽压可据表 11-2 查得。

表 11-2　水的环境温度与饱和和蒸汽压

温度/℃	饱和蒸汽压/kPa	温度/℃	饱和蒸汽压/kPa	温度/℃	饱和蒸汽压/kPa
40	7.3777	60	19.926	80	47.367
41	7.7802	61	20.867	81	49.317
42	8.2015	62	21.845	82	51.335
43	8.6423	63	22.861	83	53.422
44	9.1034	64	23.918	84	55.58
45	9.5855	65	25.016	85	57.809
46	10.089	66	26.156	86	60.113
47	10.616	67	27.34	87	62.494
48	11.166	68	28.57	88	64.953
49	11.74	69	29.845	89	67.492
50	12.34	70	31.169	90	70.113
51	12.965	71	32.542	91	72.801
52	13.617	72	33.965	92	75.611
53	14.298	73	35.441	93	78.492
54	15.007	74	36.971	94	81.463
55	15.746	75	38.556	95	84.528
56	16.516	76	40.198	96	87.688
57	17.318	77	41.898	97	90.945
58	18.153	78	43.659	98	94.302
59	19.022	79	45.481	99	97.761

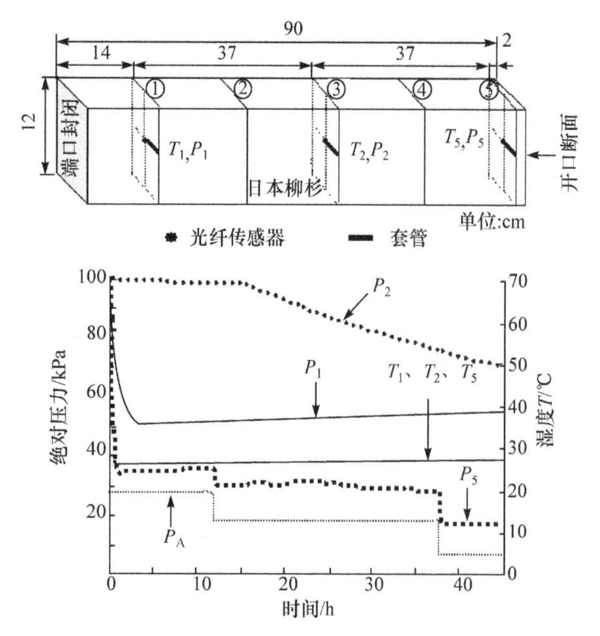

图 11-2　真空环境下木材内部温度与压力的变化过程(引自蔡英春,2002)

P_1,P_2,P_5 对应试材不同位置的内部压力;P_A. 环境压力;T_1,T_2,T_5 对应试材不同位置的内部温度

11.1.4　真空环境中的传热传质特点

木材微观构造十分复杂,当木材周围空气压力降低时,木材内部压力变化有一个滞后过程(图 11-2),木材透气性越差,这一过程越长。在间歇真空干燥过程中,常出现这样一种现象:木材含水率在纤维饱和点以上,当干燥筒内压力降低后,木材表层温度几乎同步下降到对应压力下水的沸点,而内部温度下降速度因树种不同差异很大,一些透气性好的易干材,如桦木、水曲柳等,材芯温度仅较表层高 2～3℃;一些透气性较差的木材,如青冈栎、锥木等,材芯温度较表层可高达 10～20℃。根据同样真空条件下木材芯、表层温度差大小,可判别不同树种木材真空干燥的难易程度。

由于真空场中气体稀薄,对流换热可以忽略。在真空干燥技术中气体的导热、多孔固体的导热、物体间的辐射换热是常见的传热现象。

稀薄气体中的热传导机理与常压下大不相同。常压下的气体是通过气体分子的多次碰撞将热量从高温点传向低温点,因而气体中存在着连续的温度梯度。而在较高真空环境中,气体分子从热壁面获得热量后直接飞向冷壁面,并通过碰撞向其传递热量。在热量传递过程中,分子间的相互碰撞可以忽略不计,因而稀薄气体中不存在连续的温度梯度,通常的热传导率及热流量与温度梯度成正比的傅里叶定律不再适用,传热效率将较常压下大大降低。

热辐射是不接触传热方式,不依靠介质的中间作用,因此是真空中有效的热量传递方式之一。

11.1.5　真空干燥的分类

木材干燥时需要消耗一定的热量,以破坏水分子和木材分子的结合力,蒸发木材中的水分,所以木材人工干燥时必须加热。然而,在真空条件下,由于干燥装置内空气稀薄,如仍用传统的对流加热方法加热木材,加热效果是很差的。为解决这一矛盾,通常采用以下三种方式加热木材:①将木材放在两块热板之间,用接触传导的方法加热木材;②将木材置于高频或微波电场中,用辐射加热的方法加热木材;③在常压条件下采用对流加热的方法将木材加热到一定温度后,再真空脱水干燥,常压加热与真空脱水干燥交替进行。所以根据加热方式来分,真空干燥可以分为传导加热、辐射加热和对流换热三种方式。以上三种加热方式在设备结构、工艺操作及真空干燥效果上均有一定的差别。在高频或微波电场中的加热方式或在热板中加热的加热效果不受真空度影响,可在连续真空的条件下干燥木材,故又称为连续真空干燥;对流换热真空作业是间歇进行的，故又称为间歇真空干燥。

11.2 真空干燥设备组成

木材真空干燥设备主要有干燥筒、真空泵、加热系统、控制系统组成，如图 11-3 和图 11-4 所示。

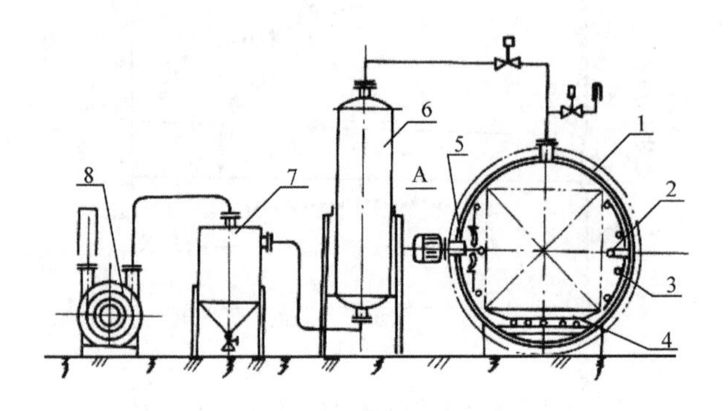

图 11-3 木材真空干燥机结构示意

1. 真空干燥箱；2. 喷蒸管；3. 加热管；4. 材车；5. 风机；6. 冷凝器；7. 汽水分离器；8. 真空泵

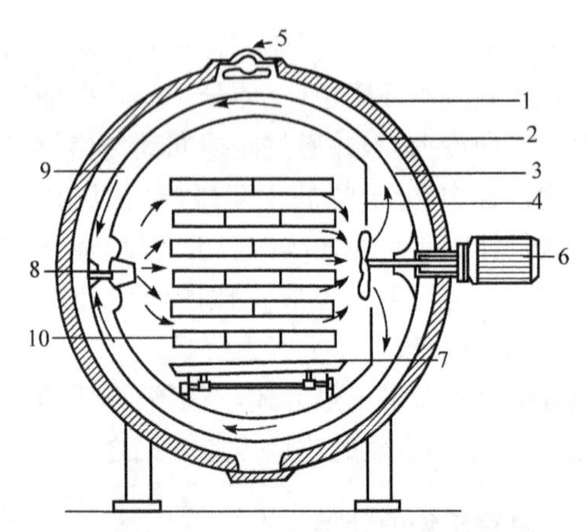

图 11-4 热水加热真空干燥机横断面

1. 筒壁；2. 热水夹层；3. 中层壁；4. 内层壁；5. 热水进口；6. 风机；7. 材车；8. 风嘴；9. 循环空气层；10. 材堆

11.2.1 干燥筒

干燥筒通常为圆柱体，水平安放。两端呈半球形，一端为门，也有两端都为门的。筒体一般用 10～15mm 厚的钢板辊压、焊接而成。之所以制作成圆柱形，是因为真空作业时这种结构体承受外压性能好；制作工艺也较为简便，制作成本低。国外也偶有采用方形截面结构，由于其承压性能差，需要较厚的筒壁，钢材用量大，制作成本高，生产上很少采用。

干燥筒的直径通常为 1.2～2.6m，有效长度为 3～20m。近些年也有将直径扩大到 4.0m 的干燥筒应用于生产实际中。

干燥筒门端与筒体之间多采用法兰连接，法兰上开有矩形或梯形密风槽，内嵌耐热橡胶密封圈。两法兰用螺旋压紧装置压紧。对直径大于 2.6m 的端门通常采用楔形锁紧装置压紧。门是可转动的，门的转动和开闭、压紧均为液压传动，开、闭较为方便、快捷。

干燥筒内壁通常采用喷镀铝层后再涂刷一层呋喃树脂涂料的方法进行防腐蚀处理，防锈蚀效果较好。

11.2.2 真空泵

真空泵的作用是对干燥筒抽真空，从而排除木材中的水分。木材真空干燥主要在粗真空范围内进行，采用一般的机械式真空泵即可。机械式真空泵种类很多，但适合木材真空干燥的主要有水环式真空泵、水喷射真空泵和油环式真空泵三种。

水环式真空泵主要用于粗真空、抽气量大的工艺过程中。这种泵具有结构简单、紧凑，易于制造，操作可靠，内部不需润滑等优点，并可以抽腐蚀性气体、含有灰尘的气体及气水混合物等，较适合木材干燥使用。当被抽气体的压力低于 50kPa 时，单级水环泵的抽气速率大幅度下降，所以为保证干燥所需的真空度，最好采用双级泵。水环泵的工作水温对其使用性能有很大影响，尤其当工作水温高于 40℃时，抽气速率和真空度都将达不到额定值，所以真空泵和干燥罐体间一般都设置有冷凝器。

水喷射式真空泵在间歇真空干燥设备中应用较为普遍，使用效果较好。水喷射式真空泵的极限真空可达 0.005MPa(绝对压力)。它具有结构简单，造价低廉，易损件少，功率消耗小等优点，适用于抽蒸汽量大的场合，抽不凝性气体(如空气)效率不高。水喷射真空泵的缺点是被抽气体压力下降后，抽气量也大幅度下降，使用效果较差。连续真空干燥设备中一般不宜选用。

水环式真空泵和水喷射式真空泵用于木材真空干燥时都具有一定的局限性，还有待进一步改进完善。目前，常采用一种带油水分离装置的油环式真空泵，这种系统抽气量大，功率消耗小，由于油环式真空泵采用油封，泵的腐蚀也小。此外真空泵抽出的二次蒸汽的潜热也可通过散热器回收利用，有较明显的节能效果。

11.2.3 加热系统

在真空环境(负压场)下，若无外部加热，木材将基本上不发生水分表面蒸发，木材内外也不可能维持一定的压力差，因而木材无法得到快速干燥。要实现木材干燥，就必须不断地对其加热，使其内部保持一定的温度。但在真空条件下，由于干燥装置内空气稀薄，对流传热效率很低，尤其是真空度较高时对流换热可以忽略，因此在真空干燥过程中，通常采用 11.1.5 所介绍的三种方式加热木材。

三种加热方式中，除方式二的高频或微波加热外，都属木材外部加热。即先加热木材表层，然后表层热量再以热传导形式传至木材内部。由于木材的导热系数很小且随着含水率的下降进一步减小，因此木材内部的这种热传导效率很低，将木材心部加热到规定温度时需要较长时间，特别是横截面尺寸大的木材；而高频或微波加热则属内部加热，加热迅速、效率高，可实现木材快速较均匀地加热，是木材最理想的加热方式。但由于设备及运行成本较高，因此目前在很多国家仅用于珍贵树种材或横截面尺寸大的木材干燥。

(1) 对流加热　通常以热空气为介质，采用常压下对流加热与真空干燥交替进行的方法干燥木材，所以该类干燥机也称为间歇真空干燥机(alternate vacuum dryer)。

对流加热真空干燥机加热系统有两种形式，一种是利用干燥筒内壁为加热面的夹层水套加热；另一种是在干燥筒放置结构紧凑、供热量大的螺旋片式(或翅片式)加热器或电加热器。

1) 热水加热真空干燥机图 11-4 所示，圆柱形的干燥罐体为三层壁面结构。载热流体在筒壁 1 内层和中间壁之间的热水夹层 2 内流动，干燥介质在中间壁 3 和内层壁 4 之间循环，通过装在罐内一侧的风机 6 和另一侧的风嘴 8 将热水夹层中载热流体的热量传给材堆。风机(2～4 台)和风嘴沿罐体长度方向均布，且风嘴可上下摆动，以保证材堆长度和高度方向气流均匀一致。热水夹层中的载热流体一般为热水，其温度可调，一般不超过 95℃。热水在夹层和热水锅炉之间循环。筒壁不承受压力，仅用于保温，带有 50～100mm 厚的保温层(图中未画出)。罐体内外压力差由热水夹层内壁承受，所以由较厚钢板辊压而成，影响载热流体向干燥介质的热量传递效率。

这种设备的优点是结构紧凑，容积利用率较高，加热较均匀；缺点是结构较复杂，钢材耗量大，造价较高；由于受热水夹层内壁表面积的限制，设备的加热功率较小。

2) 电热或蒸汽加热真空干燥机与常规蒸汽干燥室的布置方式相类似，换热器与风机的安放位置可以有多种形式，如将换热器与通风机都装在材堆上部的上部风机型；将换热器与风机都装在材堆底部的下部风机型；将换热器与风机都装在干燥筒一端的端部风机型；将换热器与风机装在材堆两侧的侧向风机型等。这种结构形式的真空干燥机一般加热功率较大，换热器中的载热流体通常为 0.2～0.6MPa 的饱和蒸汽，在电力充足的地区也可采用电热元件加热。图 11-5、图 11-6 分别为采用侧向风机和下部风机对流加热的真空干燥机结构示意图。

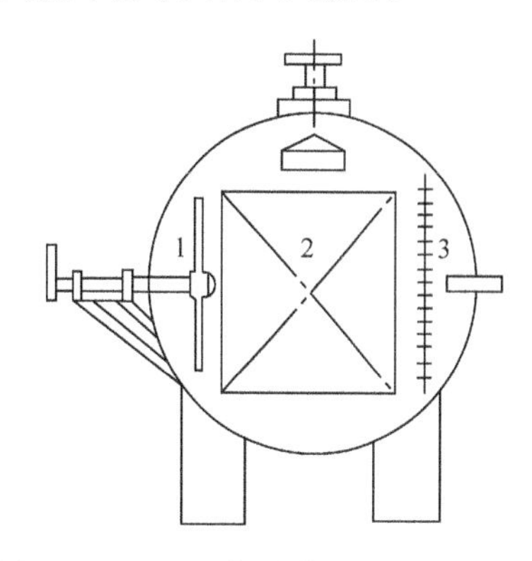

图 11-5　风机和加热管安装在材堆两侧

1. 风机；2. 材堆；3. 加热管

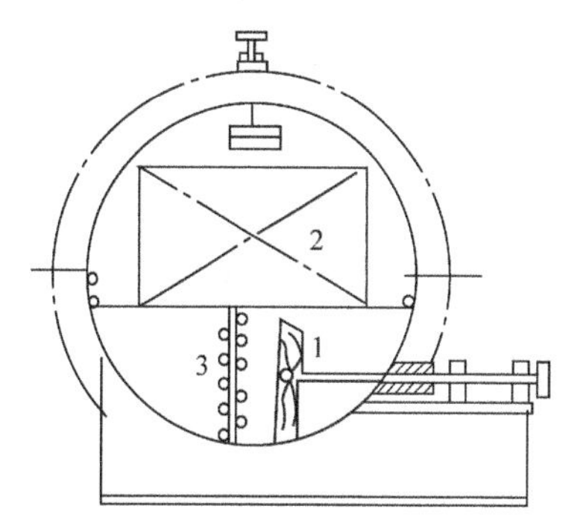

图 11-6　风机和加热管安装在材堆下部

1. 风机；2. 材堆；3. 加热管

(2) 热板真空接触加热　被干燥木料一层层地堆积在加热板之间，与热板直接接触，如图 11-7 所示。加热板为空心铝板，板中的载热流体通常为热水或热油。加热板通过软管与干燥筒内的总管连接，板中的载热流体为热水时，可由小型热水锅炉供热，也可采用集中供热。供水温度一般不高于 95℃。热板加热真空干燥机通常采用连续真空工艺运作。

国外也有用电热毯代替加热板对木材加热的。电热毯由多层铝箔在塑料中层压而成，由电阻丝加热。

(3) 高频真空加热　高频加热主要有介电加热和感应加热两种形式。木材高频真空干燥(high frequency-vacuum drying)机是高频介电加热机与真空干燥机的有机组合。如图 11-8 所示，高频发生器的工作电容由一对电极板置于真空干燥筒内，两极板间的材堆在高频电场作用下被迅速加热，并在真空条件下获得快速干燥。

11.2.4　控制系统

真空干燥过程中可采用普通电器开关手动控制或采用可编程系统自动控制。需测量和控制的主要

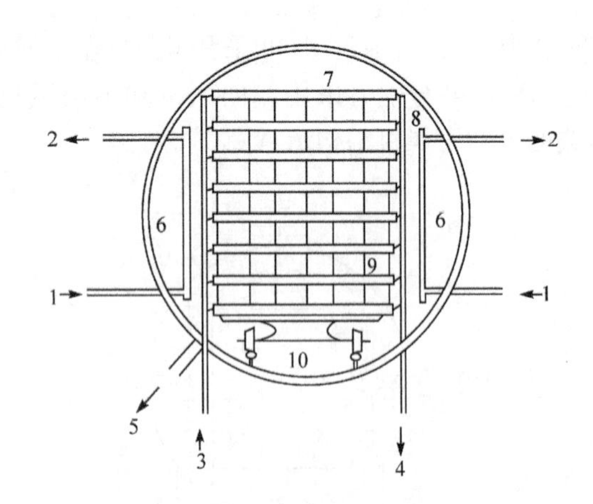

图 11-7　连续真空干燥机横截面

1. 冷却水进口；2. 冷却水出口；3. 热水进口；4. 热水出口；5. 真空泵抽气口；6. 冷却板；7. 加热板；8. 热水管道及软管；9. 木材；10. 材车

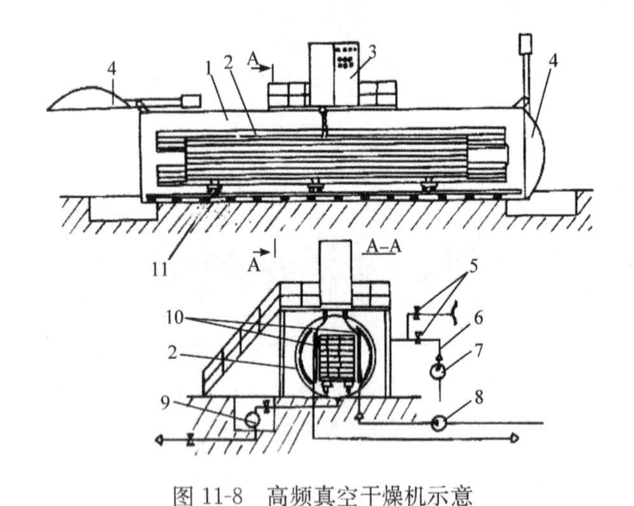

图 11-8　高频真空干燥机示意

1. 干燥筒；2. 冷却板；3. 高频发生器；4. 干燥筒端盖；5. 电动真空阀；6. 抽气管；7. 真空泵；8. 水泵；9. 冷凝水集水池；10. 高频电极板；11. 材车

工艺参数包括木材含水率、木材中心温度、干燥筒内的真空度和温度。

(1) 含水率的测量　　在真空过程中由于人工测量不方便，通常采用电测法测量。其中用电子称重法测得的样板含水率值较为准确，比较适合在真空干燥中使用。

(2) 木材中心温度的测量与控制　　真空干燥过程中，木材中心温度是很重要的控制参数，往往能反映出被干材脱水的难易程度。在间歇真空工艺过程中通常根据基准中设定的介质温度与木材中心温度的差值，确定加热时间与抽真空时间。木材中心温度变化值通常在 40～100℃。温度传感器探头内置于干燥罐体内木材中心位置，并通过密封配件与罐外带继电器(有触点式或无触点式)的动圈式温度指示调解仪等相连接。而继电器则与热水或蒸汽阀门等的控制电器回路相连。温度传感器用普通的铜-康铜热电偶温度计测量，也有热电偶、热电阻(铂金电阻 Pt100)、光导纤维等类型。当木材内部(芯部)温度达设定值上限时，继电器断开，停止对木材加热。而该点温度降到下限时继电器重又闭合，继续对木材加热。

(3) 真空度的测量与控制　　木材真空干燥过程中对真空度的测量要求较低，常用的表盘式真空表即可满足工业生产中的测试要求；也可采用电接点真空表，对干燥筒内的真空度范围做自动控制。电接点真空表表盘上装有可调节的上、下限位指针，控制真空泵的运行。当真空度达到设定的上限值时，真空表发出电信号，切断真空泵电源，真空泵停止工作；当真空度降到下限值时，真空表又发出信号接通真空泵的电源，真空泵重新启动，使干燥筒内保持在需控制的真空度范围内。

11.3　真空干燥工艺

按不同的加热方式，木材真空干燥工艺可分为对流加热间歇真空干燥工艺、热板加热连续真空干燥工艺和真空过热蒸汽干燥三种方式。

11.3.1　对流加热间歇真空干燥工艺

对流加热间歇真空干燥主要由常压加热和真空脱水交替进行的若干个循环过程组成，典型的干燥流程如下。

开始→加热→平衡→真空→泄压→调湿→结束

干燥阶段

循环

若从总体上把握，真空干燥也可分为预热、干燥、调湿处理三个阶段。

(1) 预热　　预热与干燥阶段的区分并不明显。很显然，第一个循环加热就是预热。但预热和加热作用却是不同的。木材预热阶段通常需做汽蒸处理，目的是改善木材的透气性，消除表面硬化现象。有些树脂含量较高的树种经预热阶段的汽蒸处理后，还可起一定的脱脂作用。预热温度一般为 100℃，按木材厚度确定汽蒸的时间，木材厚度每 10mm 需汽蒸 1.0～1.5h。预热结束后，待材芯温度降到干燥基准所规定的温度后方能抽真空。

(2) 干燥阶段　　干燥阶段包含若干个循环。

1) 加热。目的是为木材中水分蒸发和移动提供能量。加热时空气介质的湿度被控制在与木材表层含水率相平衡的水平，使木材在加热过程中基本上不蒸发水分。要做到这点是很难的，在实际操作中，往往根据木材干燥难易程度，对难干材，采用较高的湿度加热，使木材在加热阶段表层适当增湿；对易干材，采用较低的湿度加热，使木材在加热阶段就适当脱水，提高真空干燥的效率。木材加热时间根据木材中心温度确定。不同树种木材通常设定不同的加热介质温度。为节省加热时间，当木材中心温度与介质温度之差达 8～15℃时，就停止加热。此时，关闭加热器和风机，准备转入真空脱水阶段。

2) 平衡。在转入真空阶段前，木材的表层温度均明显地高于内层，如果立即启动真空泵，木材表层水分将大量蒸发，容易产生较大的含水率梯度，使木材开裂。因此，在加热与真空之间往往设一段平衡时间(20～30min)，以减小木材芯、表层的温差。平衡处理对干燥厚木材及一些难干材尤为重要；有些栎类木材，在平衡处理时，往往还要对木材表面喷雾状水滴，进一步降低木材表层温度，增加表层湿度，这样可较有效地防止干燥开裂的发生。

3) 真空。抽真空阶段才是真正的干燥阶段，木材中水分主要是在该阶段排出的。真空阶段已停止加热，木材中水分蒸发所需热能都是在加热阶段获得的。在真空状态下，木材中水分剧烈蒸发，使木材温度迅速下降。当木材中心温度降到与罐内真空度所对应的水的沸点附近时，木材中水分蒸发就基本停止了。因此，可根据木材中心温度值确定抽真空的时间，如真空阶段，最大真空范围通常为 0.005～0.015MPa，当木材中心温度接近 40～55℃时，就可结束真空阶段，进入下一个加热、真空循环过程了。真空过程中，木材中心温度变化还与木材干燥的难易程度有关。在同样条件下，木材中心温度能随着真空度提高迅速下降的，真空干燥速度快，不会出现干燥开裂现象。木材中心温度下降速度慢的，真空干燥速度慢，容易开裂。因此，在真空阶段，应该根据木材干燥的难易程度，选择不同的抽真空速度和抽真空时间。

4) 泄压。真空阶段结束后，应将真空恢复到常压。真空干燥筒上通常装有泄压阀，与大气相通。泄压时可喷入适量蒸汽，使木材表面吸湿，对一些难干材，喷蒸量可适当增大，使其在真空干燥过程中始终维持较小的含水率梯度。

(3) 调湿　　经过若干个加热、真空循环，木材的含水率达到预定值后，可进行适当的调湿处理。调湿处理可在常压下进行。处理温度一般较基准温度低 5～10℃，处理时间为 5～24h。若在真空阶段后直接喷入蒸汽，做调湿处理，可使处理时间缩短为 2～4h。

对流加热间歇真空干燥法是生产采用较多的一种方法，近年来，国内研究较多。表 11-3 所列的有关树种木材间歇真空干燥工艺基准可供干燥时选用。制定间歇真空干燥工艺基准原则是：首先确立真空阶段木材芯部的温度，一般不超过 70℃，否则将由于加热阶段木材其他部位温度过高而使木材产生降解、变色等缺陷，常用范围为 50～70℃。其次确立真空阶段罐体内部的真空度，一般根据木材芯部温度所对应的饱和蒸汽压与罐体内部气压差(ΔP)的大小来确立。渗透性差的难干材、较厚材，ΔP 应选小值，否则 ΔP 可适当加大。

表 11-3　木材间歇真空干燥基准(引自陈日新等，1992)

含水率	加热阶段			真空阶段		
阶段/%	介质温度/℃	材芯温度/℃	时间/min	材芯温度/℃	真空度/MPa	时间/min
柞木(20mm 厚)间歇真空干燥基准						
预热	70	60	180			
>30	80	70	120	60	0.02	120
30～20	80	70	120	60	0.02	120
≤20	90	80	120	65	0.02	120
终了	90	80	120	65	0.02	240
榉木(20mm 厚)间歇真空干燥基准						
预热	80	70	180			
>30	90	80	120	60	0.02	120
30～20	90	80	120	60	0.02	120
≤20	90	85	120	65	0.02	120
终了	90	85	120	65	0.02	240
5.7～6.2cm 厚水曲柳毛边板真空干燥基准						
>40	75	72	65	42	0.015	3
40～30	80	76	70	42	0.015	3
30～20	82	75	72	45	0.01	2.5
20 以下	85	75	75	45	0.01	2.5

11.3.2　热板加热连续真空干燥工艺

工艺过程分为预热、干燥和调湿处理三个阶段。国内部分树种木材的连续真空干燥基准见表 11-4，可供选用。

(1) 预热　　通常在常压下进行，预热温度比基准中的初始温度低 5℃左右。预热时间以木材中心达到预定温度为准，也可按经验确定预热时间。对硬质材，每厚 1cm 预热 2.0～2.5h；对半硬质材和软材，每厚 1cm 预热 1.5h。

(2) 干燥　　木材预热到预定温度后，启动真空泵即转入干燥阶段。干燥阶段真空度为 0.08～0.093MPa。在干燥过程中，依木材的树种、厚度和含水率阶段不同，采用不同的干燥温度（一般指流入加热板的热水温度）。木材达到终含水率要求后，即关闭真空泵，停止加热。

（3）调湿处理　　热板加热真空干燥木材的终含水率均匀性较差，干燥结束后须做调湿处理。方法是，停机后将木材密闭在干燥筒中陈放若干小时。此时木材中心的水分继续向外移动，有助于木材终了含水率趋于平衡。

表 11-4　连续真空干燥工艺基准

树种厚度	含水率/℃	加热温度/℃	真空度/MPa	备注
柞木 30mm（整边板）	>60	55	0.02	含水率从 60%降至 10%的干燥周期约4d
	60～40	58	0.02	
	40～30	62	0.02	
	30～25	62	0.01	
	25～10	65	0.01	
水曲柳 40mm（整边板）	>60	55	0.02	含水率从 60%降至 10%的干燥周期约4d
	60～40	60	0.02	
	40～30	64	0.02	
	30～25	64	0.01	
	25～10	67	0.01	
椴木 40mm（毛边板）	>60	62	0.02	含水率从 65%降至 10%的干燥周期约 4d
	60～40	65	0.02	
	40～30	68	0.02	
	30～25	68	0.01	
	25～10	73	0.01	
桦木 40mm（毛边板）	预处理	50	0.02	目的是避免水分剧烈蒸发，5h 后正式转入干燥含水率从 65%降至 10%的干燥周期约 4d
	>60	60	0.02	
	60～40	63	0.02	
	40～30	66	0.02	
	30～25	66	0.01	
	25～10	70	0.01	

11.3.3　真空过热蒸汽干燥

传统真空干燥是指前面所讲的间歇真空和连续真空干燥方法。连续真空干燥结构复杂，木料装卸麻烦，而间歇干燥能量消耗又比较大，总之，两者都有一定的局限性。

真空过热蒸汽干燥（vacuum superheat steam drying）是以纯过热蒸汽作为干燥介质，采用对流的方式对木材供热，在连续真空条件下干燥。一方面，由于真空的作用，加快了水分在木材内部的移动，并使水分在较低的温度下沸腾汽化，避免因长时间高温作用可能造成的对木材损害。另一方面，对木材持续加热，利用过热蒸汽有较大的放热系数，使木材源源不断地获得充分的热量，连续进行干燥过程，节约能源。

南京林业大学研制开发了带有热能回收系统、可采用对流连续加热的真空过热蒸汽干燥机（图 11-9），其生产运行情况如下。

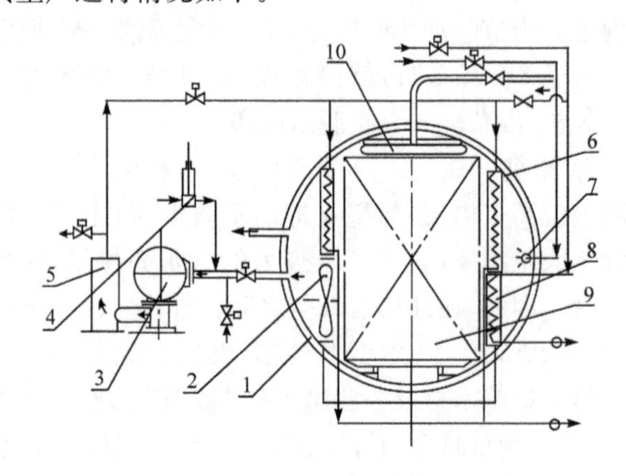

图 11-9　真空过热蒸汽干燥机工作原理

1. 真空干燥筒；2. 风机；3. 往复式压汽机；4. 注液泵；5. 贮汽罐；6. 主加热器；7. 喷蒸管；8. 辅助加热器；9. 材垛；10. 气囊

1. 干燥工艺

（1）干燥基准拟定　　根据常压过热干燥经验和真空干燥原理，初步拟订了 40～50mm 厚马尾松板方材对流加热真空干燥基准，如表 11-5 所示。基准中采用的加热温度较高，是为了增加干燥的脱脂功能；真空度选得较低，有利于降低热泵功率消耗。对不同树种和厚度规格的木材可采用不同温度、真空度的干燥基准（有待进一步探讨和修正）。

表 11-5　40～50mm 马尾松对流加热连续真空干燥基准

含水率阶段/%	介质温度/℃	真空度/kPa	对应饱和温度/℃
>50	100	5～10	98～99
50～30	103	5～10	98～99
30～20	104	10～20	93～98
20～10	106	30～40	86～90

（2）工艺过程　　对流连续加热真空过热蒸汽干燥工艺过程可粗分为三个阶段。

1）预热。目的是提高木材温度，采用常压下对流加热并做适当喷蒸处理。当介质温度达 100℃后，维持 1～2h，即可转入干燥阶段。预热期间由锅炉蒸汽供热，也可采用其他加热源供热。可根据需要适当延长加热和喷蒸时间，以增加松木脱脂效果。

2）干燥阶段。根据木材含水率变化按基准操作。

3）终了处理。当木材含水率下降到比设定的终含水率值高 3%～4%时，即可进行终了处理。此时，关闭热泵、加热系统和风机，开启真空泵1～2h，使室内温度下降到80℃以下，即可结束整个干燥过程。终了处理有助于提高木材干燥均匀性，减小木材干燥应力，并可节约部分热能。

考虑到热泵系统的效率问题，对流加热连续真空干燥工艺设定的介质温度一般不小于80℃。对不能承受该温度干燥的木材，仍可采用间歇真空干燥工艺作业。此时，往复式压汽机将停止运行。

(3) 生产运行试验结果　根据设定的基准和工艺流程，已在生产中做了5项运行试验，其中2项较完整的运行试验结果见表11-6。

表11-6 生产运行试验结果

树种	装材	含水率/%		干燥周期	总能耗	
(厚度/cm)	量/m^3	初	终	/h	电/kW·h	汽/kg
马尾松(4.2)	6.1	68.4	19.1	20.0	211	1100
马尾松(4.2)	6.7	37.0	7.0	20.5	234	970

按锯材干燥质量标准(GB6491—2012)对木材干燥质量进行了检查；材堆各部位终含水率均匀性好，板材厚度上含水率偏差较小，除材色稍加深外，外观干燥缺陷几无，可达到一、二级干燥质量要求。

2. 节能效果　与国内外同类设备相比，该真空干燥装置节能效果较显著，见表11-7。与国内电加热间歇真空干燥法相比，节能率为47%；与西德引进的连续真空干燥设备相比，节能率为67%；与法国带热回收装置的双联式间歇干燥机相比，节能率为49%(山毛榉厚板较难干燥，所以能耗指标较高，如干燥松木中板，节能率小于49%)。

据有关资料介绍，国内用常规室干法干燥1m^3板材的能耗通常为90～170kg标准煤。与之相比，节能效果也是很显著的。

表11-7 与国内外同类设备相比节能效率

	对流加热* 连续真空	电加热 间歇真空	热板加热 连续真空	带热回收 双联真空
树种	马尾松	松木	杨木	山毛榉
板厚 mm	42	20	20～30	85
初含水率%	37.0	50	40	30
终含水率%	7.0	14	12	9.6
每m^3木材	汽144.7kg		原煤125kg	汽153kg
单位能耗	电 34.9kW·h	电 154kW·h	电 23kW·h	电 110.8kW·h
折标煤 kg/m^3	32.7	62.2	98.6	64.4

*按1995年7月第三次全国工业普查办公室的折算标准煤系数：原煤，0.7143kg标准煤/kg；电力，0.404kg标准煤/(kW·h)(用于最终消费)；蒸汽，128.6kg标准煤/t

思考题

1. 简述真空和真空度的区别。

2. 简述真空木材干燥的机理。木材干燥一般真空度需控制在多少范围才更有效？

3. 真空干燥适合干燥哪些材质和规格的木材才能体现出特点，为什么？

4. 简述间歇真空和连续真空干燥的工艺特点，为什么真空干燥和其他干燥方式联合会更好？

主要参考文献

蔡英春. 2003. 负压场中木材水分移动的机理. 中国林学会木材科学分会第九次学术研讨会论文集

梁世镇. 1997. 木材工业实用大全(木材干燥卷). 北京：中国林业出版社

徐成海. 2003. 真空干燥. 北京：化学工业出版社

朱政贤. 1992. 木材干燥. 北京：中国林业出版社

庄寿增. 1996. 高效节能木材真空干燥技术研究. 林产工业，(3)：13～17

Perré P, Joyet P, Aléon D. 1995. Vacuum Drying: Physical Requirements and Practical Solutions. International conference on wood drying

第 12 章　木材热压干燥

热压干燥是将木材置于热板之间，以接触传导的方式加热木材，使之在一定的压力条件下加热脱水的干燥过程。由于加热板供热温度较高，与被干木材接触紧密，传热量大，木材内部升温速度较快，水分汽化迅速，内部蒸汽压力迅速提高，木材内部水分向外部移动迅速，干燥激烈，干燥时间短。

热压干燥法过去主要用于单板干燥，20 世纪 70 年代末期以来，国外有人开始研究用此法干燥锯材，并取得了较好的初步成果，一些透气性好的木材在数小时乃至数十分钟内就可获得快速干燥，20 世纪末开始，国内也开始尝试将热压干燥应用于特殊木制品制造或与木材改性联合使用。

12.1　锯材热压干燥

12.1.1　热压干燥设备

锯材热压干燥的设备与人造板的多层热压机相似，完善的热压干燥系统应包括框架式热压机、装卸板机、预处理室和后处理室 4 部分。

1. 框架式热压机　　框架式热压机为热压干燥主机。可根据需要确定压板层数，一般为 5～20 层。板面尺寸为 2000mm×4000mm，也可采用人造板压机中压板的幅面尺寸。板面压强一般小于 2.0MPa，供热温度小于 200℃，热压板中的载热体为蒸汽或导热油。

木材热压干燥过程中要蒸发大量水分，为及时排除木材中蒸发出的蒸汽，热压板表面常开有许多小孔，小孔后面开有许多纵横交错的沟槽，彼此相通，蒸汽可通过小孔，从后面的沟槽中排出。如热压板上没有设置排气孔槽，在热压板与被干材之间应增设带有孔槽的铝垫板或镀锌铁丝网。

2. 装卸板机　　热压机层数较少时，可采用人工装卸料。层数较多时应设置装卸板机，机械进料、卸料。装卸板机结构上与人造板压机中配套的装卸板机相似。

3. 预处理室　　木料在热压干燥前需在专用的预处理室中做预蒸或预干燥处理。预处理室可采用砖混结构或金属罐体结构，其处理能力应与压机的干燥能力相匹配。

4. 后处理室　　用于热压干燥后木材的热湿平衡处理或热稳定性处理。有常压后处理室和压力蒸汽后处理室两种，前者结构上与预处理室相近，后者通常为金属蒸煮罐形式，可耐压 0.8MPa 以上，并配有真空泵。

12.1.2　热压干燥工艺

木材热压干燥工艺参数主要是压板温度、压力，并与木材的导热性能和木材的渗透性有关。

热压干燥法分为连续式和周期式两种。前者热板始终闭合，连续对木材接触加热，直至干燥结束；后者热板闭合加热一段时间(通常为 2h)，然后再张开 0.5～1h，以加速木材表面水分的蒸发及内部水分的移动，此法又叫作呼吸式干燥。两种方法的干燥周期无大差别；但周期式加热的干燥质量比连续式的好，表裂、内裂和皱缩都会明显减少。

完整的热压干燥工艺应包括预处理、热压干燥和后期处理三部分。对于一些易干树种木材、薄木料也可省去预处理或后处理过程。

1. 预处理　　为提高木材的热压干燥效果和干燥质量，热压干燥前通常应在专用的预处理室中做汽蒸处理或预干处理。

(1) 汽蒸处理　　目的是改善被干木材的透气性，减少木材的表面硬化和开裂。汽蒸温度通常为 100℃，汽蒸时间可参照常规室干中采用的方式，以 1cm 厚木材汽蒸处理 1.0～1.5h 确定。

(2) 预干处理　　对于有些难干树种木材，如赤栎，若在生材状态下直接进行热压干燥，很容易出现内裂、皱缩等现象，若将其预干到 25%～30%的含水率，再进行热压干燥，降等率可减少 50%以上。木材预干处理可在预处理室内进行，也可采用气干的方法预干木材。这种方法可认为是气干或常规窑干与热压干燥的联合干燥。

2. 热压干燥　　木材经预处理后即可在热压机中干燥，干燥时可根据被干材的干燥特性、密度大小和用途，选择不同的热压温度和压力。密度较高的难干材通常选用较低的温度(100～150℃)和较高的压力(0.7～1.5MPa)；密度较低的易干材、速生树种木材，通常选用较高的温度(160℃)和较低的压力(0.35MPa)。如考虑在干燥的同时适当增加被干材的密度和表面硬度，改善其使用性能，则应采用较高的温度(160～180℃)和较高的压力(0.7～2.0MPa)，但此时必须考虑木材压缩率增大对生材下料厚度的影响及高温给板材颜色带来的影响。

表 12-1 和表 12-2 为美国水青冈、鹅掌楸和火炬松热压干燥的试验结果。试验结果表明，干燥温度越高，干燥速度越快。但温度过高易产生干燥缺陷，特

别是透气性差的硬阔叶树材。另外，温度升高，木材的厚度收缩增大，故干燥温度一般不超过 160℃。热板压力的高低对干燥速度无大影响；但压力过低，木材易发生开裂，压力过大，木材的厚度收缩增大，故压力通常控制在 3.4×10^{5}Pa 左右。

表 12-1　美国水青冈、鹅掌楸热压干燥试验结果

树种	厚度/mm	干燥温度/℃	干燥压力/MPa	干燥时间/min	厚度收缩/%
水青冈	13	121	0.35	71	8.2
			1.05	67.9	11.0
		177	0.35	19.1	12.3
			1.05	18.3	16.7
	25	121	0.35	162.6	5.3
			1.05	166.2	7.3
		177	0.35	50.6	11.3
			1.05	47.9	14.8
鹅掌楸	13	121	0.35	72.7	6.5
			1.05	61.2	10.6
		177	0.35	19.1	10.5
			1.05	16.9	13.8
	25	121	0.35	171.4	4.6
			1.05	197.7	6.5
		177	0.35	70.6	9.9
			1.05	66.8	14.2

表 12-2　火炬松锯材热压干燥试验结果

试验条件	干燥温度/℃	干燥压力/MPa	含水率/%		干燥时间/h	厚度收缩/%	翘曲降等率/%
			$MC_{初}$	$MC_{终}$			
热压干燥	177	0.35	120	18.6	1.5	2.7	3.8
	177	0.70	119	16.0	1.5	6.7	6.7
	177	1.05	122	11.0	1.5	16.3	10.4
窑干	130	有平衡处理	120	15.6	10～13		29.6
	138	无平衡处理	120	16.5	10～13		18.3

3. *后期处理*　　后期处理包括木材干燥终了的热湿处理和热稳定性处理两方面。

(1) 热湿处理　　热湿处理的本质是使干燥材有限地吸湿，利用木材的塑性而减小内应力。木材热压干燥时间短(通常 2h 左右)，干燥过程激烈，干燥结束后通常需做热湿平衡处理。在常压下平衡处理时间较长，需 2～3d；如将已干木材放在真空室中，先抽真空到 2kPa 左右，再用适量的蒸汽做热湿平衡处理，处理时间可缩短到约 4.5h。

(2) 热稳定性处理　　由于热压干燥会使得木材存在微量的压缩，表面得以强化，为增加热压干燥材的尺寸稳定性，可适当进行高温或高压汽蒸处理。研究结果表明，柳杉小试件在 180～200℃热空气中处理 8～20h，或者在 0.6MPa 饱和水蒸气中处理 8min，即可获得较高的尺寸稳定性。

12.1.3　热压干燥特点与应用

1. *优点*

1) 干燥速度快。薄板通常在 1～2h 就能干燥到 6%～8%的含水率。

2) 干燥后木材的尺寸稳定性好。

3) 若压力适当，板材宽度在干燥前后变化不大，面积合格率高。

4) 干燥后的板材表面光滑，且平整度好。

2. *缺点*

1) 由于高温和压力的作用，木材表面颜色变暗，且发脆。

2) 木材厚度收缩率大于常规干燥。

3) 热压干燥的工艺因树种变异较大，一些透气性差的难干硬阔叶树材会产生严重的干燥缺陷。

4) 相比于常规干燥而言，热压干燥的效率较低，成本较高。

3. *适用范围*　　热压干燥可以使 25mm 厚的锯材干燥时间由常规窑干的数周缩短至 1～2h，但是在这种高水分强度的快速干燥中，干燥缺陷在很多时候是难以接受的，因此必须综合材性、用途、工艺来进行优化。理论上来讲，适宜于针叶材或透气性较好的阔叶材薄板的干燥，同时在热压干燥前，最好先低温预干，将板材的含水率降低至一定的程度再进行热压干燥，以提高干燥质量。Simpson 以 176℃对美国产橡木的热压干燥表明，采用低温预干与高温热压联合干燥时，低温预干的含水率对是否内裂有决定性的影响。对于 25mm 厚的橡木，热压干燥可以使其干燥时间由数周缩短至 1h，红橡只要预干到 30%的含水率进行热压干燥就不会产生蜂窝内裂，但白橡即使预干到 16%的含水率再进行热压干燥也会产生蜂窝裂。

基于热压干燥的原理与工艺特点，较为适用于人工林速生树材的干燥。由于速生树木材中含有大量的幼龄材，干燥时纵向收缩率很大，常规干燥容易弯曲，而用此法可较为有效地防止弯曲。Simpson 对 2inch×4inch 的人工林火炬松热压干燥研究表明，其可使翘曲变形降等率由室干的 20%以上降低到热压干燥的 4%，从 120%的初含水率降低到 15%的含水率在 176℃的压板温度下，只需要 90min。

有学者认为，热压干燥时，木材厚度收缩率增大，木材的容重也相应增加，这可使原来强度较低的速生材的强度有所提高。但 Stoker 对火炬松二等材的研究表明，热压干燥并不会使木材的静态弯曲强度增加。对于材色变暗的缺陷，还可以通过与其他干燥方法的联合应用予以解决，如真空-热压联合干燥，因为低压下木材水分排出得容易，可以促使木材热压温度较低、干燥时间更短；当然，此技术对干燥设备的要求更高，要求系统具有更高的刚性。

在以降低锯材干燥变形率为出发点时，热压干燥的成本取决于现有干燥技术中弯翘损失的水平、热压干燥能降低弯翘的水平、干燥时间、降等的经济损失、热压干燥中厚度减小带来的生材尺寸增加所引起的成本增加等因素。因此，热压干燥的应用关键取决于树种、用途、质量、成本等因素之间的平衡，国内学者将此法用于铅笔板的干燥，由于热压干燥的木材表层有轻微的表面炭化，正好符合铅笔板工艺的需要，效果较好。

12.2　木材单板的热压干燥

将木材旋切或刨切制成单板是木材高效、高值利用的一种重要方法，干燥是单板加工的重要工艺环节，厚度是单板干燥工艺的重要影响因素，其因制造方法和用途而有差异。旋切单板多用于制造单板类工程木质材料，尽管用作胶合板表板和面板的单板厚度较薄，最薄的只有 0.2mm，但用作芯层的单板厚度一般为 1～4mm，最厚的可达 6mm。刨切单板主要用作贴面材料，厚度较薄，一般为 0.5～0.8mm。由于单板的厚度很小，木材内部水分的平衡及水分蒸发面的移动情况特殊，所以干燥温度、介质湿度等具体工艺参数与锯材干燥的差异较大。

网带式干燥机是工业化干燥单板常见的设备，其属于对流加热干燥，单板干燥后易出现的干燥缺陷主要是端面开裂、荷叶边、波浪纹及含水率不均匀等。荷叶边主要是由于单板本身的不均匀所引起的，端面因干燥过快而发生永久变形，使得端面尺寸比中间大而产生的波形变形，严重的荷叶边就会产生端面裂纹。单板在横向方面的性质差异，会造成干燥速度不一而产生不规则的收缩，结果使板面产生波状的起伏或翘曲，即所谓的波浪纹。单板初含水率和锯材的基本一样，但同一条旋切单板带上各点的初含水率相差很大。单板干燥的终含水率因使用胶合剂的种类而异，多为 4%～8%。由于单板初含水率的差异加大，对流干燥条件激烈，因此干燥后单板含水率不均匀现象突出，在对流干燥中常以二次干燥来解决，但费时费力，能耗增加，干燥成本增加。

基于导热方式传递热量的热板接触式干燥及辊筒式干燥，由于在干燥过程中，可以对单板施加一定的压力，同时热传导效率较高，则可以较好地解决变形、干燥不均匀等问题，本节简要介绍单板热压干燥的设备、工艺与特点。

12.2.1　单板热压干燥设备与工艺

热压干燥机，经过很长时间的研究，既可用于干燥锯材，也可用于干燥单板。热压干燥机综合了加压和接触传热的双重效果。用于单板热压干燥的主要有连续式热压干燥机和周期式热压板干燥机。

1. 连续式热板干燥机　连续式热板干燥机可以连续作业，即单板从干燥机一端送入，从另一端送出，其运输装置是链条和固定在链条上的加热板，在加热和加压的同时，单板连续向前移动。

连续式热板干燥机的主要结构如图 12-1 所示，干燥机内部由一对单板传送滚筒和一对加热热板组成一组。热板压力为 172～586kPa，温度为 120～230℃，具体因树种和单板厚度而异。当热板张开时，滚筒转动将单板送进到相当于热板的长度，热板即在数秒间轻轻加压加热。加热后热板又张开，滚筒转动将单板送出，这样重复地进行，单板即逐渐被送向另一端。这是单板干燥机中安装面积最小的一种，干燥后的单板表面平滑，加工精度好。但由于反复加热容易使一部分单板发生小裂纹，因此不适宜干燥装饰单板。

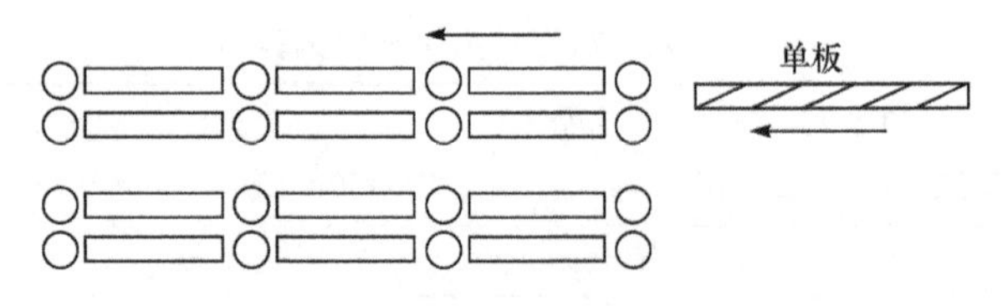

图 12-1　连续式热压干燥机

2. 连续式辊压单板干燥机　其原理是借鉴德国 AUMA 连续热压机的工作原理。干燥机主要由前驱系统、整体机架、加热辊筒等几部分组成。前驱系统采用先用带传动、后用链传动的方法，而上下钢带的同向运动，则通过几个转向链轮来实现。采用加热辊筒与钢带连续接触的传热方式，以导热油为介质，通过螺旋加热管对滚筒进行加热。其可干燥单板厚度为 0.4～1mm，初含水率为 70%～80%的木材，终含水率可达 6%～8%，单板运行速度为 0.42～1.05m/s，生产能力为 3～5m³/h。干燥的单板具有平整度好、横纹（宽度）干缩率低、终含水率均匀的优点。在辊压接触干燥时，在预热系统的作用下，钢带和单板具有一定的初始温度，进入加热辊筒后，在钢带的夹持下进行接触干燥，从而抑制了单板的翘曲。在干燥温度高于 190℃时，达到了木材玻璃态转变

（软化点），使单板在平整状态下固定，不易变形。辊压干燥时，单板的厚度干缩率为 5.3%，略大于对流干燥时的 4.6%，但远低于常规热压干燥时的 8.46%；另外，辊压干燥时的横纹干缩率约为对流干燥时的 1/3，主要是因为辊压干燥时，钢带对单板的夹持，起到了抑制单板变形的作用。干燥后单板的终含水率不均匀，是对流干燥设备的主要问题之一，采用辊压干燥，则单板的终含水率比较均匀，原因是湿单板在干燥过程中，与高温滚筒紧密接触，高含水率区域的导热系数高，获得热量多，该区域的水分蒸发快，同时，在整个干燥过程中，温度均超过 100℃，木材中的水分迅速汽化，含水率高的区域水蒸气压力也较高，使得木材中的水蒸气迅速向外扩散，从而保证了单板终含水率的均匀。

该连续热压机不适合干燥厚单板，因为单板内部水蒸气压力较高，压板张开呼吸时，水蒸气冲出易使单板破损，因此用于厚单板干燥时，此热压机做了进一步的改进，主要是在干燥前端加上柔化辊，其表面的针刺结构可以对单板进行穿刺处理，来使得干燥时单板内的水分能较快地排放，避免单板内局部压力过高，提高干燥合格率，工艺试验表明此方法可以干燥 3mm 厚的单板。

3. *周期式热压板干燥机*　此干燥机类似于人造板生产中的多层热压机，不同之处在于其热压板表面开有纵横交错的浅槽，便于排除水分。另外，为便于装卸料，其压板层数比人造板中的热压机少，类似于锯材的热压干燥机。工艺上采用的是多段热压，各段间插入数张单板，经过数十秒适度加热加压后，松懈压力使单板中的水蒸气蒸发，这样重复数次使单板干燥。这种方法有些类似熨斗的效果，能有效地使大面积的单板干燥而且表面平整。但这种干燥机多需要人工装卸料，劳动强度大，效率较低，大多并不单独使用，而是作为大气干燥后的单板和对流干燥机中干燥不充分的单板的二次干燥。

12.2.2　单板热压干燥的实用性分析

1. *采用热压接触式方法干燥单板的特点*　利用热压接触式方法干燥单板与气流式干燥法相比较具有许多优点。

（1）优点

1）干燥后的单板平整、光滑、翘曲变形小，含水率均匀，避免了应力集中，有效地降低或减少单板的开裂程度。

2）劣材优用，节约资源，提高经济效益。以这种工艺为基础设计开发的干燥机制造成本相对较低，能源消耗少。由于是接触传热，其热效率高于对流干燥法一倍以上，可以节约电能和蒸汽消耗量约 50%，干燥时间约降到对流干燥的 30%。

（2）缺点　单板厚度干缩较大，且热板温度越高、施加的压力越大，则厚度干缩越大。不能干燥任意宽度的非整幅单板，而且多台热压干燥机设备投资较大，一般的小型工厂不容易实施。同时，干燥机的生产率一般也低于滚筒式和网带式的。

2. *适用性*　用热压接触式干燥方法干燥出的单板作芯时，其胶合强度比对流干燥略高，即使在试验中采用 200℃的垫板与单板直接接触，也不影响单板表面的胶合性能，即单板表面未出现“钝化”现象。干燥后的单板虽然体积干缩率较大，但在制成胶合板后，它的材积损耗与对流干燥的大致相等，这是因为单板在干燥时已先被压得密实，热压时厚度损失就自然减小了。

综合单板热压干燥的生产效率、质量与经济性，目前多采用周期式的单板干燥机，且基本是与气干或网带式干燥联合使用。在南方天气晴朗、适合气干的季节，气干 3～4d 后，单板含水率可以达到 18%～20%，此时再采用周期热压式干燥机，以 120℃的压板温度干燥 30s，进一步降低和平衡气干单板的含水率，热压后单板的含水率可达 8%左右，而且单板的平整度较高，经过室内自然养生之后，即可满足胶合板制造的要求，常见于多层实木复合地板基材的制造中。

思考题

简述木材热压干燥的基本原理、特点及其应用前景。

主要参考文献

成俊卿. 1985. 木材学. 北京：中国林业出版社

渡边人. 1986. 木材应用基础. 上海：上海科学技术出版社

顾炼百，李大纲，陆肖宝. 2000. 导热油加热的连续热压干燥机干燥速生杨单板的应用研究. 林产工业，27(1)：17～20

梁世镇，顾炼百. 1998. 木材工业实用大全. 木材干燥卷. 北京：中国林业出版社

尹思慈. 1996. 木材学. 北京：中国林业出版社

朱政贤. 1992. 木材干燥. 2 版. 北京：中国林业出版社

Simpson WT. 1992. Press-drying plantation loblolly pine lumber to reduce warp losses: economic sensitivity analysis. Forest Prod J，42(6)：23～26

Simpson W. 1984. Maximum safe initial moisture content for press-drying oak lumber without honeycomb. Forest Prod J，34(5)：47～50

Stoker DL，Pearson RG，Kretschmann DE，et al. 2017. Effect of press-drying on static bending properties of plantation-grown No. 2 loblolly pine lumber. Forest Prod J，57(11)：70～73

第 13 章　木材微波干燥和高频干燥

20 世纪 60 年代初，美国、日本、加拿大、德国等国外学者开始研究利用微波和高频干燥木材。我国从 1974 年开始进行了木材微波干燥和高频干燥技术的研究和推广工作，并取得了一定的成绩。诸多试验结果表明，木材微波(高频)干燥是一种有效的快速干燥方法，对于多数常用树种和不同规格的木材，在满足质量要求的前提下，微波(高频)干燥与常规蒸汽干燥相比，可以缩短干燥时间数十倍。

通常来说，高频电磁波一般是指波长为 7.5～1000m，频率为 0.3～40MHz 的电磁波；而微波是指波长为 1～1000mm，频率为 $3\times10^2\sim3\times10^5$MHz 的电磁波。近年来，随着科学技术的进步，微波(高频)干燥设备的性能也更趋完善，微波(高频)干燥技术开始逐步工业化应用于木材干燥行业，尤其是用微波对木质坚硬的珍贵木材进行干燥可以获得良好的效果。

13.1　木材微波与高频干燥的基本原理

高频及微波加热可分为电磁感应加热及电介质加热两大类。前者用于导电、导磁物质(导磁性金属)的加热，如家用电磁炉具、工业炼钢淬火等的应用；而后者则用于木材之类的电介质材料的加热。

木材微波(高频)干燥是把湿木料作为一种电介质，置于微波(高频)交变电磁场中(图 13-1)，在频繁交变的电磁场作用下，木材中的极化水分子迅速旋转、相互摩擦，产生热量，从而达到加热和干燥木材的目的。其具体的发热机理大致可分为三种：①木材内的离子在微波(高频)电磁场的作用下迅速移动，引起离子导电损耗热效应。②木材物质非结晶区域存在的羟基等极性偶极子基团和吸着在亲水性羟基上的吸着水分子，其在交变电磁场作用下能够发生频繁取向运动而引起介质损耗热效应。③木材中的极化水分子随着交变电磁场方向的变化而迅速旋转，相互摩擦，产生热量。由于木材中水的相对介电常数和损耗系数最大，在微波场作用下发热量最多，因此在干燥时，一般认为是木材中的极化水分子发生频繁的取向运动而产生热量，从而实现对木材的干燥。

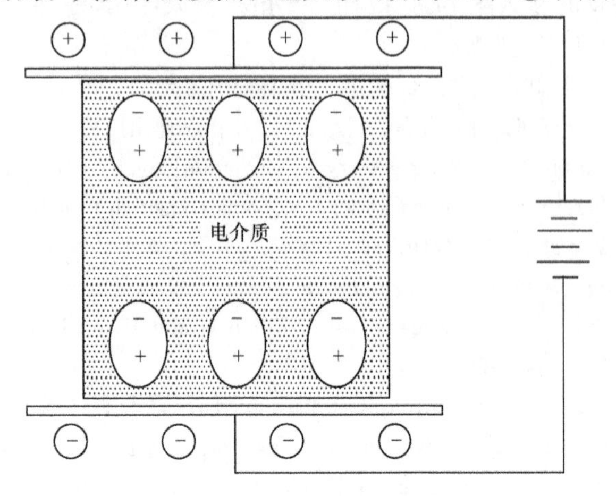

图 13-1　电容器充电及极板间电介质极性分子等的极化示意图

13.2　木材微波与高频干燥特点

在常规木材干燥过程中，干燥介质主要通过对流或热传导的形式将热量传递给木材表面，木材表面再以热传导的方式将热量传入木材内部，使得木材整体温度升高，这种加热方式的加热效率较低，加热时间长。而用微波(高频)加热木材时，热量不是从木材外部传入，是通过交变电磁场与木材中极性分子(主要为水分子)的相互作用而直接在木材内部发生，其热量的产生具有即时性和整体性。只要木料不是特别厚，木料沿整个厚度方向能同时热透，热透时间与木料厚度基本无关。

在木材加工领域，高频加热常应用于木材干燥、胶接、木质材料弯曲和定型等。世界各国所用频率不同，我国常用高频设备频率与日本常用频率相同，为 6.7MHz 和 13.56MHz。若高频加热设备容量大或者被加热木材很长、断面很大，应适当选用低频率。而微波加热则是在谐振腔内由波导发射微波并进行反射所形成的微波电磁场来加热其中物料，我国常用微波加热设备的工作频率为 915MHz 和 2450MHz。由于不需要电极，因此微波加热适于单板、体积小、形状不规则的工艺品等的干燥，以及木料的加热弯曲。

与常规干燥相比，微波(高频)干燥具有一系列优点。

(1) 干燥速率快，时间短　　用微波(高频)加热木材时，木材内部温度急剧升高，水分迅速蒸发，水蒸气快速膨胀，使得木材半封闭细胞腔内的压力急剧上升，在木材内外形成较高的压力差，该“压差”迫使木材内部水分快速向外迁移，从而极大地提高木材干燥速率。另外，微波(高频)作用于木材，可以破坏木材细胞壁上的纹孔膜，甚至薄壁细胞，使木材内部的通透性增加，从而在很大程度上提高了木材内的水分迁移性能。尤其当木材含水率很低时，由于热传导系数的下降，利用热传导、热对流、热辐射等方式的常规加热所需时间很长；而高频或微波加热，电介质材料内部直接生热，所以内部温度在很短时间内即能达到规定值。因此在微波（高频）干燥过程中，木材的干燥速率要远高于常规干燥，其比值一般在十几甚至几十以上。如将木材含水率由 35%～40%降至 20%，其总的干燥时间为 5～15min，干燥速率是常规蒸汽干燥的 20～30 倍。

（2）干燥质量好，节约木材　微波（高频）是一种穿透力较强的电磁波，它能穿透木材一定的深度，向被加热木材内部辐射微波电磁场，推动其极化分子的剧烈运动而产生热量，如用频率为 915MHz 和 2450MHz 的微波对具有很高含水率的木材进行加热或干燥时，微波在木材中穿透深度分别可达 16cm 和 6cm。而当木材含水率较低时，其穿透深度可达二十几厘米，甚至更大，能满足厚方材干燥的要求。因此，微波（高频）加热过程能在整个木材内同时进行，升温迅速，大大缩短了常规加热中热传导的时间。除了特别厚的木材外，一般可以做到内外同时均匀加热。

由于在微波（高频）干燥过程中，木材内部受热均匀，温度梯度和含水率梯度小，其产生的干燥应力也小。因此，如果能控制好微波（高频）输出的功率大小、干燥时间和通风排湿，微波（高频）干燥的质量比常规蒸汽干燥更容易得到保证，从而提高木材利用率至少 5%以上。另外，微波（高频）加热具有独特的非热效应（生物效应），可以在较低温度下更彻底地杀灭各种虫菌，消除木制品虫害，避免常规干燥中可能出现的木材生菌、长霉现象。

（3）能量利用效率高　常规干燥过程中，设备预热、传热损失和壳体散热损失在总的能耗中占据比例较大。用微波（高频）进行加热时，湿木材能吸收绝大部分微波能，并转化为热能，而设备壳体金属材料是微波（高频）反射型材料，它只能反射而不能吸收微波（或极少吸收微波）。因此，组成微波（高频）加热设备的热损失仅占总能耗的极少部分。另外，微波（高频）加热是内部“体热源”，它并不需要高温介质来传热，这使得绝大部分微波能量被湿木材吸收并转化为升温和水分蒸发所需要的热量，形成了微波（高频）能量利用的高效性。与常规电加热方式相比，微波（高频）加热一般可省 30%～50%的电。

（4）可直接用来干燥木质半成品　人类自古以来对实木进行加工利用时，无一例外都是先将木材干燥后再加工。这是由于如果先下料加工成型后再干燥，成型的木构件在干燥过程中只要略有变形、开裂，就不能使用，而微波（高频）干燥能基本保持木构件的原样，不容易变形、开裂。因此，可以利用微波（高频）直接对木质半成品进行干燥，干燥好后再对半成品进行精加工。这样不仅可以节约能源，降低干燥成本，还可以提高 15%～20%的木材利用率。

（5）选择性加热，易于控制　水的介电常数很大，约为 81，而绝干木材的仅为 2～3，因而含水率越高，介电常数越大，吸收微波功率越多（越容易发热）。高频或微波功率的控制是由开关、旋钮调节，即开即用，无热惯性，易于实现自动控制。

与常规干燥方法相比，微波（高频）干燥也存在一些缺点或不足：①微波（高频）干燥所用能源为高价位的电能，干燥成本一般较高，缺乏价格竞争优势；②木材微波（高频）干燥设备复杂，投资较大；③由于木材材质及含水率分布不均，有时将导致木材内部局部温度过高，尤其是渗透性差或厚板材更应注意；④若木材中含有导磁性金属物质，则由于电磁感应加热使其温度急剧升高，将有可能使其周围的木材烤焦，甚至燃烧。

13.3　木材高频干燥设备与工艺

13.3.1　木材高频干燥设备

高频干燥木材时，木材材堆置于电极板之间，电极板与高频加热装置多用低电阻宽铜片连接。利用两电极板之间产生的高频交变电场，使木材中的极性分子（主要为水分子）等快速取向翻转而摩擦生热（介电损耗发热）。

高频加热装置主要由具有三极真空管的振荡回路、调谐回路等构成。适用于木材加热的频率为 4～27MHz，但为避免泄漏的高频电磁波对无线通信等构成妨碍，一般使用 6.7MHz、13.56MHz、27.12MHz，最常用的为 13.56MHz，加热断面尺寸较大的结构材则多用 6.7MHz。随着干燥过程的进行，被干燥材的电学性质有很大变化，为确保相应于该变化的最佳加热效率，应对振荡回路自动进行调谐。即相应于被干燥材电学性质的变化，自动调节回路中的电容或电感。高频发生器的输出功率小于 5kW 的一般采用空冷式，而大于 5kW 的采用水冷式。

电极板有平板形、网状、多孔形及波纹状等形式（图 13-2）。平板电极多为铝合金平板，其制作简单，加热效率高，但通风和排水性差，所以多用于垂直排列电极板，而用于水平排列的下极板时，为避免极板上积水湿润与其接触的木材，应在极板与木材间设置金属网等。网状电极板用铜网或其他非磁性金属材料张紧在铝框上做成，与平板电极相比，制作较复杂，加热效率会受到影响，但通风和排水性好，其使用时的排列方向不受限制。多孔形电极板可在铝合金板上钻满小孔而成，具有与网状电极板相近的使用性能。波纹状电极板较网状电极板容易制作，其既能避免与木材接触部积水，又能较充分发挥高频加热效率，实践证明具有较好的使用性能。

电极板的排列可以是水平的或垂直的，有三种方案。

方案一为 3 块电极板（2 组）垂直排列，如图 13-3(a)所示；由于电极板不接触木料，所以称为不接触排列法。方案二是由 2 块电极板水平放置，如图 13-3(b)所示；上面的一块电极板可通过绝缘材料与由电机或液压油缸驱动的传动装置相连，以保证其在干燥时与木材接触，在装入或卸出木材时升起；电机或液压油缸除用于控制上面一块电极板的升降外，主要用于在干燥过程中对木材适当加压以防止其翘曲变形。方案三由 3 块供电极板和 3 块接地极板水平排列组成 5 组加热区，6 块电极板在堆置木料时即放入，待木料推入干燥室后将其各自交替地连接在两只通电的汇流器（供电汇流器、接地汇流器）上，如图 13-3(c)所示，因电极板与木料直接接触，所以称为接触排列法。

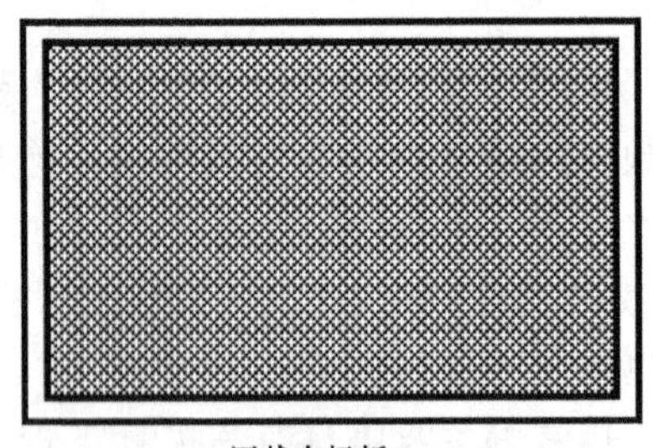

网状电极板

多孔形电极板

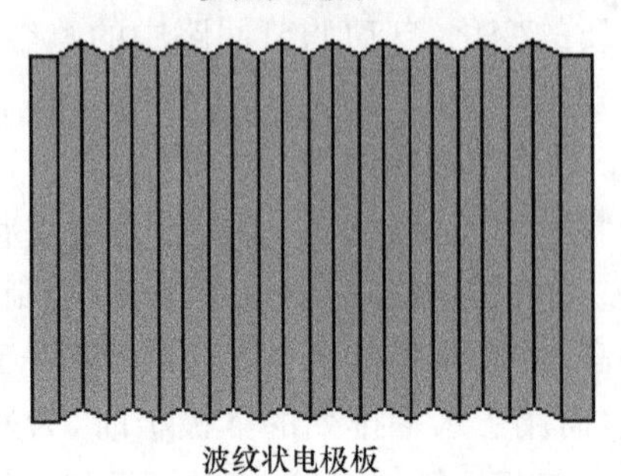

波纹状电极板

图 13-2 电极板形状

上述三种电极板排列方案各有优缺点。第一种方案，两外侧电极板之间的距离可调，使用方便；就木材干燥的均匀性而言，沿材堆高度方向好，而沿宽度方向要差些。第二种方案，由于高频发生器（振荡器）

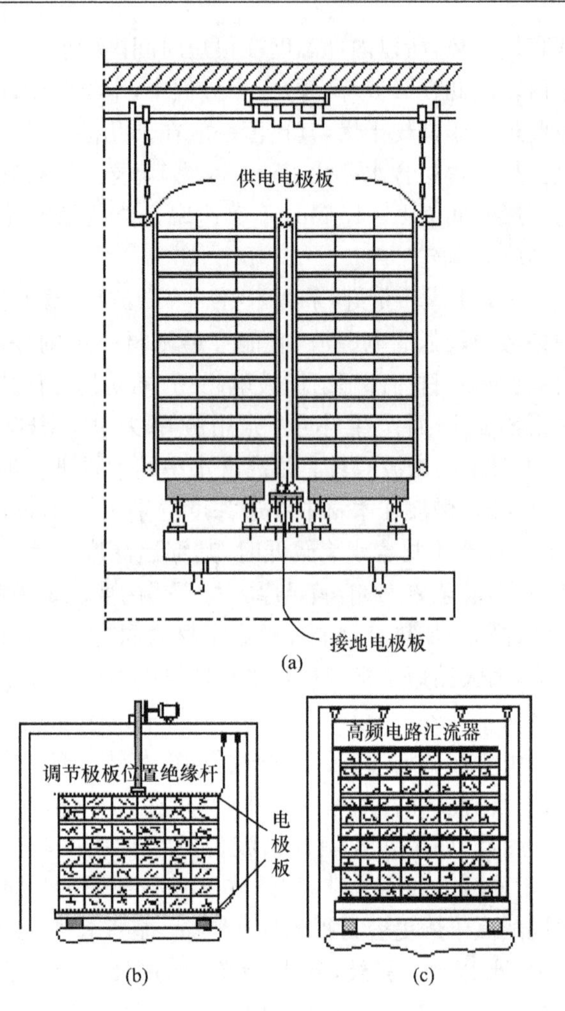

图 13-3 电极板的排列方案

便于调谐，可获得最佳加热效率；但材堆高度受极板距离的限制。第三种方案，由于电极板与木材直接接触，且两极板之间的距离较小，因此能实现较大容量材堆的均匀加热，强化其干燥过程，适用于要求干燥到终含水率较低的场合；干燥时木材的翘曲较小；但电极板交错置于木料之间，使木料装卸不便。

13.3.2 木材高频干燥工艺

在用高频干燥设备干燥木材时，木材堆积作业是干燥工艺的重要组成部分，直接影响木材的干燥质量和产量。对于木材的堆积要求如下：①同一层木料之间不应留有空格，当电极板垂直排列时，更应遵守这一要求，以免隔条着火。②含水率不一致的木料不应堆放在同一组电极之间。

不同的树种间，木材的材性差异较大，使得木材的高频干燥效果也不同。由于木材树种不同、密度不一样，木材的介电损耗因素存在差异。在高频电场中，密度大的木材介电损耗因素大，温升速率较大；反之则升温速率较小。除此之外，木材的构造也是影响高频干燥效果的因素之一。例如，散孔阔叶材由于渗透性好，木材内部水分的迁移能力强，比较适宜于高频干燥。而环孔阔叶材由于渗透性差，水分在木材内部进行迁移的能力弱，在高强度的高频干燥中，迅速汽化的水蒸气不能较快地迁移到木材表面，使得木材内部产生很高的蒸汽压力，容易导致干燥缺陷的产生。因此，对于渗透性差的环孔阔叶材，不宜采用高强度的高频干燥。在实际高频干燥过程中，根据木材树种的不同，可以按照表13-1选择适当的干燥基准。

表13-1 木材高频干燥基准

参数名称	干燥基准		
	硬基准	中基准	软基准
被干湿木料的内部温度/℃	95～105	85～90	75～80
沿木料厚度的温度梯度/(℃/cm)	6	4	3
室内空气的相对湿度/%	80	85	90

表13-1中的硬基准适用于厚度在50mm以下的针叶树材(落叶松除外)和软阔叶树材；中基准适用于厚度在50mm以上的针叶树材(落叶松除外)和软阔叶树材及厚度在50mm以下的散孔硬阔叶树材；软基准则适用于各种厚度的环孔阔叶树材和厚度在50mm以上的散孔硬阔叶树材，以及各种厚度的落叶松和松属髓心方材。木材的终含水率低于10%时，空气的相对湿度在干燥终了时可比表13-1中数值低10%～15%。

表13-1中的基本温度梯度Y用式(13-1)计算：

$$Y(℃/cm)=\frac{t_w-t_a}{0.5S} \tag{13-1}$$

式中，t_w和t_a分别为木料中心温度和干燥室内空气的干球温度(℃)；S为被干木料厚度(cm)。

使用高频加热干燥时，首先依据材种和材厚确定干燥基准的软硬度，根据表13-1的基准表确定木材中心温度、基本温度梯度、干燥室内空气的相对湿度，据式(13-1)计算干燥室内空气的干球温度。

实际生产中，为了减少电能消耗，可采用间歇供给高频电能的方法，如图13-4所示。木材的中心温度，在高频供电后迅速上升，停止供电后又逐渐回降；停止供电后空气温度虽略受影响，但波动不大；而木材的水分蒸发则几乎不受影响。间歇供电既可降低干燥成本，也可以由一台高频发生器为两座甚至多座小容量干燥室或大容量干燥室中分区堆垛的木堆交替间歇供电，充分提高设备利用率。在干燥过程进行到所要求的终含水率之前的适当时刻，高频发生器即可停止工作，依靠水分的热扩散(依靠早先形成的温度梯度)继续排除水分，以节省电能消耗。另外，高频输出电压的高低与加热效率有密切的关系。输出电压越高，效率越高。但由于在高含水率范围内，电压过高易引起木材的放电击穿现象，因此干燥初期应适当控制电压，随着木材含水率的降低，可逐渐升至满压。

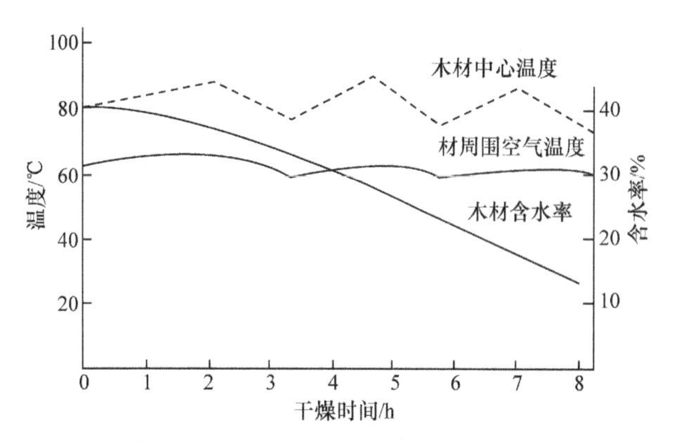

图13-4 木材间歇高频加热干燥曲线

实线为高频加热；虚线为间歇

从节省能源、降低干燥成本和提高干燥质量的角度来考虑，高频干燥的工艺以联合干燥为好。即在预热和高含水率干燥阶段，充分利用常规蒸汽或大气干燥，以降低干燥成本。当木材含水率降低到纤维饱和点左右或以下时，再进行高频干燥，以加快木材的干燥速率和保证干燥质量。国外资料表明，当用高频直接对25mm和50mm的红橡木生材进行干燥时，所有板材都出现了严重的表裂和端裂，即使采取降低温度和增加介质相对湿度的办法，仍无法避免干燥过程中出现的严重开裂现象。但若先用常规干燥方法对红橡木进行预干(由含水率为85%干至40%)，再使用高频对其进行干燥，则可避免开裂现象的发生，获得很好的干燥质量，且大量缩短了干燥时间。如将厚度为25mm的红橡木从含水率为40%干至12%(干燥基准见表13-2)，其总的干燥时间仅需41h，约为常规干燥时间的1/8(常规干燥需要295h)。

表13-2 25mm与50mm红橡木高频干燥基准

(引自Joseph et al.,2001)

木材含水率/%	25mm			50mm		
	木材中心温度/℃	干燥室内干球温度/℃	干燥室内湿球温度/℃	木材中心温度/℃	干燥室内干球温度/℃	干燥室内湿球温度/℃
>50	43	42	41	43	43	42
50～40	43	41	41	43	42	41
40～35	43	40	39	43	41	40
35～30	43	40	36	43	39	38
30～25	49	45	32	49	41	35
25～20	54	51	32	54	47	32
20～15	60	56	32	60	53	32
15以下	82	79	54	71	64	43

在高频-对流联合干燥中，除了需要控制干燥室

内的温度和空气湿度外，还需要对木材中心的温度进行控制，以保证在获得较快干燥速率的同时获得较好的干燥质量。

高频-真空联合干燥兼有高频加热与负压干燥的优点。与高频-对流联合加热干燥法相比，干燥速度更快、质量更好，对环境无污染，易于实现自动控制；但干燥设备容量较小、投资较大，运行成本(主要是电费)较高。目前主要用于干燥质量要求较高的珍贵树种材、断面尺寸大的结构材、工艺品等的干燥。关于这类联合干燥的方法和技术详见第 15 章。

图 13-5 为 25mm 厚红锥木材的高频干燥过程曲线。试件的长度为 1800mm，宽度为 120mm，堆积方式如图 13-6 所示。其干燥条件为：直流输出电压为 6kV，EI 设定值为 4.5kV，正极板电流为 0.7A，高频状态(开-停)为 4-1min，真空度为 50mmHg(1mmHg＝0.133kPa)。经过约 38h 的干燥后，木材的平均终含水率降为 2.8%，平均干燥速率每小时为 2.2%。干燥好后的木材，没有产生表裂、内裂等干燥缺陷。

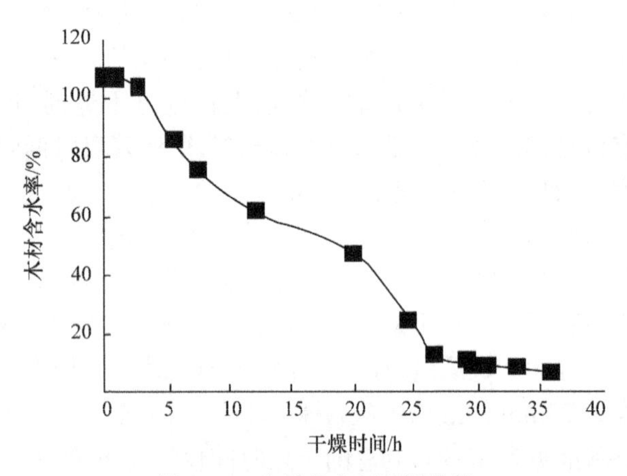

图 13-5 木材的高频干燥曲线

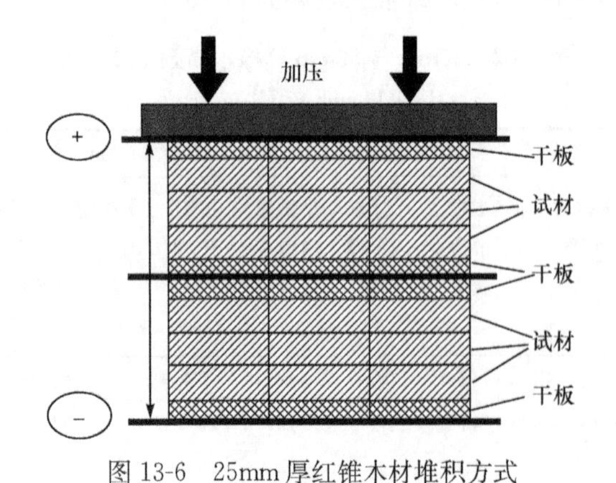

图 13-6 25mm 厚红锥木材堆积方式

13.4 木材微波干燥设备与工艺

13.4.1 木材微波干燥设备

木材微波干燥设备主要由微波发生器、微波加热器、传动系统、通风排湿系统、控制和测量系统等几部分组成，其中微波发生器和微波加热器为主要组成。

1. 微波发生器　它是整个微波干燥设备的关键部分，由磁控管和微波电源组成。其核心部分是将电能转换为微波能的电子管，即微波管。目前用于木材加热和干燥的微波管主要采用磁控管。工作在微波频率的磁控管有线性束管(O 型管，源于 original 词)和交叉场型管(M 型管)等多种。交叉场是指直流电场与直流磁场彼此处于垂直状态；在这种交叉电场和磁场的作用下，磁控管阴极发射的电子受电场作用而加速，并受正交磁场的洛仑兹力作用而使运动路径弯曲。同时在阳极交变电压作用下获得足够能量(速度)，最终到达阳极。此过程中电子将所获得的能量全部给予并建立高频震荡。如果该过程能够持续不断地重复进行下去，则该高频场的震荡得以维持，并能持续不断地向外发射微波，所以其还称为连续波磁控管。国内多采用 915MHz、20～30kW，以及 2450MHz、5kW 的磁控管，并且前者使用较多。目前国外已生产出输出功率高达 100～300kW 的 M 型多谐振腔连续波磁控管，可降低大规模生产的投资和干燥成本。

磁控管正常工作所必需的高压直流电流，是通过升压变压器将来自电网的 380V 交流电升压，再由三相桥式整流器整流后获得的。磁控管的转换效率约为 0.7，说明磁控管中电子所转换传递的能量，大部分能作为微波能向外输出，而另一小部分则成为磁控管本身的热损耗。因此，大功率磁控管需用风冷和水冷系统来解决其散热问题，以延长使用寿命。

2. 微波加热器　适用于木材干燥的微波加热器有隧道式谐振腔加热器和曲折波导加热器。

(1) 隧道式谐振腔加热器　图 13-7 为我国某家具厂使用的微波干燥装置的示意图。整个设备共分为两组，之间由过渡托辊相连接。每一组的干燥室由两只谐振腔加热器串联而成，呈隧道状。

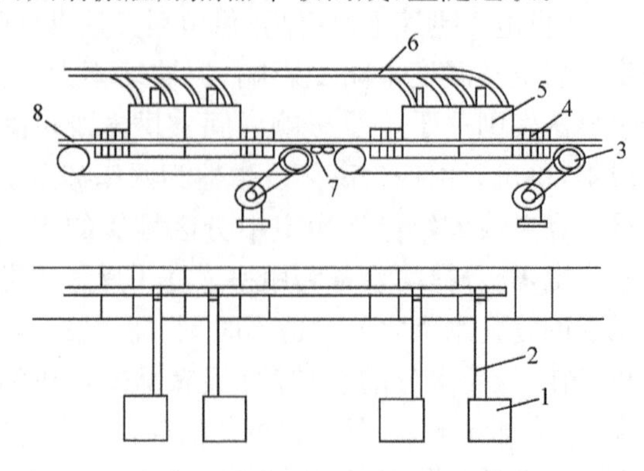

图 13-7 具有隧道式谐振腔加热器的微波干燥装置

1. 微波源；2. 波导；3. 传动装置；4. 梳形漏场抑制器；5. 谐振腔；6. 排湿管；7. 中间过渡托辊；8. 传送带

每只谐振腔分别由一台微波发生器提供微波能(由波导传输)。每台微波发生器输出功率为 20kW(总输出功率为 80kW),微波工作频率为(915±25)MHz。微波管采用 CK-611 连续波磁控管。其阳极电压最高为 12.5kV,最大电流为 3A。灯丝电压(预热时)为 12.5V,电流为 115A。阳极水冷,阴极强风冷却。微波发生器电源输入功率为 30kW。

谐振腔内部尺寸为 800mm × 1000mm × 1100mm,腔体顶部与波导耦合以输入微波能。腔顶上开有许多小孔,用于排除从木材中蒸发出的水分。腔体两个端壁上各开有高 70mm、宽 1000mm 的槽口,以便输送带及木料通过。每组加热器的进出槽口外面各装有梳形漏场抑制器,以防止微波能的泄漏。将欲干燥木料置于输送带上,经过加热器时受到微波电磁场的作用,木料内部产生热量,并在其作用下蒸发水分。可据需要使木料多次通过干燥室,直至木料达目标含水率。

(2) 曲折波导加热器　该种加热器为横断面为矩形的曲折形状的波导,如图 13-8 所示。波导是微波频段传输电磁波能量的主要元器件。依靠各种截面形状的波导,可实现相互连接耦合,完成较远距离或需改变传送方向的微波传送。从能量损耗角度来看,电磁场被限制在波导的空间内,因此波导传输微波能量就不存在辐射损耗,仅在波导壁上面会有电流的少量损耗。矩形波导是指矩形截面的空心金属管。输入的微波以一定的入射角入射内壁面,在该壁面上反射,以合成波的形式沿波导轴向行进。

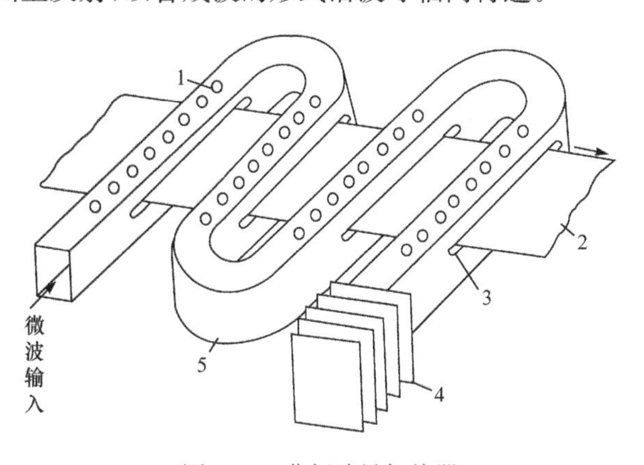

图 13-8　曲折波导加热器

1. 排湿小孔;2. 传送带;3. 宽边中央的槽缝;4. 终端负载;5. 曲折波导

在波导宽边中央沿传输方向开槽缝,因为木料在该处的槽缝通过时吸收的微波能最多。微波能从波导的一端输入,在波导内腔中被木料吸收后,余下的能量进入后面的几段,被木料进一步吸收。这样不但充分利用了能量,而且改善了加热均匀性。最终未被利用的剩余微波能,由波导的终端负载吸收。终端负载一般采用水或其他微波吸收性材料。

波导的窄边上开有许多小孔,并与通风系统联通,以排出木材中蒸发的水蒸气。

为防止微波能的泄漏,在不影响木料通过的情况下,波导宽边上的槽缝应尽可能开得窄些,并向外翻边。实践证明,横截面为 248mm×124mm 的波导,槽缝高 35mm,翻边宽 45mm,即可使微波能的泄漏降低到很小的程度。

微波加热器形式的选择,主要取决于被干燥木料的形状、数量及加工要求。对于小批量生产或实验室试验,可采用小型谐振腔式加热器(微波炉)。对于流水线生产的单板、薄木及细碎木料一般可采用图 13-8 所示开槽的曲折波导加热器,或图 13-7 所示的隧道式谐振腔加热器。尺寸较大或形状较复杂的木料,为了保证加热均匀,常常采用将多只谐振腔加热器串联成隧道式。

13.4.2　木材微波干燥工艺

为了减少能耗,降低干燥成本,微波干燥应与气干或除湿干燥结合起来,即将湿木料先除湿干燥或气干到一定的含水率(通常为 30%左右),再用微波干燥至生产所要求的含水率。表 13-3 中列出了部分木材的微波干燥基准(干燥设备为隧道式微波干燥装置)。从节约能源和提高干燥质量的角度来考虑,在用微波干燥木材时,很少采用单一连续的微波干燥,而是将微波与其他干燥方法联合或者采用间歇微波干燥,如微波与热空气联合干燥、微波与真空联合干燥。根据国外资料,对于 25mm 厚的松木板,用 104℃的对流热空气与微波联合干燥,其耗电量比单纯的微波干燥节省 40%,而且干燥时间还可缩短 42%。

表 13-3　木材微波干燥基准(改编自朱政贤,1982)

树种	厚度/mm	初含水率/%	终含水率/%	微波源输出功率/kW*	每次激振时间/min
马尾松	20～30	20	7	11～7.5	1.2～1.5
榆木	20～30	20～25	7～10	14～10	1.2～2.2
木荷	30	30	8	18～9	1.8～2.6
水曲柳	30～50	35～45	8～10	17～10	1.6～2.6
柞木	25	20～40	8	10～7	1.0～1.5
柳桉	25～30	15	6～8	14～8	1.2～1.5
香红木	30	30	8	10～7	1.0～1.5
红松	40～50	20～30	8～10	12～10	2.0～2.5

*共 4 台微波源串联,表中为每台的输出功率

在真空度为 0.04MPa,微波辐射功率密度为 115kW/m^{3}的条件下,木材的含水率、温度变化曲线

如图 13-9 所示。从图中可以明显看出，木材的整个微波干燥过程可以分为三个阶段。

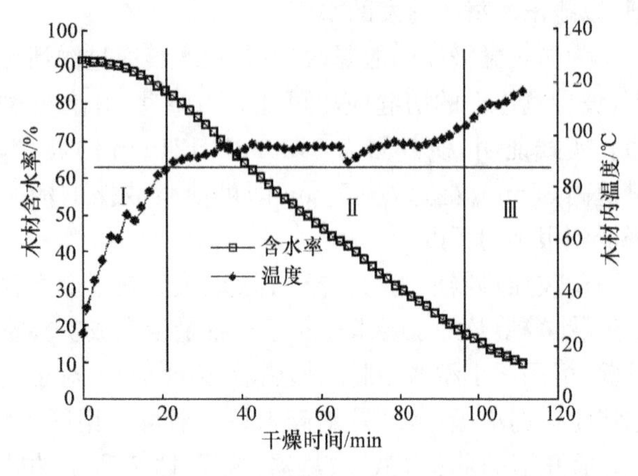

图 13-9　木材的微波干燥曲线

(1) 快速升温加速干燥段　　这是木材干燥的初期阶段，即干燥的第一阶段。在该阶段，木材的干燥具有两个显著的特点：木材的含水率基本不变或变化很少，此时木材的干燥速率由零逐渐增大，是干燥速率的加速段；与此同时，木材内的温度几乎呈直线趋势迅速增加。因此，在干燥的初期，微波辐射的能量基本被用来升高木材的温度。

(2) 恒温恒速干燥段　　这是木材干燥的主要阶段，在该阶段基本完成木材内水分的蒸发过程。从图中可以看出，木材的微波干燥曲线也具有两个显著的特点：木材的含水率均匀下降，呈现等速干燥趋势；木材的温度基本保持在某一固定值上下波动，为恒温状态。所以在这一阶段，木材得到的微波能量基本用来蒸发木材中的水分。恒温恒速干燥段是木材干燥的最主要阶段，它在整个干燥过程中所占的时间比例最大，一般占整个干燥时间的 50%以上。

(3) 后期升温减速干燥段　　这是木材干燥过程曲线的最后阶段，此时，木材内的水分已经较少，水分的蒸发速率和木材的干燥速率逐步呈现下降趋势，而木材的温度则逐渐上升。第二与第三个阶段发生转折的临界点木材含水率与微波辐射功率、木材厚度等因素有关，其值一般在 10%～20%。在该阶段，微波能量除了继续蒸发木材中剩余的水分外，还有部分微波能量用来升高木材温度。

13.4.3　影响木材微波干燥的因素

与常规干燥方法相比，木材微波干燥作为一种较新的干燥方法，虽然具有很多独特的优点，但它并不能完全解决常规干燥过程中出现的所有质量问题。在木材微波干燥中，若工艺操作不当，也可能产生各种干燥缺陷，如内裂、表裂和炭化等。但其干燥缺陷的产生原因及干燥过程的控制与常规干燥在本质上有所不同。在常规干燥过程中，干燥缺陷(表裂、内裂等)的产生，主要是由干燥介质温度、相对湿度的控制不当导致的，其干燥过程的控制主要是通过干燥“三要素”(即干燥介质的温度、相对湿度和空气流速)的控制来实现的。在微波干燥过程中，木材内裂通常是在木材含水率高于纤维饱和点时出现。当在干燥初期连续输入过量的微波能时，木材内部会产生大量的水蒸气，过高的水蒸气压力将使木材内部沿木射线方向开裂，导致内裂的发生。表裂通常出现在热空气温度过高时。炭化在干燥前后期都可能出现，在木材棱边部和内部都会发生，这是由低含水率的木材过分暴露在场强过大的微波场中，木材过热引起的。

在微波干燥过程中，木材吸收微波的能力取决于木材的介电特性及微波电磁场中频率的大小、电场的强弱。其中，微波辐射频率和电场强度代表了微波方面的作用特性。当它们不变时，木材的介电特性就直接决定了它吸收微波的能力。由于木材是均质性较差的材料，并且含水率在木材内部分布并不均匀，引起木材内部不同部位间的介电特性值(介电损耗)存在差异。因此当微波加热设备所产生的电场强度不均匀或木材内部的介电特性值相差较大时，都会由于不同部位吸收的能量不同而导致较大的内部温度差。如果由于该温度差所产生的“热应力”超过了木材内所能够承受的极限强度时，产生的“热应力”将导致木材出现开裂现象。尤其是在木材干燥的后期，木材的损耗因素与温度存在正的相关关系，即在温度高的地方，损耗因素越大，对微波的吸收作用越强，温度的升高速度越快，使木材内部的温度差和“热应力”也进一步加大，若控制不当，容易使木材内部产生“内裂”和“烧焦”等严重干燥缺陷。其次，微波对木材的穿透深度是有限的，特别是当木材表面很湿时，微波能量主要集中在靠近木材表层的区域(3cm 左右)，如果被干燥的木材较厚，就可能在木材内部产生难以承受的温度分布不均匀性。再者，从热和质量的转移现象来看，微波加热是一种体热源，木材在很短的时间内吸收较大的微波能量后，木材微隙内的水分迅速蒸发，产生的蒸汽会引起木材内部压力的迅速增加。当微波辐射能量过高，而木材的渗透性又较差时，木材内部会形成过高的蒸汽压力，足以使木材开裂。

因此，用微波干燥木材时，并不是就可以完全解决常规干燥过程中出现的质量问题(如变形、开裂等)，它只是将一种形式的矛盾转化成为另外一种形式。这种矛盾的转化造成了木材干燥过程中产生缺陷的原因在本质上有所不同。例如，在常规干燥和微波干燥过程中，木材内部都存在温差，但在常规干燥中，温度是从木材表面较高到木材内部较低有一个明显的梯度，其温差呈整体性；而在微波干燥中，木材内部的温差是由于不同部位介电特性的差异形成的局部材料对微波的吸收不一致导致的，这种温差是局部的。因此在解决用微波干燥木材过程中出现的质量问题时，应该采取一些完全有别于常规干燥控制的方法，如控制微波输出的功率、微波辐射的时间，改善电磁场的均匀性，微波与其他干燥方法的联合等。

思　考　题

1. 试述木材高频、微波干燥的基本原理和特点。
2. 试述木材高频干燥设备中的电极板形状和排列方案。
3. 试述木材微波干燥的影响因素。

主要参考文献

高建民. 2008. 木材干燥学. 北京：科学出版社
贾潇然. 2015. 含髓心方材高频真空干燥传热传质及数值分析. 哈尔滨：东北林业大学博士学位论文
李贤军. 2005. 木材微波-真空干燥特性的研究. 北京：北京林业大学博士学位论文
王喜明. 2007. 木材干燥学. 北京：中国林业出版社
于建芳. 2010. 木材微波干燥热质转移及其数值模拟. 呼和浩特：内蒙古农业大学博士学位论文
Joseph RG, Peralta PN. 2001. Nonisothermal radio frequency drying of red oak. Wood & Fiber Science, 33(3): 476～485

第 14 章　木材高温干燥与热处理

木材高温干燥技术，尤其是以湿空气为介质的高温干燥技术具有干燥速度快、干燥时间短，节约能源的优点，近年来在国外得到了一定程度的发展和应用。美国、澳大利亚、新西兰、荷兰和日本等发达国家已广泛推广高温干燥技术应用于木材的干燥生产，该技术为木材的高效利用和提高干燥生产效率起到了十分重要的作用。在我国，木材高温干燥技术在生产实践中应用还较少，多数仅限于研究领域。

木材常规干燥通常使用的温度区域为 40～90℃，而从干燥初期开始室温在 90℃（理论定义为 100℃）以上，干燥后期温度上升到 110～130℃或者 140℃以上的干燥方法统称为高温干燥法，多指从干燥初期的温度条件来看，属于硬基准的干燥方法。例如，对于易干阔叶材或一般的针叶树材，采用干燥初期温度 80℃左右的低湿度条件，到干燥后期温度上升到 120℃左右的高温干燥基准，这种干燥工艺在美国也称为高温干燥。木材高温干燥包括以湿空气为介质的高温干燥和以过热蒸汽为介质的常压过热蒸汽干燥、压力过热蒸汽干燥。前者介质的湿球温度低于 100℃，是空气和水蒸气的混合体；后者干燥过程中介质的湿球温度保持为沸点约为 100℃不变，且不含有空气。

14.1　湿空气高温干燥

湿空气是干空气和水蒸气的混合物，以湿空气为介质的高温干燥为通常的高温干燥方法。1918 年，美国学者 Tiemann 首先针对高温干燥进行了工艺研究，由于其干燥条件剧烈，对干燥设备的腐蚀非常严重，且对于干燥树种的选择性不理想，几年后应用逐渐减少。其干燥工艺和一般的干燥条件相比，由高温，特别是低湿条件容易造成干燥材的开裂、翘曲等缺陷的发生，但干燥时间仅为一般常规蒸汽干燥的 2/5～1/4，因此 20 世纪 50 年代开始，德国学者 Egner、Keylwerth 等开始将其应用于松木等树种的板材干燥，并成功应用于欧洲地区的许多工厂。随后，美国、加拿大也相继开始了相关研究及应用。我国在改革开放以来，从新西兰、俄罗斯等国家进口的针叶材日益增多，由于传统的常规干燥周期长，国内相关学者也开始了高温干燥工艺技术和设备方面的研究，生产企业从干燥周期和产品质量方面考虑，对高温干燥的技术和设备需求也日益迫切。

就目前的生产实践来看，高温干燥对于针叶树材或杨木等板材的应急干燥较为适用，但干燥材的颜色多少有些变深。因此高温干燥在欧美等国家和地区使用较多，而对于轻微开裂或变色等都较为挑剔的日本则应用较少。但是随着干燥技术的不断进步，近年来，温度超过 100℃、甚至高达 150℃的木材高温干燥已不鲜见，并逐渐应用于生产实践中，在澳大利亚、新西兰和美国，建筑木材的高温干燥法已属于工业标准。美国学者采用表 14-1 的时间干燥基准对 25～32mm 厚的赤杨锯材进行了高温干燥工艺研究；日本学者吉田孝久等也将高温干燥方法应用于落叶松、日本柳杉、日本扁柏和赤松等树种带心材的方材干燥，尽管采用的工艺基准相对简单，但干燥材并没有表裂现象的发生，材色变化也小，其基本的干燥工艺基准如图 14-1 所示。我国也有学者对杨木、杉木等木材的高温干燥进行研究，但实际生产应用的不多；我国台湾学者翟思勇等对大叶桃花心木、台湾杉木、橡胶木和相思木等树种进行了高温干燥工艺的研究（表 14-2）；周永东等也曾采用 120℃的高温干燥工艺对 25mm 厚的柳杉锯材进行干燥，虽然干燥速率大大提高，但干燥效果并不十分理想，质量仍有待改善提高。

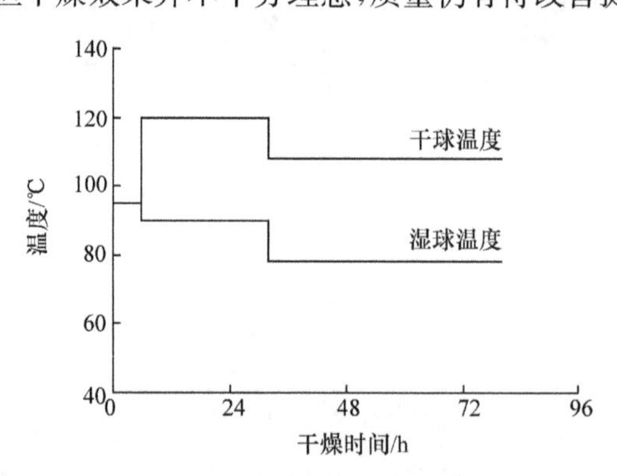

图 14-1　方材的基本干燥工艺基准

表 14-1　25～32mm 厚的赤杨锯材高温干燥基准

干燥时间/h	干球温度/℃	湿球温度/℃	备注
0～3	102	99	
3～9	100	100	蒸煮
9～21	110	96	
21～36	110	93	
36～39	110	90	
39～51	102	99	
51～59	冷却		

表 14-2　大叶桃花心等木材高温干燥基准

处理阶段	干球温度/℃	湿球温度/℃	备注
预热	100	82	加热＋喷蒸
干燥	110	82	
平衡处理	93	83	含水率 8%

湿空气高温干燥的主要问题在于介质温度高，且

干湿球温差较大，干燥条件相当剧烈（大多数情况下平衡含水率不超过 7%）。木材中的含水率梯度及水蒸气分压梯度都很大，促使木材中的水分以气态形式迅速向外扩散。此法在干燥过程中，湿球温度低于 100℃，不需要经常向干燥室内喷射蒸汽，加之干燥周期短，因此能量消耗较少。其工艺过程与常规室干相似，但操作更简单。干燥过程中微微打开排气口，进气口始终关闭（只在终了冷却时才打开）。另外需要强调的是，高温干燥的材堆宽度不宜太宽，以 1.2～1.5m 为宜，材堆窄，气流效果更好；风速需以 4～6m/s 的强烈风速循环，风机转向时间为 2～3h，可以得到较好的干燥均匀度；干燥室内升温时间一般应控制在 5h 以内，对于阔叶材，升温期间最好使用蒸汽喷蒸，以减缓木材表面的干燥速度。

湿空气高温干燥时根据树种和木料厚度的不同，采用不同的干燥基准。《木材工业大全·木材干燥卷》推荐的干燥基准如表 14-3 所示，干燥基准选择见表 14-4。

表 14-3　高温干燥基准表

基准号码	木材含水率/%	干球温度/℃	湿球温度/℃	平衡含水率/%
A	全干燥过程	104	94	7
B	30 以上	110	98	6
	30 以下	110	89	4
C	35 以上	113	93	4.3
	35～20	115	88	3.1
	20 以下	118	82	2.3
D	35 以上	113	93	4.3
	喷蒸 1h	—	99	—
	35～20	115	88	3.1
	喷蒸 1h	—	99	—
	20 以下	118	82	2.3
E	全干燥过程	113	93	4.3

表 14-4　基准号码索引

树种	基准号码	
	板厚 25～35mm	板厚 40～55mm
杨木	A	A
柏木	B	—
松木、云杉	C 或 D	E

其干燥过程也分为升温预热、干燥（包括中间处理）、终了处理、冷却等几个阶段。

预热时通常用 100℃的饱和蒸汽处理木材；若木材已经过较长时间的气干，则用干球温度 100℃、湿球温度 96～98℃的湿空气处理木材。1cm 厚的木材预热时间为 1h。

中间处理一般可不进行。干燥过程中若发现板材含水率梯度和内应力较大时，可进行 1～2 次中间处理。处理时关闭加热管阀门，打开喷蒸管阀门，喷蒸 1～2h。

终了处理时，关闭加热管阀门，打开喷蒸管阀门，使干球温度降到 100℃，湿球温度为 97℃。喷蒸延续时间：木料每厚 1cm，针叶树材喷蒸 1～2h，阔叶树材 2～3h。高温干燥的不同材堆或同材堆内不同板材之间、木材含水率的均匀性根据树种不同较常规干燥差异大，若对含水率均匀性有较高要求，则必须进行最终调试处理。

干燥结束后，同常规室干要求相同，待木材冷却后卸出，以防止木材发生开裂。

部分美国和加拿大进口针、阔叶材树种的高温干燥基准如表 14-5 和表 14-6 所示，干燥基准选择见表 14-7，实际操作中根据需要可适当进行调试和平衡处理。

表 14-5　部分进口针、阔叶材高温干燥基准表

基准号码	阶段	时间/h	干球温度/℃	湿球温度/℃	相对湿度/%	平衡含水率/%
A	1	0～12	110	96	61	5.8
	2	12～24	110	93.5	55	5.1
	3	24～36 或直至干燥	110	90.5	49	4.4
B	1	0～16 或直至干燥	104.5	82	42	4.1
C	1	0～24 或直至干燥	115.5	82	29	2.5
D	1	0～41 或直至干燥	104.5	74	29	3
E	1	0～8	104.5	99	82	10.2
	2	8～24	104.5	96	74	8.2
	3	24～60	104.5	93.5	66	6.8
	4	60～96	107	93.5	60	5.8
	5	96 直至干燥	112.5	93.5	50	4.4
F	1	0～6	100	100	100	20.1
	2	6～16	115.5	87.5	36	3.1
	3	16 直至干燥	115.5	76.5	22	2
G	1	0～6	82	71	62	7.7
	2	6～12	82	71	62	7.7
	3	12～26	104.5	85	48	4.6
	4	26～35	104.5	82	42	4.1
	5	35～46	104.5	71	26	2.7
H	1	0～12	107	87.5	48	4.5
	2	12～21	115.5	87.5	36	3.1
	3	21～24	96	82	58	6.2
I	1	0～42	115.5	96	50	4.3
J	1	0～54	112.5	82	32	2.9
	2	54～58				100
	3	58～62	112.5	82	32	2.9
	4	62～66				100
	5	66～90	112.5	82	32	2.9

续表

基准号码	阶段	时间/h	干球温度/℃	湿球温度/℃	相对湿度/%	平衡含水率/%
K	1	0～2	82	82	100	22.3
	2	2～59	121	82	24	2
	3	59～61			关闭加热和风机	
	4	61～79	95.5	91	84	11.6
	5	79～94	121	82	24	2
L	1	0～3	101.5	99	90	13.3
	2	3～9	99	99	100	20.3
	3	9～21	110	96	61	5.8
	4	21～36	110	93.5	55	5.1
	5	36～39	110	90.5	49	4.4
	6	39～51	101.5	99	90	13.3
	7	51～59				木材冷却

表 14-6　部分进口针、阔叶材高温干燥基准表

基准号码	阶段	木材含水率/%	干球温度/℃	湿球温度/℃	相对湿度/%	平衡含水率/%
M	1	加热(3h)	94	94	100	20.9
	2	生材直至干燥	104.5	94	68	7.1
	3	终了处理	96	94	92	14.9
N	1	加热(2h)		100		
	2	>30	110	97.5	65	6.3
	3	<30	110	89	46	4.2
	4	终了处理	87.5	82	80	11.1
O	1	加热(2h)		98		
	2	>35	112.5	93.5	50	4.4
	3	35～20	115.5	87.5	36	3.1
	4	<20	118.5	82	26	2.2
	5	终了处理	87.5	82	80	11.1
P	1	加热(3h)		98		
	2	1～2h	115.5	99	56	4.9
	3	生材直至干燥	115.5	93.5	45	3.8
	4	终了处理	104.5	100	87	11.9
Q	1	生材至 7%(20～26h)	110	82	35	3.2
	2	降温到沸点以下				
	3	平衡处理(11～16h)	95	71	37	4
	4	调湿处理(11～12h)	89	82	76	9.9
R	1	生材至 10%(20～26h)	112.5	82	32	2.9
	2	降温到沸点以下				
	3	平衡处理(24～48h)	93.5	86.5	77	9.8

表 14-7　高温干燥基准号码索引

树种	基准号码			
	板厚 25mm	板厚 35mm	板厚 50mm	其他规格
针叶材				
北美黄杉(花旗松)(*Pseudotsuga menziesii*)	A[a,b,c,d]	A[a,d]	A[a,d]、H[d,e]	
(北美)白崖柏(北美香柏)(*Thuja occidentalis*)	N			
香脂冷杉(*Abies balsamea*)	A[a,b,e]	A[a]	A[a]	
加州冷杉(*A. magnifica*)	A[a,b,e]	A[a]	A[a]	
北美冷杉(*A. grandis*)	A[a,b,e,f]	A[a,f]	A[a,f]	
壮丽红冷杉(*A. procera*)	A[a,b,e,f]	A[a,f]	A[a,f]	
美丽冷杉(*A. amabilis*)	A[a,b,e,f]	A[a,f]	A[a,f]、I[f]	
毛果冷杉(*A. lasiocarpa*)	A[a,b,e]	A[a]	A[a]、J	
银冷杉(*A. concolor*)	A[a,b,e,f]	A[a,f]	A[a,f]	100mm×150mm 台板:E,墙柱:F
黑铁杉(*Tsuga mertensiana*)	A[a,b]	A[a]	A[a]	
美国异叶铁杉(*T. heterophylla*)	A[a,b,c,g]	A[a,c,g]	A[a,g]	
粗皮落叶松(*Larix occidentalis*)	A[a,b,c,h]	A[a,h]	A[a,h]、H[h]	
北美短叶松(*Pinus banksiana*)	A[a,b]	A[a]	A[a]	墙柱:G
柔松(*P. flexilis*)	A[a,b]	A[a]	A[a]	
扭叶松(*P. contorta*)	A[a,b]	A[a]	A[a]	墙柱:G
西黄松(*P. ponderosa*)	A[a,b]	A[a]		
多脂松(*P. resinosa*)	O		P	
南方松(Pinus spp)	B[i]			51mm×102mm:C[i]

续表

树种	基准号码			
	板厚 25mm	板厚 35mm	板厚 50mm	其他规格
火炬松 (*Pinus taeda*)				51mm×254mm：C[i]
长叶松 (*P. palustris*)				100mm×100mm：D
黑云杉 (*Picea mariana*)	A[a,b]、O	A[a]	A[a]、P	
恩氏云杉 (*P. engelmannii*)	A[a,b]	A[a]	A[a]	
红云杉 (*P. rubens*)	O	A[a]	P	
白云杉 (*P. glauca*)	A[a,b]、O[k]	A[a]	A[a]、P[k]	墙柱：G[j]
阔叶材				
红桤木 (*Alnus rubra*)	L[m]			S-D-R*：R
大齿杨 (*Populus grandidentata*)	M			45～50mm：M 51×102：K[c]
香脂杨 (*Populus balsamifera*)				51×102：L[n]
北美椴木 (*Tilia americana*)	Q			S-D-R*：R
野生蓝果木 (*Nyssa sylvatica*)	Q			
红花槭 (*Acer rubrum*)	Q			S-D-R*：R
美国枫香木(边材) (*Liquidambar styraciflua*)	Q			
北美鹅掌楸 (*Liriodendron tulipifera*)	Q			S-D-R*：R

a. 基准可适用于西部材种，152mm 宽以下的板材；只适用于常规材和型材，对高等级才不适用；b. 对于西部 25～30mm 的板材，将阶段 1 和 2 的时间减少到 6h；c. 对于高等级板材，只适用于直纹理的；d. 可以干燥西部落叶松；e. 对于高等级板材，除了 25mm 厚的，其他厚度只适用于直纹理的；f. 可以干燥西部铁杉；g. 可以干燥大西洋银枞、壮丽冷杉、大冷杉和白冷杉；h. 可以干燥花旗松；i. 可以使用蒸汽加热；j. 可以干燥加拿大短叶松和黑松；k. 可以用炉气加热；m. 25mm 厚度适合各种等级的板材；n. 可以干燥杨树板材。＊ S-D-R 是美国硬木加工的一种主流工艺流程，指通过带锯下料，自然板宽、毛边板干燥，然后通过多片锯开料的加工方法

14.2　过热蒸汽干燥

过热蒸汽干燥是使用特殊的装置或罐体，利用过热蒸汽直接与物料接触而除去水分，并在干燥开始时，即在高温高湿(高温高压)条件下进行的一种干燥方式。高温过热蒸汽干燥过程中，过热蒸汽既是热的载体又是质的载体，它作为干燥介质掠过木材表面，将热量以对流的方式传给木材，提高木材表面及内部水分子的动能，以破坏水分与木材的结合力，使水分汽化为蒸汽并进入周围的过热蒸汽流中，再通过循环将水分带走，从而达到干燥的目的。过热蒸汽干燥与湿空气干燥相比，具有干燥品质好、能耗低、无失火爆炸危险和无氧化变质现象等优点。20 世纪 80 年代以来，许多国家的专家学者都开始了对过热蒸汽干燥技术的研究，利用过热蒸汽烘干物料，如煤炭、甜菜渣、污泥、木材及木质刨花、纸张、陶瓷、酱油渣、酒糟或酒精糟、苹果渣、玉米和麦加工后的残渣、鱼骨和鱼肉、牧草、甘蔗渣等。美国学者 Rosen 等在 20 世纪 80 年代，以此作为板材的一种干燥方法开始对其进行研究，当时由于成本费用高和温、湿度难以控制等原因而未能被推广应用。

一般而言，过热蒸汽干燥装置的投资费用比传统的空气干燥设备要高出 30%以上，但干燥时间可大大缩短，能耗明显降低，因此它作为一种有潜力的干燥方法，在木材加工行业将具有良好的应用前景。目前，该方法的研究和生产事例还较少，真正广泛推广应用于生产实际尚需进一步的完善和实践。从经济角度来看，过热蒸汽干燥在不影响干燥质量情况下最多可节省干燥时间达 80%；同时，过热蒸汽干燥装置不需要通过输入外部的新鲜空气来保障必需的相对湿度，可以明显节省能源；干燥时间的显著缩短使风机运转时间明显减少，也可以从根本上降低能耗，因此过热蒸汽干燥方法在未来的木材干燥中必将占据重要地位。

14.2.1　过热蒸汽处理的应用及特点

饱和蒸汽通常是由锅炉产生的。如果对饱和蒸汽继续加热，则蒸汽温度又开始上升，这时蒸汽温度已超过饱和温度，温度高于相同压力下饱和温度的蒸汽称为过热蒸汽。也就是说，过热蒸汽是在一定的操作压力下，继续加热已沸腾汽化的饱和蒸汽达到沸点以上的温度、完全呈气体状态的水。近年来，利用过热蒸汽进行热处理的技术在各行业的应用日益增多。一方面，人们期待通过利用过热蒸汽进行热处理，获得与在高温湿空气介质中进行干燥或其他热处理不

同品质和特性的制品；另一方面，利用过热蒸汽，可以通过对生物质材料或有机化合物等进行非燃烧而使其分解或炭化。此外，在空气存在状态下不能进行的热处理，在过热蒸汽条件下可以进行，这也是人们对过热蒸汽处理日益青睐的另一个原因。利用过热蒸汽进行干燥或杀菌，以及利用过热蒸汽进行各种热处理的应用，虽然并不是新技术，但是从提高制品的品质和高附加值、环境友好等社会发展的背景来看，作为加热介质的过热水蒸气的性质及其利用日益受到人们的关注。

目前，过热蒸汽在工业上主要用于食品（包括杀菌干燥在内）的热处理、废弃物的处理、木材的热处理，以及其他材料的干燥、洗涤等。根据其使用目的和应用范畴的不同，通常使用的过热蒸汽温度区域不同，如表 14-8 所示。过热蒸汽处理，与热空气处理相比较，主要具有以下特征和优点。

表 14-8　过热蒸汽的应用技术

应用技术	温度区域/℃	备注
热杀菌	120～250	高速杀菌
食品加工	150～300	调理加工
干燥	200～400	高效率干燥
炭化	400～800	有机物的再资源化
气化	800～1000	炭化物的燃料化

1）传热速度和干燥速度快。由于过热蒸汽中的水蒸气分压低于对应温度下的饱和压力，具有较高的热容量和导热率，传热系数和比热大，干燥效率高，且过热度越大，干燥能力越强；同时过热蒸汽干燥介质中的传质阻力可忽略不计，因此水分的迁移速度快，干燥周期可明显缩短。特别是在加热初期，凝结传热使材料的升温速度快；随着过热蒸汽温度的升高，尽管凝结传热量有所减少，但辐射传热速度增加。

2）凝结、干燥过程同时进行。过热蒸汽的温度低、干燥速度也降低，所以随着过热蒸汽温度的降低，在材料表面的水分凝结量增加，被处理材料将长时间处于表面湿润状态。随着过热蒸汽的温度增加，干燥速度也增加，但受材料温度分布的影响，与湿空气高温干燥相比，被处理材料的水分分布及极限含水率等有所不同。在加热的初期阶段，过热蒸汽凝结的同时，从材料表面开始的干燥也在进行，过热蒸汽温度越高，被处理材料在初期的温度上升速度越快。

3）节能效果显著。与传统的湿空气干燥相比，过热蒸汽干燥以水蒸气作为干燥介质，一方面不需要通过输入外部的新鲜空气来保障必要的相对湿度，另一方面干燥装置排出的废气全部是蒸汽，利用冷凝的方法可以很方便地回收蒸汽的潜热再加以利用，因而热效率高（可高达 90%）；并且由于水蒸气的热容量要比空气大一倍，干燥介质的消耗量明显减少，所以单位热耗低，节能效果显著。根据国际干燥协会主席 Mujumdar 介绍，过热蒸汽干燥单位热耗仅为 1000～1500kJ/kg 水，为普通湿空气干燥热耗的 1/3，是一种很有发展前景的干燥新技术。

4）杀菌效果好。利用在材料表面的水分凝结进行迅速加热可以达到较好的杀菌效果。如果控制好适当的凝结和干燥速度，将有利于蔬菜等食品的高品质保鲜干燥。

5）利用过热蒸汽可以进行无氧化处理。如果装置内的空气完全被过热蒸汽所置换，则变为与非活性气体同样的无氧环境。因此，利用过热蒸汽进行热处理，可以防止被处理材料的氧化、无氧化热分解反应、碳化等。由于不能发生燃烧反应，被处理材料不会产生局部加热现象。

6）过热蒸汽可用于各种食品的调理、加工。过热蒸汽处理可以用于肉、蔬菜等的烹饪、焙煎、湿润加热等。其利用水蒸气的凝结特征达到各种食品的调理、加工目的，在保持食品的营养成分、色调、香味等品质方面明显优于在空气中的调理加工；此外，在食品的加工时，它还具有不需要用水的优点，如许多快餐食品。

7）过热蒸汽可用于各种物料的干燥，干燥质量好、无表皮硬化现象。普通湿空气干燥时物料表面会形成硬壳，阻碍水分蒸发，而过热蒸汽干燥所用的干燥介质是蒸汽，由于物料表面润湿，干燥应力小，不易造成开裂和变形，不会形成表面硬壳等干燥缺陷，不会氧化褐变、不易收缩，故干燥的品质较好。

此外，过热蒸汽干燥对环境无污染，干燥过程中没有氧化和燃烧反应，在高温条件下无失火和爆炸危险，蒸发的水分本身就可作为干燥介质。

由于过热蒸汽干燥具有以上优点，近年来美国、加拿大、德国、日本和英国等发达国家已将过热蒸汽干燥技术用于烘干木材、煤炭、纸张、甜菜渣、陶瓷、蚕茧、食品及城市废弃物等多种物料。在我国，过热蒸汽干燥技术应用于木材干燥领域还不多，掌握这一干燥技术，对提高干燥效率、降低干燥能耗具有重要意义。

14.2.2　常压过热蒸汽干燥

常压过热蒸汽干燥是指在木材干燥过程中用常压（即大气压力）的过热蒸汽作为干燥介质的一种方法。干燥过程中，作为介质的过热蒸汽不是从锅炉直接供给的，从锅炉通入干燥室内加热器中的蒸汽仍为饱和蒸汽，但此加热器的热功率较大。干燥开始时，即开启加热器并同时向干燥室内喷射蒸汽，木材被预热，温度逐渐升高，当室内湿空气达到饱和点时，停止喷蒸；此时，木材内的水分在热能作用下，开始逐渐蒸发，从湿木材本身蒸发出来的水蒸气及从喷蒸管喷射出来的饱和蒸汽在风机的作用下，形成强制循环气流并通过加热器时，蒸汽温度继续升高，被加热到过热状态的水蒸气；或者由锅炉出来的饱和蒸汽经特殊加热器再加热变为过热蒸汽后，直接注入干燥室内与被干木材直接接触，并将干燥室内空气完全排出；因干燥室内的过热蒸汽经排气孔与室外大气相通，室内气压与室外气压大致相等，故称为常压过热蒸汽。在风机的作用下，形成的过热蒸汽循环气流，不断流经材堆，将热量传递给木材，使木材内的水分逐渐蒸发逸出，从而达到干燥的目的。

与湿空气相比，过热蒸汽放热系数大，传热效率高，对木材的渗透性强，而且性质很不稳定，趋向于迅速地释放热量而变成常压饱和蒸汽，但不会冷凝成水，所以对木材的加热和干燥速度大大提高。此外，在同样的温度下，过热蒸汽比高温湿空气的相对湿度高，平衡含水率也高，干燥条件比较缓和。但是，在此条件下，相对湿度与平衡含水率之间的关系难以确立，高速循环的气流速度和过热温度或干球温度是过热蒸汽干燥工艺控制的主要参数。

过热蒸汽干燥时，对干燥室壳体的气密性要求很高，但其操作工艺简单，只需控制干球温度一个参数，湿球温度维持 100℃不变。实际生产中，干燥室壳体（特别是大门处）难免漏气，很难保持介质的湿球温度为 100℃（除非经常向室内喷射蒸汽）。从实际出发，可允许湿球温度为 96～100℃，但干球温度也应适当降低，以保持基准规定的相对湿度。

Bovornsethanan 等对橡胶木的过热蒸汽干燥研究表明：木材含水率从 40%降至 10%，120℃的过热蒸汽所用干燥时间为 25h，110℃过热蒸汽干燥时间为 35h，而常规干燥通常需要 8～16d；相同温度下，气流速度为 2.5m/s 时干燥时间比 1.6m/s 明显减少。Pang 等对辐射松的过热蒸汽干燥试验结果表明：气流速度为 8m/s 时，木材含水率从 150%降到 12%，160℃过热蒸汽所用时间明显小于 140℃；而 160℃过热蒸汽与 90℃湿热空气干燥进行对比，当含水率从 150%降到 10%，在相同气流速度下，过热蒸汽干燥时间仅为湿热空气干燥的 1/4 左右。马世春对 23mm 厚的人工林杉木锯材进行了常压过热蒸汽干燥工艺的研究，其干燥基准如表 14-9 所示，干燥时间为 36h，干燥质量可达到国家锯材干燥质量标准二级以上。周永东等也曾采用表 14-10 的过热蒸汽干燥基准对 50mm 厚的柳杉锯材进行干燥，结果表明，干燥周期为 110h，终含水率、厚度含水率偏差及残余应力均达到一级指标要求，且合格率达到 100%，外观干燥缺陷均达到二级指标以上，优于常规干燥和湿空气高温干燥。《木材工业大全·木材干燥卷》推荐的过热蒸汽干燥基准如表 14-11 所示，干燥基准选择见表 14-12。

表 14-9　人工林杉木锯材高温干燥基准

含水率阶段/%	干球温度/℃	湿球温度/℃	相对湿度/%
50 以上	125	100	44
50～28	120	99～100	51
28～18	115	99～100	60
18～10	113	99～100	64

表 14-10　人工林杉木锯材高温干燥基准

含水率阶段/%	干球温度/℃	湿球温度/℃	平衡含水率/%
60 以上	103	100	13.3
60～40	105	99～100	10.9
40～30	110	99～100	7.2
30 以下	115	99～100	5.8

表 14-11　常压过热蒸汽干燥基准

基准号码	干燥介质的参数					
	第一阶段(含水率高于 20%)			第二阶段(含水率低于 20%)		
	干球温度/℃	湿球温度/℃	相对湿度/%	干球温度/℃	湿球温度/℃	相对湿度/%
1	130	100	35	130	100	35
2	120	100	50	130	100	35
3	115	100	58	125	100	42
4	112	100	65	120	100	50
5	110	100	69	118	100	53
6	108	100	75	115	100	58
7	106	100	80	112	100	65

表 14-12　基准选择

锯材厚度/mm	基准号码		
	松木、云杉、冷杉、椴木	桦木、白杨	落叶松
19～22	1	2	4
25	2	3	5
30～40	3	4	6
45～50	5	6	7
60	6	—	—

14.2.3　压力过热蒸汽干燥

1. 压力过热蒸汽干燥的研究及应用　压力过热蒸汽干燥是指在密闭的干燥罐体内，用压力高于一个大气压（或负压）、温度高于 100℃的过热蒸汽（称为压力蒸汽)作干燥介质,直接加热干燥木材。

木材在常压高温气体介质(湿空气或过热蒸汽)中干燥时,其平衡含水率很低,一般不超过 4%。干燥末期平衡含水率数值往往降到 2%以下。同时由于干燥材表层早在心层之前达到平衡含水率,因此木材中产生很大的含水率梯度,其结果使干燥材产生很大的内应力和其他干燥缺陷。而木材在压力蒸汽中干燥时,可在高温下保持较高的平衡含水率水平,如木材在压力为 0.17MPa,温度为 121℃的压力蒸汽中干燥时,其平衡含水率为 10%(图 14-2);另外,不同温度条件下木材的平衡含水率与相对湿度的关系也可通过图 14-3 查出。因此,在压力蒸汽中干燥木材,可大大提高干燥速度,而产生的木材降等较少;此外,由于干燥木材是在密闭的干燥罐体中进行,不需要从大气中补充新鲜空气,没有加热新鲜空气的能量损失;而在木材常规干燥过程中,约有 25%的热能消耗于加热新鲜空气。

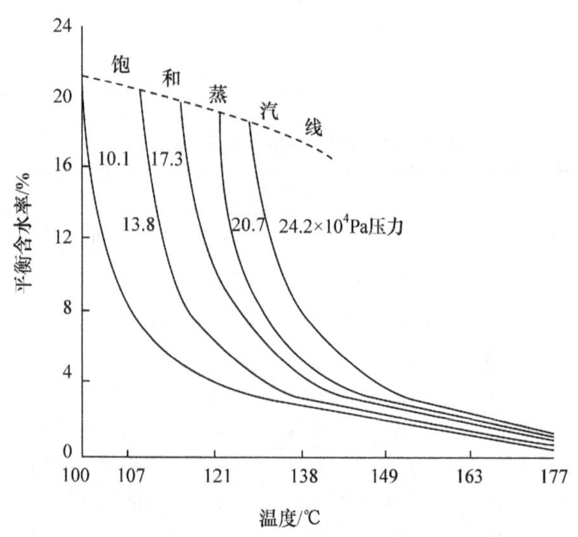

图 14-2 不同蒸汽压力下木材平衡含水率与温度的关系

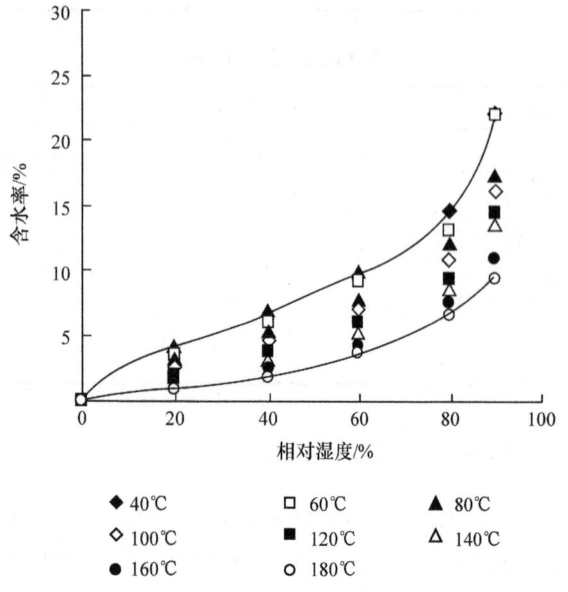

图 14-3 不同温度条件下平衡含水率与相对湿度的关系

压力蒸汽干燥后的板材,从表层到内层颜色都呈深褐色。但过热蒸汽对木材颜色的影响也取决于木材树种,如云杉等一些树种采用传统干燥法和蒸汽干燥法干燥时颜色差别却不大。美国鹅掌楸、红桦等木材压力干燥时,未曾出现内裂、皱缩等缺陷,但有端裂,且节子周围有表裂。一些难干的硬阔叶树材,如白蜡木、黑胡桃木、赤栎等,若从生材开始用压力蒸汽干燥,会出现严重的内裂、劈裂和表裂;但如果先气干,然后再用压力蒸汽干燥,干燥质量会大大改善。

Rosen 等采用压力蒸汽干燥对 25mm 厚的美国鹅掌楸、银槭、黑胡桃木、白蜡木和赤栎等进行试验。干燥温度为 116～138℃,介质压力为 0.13～0.17MPa,穿过材堆的气流速度为 1.25m/s;木材干燥到 6%的含水率后,在 102℃和 0.10MPa 的条件下调湿处理 4～6h,试验结果如表 14-13 所示。

表 14-13 几种木材压力蒸汽干燥试验结果

树种	平均初含水率/%	平均终含水率/%	干燥温度/℃	压力/Pa	干燥时间/h	能耗/(kW·h/kg 水)
美国鹅掌楸	100.3	6.4	127	16.6×10^4	31.5	2.2
红桦	92.9	5.4	131	14.9×10^4	26.1	2.0
银槭	73.5	6.0	127	13.1×10^4	25.5	2.5
白蜡木	50.0	9.0	127	13.1×10^4	27.5	3.4
黑胡桃木	30.5	5.5	127	13.1×10^4	31.0	9.1
赤栎	19.0	5.0	127	13.1×10^4	22.5	7.5

此外,由丹麦 Iwarech 公司开发的 Moldrup 低压木材干燥设备在欧洲和东南亚一带受到用户的欢迎。它的主要部件是一个长 24m、直径为 4m 的压力蒸汽罐,板材被整齐地堆放在压力罐内,干燥开始时,首先用真空泵将压力罐抽真空 1～2h,然后充以过热蒸汽,蒸汽温度为 50～90℃,蒸汽以 20m/s 的速度在罐内循环。此干燥工艺的优点是:干燥速度快(为常规干燥 2～5 倍),操作简单容易控制,无失火和爆炸危险,无氧化变色现象,裂纹和翘曲减少,不易产生色斑和霉变,板材在罐内的干燥时间为一至数日,这种工艺比普通木材干燥室节能 50%。荷兰等国家也研发了一种过热蒸汽干燥方案,可以满足对干燥质量的高要求,并已经推向工业应用于云杉、松木、北美黄杉、山毛榉和各种热带木材的干燥。实践证明:采用可靠的干燥设备与合理的干燥工艺,在相同甚至更好的干燥质量要求情况下,可以最大限度地缩短干燥时间 80%,并明显节省能源。但是,过热蒸汽干燥室的投资费用比传统的干燥设备要高出 30%以上。干燥室中相对湿度保持约 100%不变,进排气阀保持关闭;一旦干燥物料温度达到约 100℃时,干燥室中不再有

空气，而为饱和蒸汽所取代；继续加热饱和蒸汽成为过热蒸汽，木材中的自由水被“煮沸”。这种“煮沸效应”加速了水分由木材内部向木材表面传送，因而缩短了干燥过程。干燥终了时，过热蒸汽干燥法在比传统干燥法高得多的平衡含水率下工作，其平衡含水率为 7%～9%。

日本学者采用压力过热蒸汽在密闭罐体内对干燥材进行前期处理，之后在常规蒸汽式干燥机中进行干燥(干球温度 90℃、湿球温度 75℃)，最终获得了理想的干燥结果。其过热蒸汽处理罐体内部直径为 500mm、长 1610mm，罐内风速在 2m/s 以上。处理温度分别为 140℃ 和 160℃，蒸汽压力为 0.15MPa，对应的相对湿度分别为 42%、24%，处理时间为 4h。

东北林业大学近年来和日本京都大学合作，利用耐热、耐压应力传感器和专用夹具，对木材高温、高压过热蒸汽干燥过程中的收缩应力发生发展特征、应力释放机理进行了理论研究，研究结果表明：在 100℃ 以下的低温区域，径向的最大收缩应力约为弦向的 2 倍；而在 100℃ 以上的高温区域，相对湿度 60% 以下时，径向的收缩应力相当大，但当相对湿度达到 60% 以上时，弦向的收缩应力反而变得大于径向。研究结果同时表明，木材在 100℃ 以上的高温过热蒸汽干燥过程中，温度升高可显著地提高干燥速度，收缩应力的发生发展特征明显不同于 100℃ 以下的情况。随着相对湿度的增加，径向收缩应力明显下降。在 140℃、相对湿度 60% 以上过热蒸汽干燥过程中，收缩应力可以得到有效抑制；特别是在 180℃、相对湿度 60% 以上过热蒸汽条件下，可以极大地抑制收缩应力的产生，如图 14-4(a)所示。但就弦向而言，在温度 180℃，各相对湿度条件下，除相对湿度 0% 以外，收缩应力-含水率曲线与相对湿度无关，基本表现为一条直线，最大收缩应力几乎达到相同程度；在相对湿度 20% 以上、160～180℃时，导致木材开裂发生的最大收缩应力与温度和相对湿度无关，如图 14-4(b)所示。

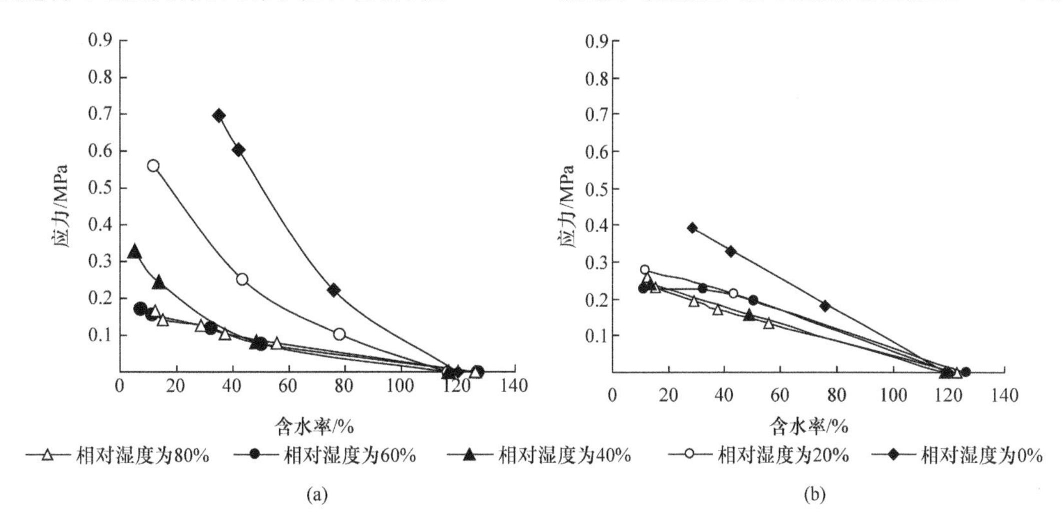

图 14-4　温度 180 ℃、各相对湿度条件下试件收缩应力与含水率的关系

(a) 径向；(b) 弦向

2. 压力过热蒸汽干燥装置　压力过热蒸汽干燥装置一般包括：①堆放和干燥锯材的密闭干燥室；②闭路蒸汽循环系统，在此系统中，蒸汽被加热，循环流过材堆。

国外实验用的圆形干燥罐体(图 14-5)由直径为 0.76m、长 3m 的圆钢筒构成。一端封闭；另一端为门，用螺栓压紧。干燥室内有可移动的材车。干燥室容量仅为 0.24m^3。最高温度可达 160℃，最大压力为 0.24MPa。室内有挡板，使蒸汽横穿材堆流动。室顶有用压缩空气控制的排气阀，以调节室内蒸汽压力。干燥室底部有一泄流阀，可自动排除积聚在室底的冷凝水。

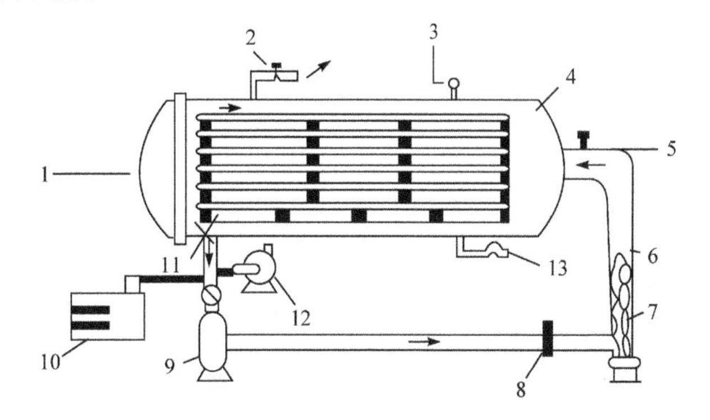

图 14-5　压力蒸汽干燥装置的主要结构组成

1. 门；2. 压力控制阀；3. 安全阀；4. 干燥室；5. 限温开关；6. 管道；7. 电热器；8. 孔板流量计；9. 鼓风机；10. 蒸汽发生器；11. 材堆；12. 真空泵；13. 泄流阀

室内气流循环由一台离心机驱动，流量为 203～510m³/h。流量的大小由风机入口处的蝶形阀控制。封闭循环的蒸汽由 20kW 的电热管加热。系统中有一台机械式真空泵，在干燥开始前，把干燥室内的空气抽出。干燥结束后，向干燥室内通入饱和蒸汽，进行调湿处理。室顶有安全阀；进气管中有温度控制器，上限温度调定在 160℃。

其干燥工艺是材堆装入干燥室后，用压紧螺栓把门密闭，然后开动真空泵约 30min，直至室内真空度达到 0.08MPa 为止。然后开动通风机和电热器对室内木材加热，直至干燥基准规定的状态。然后，自动泄流阀定期打开，以排除室底的冷凝水。

东北林业大学设计制造了木材多功能高温高压蒸汽处理装置，主要由干燥罐体、加热系统、压力控制阀组、排水阀组、真空系统、冷却循环系统、控制系统等部分组成，并配置有多点真空、温度、压力传感器，采用可编程序器进行程序控制，各项工艺参数及运行状态均可通过 PC 显示器显示，并达到运行参数全程记录和监控的目的。该装置原理图如图 14-6，可适用于木材干燥前高温高压蒸汽预处理、木材高温干燥、木材热处理、炭化、松木的脱脂处理等。

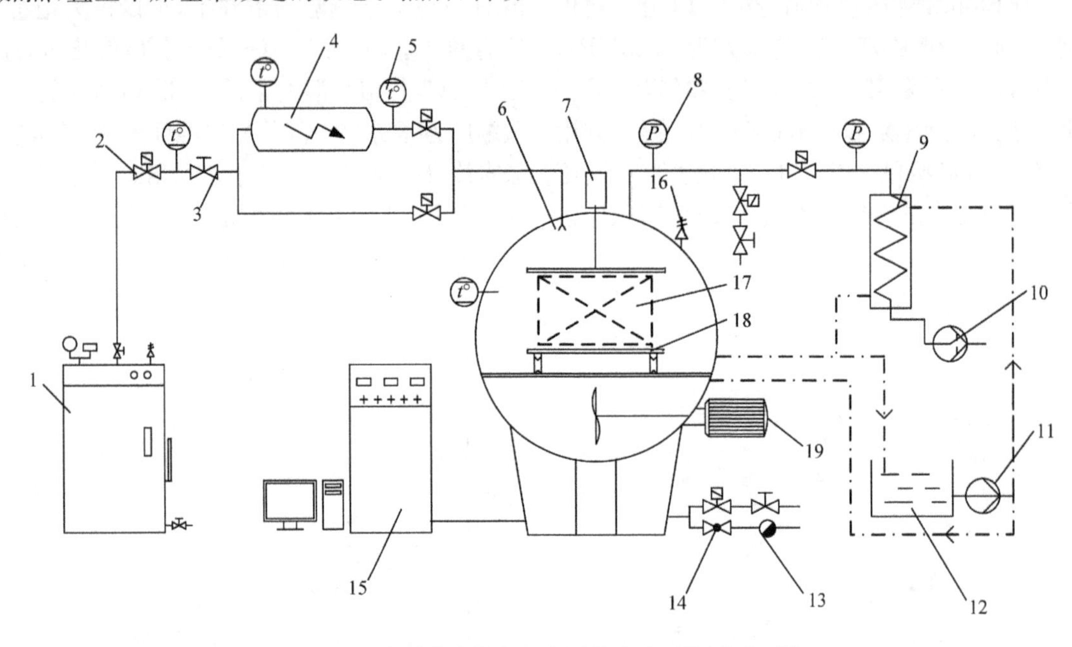

图 14-6　木材多功能高温高压蒸汽处理装置原理图

1. 蒸汽发生器；2. 气动阀；3. 旋拧阀；4. 电加热过热器；5. 温度传感器；6. 进气管；7. 压紧装置；8. 压力传感器；9. 冷却器；10. 真空泵；11. 增压水泵；12. 冷却水箱；13. 疏水阀；14. 球阀；15. 控制系统；16. 安全阀；17. 材堆；18. 材堆车；19. 轴流式风机

干燥罐体为 Φ1.2m×1.5m 的卧式圆筒形设计，工作温度为室温至 250℃、工作蒸汽压力为 0～1.2MPa。罐体为单层结构，罐口法兰为错齿法兰结构，错齿部位为机加工成形。罐门通过开启机构与罐体连接固定，侧开门，罐门松、紧为气动控制，返回信号与电控柜连锁。筒体法兰上开有密封胶圈槽，罐口密封采用氟橡胶唇形密封圈。罐门紧闭后，利用气泵充气把胶圈顶紧，保证罐体的密闭性，开罐时泄去胶圈的压力。罐内有可移动的轨道车，用于装载木材；材堆上部有压紧板，压紧板与罐体顶部的压紧装置相连接，装置加压压力为 0～1000kg/m²；罐体内腔下部的 3 套轴流式风叶与罐体外的电机相连接，强制罐内介质循环，换风量为 12 000m³/h；加热系统、压力阀组、进排水阀组等通过法兰与罐体连接。罐体外壁焊接 50 槽钢螺旋缠绕带，为冷却水循环管道系统，同时，也可利用此冷却水循环系统迅速降低罐体及罐体内介质的温度；罐顶装有安全阀。

该装置采用电加热过热蒸汽发生器对一定压力下的饱和蒸汽继续加热，使之成为过热蒸汽直接注入干燥罐体内部；旁通管路系统也可直接向罐内通入饱和蒸汽。在设定过热蒸汽发生器适当的加热功率后，可在干燥开始时使罐内介质温度和压力迅速达到工艺基准要求。此外，罐底装有排水阀组，能在加压加热的同时，根据需要利用手动或自动阀门排除积聚在室底的冷凝水。

该装置同时配置有真空系统，工作真空压力≤1000Pa 即可满足高温-真空脱脂处理的需要，也可用于高温过热蒸汽干燥前把罐体内的空气抽出，或用于负压过热蒸汽干燥。

14.3　高温干燥对设备性能的要求

木材高温过热蒸汽干燥，对于干燥装置的结构性能要求较高，在实际使用过程中存在一些普通热空气干燥没有的问题。一般情况下，过热蒸汽不是从锅炉直接供给的，而是由锅炉产生的饱和蒸汽经过加热器再次加热至所定的温度。加热器的类型有电加热器、煤气加热器、IH 型加热器等，需要根据干燥对象及对制品的影响、装置规模、操作性能、现场条件、能源成本等进行综合考虑和选择。就装置而言，特别是连续操作型装置，保证过热蒸汽在装置内的均一性十分重要；另外，如何及时排出和干燥材一同混入的空气，如何准确调控所定温度条件的过热蒸汽等问题都是极其困难的。

1）散热器的热功率要足够大。在干燥过程中，干燥装置内介质温度要上升到 100℃以上，就必须增加加热器的数量，散热器有足够的热功率，才能保证供应足够的热量，使预热时室内介质和干燥材在较短的时间内升到指定的温度，以及干燥时能及时补充由于木材水分的剧烈蒸发而消耗的大量汽化热，使介质温度保持在 100℃以上。增大散热器热功率的方法主要有如下几种。

供给散热器的蒸汽压力应维持 0.4～0.7MPa，相应的蒸汽温度为 151.1～169.0℃，甚至更高。

散热器应有足够大的散热面积。一般室内每立方米木料，需配备 10～20m^2 的散热面积。目前多采用双金属轧制复合铝翅片加热器，以保证较大的散热面积。

散热器的传热系数要大。最好采用铜材或铝材代替钢材或铸铁；散热管的排列用叉排代替顺排；适当提高流过散热器的气流速度，从而提高散热器的传热系数。

对于由锅炉出来的饱和蒸汽经加热器再加热变为过热蒸汽后，直接注入干燥装置内与被干木材接触的方式，干燥装置内无散热器，但过热蒸汽加热器的功率要足够大，并可调。

2）风机的风量要适当加大，以提高介质流过材堆的速度，从而加强介质和木材表面之间的热、湿传递，以提高干燥速度和材堆各部位木材的含水率均匀性。对于过热蒸汽干燥而言，气流速度一般为 2～3.5m/s，风机转向时间为 2～3h，如此可以得到较好的干燥均匀度。另外，对于可能形成气流循环短路的地方，应增设挡风板。

3）干燥室壳体的耐热性、保湿性、气密性及耐腐蚀性要好。高温干燥时室内介质的水蒸气分压力远远高于室外大气中的水蒸气分压力，如果室壁不严密，则会严重漏气，从而不能保证干燥基准的正常执行；另外，高温干燥时，木材中挥发出大量的酸性气体（主要是甲酸和乙酸），对干燥室壳体及室内机械设备腐蚀严重。故干燥室最好采用全金属铝合金内壳，地面混凝土应做防酸处理。对于压力过热蒸汽干燥机，则必须采用耐高温不锈钢高压罐，并配置安全装置。

4）排水装置及余热回收利用十分重要。在高温干燥初期，室温在 90℃以上，为了防止干燥开裂的发生，环境相对湿度通常上升到 90%以上，干燥室内几乎充满了水蒸气，即使很小的间隙也会有水蒸气泄漏，内壁面也会由于水蒸气的凝结而产生水滴，因此高温干燥装置的地面排水装置良好也十分必要。

此外，在过热蒸汽干燥过程中，排出的废气是蒸汽，可以余热回收，潜热可以利用，如果废气未被充分利用，其节能优势是不明显的。目前，可利用途径有以下几种：①经净化或未净化，用作工厂的其他工作蒸汽；②在热交换器中加热参与再循环；③经压缩或再加热部分循环；④采用两级或多级处理方式，使之成为充分利用蒸汽潜热的高效操作；⑤利用冷凝的方法回收蒸汽的潜热再加以利用。

14.4　高温干燥对木材性质的影响

在高温、湿度条件下，随着温度的增加，木材的应力松弛急剧增大，收缩应力显著降低；残余应力得到有效抑制。木材经高温干燥后，吸湿性小，尺寸稳定性好；热稳定性随干燥温度的升高而提高，相同温度条件下、相对湿度较低时热稳定性较好。

14.4.1　高温干燥对木材化学组分及结晶特征的影响

在高温干燥过程中，随着温度的升高和时间的延长，木材三大组分会发生热降解反应、缩聚反应等化学反应，其降解速率表现为：半纤维素＞纤维素＞木质素。高温干燥后的木材，相对结晶度会有一定程度的增加，其增加的程度受温度的影响非常显著，而相对湿度的影响并不大。

14.4.2　高温干燥对木材吸湿性的影响

木材吸湿性可用在一定的空气状态下木材所能达到的吸湿稳定含水率来衡量，吸湿稳定含水率越低，即吸湿滞后越大，说明木材的吸湿性越小。经高温热处理的木材，受纤维素的结晶化或木材细胞壁聚合物的结构变化的影响，木材的平衡含水率要降低 1%～2%。一般来说，受热温度越高或受热时间越长，木材的吸湿性下降越明显。研究证明，高温干燥能降低木材的吸湿性，如表 14-14 所示，若把气干材和经过 120℃高温干燥的室干材同时置于平均气温 20℃、相对湿度为 80%的环境中，气干材的吸湿稳定含水率平均为 17%，而高温室干材的只有 12%，这说明高温干燥对木材吸湿性的降低是明显的。吸湿性降低，使木材尺寸稳定性提高，即木材或木制品在使用过程中不易因湿胀干缩而变形。

表 14-14　干燥温度对木材吸湿性的影响

干燥介质温度/℃	已干材在空气温度 20℃与下列各种空气湿度下的吸湿稳定含水率/%				
	Φ=100%	Φ=80%	Φ=60%	Φ=40%	Φ=20%
20(气干材)	30	17	11.3	8.2	5
80	25	15	10.4	7.6	4.3
100(室干材)	23	14	9.7	7.2	4.0
120	20	12	8.4	5.8	3.4

14.4.3　高温干燥对木材收缩的影响

关于高温干燥木材的收缩率比常规干燥的大还是小这一问题，不同学者之间有所争论：苏联的阿那依和比特列认为干燥温度越高，木材的收缩率越小；但德国的柯尔曼则认为，干燥温度越高，木材的收缩率越大。然而，大部分学者认为，干燥温度提高，木材的弦向收缩减小，而径向收缩增大，即高温干燥后木材的弦、径向收缩差异减小，表 14-15 中的数值说明室干的木材，弦、径向收缩率之比值为 1.49，而高温室干为 1.23，即高温室干后，木材弦、径向收缩差异减小。

表 14-15　干燥温度对木材收缩率的影响

干燥温度	平均径向收缩率/%	平均弦向收缩率/%	弦向收缩率/径向收缩率
常规室干(温度为 60～84℃)	2.7	4.1	1.49
高温室干(温度为 110℃)	2.79	3.42	1.23

注：试材为花旗松(50mm×100mm)

14.4.4　高温干燥对木材力学性质的影响

一般来讲，高温干燥后，木材的重要力学强度有所变化：抗弯强度(MOR)及抗弯弹性模量(MOE)因树种而异，比常规室干的木材略有增加，但不显著；抗拉强度、冲击韧性、剪切强度有所降低(表 14-16 和表 14-17)；硬度和握钉力明显提高(表 14-18)；木材的抗压强度变化不明显。

表 14-16　高温干燥对美国南方松木材力学性质的影响

干燥类别	MOR/MPa	MOE/MPa
高温干燥	77.8	12 769
常规干燥	73.8	11 577

注：干燥木料尺寸为 50mm×150mm

表 14-17　高温干燥对北美黄杉木材力学性质的影响

干燥类别	MOE/MPa	抗拉强度/MPa
高温干燥	12 480	24.8
先低温后高温干燥	12 618	28.4
常规室干	12 411	30.0

注：干燥木料尺寸为 50mm×100mm

表 14-18　高温干燥对辐射松木材力学性质的影响

干燥类别	MOR/MPa	MOE/MPa	硬度/N	握钉力/N
高温干燥	103	10 844	3 596	2 644
常规干燥	100	10 556	3 542	2 500

注：干燥木料尺寸为 50mm×200mm

14.5　高温干燥的特点及其适用范围

(1) 高温干燥的特点

1) 高温干燥的最大优点就是干燥速度快，生产效率高。其干燥速度为常规室干的 2～5 倍，为完成一定的生产任务所需的基建投资及占用场地大大减少。

2) 高温室干的能源(电能和热能)消耗可比常规室干节省 25%～60%，因为干燥周期短，风机运转的时间大大缩短，透过干燥室壳体的热损失减小；另外，为了保持室内的高温高湿，基本上不打开进气道，没有加热新鲜空气的热损失。所以，干燥成本比常规室干大幅度降低。

3) 高温干燥木材的生物耐久性显著提高。经过高温处理，木材的生物结构和化学组成发生变化，去除或破坏了菌、虫和多种天然微生物赖以生存所需要的条件，不易产生色斑和霉变，不易发生虫蛀和腐朽等。

4) 高温干燥木材的吸水性、吸湿性明显降低，尺寸稳定性得到较大程度的提高。木材在高温干燥过程中，吸湿性最强的半纤维素耐热性差，先行发生水解，生成低分子有机酸，从而减少了木材中羟基数量，使得高温干燥的木材与外界水分的交换能力显著下降，从而大大减少了木材在使用过程中因水分变化引起的干缩和湿胀变形。另外，由于高温干燥木材的生物结构和化学组成发生变化，如木材密度降低、低分子挥发物去除、无定形区减少、结晶度增加，因此木材的弦向和径向收缩差异变小，残余应力得以释放，从而使木材的尺寸稳定性提高。

经高温干燥的木材，由于纤维素的结晶化或木材细胞壁聚合物结构变化的影响，木材的平衡含水率要降低 1%～2%。一般来说，干燥温度越高或干燥时间越长，木材的吸湿性下降越明显。

5）高温干燥木材的物理力学性能有所变化，但变化不大。高温干燥木材的弹性模量增加 0～10%，静曲强度降低 5%～25%，但并不影响木材的普通使用；导热性比常规干燥材降低 20%～25%，因此绝热性得到改善；木材密度有所降低，表面硬度得到明显改善，其差异主要取决于木材树种和密度。

6）高温高压蒸汽处理可以消除或降低木材中的生长（残余）应力，有利于提高后期干燥速度和干燥质量，使开裂和翘曲变形小（主要是由于半纤维素降解、平衡含水率降低、木材的生长残余应力减小）。但高温干燥时，木材横断面上含水率梯度较陡，容易形成开裂、皱缩等干燥缺陷，所以高温干燥并不适应于容易产生干燥皱缩或开裂变形较大的树种。

7）高温干燥木材的颜色稳定，其颜色视感舒适，具有温暖感和贵重感，与环境友善。颜色深度与高温干燥温度和时间有关。

高温干燥过程中，高温高湿容易使木材表面失去原有的天然颜色，色泽变深，一般为浅褐色至褐色，如栎木、橡胶木可能变色深度较深；但对于榆木、白桦、杨木等树种，通过颜色的改变，可以大大提高其利用价值和产品附加值，近似于一些珍贵木材的颜色，质感好。另外，高温过热蒸汽干燥可以防止氧化反应，在一定程度上也可以减少木材的变色、提高产品的质量；对于高温压力过热蒸汽干燥而言，可以达到对木材进行深层次、全面处理的目的，木材内外（包括边、心材）色泽趋于一致、均匀。

8）高温干燥的木材，锯、刨、铣等机械加工性能，与常规干燥木材没有太大差异。但铣削企口或榫头时，铣刀要锋利，进刀和退刀速度要控制，以防止板边或板端崩裂。对于落叶松等树脂含量高的木材，高温干燥后树脂等抽提物溢出，并在木材表面固化，使切削刀具磨损加重；但从另一个角度来看，木材高温干燥又具有一定的脱脂效果，有利于表面涂饰和胶合。

高温干燥木材的油漆性能好于或至少等于常规干燥木材，无渗色现象，有比较好的干湿胶合强度，漆膜干燥、稳定、均匀。

（2）使用范围　高温干燥适用于干燥针叶树材及软阔叶树材，并不适应于容易产生干燥皱缩或开裂变形较大的树种。难干的硬阔叶树材（特别是厚板）或容易产生干燥缺陷的树种，不宜从生材开始进行高温干燥，而应该先气干或常规室干到 25%左右的含水率，然后再进行高温干燥，以保证干燥质量。

但和常规干燥方法的依次增加干燥后期的介质温度相比，也有人认为到了高温干燥后期，干燥温度应控制在 60℃左右，特别是对于低质材，为了提高干燥质量，减少残留应力和变形的发生及含水率的均匀性问题，到了干燥后期应该尽量避开高温条件。

14.6　木材高温热处理

14.6.1　木材高温热处理的定义及特点

1. 木材高温热处理的定义和处理介质　木材高温热处理是指以木材为原料，以蒸汽、湿空气、氮气、炉气等气体或植物油为介质，在 150～260℃（常用 180～215℃）高温条件下对木材进行加热处理，以改良木材品质的方法；处理后的木材或产品，称为热处理材。在我国的木材加工企业和商业流通领域，习惯称其为“炭化木”，但实际上，木材在该加热温度期间内，只是经历了热解过程的预炭化阶段，是热解过程的产物，而木材实质物质并没有炭化，所以俗称其为“炭化木”是不确切的，国外多称其为热处理木材（heat-treated wood）或热改性木材（thermal modified wood）。从某种意义上来讲，前述（14.1 节、14.2 节）的木材高温干燥其实也属于木材高温热处理的范畴，高温干燥的一些优缺点和材性变化与木材高温热处理类似或相近。

木材高温热处理常用的介质有蒸汽（饱和蒸汽、过热蒸汽）、湿空气、氮气、炉气（生物质燃气）等气体或天然植物油（菜籽油、亚麻籽油、葵花籽油、大豆油），气相介质的性质和状态参数参见第二章，对植物油介质的应用，在国内并不多。

木材高温热处理是一种环境友好的、单纯的物理处理方法，它是在选定的介质中，进行高温加热处理，使木材的生物结构、化学组成及其性能发生某些变化。与普通的化学药剂改性方法相比，高温热处理生产过程中污染小、处理工艺较简单，处理材无毒且使用过程中更不会因为化学药剂的流失而降低处理效果。但是，经不同热处理方法和工艺处理所得到的热处理材均带有烟味，初期阶段味道较浓，随着时间的延长这种烟味由于逐渐挥发而减小。近年来，在芬兰、荷兰、法国、德国等木材工业发达的国家先后兴起了研究和推广热处理材的新潮流；而在我国，俗称“炭化木”的生产企业不少，但严格来说，真正意义上的高温热处理技术在木材工业领域的应用却并不多。

2. 木材高温热处理的特点　在选定的介质中，经高温加热处理后所得到的热处理材与未处理材相比，其性能具有显著的特点，广泛应用于室内外场所，如厨房家具、浴室装饰和地板、庭院家具、木栅栏、门窗和房屋建筑等。

1）处理材的颜色稳定、视感舒适，具有温暖感和贵重感。在高温处理过程中，高温高湿作用使木材表面失去原有的天然颜色，色泽变深，近似于一些珍贵木材的颜色，质感好。颜色深度与高温处理的介质种类、处理温度和时间有关。对于高温压力过热蒸汽处理而言，可以达到对木材进行深层次、全面处理的目的，木材内外（包括边、心材）色泽趋于一致、均匀。

2）处理材的生物耐久性显著提高。经过高温处理，木材的生物结构和化学组成发生变化，半纤维素发生热解反应，生成甲酸和乙酸，同时木材中的低分子营养物质挥发或受到破坏，去除或破坏了菌、虫和多种天然微生物赖以生存所需要的条件，不易产生色斑和霉变，不易发生虫蛀和腐朽等，木材的耐腐性和耐气候性得以提高。

3）处理材吸水性、吸湿性明显降低，尺寸稳定性得到较大程度的提高。木材在高温处理过程中，吸湿性最强的半纤维素耐热性差，先行发生水解，生成低分子有机酸，从而减少了木材中羟基数量，使得高温处理的木材与外界水分的交换能力显著下降，从而大大减少了木材在使用过程中因水分变化引起的干缩、湿胀及翘曲变形。一般来说，处理温度越高或处理时间越长，木材的吸水性、吸湿性下降越明显。另外，由于高温处理木材的生物结构和化学组成发生变化，无定形区减少，结晶度增加，因此木材的弦向和径向收缩差异变小，残余应力（包括生长应力）得以释放，从而使木材的尺寸稳定性提高。

经高温热处理的木材，平衡含水率降低。法国学者的研究表明，经热处理后，山毛榉、杨木的平衡含水率减少 52%～62%，冷杉和松木减少 43%～46%。芬兰 Thermo Wood 的热处理木材（220℃）平衡含水率与未处理材相比降低了 40%～50%。这表明木材经热处理后，自身的吸附机制发生了变化，明显地减少了吸着和解吸时的水分数量。一般而言，在相同的空气状态下，室内用经高温热处理的木材平衡含水率比在南方的雨季常规木材含水率低 7%～8%，比北方低 3%～5%。

另外，高温处理材的其他理化性能与未处理材相比，均发生一些变化，其变化程度与处理材的树种、天然结构和化学组成有关，与热处理过程中的介质种类、工艺参数（温度、时间等）有紧密关联。整体而言，高温热处理对木材性质的影响，可参考 14.4 节、14.5 节部分内容，本节不再赘述。

14.6.2　木材高温热处理的方法和工艺

国外的高温热处理木材生产基本上都在欧洲。20 世纪 90 年代起，芬兰、荷兰、法国和德国分别采取不同的加热方法和工艺进行热处理，并将研究成果应用于生产实践；而国内的木材热处理多数都是在国外热处理方法的基础之上发展起来的，但也取得可喜成绩。典型的木材热处理方法和工艺如下。

1. 芬兰的 Thermo Wood 热处理　芬兰的木材热处理工艺主要使用 ThermoWood® 专利技术。由芬兰 VTT 技术研究中心（VTT. Technical Research Center of Finland）研究开发，芬兰热处理材协会（Finland Thermo Wood Association）拥有注册商标，其所属会员拥有使用权。其特点是木材的干燥和高温热处理在同一装置内完成，用常压水蒸气作保护气体；设备相对简单，投资较少。在进行木材热处理时，根据树种、规格及产品用途不同设置相应的工艺参数，处理温度为 150～240℃，处理时间为 0.5～4h。处理工艺分为三个阶段，如图 14-7 所示。

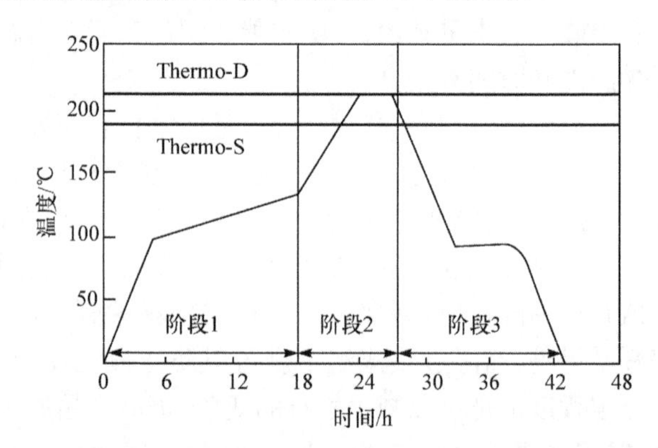

图 14-7　芬兰的 Thermo Wood 热处理工艺

（1）升温和高温干燥阶段　这是在热处理过程中耗时最多的一个阶段，也称为高温干燥阶段。在该阶段中，木材含水率降到接近于零，所需时间取决于木材的初始含水率、树种和木材的厚度规格；被处理材可以是生材，也可以是已经过干燥的木材，但良好的干燥效果对于避免后期热处理过程中的内裂十分重要。

（2）热处理阶段　高温干燥后立即开始进行热处理，根据处理要求不同，温度升至 185～215℃。该阶段仍以蒸汽作为保护气体，使木材不能燃烧，并控制木材中化学组分的变化。热处理时间为 2～3h。

（3）冷却和湿度平衡处理阶段　热处理后进入冷却和湿度平衡处理阶段。由于热处理后的木材处于高温环境，与外部空气温差较大、容易造成木材开裂，因此热处理后木材必须在受控条件下冷却。此外，还需重新适当加湿木材，以达到适合用户需要的含水率。木材的最终含水率对于木材的加工性能有重要影响，冷却和湿度平衡处理后，木材的终含水率为 5%～7%，所需时间为 5～15h，这与处理温度和木材树种有关。

其处理材分为稳定性处理(Thermo-S)和耐久性处理(Thermo-D)两个等级。前者以外观和尺寸稳定性为关键性能指标，在湿度变化时木材的平均弦向胀缩率为 6%～8%，耐久性仅满足 EN113 标准 3 级耐腐要求；后者以生物耐久性和外观为主要性能指标，湿度变化时木材的平均弦向胀缩率为 5%～6%，产品耐久性符合 2 级耐腐要求。

芬兰是高温热处理产业化应用最好的国家，热处理的树种主要有欧洲赤松和挪威云杉(约占总量的 80%)，其次有桦木、辐射松、白蜡木、落叶松、桤木、山毛榉和桉树等。

2. 荷兰的 Plato Wood 热处理　其特点是木材先在压力罐中用高温热水蒸煮，使半纤维素在较温和的条件下降解；然后移至常规干燥室中干燥；再至高温热处理装置中进行处理；最后在调湿装置中调湿。其产品的吸水性能、尺寸稳定性能和耐腐蚀性能均通过了 SHR Timber Research 的检测和认证，达到高质量木材的要求，可以应用于室外场所。但设备较复杂，木材装卸搬运麻烦。

Plato Wood 热处理工艺分为 5 个阶段，其工艺流程如图 14-8 所示。

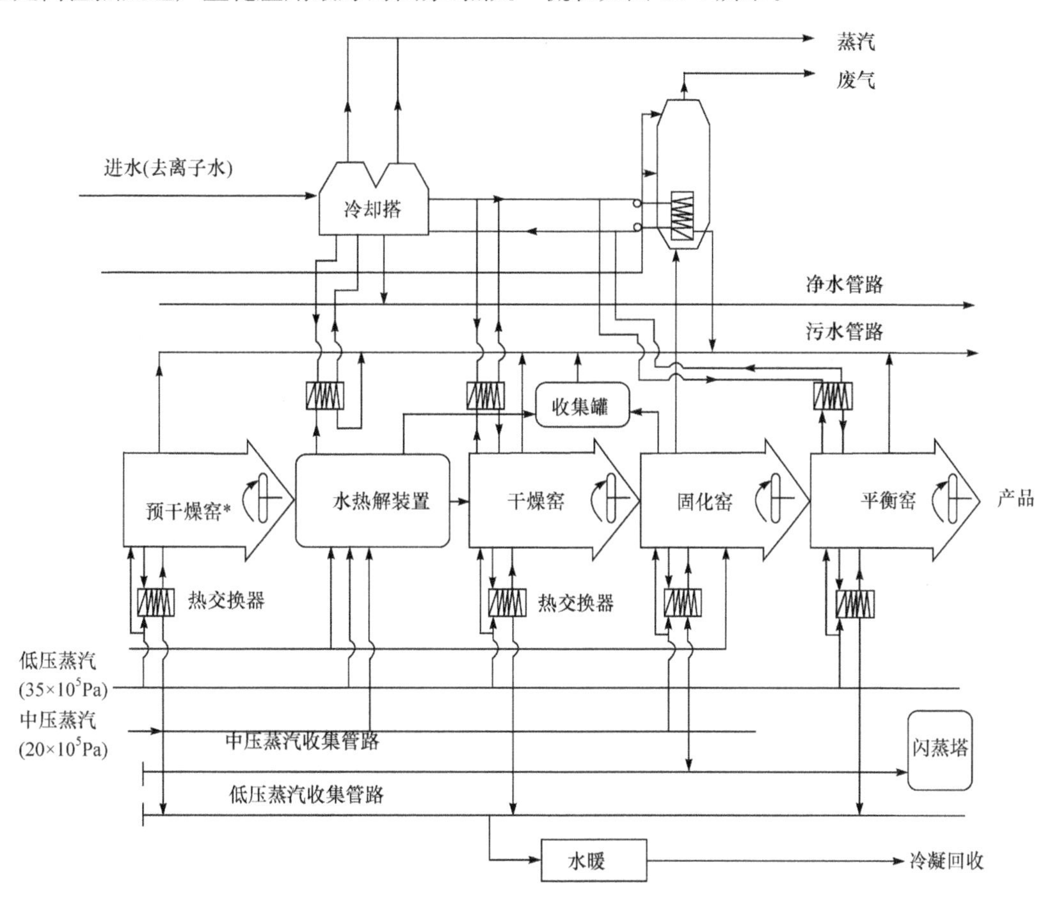

图 14-8　荷兰的 Plato Wood 热处理工艺流程

* 如果有必要

(1) 木材预干燥阶段　木材含水率若超过水热解阶段的要求，则必须在常规干燥室中进行干燥。

(2) 高温水热解处理阶段　木材在水介质中，加压条件下，加热至 150～180℃进行水热解处理。在这一阶段，木材的半纤维素和木质素两个主要成分部分分解为醛和有机酸(糠醛类化合物和乙酸)，同时木质素被活化，增强了其烷基化反应的活性，为第三阶段的高温固化创造条件。在该阶段，纤维素保持不变，这是 Plato Wood 热处理木材保持较好强度的关键所在。

(3) 常规干燥阶段　水热处理后的木材在常规干燥室中干燥，以达到高温固化阶段较低含水率的要求。

(4) 高温热处理固化阶段　木材在干燥状态下，再一次被加热到 150～190℃。在该阶段，进行缩合和固化反应，生成的醛与活化的木质素分子反应，生成非极性化合物交联到主结构上，这类化合物为憎水性。

（5）含水率平衡阶段　在常规干燥室中调湿，提高木材含水率至用户要求。

3. 法国的 Retification 热处理　1995 年，New Option Wood 协会以 Retification® 注册其热处理技术，其特点是木材的干燥和高温热处理在同一密闭装置内完成，用氮气作保护气体，运行费用较高。处理材树种主要有苏格兰松、海岸松、挪威云杉、白冷杉、山毛榉、橡树、杨木和桦木等，初含水率要求为 10%～18%（阔叶材为低值、针叶材取高值）。其热处理工艺包括 4 个阶段。

（1）干燥阶段　处理装置内以 4～5℃/min 的速度升温至 80～100℃，保持该温度，并使木材内部中心温度也达到该温度。此阶段的持续时间与树种、木材厚度规格、初期含水率等有关，27～28mm 厚的锯材至少需要 2h。

（2）玻璃化阶段　以 4～5℃/min 的速度升温至玻璃化温度时，玻璃化阶段即开始。玻璃化温度一般为 170～180℃，与树种有关，在此温度下木材组分从弹性区向塑性区移动，也就是说，超过这个温度，木材在应力解除后不能恢复到它最初的形状（尺寸）；而在此温度之下，应力解除后，木材总会恢复到它原来的形状。装置内温度保持在玻璃化温度约 3h，使木材从表面到内部温度都达到此温度。

（3）热处理（热固化）阶段　当木材整体达到玻璃化温度时，热处理或者热固化阶段就已经开始。装置内温度继续升高，直至达到 200～260℃，该温度由处理材的树种、规格尺寸及制品的最终用途而定。该阶段为了监视木材组分的变化，作为半纤维素降解的指标，可以监测乙酸、二氧化碳、一氧化碳的排出量。此阶段持续 20min～3h，持续时间同样与树种和用途有关。

（4）冷却阶段　在热处理之后，停止加热，装置内的处理材降温 4～6h。冷却降温时间与最终用途有关；木材的含水率也要调湿到 3%～6%。

最终产品质量与处理材原来的质量、含水率、锯解方式、尺寸规格、几何形状、热处理工艺参数（如每个阶段的温度、升温速度、氛围气质量及装置内的通风循环质量）等有关。高密度材比低密度材处理困难，容易开裂，大大降低力学性能。杨木是应用该处理方法非常成功的树种，其力学性能和生物耐久性等在处理后均得到了较好的结果。

4. 德国的 Menz Holz 油热处理　德国的油热处理工艺原理如图 14-9 所示，处理过程在密闭的容器——处理罐（压力罐）中进行。木材装入处理罐后，将植物油从储油罐泵入处理罐内，加热并保持高温状态，在木材周围循环；热油既是加热和高温热处理木材的载热体，又可隔绝空气。处理结束后，热油泵回储油罐，处理罐卸载。使用该方法处理木材，因植物油残留在木材内，对后期加工和使用造成不便。

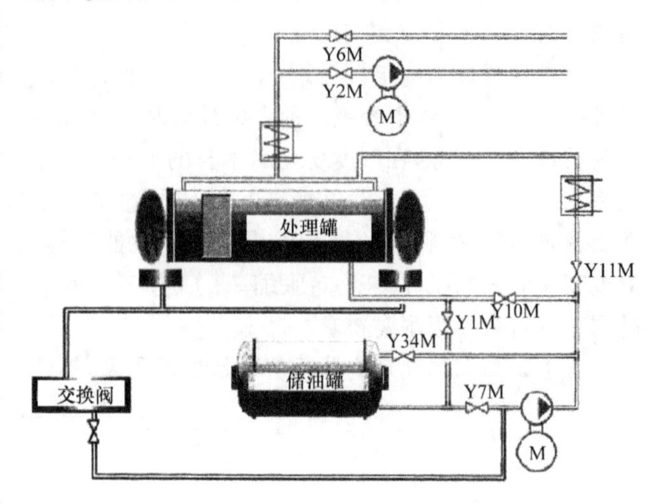

图 14-9　德国 Menz Holz 油热处理工艺流程

（1）处理温度　处理温度取决于对木材改性程度的要求。如要获得最大的耐久性和油耗最低，处理过程在 220℃下进行；如要获得最大的耐久性和强度损失最小，则处理过程的温度为 180～220℃，而且要控制木材的吸油量。

（2）处理时间　处理材的中心部位温度达到工艺要求后，继续保持 2～4h。加热和冷却的辅助时间与处理材的尺寸有关，图 14-10 为横截面尺寸为 90mm×90mm 的云杉木材加热时间和内部温度变化的情况。当处理材横截面为 100mm×100mm、长度 4000mm 时，处理周期（包括升温和降温）约为 18h。

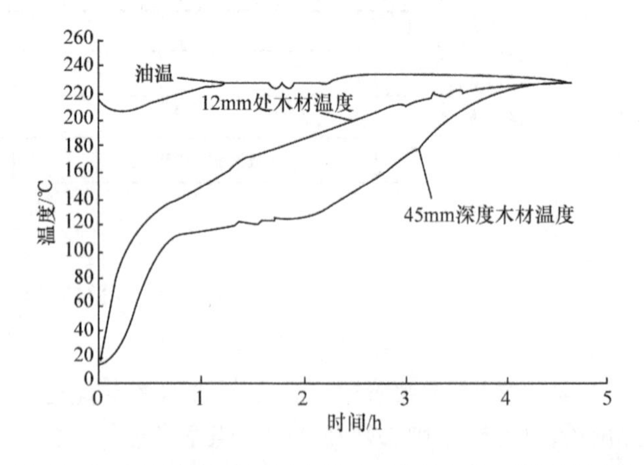

图 14-10　云杉材加热过程中热油和木材内部温度变化过程

（3）加热介质　加热介质一般使用天然植物油，如菜籽油、亚麻籽油和葵花籽油等。其作用主要表现在两个方面：一是迅速而均匀地向木材传递热量，使整个处理罐内部各处均处于相同的受热条件；二是使木材与空气完全隔绝。从环境影响和木材本身的物理化学性能考虑，植物油较适合对木材进行热处理。植物油作为可再生资源，且对于二氧化碳排放是没有影响的；虽然在热处理过程中亚麻油有散发出气味的缺点，但事实证明这并不影响其使用。其他植物油，如大豆油、妥尔油（木浆浮油）及其转化产品等也可用于木材热处理；所有这些植物油大多可以相互混合使用，但为了保证传热均匀，生产实际中一般都是单独使用。油的发烟点及其聚合性能对油在木材中的可干性和每一次运行用油量的稳定性十分重要，最低要能承受230℃是木材热处理用油必须具备的先决条件。在热处理过程中，油的稠度和颜色会发生变化；由于易挥发成分的挥发，木材分解产物的积累使油的组分也会发生变化，这些变化均可能改善油的凝结性能。

5. 我国常见的高温热处理　我国常见的高温热处理主要分为高温热处理室和高温热处理罐两种，采用预定的工艺进行木材处理。处理装置具有以下特点：①热功率大。木材实际容量为30～35m³的处理装置，一般匹配700kW（合250万kJ/h）的导热油炉；装置内散热器的散热面积为常规干燥室的5倍以上，以保证装置内达到180～212℃的高温。②气流循环速度高且均匀。穿过材堆的气流速度为常规干燥室的3倍以上，且材堆各处的气流速度应均匀，以保证从散热器到木材的热量传递及木材均匀炭化。③壳体（罐体）及内部设备耐腐蚀。壳体内壁一般采用不锈钢或铝材整体焊接（不能采用铆接或螺栓连接），壳体的气密性和保温性能好，以防漏气和浪费热能。④工作时装置内以（过热状态的）水蒸气作为保护气体，基本不含空气，以保护木材，防止氧化着火，且有利于保持木材强度。

高温热处理工艺的全过程一般分为：一次干燥、二次干燥、升温热处理、降温调湿和冷却5个阶段。

（1）一次干燥　从生材干燥到10%～12%的含水率，最好在常规干燥室内完成，以降低干燥成本。

（2）二次干燥　从10%～12%干燥到3%～4%的含水率，在高温热处理室（罐）内完成。温度从60～75℃开始，分阶段升至130℃，干、湿球温差逐步拉大至30℃，待木材含水率降至3%～4%结束。该阶段应重点预防木材开裂。

（3）升温热处理　木材含水率降至3%～4%后，度过开裂危险期。可以较快升温到预定高温热处理温度（180～212℃），并保持3～4h，对木材热处理。该阶段关键要控制板材颜色。

（4）降温调湿　木材高温处理后含水率很低（常压高温热处理为0.5%以下，0.4MPa压力高温热处理为3.5%以下），木材温度很高，必须降温增湿——喷雾化水或蒸汽。待窑内温度降至约118℃时，开始调湿处理，使木材含水率升至4%～5%，温度降至约112℃结束。降温初期应注意防着火，后期应重点控制终含水率。

（5）冷却　温度降至约70℃可微开大门。装置内、外温差降至30℃以下才可出料。该阶段应注意预防开裂。

6. 我国的生物质燃气（炉气）热处理　生物质燃料的来源十分广泛，木材加工过程中的剩余物、农作物秸秆等大自然中各种生物质原料都可以当作燃料。生物质燃气热处理即通过燃烧生物质燃料生成的炉气作为处理介质，对木材进行改性的方法。其工艺流程如图14-11所示，热处理过程分为三个阶段（图14-12）。

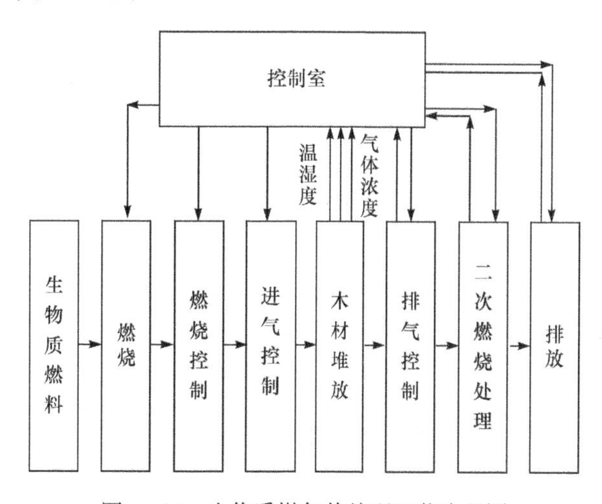

图14-11　生物质燃气热处理工艺流程图

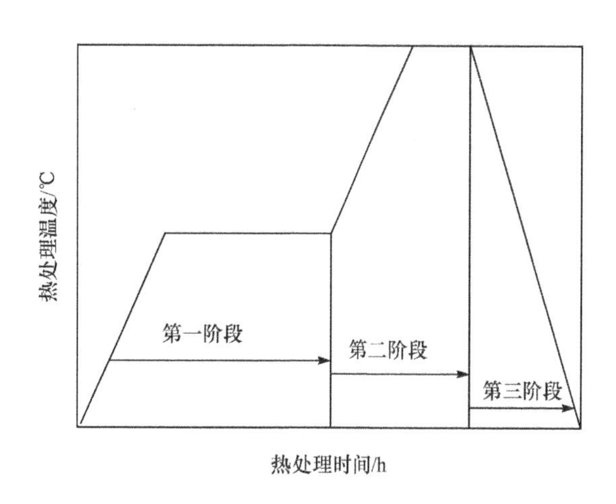

图14-12　生物质燃气热处理过程的三个阶段

第一阶段：干燥。点燃燃烧室内的燃料，在4～6h缓慢升温对处理材加热至103℃，烘干木材至绝干。

第二阶段：升温处理。调整风量，蒸汽喷蒸，在3～4h将木材加热至要求的处理温度并保温（180～220℃），调整混合烟气中氧气、CO_2、CO和蒸汽的比例及处理环境的相对湿度，保持处理温度不变，持续3～4h。

第三阶段：降温。熄灭生物质燃料，密闭条件下缓慢自然降温至 100℃ 以下，喷蒸调试至含水率 4%～6%，待温度至 40℃左右出炉，处理过程结束。

该方法的特点是：①在第二、三处理阶段，产生的木醋液、木焦油及其他挥发物质，通过特定的燃烧方式，完全燃烧生成 CO_2 和水；②由排气孔排出的烟气含有不完全燃烧成分，在排放至大气之前，采用低温高能等离子技术对其二次处理，仅以蒸汽和 CO_2 的方式排入大气中；③采用非强制循环热气流方式处理木材，整个处理过程耗电量很少。

14.6.3 影响热处理材质量的因素与热解机制

1. 影响热处理材质量的因素　在木材的各种热处理方法中，适当的处理方法和处理工艺对热处理材的质量有着非常重要的影响。主要工艺技术参数包括处理温度、处理时间、介质种类、密闭或开放环境、木材树种、木材规格尺寸、干湿气氛以及催化剂的使用。

(1) 处理温度和处理时间　木材受热时，初始质量下降，主要是由结合水和挥发性抽提物的损失引起的，同时少部分挥发性抽提物迁移到木材表面。随着处理温度的升高和时间的增加，构成细胞壁的高聚物组分发生化学变化，木材失重更为严重，颜色也发生较大变化。既往研究表明：木材失重及其他性质的变化服从一阶动力学变化过程。

(2) 热处理介质　木材热处理常在空气、水蒸气、生物质燃气或在惰性气体(氮气)中进行。早期的一些研究中，空气是不被考虑在内的，而实际上空气中氧气的存在会加速木材的氧化反应从而导致木材降级和性质发生较大变化。也有用植物油作为传热介质，并隔离木材与氧的接触，其中最具代表性的就是德国 Menz Holz 工艺。如果水的含量足够的话，它同样可以担当像热油一样的角色，包裹在木材表面使其与氧气隔绝。

在各种热处理介质中，水蒸气处理因操作方便而被广泛应用，可以在饱和水蒸气或是过热蒸汽中进行；以氮气等非活性气体作为传热介质时，要求有较高的热处理温度精度控制；以油为传热介质可得到较高的热处理温度，但处理后木材一般有油味；生物质燃热处理材均带有烟味，尤其在初期阶段味道较浓。

(3) 热处理环境　在密闭环境中热处理会使降解产物在其间形成，从而导致木材发生化学变化，同时也使得处理装置内的压力增加。半纤维素上乙酰基在热解时产生的乙酰加速了细胞壁上多糖成分的降解，而在开放系统中这些产物就可以及时挥发掉。如果生材在密闭环境中处理，会导致高压蒸汽的产生，反之就会逸出。有些循环系统中，在未通入处理介质之前先将挥发性产物、水分以及易分解产物(如己酸等)排出，有利于后期的处理效果。

(4) 树种　不同树种的锯材的热处理方法和工艺存在一定的差异，但针叶树材和阔叶树材间差距最为显著。无论是热处理、水热处理还是温湿处理，阔叶树材的失重一般大于针叶树材。

(5) 水热和湿热处理　水或蒸汽的存在都会影响木材的传热传质性质。在干燥环境下，木材先进行干燥，此时水分或蒸发或被冷凝。在密闭环境下，水分变为高温蒸汽，此时高温蒸汽可作为传热介质，同时又可隔绝空气，避免木材氧化。

(6) 木材规格尺寸　木材内部非均质性结构会导致木材热处理效果的差异，因此热传递的速率是确保木材在某恒定温度下处理非常重要的因素。由于木材导热系数低，因此要尽可能使其受热均匀。使用蒸汽加热容易传热至木材内部，在热处理大尺寸木材时传热效率是非常重要的因素。

(7) 催化剂　在木材降解过程中有时也会使用一些化学物质来加速其降解过程。经常使用的催化剂是固体酸催化剂，用来加速多糖的降解。催化剂在商业中很少使用，Stamm 曾对一系列催化剂在木材热处理中的尺寸稳定性作用做过研究，结果表明，催化剂在木材热处理中不仅能减少加热处理时间和提高尺寸稳定性，而且对木材力学性质和抗胀缩率、木材失重没有影响。使用固体酸催化剂的热处理同时还增加了糠醛和呋喃衍生物的析出量。

总之，热处理材的性质主要由所使用的热处理方法决定，热处理方法不同，其处理材性质有较大差异。生产实际中应根据树种和用途的不同，选择最适宜的高温热处理方法及相应的工艺参数和环境氛围。

2. 木材组分在木材热解过程中的变化　木材热处理过程中发生的各样变化取决于热处理工艺的不同。热处理工艺不同，木材在热处理过程中各组分发生的化学变化也不一样。所以，在判定热处理的化学组分变化时必须依据相应的热处理工艺。一般来说，木材中的半纤维素在热处理过程中会首先发生降解，相对稳定的纤维素和木质素是否发生热解或者发生何种类型的反应目前尚无明确统一的结论。一般来说，280℃以上时，木材中存在的多糖容易发生降解从而导致热处理材质量损失，木材中不同组分降解的相对精确速率主要与试验方法有关。对木材中各组分的变化，公认的标准评价方法是质量损失，但是热处理后木材质量的损失并不能成为木材由于在受热过程中发生降解而导致质量损失的唯一证据。有许多研究都试图通过对木材独立成分的热解分析来阐明木材热处理过程中的化学变化，对此 Beall 做过综述性报道，他利用热分析技术进行分析，结果发现试验参数、样品制备的方法，特别是加热速率和加热介质的不同都会导致结果差异很大。木材受热是逐渐升温的，在 140℃以下主要是水分和易挥发性物质的流失，而高于 140℃，细胞壁上一些不稳定的高聚物开始降解，主要是源自半纤维素上乙酸的流失，但还伴有甲酸和甲醇的产生，同时不凝结物质（主要是 CO_2）随着温度的升高也开始产生，同时木材开始脱水反应，也就是木材中羟基开始被降解，随着温度的升高越来越明显，CO 和 CO_2 也随之产生。在 270℃左右时，木材开始放热。

如前所述，木材热处理环境对其化学变化十分重要。氧气存在的条件下会导致羧基化合物的增加，但在少氧条件或者惰性气体条件下会导致含氧基化合物的减少。木材在有氧气存在的情况下热处理，在很长的加热时间段内，羰基是先增加再减少的。在氮气环境下，木材在热处理过程中羰基化合物是减少的，虽然期间略有增加（与处理温度和木材发挥物有关）。

水分也影响木材热处理过程中的化学性质变化。木材受热产生的水分或者蒸汽都会加速有机酸（主要是乙酸）的形成，而这些有机酸能催化半纤维素的水解，同时也可略为加速无定形纤维素的水解。由于空气中氧的存在，有机酸自身也得以强化（湿法氧化），但水或蒸汽也同时可以把木材与氧气隔绝。尽管在乙酸中电离产生的羟基离子的作用更为重要，但是由于水本身电离产生的羟基离子在水热作用下仍会引起多糖的水解。

半纤维素、纤维素和木质素是木材的结构性物质，木材抽提物是木材中重要的内含物质，在高温处理过程中它们会发生不同程度的变化。

(1) 半纤维素　　半纤维素是细胞壁中与纤维素紧密联结的物质，起黏结作用，是基体物质，半纤维素吸湿性强、耐热性差、容易水解，在外界条件作用下易发生变化。木材经热处理后多糖的损失主要是半纤维素的损失，半纤维素是无定形的物质，其结构具有分枝度，并由两种或多种糖基组成，主链和侧链上含有亲水性基团，因而它是木材中吸湿性最大的组分，是使木材产生吸湿膨胀、变形开裂的因素之一。木材在高温热处理过程中，半纤维素中的某些多糖容易裂解为糠醛和某些糖类的裂解产物，在热量的作用下，这些物质又能发生聚合作用生成不溶于水的聚合物，因而可降低木材的吸湿性，减少木材的膨胀与收缩，提高热处理材的尺寸稳定性。又因为半纤维素在细胞壁中与木质素有黏结作用，受热分解后木材的内部强度被削弱，不但使木材的韧性被削弱，而且抗弯强度和耐磨性也降低。

如上所述，当木材受热时，最容易热解的聚合物（半纤维素）开始降解，产物主要是甲醛、乙酸和各种杂环化合物（呋喃、γ-戊内酯等）。半纤维素随温度的增加和受热时间的延长而加速降解。半纤维素的减少致使木材结晶度增加和无定形纤维束重新排列。Stamm 提出木材热解最初的过程是半纤维素的降解和吸湿性较小的糠醛聚合物的形成过程。化学分析表明：木材在 100℃下处理 48h 具有较好的稳定性，在此温度以上，由于半纤维素的降解，综纤维素减少，而纤维素要到 150℃以上才会发生改变。由于酸性挥发物催化了多糖的水解，因此半纤维素的降解在密闭系统中较为迅速。尽管一致认为半纤维素的热稳定性较纤维素低，但二者准确的开始降解的湿度尚有争议。差热分析法（DTA）曲线表明独立的木材细胞壁各组分的热解与木材的热解是不同的。Beall 运用热重曲线（TGA）研究了在氮气、空气环境下 9 种分离出来的半纤维素的失重情况，200℃以上其失重 10%。氮气下 DTA 曲线表明针叶树材的木聚糖或者树脂在 180℃开始放热，但是其葡萄糖-甘露聚糖降解温度却高于此温度。DTA 和 TGA 研究表明，木材降解发生在其放热之前。Ramiah 认为云杉半纤维素在 100℃左右就开始热解，但其葡萄糖-甘露聚糖热分解的温度始于 140℃。半纤维素热解的一个重要因素就是热稳定性差的乙酰基的脱去，乙酸的形成，从而导致酸催化条件下多糖的降解。通过核磁共振分析发现，在蒸汽中热处理的松木，随着半纤维素的降解和去乙酰化，其多糖的结晶度开始增加。即便试样在 115℃、饱和蒸汽中处理，其结晶度仍会略有增加。通过顺磁共振波谱仪（ESR）对其自由基进行分析，结果表明自由基随温度的升高呈比例地大量增加，这些自由基非常稳定，即便处理数月后仍能发现。半纤维素上乙酰基的脱去通过 IR 也能证明。半纤维素聚合物先解聚形成低聚糖和单糖，再脱水形成戊糖和己糖。由于半纤维素和所含的戊聚糖（受热较己聚糖更易降解）含量的差异，阔叶树材的热稳定性较针叶树材差。阔叶树材半纤维素及乙酰基的含量都较针叶树材高。

(2) 纤维素　　纤维素在木材细胞壁中起骨架作用，其化学性质和超分子结构对木材的强度有重要影响。纤维素上的主要功能基是羟基（—OH），—OH 之间或—OH 与 *O*-、*N*-、*S*-基团能够形成特殊的联结，即氢键。氢键的能量弱于配价键，但强于范德瓦耳斯力。纤维素分子上的羟基可以形成两种氢键，即分子内氢键和分子间氢键，分子间氢键赋予人分子聚集态结构一定的强度。纤维素中的羟基和水分子也可形成氢键，不同部位的羟基之间存在的氢键直接影响着木材的吸湿和解吸过程；且纤维素的聚合度为200～700时，聚合度增大，纤维素的强度增大。可见，大量的氢键可以提高木材的强度，减少吸湿性，降低化学反应性等，且纤维素吸湿性直接影响到木材的尺寸稳定性和强度。木材经过高温热处理之后，羟基的浓度减少，化学结构发生复杂的变化，使热处理材的吸湿性降低，尺寸稳定性提高，但由于纤维素聚合度的降低，氢键被破坏，热处理材的力学强度有所损失。

普遍认为纤维素降解较半纤维素的温度高，但也有证据显示未必如此，纤维素中很少的一部分会在相对比较低的温度下，以较半纤维素低的速率热解。无定形区的纤维素较易热解，具有和半纤维素中己糖成分相似的性能。结晶区的纤维素降解温度是300～340℃，由于水会导致无定形区发生变化，使其转化为受热稳定的结晶区，因此纤维素降解速率因水的存在而降低。随着温度的继续升高，纤维素发生裂解，产生碱溶性低的聚糖，同时伴随着聚合度和结晶度的降低。Fengel和Wegener对热处理云杉纤维素聚合度研究，发现其在120℃开始下降，但是分离出来的纤维素的聚合度却在低于100℃就开始下降。在空气中加热，纤维素羟基会发生氧化，产生羧基和羰基及稳定性差的过氧化氢等物质。随着加热时间的延长，羧基化合物中部分分解成羰基化合物。纤维素在氮气中受热同样会导致羰基化合物少量增加，该物质的形成，会导致纤维素泛黄。纤维素在170℃时就会产生CO_2和CO，并且在空气中产生的要比在氮气中产生的多。300℃以上时热分解动力学就发生改变。与其他大分子聚合在一起的纤维素的热解化学性质与分离的纤维素性质是不一样的，木材中的纤维素与分离出来的纤维素相比更易与其他大分子进一步相互作用。纤维素热解中的初始产物是左旋葡萄糖，少量的左旋葡萄糖在250℃以下时即被发现，超过300℃时就非常明显，主要来自结晶区纤维素的降解。

（3）木质素　　木质素贯穿着纤维，起强化细胞壁的硬固作用。木质素还是影响木材颜色产生与变化的主要因素。木质素中含有许多发色基团（如苯环、羰基、乙烯基和松柏醛基等），还含有羟基等助色基团，这些助色基团常与外加的化合物在一定的条件下形成某种形式的化学结合，使吸收光谱发生变化，而使木材的颜色变得明显。木材具有不同颜色，还与细胞壁、细胞腔内填充或沉积的多种抽提物有关。抽提物对木材强度也有一定的影响，含树脂和树胶较多的木材耐磨性能较高。木材经过超高温热处理之后，发色基团和助色基团发生复杂的化学变化，抽提物部分被汽化，使得木材颜色发生改变。

一般认为，木质素是细胞壁组成成分中热稳定性最好的。氦气下分离木质素的DTA检测表明，其放热温度和剧烈程度均与升温速率有关，同时残余多糖也会对结果造成不同影响。DTA曲线表明木质素在50～200℃时一直吸热，220℃时略有放热，此后放热开始加剧。在280℃以上时，木质素降解尤为剧烈。Haw和Schultz使用DTA/TGA和CP-MAS NMR及FIIR对氮气下蒸汽爆破和盐酸分离出的木质素的热解进行分析，结果表明烷基芳基醚于220℃及以上时发生热解，而甲氧基在低于335℃不会断裂。

尽管DTA分析结果表明木质素在200℃时开始降解，但仍有证据表明在低温下还是有很多变化。空气下热处理橡树刨花，结果发现愈创木基在165℃以下时开始降解，而对丁香基丙烷的影响不大，这说明甲氧基上的芳香环增加了其热稳定性。丁香基丙烷/愈创木基的含量随温度升高而增加，在175～195℃时，木质素单体的降解物在水或乙醇抽提物中含量甚高，但当温度高于195℃时就开始下降，可能是因为此时交联反应已占主导地位。

Sudo等使用热压蒸汽在183～230℃时在不同处理时间对山毛榉刨片木质素的降解产物做了研究。木质素的变化与处理温度和时间密切相关，同时发现蒸汽处理刨片及处理温度增加都会导致二氧杂环乙烷抽提木质素的萃取率升高。但是，当温度在230℃及上时，木质素抽提物含量就开始下降，即交联反应开始发生，通过凝胶渗透色谱法对木质素抽提物进行检测发现，低分子质量物质的含量随蒸汽温度升高而增加。蒸汽处理同样会导致酚羟基含量的增加，随温度的升高而下降，据此推断蒸汽处理使β-芳基醚键断裂生成酚羟基。在215℃时，蒸汽处理的木质素富含丁香基丙烷，这说明丁香基丙烷有着相对稳定的热稳定性，但也有学者指出它们在水热反应中并不稳定。

Nuopponen等研究发现欧洲赤松在180℃蒸汽下处理3h，其木质素部分会转变为丙酮可溶物，并且其量随温度呈比例增加。木质素中的酚羟基的含量同样增加，原因主要是β-*O*-芳基的断裂，虽然水的存在会致使酚羟基含量的增加和丁香基丙烷及愈创木基上甲氧基的减少。蒸汽处理下松木的核磁共振谱显现甲氧基含量减少的信号。木材在200℃以上热处理后，表面自由基大量增加，这些变化与芳香环间交联反应密切相关。木水热反应初始阶段会导致可溶性木质素降解物含量增加，随温度升高，它们开始重新聚合，会带进糠醛和一些多糖分子降解物。Sanderman和Augustin也曾报道过随温度升高木质素间交联反应的形成。Tjeerdsma等曾用CP-MAS核磁共振对两步 Plato 法处理木材中分子的变化做过研究，证明木质素裂解是在 Ca 和 O-4 位置，在 Ca 位置时木质素开始液化。使用 Plato 法处理后的木材因其木质素的降解导致其对紫外光吸收位置发生改变。数据表明，此时主要吸收以 280nm 为中心的紫外光，主要是由诸如糠醛等一些碳水化合物的降解导致的。然而，在 330nm 时对紫外光的吸收又开始增加，主要是羰基交联形成 α-β 双键所致。虽然木材经过热处理，木质素会有新的交联形成，但是否对木村尺寸稳定性的提高和其他性质的改变造成影响尚不清晰。

(4) 木材抽提物　橡树木材在加热处理时，其抽提物中单宁含量降低，同时鞣花酸增加，木酚素在低温时不受影响，但在 250℃时就会降解。欧洲赤松在 100～160℃蒸汽热处理 3h，油脂和一些蜡质物会沿着轴向薄壁组织向表面迁移，高于 180℃时，这些物质会在表面挥发。树脂酸在 100～180℃存在于木材内部，当到达 200℃时，这些物质就会移向表面，200℃以上时就消失了。

木材热处理中的挥发性抽提物可通过 VOC 检测仪测定，在 VOC 检测室中发现，木材在 230℃下处理 24h，挥发物种类较多，有少量的挥发性萜类化合物，还有呋喃甲醛、乙酸和 2-丙酮等。

思　考　题

1. 高温干燥有哪些优缺点，其应用范围有哪些？
2. 高温干燥对木材性质有何影响？
3. 高温干燥对设备性能有什么要求？
4. 简述高温干燥的方法及其原理。
5. 简述木材热处理的方法和处理介质。
6. 木材热处理材的特点有哪些？

主要参考文献

艾沐野. 2016. 木材干燥实践与应用. 北京：化学工业出版社
鲍咏泽，周永东. 2016. 过热蒸汽干燥对 50mm 柳杉锯材质量及微观构造的影响. 东北林业大学学报，44(4)：66～68，73
鲍咏泽、周永东. 2015. 木材过热蒸汽干燥的应用潜力及前景. 北京林业大学学报，37(12)：128～133
蔡家斌. 2011. 进口木材特性与干燥技术. 合肥：合肥工业大学出版社
成俊卿. 1985. 木材学. 北京：中国林业出版社
程万里，刘一星，師岡敏朗，等. 2005. 高温高压蒸汽干燥过程中木材的收缩应力特征. 北京林业大学学报，27(2)：101～106
程万里，刘一星，師岡敏朗. 2007. 高温高压蒸汽条件下木材的拉伸应力松弛. 北京林业大学学报，2007，29(4)：84～89
程万里. 2007. 木材高温高压蒸汽干燥工艺学原理. 北京：科学出版社
高建民. 2008. 木材干燥学. 北京：科学出版社
顾炼百，丁涛. 2008. 高温热处理木材的生产和应用. 中国人造板，9：14～18
顾炼百. 2003. 木材加工工艺学. 北京：中国林业出版社
李坚，吴玉章，马岩，等. 2011. 功能性木材. 北京：科学出版社
梁世镇，顾炼百. 1998. 木材工业实用大全. 木材干燥卷. 北京：中国林业出版社
刘一星，赵广杰. 2004. 木质资源材料学. 北京：中国林业出版社
齐华春，刘一星，程万里. 2010. 高温过热蒸汽处理木材的吸湿解吸特性. 林业科学，46(11)：110～114
王喜明. 2007. 木材干燥学. 北京：中国林业出版社
张璧光. 2005. 实用木材干燥技术. 北京：化学工业出版社
朱政贤. 1992. 木材干燥. 2 版. 北京：中国林业出版社
铃木宽一. 2005. 過熱水蒸気技術集成. 東京：NTS 出版社
Cheng WL, Morook T, Liu YX, et al. 2004. Shrinkage stress of wood during drying under superheated steam above 100℃. Holzforschung, 58(4)：423～427
Cheng WL, Morooka T, Wu QL, et al. 2007. Characteristization of tangential shrinkage stresses of wood during drying under superheated steam above 100℃. Forest Products Journal, 57(11)：39～43
Cheng WL, Morooka T, Wu QL, et al. 2008. Transverse mechanical behavior of wood under high temperature and pressurized steam. Forest Products Journal, 58(12)：63～67
Han G, Cheng W, Deng J, et al. 2009. Effect of pressurized steam treatment on selected properties of wheat straw fibers. Journal of Industrial Crops and Products, 30(1)：48～53

第 15 章　木材联合干燥技术

每种干燥方法都有各自的优点和适用范围。我国木材干燥企业目前仍以常规干燥为主,但发挥常规干燥及其他特种干燥的优点、取长补短的各种联合干燥方法已越来越引起人们的重视。但是联合干燥并非两种或几种干燥方式简单的组合,而是将它们进行优化组合,关键在于两种或几种干燥方法组合时,找到不同的干燥对象、不同干燥方法的最佳分界点。常见的联合干燥方法有气干-常规联合干燥、除湿-常规联合干燥、高频-真空联合干燥、高频-对流联合干燥、太阳能-热泵联合干燥、气干-高温联合干燥等。

15.1　气干-常规联合干燥

在保证木材干燥质量的前提下,将大气干燥和其他干燥方法联合使用,发挥大气干燥成本低、操作简单的优点,并结合其他干燥方法快速干燥的优势,能够获得令人满意的干燥效果和经济效益。生产上经常使用的两段干燥就是联合干燥的典型例子,所谓两段干燥就是指先将木材用气干至含水率 20%左右,再用其他干燥方法干燥至所需要的最终含水率。

与单一的大气干燥相比,气干-常规联合干燥虽然增加了热量、电能消耗和装卸工作量,但先进行气干可以使干燥成本大为降低,也可以节约大量运输费用;在第二阶段干燥时,由于缩短了干燥时间,降低了风速,因此节约了相当数量的电能。近年来有的工厂采用气干-常规联合干燥法,其对节约能耗和提高干燥室生产效率都有明显效果,而且对提高干材终含水率的均匀度,减少皱缩、开裂、变形等也有一定效果。中国林业科学研究院木材工业研究所对毛白杨、水曲柳等 11 种木材进行了大量应用试验,使用联合干燥法可使室干周期显著缩短,一般平均可缩短 40%～50%,干燥室的生产率提高 30%～40%;而对于初含水率 60%～80%的水曲柳锯材,采用先气干至 30%后,再用常规干燥的方法,可比单独采用室干工艺节约 50%～60%的干燥成本。

联合干燥是降低能耗和干燥成本的有效方法。但生产实践中需要注意的是,气干过程中应严格按照气干工艺规程进行堆垛操作和保管。

15.2　常规-除湿联合干燥

15.2.1　常规与除湿干燥的优点与局限性

(1) 常规干燥　　常规干燥的优点在于:①技术成熟,适应性强。②干燥室加热升温速度快,与除湿、太阳能等其他对流干燥方法相比干燥周期短。③干燥室温度、相对湿度及预热、喷蒸处理灵活方便,易于自动控制。④干燥室装材容量大,一般为 80～100m^3,有利于木材干燥生产的大规模、集约化。

常规干燥的缺点在于:①干燥室进排气换热损失大,能耗高。②干燥室及锅炉设备的一次性投资大,锅炉及加热管路的维修费用大。③干燥室排气及锅炉排烟对环境造成热污染和烟尘污染。

(2) 除湿干燥　　除湿干燥的优点在于:①节能效果显著,它与常规干燥相比,节能率为 40%～70%,其中单热源除湿机约 40%,双热源约 70%。②干燥质量好,一般不会发生变形、开裂、表面硬化、颜色变暗等干燥缺陷。③以电为能源,不污染环境,无火灾隐患。④可不设锅炉设备,易于操作管理,总投资略低于蒸汽干燥设备。

除湿干燥的局限性在于:①目前除湿干燥的温度一般较低,干燥周期长,故除湿干燥对于易干材和厚度大于 5cm 的厚板材,节能效果不明显。②除湿干燥在电力紧张、电价高的地区可能节能但成本高,这些地区尤其不宜使用单热源除湿机。③对木材的调湿处理,不如蒸汽干燥灵活方便。④除湿机在高温段工作时,其经济性和安全性均降低,尤其在低含水率阶段节能效果并不明显。

15.2.2　常规-除湿联合干燥能耗分析

为充分发挥除湿和常规干燥的优点,克服其缺点,可采用常规与除湿联合干燥,即在干燥前期首先用蒸汽热能对木材预热,避免除湿干燥用电热预热而带来的升温慢、电耗高的缺点;干燥初期和中期排湿量大时,采用除湿干燥回收排气余热,可以明显地降低干燥的能耗;而到了干燥后期,当干燥室排湿量很少时,则用常规蒸汽干燥来提高干燥室温度,加快干燥速度,缩短干燥时间。

北京林业大学的学者以马尾松为试材,材积 2m^3,对常规干燥、除湿干燥及二者联合干燥木材的能耗进行了对比分析。

(1) 常规干燥能耗　　马尾松常规干燥过程中,每个阶段排气热损失的总和为 546.69kW·h,干燥过程的总能耗为 1205.7kW·h，算得排气热损失占干燥过程中总供给能量的 546.69/1205.7=45.3%。可见常规干燥排气热损失大，能耗高。

（2）除湿干燥能耗　马尾松湿干燥过程中，木材从含水率 50%干燥到 23%，每立方米木材约消耗 188.9kW·h 的电能；平均每降低 1%的含水率，消耗 6.99kW·h 的电能。而进一步从含水率 23%干燥到终含水率 12%，需要再消耗 200.3kW·h 的电能；平均每降低 1%的含水率，消耗 18.20kW·h 的电能，为干燥前期的 2.6 倍。这表明除湿干燥在后期不经济，其用作预干或与其他能源联合干燥更合适。

（3）常规-除湿联合干燥能耗　马尾松联合干燥过程中，干燥总能耗为 946.78kW·h，干燥过程中回收的总能量为 136.49kW·h，占整个干燥过程中总供给能量的 136.49/946.78=14.4%，整个过程中热损失为 17.69kW·h，占干燥过程中总能耗的 1.9%。由此可以看出，虽然联合干燥过程中有排气热损失，但占整个过程中总供能的比例较小，与常规干燥相比，联合干燥的排气热损失几乎可以忽略不计，大量节约了能量；并且联合干燥的周期比除湿干燥的周期缩短了近一半。

从上面三种干燥方式的能耗分析中可以看出，除湿干燥的能耗最少，但其周期最长；蒸汽-除湿联合干燥的能耗比除湿能耗高 18%，但比常规干燥节能 27.3%，且干燥周期比除湿干燥缩短了近一半，与常规干燥基本相同，充分体现了联合干燥的优越性，比常规干燥成本低、节能。

15.3　高频-真空联合干燥

15.3.1　高频-真空联合干燥概述

在真空环境下，水的沸点降低，木材内外水蒸气静压差增大，扩散系数也增大，可以实现低温快速干燥；氧分压降低，可减少物料在干燥过程中的氧化变质现象，并在缺氧状态下抑制细菌的繁殖生长；可以回收一些有毒有害的气体，减少环境污染。由于这些优点，木材真空干燥一直被人们所重视。在负压场下若要实现木材干燥，必须不断地对其加热，使其内部保持一定的温度。然而在真空条件下，由于干燥装置内空气稀薄，对流传热效率很低，尤其是真空度较高时对流换热可以忽略；采用热板或红外线辐射等加热，是将热量首先传递给被加热木料的表面，再通过热传导逐步传至心部。由于木料的热传导系数很低，因此其中心部位达到所需要的温度需要一定的时间，尤其当木材含水率较低时所需时间更长；而高频加热则是利用木材内部水分等偶极子在高频电磁场中高速旋转，并做取向极化运动，这种运动使得分子间产生摩擦，即所谓的内摩擦，从而将电能转化为热能，达到加热和干燥木材的目的。水分多的部位发热量大，可使材内温度迅速升高，并且形成内高外低的温度和压力梯度，有利于材内水分向外排出。所以木材的高频-真空干燥是集合高频加热与负压干燥优点的联合干燥技术，从理论上讲，是木材较为理想的干燥方式。

与其他干燥方法相比，这种联合干燥方法干燥速度更快，质量更好，对环境无污染，易于实现自动控制；它不仅能克服单独高频加热干燥过程中，因含水率不均、温度过高而易出现内裂或内部烧焦的缺陷，又能解决单独真空干燥过程中，因空气介质稀少而造成热量传递困难的问题，还能降低干燥成本、缩短干燥时间。但干燥设备容量较小，投资较大，运行成本（主要是电费）较高。目前主要用于干燥质量要求高的珍贵树种材、断面尺寸大的结构材、工艺品等。

高频-真空干燥过程中，木材的传热虽与负压干燥过程有实质性区别，但两种干燥方法的干燥过程中，木材的传质特性却相近。除存在由毛细管张力引起的水分移动、由扩散势（压力梯度、温度梯度、含水率梯度等）引起的水分扩散外，还存在着在木材内外压力差作用下的水蒸气移动，并且后者在某种干燥条件下会成为水分移动的主要方式。蔡英春等的研究结果表明，高频-真空干燥过程中木材内部水分移动的机理取决于干燥条件，即材内温度和材周围压力（真空度）。两者既决定着材内沸点以上领域的大小，又决定着水分移动的驱动力。木材周围真空度及材内温度高时，材内水分主要在驱动力作用下以水蒸气形式沿纤维方向排出到材外；而随着周围真空度及材内温度的降低，扩散在水分移动中所占比例将逐渐增大。但如果真空度过高，尤其在含水率较高时放电电压低（图 15-1），容易引起木材的放电击穿现象。

15.3.2　高频-真空联合干燥装置

如图 15-2 所示，高频-真空联合干燥装置的基本构成为高频发生器、真空罐体、冷凝器（凝结木材中蒸发出的水分，并维持罐体内真空度）、真空泵、储水罐（临时储存在冷凝器及罐体内凝结的水）、自动排水装置（储水罐中水达一定量时自动排除）、自动控制柜等。其中，真空泵、冷凝器和真空罐体构成了真空装置。此外，为了实现干燥过程的控制，需要有木材内部温度和压力的检测系统。

15.3.3　高频-真空联合干燥工艺

一般来说，试验室用小型干燥机与干燥生产中的

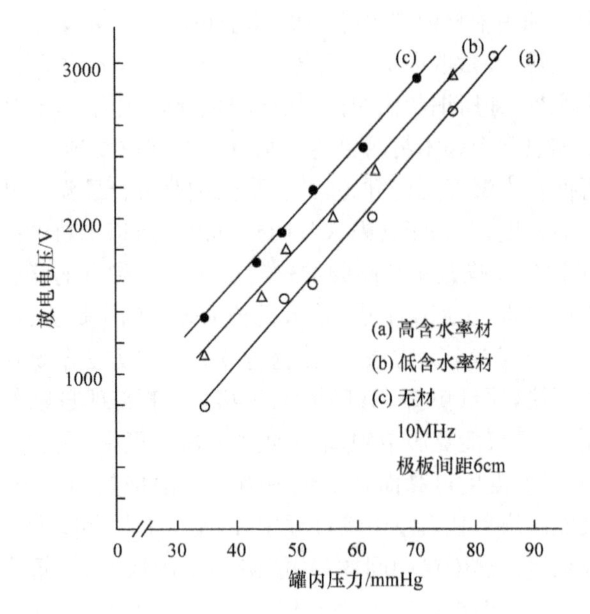

图15-1　罐内压力和放电电压的关系(引自福冈醇一,1950)

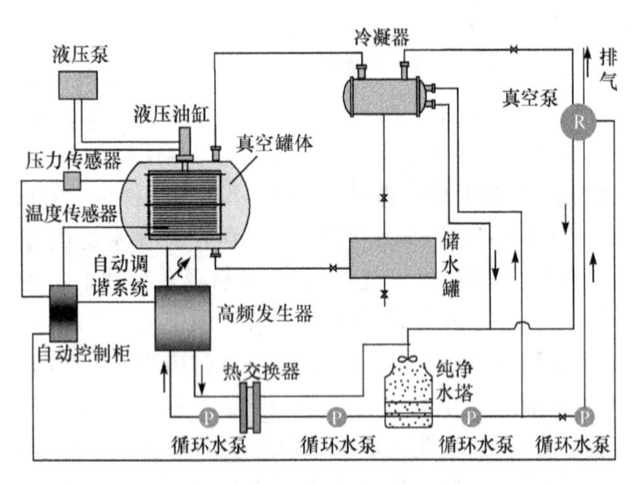

图 15-2　高频真空干燥装置示意

干燥设备所适用的干燥基准是不同的。试验室用小型干燥机,由于木材容量较小,高频发生器具有足够的加热能力,木材开始被加热后,其温度很快就能达到设定值,并且干燥过程中木材自中心到表层的温度也较易实现在线检测,所以一般将传感器探头从侧面插入木材,检测并控制其表层或中心温度。同时适当设定并控制罐体内真空度。罐体内真空度和木材温度的设定基准,可参照热板加热连续真空干燥工艺来确定。由于木材中心部温度比表层高,对于表面易开裂且表面质量要求高的木材,应检测并控制表层温度;而易发生细胞皱缩的木材,则应检测并控制中心部位温度。关于干燥生产上的实用型干燥设备,由于其使用性能特点不同,即:①木材容量大,所以高频发生器有时会显得加热能力不足;②用于设定材温的试材的选择较困难;③高频电磁场中不同部位的木材、同一块木材的不同部位,温度和压力存在差异,使得严密干燥基准的设定困难。所以,实际干燥生产上,常采用以下控制方法,即:①控制罐体内真空度,调整高频输出功率,但不控制木材温度(美国、加拿大采用较多);②控制罐体内真空度,设定木材上限温度,并控制高频输出功率及高频激振率(如激振 7min、停止 3min)(日本常采用)。由于实用型干燥设备中木材容量大,因此温度传感器探头设置位置被限定在装卸木材的大门及电极板接续口等可打开窗口的附近,多数情况下是将传感器探头插入端口的中央。

高频-真空联合干燥过程可分为预热和干燥两部分,通常不需要做调湿处理。通常先启动高频发生器,将木材加热到指定材芯温度,即可启动真空泵,使真空室内保持一定真空度。在干燥过程中主要控制木材中心温度变化,木材温度达到预定值后即切断高频输出,防止木材因温升过高而开裂。表 15-1 是日本采用的 2.7cm 厚的山毛榉板材的连续高频真空干燥基准,图 15-3 示出了美国铁杉的干燥基准和干燥过程曲线,可供参考。

表 15-1　山毛榉板材(2.7cm 厚)的高频真空干燥基准

干燥机	罐体容量	$10m^3$
	输出功率	50kW
被干燥材	容量	$8.1m^3$
	初含水率	70%
干燥基准	罐内真空度	50mmHg(6.67kPa)
	阳极电压	9kV 一定
	高频激振率	100%(连续激振)一定
	设定温度	45℃一定

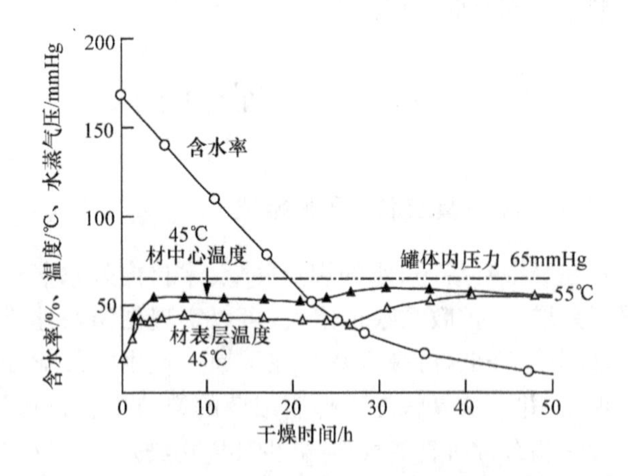

图 15-3　美国铁杉的高频真空干燥条件及干燥过程曲线
试材:$R\times T\times L$ 为 4.5cm×20cm×30cm,端口封闭

需要注意的是:干燥基准应与干燥设备对应。尤其是生产实际中的干燥设备,即使采用同一基准,由于被干燥材的容量与高频发射功率的平衡及匹配、罐体的保温性能等不可能完全相同,因而导致干燥速度、干燥效果存在差异。严格来讲,对于高频-真空干燥并无通用的干燥基准,应将被干燥材的用途、材性、规格尺寸等与所用干燥设备性能结合起来加以综合

分析，进而对干燥基准进行修正。此外，实际干燥生产中若无法避免不同规格尺寸的木材或不同树种木材的同时混装，应首先综合分析，确立各规格、树种材的合理堆放位置，合理选定温度设定及控制的对象材。

15.4　高频-对流联合干燥

高频-对流联合加热干燥装置是常规对流蒸汽式干燥和高频干燥组合应用的一种高速干燥机，其原理是利用高频对木材进行内部加热，使内部水分迅速向表面移动（木材内部的水分首先开始沸腾，内部变成高压状态，中心部的水分迅速向外移动）。同时，利用热空气对从木材内部移动到表面的水分进行干燥。

高频-对流联合加热干燥装置可在已有对流加热干燥设备的基础上增设高频发生器，并进行电磁波屏蔽等改进。与常规对流加热干燥法相比，具有以下先进性：①木材尤其在含水率较低时热传导性很差，无论利用何种外部加热法，如对流加热、热板接触加热及红外辐射加热等，都很难将热量传到内部而使其温度迅速升高；而高频加热则是利用木材内部水分等偶极子在高频电磁场中高速翻转摩擦生热等原理的内部自身加热，且水分多的部位发热量大，可使材内温度迅速升高，并且形成内高外低的温度和压力梯度，有利于材内水分向外排出。②在木材内部加热的同时使用蒸汽等进行外部对流加热，不仅降低了单独内部加热时的电力消耗，而且易于控制被干木材内外的温度梯度、木材周围干燥介质的相对湿度，有利于控制木材表面和端口的水分蒸发速度，提高干燥质量、降低成本。③所需干燥设备可在现有干燥设备基础上增设高频发生器并加以改进获得，可大大降低设备投资，易于推广，具有较好的应用前景。

但是，合理使用该技术首先应处理好相关技术问题，如高频电磁波的屏蔽、材堆中垫条厚度的合理确定、高频回路中总阻抗的自动适配、用较小容量高频发生器实现对大容量干燥室木材的高效加热、干燥过程中高频加热和蒸汽加热的适当匹配及温湿度等工艺参数的合理确定等。其中在用较小容量高频发生器对大容量木材进行高效加热方面，日本采用的方法是将大容量干燥室中的木材适当分几个区域堆垛（堆垛时配置电极板），干燥时用较小容量高频发生器对分区堆垛的木材进行高效循环加热，如图 15-4 所示。

为提高干燥质量，木料在干燥过程中沿断面应有较小的含水率梯度，特别是干燥过程的初期；而中、后期则可适当降低空气的相对湿度。此外，为保证干燥速度和质量，还应适当调节干燥过程中木材的中心温度。

高频干燥的效果受木材密度、构造等的影响很

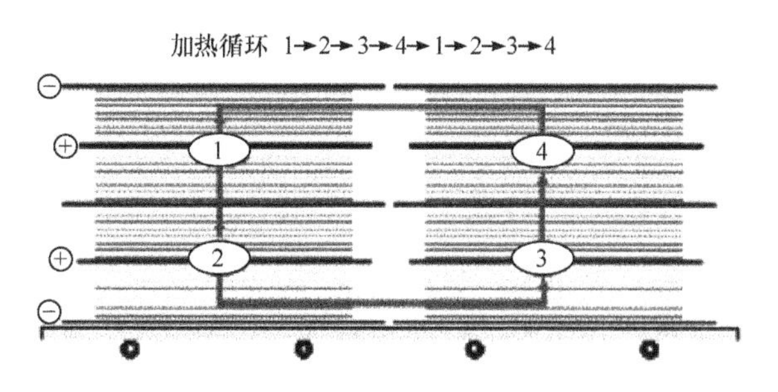

图 15-4　高频循环加热技术

大。木材的介电损耗随其密度的增高而加大，密度对介电损耗的影响程度在较高含水率范围内随含水率的增大而越显突出，因而高密度木料升温较快。不同构造的木料，其渗透性有很大区别。散孔阔叶树材（桦木、水青冈、杨木等）具有良好的渗透性，易于应用高频干燥；环孔阔叶树材（栎木等）横纹渗透性较差，易因木料内部水蒸气压力过高而导致其细胞等组织破裂，对于该类木料，应适当控制材内温度。

另外，高频输出电压的高低与加热效率有密切的关系。输出电压越高，效率越高。但由于在高含水率范围内，电压过高易引起木材的放电击穿现象，所以干燥初期应适当控制电压，随着木材含水率的降低，可逐渐升至满压。

与常规对流干燥法相比，高频-对流联合加热干燥法速度快、质量好。例如，对于青冈和桦木成材，干燥速度一般可加速 8～10 倍；针叶材加快 4～5 倍；栎木加快 2～3 倍；而且被干燥的木料的终含水率均匀。

15.5　太阳能-热泵联合干燥

为克服太阳能间歇性供热的弱点，常需要与其他热源和供热装置联合，如太阳能-炉气，太阳能-蒸汽、太阳能-热泵除湿机等各种联合干燥。太阳能与炉气的联合干燥很适合一些小型加工厂，但燃料燃烧产生的烟尘和 CO_2 对环境的污染不可忽视，尤其在城市中使用受到限制。太阳能-热泵（除湿）联合干燥是一种没有污染的、比较理想的联合干燥方式。

15.5.1　太阳能-热泵联合干燥的工作原理

图 15-5 为太阳能与热泵联合干燥系统的工作原理，由太阳能供热系统Ⅰ、热泵除湿干燥机Ⅱ及木材干燥室Ⅲ三大部分组成。图 15-6 为该联合干燥装置的外观实景图。

太阳能供热系统由太阳能集热器、风机、管路及风阀组成。太阳能集热器采用拼装式平板型空气集热器。根据集热器数量多少和位置可布置数个阵列，图 15-5 和图 15-6 中所示为 3 个阵列。热泵除湿干燥

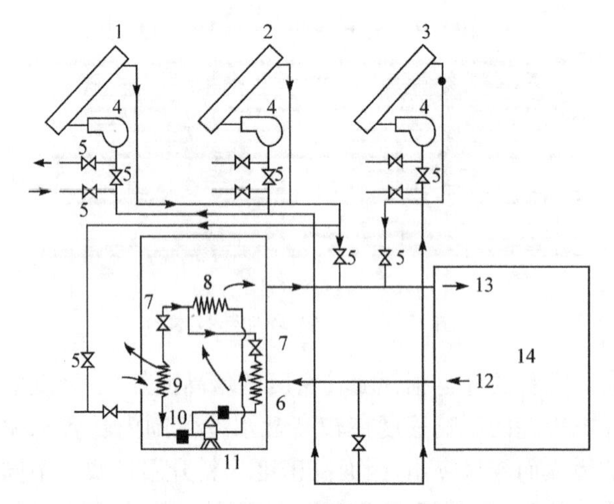

图 15-5 太阳能-热泵联合干燥系统原理图

1、2、3. 太阳能集热器；4. 太阳能风机；5. 风阀；6. 除湿蒸发器；7. 膨胀阀；8. 冷凝器；9. 热泵蒸发器；10. 单向阀；11. 压缩机；12. 湿空气；13. 干热风；14. 干燥室

图 15-6 太阳能-热泵联合干燥装置外观

机与普通热泵工作原理相同，具有蒸发器、压缩机、冷凝器与膨胀阀四大部件，但它具有除湿和热泵两个蒸发器，除湿蒸发器中的制冷工质吸收从干燥室排出的湿空气的热量，使空气中水蒸气冷凝为水而排出，达到使干燥室降低湿度的目的。热泵蒸发器内的制冷工质从大气环境或太阳能系统供应的热风吸热，制冷工质携热量经压缩机至冷凝器处放出热量，同时加热来自干燥室的空气，使干燥室升温(图 15-5)。木材干燥过程中，干燥室的供热与排湿由太阳能供热系统和热泵除湿机配合承担；二者既可以单独使用也可联合运行。如果天气晴朗气温高，可单独开启太阳能供热系统；阴雨天或夜间则启动热泵除湿机承担木材干燥的供热与除湿。在多云或气温较低的晴天，可同时开启太阳能供热系统和干燥机，但从太阳能集热器出来的热空气不直接送入干燥室，而是经风管送往热泵蒸发器；此时由于送风温度高于大气环境温度，故可明显提高热泵的工作效率。

15.5.2 太阳能供热系统的性能

太阳能供热系统的性能可用集热器热效率 η_T 和系统供热系数 COP_T 来表示。前者反映太阳辐射能转变为热能的效率；后者等于集热器内空气实际得热与太阳能供热系统风机能耗的比值，它反映了系统的供热效率；二者可分别通过式(15-1)和式(15-2)计算。

$$\eta_T=\frac{Q_T}{Q_T^0}=\frac{GC_P\Delta t}{IA} \tag{15-1}$$

$$COP_T=Q_T/W \tag{15-2}$$

式中：Q_T 为空气流经太阳能集热器的实际得热量；Q_T^0 为太阳能照射到集热器的理论热值；G 为空气在集热器中的流量；Δt 为空气在集热器中的温升；C_P 为空气的定压比热；I 为太阳能辐射强度；A 为集热器透光面积；W 为太阳能供热系统的风机能耗。

表 15-2 列出了图 15-5 和图 15-6 太阳能供热系统中 3# 集热器在北京 4 月中某一天的测试数据。3# 集热器总采光面积为 32.4m²，风机消耗功率为 0.95kW。从表 15-2 中所列数据可以看出：①太阳能供热效率高，能耗小。最小供热系数也达 7 以上，即太阳能系统风机耗 1kW 电能，可获得 7kW 以上的热能。②太阳能供热量变化很大，稳定性差，一天中不同时刻和不同月份、日照条件不同对太阳能供热量影响很大。③太阳能集热器瞬时热效率最高可达 40%左右，接近国际同类集热器的热效率。

表 15-2 太阳能供热系统性能参数

日期	记录时刻	t_0/℃	t_1/℃	t_2/℃	Δt/℃	I/(W/m²)	集热器热效率		G/(kg/h)	Q/kW	供热系数	
							η_T	$\overline{\eta_T}$			瞬时 COP_T	平均 COP_T
4.29 晴	10:00	18	26	40	14	717	31.8	36.43	1890	7.40	7.79	10.62
	11:00	18	28	48	20	826	38.7		1855	10.40	10.95	
	12:00	20	32	55	23	949	38.4		1839	11.80	12.42	
	13:00	21	31.5	55	23.5	1019	36.6		1839	12.10	12.74	
	14:00	22	31	52	21	958	39.9		1849	10.80	11.37	
	15:00	22	32	51	19	863	35.2		1853	9.80	10.32	
	16:00	23	32	48	16	744	34.4		1855	8.30	8.74	

注：t_0 为环境温度；t_1 为集热器进口温度；t_2 为集热器出口温度；Δt 为进出口温差；I 为辐射强度；η_T 为瞬时热效率；$\overline{\eta_T}$ 为平均热效率；G 为送风量；Q 为有效得热

15.5.3　太阳能-热泵联合干燥示例

表 15-3 列出了单独使用热泵除湿机和太阳能-热泵除湿机联合干燥木材的性能对比。

从表中所列数据可以看出：①联合干燥比单独用除湿机的能耗（单位材积的平均能耗）低，且干燥时间缩短；②高温除湿机比中温除湿机的干燥时间缩短；③高温联合干燥比中温联合干燥的时间短。

表 15-3　RCG 热泵干燥及热泵与太阳能联合干燥木材试验示例

干燥方式	试验时间	材种	材积/m^3	板厚/cm	MC_1/%	MC_2/%	干燥时间/d	平均耗能/(kW·h/m^3)	地点
TRCW	1990-07	白松	15	3.0	52	12	5	67	北京
联合干燥	1990-04	水曲柳	17	4.0	52	8.5	14	122	北京
RCG15	1990-08	白松	16	3.0	66	13	7	85	北京
热泵干燥机	1990-04	水曲柳	17	4.0	50	8.5	14	133	北京
RCG30G	1990-09	白松	38	6.0	45.4	10.5	16	83.2	北京
高温热泵干燥机	1993-05	水曲柳	31	4.5	44.5	8.2	15	127.7	北京
GRCT	1995-05	杨木	32	4.0	34.9	11.7	8	44.1	北京
联合干燥	1995-06	落叶松	34	6.0	32.6	9.5	12	71.2	北京

注：表中的 RCG 系列热泵除湿干燥机为双热泵除湿机，其中 RCG15 是采用 R22 为工质的中温双热源除湿机，而 RCG30G 为采用 R142b 为工质的高温除湿机。TRCW 联合干燥是指太阳能与 RCG15 双热源除湿机的联合干燥，而 GRCT 联合干燥是指太阳能与 RCG30G 高温双热源除湿机的联合干燥

图 15-7 为单独使用太阳能干燥时干燥室内温度、相对湿度和木材含水率变化的工艺曲线。试材为 5cm 厚的红松，初含水率为 31%，终含水率为 14.4%，材积为 15m^3，干燥时间为 8 月 10～25 日，共 15d，地点北京。图 15-8 为太阳能-热泵联合干燥木材的工艺曲线。试材为红松，基本密度为 0.36g/cm^3，板厚为 6cm，材积为 15m^3。初含水率为 66%，终含水率为 18%，干燥时间为 9 月 5～17 日，共 12.5d，地点北京。图 15-7 和图 15-8 中，干燥室内温度、相对湿度和木材含水率均为每天的平均值。比较两图中的曲线变化趋势可以看出：①单独使用太阳能干燥时，干燥室内温度、相对湿度的波动较大，木材干燥过程受气候条件的影响大，很难实现预定的干燥工艺。②太阳能-热泵联合干燥时，干燥室内温度和相对湿度的变化比较平稳，基本上能按规定的工艺运行，木材含水率降低的速度比太阳能快。③太阳能-热泵联合干燥木材的周期明显比单独使用太阳能干燥的周期短，提高了生产的效率。

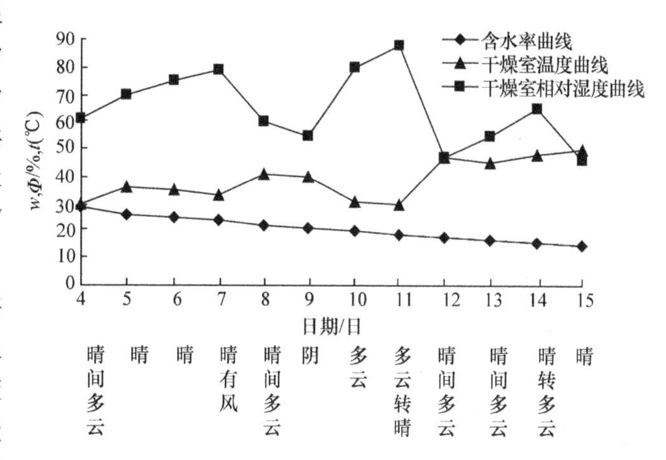

图 15-7　太阳能干燥工艺曲线

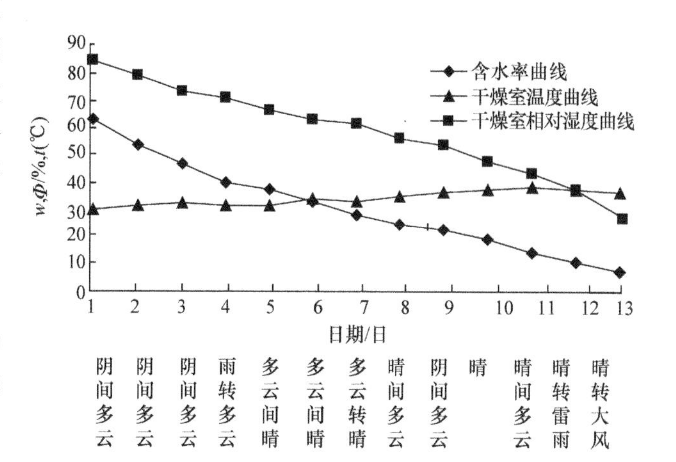

图 15-8　太阳能-热泵联合干燥工艺曲线

15.5.4　太阳能-热泵联合干燥的经济分析

1. 联合干燥的节能率　由于两种干燥方式的用能形式不同，为便于比较，折算为干 1m^3 材的标准煤耗。

（1）联合干燥的能耗　太阳能-热泵除湿干燥机联合干燥木材生产试验的平均能耗为 105kW/m^3 材（数据来源：北京林业大学木材干燥实验室），计算时取 110kW/m^3 材。按发电煤耗 1kW·h 的标准煤耗 400g 计，则联合干燥的平均能耗为 110×400/1000＝44kg 标准煤/m^3 材。

（2）常规蒸汽干燥能耗　常规蒸汽干燥能耗数据来源于北京某木材厂近年来木材干燥生产的统

计平均值(以干燥樟子松为主),干燥 $1m^3$ 材平均耗电为 $45kW·h/m^3$ 材,平均耗蒸汽为 $0.9t/m^3$ 材,取锅炉及输气管网的总效率为 60%。根据锅炉煤耗的计算公式,产生 1t 蒸汽的标准煤耗为 150kg,则采用常规蒸汽干燥 $1m^3$ 材的总能耗为

$$0.9\times150+45\times400\div1000=153\text{kg 标准煤}/m^3\text{ 材}$$

(3) 联合干燥的节能率　根据联合干燥与蒸汽干燥的能耗,得到联合干燥的节能率为

$$(153-44)\div153=71.2\%$$

2. 太阳能-热泵联合干燥成本　木材干燥成本包括以下几项。

(1) 能耗费　取蒸汽价格为 100 元/t(汽),由于全国各地电价相差较大,可取平均电价为 0.6 元/(kW·h)。

(2) 工资及管理费　联合干燥与蒸汽干燥均取每月 2400 元。

(3) 设备与维修费　根据目前市场参考价,取干燥 $20m^3$ 材的联合干燥设备投资为 8 万元,维修费 2 万元,设备使用期 12 年,干燥室设备基建费 4 万元。蒸汽干燥设备也参考相应的市场价。

(4) 降等损失费　这是由于干燥缺陷使木材品质下降而引起的损失费。根据有关资料,联合干燥和蒸汽干燥的降等损失费,分别为前三项费用和的 5%和 10%。

取联合干燥平均周期为 14d,全年干燥 25 室木材,蒸汽干燥平均周期 9d,全年干 38 室木材。根据以上资料,算出电价为 0.6 元/(kW·h)时,联合干燥和蒸汽干燥的成本分别为 152 元/m^3 材和 181.5 元/m^3 材。其他电价成本对比见表 15-4,在电价低于 1.0 元/(kW·h)的地区或供电时段,联合干燥成本低于蒸汽干燥。

从以上经济分析中可以看出:①太阳能-热泵联合干燥与蒸汽干燥相比,节能效果十分明显,其节能率在 70%左右;②联合干燥的成本在电价不太高[电价低于 1.0 元/(kW·h)]的地区(或供电时段)低于蒸干燥成本。

总之,太阳能是清洁、廉价的可再生能源,太阳能-热泵除湿机联合干燥有利于环保和我国经济的可持续发展,建议在太阳能丰富、电价便宜的地区推广使用。

表 15-4　联合干燥与蒸汽干燥不同电价的成本对比

电价	联合干燥/(元/m^3材)				蒸汽干燥/(元/m^3材)			
/[元/(kW·h)]	能耗费	工资与折旧	降等费	总成本	能耗费	工资与折旧	降等费	总成本
0.3	33	80	5.6	117.6	103.5	48	15.15	166.65
0.4	44	80	6.15	129.15	180	48	15.6	171.6
0.5	55	79	6.7	140.7	112.5	48	16.05	176.65
0.6	66	79	7.24	152.25	117	48	16.50	181.5
0.7	77	79	7.8	163.8	121.5	48	16.95	186.45
0.8	88	79	8.35	175.35	126	48	17.4	191.4
0.9	99	79	8.9	186.9	130.5	48	17.85	196.35
1.0	110	80	9.5	199.5	135	48	18.3	201.3
1.1	121	79	10	210	139.5	48	18.75	206.25
1.2	132	79	10.55	221.55	144	48	19.2	211.2
1.3	143	79	11.1	233.1	148.5	48	19.6	216.15
1.4	154	79	11.65	244.65	153	48	20.1	220.1
1.5	165	79	12.2	256.2	157.5	48	20.55	226.05

思考题

1. 木材联合干燥的意义是什么?
2. 简述木材联合干燥的种类及特点。

主要参考文献

蔡英春. 2007. 木材高频真空干燥机理. 哈尔滨:东北林业大学出版社

高建民. 2008. 木材干燥学. 北京:科学出版社

顾炼百. 2003. 木材加工工艺学. 北京:中国林业出版社

何定华. 1991. 锯材气干一窑干联合干燥试验. 木材干燥学术会论文集:110~112

李文军. 2000. 木材特种干燥技术发展现状. 北京林业大学学报,22(30):86~89

梁世镇,顾炼百. 1998. 木材工业实用大全 . 木材干燥卷. 北京:中国林业出版社

王喜明. 2007. 木材干燥学. 北京:中国林业出版社

张璧光. 2004. 木材科学与技术研究进展. 北京:中国环境科学出版社

张璧光. 2005. 实用木材干燥技术. 北京:化学工业出版社

朱政贤. 1992. 木材干燥. 2 版. 北京:中国林业出版社

第16章　木材干燥设备选型及性能检测

16.1　木材干燥设备选型

16.1.1　木材干燥设备的基本要求

为了使木材得到良好的干燥，获得最佳的木制品质量，必须通过一定的手段去实现。首先，应该明确干燥木材的自身品质、要求和用途，选择技术性能达到目标要求的木材干燥室（设备），实现生产品质和性能符合企业要求的干燥木材，这一基本要求为质量要求。企业生产产量对于木材干燥设备的选择是另一个关键要素，它不仅决定设备的规模大小，还决定设备的结构和形式，它是产量要求。木材干燥设备是高耗能装置，其能耗占木材总能耗的70%左右，选择合适企业所在地区和企业性质的能源形式，是木材干燥设备选择的能源要素，它决定着企业的经济要素。以上三点是木材干燥设备选择必须考虑的基本要求。

除了以上三点基本要求外，木材干燥设备性能和质量是保证木材干燥生产的基本保证。《锯材干燥设备通用技术条件》（LY/T1798—2008）对常规干燥与除湿干燥设备的制造质量、安装和运行工况进行了规定。选择一个干燥设备必须从设备的工艺性能、使用维护性能、节能效果和价格等方面进行综合考虑。工艺性能包括干燥窑的温度范围、湿度范围、风速和温度分布均匀性、干燥速度及干燥的均匀度等；使用维护性能包括设备使用是否稳定可靠及设备无故障运行时长、是否方便对干燥关键技术参数（如温湿度）进行调节与维护、设备选用的材料好坏及使用寿命、设备使用的安全性等；而设备的节能效果与设备的材料、结构及保温墙体使用的保温材料等有关。要保证干燥窑的工艺性能，必须保证三个基本条件，即室体的气密性、室体内一定的气流速度和一定的温度，这也是木材干燥的三个基本要素及任何干燥设备应满足的基本条件。

16.1.2　被干燥木材的质量要求

木材产品包括人们日常生产生活的方方面面，同时满足适应人们的不同层次和水平的需求。

从我国实木木材最大的产品对象——家具来说，有高档的红木家具，也有一般的实木家具。因为木材自身的价值和价格的差异，对于干燥品质的追求有着巨大的差别，对于其所选用的木材干燥设备也有很大的不同。

红木等名贵木材的密度均较大、结构致密、细胞组织内含物较多，导致水分传递困难。因此，一般采用低温长周期的干燥模式。同时由于其产量低的特点，价格价值高，产品干燥质量风险大，因此低温除湿干燥和真空干燥等设备常常被考虑。即使选择蒸汽窑干，其规模尺寸均以小型化为主。

普通针叶材因结构较为疏松、密度较小、能承受高温干燥而不致产生严重干燥缺陷，可以选择大型的蒸汽室干设备，甚至可以选择以木材加工剩余物为能源的炉气间接加热干燥设备。

对于被干木材的规格而言，主要考虑的是厚度因素。厚度大的木材较难干燥。干燥速度与干燥质量难以同步保证，这是人们经常遇到的难题。对于透气性好的硬阔叶材厚板或易皱缩的木材，可考虑真空干燥。对于在常规干燥中降等、报废率大的难干材，也可考虑微波或高频干燥。

用低温干燥法干燥初含水率很高的木材，经济效果最好。特别是除湿干燥法，在木材含水率较高的情况下，设备的热效率较高。如果采用其他干燥方法，热效率就较低。特别是在干燥的开始阶段，需要排除的水分量很大，因此需要消耗大量热能。到了干燥后期，提高干燥温度是促进水分在木材中移动的最主要手段，如采用低温干燥法，要将木材干燥到很低的终含水率（8%～10%），效果较差。这时，常规室干是最适用的。另外，水分在木材中的移动速度还因周围空气压力降低而加快。所以，采用真空干燥法可使木材快速达到较低终含水率。

16.1.3　企业生产规模要求

与质量要求相对应的是企业的生产规模，也是木材干燥设备选择的重要因素。

若干燥的木材量较大，为了减少设备投资和降低干燥成本，原则上来讲应建大容量的干燥室，选大型干燥设备。因此，只有采用常规蒸汽干燥或热水干燥这两种方法比较理想。对于中、小型的干燥产量，则首选以木材加工剩余物为能源的加热方式干燥，以降低投资和干燥成本。也可视具体情况选择小型热水加热干燥、除湿或真空干燥。干燥室大小应根据生产能力和干燥木材的尺寸（主要是长度）而定，其次还受干燥室类型、通风方式、装室方式等的影响。干燥室的大小直接与建窑成本相关。

因为劳动力成本的提高，企业应选择大型木材干燥设备，它可以提高干燥效率，降低干燥成本。但大型设备干燥质量的可控性和可能造成的风险，也是企业必须考虑的要素。企业也可选择高温水加热干燥和蒸汽干燥。低温干燥法，因干燥室内的气候条件有利于真菌的发展，当木材含水率较高时，往往导致木材发生蓝变，不宜用于大规模的针叶材。

选择适合企业发展和服务市场的干燥规模，进而选择合适的设备是必须考虑的问题。

16.1.4 能源要求

木材加工企业每年要产生大量的加工剩余物，这些加工剩余物常作为锅炉的燃料，生产廉价热能。在没有蒸汽锅炉或没有足够的余汽用于木材干燥的情况下，选择以木材加工剩余物为能源的热水或炉气间接加热木材干燥室最为合适。上述两种干燥方法，不但清除了工厂的废料垃圾，减少木材干燥设备投资，降低了能耗和干燥成本，而且做到了能源自给。但随着环境污染治理力度的加大，直接燃烧木材加工剩余物受到严格限制。《高污染燃料目录》中，木材剩余物的直接燃烧已经被列其中。能源选择也将影响木材干燥设备的选型。应该结合企业所在地的具体情况选择干燥能源，在天然气资源和水电资源丰富的地区，可选择以天然气为能源的直燃式干燥法，干燥针叶树木材。太阳能是清洁能源，如果条件许可可以优先考虑。

16.1.5 常规窑干设备的选型

目前，蒸汽窑干设备仍然是使用面最广的木材干燥设备，下面就其选择要求提出意见。

1. *气密性的室体*　　无论何种类型的干燥室（周期式）都必须满足以下 4 个条件。

1）良好的密封性：便于实施木材干燥过程的灵活准确控制。

2）保温性：必须满足冬季最低温度条件下干燥室内壁不结露。

3）耐腐蚀性：干燥室的内壁用耐腐蚀材料制成，使之不被木材干燥过程中挥发出的酸性气体所腐蚀，确保干燥室密封性，保温性，目前多采用高纯度铝板、不锈钢板、耐高温沥青漆涂料等。

4）室体内壁呈流线型气流通道，如为砌体结构室可采用增设弧形导流板，减少气流阻力，提高材堆气流速度，还可改善沿着材堆高度与长度方向上气流均匀度，有利于加快干燥速度，提高干燥质量。

2. *一定的气流速度*　　材堆内只有具有一定的气流速度，才能把木材内部不断向表面移动的水分带走。气流速度的高低因树种、板厚、干燥阶段的不同而不同，一般情况下出口风速为 1～3m/s ，这是由不同的板材在干燥过程水分移动的规律所决定的，一般规律是：各种木材在干燥前期水分移动快，风速要求高一些；干燥后期（即含水率在木材的纤维饱和点以下时）水分移动慢，风速要求低一些；针叶材（软阔叶材）风速可高一些；硬阔叶材风速可低一些；薄板适于风速高些；厚板适于风速低些。

上述这些是一般规律，但是也有特殊情况。针对上述规律设计上多采用变速电机或双速电机带动风扇，目的是满足不同干燥工艺条件下的要求，尽可能节约能源，降低干燥成本。无论气流速度高低，都必须均匀地通过材堆，即材堆上下、左右、前后每层板之间风速尽可能地均匀一致，就是要使材堆置于气流中，而不是气流在材堆中。因此，进行干燥室的设计时必须合理组织气流，否则即使有了气密性的室体、安装了好的变速电机，也达不到预期的干燥效果。合理组织气流首先要使设计的材堆尺寸与室体相适应。以顶风机型干燥室为例，要使通风间的高度留有足够的通风面积，而且与风机的直径相适应；材堆侧面垂直气道的面积不应小于材堆隔条间隙的面积之和；材堆上与通风间底板之间、材堆与端墙、两节材堆之间及材堆下面与地平面之间都须加挡风板，防止气流从材堆以外的地方通过，这也叫作有序强制循环，这样不但保证了材堆具有一定的风速，而且提高了风速的均匀性，缩短了干燥周期，提高了干燥质量与效率。

3. *一定的温度*　　木材中水分移动与蒸发必须要在一定的温度作用下进行，干燥过程中随着温度的提高，木材内部水蒸气分压增大而排除水分，这也就是温度梯度的作用。除了此作用外，还有含水率梯度，在这两个梯度的作用下木材得以快速干燥。形成这两个梯度的条件就是温度，所以木材干燥室必须配备足够加热面积的散热器，散热器位置的摆放及散热面积的大小直接影响到干燥效果。一般来讲，散热面积大，温度高干燥周期就短。散热面积的大小又受到干燥室容积的大小、散热器的种类等因素的制约。无论选用何种形式的散热器，都必须遵循以下三点：一耐腐蚀、二循环阻力小、三散热效率高。散热器应放在室内风速较高处。散热面积配备的一般规律是：快干的针叶材可大一些 ，阔叶材厚板可小一些。根据国内外的实践经验，以光滑管散热器为例，常规干燥室一般为 1～3m^2/m^3 材（薄板为 3m^2/m^3 材，厚板为 1～1.5m^2/m^3 材），实践证明，这样配比的散热面积基本符合各种板材的要求。如果木材批量大、种类多，可以在设计时对干燥室进行分组，专门设快干室（散热面积大）与慢干室（散热面积小），木材批量小的企业可以设计通用室，使散热器能分组控制。

干燥室的供汽温度对散热器面积配置的影响较大，散热器面积的配置设计，必须考虑锅炉供热管网中的蒸汽温度。表 16-1 是不同材积及蒸汽温度与单位材积所匹配的散热器面积的理论计算值。

表 16-1　不同材积及蒸汽温度对应的单位材积散热器面积

材积/m^3	散热面积/(m^2/m^3 木材)			
	120℃	130℃	140℃	150℃
40	4843	3874	3229	2767
60	4708	3767	3139	2609
80	4717	3773	3144	2695
100	4762	3810	3175	2721

干燥室壳体类型对散热器面积的配置影响很大。表 16-2 是不同地区不同壳体类型干燥室单位材积所需配置的散热面积参考值。就目前常用的 3 种壳体类型来看，单位材积配置散热器面积排序为：金属<砖混<砖体。所处地区的气候温度越低，散热器面积配置应越大。

表 16-2　不同地区不同干燥室类型对应的单位材积散热器面积

(单位：m^2/m^3 材)

壳体类型	东北	华北	长江	华南	西南	西北	新疆
砖体	3931	3809	3686	3563	3661	4029	3858
砖混	2811	2767	2724	2680	2715	2846	2785
金属	2496	2475	2453	2431	2449	2513	2483

4. 室型的选择　常规干燥室中气流循环较为合理的主要窑型有端风机型和顶风机型两种，室体结构较为合理，是多数木材干燥企业的选择；端风机型适合于中小型木材加工企业和一次干燥量较少的木材加工企业，具体来说就是年干燥木材量在 1000m^3 以下时较为适宜；而顶风机型的木材干燥室适合于中、大型的木材加工企业和一次性干燥量比较多的木材加工企业，如年干燥量大于 1000m^3 的加工企业；另外，如果企业生产中木材的树种和规格比较复杂，且干燥量较小时，可选择顶风机型干燥室；而树种规格较为单一且干燥量较大的宜采用顶风机型干燥室。

16.2　木材干燥设备性能检测

16.2.1　风速、风压、风量的测量

要检验干燥室的性能，需要测定通过材堆的风速，而干燥设备的设计和制造需要测知风机的风压和风量。

1. 风速的测量　影响木材干燥的外部因素，除了干燥介质的温度、相对湿度和压力外，还有介质的流动速度，即气流速度。气流速度的大小，不仅影响对流换热强度，也影响木材表面的饱和蒸汽黏滞层，这两者都与木材干燥速率直接相关。通常要求通过材堆的气流速度在 1m/s 以上，以使气流能达到紊流状态。在高含水率阶段，如能使通过材堆的气流速度达到 3～5m/s，则干燥效率更高。然而，气流速度高，会使电耗大大增加，一般认为 1.5～3m/s 较合适。也可采用变速电机，高含水率阶段用较高的气流速度，干燥后期可适当地降低气流速度。

由此可见，材堆中气流速度的大小及分布均匀度，是干燥室性能的一项重要技术指标，新建干燥设备一般都需要进行这项测量。

测量材堆中气流速度最常用的仪器是热球式风速仪。国产 QDF-2A 型热球式风速仪(图 16-1)的测量范围为 0.05～10m/s。它由测杆和便携式测量仪表组成。测杆的头部有一个直径约 0.6mm 的玻璃球，球内绕有加热玻璃球用的镍铬丝线圈和两个串联的热电偶，通过测杆的连接导线与仪表连接。当一定大小的气流通过加热线圈后，玻璃球的温度升高，升高的程度与气流速度有关。气流速度小时温升大，气流速度大时温升小。温度升高的大小，通过热电偶输入测量仪表，以换算出的气流速度值显示出来。测量时须注意将测杆头部的缺口对着气流方向，使玻璃球测量元件直接暴露在气流中。这种风速仪的测杆头可直接伸入材堆中的水平气道，使用方便，测量精确可靠。

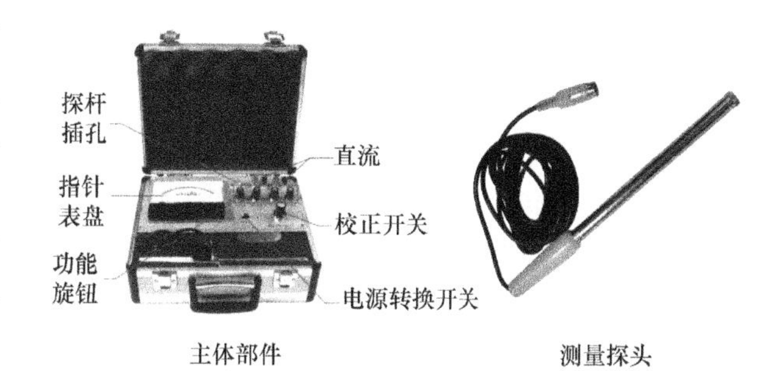

图 16-1　QDF-2A 型热球式风速仪

风速分布均匀度的测量，是在窑内材堆的进风测和出风测的前、中、后、上、中、下，每侧 9 个点的材堆水平气道内，分别测量各点的气流速度 v_1，再分别计算进风侧和出风侧的风速平均值 $\bar{v}_{in}$ 和 $\bar{v}_{ou}$，并求其均方差 S_{in} 和 S_{ou} 及变异系数 V_{in} 与 V_{ou}。用 $\bar{v}_{in}\pm S_{in}$ 和 V_{in} 表示进风侧风速分布均匀度，用 $\bar{v}_{ou}\pm S_{ou}$ 和 V_{ou} 表示出风侧风速分布均匀度。

干燥室内气流速度分布均匀度，直接影响温度分布均匀度，这两者共同影响木材干燥均匀度。因此，要提高干燥均匀度，必须合理布置通风机和加热器，并适当设置挡风板，使气流速度和温度分布均匀。

2. 风压的测量　木材工业中常常由于使用环境和工艺参数要求的特殊性，难以买到符合要求的定型产品风机。因此，为数不少的干燥室采用自行设计或仿制的风机，这种自制风机的性能参数并不十分清楚，尤其是非标准设计的新型风机，要求进行风压和风量的测量。

简单的测量方法是做一段与风机整流罩壳形状和大小相同的试验风筒，相当于整流罩壳的原状延长。用毕托管连接倾斜压力计进行测量，如图 16-2 所示，毕托管中心通孔的末端用橡皮管与压力计的大液面相连，如此测得的是全压；如只连接管外周的小孔，所测得的是静压；如图 16-2 所示，将管中心的通孔和管外周围的小孔分别连接压力计的两端，则测得的是两者的压力差，即动压。倾斜压力计中所填充的液体通常是乙醇或煤油，其测量范围可达 196～392Pa，设测压时液柱移动的距离为 Lmm，倾斜管与水平线的夹角为 α，压力计内所充填液体的密度为 ρ(g/m^3)，则测得的压力值为

$$P(\text{Pa})=L\rho g\sin\alpha \tag{16-1}$$

式中，g 为重力加速度，g＝9.81m/s^2。

在室温下(温度 t＝20℃，空气的密度 ρ＝1.2kg/m^3 时)测得的全压就是规格风机压头的压力，风机的压头应能克服循环系统的全部阻力损失。

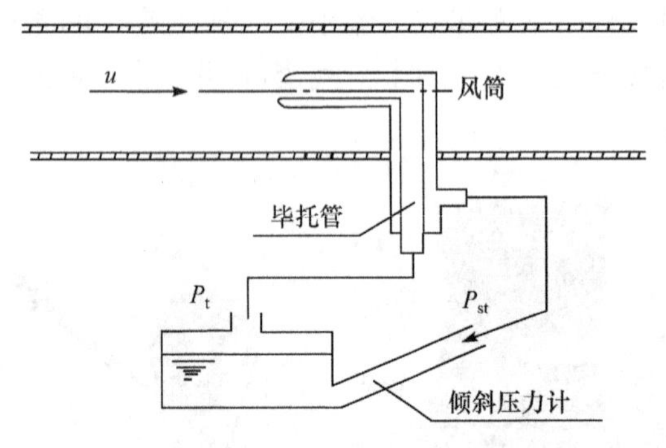

图 16-2　用毕托管和倾斜压力计测风压
(测量动压 P_d 时的接法)

3. 风量的测量　同测量风压一样，用毕托管测量试验风筒内的动压 P_d(Pa)。即可由式(16-2)求得气流速度：

$$v(\text{m/s})=\sqrt{\frac{2P_d}{\rho}}=\sqrt{\frac{2P_d}{1.2}}=1.29\sqrt{P_d} \tag{16-2}$$

由于边界层的影响，试验风筒内的流速分布是不均匀的。贴近壁面处的速度几乎等于零，管道中心处的速度最大。因此，测量时须将风筒假设分成若干个等截面积的圆环(一般分成 5 个)，如图 16-3 所示。于各等截面圆环的平均半径处(即将各圆环的面积再分成两个面积相等的同心环，均分面积的圆环半径就是原圆环的平均半径)，测量其动压值。由该动压值求出该圆环的平均速度，再由各圆环的流速，求整个风筒断面的平均流速。于是，就是可求得风机的风量：

$$\begin{aligned}Q&=3600A\bar{v}\\&=3600\times1.29\frac{A}{5}(\sqrt{p_{d1}}+\sqrt{P_{d2}}+\sqrt{P_{d3}}\\&\quad+\sqrt{P_{d4}}+\sqrt{P_{d5}})\\&=928.8A(\sqrt{p_{d1}}+\sqrt{P_{d2}}+\sqrt{P_{d3}}+\sqrt{P_{d4}}+\sqrt{P_{d5}})\end{aligned} \tag{16-3}$$

式中，A 为风筒截面积(m^2)；$\bar{v}$ 为风筒截面上的平均流速(m/s)；P_{d1}～P_{d5} 为各圆环测点处的动压(Pa)。

测点的位置可以这样确定：设风筒半径为 R，因风筒面积被均分成$\frac{\pi R^2}{2\times5}=\frac{\pi R^2}{10}$个面积相同的圆环，则每个圆环的面积为

$$\begin{aligned}\frac{\pi R^2}{10}&=\pi r_1^2=\pi(r_2^2-2r_1^2)=\pi(r_3^2-4r_1^2)\\&=\pi(r_4^2-6r_1^2)=\pi(r_5^2-8r_1^2)\end{aligned}$$

化简上述各等式，便可得

$$r_1=0.316R\quad r_2=0.548R\quad r_3=0.707R$$
$$r_4=0.837R\quad r_5=0.949R$$

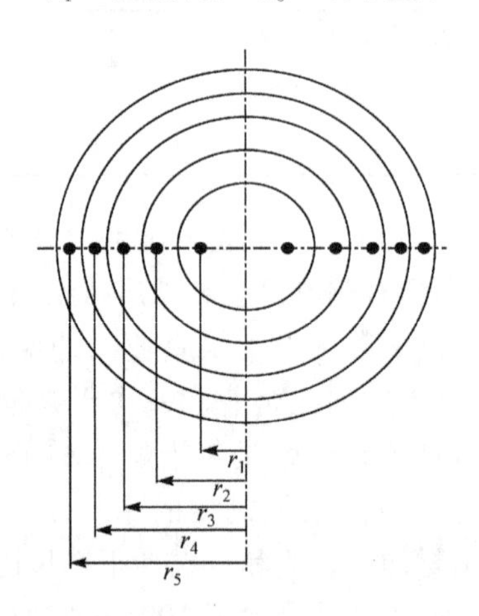

图 16-3　测点位置

测点的位置取在风筒相互垂直的直径上。一般对于直径较小的风筒，只在水平直径上取 10 点(每个等截面同心环测 2 点，取平均值)；对于较大直径的风筒，应竖直和水平方向共取 20 个测点(每个等截面圆环测 4 点，取平均值)。

16.2.2　蒸汽流量的测量

在综合性木材加工企业里，常常有若干个工序或工段由同一台锅炉供气。为了对各类产品进行经济核算，或实行经济承包责任制，有必要在各供汽支路上安装蒸汽流量计。在木材干燥车间里，有时为了对某一个干燥室或某一种干燥工艺进行热平衡测试，也

需要测量其蒸汽流量。

测流体流量的仪器有差压式流量计、涡街流量计、容积式流量计、浮子式流量计、涡轮流量计、电磁流量计、超声流量计、科里奥利质量流量计、热式质量流量计、插入式流量计、明渠流量计、靶式流量计等多种。测量蒸汽流量的仪器也有多种，应用比较广泛的主要是差压式流量计和涡街流量计。

1. 差压式流量计

(1) 概述　差压式流量计(简称 DPF)是根据安装于管道中流量检测件产生的差压、已知的流体条件和检测件与管道的几何尺寸来测量流量的仪表。DPF 由一次装置(检测件)和二次装置(差压转换和流量显示仪表)组成。通常以检测件的型式对 DPF 分类，如孔扳流量计、文丘里流量计及均速管流量计等。二次装置为各种机械、电子、机电一体式差压计，差压变送器和流量显示及计算仪表，它已发展为三化(系列化、通用化及标准化)程度很高的、种类规格庞杂的一大类仪表。差压计既可用于测量流量参数，也可测量其他参数(如压力、物位、密度等)。

DPF 按其检测件的作用原理可分为节流式、动压头式、水力阻力式、离心式、动压增益式和射流式等几大类，其中以节流式和动压头式应用最为广泛。

节流式 DPF 的检测件按其标准化程度分为标准型和非标准型两大类。所谓标准节流装置是指按照标准文件设计、制造、安装和使用，无须经实流校准即可确定其流量值并估算流量测量误差的检测件；非标准节流装置是成熟程度较差，尚未列入标准文件中的检测件。我们通常称 ISO5167(GB/T2624)中所列节流装置为标准节流装置，其他的都称为非标准节流装置。非标准节流装置不仅是指那些节流装置结构与标准节流装置相异的，如果标准节流装置在偏离标准条件下工作也应称为非标准节流装置，如标准孔板在混相流或标准文丘里喷嘴在临界流下工作的都是非标准节流装置。

(2) 基本原理　充满管道的流体，当它流经管道内的节流件时，如图 16-4 所示，流速将在节流件处形成局部收缩，因而流速增加，静压力降低，于是在节流件前后便产生了压差。流体流量愈大，产生的压差就愈大，所以根据测量孔口前、后的静压差 P_1-P_2 就可求出管中流体的流量。这种测量方法是以流动连续性方程(质量守恒定律)和伯努利方程(能量守恒定律)为基础的。压差的大小不仅与流量有关，还与其他许多因素有关，如当节流装置形式或管道内流体的物理性质(密度、黏度)不同时，在同样大小的流量下产生的压差也是不同的。

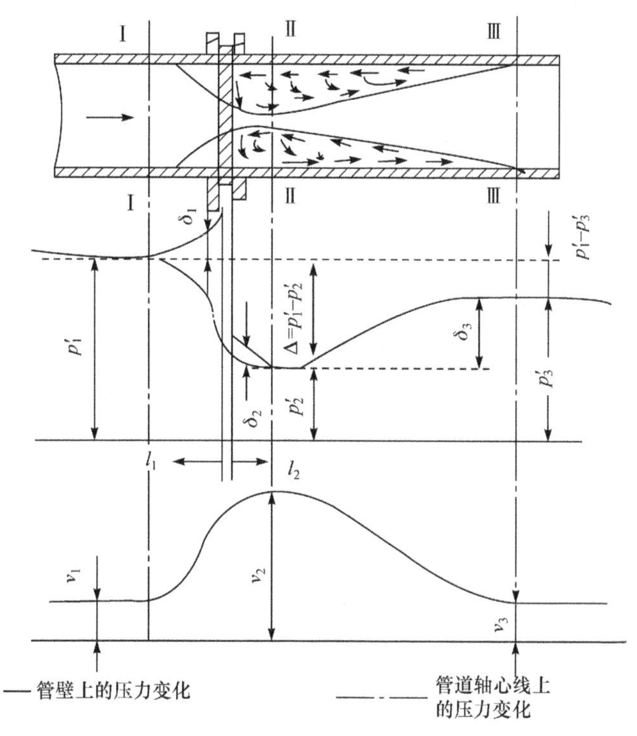

图 16-4　孔板附近的流速和压力分布

差压式流量计的流量方程如下：

$$q_m=\frac{C}{\sqrt{1-\beta^4}}\varepsilon\ \frac{\pi}{4}d^2\ \sqrt{2\Delta P\rho_1} \tag{16-4}$$

$$q_v=\frac{q_m}{\rho} \tag{16-5}$$

式中，q_m 为质量流量(kg/s)；q_v 为体积流量(m^3/s)；C 为流出系数；ε 为可膨胀性系数；β 为直径比，$\beta=d/D$；d 为工作条件下节流件的孔径(m)；D 为工作条件下上游管道内径(m)；ΔP 为差压(Pa)；ρ_1 为上游流体密度(kg/m^3)。

由式(16-4)和式(16-5)可见，流量为 C、ε、d、ρ、ΔP、β(或 D)6 个参数的函数，此 6 个参数可分为实测量 d、ρ、ΔP、β(或 D)和统计量 C、ε 两类。

d、D：式(16-4)中 d 与流量为平方关系，其精确度对流量总精度影响较大，误差值一般应控制在 ±0.05%左右，还应考虑工作温度对材料热膨胀的影响。标准规定管道内径 D 必须实测，需在上游管段的几个截面上进行多次测量求其平均值，误差不应大于±0.3%。除对数值测量精度要求较高外，还应考虑内径偏差对节流件上游通道造成不正常节流现象所带来的严重影响。因此，当不是成套供应节流装置时，在现场配管应充分注意这个问题。

ρ：ρ 在流量方程中与 ΔP 是处于同等位置，所以当追求差压变送器高精度等级时，绝不要忘记 ρ 的测量精度也应与之相匹配。否则 ΔP 的提高将会被 ρ 的降低所抵消。

ΔP：差压 ΔP 的精确测量不应只限于选用一台高

精度差压变送器。实际上差压变送器能否接受真实的差压值还取决于一系列因素,其中正确的取压孔及引压管线的制造、安装及使用是保证获得真实差压值的关键,这些影响因素中很多是难以定量或定性确定的,只有加强制造及安装的规范化工作才能达到目的。

C:统计量 C 是无法实测的量(仅按标准设计制造安装,不经校准使用),在现场使用时最复杂的情况出现在实际的 C 值与标准确定的 C 值不相符合。它们的偏离是由设计、制造、安装及使用一系列因素造成的。应该明确,上述各环节全部严格遵循标准的规定,其实际值才会与标准确定的值相符合,然而现场一般是难以完全满足这种要求的。应该指出,与标准条件的偏离,有的可定量估算(可进行修正),有的只能定性估计(不确定度的幅值与方向)。但是在现实中,有时不仅是一个条件偏离,这就带来非常复杂的情况,因为一般资料中只介绍某一条件偏离引起的误差。如果许多条件同时偏离,则缺少相关的资料可查。

ε:可膨胀性系数 ε 是对流体通过节流件时密度发生变化而引起的流出系数变化的修正,它的误差由两部分组成:其一为常用流量下 ε 的误差,即标准确定值的误差;其二为由于流量变化,ε 值将随之波动带来的误差。一般在低静压高差压情况,ε 值有不可忽略的误差。当 $\Delta P/P \leqslant 0.04$ 时,ε 的误差可忽略不计。

(3) 分类　　差压式流量计分类如表 16-3 所示,其中最常用的为标准孔板流量计,下面将重点介绍。

表 16-3　差压式流量计分类表

分类原则	分类类型
按产生差压的作用原理分类	节流式;动压头式;水力阻力式;离心式;动压增益式;射流式
按结构形式分类	标准孔板;标准喷嘴;经典文丘里管;文丘里喷嘴;锥形入口孔板;1/4 圆孔板;圆缺孔板;偏心孔板;楔形孔板;整体(内藏)孔板;线性孔板;环形孔板;道尔管;罗洛斯管;弯管;可换孔板节流装置;临界流节流装置
按用途分类	标准节流装置;低雷诺数节流装置;脏污流节流装置;低压损节流装置;小管径节流装置;宽范围度节流装置;临界流节流装置

(4) 标准孔板流量计　　标准孔板流量计由标准孔板节流装置(孔板及取压装置)、差压计及导压管等部分组成。

1) 标准孔板:标准孔板是一块加工成圆形同心的具有锐利直角边缘的薄板,又称为同心直角边缘孔板,多为不锈钢制成。孔板开孔的上游侧边缘应是锐利的直角。开孔直径 d 小于管径 D(直径比 $\beta=d/D=0.2\sim0.8$)。为从两个方向的任一个方向测量流量,可采用对称孔板,节流孔的两个边缘均符合直角边缘孔板上游边缘的特性,且孔板全部厚度不超过节流孔的厚度。

2) 孔板取压方式:标准孔板前、后面有低碳钢等做成的取压室。有如下取压方式:环室、盘式、角接、法兰及 D-$D/2$ 取压。环室取压,适用于测量表压为 6276kPa(64kg/cm^2)以下、管道直径为 50～520mm 的蒸汽流量;盘式取压,适用于测量表压为 2452kPa(25kg/cm^2)以下、管道直径为 50～1100mm 的蒸汽流量。

3) 标准孔板流量计流量:标准孔板流量计流量管中流体的流量由式(16-4)简化为式(16-6):

$$q_m=\alpha\varepsilon\frac{\pi}{4}d^2\sqrt{2g\rho(P_1-P_2)} \qquad (16\text{-}6)$$

式中,q_m 为饱和水蒸气的质量流量(kg/s);d 为工作条件下节流件(孔板)直径(m);g 为重力加速度(m/s^2);ρ 为水蒸气密度(kg/m^3),由孔板前的水蒸气压力决定;P_1-P_2 为孔板前、后水蒸气压力差(Pa),由差压计测得;α 为流量系数,由孔口直径 d 与管径 D 之比决定,参照表 16-4;ε 为流束膨胀系数,对于压力大于 294.2kPa(3kg/cm^2)表压的蒸汽,当 P_1-P_2 值较小,且 $d/D<0.5$ 时,取 $\varepsilon=1$,否则取 $\varepsilon=0.95$。

表 16-4　表中孔板流量计流量系数

d/D	α	d/D	α
0.20	0.598	0.55	0.635
0.30	0.601	0.60	0.649
0.35	0.605	0.65	0.668
0.40	0.609	0.70	0.692
0.45	0.616	0.75	0.723
0.50	0.624	0.80	0.764

测量孔口前、后静压差的压差计有多种类型,最简单的是 U 形管差压计,但工业上通常采用由差压计变送器和二次仪表(指示、记录和流量积算机构等)组成的差压计等。部分国产差压计的基本特征见表 16-5。

表 16-5 可采用的几种差压计基本特征

仪表名称	仪表型号	显示形式		测量范围		精度级/kPa	工作压力/MPa
				流量	差压/kPa		
U形管差压计	CGS-50				0～47	±0.3	1.0
双波纹管差压计	CWC-282	带积算装置	指示式	1.0,1.25,1.6,2.0,2.5,3.2,4.5,6.3 t/h	62,98,157,245,392	147	6.0
	CWC-612		记录式				
膜片式差压计	CM-4	输出交毫伏配电子差动仪			98,157,245,392,618	147	6.4
电动平衡差压变送器		输出 0～10mA 直流电流,配电动仪表显示			0～2.0 0～6.0	9.8	2.5

孔板流量计的结构简单,制造容易,使用方便,价格便宜,应用比较广泛。它的主要缺点是流体经孔口后压头损失较大,测量的重复性、精确度在流量计中属于中等水平,范围度窄,现场安装条件要求较高,检测件与差压显示仪表之间引压管线为薄弱环节,易产生泄漏、堵塞、冻结及信号失真等故障。近年来仪表开发者采取了很多措施,使上述缺点在一定程度上得到了弥补。

该种流量计在选用时应考虑仪表性能、流体特性、安装条件、环境条件和经济因素等。

2. 涡街流量计　涡街流量计也叫作蒸汽旋涡流量计,它是由旋涡流量变送器和二次表流量积算器配套而成。

旋涡流量变送器包括旋涡发生体、旋涡检验器和前置放大器三部分,其构造原理如图 16-5 所示。旋涡发生体是一断面不变的长杆,沿管道径向通过管道中心插入。长杆的断面形状为非流线,见图 16-5(b),当流体通过时,会在尾流中产生交替排列的两列旋涡,即卡门涡街。其旋涡交替发生的频率与流速成正比:

$$f=\frac{vS_t}{d} \tag{16-7}$$

式中,S_t 为斯特拉哈尔常数;d 为非流线体长杆的宽度。

当雷诺数在 $5\times10^3\sim5\times10^5$ 时,S_t 近似为常数。因此,可通过测定旋涡发生频率来测知流速,从而测得流量。

由图 16-5(c)可看出,旋涡发生体的上部装有一圆盘,两侧有一对导压孔,分别连通圆盘室的上、下方。当旋涡交替发生时,旋涡发生体两侧便有一交变的压差,该压差通过导压孔使圆盘上、下振动。圆盘的振动由电磁式传感器感应,产生交流电压信号,经过放大、整形、倍频后,以方形脉冲信号输出。脉冲信号经过二次表的处理、转换,就可测量出累积值和瞬时值,也可根据需要再配报警和控制仪表。

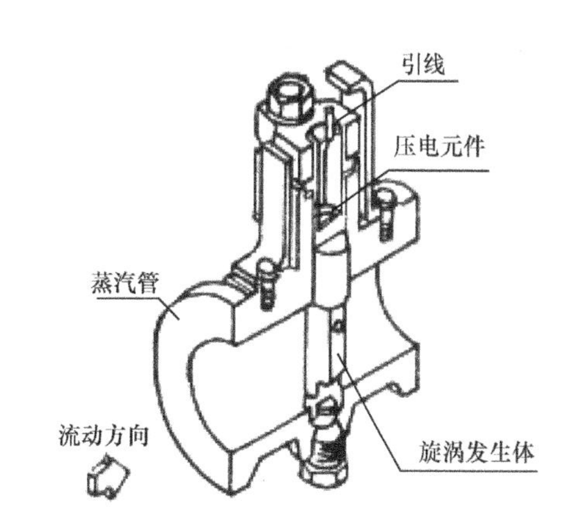

(a) 流量计结构

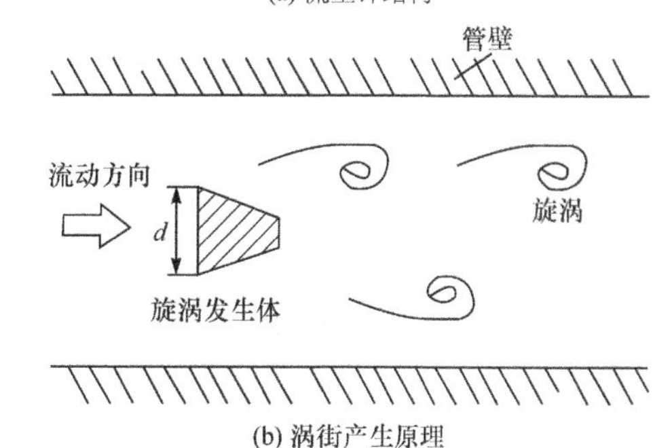

(b) 涡街产生原理

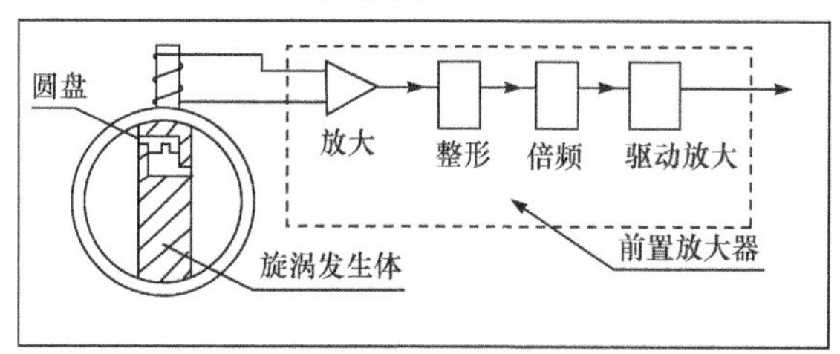

(c) 流量计一次表方框图

图 16-5 涡街流量计的构造原理

旋涡流量变送器的常用规格有 DN50mm、DN80mm 和 DN100mm 等。其系列产品代号的意义如下。

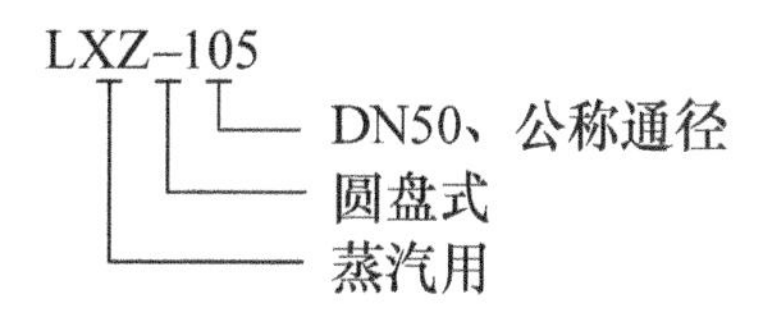

二次仪表主要有三种型号可供选用。

LXL-02 型:显示累积流量读数,并有 1/1 脉冲输出，可供其他数字仪表使用。

LXL-03 型：除具有 02 型的功能外，增加 0～10mA 模拟信号输出，配电流表可做瞬时显示。

LXL-04 型：除具有 02 型的功能外，还有瞬时流量显示和 4～20mA 模拟输出，并具有自动压力补偿功能，适用于压力变化范围大，测量精度要求高的场合。

旋涡流量变送器安装在水平管道上，在流量计本体的前、后需配置一定的直管段。在流量计后面的直管段长度应大于 $5D$，前面的直管段长度，当有弯头时应大于 $40D$，当有闸阀时应大于 $50D$。安装流量计必须在工艺管道清洗之后进行，并注意方向不能装反。流量传感器在管道上可以水平、垂直或倾斜安装，但测量液体和气体时为防止气泡和液滴的干扰，安装位置要注意。

蒸汽旋涡流量计是一种比较理想的蒸汽计量仪表，它的测量范围宽，适用于流体种类多，如液体、气体、蒸气和部分混相流体，而且结构简单，旋涡发生体坚固耐用，可靠性高，并容易维护（与节流式差压流量计相比较，不需要导压管和三阀组等，减少泄漏、堵塞和冻结等）。但有下述局限性：其不适用于低雷诺数测量，故在高黏度、低流速、小口径情况下应用受到限制。

16.2.3 木材室干的热平衡测试

木材人工干燥，是木材加工企业中能耗较大的一个环节。就木制品加工而言，干燥过程的能耗占整个加工过程总能耗的 40%～70%。因此，对木材室干过程进行热平衡测试，在充分了解室干过程能耗分配及室干热效率的基础上，寻求节约能耗的途径，已越来越为人们所重视。

以蒸汽干燥为例，热平衡测试包括以下项目。

1. 进入加热器的能量

$$Q_1(\mathrm{J})=M_1 i_1 \tag{16-8}$$

式中，M_1 为 1 个干燥周期内进入加热器的干饱和水蒸气的数量(kg)，由蒸汽流量计测得；i_1 为蒸汽的平均热焓(J/kg)，由蒸汽的绝对压力平均值查干饱和蒸汽参数表 2-2。

2. 喷蒸消耗的能量

$$Q_2(\mathrm{J})=M_2 i_2 \tag{16-9}$$

符号意义同式(16-8)。喷蒸供汽管路需另装蒸汽流量表，若以成本核算为目的，蒸汽流量表可装在总进气管上，则加热与喷蒸可合并测量。

3. 通风机消耗的能量

$$Q_3(\mathrm{J})=AX \tag{16-10}$$

式中，A 为热功当量，3600kJ/(kW · h)［860kcal/(kW · h)］；X 为风机消耗的电能(kW · h)，由电度表测得。

4. 预热木材所需的能量

当环境温度在冰点以上时：

$$Q_4(\mathrm{J})=V\rho_j(\mathrm{MC}_1+1)C_{\mathrm{MC1}}(t-t_0) \tag{16-11}$$

式中，V 为窑被干木料的材积(m^3)；ρ_j 为木材的基本密度($\mathrm{kg/m^3}$)；MC_1 为以小数计的木材平均初含水率；C_{MC1} 为初含水率状态下的木材比热，由式(16-12)求得：

$$C_{\mathrm{MC1}}[\mathrm{J/(kg\cdot ^\circ C)}]=\frac{\mathrm{MC}_1+(C_{w0}+4.85t)}{\mathrm{MC}_1+1} \tag{16-12}$$

式中，C_{w0} 为 0℃时全干木材的比热，等于1113J/(kg · ℃)或 0.266kcal/(kg · ℃)；4.85 为系数(若以 kcal 为热量单位时，则为 0.00116)；t 为木材预热温度(℃)，取平均干燥温度，即基准第三阶段介质温度；t_0 为环境平均温度(℃)。

若被干木料为毛边板且长度参差不齐，难以确定材积时，应称量装窑前的木料重量(kg)，那么式(6-12)应改为

$$Q_4(\mathrm{J})=G_1C_{\mathrm{MC1}}(t-t_0) \tag{16-13}$$

当环境温度在冰点以下时，按式(16-14)计算：

$$Q_4(\mathrm{J})=V\rho_j\{(\mathrm{MC}_1+1)C_{\mathrm{MC1}}(t-t_0)+(\mathrm{MC}_1-0.3)[r_{\mathrm{ic}}-(C_{\mathrm{wa}}-C_{\mathrm{ic}})(0-t_0)]\} \tag{16-14}$$

式中，0.3 为纤维饱和点，$V\rho_j(W_1-0.3)$为冰冻时的重量；r_{ic}为冰的熔解潜热，等于 334 720J/kg；C_{wa}为水的比热，等于 4184J/(kg · ℃)；C_{ic}为冰的比热，等于 2092J/(kg · ℃)。

若直接称量木材重量 G_1，则式(6-14)应改为

$$Q_4(\mathrm{J})=G_1\left\{C_{w1}(t-t_0)+\frac{\mathrm{MC}_1-0.3}{\mathrm{MC}+1}[r_{\mathrm{ic}}-(C_{\mathrm{wa}}-C_{\mathrm{ic}})(0-t_0)]\right\} \tag{16-15}$$

5. 蒸发木材中的水分所消耗的能量

$$Q_5(\mathrm{J})=M_5\left(1000\frac{I-I_0}{d-d_0}-C_{\mathrm{wa}}t\right) \tag{16-16}$$

M_5 为一个干燥周期内木材中蒸发的水分。

$$M_5(\mathrm{kg})=V\rho_j(\mathrm{MC}_1-\mathrm{MC}_n) \tag{16-17}$$

式中，MC_n 为木材含水率(以小数计)；I、d 分别为排气状态下的湿空气热焓(J/kg)平均值和湿含量(g/kg)平均值，可近似地由干燥第三阶段的介质状态(t,φ)查 I-d 图或 tp 图；I_0、d_0 为新鲜空气的热焓平均值和湿含量平均值，由环境平均温度、湿度查 I-d 图或 tp 图。

6. 室干热效率

$$\eta=\frac{Q_4+Q_5}{Q_1+Q_2+Q_3}\times 100\% \tag{16-18}$$

主要参考文献

艾沐野，宋魁彦. 2004. 试论常规木材干燥室的合理选用. 国际木材工业，6：31～33

黄建中，黄景仁. 2007. 木材干燥室的设计与合理使用，林产工业，(06)：39～41

翁文增. 2014. 木材干燥窑的技术经济分析，林产工业，11：38～42

杨文斌，马世春，刘金福. 2006. 木材干燥设备的质量评价，数学的实践与认识，36(1)：75～79

周永东，张璧光，李梁，等. 2010. 木材常规蒸汽干燥室散热器面积配置的分析. 木材工业，24(3)：25～27

第 17 章　木材干燥室的设计

木材干燥就是要根据不同木制品的质量要求，将制材车间加工的湿锯材干燥成不同质量等级和数量的干材，为木工车间提供加工材料。因此干燥室的设计是木材加工厂或木工车间总体设计中的一部分，干燥室及其辅助场地在总体平面布置中应按流水作业方式进行区划，便于装卸和运输作业机械化，降低运输费用。

17.1　干燥室设计的理论计算

17.1.1　设计任务和依据

1. *木材干燥室的设计任务*　完整的木材干燥室设计，主要包括以下 8 个方面的内容：①干燥方式和室型的选择；②干燥室数量的计算；③热力计算；④气体动力计算；⑤进气道和排气道的计算；⑥绘制干燥室的结构图和施工图及干燥车间(或工段)的布置规划图；⑦解决装堆、卸堆和运输机械化问题；⑧核算干燥成本和确定干燥技术经济指标。

本章将讨论上述任务中的前 5 项。第 8 项可参见《锯材干燥设备性能检测方法》(GB/T17661—1999)中的规定进行。

2. *木材干燥室的设计依据*　在设计干燥室之前应取得下列各项资料作为设计的依据：①一年内应干燥处理的木料清单，内容包括被干锯材的树种、规格、材积、初含水率及所要求的终含水率和用途或干燥质量等级；②关于能源(蒸汽、电力等)及燃料的资料；③地质及地下水位资料；④建室地区一年中最冷月份及年平均气象资料；⑤工厂的总体布置，干燥车间的位置，厂内运输线；⑥投资总额。

由于木材干燥室的类型很多，其计算方法虽然各有特点，但总的来说，都是要确定干燥室的数量，热力设备的能力，对于强制循环干燥室还要确定迫使气流以一定速度通过材堆所需要的通风机的风量和风压。本章介绍目前普遍采用的周期式强制循环空气干燥室的计算方法。

17.1.2　室型选择与干燥室数量的计算

1. *干燥方式的选择*　一般以板材形式的整边板干燥为宜，这样可以减少机械加工程序，提高干材出材率，减少装卸运输作业的劳动力，便于使繁重作业机械化，便于加大材堆的体积。只有在干燥特殊用材，如纺织器材木配件、军工用材等不宜用板材形式干燥时，才采用毛料形式干燥。对于等外材，也应该采用毛料形式干燥，以利于提高干燥室的生产量，降低成本。

2. *室型的选择*　室型的选择是一个比较复杂的问题，因为它涉及投资、干燥效率、成本、安装维修等问题，因此常使建造干燥室的单位难以抉择。从第 5 章中有关室型的介绍可见，各种室型都有各自的特点和适用范围，在选型时首先要结合应用单位的具体情况和干燥质量等级要求，尽可能选择符合干燥工艺要求、运转可靠、效率高、对设备检查维修方便、投资许可的室型。根据我国木材加工单位加工木材的树种多而批量少的状况，在多数情况下，宜于选择周期式强制循环空气干燥室。在北方寒冷地区，蒸汽干燥室应当选择便于建造在厂房内的室型，不宜选用外形高大的室型，因为建造在厂房内有利于减少基建投资费用，并且可以避免壳体直接受外界气候条件的剧烈变化引起的腐蚀而缩短使用年限。

3. *室数的计算*　为了完成全年干燥木材任务，所需要的干燥室的间数直接和干燥室的容量有关。根据我国树种多而木材资源缺乏、加工地点分散的特点，室的容量一般不宜过大，特别是南方地区，以设计中等容量为好，便于适应材种多、批量少、干燥工艺操作不一的需要。

在确定室数时，由于涉及的因子很多，特别是我国尚无统一的干燥基准和额定的干燥时间供作依据，因此只能做近似于实际需要的估算。

在被干木料的树种、规格、用途等比较单一的情况下，可用类比法来估算，即参照先进生产单位同类型的干燥室，干燥同树种、同规格（指厚度）木料所需的实际干燥周期，扣除一个月的检修设备的时间，算出一间干燥室的年产量，以此来推算出为完成全年干燥任务量所需要的室数。

在被干木料的树种、规格、要求干燥的质量等级等比较多样化、批量比较多的情况下，可按以下步骤估算确定。

(1) 规定一间干燥室的容量　先要根据被干木料的长度确定合适的材堆的长(l)、宽(b)、高(h)的尺寸和一间干燥室的装堆数($m_{堆}$)，根据室内总的材堆外形体积 $V_{外}(m^3)=m_{堆}\cdot l\cdot b\cdot h$ 就可算出一间干燥室内容纳的实际材积，为

$$E(m^3)=V_{外}\cdot\beta_{容} \tag{17-1}$$

式中，E 为干燥室容量(m^3)；$\beta_{容}$ 为材堆的容积充实系数，表示材堆的实际材积与材堆的外形体积之比。

材堆的容积充实系数按式(17-2)计算：

$$\beta_{容}=\beta_{长}\cdot\beta_{宽}\cdot\beta_{高} \tag{17-2}$$

式中，$\beta_{长}$ 为材堆长度充实系数，当干燥的材长等于材堆长度时，等于 1；在干燥毛料时，取值等于 0.9。$\beta_{宽}$ 为材堆宽度充实系数，其数值取决于木料的加工程度、室内的气流循环性质和堆垛的方法等，数值如下：

	整边板	毛边板
快速可逆循环	0.95	0.81
逆向循环	0.65	0.56
自然循环	0.70	0.60

$\beta_{高}$ 为材堆高度充实系数，当板材厚度为 Smm、隔条厚度为 25mm，材堆在干燥过程中沿高度的干缩率平均为 8%时，按下式计算：

$$\beta_{高}=\frac{S}{25+1.08\times S}$$

这样，式(17-2)可以改写为式(17-3)：

$$\beta_{容}=\frac{S\cdot\beta_{宽}\cdot\beta_{长}}{25+1.08\times S} \tag{17-3}$$

为了简化计算，$\beta_{容}$ 可由用式(17-3)计算编制的材堆容积充实系数表(表 17-1)查出。倘若用的隔条厚度与表 17-1 中规定的尺寸不符合时，可按式(17-3)用实际隔条厚度尺寸计算 $\beta_{容}$ 的数值。

表 17-1　材堆容积充实系数 $\beta_{容}$(引自 Сокозов，1955)

木料厚度/mm	隔条厚度 25mm						隔条厚度 40mm	
	自然循环		逆向循环		快速可逆循环		自然循环	
	材料							
	整边	毛边	整边	毛边	整边	毛边	整边	毛边
13	0.233	0.2	0.216	0.185	0.317	0.271	0.168	0.144
16	0.265	0.228	0.246	0.211	0.360	0.308	0.196	0.168
19	0.293	0.251	0.273	0.234	0.398	0.341	0.22	0.189
22	0.315	0.271	0.293	0.251	0.428	0.367	0.241	0.207
25	0.337	0.289	0.312	0.267	0.457	0.392	0.261	0.224
30	0.366	0.313	0.34	0.291	0.496	0.425	0.29	0.249
35	0.390	0.334	0.362	0.31	0.529	0.453	0.315	0.270
40	0.411	0.353	0.382	0.327	0.557	0.478	0.347	0.289
45	0.428	0.367	0.399	0.342	0.581	0.498	0.356	0.305
50	0.443	0.380	0.411	0.352	0.601	0.516	0.372	0.319
55	0.457	0.391	0.424	0.3563	0.618	0.537	0.387	0.332
60	0.468	0.401	0.435	0.372	0.636	0.545	0.401	0.313
70	0.487	0.417	0.452	0.389	0.661	0.566	0.424	0.362

续表

木料厚度/mm	隔条厚度 25mm						隔条厚度 40mm	
	自然循环		逆向循环		快速可逆循环		自然循环	
	材料							
	整边	毛边	整边	毛边	整边	毛边	整边	毛边
80	0.503	0.428	0.467	0.4	0.682	0.585	0.433	0.380
90	0.515	0.441	0.478	0.41	0.698	0.599	0.449	0.393
100	0.526	0.451	0.488	0.419	0.714	0.612	0.472	0.405
110	0.535	0.459	0.497	0.426	0.727	0.623	0.484	0.415
120	0.543	0.466	0.504	0.432	0.738	0.626	0.496	0.425
130	0.55	0.472	0.511	0.437	0.746	0.638	0.505	0.432
140	0.556	0.477	0.517	0.442	0.754	0.648	0.511	0.437
150	0.562	0.482	0.521	0.446	0.761	0.653	0.519	0.455

当干燥室内的材堆数和材堆尺寸确定以后，参考第 5 章中有关室型介绍的材堆外廓与室内各部位的间距数值，就可以初步确定设计的干燥室的内部尺寸。

(2) 确定干燥室的年周转次数　　干燥室在全年内的生产周转次数按式(17-4)计算：

$$H(次/年)=\frac{335}{Z+Z_1} \tag{17-4}$$

式中，H 为干燥室的年周转次数；335 为干燥室全年工作日数，其余 30d 为检修日数；Z_1 为装卸木料的时间(昼夜)，周期式干燥室取 $Z_1=0.1$ 昼夜；Z 为木料的干燥时间(昼夜)。

式(17-4)中 Z 的数值，应是能综合反映干燥室在全年内干燥各种木料的干燥时间的平均值，也就是一统计量的平均值，而不是某一具体材种的干燥时间。因此，可以根据全年被干木料的树种、规格和材积，参考生产单位同类型干燥工艺的干燥时间定额，用干燥时间加权平均数 $Z_{平}$ 来确定，即

$$Z_{平}=\frac{\sum Z_nV_n}{\sum V_n}\quad(昼夜) \tag{17-5}$$

式中，$Z_1,Z_2,\cdots,Z_n$ 为不同树种、厚度木材的干燥时间，可参考表 17-2。$V_1,V_2,\cdots,V_n$ 为上述树种、厚度木材的全年应干燥的材积。可以将干燥时间相同的不同材种归入同一类材积计算，简化计算。

表 17-2　干燥时间定额表　　(单位:h)

板材厚度/cm	红松、白松、椴木		水曲柳		榆、色、桦、杨木、落叶松		楸木		柞木、海南杂木、越南杂木	
	初含水率/%		初含水率/%		初含水率/%		初含水率/%		初含水率/%	
	<50	>50	<50	>50	<50	>50	<50	>50	<50	>50
2.2 以下	50	80	80	120	60	90	70	90	163	209
2.3～2.7	64	108	96	140	72	117	90	120	205	289
2.8～3.2	82	130	115	168	87	142	122	167	242	335
3.3～3.7	105	156	156	209	110	180	164	209	282	397
3.8～4.2	125	172	264	315	149	202	207	274	372	504
4.3～4.7	150	206	438	421	190	261	292	365	479	628
4.8～5.2	195	245	413	532	265	334	377	457	579	755
5.3～5.7	234	283	489	619	335	420	464	569	612	806
5.8～6.2	265	311	543	698	445	525	552	669	646	857
6.3～6.7	281	342	598	767	488	625	607	752		
6.8～7.2	309	376	693	910	542	703	658	833		
7.3～7.7	340	450	787	1052	596	781	757	983		
7.8～8.2	408	495	1102	1471	691	840	856	1194		
8.3～8.7	450	565			787	938				
8.8～9.2	498	624								
9.3～9.7	557	695								
9.8～10.2	615	766								
10.3～11.2	634	789								

表 17-2 是北京市光华木材厂经过长期干燥实践确定的干燥时间定额表，可供周期式强制循环蒸汽干燥室计算 $Z_{平}$ 时的参考。该表适用于确定由湿锯材干燥到终含水率 10%～15%，干燥质量较高的家具等用材的干燥时间定额。

(3) 干燥室间数的确定　　为完成全年干燥任务所需要的干燥室数量($m_{室}$)，按式(17-6)计算：

$$m_{室}(间) = \frac{\sum V_n}{E \cdot H} \tag{17-6}$$

17.1.3　周期式空气干燥室的热力计算

干燥室的热力计算项目有热消耗量的确定、加热器散热面积的确定及蒸汽消耗量的确定。

干燥室在全年内承受干燥木料的树种、厚度和质量等级的要求是各不相同的，加热设备的供热能力也要有适应不同干燥工艺的温度变幅范围。因此，在热力计算开始时要选择被干材种中允许最高温度操作的干燥基准作为参考，并以该基准中接近基准平均温度的阶段(此时木材的含水率为 35%～30%或 40%～30%)的干球温度数值 t_1、相对湿度数值 φ_1 作为计算有关量值时的参考依据，使计算确定加热设备的能力不至于明显过大或不足，避免盲目性。

如果被干材种多、批量又大、需要建造的干燥室数量多时，宜于将设计的干燥室分成两组：一组为加热设备能力强的、可以对易干材种进行高温干燥的干燥室；另一组为加热能力较弱的干燥室，用于干燥厚材和难干材种。这样既可以节省设备费用又可以有适应生产的灵活性。

在干燥室数量不多的情况下，宜于设计常温和高温两种干燥工艺都能用的干燥室，对干燥不同材种可以有比较大的适应性。为了便于计算，选择了一种适用于干燥基本密度为 0.4t/m^3、厚度为 4cm 的松、杉类木材(如红松)的干燥基准，列出基准平均温度的温、湿度数值(干燥基准可参考 LY/T1068—2012)，用 t_1 和 φ_1 符号表示，分别为 $t_1=85℃$，$\varphi_1=62\%$。由于在以下的各项计算中还需要确定其他参数，可以用 *I-d* 图绘制干燥过程图，如图 17-1 所示。图上点 0 表明新鲜空气的状态。新鲜空气引入干燥室，其状态大致可取为 $t_0=20℃$，$\varphi_0=78\%$。点 1 表示介质进入材堆之前的介质状态，即由上述的 t_1 和 φ_1 数值确定。点 2 表明介质通过材堆后的状态，这是水分蒸发过程，在理论上是沿着等热焓线进行的，即 $I_2=I_1$，点 2 的位置在 $I_1=const$ 线上来确定。为了使计算确定干燥室的进、排气道有够大的通气断面积，可以假设空气被饱和到 φ_2 为 90%～95%，这样，点 2 的位置是在 $I_1=I_2=const$ 线与 $\varphi_2=90\%～95\%$线的交点上。

于是在 I-d 图上可以查出各项状态参数，分别为：$t_0=20℃$，$\varphi_0=78\%$，$d_0=13g/kg$，$\upsilon_0=0.87m^3/kg$；$t_1=85℃$，$\varphi_1=62\%$，$d_1=356g/kg$，$I_1=1025.8kJ/kg$（245kcal/kg）；$t_2=76℃$，$\varphi_2\approx90\%$，$d_2=363g/kg$。

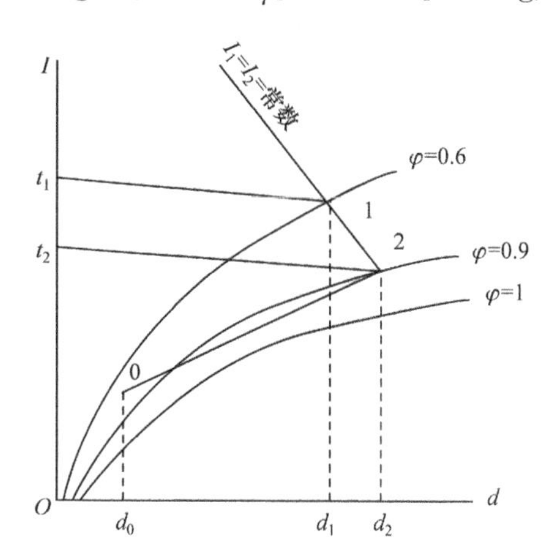

图 17-1　在 I-d 图上的干燥过程

1. 每小时蒸发水分量的计算　　干燥室在一次周转期间从室内材堆蒸发出来的全部水分的数量为

$$M_{室}(kg)=1000\rho_i\left(\frac{MC_{初}-MC_{终}}{100}\right)\cdot E \quad (17\text{-}7)$$

式中，ρ_i 为木材的基本密度（t/m³）。

平均每小时由干燥室内蒸发出来的水分量为

$$M_{平}(kg/h)=\frac{M_{室}}{24Z} \quad (17\text{-}8)$$

考虑到室内各部分干燥速度不均匀，当干燥缓慢部分达到指定含水率时，整个室内失去的水分已大于按式(17-8)算出的数量。因此，$M_{平}$ 的数值须乘以系数 x，才得到计算用的每小时由室内蒸发出来的水分数量，即

$$M_{计}(kg/h)=M_{平}\cdot x \quad (17\text{-}9)$$

式中，x 的数值与木料的终含水率有关，即 $MC_{终}=20\%\sim16\%$时，x 为 1.1；$MC_{终}=15\%\sim12\%$时，x 为 1.2；$MC_{终}<12\%$时，x 为 1.3。

2. 循环空气量与新鲜空气量的确定　　以 1kg 被蒸发水分为准的新鲜空气量 g_0 按式(17-10)计算：

$$g_0(kg/kg)=\frac{1000}{d_2-d_1} \quad (17\text{-}10)$$

每小时输送入干燥室内的新鲜空气的体(V_0)为

$$V_0(m^3/h)=M_{计}\cdot g_0\cdot \upsilon_0 \quad (17\text{-}11)$$

式中，υ_0 可取值等于 0.87m³/kg。

每小时由干燥室排出的废气体积($V_{废}$)为

$$V_{废}(m^3/h)=M_{计}\cdot g_0\cdot \upsilon_2 \quad (17\text{-}12)$$

式中，υ_2 是废气（即状态 2 点的介质）的比容。

每小时在干燥室内循环的空气的体积，对于现时的强制循环干燥室来说，将取决于气流穿过材堆的速度 $\omega_{循}$（可在 1.5～5.0m/s 选择），以此来确定循环空气量并配置通风机，因此可按式(17-13)计算：

$$V_{循}(m^3/h)=3600\cdot\omega_{循}\cdot F_{堆}\times1.2 \quad (17\text{-}13)$$

式中，1.2 为未通过材堆循环空气量的漏失系数，$F_{循}$ 为在与气流方向相垂直的平面上，经过材堆的空气通道的有效断面积（m²），按下式确定：

$$F_{堆}=m_{堆}\cdot L\cdot h(1-\beta_{高})$$

式中，$m_{循}$ 为干燥室长度方向材堆数；L 为一个材堆的长度；h 为材堆的高度；$\beta_{高}=\frac{板材厚度}{隔条厚+材厚}$。

3. 干燥过程中热消耗量的确定　　干燥过程中热量的消耗主要有三个部分，即预热湿木料、蒸发木料中的水分及透过干燥室壳体的热损失。各部分的热量消耗均须按冬季平均条件计算，以便使干燥室能够在严寒季节维持正常的干燥基准。倘若为了便于统计干燥成本，这时还应按年平均温度条件计算。

(1) 预热湿木料的热量消耗　　将湿木料从室外的冬季平均温度加热到干燥室内的平均温度所消耗的热量，在计算时应分为两种情况，倘若冬季计算用温度在 0℃以上，预热 1m³ 木料的热消耗量按式(17-14)确定：

$$Q_{预m^3}(kJ/m^3)=1000\rho_i\left(1.591+4.1868\times\frac{MC_{初}}{100}\right)(t_{平}-t_{冬季}) \quad (17\text{-}14)$$

式中，1.591 为干木材的比热[kJ/(kg·℃)]；4.1868 为水的比热[kJ/(kg·℃)]；$t_{平}$ 为干燥室内的平均温度，约等于$\frac{t_1+t_2}{2}$(℃)；$t_{冬季}$ 为冬季计算用温度(℃)，$t_{冬季}=0.4\ t_{冷平}+0.6\ t_{最低}$；$t_{冷平}$ 为当地一年中最冷月份的平均气温(℃)；$t_{最低}$ 为当地最低气温(℃)。

在缺乏历年的气象资料情况下，可以用当地近 5 年内最冷月份的平均气温代替 $t_{冬季}$。

倘若冬季计算用气温在零度以下，此时加热湿木料所需要的热量可分为 4 个部分：木材本身与部分吸着水（含水率低于 15%的部分）加热到指定温度的热量；木材内冰块由冬季计算温度加热到零度的热量；冰的熔解热量；冰熔解成水后加热到指定温度的热量。这时按式(17-15)确定：

$$Q_{预m^3}(kJ/m^3)=1000\rho_i\left\{\left(1.591+4.186\times\frac{15}{100}\right)(t_{平}-t_{冬季})+\frac{MC_{初}-15}{100}\left[2.09(0-t_{冬季})+334.9+4.186\times t_{平}\right]\right\} \quad (17\text{-}15)$$

式中，2.09 为冰的比热[kJ/(kg·℃)]；334.9 为冰的熔解潜热[kJ/(kg·℃)]。

就年平均条件来说，预热 1m³，木材的热消耗量

按式(17-16)确定：

$$Q_{预m^3}(kJ/m^3)=1000\rho_i\left(1.591+4.186\times\frac{MC_{初}}{100}\right)(t_{平}-t_{年平}) \quad (17\text{-}16)$$

式中，$t_{年平}$ 为全年平均气温，按当地气象资料确定。

预热期中平均每小时的热消耗量为

$$Q_{预室}(kJ/h)=\frac{Q_{预m^3}\cdot E}{Z_{预}} \quad (17\text{-}17)$$

式中，$Z_{预}$ 为木材预热需要的时间，可按经验确定，即木料每厚1cm需要1.5～2h。

以1kg被蒸发水分为准的用于预热上的单位热消耗量 $q_{预}$ 的计算式为

$$Q_{预}(kJ/kg)=\frac{Q_{预m^3}\cdot E}{M_{室}} \quad (17\text{-}18)$$

(2) 蒸发木料中水分的热消耗量　由木材中每蒸发1kg水分所需要的热量 $q_{蒸}$ 按式(17-19)确定：

$$q_{蒸}(kJ/kg)=1000\frac{I_2-I_0}{d_2-d_0}-4.186\times t_{平} \quad (17\text{-}19)$$

干燥室内每小时用于蒸发水分的热消耗量为

$$Q_{蒸}(kJ/h)=q_{蒸}\cdot M_{计} \quad (17\text{-}20)$$

(3) 透过干燥室壳体散失到室外空气中的热消耗量　$Q_{壳}$ 的计算如下：

$$Q_{壳}(kJ/h)=1.1\times F_{壳}\times k_{壳}(t_1-t_{外})\cdot c\times 3.6 \quad (17\text{-}21)$$

式中，$F_{壳}$ 为干燥室壳体的表面积(m^3)；$k_{壳}$ 为壳体的传热系数[W/(m^2·℃)]，见表17-3；$t_{外}$ 为干燥室外的温度，若干燥室建造在露天，应按 $t_{冬季}$ 计算；若建造在厂房内，应取室内最冷月份的平均温度数值；1.1为因壳体的水平方位与主风方向而异的平均附加热损失的系数；c 为因干燥室内温度高低而异的系数，高于50℃时取2.0，低于50℃时取1.5；3.6为单位换算系数。

表17-3　壳体各部分的传热系数 $k_{壳}$[单位：W/(m^2·℃)]

一面涂抹灰浆的砖墙，厚度以mm计	传热系数
250(1块砖)	2.047
380(1.5块砖)	1.535
510(2块砖)	1.233
640(2.5块砖)	1.035
盖有两层油毡和下列保温层的钢筋混凝土天棚	**传热系数**
厚190mm的细炉渣层	1.116
厚350mm的细炉渣层	0.698
混凝土地面等于墙壁传热系数的1/2	

采用其他材料作壳体或壳体为多层结构时，$k_{壳}$ 的数值应按式(17-22)计算：

$$k_{壳}[W/(m^2\cdot℃)]=\frac{1}{\frac{1}{\alpha_{内}}+\sum\frac{\delta}{\lambda}+\frac{1}{\alpha_{外}}} \quad (17\text{-}22)$$

式中，$\alpha_{内}$ 为干燥介质对壳体内表面的放热系数[W/(m^2·℃)]，热湿气体介质为11.63；常压过热蒸汽介质为13.956；$\alpha_{外}$ 为壳体外表面的放热系数[W/(m^2·℃)]，干燥室建在露天时为23.26；在厂房时为11.63。δ 为壳体结构各层的厚度(m)；λ 为各层材料的导热系数[W/(m^2·℃)]，参考表17-4。

干燥室壳体的传热系数 $k_{壳}$ 应当控制在干燥时窑壳内表面不会发生水汽凝结现象的范围内，因此计算的 $k_{壳}$ 数值要符合式(17-23)的检验：

$$k_{壳}[W/(m^2\cdot℃)]\leqslant\alpha_{内}\frac{t_1-t_{露}}{t_1-t_{外}} \quad (17\text{-}23)$$

式中，$t_{露}$ 为干燥介质状态为 t_1、φ_1 时的露点温度。

若采用固定结构的天棚：8～10cm厚的钢筋混凝土板，2～3层油毛毡和0.7～1cm厚的水泥表层，这种固定构件的传热系数约等于4.303W/(m^2·℃)，天棚应铺设绝热层的厚度 $\Delta_{绝}$ 可按式(17-24)计算：

$$\Delta_{绝}(m)=\lambda_{绝}\cdot\left(\frac{1}{_{棚}}-0.232\right) \quad (17\text{-}24)$$

式中，$\lambda_{绝}$ 为绝热层的导热系数，依采用的绝热材料而异；0.232为天棚固定构件传热系数的倒数。

在计算壳体墙壁热损失时，若几间干燥室是并排连接建造的，由于内隔墙是两室共用的，热损失少，可以不计算，只计算端头干燥室的外侧墙的热损失。若干燥室建于露天，须附加10%的热损失，即应按 $\sum Q_{壳}\times 1.1$ 取值。

以1kg被蒸发水分为准的通过壳体热损失的单位热消耗量：

$$q_{壳}(kJ/kg)=\frac{\sum Q_{壳}}{M_{计}} \quad (17\text{-}25)$$

(4) 干燥过程中总的单位热消耗量　$q_{干}$ 按式(17-26)计算：

$$q_{干}(kJ/kg)=(q_{预}+q_{蒸}+q_{壳})\cdot C_1 \quad (17\text{-}26)$$

式中，C_1 为加热壳体和运输料车的热消耗，以及中间喷蒸的热消耗的系数，为1.2～1.3。

表17-4　各种材料的导热系数

材料名称	密度/(kg/m^3)	导热系数/[W/(m·℃)]
膨胀珍珠岩散料	300	0.116
膨胀珍珠岩散料	120	0.058
膨胀珍珠岩散料	90	0.046

续表

材料名称	密度/(kg/m³)	导热系数/[W/(m·℃)]
水泥膨胀珍珠岩制品	350	0.116
水玻璃膨胀珍珠岩制品	200～300	0.056～0.065
岩棉制品	80～150	0.035～0.038
矿棉	150	0.069
酚醛矿棉板	200	0.069
玻璃棉	100	0.058
沥青玻璃棉毡	100	0.058
膨胀硅石	100～130	0.051～0.07
沥青硅石板	150	0.087
水泥硅石板	500	0.139
石棉水泥隔热板	500	0.128
石棉水泥隔热板	300	0.093
石棉绳	590～730	0.01～0.21
碳酸镁石棉灰	240～490	0.077～0.086
硅藻土石灰棉	280～380	0.085～0.11
脲醛泡沫塑料	20	0.046
聚苯乙烯泡沫塑料	30	0.046
聚氯乙烯泡沫塑料	50	0.058
锅炉炉渣	1000	0.290
锅炉炉渣	700	0.220
矿渣砖	1100	0.418
锯末	250	0.093
软木板	250	0.069
胶合板	600	0.174
硬质纤维板	700	0.209
松和云杉(垂直木纹)	550	0.174
松和云杉(顺木纹)	550	0.349
玻璃	2500	0.67～0.71
混凝土板	1930	0.79
水泥	1900	0.30
石油沥青油毡、油纸、焦油纸	600	0.174
建筑用毡	150	0.058
浮石填料	300	0.139
纯铝	2710	236
杜拉铝	2790	169
建筑钢	7850	58.15
铸铁件	7200	50.00
转砌圬土	1800	0.814
空心砌墙	1400	0.639
矿渣砖墙	1500	0.697
水泥砂浆	1800	0.930
混合砂浆	1700	0.872
钢筋混凝土	2400	1.546

4. *加热器散热面积的确定*　应当由加热器供给的热量包括蒸发水分的热消耗量和透过干燥室壳体的热损失来决定。预热期间的热消耗量主要是由喷射的蒸汽供热，由加热器供热占的比例较小，在计算加热器时不需考虑。这样，每小时应由加热器供给的热消耗量$Q_{加}$按式(17-27)计算：

$$Q_{加}(\mathrm{kJ/h}) = \left(Q_{蒸} + \sum Q_{壳}\right) \cdot C_1 \quad (17\text{-}27)$$

式中，C_1取为1.2。

干燥室内应具有的加热器的散热表面积$F_{散}$为

$$F_{散}(\mathrm{m^2}) = \frac{Q_{加} \cdot C_2}{K(t_{汽} - t_{平})} \quad (17\text{-}28)$$

式中，C_2为考虑到加热不均匀和管子阻塞的后备系数，取其等于1.1～1.3；$t_{汽}$为加热器内饱和蒸汽的温度，因蒸汽压力而异，干燥中的工作表压力一般为0.3～0.5MPa；K为加热管的传热系数，依加热器的类型而异。按第5章中介绍的各类加热器的资料确定。

各类加热器的K值与气流通过加热器表面的速度有关，将随气流速度的增加而加大。对肋形管加热器来说，一般以气流速度达到2.5～5.5m/s为好。

在未知室内应配置多少加热器时，为了计算干燥介质通过加热器表面的实际速度$\omega_{实}$来确定K值，可以参考下列加热器表面积(m²)与室内实际材积(m³)的经验配比数值选定，进行初步运算至符合设计要求，即：常规干燥室(以热湿空气为介质)为2～6m²/m³；过热蒸汽干燥室为8～20m²/m³。

$\omega_{实}$的数值按式(17-29)计算确定：

$$\omega_{实}(\mathrm{m/s}) = \frac{V_{循}}{3600 \cdot F_{有效}} \quad (17\text{-}29)$$

式中，$V_{循}$为干燥室内循环的干燥介质数量(m³/h)；$F_{有效}$为介质自由通过加热器的有效断面积(m²)，用式(17-30)计算确定：

$$F_{有效}(\mathrm{m^2}) = F_{气道} - F_{管} \quad (17\text{-}30)$$

式中，$F_{气道}$为安装有加热管的气道的断面积(m²)，此断面和气流方向相垂直；$F_{管}$为$F_{气道}$中被加热管和散热片所占据的表面积(m²)。

有的加热器需要用标准状态空气(温度为0℃，气压为0.101 33MPa)的循环速度$\omega_{实}$来确定K值，这时可按式(17-31)换算：

$$\omega_0(\mathrm{m/s}) = \frac{\omega_{实} \cdot \rho}{1.25} \quad (17\text{-}31)$$

式中，ρ为通过加热器的介质密度(kg/m³)；1.25为标准空气的重度。

5. *干燥车间蒸汽消耗量的确定*　确定一间干燥室和干燥车间每小时的蒸汽消耗量的主要目的在于考虑锅炉的负荷，并选用合适的蒸汽管和冷凝水管的管径。其次是计算以 $1m^3$ 木料为准的蒸汽消耗量，以便核算干燥成本。

1) 预热期间干燥室内每小时的蒸汽消耗量 $D_{预室}$ 按式(17-32)计算：

$$D_{预·室}(kg/h)=\frac{(Q_{预·室}+\sum Q_{壳})}{I_{汽}-I_{凝}}\cdot C_1 \tag{17-32}$$

式中，C_1 为未经计算的热损失系数，约为 1.2；$I_{汽}$，$I_{凝}$ 为蒸汽和凝结水的热含量，当管中的蒸汽为 0.5MPa 表压力时，$I_{汽}-I_{凝}\approx 2093kJ/kg$；0.3MPa 表压力时为 2135kJ/kg。

2) 干燥期间室内每小时的蒸汽消耗量 $D_{干·室}$ 按式(17-33)计算：

$$D_{干·室}(kg/h)=\frac{(Q_{干·室}+\sum Q_{壳})}{I_{汽}-I_{凝}}\cdot C_1 \tag{17-33}$$

3) 全干燥车间每小时的蒸汽消耗 $D_{车间}$ 按式(17-34)计算：

$$D_{车间}(kJ/h)=m_{预}\cdot D_{预·室}+m_{干}\cdot D_{干·室} \tag{17-34}$$

式中，$m_{预}$与 $m_{干}$分别是进行预热和干燥的室的间数。

4) 干燥 $1m^3$，木料的平均蒸汽消耗量 $D_{干·m^3}$ 按式(17-35)确定：

$$D_{干·m^3}(kg/m^3)=\frac{q_{干}\cdot M_{室}/E}{I_{汽}-I_{凝}} \tag{17-35}$$

5) 蒸汽主管的直径与通向加热器的蒸汽管的直径 d 必须不低于按式(17-36)算出的数值：

$$d(m)=\sqrt{1.27\frac{D_{最大}}{3600\cdot \rho_{汽}\cdot \omega_{汽}}} \tag{17-36}$$

式中，$D_{最大}$为每小时通过管子的最大蒸汽量(kg/h)；$\rho_{汽}$为蒸汽的密度；$\omega_{汽}$为蒸汽在管内的流动速度，取其约等于 25m/s。

6) 凝结水输送管的直径 d 按式(17-39)确定：

$$d(m)=\sqrt{1.27\frac{D_{最大}}{3600\cdot \rho_{水}\cdot \omega_{水}}} \tag{17-37}$$

式中，$\rho_{水}$ 为热水的密度，采取约等于 $960kg/m^3$；$\omega_{水}$为凝结水在管内的流动速度，为 0.5～1m/s。

疏水器的选用与配置，根据第 5 章中有关部分资料确定。

17.1.4　干燥室的气体动力计算

干燥室气体动力计算的主要任务是：选择通风机的类型和风机号；确定通风机的转数和功率。

为了选择通风机并确定其转数和功率，必须先确定通风机应有的风量和风压。

通风机的风量，对于一般的强制循环干燥室来说，取决于室环绕材堆循环的气体量 $V_{循}$。

通风机产生的风压，在封闭循环系统的干燥室内，须能克服气体由通风机送风口起回到送风口的整圈流动过程中所遇到的阻力。

1. *干燥室内气体运动阻力的计算*　通风机的压头(即风压)分为克服局部阻力、摩擦阻力所需的静压力和使气体通过风机产生一定出口速度所需的动压力。

在封闭循环系统干燥室的气体动力计算中，由于风机的压力只需用来克服气体循环过程中的局部阻力 $h_{局}$(和管道的形状有关) 和直线段的摩擦阻力 $h_{摩}$所引起的压力损失，不需要计算动压力，所以风机的风压 H 为全部静压力之和$\sum h_{静}$，即

$$H(Pa)=\sum h_{静}=\sum\frac{\rho\omega^2}{2}\left(\frac{\mu\cdot L\cdot u}{f}+\xi\right) \tag{17-38}$$

式中：$\frac{\rho\omega^2}{2}\cdot\frac{\mu\cdot L\cdot u}{f}$为摩擦阻力 $h_{摩}$；$\frac{\rho\omega^2}{2g}\cdot\xi$为局部阻力$h_{局}$；$\rho$ 为气体的密度(kg/m^3)；ω 为气体的流速(m/s)；u 为气体通道的周边长度(m)；μ 为气体通道周边的摩擦系数；L 为气体通道的长度(m)；f 为气体通道的断面积(m^2)；ξ 为局部阻力系数。

为了便于计算气流的阻力，应当编制干燥室内介质循环的流程图，并注明各区段的号码划分计算段，如图 17-2 所示。

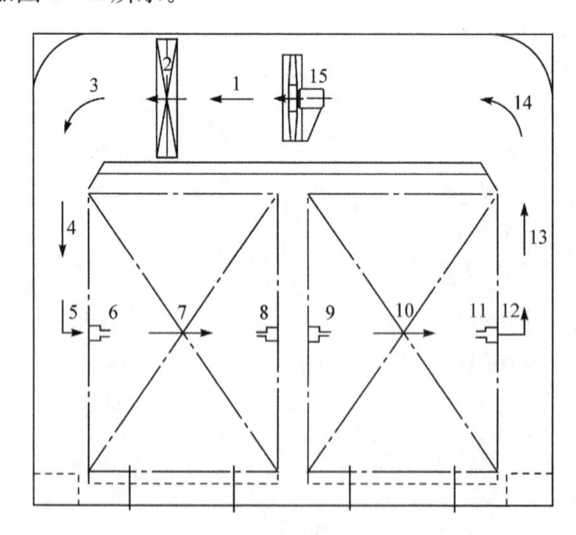

图 17-2　室内干燥介质循环系统示意图

1. 气道；2. 加热器；3、14. 弯道；4、13. 侧气道；5、12. 90°角弯道；6、9. 骤然缩小；7、10. 材堆；8、11. 骤然增大；15. 风机机壳

一般强制循环干燥室内的介质流程，大致可划分为如下几个计算段：加热装置；转向挡板和轴流式通风机的机壳；断面固定的直线气道；材堆的阻力；其他

各种阻力(弯道、断面骤然缩小或扩大等)。

(1) 加热装置　　加热器的阻力只能用局部阻力系数和气流速度来估计,一般可参考式(17-39):

$$\Delta h_1(\mathrm{Pa})=\xi_1\frac{\rho_1\cdot\omega_1^2}{2}\cdot m \qquad (17\text{-}39)$$

式中,ξ_1 为加热器的阻力系数;m 为气流行进方向上加热管的列数。

用于木材干燥室内的加热器,可分为铸铁肋形管、平滑钢管和螺旋翅片三种。其中,铸铁肋形管、平滑钢管是早期干燥室中常用的加热器,现已应用较少,其阻力计算式可参见《木材干燥(第 2 版)》(朱政贤,1989)。目前新建干燥室,几乎全部采用双金属挤压型复合铝翅片加热器。由于加热器的布置形式、流经加热器外表面的介质流速及加热管内热媒性质等因素的不同。所以具体在确定气流流经加热器的阻力时,可参考生产厂家提供的样本说明。本书第 5 章中列出了 IZGL-1 型管盘的性能参数(表 5-3),可作为参考。

(2) 转向挡板和轴流式通风机的机壳　　气流通过这部分区段所产生的局部阻力 Δh_2 按式(14-40)确定:

$$\Delta h_2(\mathrm{Pa})=\xi_2\frac{\rho_2\cdot\omega_2^2}{2} \qquad (17\text{-}40)$$

通风机串装在纵轴上时,ξ_2 可取值 2.5;通风机装在横轴上时,ξ_2 可取值 0.8;轴上只装一台通风机时,ξ_2 为 0.5。

ω_2 按式(17-41)计算:

$$\omega_2(\mathrm{m/s})=\frac{V_{循}}{3600\cdot\frac{\pi D^2}{4}\cdot n} \qquad (17\text{-}41)$$

式中,D 为通风机叶轮的直径(m);n 为室内通风机的台数。

通风机在未选定之前,可以先按生产上常用通风机的规格进行估计。

(3) 断面固定的直线气道　　直线气道主要是就材堆与墙壁之间、材堆上方挡板与天棚之间的气体通道而言。直线气道对气流的阻力 Δh_3 按式(17-42)确定:

$$\Delta h_3(\mathrm{Pa})=\frac{\mu\cdot L\cdot u}{4f_{气道}}\cdot\frac{\rho_3\omega_3^2}{2} \qquad (17\text{-}42)$$

式中,μ 为摩擦系数。在干燥室内的摩擦阻力在总的压头数值中是比较小的,μ 的数值如下:

金属气道　0.016

粗糙的气道　0.03

平整的砖气道0.04

(4) 材堆的阻力　　克服材堆阻力所需要的压头损失按式(17-43)确定:

$$\Delta h_4(\mathrm{Pa})=\xi_{堆}\frac{\rho_4\cdot\omega_4^2}{2} \qquad (17\text{-}43)$$

式中,ω_4 为气体在进入材堆之前的运动速度(m/s);$\xi_{堆}$ 为气体通过材堆的阻力系数。

对于横向水平强制循环的、不留空格的材堆,$\xi_{堆}$ 的数值用图 17-3 查出。

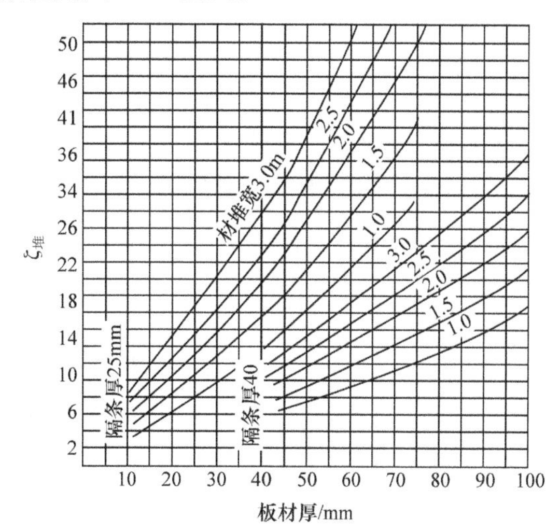

图 17-3　确定材堆阻力系数 $\xi_{堆}$ 的曲线

(引自 Соколов,1955)

对于横向水平循环但留有空格的材堆,$\xi_{堆}$ 的数值可用式(17-44)确定:

$$\xi_{堆}=(2.55+0.46n)\left(\frac{S}{a}\right)^{1.5}+\frac{0.03bn}{a^3}(a+5)^2 \qquad (17\text{-}44)$$

式中,n 为材堆宽度方向的木板数量;a 为隔条的宽度(m);S 为木料的厚度(m);b 为一块板的宽度(m)。

(5) 其他各种局部阻力　　各种局部阻力,如转弯、气道断面缩小或扩大等,均按局部阻力计算式计算:

$$\Delta h_{局}(\mathrm{Pa})=\xi_{局}\frac{\rho\cdot\omega^2}{2} \qquad (17\text{-}45)$$

式中,$\xi_{局}$ 的数值因局部阻力发生的条件而异,按局部阻力系数表(表 17-5～表 17-9)查出。

管子断面为长方式 $b\times h$ 时,则必须根据表 17-6 所列的 $\xi_{局}$ 的数值乘以系数 η,系数 η 依 b/h 的大小而异:

b/h	0.25	0.50	0.66	0.80	1.0	1.25	1.5	1.75	2.0	2.5	3.0	7.5
η	1.8	1.50	1.3	1.17	1.0	0.8	0.67	0.55	0.46	0.4	0.37	0.60

排气管(附有盖罩)上的转向器的 $\xi_{局}=2.0$。

保护网的 $\xi_{局}$(在网的有效断面约为 80% 时)=0.1。

气体送入气道的 $\xi_{局}$ 值:

没有加圆的直管　0.3
在入口处附有变成圆形的边时　0.1～0.2

表 17-5　弯管局部阻力系数 $\xi_局$ 的数值

回转角 α	$\xi_局$	回转角 α	$\xi_局$
90°	1.1	135°	0.25
120°	0.55	150°	0.20

表 17-6　圆形管或方形管以 90°角分支时的局部阻力系数 $\xi_局$ 的数值

曲率半径对管子直径的比例 $R:d$	$\xi_局$	曲率半径对管子直径的比例 $R:d$	$\xi_局$
0.75	0.5	1.5	1.175
1.00	0.25	2.0	0.15
1.25	0.20	—	—

表 17-7　气流骤然缩小处的局部阻力系数 $\xi_局$ 的数值(根据缩小后的速度)

两断面之比 f/F	$\xi_局$	两断面之比 f/F	$\xi_局$
0.1	0.29	0.7	0.08
0.3	0.25	0.8	0.04
0.5	0.18	0.9	0.01
0.6	0.13	1.0	0.0

表 17-8　气流骤然扩大处的局部阻力系数 $\xi_局$ 的数值(根据扩大前的速度)

两断面之比 f/F	0	0.1	0.2	0.3	0.4	0.5	0.6	0.7	0.8	0.9
$\xi_局$	1.0	0.81	0.64	0.48	0.36	0.25	0.16	0.10	0.05	0.01

表 17-9　转成不均匀气流的扩大管的局部阻力系数 $\xi_局$ 的数值(根据膨胀前的速度)

F/f	α 10	15	20	25	30	45
1.25	0.01	0.02	0.03	0.04	0.05	0.06
1.50	0.02	0.03	0.05	0.08	0.11	0.13
1.75	0.03	0.05	0.07	0.11	0.15	0.20
2.00	0.04	0.06	0.10	0.15	0.21	0.27
2.25	0.05	0.08	0.13	0.19	0.27	0.34
2.50	0.06	0.10	0.15	0.23	0.32	0.40

注:表 17-5～表 17-9 引自 Соколов,1955

2. 通风机的选择及所需功率的确定　通风机所应有的风量应等于或大于干燥室内循环介质量 $V_循$(m³/h)。倘若室内配置 $n_机$ 台风机,每一台风机所应有的风量为

$$V_机(\mathrm{m^3/h})=\frac{V_循}{n_机} \tag{17-46}$$

对于气流每循环一次要通过材堆两次的侧向通风干燥室来说,用 1/2 的循环介质量 $V_循$ 来确定 $V_机$。

选择风机时用的风压,是标准空气(0.101 33MPa,20℃)下的规格压头 $H_规$,需要将计算的实际压头 $H=\sum h_静$ 按式(17-47)进行换算:

$$H_规(\mathrm{Pa})=H\cdot\frac{1.2}{\rho} \tag{17-47}$$

式中,1.2 为标准空气的密度(kg/m³);ρ 为干燥室内介质的实际密度(kg/m³)。

通风机所需要的功率:若是国家定型产品的风机,可以直接查产品目录确定;若是自制或仿制的通风机,参考第五章中有关部分自行计算。

整个干燥车间消耗的功率:

$$\sum N_装(\mathrm{kW})=N_装\cdot n \tag{17-48}$$

式中,$N_装$ 为风机的安装功率;n 为全干燥车间通风机的组数。

干燥车间全年的电力消耗量为

$$\ni(\mathrm{kWh/年})=335\times24\times\sum N_装 \tag{17-49}$$

干燥 1m³ 木材的电力消耗量:

$$\ni_{\mathrm{m^3}}(\mathrm{kWh/m^3})=\ni/\sum V \tag{17-50}$$

式中,$\sum V$ 为全年内受干燥处理的木材的实际数量 m³/年。

17.1.5　进气道和排气道的计算

以热湿空气为介质的干燥室必须设置进、排气道,气道的断面积 f 大体上可按式(17-51)确定:

$$f(\mathrm{m^2})=\frac{V_气}{3600\cdot\omega} \tag{17-51}$$

式中,$V_气$ 为每小时被干燥室吸入或排出的新鲜空气或废气的体积(m³/h),用式(17-11)或式(17-12)算得的数值;ω 为气道内介质的流速(m/s)。自然循环干燥室取值 1～2;强制循环干燥室取值 2～5。

自然循环干燥室的排气道应维持下列条件:

$$h(\mathrm{Pa})\leqslant H_囱(\rho_外-\rho_2) \tag{17-52}$$

式中,h 为排气道中气流的阻力(Pa);$H_囱$ 为排气囱的高度(m);$\rho_外$ 为室外空气的密度,按夏季最高气温条件确定;ρ_2 为由干燥室排出的废气的密度(kg/m³)。

由式(17-52)确定排气囱的高度 $H_{囱}$ 应当为

$$H_{囱}(m) \geqslant \frac{h}{\rho_{外} - \rho_2} \tag{17-53}$$

强制循环干燥室的废气是靠风机的风压排出的，它和室内外的气体密度的差异无关，所以不需要计算排气囱的高度。

生产单位一般采用在轴流式风机前后配置 20cm×20cm～35cm×35cm 尺寸的进、排气道断面；容量 $10m^2$ 左右木料的小型干燥室，采用 10cm×10cm～15cm×15cm 尺寸的断面。

17.2　周期式顶风机型空气干燥室计算示例

17.2.1　设计条件

设某木材加工企业，每年干燥 20 000m^3 的木材，要求的最终含水率 $MC_{终}=10\%$，拟建木材干燥车间。该企业有电力、蒸汽供应。供汽表压力为 0.3～0.5MPa；采用轨道车装室方式，厂内运输轨距为 1m。

建厂地点的气候条件：年平均温度为 16℃，冬季最低温度为−10℃；全年最冷月份平均温度为 4℃。

全年被干木料的树种、规格如表 17-10 所示。

表 17-10　被干木材的树种、规格

树种	材种	厚度/mm	宽度/mm	长度/m	初含水率/%	终含水率/%	材积/m^3
红松	整边板	40	120	4	90	10	3000
	整边板	50	120	4	90	10	2000
落叶松	整边板	40	110	2	80	10	3000
	整边板	50	120	4	80	10	2000

续表

树种	材种	厚度/mm	宽度/mm	长度/m	初含水率/%	终含水率/%	材积/m^3
楸木	整边板	30	180	2	60	10	2000
	整边板	50	150	4	100	10	3000
水曲柳	整边板	30	180	4	100	10	3000
	整边板	50	140	4	80	10	2000

17.2.2　干燥室数量的计算

(1) 规定材堆和干燥室的尺寸

1) 外形尺寸和堆数：

长度(l)　4.0m

宽度(b)　1.8m

高度(h)　2.6m

堆数(m)　4(双轨)

2) 干燥室的内部尺寸：

长度　8.4m

宽度　5.0m

高度　4.4m(通风机间高度 1.2m)

(2) 计算一间干燥室的容量 E　木料厚度按全年被干木料的加权平均厚度 $S_{平}$ 计算，堆垛用 25mm 厚的隔条。一间干燥室的容量 E 按式(17-1)计算：

$$E = V_{外} \cdot \beta_{容} = m \cdot l \cdot b \cdot h \cdot \beta_{容} = 4\times4\times1.8\times2.6\times0.567 = 42.46m^3$$

式中，$\beta_{容}$ 的数值在计算干燥室的全年干燥量时，应以全年被干木料的加权平均厚度 $S_{平}$ 的数值来确定，即

$$S_{平} = \frac{40\times3000+50\times2000+40\times3000+50\times2000+30\times2000+50\times3000+30\times3000+50\times2000}{20000} = 42mm$$

根据木料平均厚 42mm，查表 17-1，确定 $\beta_{容}$ 为 0.567。

(3) 确定干燥室全年周转次数 H　参考表 17-2 确定各树种木材的干燥时间定额。

树种	厚度	时间定额
红松	40mm	172h(7.2 昼夜)
红松	50mm	245h(10.2 昼夜)
落叶松	40mm	202h(8.4 昼夜)
落叶松	50mm	334h(13.9 昼夜)
楸木	30mm	167h(7.0 昼夜)
楸木	50mm	457h(19.0 昼夜)
水曲柳	30mm	168h(7.0 昼夜)
水曲柳	50mm	532h(22.2 昼夜)

用式(17-5)计算上述材种的平均干燥周期为

$$Z_{平} = \frac{\sum Z_n V_n}{\sum V_n}$$

$$= \frac{7.2\times3000+10.2\times2000+8.4\times3000+13.9\times2000+7.0\times2000+19.0\times3000+7.0\times3000+22.2\times2000}{20000}$$

$= 11.57$ 昼夜

干燥室周转次数按式(17-4)确定：

$$H=\frac{335}{Z+Z_1}=\frac{335}{11.57+0.1}\approx 29 \text{ 次/年}$$

(4) 确定需要的干燥室数　　按式(17-6)为

$$m_{室}=\frac{\sum V_n}{E \cdot H}=\frac{20000}{42.46\times 29}\approx 16 \text{ 间}$$

17.2.3　热力计算

为了对干燥不同材种可以有比较大的适应性，在干燥工艺上尚有改进和提高生产效率的潜力，因此在设计干燥室时要配置供热能力较强的加热器，即选取软质材作为热力计算的依据，在已知的待干材种中，选择厚度为40mm的红松作为计算依据。基本密度 $r_{基}$ 为0.4t/m³，$MC_{初}=90\%$，$MC_{终}=10\%$，干燥周期为7.2昼夜。参考17.1.3部分的说明，确定用于计算的介质参数：$d_0=13$g/kg，$I_0=54$kJ/kg，$\upsilon_0=0.87$m³/kg；$t_1=85$℃，$\varphi_1=62\%$，$d_1=356$g/kg，$I_1=1025.8$kJ/kg，$\upsilon_1\approx 1.65$m³/kg，$\rho_1\approx 0.83$kg/m³；$t_2=76$℃，$\varphi_2\approx 90\%$，$d_2=363$g/kg，$I_2=I_1$，$\upsilon_2\approx 1.60$m³/kg，$\rho_2\approx 0.85$kg/m³。

用于干燥室热力计算的室容量 $E=4\times 4\times 1.8\times 2.6\times 0.557=41.71$m³。

1. 水分蒸发量的计算　　干燥室一次周转期间的水分蒸发量按式(17-7)计算：

$$M_{室}=1000\cdot r_{基}\left(\frac{MC_{初}-MC_{终}}{1000}\right)\cdot E$$

$$=1000\times 0.4\times\left(\frac{90-10}{100}\right)\times 41.71$$

$$=13347.2\text{kg/一次周转}$$

平均每小时的水分蒸发量按式(17-8)确定：

$$M_{平}=\frac{M_{平}}{24\times 7.2}=\frac{13347.2}{201.6}=77.24\text{kg/h}$$

计算用的每小时的水分蒸发量按式(17-9)确定：

$$M_{计}=M_{计}\cdot X=77.24\times 1.3=100.41\text{kg/h}$$

2. 新鲜空气量与循环空气量的确定　　蒸发1kg水分所需要的新鲜空气量用式(17-10)计算：

$$g_0=\frac{1000}{d_1-d_0}=\frac{1000}{363-13}\approx 2.9\text{kg/kg}$$

每小时输入干燥室的新鲜空气量的体积用式(17-11)计算：

$$V_0=M_{计}\cdot g_0\cdot \upsilon_0=100.41\times 2.9\times 0.87$$

$$\approx 253.33\text{m}^3/\text{h}$$

每小时由室内排出的废气的体积用式(17-12)计算：

$$V_{废}=M_{计}\cdot g_0\cdot \upsilon_2=100.41\times 2.9\times 1.60$$

$$\approx 465.90\text{m}^3/\text{h}$$

每小时室内循环空气的体积用式(17-13)计算：

$$V_{循}=3600\cdot \omega_{循}\cdot F_{堆}\cdot 1.2$$

$$=3600\times 2.5\times 8.0\times 1.2\approx 86400\text{m}^3/\text{h}$$

式中，$\omega_{循}$ 取值为2.5m/s。

$$F_{堆}=m_{堆}\cdot L\cdot h\cdot(1-\beta_{高})=2\times 4\times 2.6$$

$$\times\left(1-\frac{40}{25+40}\right)=8.0\text{m}^2$$

3. 干燥过程中热消耗量的确定

干燥室内的平均温度 $t_{平}=\frac{t_1+t_2}{2}=\frac{85+76}{2}\approx 80$℃。室外冬季温度 $t_{冬}\approx 4$℃。

由于不考虑统计干燥成本，各项热消耗量只按冬季条件计算。

(1) 预热的热消耗量　　预热1m³木材的热消耗量用式(17-14)计算：

$$Q_{预\cdot m^3}=1000\cdot r_{基}\left(1.591+4.1868\times\frac{MC_{初}}{100}\right)(t_{平}-t_{冬季})$$

$$=1000\times 0.4\times\left(1.591+4.1868\times\frac{90}{100}\right)$$

$$\times(80-4)$$

$$=162.92\times 10^3\text{kJ/m}^3$$

预热期中平均每小时的热消耗量按式(17-17)计算：

$$Q_{预\cdot室}=\frac{Q_{预\cdot m^3}\cdot E}{Z_{预}}=\frac{162920\times 41.71}{6.0}$$

$$=1132.57\times 10^3\text{kJ/h}$$

式中，$Z_{预}=4\times 1.5=6.0$h以1kg被蒸发水为准的，用于预热上的单位热消耗量按式(17-18)计算：

$$q_{预}=\frac{Q_{预\cdot m^3}\cdot E}{M_{室}}=\frac{162920\times 41.71}{13347.2}=509.13\text{kJ/kg}$$

(2) 蒸发木材水分的热消耗量　　蒸发1kg水分的热消耗量按式(17-19)确定：

$$q_{蒸}=1000\,\frac{I_2-I_0}{d_2-d_0}-4.186\times t_{平}$$

$$=1000\times\frac{1025.8-54}{363-13}-4.186\times 80$$

$$=2.441\times 10^3\text{kJ/kg}$$

室内每小时用于蒸发水分的热消耗量按式(17-20)计算：

$$Q_{蒸}=q_{蒸}\cdot M_{计}=2441\times 100.41=245.10\times 10^3\text{kJ/h}$$

(3) 透过干燥室壳体的热损失

1) 干燥室的壳体结构和传热系数 k 值。

墙：外墙为1砖厚的砖墙，$\lambda_{砖}=0.814$W/(m·℃)；内墙为100～120mm厚钢筋混凝土，$\lambda_{凝}=1.546$W/(m·℃)；内、外墙之间夹有100mm厚的碴石保温层，$\lambda_{凝}=0.058$W/(m·℃)。室内表面的受热系数 $\alpha_{内}=11.63$W/(m·℃)，室外表面的放热系数

$\alpha_{外}$=23.26W/(m·℃)。墙的传热系数按式(17-22)计算：

$$k_{墙}=\frac{1}{\frac{1}{\alpha_{内}}+\sum\frac{\delta}{\lambda}+\frac{1}{\alpha_{外}}}=\frac{1}{\frac{1}{11.63}+\frac{0.25}{0.814}+\frac{0.10}{1.546}+\frac{0.10}{0.058}+\frac{1}{23.26}}=0.45\text{W}/(\text{m}^2\cdot℃)$$

门：用角钢或槽钢作骨架，内、外表面覆盖铝板，中间填有 120mm 厚的玻璃棉板作保温层。门的传热系数：

$$k_{门}=\frac{1}{\frac{1}{11.63}+\frac{0.12}{0.058}+\frac{1}{23.26}}=0.45\text{W}/(\text{m}^2\cdot℃)$$

顶棚：室顶棚的主要结构为 100～120mm 厚的钢筋混凝土内层，140mm 厚的硅石保温层，100mm 厚的空心楼板表面层[$\lambda_{空}\approx$0.698W/(m·℃)]。顶棚的传热系数：

$$k_{顶}=\frac{1}{\frac{1}{11.63}+\frac{0.10}{1.546}+\frac{0.14}{0.058}+\frac{0.1}{0.698}+\frac{1}{23.26}}=0.36\text{W}/(\text{m}^2\cdot℃)。$$

为了检验顶棚在 $k_{顶}$= 0.36W/(m·℃)的情况下，当室内温度为 80℃，室外温度最低为－10℃时，顶棚内表面是否会产生凝结水，用式(17-23)计算数值检查：

$$k_{顶}\leqslant\alpha_{内}\frac{t_{室}-t_{露}}{t_{室}-t_{最低}}\leqslant 11.63\times\frac{80-73}{80-(-10)}\leqslant 0.90$$

计算表明顶棚结构设计的保温性是符合要求的，并且壳体其他部分的 k 值也都小于 0.90，所以壳体的保温性是足够好的。

2) 透过壳体各部分外表面散热的热损失。

根据上述壳体结构和室的内部尺寸，干燥室的外形尺寸约为：长 9.4m，宽 6.0m，高 4.8m。壳体热损失如表 17-11 所示。

表 17-11　壳体热损失

序号	壳体名称	$F_{壳}$/m²	$k_{壳}$	t_1/℃	$t_{外}$/℃	$Q_{壳}$/(kJ/h)
1	外墙体	9.4×4.8=45.12	0.45	85	4	5 920.65
2	内墙体	45.12	0.45	85	15	5 116.61
3	后墙体(操作间)	6.0×4.8=28.8	0.45	85	4	3 779.14
4	门	4.1×3.2=13.12	0.45	85	4	1 721.61
5	前端墙	15.68	0.45	85	4	2 057.53
6	顶棚	6.0×9.4=56.4	0.36	85	4	5 920.65
7	地面	6.0×9.4=56.4	0.23	85	4	3 782.64

小计　28 298.83

乘以系数 C=2　28298.83×2 = 56597.66

附加 10% $\sum Q_{壳}$ = 56597.66 × 1.1 = 62257.43

以 1kg 被蒸发水分为准的壳体的单位热消耗量按式(17-25)计算：

$$q_{壳}=\frac{\sum Q_{壳}}{M_{计}}=\frac{62257.43}{100.41}=620.03\text{kJ/kg}$$

(4) 干燥过程中总的单位热消耗量　按式(17-26)计算：

$$q_{干}=(q_{预}+q_{蒸}+q_{壳})\cdot C_1=(509.13+2441+620.03)\times1.2=4.284\times10^3\text{kJ/kg}$$

4. 加热器散热面积的确定

1) 平均每小时应由加热器供给的热量用式(17-27)计算：

$$Q_{加}=(Q_{蒸}+\sum Q_{壳})\cdot C_1=(245100+62257.43)\times1.2=368828.92\text{kJ/h}$$

2) 一间干燥室应配置加热器的散热表面积，按式(17-28)计算：

$$F_{散}(\text{m}^2)=\frac{Q_{加}\cdot C_2}{k(t_{汽}-t_{平})}$$

式中，C_2 为热管后备系数，取数值 1.2；$t_{汽}$ 为加热器内饱和蒸汽温度，在 0.4MPa 表压力时，$t_{汽}\approx$143℃；K 为加热管的传热系数，依加热器的类型而异。

如前所述，用于木材干燥室内的加热器，可分为铸铁肋形管、平滑钢管和螺旋翅片三种。这其中铸铁肋形管、平滑钢管是早期干燥室中常用的加热器，现已应用较少。目前新建干燥室，几乎全部采用双金属挤压型复合铝翅片加热器。由于加热器的布置形式、流经加热器外表面的介质流速及加热管内热媒性质等因素的不同，传热系数 k 值的计算公式繁多。具体在确定传热系数 k 值时，可参考生产厂家提供样本说明。

本次设计要求选用双金属复合铝翅片加热器，当翅片管的间距为 100mm 时，可借鉴 SXL-A(B)盘管的试验数据。SXL-A(B)系列盘管，是以蒸汽(冷热水)为介质加热或冷却空气的换热装置，广泛应用于化工、食品、建筑等行业中，该产品换热管采用镶嵌工艺，具有良好的换热性能。表 17-12 所列为 SXL-A 型盘管热媒为蒸汽时的传热系数。

表 17-12　SXL-A 型盘管热媒为蒸汽时，在各迎风面不同空气质量流速下的传热系数

[单位：$W/(m^2 \cdot K)$]

管排数	V_r/[kg/(m² · s)]									
	1	2	3	4	5	6	7	8	9	10
1	21.86	26.05	28.84	30.94	32.68	34.31	35.79	36.87	37.91	38.96
2	20.93	26.28	30.01	32.91	35.36	37.56	39.54	41.29	42.91	44.43
3	17.10	23.03	27.33	30.94	34.08	36.75	39.19	41.64	43.61	45.71
4	15.12	21.28	26.98	30.12	33.73	36.63	39.31	42.33	45.12	47.33

参考图 17-4 中的设计尺寸，加热器位于干燥室上部的通风机间，通风机间高度为 1.2m，则此时加热器迎风面干燥介质的质量流速为

$$V_r = \frac{V_{循}}{l \cdot h} \cdot \rho = \frac{86400}{3600 \times 8.4 \times 1.2} \times 0.85$$

$$= 2.38 \text{kg}/(\text{m}^2 \cdot \text{s})$$

取管排数为 1，则依据表 17-13 查的传热系数 $K = 26.05 \text{W}/(\text{m}^2 \cdot \text{K})$

$$F_{散} = \frac{Q_{加} \cdot C_2}{k(t_{汽} - t_{平})} = \frac{368828.92 \times 1.2/3.6}{26.05 \times (143 - 80)} = 74.91 \text{m}^2$$

取散热器每米长度上的散热面积为 1.32m^2，则所需的散热管总长度为

$$L_{需要} = \frac{F_{散}}{1.32} = \frac{74.91}{1.32} = 56.75\text{m}$$

考虑到干燥室内部长度为 8.4m，将散热器分成两大组，每组 9 根散热管，总计 20 根；单根加热器长度取 3.6m，则实际散热管总长度为 $L_{实际} = 2 \times 9 \times 3.6 = 64.8\text{m}$，总散热面积为 $64.8\text{m} \times 1.32\text{m}^2/\text{m} \approx 85\text{m}^2$，满足设计要求。

5. 干燥车间蒸汽消耗量和蒸汽管道直径的确定

1) 预热期间干燥室内每小时的蒸汽消耗量根据式(17-32)计算：

$$D_{预·室} = \frac{(Q_{预·室} + \sum Q_{壳})}{I_{汽} - I_{凝}} \cdot C_1$$

$$= \frac{1132570 + 62257.43}{2140} \times 1.2 = 670 \text{kg/h}$$

2) 干燥期间室内每小时的蒸汽消耗量用式(17-33)计算：

$$D_{干·室} = \frac{(Q_{干·室} + \sum Q_{壳})}{I_{汽} - I_{凝}} \cdot C_1$$

$$= \frac{245100 + 62257.43}{2140} \times 1.2 = 172.35 \text{kg/h}$$

3) 干燥车间每小时的蒸汽消耗量，设 1/3 的干燥室数处于预热阶段，其余的处于干燥阶段，用式(17-34)计算：

$$D_{车} = m_{预} \cdot D_{预·室} + m_{干} \cdot D_{干·室}$$

$$= 6 \times 670 + 10 \times 172.35 = 5743.5 \text{kg/h}$$

4) 干燥 1m^3 木料的平均蒸汽消耗量，用式(17-35)计算：

$$D_{干·m^3} = \frac{(q_{干} \cdot M_{室}/E)}{I_{汽} - I_{凝}} = \frac{4282 \times 13347.2/41.71}{2140}$$

$$= 640.30 \text{kg/m}^3$$

5) 蒸汽主管直径应不小于按式(17-36)确定的数值：

$$d = \sqrt{1.27 \cdot \frac{D_{最大}}{3600 \cdot \rho_{汽} \cdot \omega_{汽}}}$$

$$= \sqrt{1.27 \times \frac{5743.5}{3600 \times 2.1 \times 25}} = 0.196\text{m}$$

一间干燥室的蒸汽支管直径为

$$d_{支} = \sqrt{1.27 \times \frac{670}{3600 \times 2.1 \times 25}} = 0.067\text{m}$$

6) 一间干燥室凝结水输送管直径按式(17-37)确定为

$$d_{凝} = \sqrt{1.27 \frac{D_{干·室} \times 3}{3600 \cdot \rho_{水} \cdot \omega_{水}}}$$

$$= \sqrt{1.27 \times \frac{172.35 \times 3}{3600 \times 960 \times 1}} = 0.014\text{m}$$

7) 一间干燥室用的疏水器，按第 5 章介绍的方法确定。当蒸汽压力为 0.4MPa 表压力时，$P_1 = 0.4 \times 0.9 = 0.36\text{MPa}$，$P_2 = 0$，每小时的蒸汽消耗量为 172.35kg 时，应当选用疏水器的最大排水量为 $172.35 \times 3 = 517.05\text{kg/h}$，$\Delta P = 0.36 - 0 = 0.36\text{MPa}$，选用公称直径 D_g32 的 S19H-16 热动力式疏水器。

17.2.4　空气动力计算

干燥室空气动力计算示意图如图 17-4 所示，因

干燥室内直线气道的距离较短，相比局部(构件)阻力而言，直线段阻力的数据很小，因此可将气流循环的阻力分为 12 个区段。

各区段的阻力计算如下。

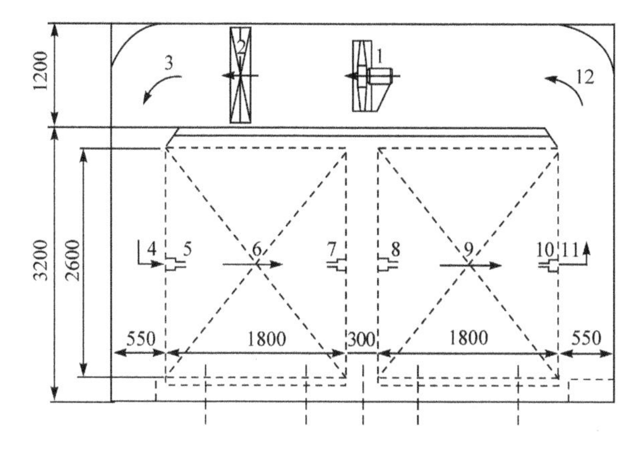

图 17-4　干燥室内空气动力计算示意图

1. 风机机壳；2. 加热器；3、4、11、12. 90°角弯道；5、8. 骤然缩小；6、9. 材堆；7、10. 骤然增大

(1) 1 段　风机壳的阻力按式(17-40)确定。

$$\Delta h_1=\xi\frac{\rho_1 \cdot \omega_1^2}{2}=0.5\times\frac{0.85\times 11.94^2}{2}=30.29\text{Pa}$$

式中，ξ 取 0.5；ω_1 按式(17-41)计算：

$$\omega_1=\frac{V_{循}}{3600 \cdot \frac{\pi D^2}{4}\times n}=\frac{86400}{3600\times\frac{3.14\times 0.8^2}{4}\times 4}=11.94\text{m/s}$$

式中，风机直径 D 暂取值 0.8；n 为风机的台数。

(2) 2 段　加热器处的阻力，一般用式(17-39)计算：

$$\Delta h_2(\text{Pa})=\xi_2\frac{\rho_2 \cdot \omega_2^2}{2} \cdot m$$

式中，ξ_2 为加热器的阻力系数；m 为气流行进方向上加热管的列数。

本次设计要求选用双金属复合铝翅片加热器，当翅片管的间距为 100mm 时，可借鉴 SXL-A(B)盘管的试验数据。如表 17-13 所列为 SXL-A 型盘管热媒为蒸汽时的阻力。

表 17-13　SXL-A 型盘管热媒为蒸汽时，在各迎风面不同空气质量流速下的阻力　(单位：Pa)

管排数	V_r/[kg/(m² · s)]									
	1	2	3	4	5	6	7	8	9	10
1	4.42	12.75	24.53	38.26	54.94	71.61	92.21	112.82	151.07	159.90
2	8.44	25.51	48.07	75.54	105.95	142.25	181.49	223.67	268.79	317.84
3	12.75	38.26	72.59	113.80	160.88	213.86	237.70	335.50	419.87	477.75
4	16.68	50.03	95.16	149.11	221.92	282.53	360.03	445.37	534.65	632.75

如前所述，当 V_r=2.02kg/(m² · s)，取管排数为 1，则依据表 17-14 查的加热器处阻力 Δh_2=12.75Pa

(3) 6、9 段　材堆的阻力按式(17-43)计算：

$$\Delta h_3=\xi_{堆}\frac{\rho_3 \cdot \omega_3^2}{2}\times 2=9\times 0.83\times 2.5\times 2.5=46.69\text{Pa}$$

式中，$\xi_{堆}$ 为按板厚 40mm，材堆宽 1.8m，查图 17-4 得到的阻力系数，约为 9；ω_3 取材堆内的流速 $\omega_{循}$=2.5m/s。

(4) 其他局部阻力　按局部阻力计算式(17-51)确定：

$$\Delta h_{局}=\zeta_{局}\frac{\rho \cdot \omega^2}{2}$$

1) 室内直角转弯处(亦可按大于 90°角的圆弧计算，本例按阻力较大的宜角弯道计算)的阻力($\xi_{局}$=1.1)分别计算如下。

3、4 段：

$$\Delta h=1.1\times\frac{0.83\times 2.38^2}{2}\times 2=5.17\text{Pa}$$

式中，$\rho=\rho_3$=0.83kg/m³ ω 按通风机间高度 1.2m 和室长 8.4m 的乘积作为气道断面来确定：

$$\omega=\frac{V_{循}}{3600 \cdot f_{气道}}=\frac{86400}{3600\times 1.2\times 8.4}=2.38\text{m/s}$$

11、12 段：

$$\Delta h=1.1\times\frac{0.85\times 5.19^2}{2}\times 2=22.90\text{Pa}$$

式中，ω 按材堆与侧墙间距为 0.55m 计算，$\omega=\frac{86400}{3600\times 0.55\times 8.4}$=5.19m/s

2) 5、8 段：气流断面骤然缩小处的局部阻力，

$$\Delta h=0.25\times\frac{0.83\times 2.5^2}{2}\times 2=1.3\text{Pa}$$

式中，$\xi_{局}$ 根据 f/F=25/(25+40)=0.38 时，查表 17-8 得 0.25；$\omega=\omega_{循}$=2.5m/s。

3) 7、10 段：气流骤然扩大处的局部阻力

$$\Delta h=0.36\times\frac{0.83\times 2.5^2}{2}\times 2=1.87\text{Pa}$$

式中，$\xi_{局}$ 根据 $f/F = 25/(25+40) = 0.38$ 时，查表 17-8 得 0.36；$\omega = \omega$ 循 $= 2.5\text{m/s}$。

(5) 干燥室内气流循环总的阻力

$$H = \sum \Delta h = 30.29 + 12.75 + 46.69 + 5.17 + 25.19 + 1.3 + 1.87 = 123.26\text{Pa}$$

17.2.5　通风机的选择及其所需要的功率

一间干燥室内配置 4 台轴流式风机，每一台风机的风量：

$$V_{机} = \frac{V_{循}}{n_{机}} = \frac{86400}{4} = 21600\text{m}^3/\text{h}$$

选用风机时所需的规格风压：

$$H_{规} = H\frac{1.2}{r} = 123.26 \times \frac{1.2}{0.83} = 178.21\text{Pa}$$

目前国内的多个厂家已开发出能耐高温、高湿的木材干燥专用轴流风机，常用型号有 No. 6～No. 10，其选用铝合金和不锈钢制作，具有耐高温高湿、风量大、效率高风压稳定、维护方便等特点，由于叶轮直径、叶片安装角度、主轴转速的不同，其风量、风压及动力消耗也不同，经实际生产运用完全能满足木材干燥的使用要求。根据 $H_{规}$ 和 $V_{机}$ 的数值查木材干燥专用轴流风机的性能参数，确定选用 No. 8 风机。

每一台风机需要的功率：

$$N = \frac{H_{规} \cdot V_{机}}{3600 \cdot \eta \cdot 102} = \frac{178.21 \times 0.102 \times 21600}{3600 \times 0.5 \times 102} = 2.14\text{kW}$$

式中，η 为风机效率，可根据厂家样本选取，在此取为 0.5。

每一台风机的安装功率：

$$N_{轴} = \frac{N \cdot k_{备}}{\eta_1} = \frac{2.14 \times 1.2}{1} = 2.57\text{，取 }3.0\text{kW}$$

式中，η_1 为按电机轴和叶轮直连确定为 1；$k_{备}$ 为后备系数，取 1.2。

根据厂家提供的木材干燥专用风机样本，确定的风机型号及性能参数为 No. 8，风量为 27 000m^3/h、风压为 250Pa，配套耐高温高湿电机功率 3.0kW，转速 1450r/min。

17.2.6　进、排气道的计算

进、排气道的断面积按式(17-51)分别计算。

进气道断面：

$$f_{进} = \frac{V_0}{3600 \cdot \omega_{进}} = \frac{253.33}{3600 \times 2.0} = 0.035\text{m}^2$$

排气道断面：

$$f_{排} = \frac{V_{废}}{3600 \cdot \omega_{排}} = \frac{465.90}{3600 \times 2.5} = 0.052\text{m}^2$$

为了统一规格，进、排气道断面尺寸均取 240mm×240mm 或 300mm×300mm。

主要参考文献

若利 P，莫尔-谢瓦利埃 F. 1985. 木材干燥－理论、实践和经济. 宋闯译. 北京：中国林业出版社

中华人民共和国国家标准《锯材干燥设备性能检测方法》GB/T17661—1999

中华人民共和国林业行业标准《木材干燥工程设计规范》LY/T5118—1998

朱政贤. 1989. 木材干燥. 2 版. 北京：中国林业出版社

Кречетов ИВ. 1980. Сушка древесины. Москва: Лесная промышленность

第18章　木材干燥学课程实验

18.1　木材初含水率的测定

18.1.1　目的

掌握木材初含水率的测定方法，会用木材含水率计算公式；熟悉重量法测量木材初含水率的原理、过程及特点。

18.1.2　内容

原理：根据计算基准的不同含水率分为绝对含水率和相对含水率两种。木材干燥生产中一般采用绝对含水率(MC)，即木材中水分的质量占木材绝干质量的百分率。

18.1.3　方法

其基本方法是：在湿木材上取有代表性的含水率试片(厚度一般为10～12mm)，所谓代表性就是这块试片的干湿程度与整块木材相一致，要求没有夹皮、节疤、腐朽、虫蛀等缺陷。一般应在距离锯材端头250～300mm处截取。将含水率试片刮净毛刺和锯屑后，应立即称重，之后放入(103±2)℃的恒温箱中烘6h左右，再取出称重，并做记录，然后再放回烘箱中继续烘干。随后每隔2h称重并记录一次，直到两次称量的重量差不超过0.02g时，则可认为是绝干。称出绝干重后，代入式(18-1)即可计算木材含水率(MC)。

$$MC=\frac{G_{湿}-G_{干}}{G_{干}}\times 100\% \tag{18-1}$$

由于薄试片暴露在空气中其水分容易发生变化，因此测量时要注意截取试片后或取出烘箱后应立即称重，如不能立即称重，须立即用塑料袋包住，防止水分蒸发。

18.1.4　要求

1）掌握重量法测量木材含水率的原理、过程及特点。

2）自行设计实验，用重量法检测木材的含水率，做好实验记录，绘制出木材干燥曲线。

18.2　分层含水率的测定

18.2.1　目的

掌握木材分层含水率试件的锯制和分层含水率的测定方法。

18.2.2　内容

1）木材分层含水率试件的锯制。

2）木材分层含水率的测定。

18.2.3　方法

1）试件的锯制。

干燥前：被干木材的分层含水率，可用锯制含水率检验板时截取的分层含水率试验片来测定。

干燥中：不能从含水率检验板上锯取分层含水率试验片，可以从被干木材或者从应力检验板上截取。测定试材在不同厚度上的含水率，通常将试验片等厚分成3层或5层，用质量法测定每一层的含水率，以此求得木材的分层含水率偏差。

2）分层含水率的测量过程。

如图6-4所示，在检验板的内部截取顺纹厚度为20mm的试片一片，在其两端用劈刀各劈去1/5B(B为检验板的宽度)，取中段沿检验板厚度S方向，将试片劈成若干片，每片厚度为5～7mm，取单数片(图6-8)。将各试片按次序编号，然后用重量法测定各片含水率，便可掌握干燥过程中各阶段含水率梯度的变化情况。

18.2.4　要求

1）掌握木材分层含水率试片的锯制方法及要点。

2）掌握木材分层含水率的测定方法。

18.3　常规室干过程中木材含水率的测量

生产上通常采用检验板来测定干燥过程中的含水率变化，作为执行干燥工艺基准的依据。

18.3.1　内容

1）检验板定时测量法。

2）检验板连续测量法。

18.3.2　方法

1. 检验板定时测量法　干燥室一般都设有检

验板取放窗口，装在干燥室门或后端墙上。室干之前，在同批被干木料中挑选纹理通直，无节疤、夹皮、开列等缺陷，并且含水率偏高的木料作为代表。检验板和试验板的锯取按国家标准《锯材干燥质量》规定的方法进行，按图 6-2 所示制取。剔去的端头长度为250～500mm。检验板的长度可为 1.2m 左右。在靠近检验板的两端各截取顺纹厚度 10～12mm 的含水率试片。用烘干法测定含水率试片的含水率，使用式(18-2)计算所得两试片的含水率平均值即为检验板的初含水率，记为 MC_1(%)。

$$MC_1=\frac{MC_2+MC_4}{2} \tag{18-2}$$

式中，MC_2 和 MC_4 分别为图 6-2 中 2、4 号试验片的含水率(%)。

检验板截取立即称初重(G_1)后，即用高温沥青漆，或乳化石棉沥青漆等防水涂料，或硅胶、环氧树脂胶等涂封两端头，防止水分从端头蒸发。然后尽快称其重量，记为 G_1'(g)，$G_s=G_1'-G_1$，即为涂层重量。检验板的绝干重量 G_0(g)按式(18-3)推算：

$$G_0=\frac{100G_1}{100+MC_1} \tag{18-3}$$

堆装木材时应在材堆对着检验板取放窗口的位置预留一孔洞。材堆装入干燥室后，含水率检验板由该窗口放入材堆中的预留孔洞中与材堆一起干燥。室干过程中定时取出检验板称其当时重量，记为 G_x(g)，则检验板当时含水率可按式(18-4)求得：

$$MC_x=\frac{G_x-G_s-G_0}{G_0}\times100 \tag{18-4}$$

2. *检验板连续测量法*　检验板连续测量法主要有下述三种。

(1) 在线连续称重法　干燥过程中在线自动连续称量检验板重量，即时计算出其含水率。这种方法精确，但由于目前尚未开发出耐湿、耐腐蚀、耐温并具有温度自动补偿功能的电子秤或重量传感器等，需要将电子秤或重量传感器等设置在干燥室外，通过特殊传力装置(自制)与干燥室内检验板相连，具有一定难度，且检验板在干燥室内的位置受到限制，很难兼顾测量便利性，以及检验板干燥条件与材堆内部的一致性，所以除实验室研究外，生产上尚未使用。

(2) 电阻式含水率连续遥测法　电阻式含水率连续遥测装置用于测量木材室干过程中的含水率变化，其原理与便携式的直流电阻式木材测湿仪相同，只是设计成可多点检测，并拓宽含水率的测量范围。例如，国产的 SMS-2 型木材测湿仪可检测 4 个含水率测量点，也有 4 个树种修正档和温度修正档，温度修正范围为 6～14℃，含水率测量范围为 6%～70%。测量时将电极探针装在检验板上，并装好耐高温的连接导线，将检验板放置在材堆中的不同位置，再把导线的另一端穿过干燥室壳体上的预留孔等与外部操作间的仪表相连接。干燥过程中要测量木材含水率时，应先根据被测木材的树种及当时木材的温度，调整好树种修正旋钮(SZ)和温度旋钮，然后用检测旋钮(CD)检测各点的含水率。

将这种仪器的温度修正设计成温度自动跟踪线路，就可用于干燥过程的自动控制。即根据设定的干燥基准和木材的含水率变化，来控制基准规定的工艺参数——温度和相对湿度，或温度与平衡含水率。目前国际上流行的根据干燥梯度原理设计的木材自动控制装置，几乎都采用这种电阻式的含水率遥测方法。

这种方法的优点是测量方便、迅速，并可遥测及多点检测。其缺点是高含水率阶段的测量误差太大，甚至不能测量。另外，由于木材在干燥过程中内、外层收缩不同步，往往在干燥的前期和中期，会因表层收缩但内层未收缩而导致电极探针与木材接触不良而使测量失真。因此，自动控制装置通常要求同一干燥室木材的含水率测量点不应小于三个，取三个以上的测量点含水率平均值作为控制依据，并要求经常检测各测点含水率变化，如发现哪一点异常(偏离正常值太大)便将其放弃(松开该测点按钮)，待恢复正常后(到干燥后期内层发生收缩时，便会恢复良好接触)再重新输入(压下该测点按钮)。

(3) 介电式含水率连续遥测法　该种装置有多种型式，如劳克斯含水率仪(Laucks meter)是用两个板状电极分别固定在被测木板的上表面和下表面，相当于把木材置于测量回路的电容器中，两电极通过电缆与窑外测量仪表连接，仪器发出一定频率的电磁振荡，电磁场穿过木材，从而测得木材的介电常数，由此测知木材含水率。欧文顿含水率测定仪(Irvington meter)则是对木材电容敏感度较小的高频电阻仪(high frequency resistance meter)，其电极板装在木材上方距材面 25～38mm 处，仪器产生高频振荡作用于电极上，便测得两极板之间或上极板与接地运输带之间的木材电阻(electrical resistance in wood)。这种仪器既可用于测量室干过程的含水率变化，也可用于自动生产线，装在运输带上，并借助机械手将不合格的"湿"板剔出。瓦格诺含水率测定仪(Wagner meter)的探测器却具有多级电极(multiple electrodes)，可装在木材的上面和下面。最新式的这种仪器是把所有电极装在同一边。测量时由中心电极发出横穿木材的电磁场，仪表即可测出木材的电阻和电容。北美摩尔公司采用的电容是含水率遥测装置，是将铝板电极插在材堆的两层木材之间，与其中一层木材紧密接触。干燥室外仪表的振荡器发出声频信号，经放大器放大后由同轴电缆送到电极板中。信号经过材堆再从地面返回，仪表即测得电路中总的电纳(阻抗的倒数)，由此测知木材的含水率。影响这类仪表读数的其他因子是树种的密度、纹理方向、含水率分布、木材温度、电极形状与几何尺寸、电磁波的频率与波形、窑壳结构及地面材料等。因此，仪表安装后须经校正和调整，方可投入使用，并应对树种和温度等条件进行修正。

介电式含水率连续遥测装置因电极无须插入木材内部，不受木材干缩的影响。如使用正确，测量精度比电阻式连续遥测装置高，但也只适合于测量纤维饱和点以下的含水率。

18.4　木材平衡含水率的测定实验

18.4.1　目的

了解平衡含水率的基本内容，熟悉和掌握平衡含水率的测定，绘出试材平衡含水率、相对湿度和温度的变化曲线图。

18.4.2　内容

由于木材具有吸湿解吸特性，当环境的温湿度条件发生变化时，木材能相应地从环境中吸收水分或向环境中释放水分，从而与环境达到一个新的水分平衡状态。薄小木料在一定空气状态下最后达到的吸湿稳定含水率或解吸稳定含水率叫作平衡含水率。木材的平衡含水率是木材的一项主要的物理性质，是制定干燥基准、调节和控制干燥过程所必须考虑的问题，也是确定木材干燥最终含水率的重要依据。木材平衡含水率是气态介质温湿度的函数，是用木材含水率来表示气态介质的状态。

18.4.3　方法

1）图表法：根据木材所处环境的温湿度，由图 3-2 或者表 3-2 直接查得。

2）电测法：直接采用平衡含水率测量装置测量，其测量原理与电阻式含水率测定仪相同。这种测量装置可与电阻温度计一起装在干燥室内，用来代替传统的干湿球温度计，测量并控制干燥介质状态，尤其适用于计算机控制的干燥室。即计算机根据所测的木材含水率和干燥介质对应的平衡含水率，按基准设定的干燥梯度来控制干燥过程。

3）称重法：根据木材平衡含水率的定义，采用质量法测量计算木材的平衡含水率。这一方法可以准确得到所处环境的木材平衡含水率，但测量过程延续时间较长。具体方法如下。

选取经过充分气干且无缺损的试材，经四面刨光，截成规格为 20mm×20mm×20mm(长×宽×厚)的试件。试件存放于阴凉、通风、干燥处，按树种分类排列于特制支架上，支架和试件接触面积很小。实验历时 1 年为宜。每月按时称重 4 次，每次称重均在 4h 内完成。

当试验全部完毕，最后每称一块试件后按规定截取两片含水率试验片，称重后放入烘箱中，在不高于 105℃下烘至绝干重，算出其平均含水率。此平均含水率作为试件最后称重时的含水率。然后计算出试件的绝干重，并按下式计算出每次称重时的含水率。

$$\text{试件各次称重时的含水率}=\frac{\text{试件称重重量}-\text{绝干重}}{\text{绝干重}}\times 100\%$$

取各试件每月所测含水率的平均值为该试件该月的含水率，同树种各试件同月含水率之平均值作为该树种在该月的平衡含水率值。空气温度和相对湿度值取自位于实验地区气象台所测资料。

将气干材的试验结果进行整理，便得到实验树种的木材平衡含水率各月的变异，绘制图表。以时间为横坐标，以平衡含水率、空气温度、相对湿度为纵坐标，绘出试材平衡含水率、相对湿度和温度的变化曲线图。由图表便可分析相对湿度、温度对平衡含水率的影响。

18.4.4　要求

1）实验前认真阅读由任课教师提供的详细资料。

2）熟悉木材平衡含水率的基本内容。

3）分组自行制定实验方案，并做好实验记录。

4）根据实验数据绘制相应图表，分析温湿度对平衡含水率的影响。

18.5　木材导热系数的测定实验

18.5.1　目的

了解木材导热系数的基本内容，并熟悉和掌握热脉冲法测量木材的导热系数。

18.5.2　内容

导热系数表征物体以传导方式传递热量的能力，

是极为重要的热物理参数。导热系数的基本定义为：以在物体两个平行的相对面之间的距离为单位，温度差恒定为1℃时，单位时间通过单位面积的热量。导热系数通常用符号λ表示，单位为W/(m·K)。由于木材仅含有极少量易于传递能量的自由电子，并且是具有很多空气空隙的多孔材料，其导热系数较小，属于热的不良导体。测试材料热物理性质主要有稳态法和热脉冲法两种。稳态法达到热平衡的时间很长，而且试件有可能发生化学反应。热脉冲法可以同时测量材料的多种热物理性质，目前测试木质材料热学性质多采用此方法。

18.5.3 方法

热脉冲法是以非稳态热流原理为基础，在试验材料中给以短时间的加热，使试验材料的温度变化，根据其变化特点，就可以计算出试验材料的导热系数、导温系数等。

热脉冲法实验装置的示意图如图18-1所示，准备待测试样3块，每块横截面尺寸均为120mm×120mm，其中2块厚度为40mm，1块厚度为12mm。薄试样夹在两块厚试件的中间，薄试样下面放平板电加热器，并在薄试样上下表面的中央各放置一热电偶，在较短的加热时间段(τ_1)内，接通加热器使试样温度升高，记录加热过程中某一时刻(τ)薄试样上表面温度的升高值及切断加热器后某一时刻(τ_2)薄试样表面温度升高值。再按照式(18-5)计算出试样的热扩散系数(α)：

$$\alpha=\frac{x^2}{4\tau y^2} \tag{18-5}$$

式中，α为试样的热扩散系数(m^2/s)；x为薄试样的厚度(m)；τ为由接通加热器电路开始至记录薄试样上表面温度所经过的时间(s)；y为函数$B(y)$的自变量。

$$B(y)=\frac{\theta_1(x,\tau_1)(\sqrt{\tau_2}-\sqrt{\tau_2-\tau_1})}{\theta_2(0,\tau_2)\sqrt{\tau_1}} \tag{18-6}$$

式中，τ_2为由接通加热器电路开始至记录薄试样下表面(加热面$x=0$)温度所经历的时间(s)；$\theta_1(x,\tau_1)$为薄试样上表面温度升高值(℃)；$\theta_2(0,\tau_2)$为薄试样下表面温度升高值(℃)。

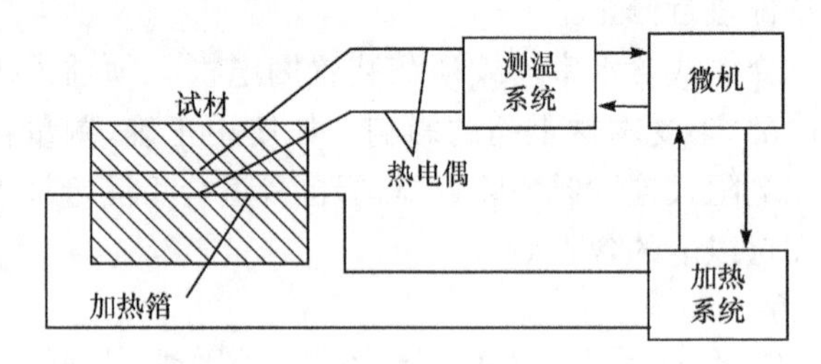

图18-1　热脉冲法测试系统示意图

实验中，由测量值$\theta_1(x,\tau_1)$、$\theta_2(0,\tau_2)$及相应时刻，就可得到$B(y)$，通过表18-1得到y^2。由式(18-2)得到热扩散系数(α)，即可得到导热系数(λ)。

$$\lambda=\frac{Q(\sqrt{\tau_2}-\sqrt{\tau_2-\tau_1})\sqrt{\alpha}}{\theta_2(0,\tau_2)\sqrt{\tau_1}} \tag{18-7}$$

式中，Q为热流强度(kJ/m^2)。

18.5.4 要求

1) 实验前认真阅读由任课教师提供的详细资料。

2) 熟悉并了解导热系数相关的热学性质。

3) 分组自行制定实验方案，并做好实验记录。

4) 根据实验数据计算导热系数。

表18-1　函数$B(y)$表

y^2	0	1	2	3	4	5	6	7	8	9
0.0	1.0000	0.8327	0.7693	0.7229	0.6852	0.6255	0.6253	0.6002	0.5777	0.5700
0.1	0.6879	0.5203	0.5037	0.4881	0.4736	0.4599	0.4469	0.4346	0.4229	0.4117
0.2	0.4010	0.3908	0.3810	0.3716	0.3625	0.3539	0.3455	0.3365	0.3298	0.3223
0.3	0.3151	0.3081	0.3014	0.2948	0.2885	0.2824	0.2764	0.2707	0.2651	0.2596
0.4	0.2543	0.2492	0.2442	0.2394	0.2347	0.2301	0.2256	0.2213	0.2170	0.2129
0.5	0.2089	0.2049	0.2010	0.1973	0.1937	0.1902	0.1867	0.1833	0.1800	0.1767
0.6	0.1735	0.1704	0.1674	0.1645	0.1616	0.1588	0.1561	0.1534	0.1507	0.1481
0.7	0.1456	0.1451	0.1407	0.1383	0.1369	0.1337	0.1315	0.1293	0.1271	0.1250
0.8	0.1230	0.1210	0.1190	0.1170	0.1151	0.1132	0.1114	0.1096	0.1078	0.1061
0.9	0.1044	0.1027	0.1011	0.09949	0.09791	0.09645	0.09491	0.09304	0.09129	0.09048
1.0	0.08908	0.08770	0.08634	0.08501	0.08370	0.08241	0.08115	0.07991	0.07869	0.07749
1.1	0.07631	0.07516	0.07403	0.07292	0.07181	0.07073	0.06967	0.06863	0.06761	0.06660

续表

y^2	0	1	2	3	4	5	6	7	8	9
1.2	0.06562	0.06464	0.06368	0.06274	0.06181	0.06090	0.06000	0.05912	0.05826	0.05741
1.3	0.05657	0.05575	0.05494	0.05414	0.05335	0.05258	0.05182	0.05107	0.05033	0.04961
1.4	0.04890	0.04820	0.04751	0.04684	0.04617	0.04552	0.04487	0.04423	0.04360	0.04296
1.5	0.04238	0.04179	0.04120	0.04062	0.04004	0.03948	0.03893	0.03839	0.03785	0.03732
1.6	0.03680	0.03629	0.03578	0.03528	0.03479	0.03431	0.03384	0.03337	0.03291	0.03246
1.7	0.03201	0.03157	0.03114	0.03072	0.03030	0.02988	0.02947	0.02907	0.02867	0.02828
1.8	0.02790	0.02752	0.02715	0.02678	0.02642	0.02606	0.02570	0.02535	0.02501	0.02468
1.9	0.02435	0.02402	0.02370	0.02338	0.02307	0.02276	0.02246	0.02216	0.02186	0.02157
2.0	0.02128	—	—	—	—	—	—	—	—	—

18.6 干燥介质温度、相对湿度及流动速度的测定

18.6.1 目的

了解木材干燥过程中干燥介质温度、相对湿度及流动速度的测量原理、测量仪器及测试方法。

18.6.2 内容

干燥介质温度、相对湿度及流动速度的测量。

18.6.3 方法

(1) 干燥介质温度分布的测定　干燥室介质温度分布的测定在有载和开动风机及加热器的条件下进行。如图 18-2 所示，测点均匀分布在木材堆垛的两个侧面上，在木材堆垛高度的上、中、下，长度的前、中、后共取 18 个测定点。上、下测定点距堆顶及堆底约为木材堆垛高度的 1/20。前、后测点距离木材堆垛端面约为木材堆垛长度的 1/20。在木材堆垛的两个侧面各用一台多点温度计同时进行测定。测定时干燥室内的介质温度应在 60℃或以上，以不损坏温度传感器导线为宜。测量时，先将多点温度计的传感器分别固定在各测定点上，并将连接导线拉出室

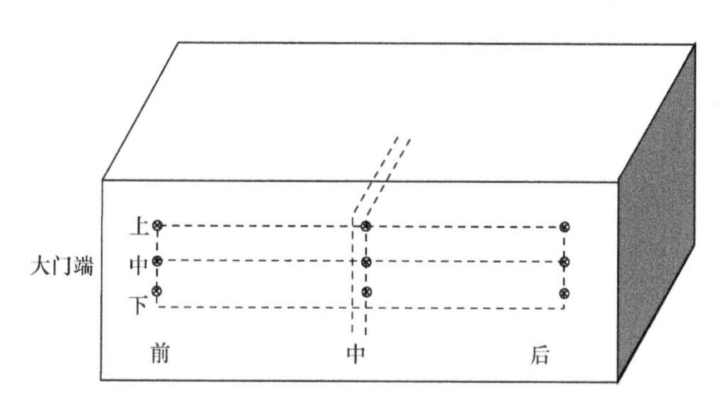

图 18-2 干燥介质温度场测定点分布

外，插到显示仪表处的连线接头上，待干燥室内温度分布稳定后，即可按动显示仪表上的各测点的按键，分别读出各测定点的温度数值。测定结果用表 18-2 进行统计，同时绘出木材堆垛高度及长度上的温度分布曲线图。

表 18-2 干燥介质温度分布统计表 (单位:℃)

堆垛高度	木材堆垛进气侧面				木材堆垛出气侧面			
	前	中	后	平均 t_1	前	中	后	平均 t_2
上部								
中部								
下部								
平均温差	$\Delta t = t_1 - t_2$							
最大温差	$\Delta t_{max} = t_{max} - t_{min}$							

若有条件，可以通过计算机连接温度巡检仪，进行实时温度记录，导出数据进行分析。

(2) 干燥介质温度及相对湿度的测定　工程上湿空气的温度和相对湿度用干湿球温度计测量。干湿球温度计是两支相同的普通玻璃管温度计，如图 2-3 所示。一支用浸在水槽中的湿纱布包着，称为湿球温度计；另一支即普通温度计，相对前者称为干球温度计。将干湿球温度计放在通风处，使空气掠过两支温度计。干球温度计所显示的温度 t 即湿空气的温度；湿球温度计的读数为湿球温度 t(wet-bulb temperature)。由于湿纱布包着湿球温度计，当空气为饱和空气时，湿纱布上的水分就要蒸发，水蒸发需要吸收汽化热，从而使纱布上的水温度下降。当温度下降到一定程度时，周围空气传给湿纱布的热量正好等于水蒸发所需要的热量，此时湿球温度计的温度维持不变，这就是湿球温度 t_w。因此，湿球温度 t_w 与水的蒸发速度及周围空气传给湿纱布的热量有关，这两

者又都与相对湿度 φ 和干球温度 t 有关，亦即相对湿度 φ 与 t_w 和 t 存在一定函数关系：

$$\varphi=\varphi(t_w, t) \tag{18-8}$$

在测得 t_w 和 t 后，可通过附在干湿球温度计上的或其他 $\varphi=\varphi(t_w, t)$ 列表函数查得 φ 值，也可参照表 2-6 查得湿空气的 φ 值。

湿球温度计的读数和掠过湿球的风速有一定关系，具有一定风速时湿球温度计的读数比风速为零时低些，风速超过 2m/s 的宽广范围内，其读数变化很小。

在现代工业及气象、环境工程中，也有采用温湿度仪(温湿度传感器＋变送器)测量温湿度的。

(3) 干燥介质流动速度的测定　根据 GB/T17661—1999《锯材干燥设备性能检测方法》进行干燥介质流动速度的测定。如图 18-3 所示，在木材堆垛的长度上取 5～9 个测定点，在高度上取 5～6 个测定点；长度上两端的测定点距木材堆垛端面 400～500mm(可根据干燥室实际情况留出安全距离，一般取端面长度的 1/10)，高度上的上、下测定点距离堆顶及堆底大约 150mm(根据实际情况取三层板厚度)，测定点之间均匀分布。测定点标记在木板的侧边，位于水平放置的两根垫条之间的孔隙处。风速用热球式风速计进行测定。测定时在测定点所在木板上、下两面空隙处各测一次，用两次测定的平均值作为该测定点的风速，并记录在表 18-3 中，然后进行统计。风速测定以标准木料(厚 40mm)为准。

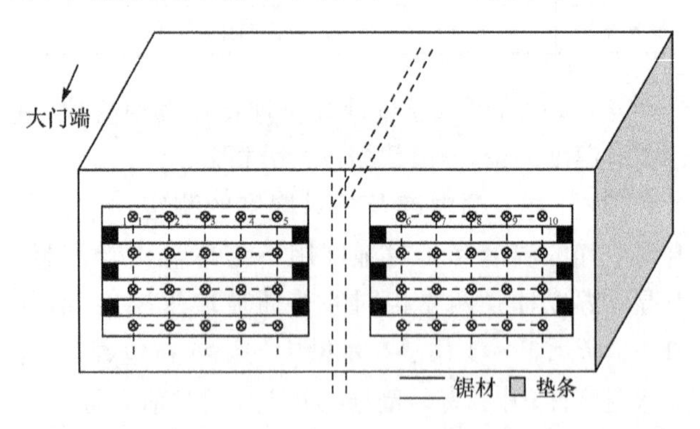

图 18-3　干燥介质流动速度测定点分布

表 18-3　木材堆垛循环速率统计表

进气口(出气口)　　　　年　月　日　测定

堆垛高度	堆垛长度					平均风速/(m/s)	平均方差(σ)	变异系数/%
	1	2	3	4	5			
1								
2								
3								
4								
5								
平均风速/(m/s)						总平均风速/(m/s)		
均方差(σ)						总均方差(σ)		
变异系数/%						总变异系数/%		

木材堆垛平均风速(m/s)按式(18-9)计算：

$$\omega_p=\sum_{i=1}^{n}\omega_i/n \tag{18-9}$$

式中，ω_i 为在 i 测定点的风速(平均值)(m/s)；n 为测定点的数目。

木材堆垛平均风速的均方差按式(18-10)计算：

$$\sigma=\sqrt{\sum_{i=1}^{n}(\omega_i-\omega_p)^2/(n-1)}\times 100\% \tag{18-10}$$

变异系数按式(18-11)计算：

$$\nu=\frac{100\sigma}{\omega_p}\times 100\% \tag{18-11}$$

测量时，每次由 2 或 3 人进入干燥室内，一人持测试探头，一人持仪表兼记录或一人记录。仪表的使用方法是：先校准，然后打开测试探头，探头开口必须垂直于迎着气流的方向。探头与板材平行放置，并伸入板边 1～2cm。测定时应按测定点的顺序逐一进行。

18.6.4　要求

了解干燥介质温度、相对湿度及流动速度的测量原理、测量仪器及测试方法。

仪器、仪表型号及数量：

热球式风速计　1 台

多点温度计　1 台

红外点温度计　1 台

干湿球温度计　1 台

18.7　木材干燥质量检验与分析实验

18.7.1　干燥木材的干燥质量指标

干燥锯材的干燥质量指标，包括平均最终含水率($\overline{MC_z}$)、干燥均匀度[即木堆或干燥室内各测点最终含水率与平均最终含水率的容许偏差(ΔMC_z)]、锯材厚度上含水率偏差(MC_k),残余应力指标(Y)和可见干燥缺陷(弯曲、干裂等)。

(1) 各项含水率指标和应力指标　见表 6-24。

(2) 可见干燥缺陷质量指标　见表 6-25。

18.7.2　干燥锯材含水率检验

1. 目的　掌握锯材含水率试件的制取和最终含水率的测定方法。

2. 内容　①锯材最终含水率试件的制取;②锯材最终含水率的测定。

3. 含水率的测定方法　干燥锯材的各项含水率指标,采用烘干法和电测法进行测定。以烘干法为准,电测法为辅。

(1) 烘干法　按照 GB/T 1931 进行。对于干燥锯材,具体方法如下。含水率试片制取后迅速将试片上的毛刺、碎屑清除干净,并立即用感量为 0.01g 的天平称重,准确至 0.01g,得出试片的初始重量(G_c)。然后将试片放入烘箱内,在(103±2)℃的温度下进行烘干。在烘干过程中定期称量试片重量的变化,至最后两次重量相等或二者之差不超过 0.02g 时,试片即认为达到绝干,得出试片的绝干重量(G_o)。试片的含水率(MC)用式(18-12)计算,以百分率计,准确至 0.1%。

$$MC(\%)=\frac{G_c-G_o}{G_o}\times 100 \qquad (18\text{-}12)$$

(2) 电测法　用含水率电测计,电测计本身的测定方法见其说明书。采用电阻式含水率电测计测定时,探针(电极)插入锯材的深度(D)应为锯材厚度(S)的 21%(距锯材表面)。可按式(18-13)计算:

$$D=0.21S \qquad (18\text{-}13)$$

锯材的厚度不宜超过 30mm,测量范围为 6%~30%。

(3) 电磁波感应式　采用电磁波感应式测湿仪测定时,只需将探头轻轻接触被测物体表面即可。被测物体的背面应悬空,不宜与任何物体接触。锯材的厚度不宜超过 50mm,测量范围为 0~50%。

(4) 红外水分仪　将试样放置在距离探头 100~250mm 处,直接读数。

4. 含水率的测量及计算　同室干燥一批锯材的平均最终含水率($\overline{MC_z}$)、干燥均匀度(ΔMC_z)、厚度上含水率偏差(ΔMC_h)及残余应力指标(Y)等干燥质量指标,采用含水率试验板(整块被干锯材)进行测定。当锯材长度≥3m 时,含水率试验板于干燥前的一批被干锯材中选取,要求没有材质缺陷,其含水率要有代表性。锯材长度≤2m 时,含水率试验板于干燥结束后的木堆中选取。

1) 对于用轨车装卸的干燥室,锯材长度≥3m,采用 1 个木堆、9 块含水率试验板进行测定。9 块含水率试验板放在木堆的位置见图 6-3(b)。位于木堆上、下部位的含水率试验板,分别放在自堆顶向下或自堆底向上的第 3 或 4 层。位于木堆边部的含水率试验板,分别放在自木堆左、右两边向里的第 2 块。位于中部的含水率试验板,放在木堆的中部。如干燥室的长度可容纳 3 个木堆或以上,可增测 1~2 个木堆,方法同前。测定木堆在干燥室的放置为前后(单轨室)或对角线位置(双轨室)。统计干燥质量指标则包括全部测定木堆。

2) 对于用叉车装卸小堆的干燥室,锯材(毛料)长度≤2m,采用 27 个小堆、27 块含水率试验板(每堆 1 块)进行测定。含水率试验板选自位于干燥室空间上、中、下,左、中、右,前、中、后部位的 27 个小堆内。位于上、下部位的含水率试验板,分别选自位于空间上、下层小堆内自堆顶向下或自堆底向上的第 3 或 4 层。位于边部的含水率试验板,分别选自位于空间左、右两边小堆内自堆边向里的第 2 块。位于中部的含水率试验板,选自位于空间中部位置的小堆中部。如干燥室装载小堆的数量不足 27 个,可按 27 个测点分布的位置在某些小堆内选取 2 块含水率试验板。

3) 9 块含水率试验板(长度≥3m)采用烘干法进行测定,按图 18-1 所示锯解。每块含水率试验板锯解最终含水率试片 3 块,分层含水率试片及应力试片各 1 块。计得最终含水率试片 27 块,分层含水率试片及应力试片各 9 块。

4) 27 块含水率试验板(长度≤2m)采用烘干法进行测定。可按图 2 中部所示锯解,即在每块含水率试验板的中部锯解最终含水率试片、分层含水率试片及应力试片各 1 块。分层含水率试片及应力试片只在位于干燥室长度中部位置的 9 块含水率试验板上锯解。计得最终含水率试片 27 块,分层含水率试片及应力试片各 9 块。

5) 采用电测法辅助测定时,只能检测一批同室干燥锯材的平均最终含水率($\overline{MC_z}$)及用均方差(σ)验算的干燥均匀度(ΔMC_z)。含水率试验板的选取、数量及其在木堆或干燥室内的部位,9 块(长度≥3m)含水率试验板也可在干燥后木堆中的规定部位选取。检测时是在 9 块或 27 块含水率试验板上标明最终含水率试片部位的中部,用含水率电测计逐一测定。每块含水率试验板取 3(9 块)或 1(27 块)个测点,计得 27 个最终含水率数值。据此算出平均最终含水率($\overline{MC_z}$)及均方差(σ),用 $\pm 2\sigma$ 验算干燥均匀度(ΔMC_z)。

如果测出的$\overline{MC_z}$及ΔMC_z超过等级规定的指标，应再按规定部位选取9或27块干燥锯材(预留)，再行检测一次。如再不合要求，则须再干。可用厚度上含水率偏差平均值($\Delta\overline{MC_h}$)、残余应力指标平均值($\bar{Y}$)对电测法进行补充。

6) 干燥锯材的平均最终含水率，可用含水率试验板的平均最终含水率来检查。含水率试验板的平均最终含水率($\overline{MC_z}$)用式(18-14)计算：

$$\overline{MC_z}=\frac{\sum_{i=1}^{n}G_i-\sum_{i=1}^{n}G_{oi}}{\sum_{i=1}^{n}G_{oi}}\times 100(\%) \quad (18\text{-}14)$$

式中，G_i为第i片试片的当时重量(g)；G_{oi}为第i片试片的绝干重量(g)；n为试片数量。

7) 干燥均匀度(ΔMC_z)可用均方差来检查。均方差(σ)用式(18-15)计算，精确至0.1%。

$$\sigma=\sqrt{\frac{\sum_{i=1}^{n}(MC_{zi}-\overline{MC_z})^2}{n-1}} \quad (18\text{-}15)$$

当$\pm 2\sigma$大于干燥均匀度(ΔMC_z)时，锯材必须进行平衡处理或再干。

8) 干燥锯材厚度上含水率偏差(ΔMC_h)用分层含水率试片测定。

9) 分层含水率试片的锯解方法见图6-8。锯材厚度(S)小于50mm时按图6-8(a)，厚度等于或大于50mm时按图6-8(b)。

10) 干燥锯材厚度上含水率偏差(ΔMC_h)按式(18-16)计算：

$$\Delta MC_h=MC_s-MC_b \quad (18\text{-}16)$$

式中，MC_s为心层含水率(%)；MC_b为表层含水率(%)。

表层含水率(MC_b)按图6-8(a)的分层含水率试片1和3($S<50$mm)或图6-8(b)的分层含水率试片1和5($S\geqslant 50$mm)的含水率平均值确定。

心层含水率(MC_s)按图6-8中(a)的分层含水率试片2($S<50$mm)或图6-8中(b)的分层含水率试片3($S\geqslant 50$mm)的含水率确定。

5. 要求　①掌握干燥锯材含水率试件的锯制方法及要点；②掌握干燥锯材含水率的测定方法。

18.7.3 干燥锯材应力指标用应力检验板检测方法

1. 目的　掌握干燥锯材应力检验板的制取和应力的测定方法。

2. 内容　①干燥锯材应力检验板的制取；②干燥锯材应力的测定。

3. 方法

1) 应力试片按图6-4锯解后，放入烘箱内在(103±2)℃下烘干2～3h，取出放在干燥器中冷却，或在室温下放置24h。

2) 叉齿相对变形。划线定位，用卡尺测量每块试片的S及L尺寸。用小带锯或钢丝锯按图6-7所示将试片锯出叉齿，等叉齿变形或固定后，测量S_1尺寸，均精确至0.1mm。图6-7(a)用于$S<50$mm，图6-7(b)用于$S\geqslant 50$mm。

叉齿法残余应力指标即叉齿相对变形(Y)按式(18-17)计算：

$$Y(\%)=\frac{S-S_1}{2L}\times 100 \quad (18\text{-}17)$$

式中，S为试片在锯制前的齿宽(mm)；S_1为试片在变形后的齿宽(mm)；L为试片长度(mm)。

取残余应力指标的算术平均值($\bar{Y}$)为确定干燥质量合格率的残余应力指标。

3) 切片相对变形。按图6-6所示把应力试片分奇数层划线定位，切片的厚度为7mm。用卡尺测量每块试片的长度L。然后对称劈开，在室温下置于通风处气干24h以上，或在70～100℃的恒温箱内烘干2～3h，使其含水率分布均衡，测量试片变形的挠度f，均精确至0.01mm。

切片法残余应力指标即切片相对变形(Y)按式(18-18)计算：

$$Y(\%)=\frac{f}{L}\times 100 \quad (18\text{-}18)$$

式中，f为试片变形后的挠度(mm)；L为试片长度(mm)。

4) 锯材宽度$B\geqslant 200$mm时，应力试片可按锯材宽度的一半($B/2$)锯解，见图18-4。应力试片的齿根

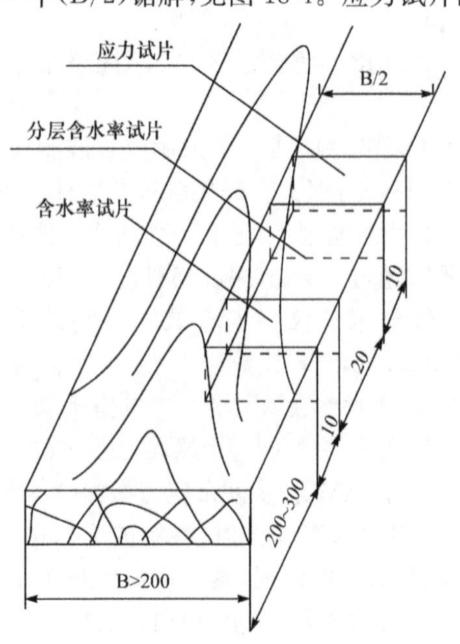

图18-4　应力试片的锯解

取在板材宽度的边部，齿尖取在宽度的中部。至于含水率试片和分层含水率试片，必要时也可如图 18-4 所示按宽度的一半($B/2$)锯解。

4. *要求*　①掌握干燥锯材应力检验板的制取方法及要点；②掌握干燥锯材应力的测定方法。

18.7.4　干燥木材可见干燥缺陷的检测

1. *目的*　了解可见干燥缺陷的检测方法，能够对可见干燥缺陷进行统计与计算。

2. *内容*　木材干燥过程中出现的开裂、翘曲等现象都属于木材在干燥过程中的可见干燥缺陷。其中开裂也叫作干裂，分为端裂、表裂和内裂；翘曲包括顺弯、横弯和翘弯。熟悉并了解木材干燥的可见缺陷有利于干燥木材的验收。

3. *方法*　干燥锯材可见干燥缺陷质量指标按 GB/T4823 中规定检算。采用可见缺陷试验板或干燥后普检的方法进行检测。可见缺陷试验板于干燥前选自一批被干锯材，要求没有弯曲、裂纹等缺陷，数量为 100 块，并编号、记录，分散堆放在木堆中，记明部位，并在端部标明记号。干后取出，逐一检测、记录。干后普检是在干后卸堆时普遍检查干燥锯材，将有干燥缺陷的锯材挑出，逐一检测、记录，并计算超过等级规定和达到干裂计算起点的有缺陷锯材。

(1) 翘曲的计算　翘曲包括顺弯、横弯及翘弯，均检量其最大弯曲拱高与曲面水平长度之比，以百分率表示，按式(18-19)计算：

$$\mathrm{WP}=\frac{h}{l}\times 100 \tag{18-19}$$

式中，WP 为翘曲度(或翘曲率)(%)；H 为最大弯曲拱高(mm)；L 为内曲面长(宽)度(mm)。

(2) 扭曲的计算　检量板材偏离平面的最大高度与试验板长度(检尺长)之比，以百分率表示，按式(18-20)计算：

$$\mathrm{TW}=\frac{h}{l}\times 100 \tag{18-20}$$

式中，TW 为扭曲度(或扭曲率)，%；h 为最大偏离高度，mm；l 为试验板长度(检尺长)，mm。

(3) 干裂　干裂指因干燥不当使木材表面纤维沿纵向分离形成的纵裂和在木材内部形成的内裂(蜂窝裂)等。纵裂宽度的计算起点为 2mm，不足起点的不计。自起点以上，检量裂纹全长。在材长上数根裂纹彼此相隔不足 3mm 的可连贯起来按整根裂纹计算，相隔 3mm 以上的分别检量，以其中最严重的一根裂纹为准。内裂不论宽度大小，均予计算。

(4) 干燥锯材裂纹的检算　一般沿材长方向检量裂纹长度与锯材长度相比，以百分率表示，按式(18-21)计算：

$$\mathrm{LS}=\frac{l}{L}\times 100 \tag{18-21}$$

式中，LS 为纵裂度(纵裂长度比例)(%)；l 为纵裂长度(mm)；L 为锯材长度(mm)。

锯材干燥前发生的弯曲与裂纹，干前应予检测、编号与记录，干后再行检测与对比，干燥质量只计扩大部分或不计(干前已超标)。这种锯材干燥时应正确堆积，以矫正弯曲；涂头或藏头堆积以防裂纹扩大。对于在干燥过程中发生的端裂，经过热湿处理裂纹闭合，据解检查时才被发现(经常在锯材端部 100mm 左右处)，不应定为内裂。

(5) 皱缩深度的计算　将皱缩板材的端头截去少许，测量截断处横断面的最大厚度与最小厚度，其两者之差即为皱缩深度。按式(18-22)计算：

$$H=A_1-A_0 \tag{18-22}$$

式中，H 为皱缩深度(mm)；A_1 为板材横断面最大厚度(mm)；A_0 为板材横断面最小厚度(mm)。

(6) 锯材干燥前发生的弯曲与裂纹　干燥前应予检测、编号与记录，干燥后再行检测与对比，干燥质量只计扩大部分或不计(干前已超标)。这种锯材干燥时应正确堆积，以矫正弯曲；涂头或藏头堆积以防裂纹扩大。对于在干燥过程中发生的端裂，经过热湿处理裂纹闭合，锯解检查时才被发现(经常在锯材端部 100mm 左右处)，不应定为内裂。

4. *要求*　①实验前认真阅读由任课教师提供的详细资料；②分组自行制定实验方案，并做好实验记录；③根据可见干燥缺陷质量指标，统计并计算相应缺陷，并填写干燥缺陷质量数据统计表。

18.8　木材干燥基准的编制实验

18.8.1　目的

了解木材干燥基准的种类及编制原则，熟悉和掌握“百度试验法”制定木材干燥基准的过程。

18.8.2　内容

所谓百度试验法，是指把标准尺寸的试件放置在干燥箱内，在温度为 100℃的条件下进行干燥并观察其端裂与表面开裂的情况，干燥终了后，锯开试件观察其中央部位的内裂(蜂窝裂)和截面变形(塌陷)状态，以确定木材在干燥过程中所需的干燥温度和相对湿度。用标准试件所确定出的是被试验树种的厚度为25mm板材的干燥基准。另外，百度试验法根据试件在干燥过程中含水率的变化与消耗的时间，还可以估计出在干燥室干燥时所需要的干燥时间。

18.8.3 方法

1）试件制作：试件如图18-5所示，要求颜色正常、无节疤、纹理通直，而且试件应为弦向板；对于密度适中的木材，试件的初含水率最好在50%以上；对于硬阔叶树材中密度较大的木材，试件的初含水率不应低于45%，否则难以达到预期的效果；试件的标准规格为200mm×100mm×20mm(长×宽×厚)，试材的两端面应为新锯开的截面，且不涂刷涂料。试件四面刨光，端面可用高速截锯截取，以便于准确观察其缺陷发展的状态。

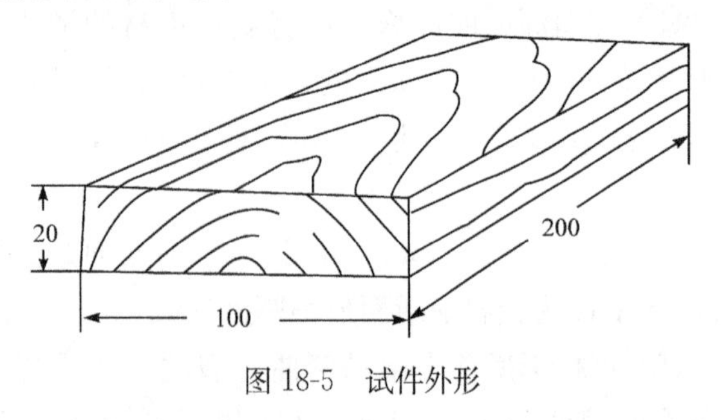

图18-5 试件外形

2）实验步骤：试件做好后，应准确测量其尺寸(精确到0.001cm)并称重(精确到0.001g)。用游标卡尺、千分尺与千分之一的天平测量即可达到要求。然后，立即将试件放入干燥箱内。为使试件受热均匀，应把试件竖立，使木材纹理方向呈水平。若干燥箱较小，一次以放置3～4块为宜，大干燥箱一次可放置6～7块。

在试验过程中，测量与观察的频数依树种与含水率的不同而异。针叶树材，最初测试的间隔时间为30min～1h，阔叶树材为1h。以后，每隔1～2h测视一次，主要是称重并记录初期最大的端裂与表面开裂的情况，这段时间为6～8h，当裂缝开始愈合时，就可以将测试视间隔时间处长为4～6h或更长一些。

试验所需要的时间，依树种而异。对于针叶树材或密度较小的阔叶树材，干燥15h左右，其含水率可降至1%。对于密度适中的阔叶树材，干燥20～24h，其含水率可降到1%。对于某些密度较大的阔叶树材，约需60h，这时的含水率可用电阻式木材含水率测定仪测量。若指针只有轻微地摆动，即表示此时含水率已接近1%。但要获得此时准确的数值，应将试件继续干燥到绝干，然后计算出它的含水率。

3）数据处理：干燥结束后，将试件从长度方向的中央锯开，观察记录内部开裂与截面变形，以便进行资料处理。参考详细的数据处理及基准编制资料，自行完成干燥基准的编制。

百度试验法观察记录到缺陷有三种：初期开裂、内部开裂与截面变形。

初期开裂：包括端裂、端裂延至表面的开裂、表面开裂、表面延至端面的开裂与贯通开裂等。虽然各种开裂的程度及其形状变异很大，但同一树种的木材或材性相似树种的木材，表现出来的状态是非常相似的。各种初期开裂的状态如图18-6所示。

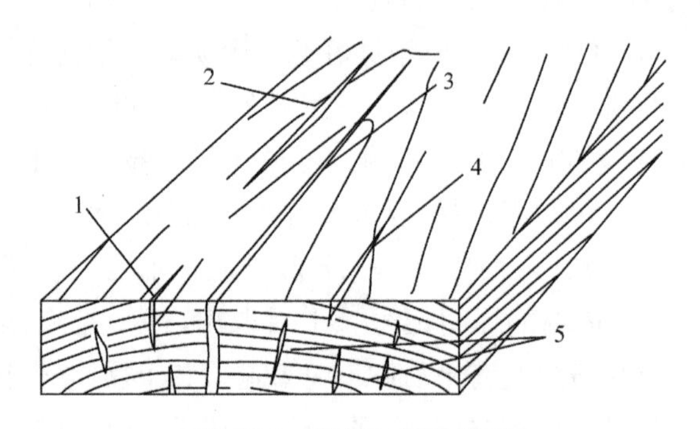

图18-6 干燥初期的开裂

1. 端裂延至表面的开裂；2. 表面开裂；
3. 贯通开裂；4. 表面延至端面的开裂；
5. 端面开裂

干燥初期的开裂，除与干燥条件有关以外，还与树种有关。一般来说，大多数的端面开裂与立木的生长应力有关；表面开裂与干燥时的温度、相对湿度有关。表面开裂比较严重的树种，应以较软的基准进行干燥。如果只发现较小裂纹的树种，而且主要是在试件的端面上，就可以用较硬的基准进行干燥。这就是说，初期开裂与干燥条件之间的关系是相当密切的。为便于判断，百度试验把初期开裂的程度分为五级，如图18-7所示。

内部开裂：有的是最初发生在表面的裂纹向内部发展后又愈合所致，有的表面完好无损仅发生在内部的开裂。弦向材的内部开裂发生在干燥末期，主要是由试件的内外应力的不一致所引起的。

干燥后，试件内部开裂程度分为五级，如图18-8所示。

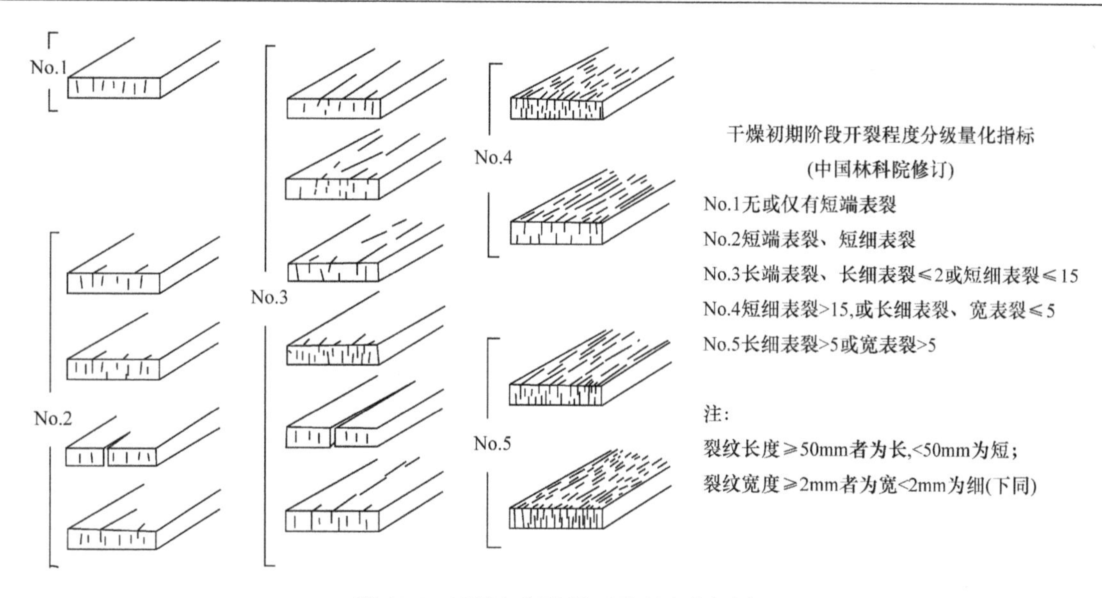

图 18-7　干燥初期阶段开裂程度分级图

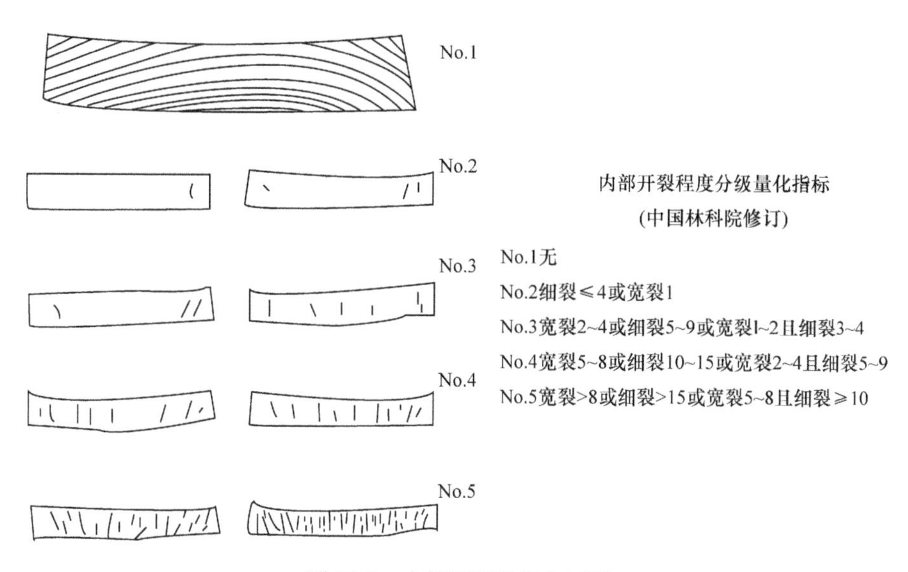

图 18-8　内部开裂程度分级图

截面变形:在干燥结束后,从试件长度方向的中央部位锯开后可观察到,并立即用千分尺精确的测量尺寸。图 18-9 为截面变形示意图,按图 18-9 测出 A、B 之差值(可取截面两端的较大差值)。截面变形程度分为五级,见表 18-4。

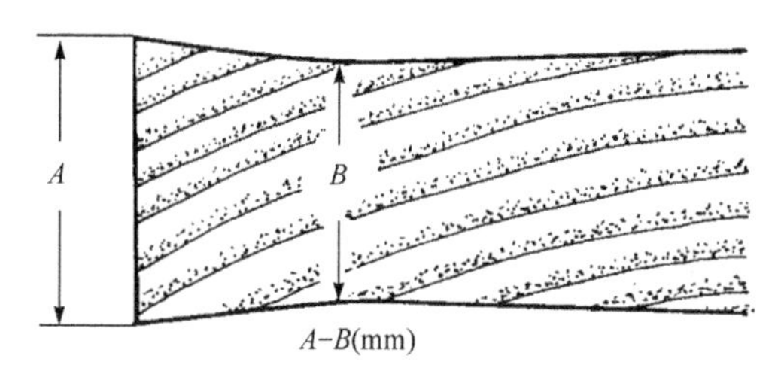

图 18-9　截面变形示意图

表 18-4　截面变形分级表

级别	No. 1	No. 2	No. 3	No. 4	No. 5
$A-B$/mm	0～0.4	0.5～0.9	1.0～1.9	2.0～3.4	3.5 以上

这样,在获得了三种缺陷的状态后,就可以利用表 18-5(缺陷程度与干燥条件的关系表)查到对应于各种缺陷的干燥阶段的初始温度、初期干湿球温度差与后期最高温度。从中选取各温度与干湿球温度差的最低条件,即为实验树种(厚度为 25mm 板材)的试用干燥基准,然后再进行小试和中试,对试用基准进行修改和优化,制定其他厚度木材的干燥基准,可在此基础上进行修正。

表 18-5　缺陷程度与干燥条件的关系

(引自寺沢真,1986)　　(单位:℃)

干燥条件	干燥缺陷					
	干燥特性等级	No. 1	No. 2	No. 3	No. 4	No. 5
初期开裂	初始温度	70	60	55	50	45
	初期干湿球温度差	7.0	5.0	3.0	2.0	2.0
	后期最高温度	95	90	80	80	80

续表

干燥条件	干燥缺陷 干燥特性等级	No. 1	No. 2	No. 3	No. 4	No. 5
截面变形	初始温度	70	60	55	50	45
	初期干湿球温度差	7.0	5.0	4.0	3.0	2.5
	后期最高温度	95	80	80	75	70
内部开裂	初始温度	70	55	50	50	45
	初期干湿球温度差	7.0	5.0	4.0	3.0	2.5
	后期最高温度	95	80	75	70	70

18.8.4 干燥基准

百度试验法预测的干燥基准为含水率基准。通过查表的方法查出干燥初始温度、初期干湿球温度差和后期最高温度后，即可按干燥过程中含水率的变化分为若干阶段，并确定每一个含水率阶段的温度与相对湿度（干湿球温度差）。

具体做法是，以初始温度、初期干湿球温度差与后期温度为依据，参照表 6-16 或表 6-17，即可编制出所需的干燥基准。

表 18-6 为针叶树材的含水率与干湿球温度差的关系表，表 18-7 为阔叶树材的含水率与干湿球温度差的关系表，实际使用时切勿用错。

表 18-6　含水率与干湿球温度差的关系（针叶树）

依初含水率不同所分的阶段/%						干湿球温度差/℃							
40	50	60	75	90	110	1	2	3	4	5	6	7	8
40～30	50～35	60～40	75～50	90～60	110～70	1.5	2.0	3.0	4.0	6.0	8.0	11	15
30～25	35～30	40～35	50～40	60～50	70～60	2.0	3.0	4.0	6.0	8.0	11	14	17
25～20	30～25	35～30	40～35	50～40	60～50	3.0	5.0	6.0	9.0	11	14	17	22
20～15	25～20	30～25	35～30	40～35	50～40	5.0	8.0	8.0	11	14	17	22	22
	20～15	25～20	30～25	35～30	40～35	8.0	11	11	14	17	22	22	22
		20～15	25～20	30～25	35～30	11	14	14	17	22	22	22	22
			20～15	25～20	30～25	14	17	17	22	22	22	22	22
				20～15	25～20	17	22	22	22	22	22	22	22
					20～15	22	22	22	22	22	22	22	22
15 以下	15 以下	15 以下	15 以下	15 以下	15 以下	30	30	30	30	30	30	30	30

表 18-7　含水率与干湿球温度差的关系（阔叶树）

依初含水率不同所分的阶段/%						干湿球温度差/℃							
40	50	60	75	90	110	1	2	3	4	5	6	7	8
40～30	50～35	60～40	75～50	90～60	110～70	1.5	2	3	4	6	8	11	15
30～25	35～30	40～35	50～40	60～50	70～60	2	3	4	6	8	12	18	20
25～20	30～25	35～30	40～35	50～40	60～50	3	5	6	9	12	18	25	30
20～15	25～20	30～25	35～30	40～35	50～40	5	8	10	15	20	25	30	30
15～10	20～15	25～20	30～25	35～30	40～35	12	18	18	25	30	30	30	30
10 以下	15 以下	20 以下	25 以下	30 以下	35 以下	25	30	30	30	30	30	30	30

18.8.5 干燥时间

干燥一种新的树种，如果在编制较为合理的干燥基准同时，又能估计出该木材在干燥室内干燥的时间，这对我们实际生产的应用将是十分有益的。

在百度试验中，估算干燥时间的方法是：利用木材中水分移动的难易程度与干燥条件二者相结合，即可利用有关图表进行估算。一般来说，若用较大的干湿球温度差与较高的温度条件干燥木材时，所需要的时间就短；反之，所需要的干燥时间就长。从百度试验中可以得到两个基本数据：干燥初期的干湿球温度差与试件含水率降至 1%所用的时间。根据这两个基本数据，利用图 18-10 即可估算出干燥时间。

具体做法是：先绘制出试件的干燥曲线。根据干燥曲线就可以得到含水率降至 1%所用的干燥时间(h)。绘图时，可用对数格纸或方格纸，其中用对数格纸绘制的曲线近似直线，得到的时间比较精确，而且绘图方便。用方格纸绘图的曲线呈 S 形。

用图 18-10 计算的干燥时间有两种：一种是根据干燥的初期干湿球温度差得到的干燥时间(昼夜)；另一种是根据含水率降至 1%耗用的时间(h)而得到的干燥时间(昼夜)。两者的平均值，就是厚度为 2.5cm 板材在强制循环干燥室内干燥至含水率 10%所需要的干燥时间(昼夜)。

若板材厚度不同时，可用式(18-23)计算：

$$\frac{Z_1}{Z_2}=\left(\frac{S_1}{S_2}\right)^n \tag{18-23}$$

式中，Z_1 为厚度为 2.5cm 板材的干燥时间；Z_2 为所求厚度板材干燥时间；S_1 为厚度；$S_1=2.5\text{cm}$；S_2 为所求板材厚度(cm)；n 为相关指数；$n=1.5\sim2.0$

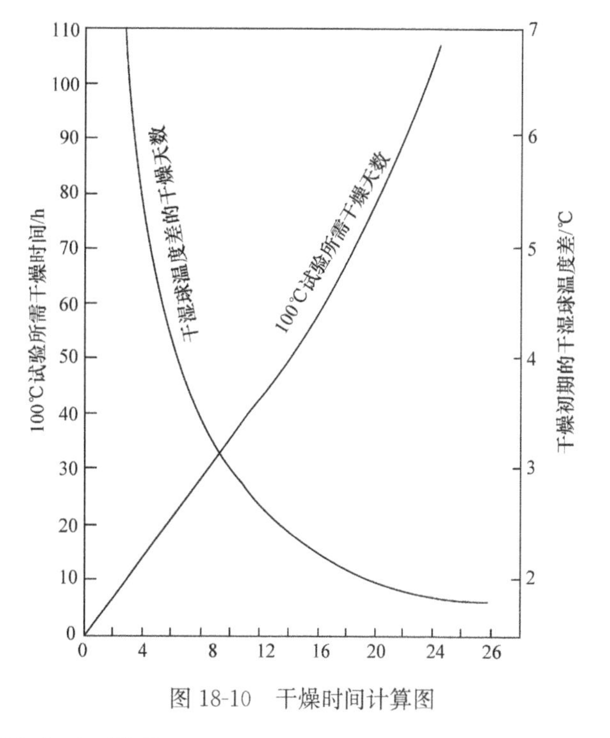

图 18-10　干燥时间计算图

18.8.6　要求

1) 实验前认真阅读由任课教师提供的详细资料。

2) 掌握百度试验的操作过程。

3) 分组自行制定实验方案，并做好试验记录。

4) 根据初期开裂、内部开裂及截面变形的缺陷等级，自行编制干燥基准。

附录1 湿空气热力学性质表

t	参数	φ										
		0	0.1	0.2	0.3	0.4	0.5	0.6	0.7	0.8	0.9	1
	d	0.0000	0.3221	0.6445	0.9672	1.2903	1.6137	1.9374	2.2615	2.5859	2.9108	3.2357
−2	H	2.0072	−1.2027	−0.3974	0.4088	1.2157	2.0236	2.8322	3.6417	4.4520	5.2632	6.0752
	t_d	−7.6430	−7.0360	−6.4390	−5.8510	−5.2730	−4.7040	−4.1450	−3.5950	−3.0540	−2.5230	−2.0000
	d	0.0000	0.3500	0.7004	1.0512	1.4024	1.7539	2.1059	2.4583	2.8111	3.1642	3.5178
−1	H	−1.0036	−0.1287	0.7472	1.0241	2.5019	3.3808	4.2606	5.1415	6.0233	6.9064	7.7900
	t_d	−6.9790	−6.3310	−5.6950	−5.0700	−4.4560	−3.8530	−3.2620	−2.6810	−2.1100	−1.5500	−1.0000
	d	0.0000	0.3801	0.7608	1.1418	1.5234	1.9054	2.2878	2.6708	3.0542	3.4381	3.8225
0	H	0.0000	0.9510	1.9031	2.8564	3.8108	4.7665	5.7233	6.6813	7.6404	8.6007	9.5623
	t_d/t_w	−6.3260	−5.6360	−4.9590	−4.2950	−3.6440	−3.0060	−2.3800	−1.7670	−1.1660	−0.5770	0.0000
	d	0.0000	0.4087	0.8179	1.2276	1.6379	2.0488	2.4601	2.8720	3.2845	3.6975	4.1111
1	H	1.0036	2.0267	3.0512	4.0770	5.1041	6.1326	7.1625	8.1937	9.2262	10.2600	11.2950
	t_d/t_w	−5.6860	−4.9570	−4.2440	−3.5460	−2.8630	−2.1940	−1.5390	−0.8990	−0.2720	0.4060	1.0000
	d	0.0000	0.4391	0.8788	1.3191	1.7601	2.2017	2.6439	3.0867	3.5302	3.9743	4.4190
2	H	2.0072	3.1073	4.2089	5.3121	6.4168	7.5231	8.6310	9.7404	10.8510	11.9640	13.0780
	t_d/t_w	−0.0560	−4.2890	−3.5380	−2.8050	−2.0880	−1.3880	−0.7040	0.1400	0.7470	1.3790	2.0000
	d	0.0000	0.4715	0.9437	1.4166	1.8903	2.3646	2.8397	3.3155	3.7921	4.2694	4.7473
3	H	3.0109	4.1930	5.3770	6.5627	7.7502	8.9395	10.1310	11.3240	12.5180	13.7150	14.9130
	t_d/t_w	−4.4390	−3.6300	−2.8410	−2.0710	−1.3210	−0.5880	0.3220	1.0180	1.6910	1.3520	3.0000
	d	0.0000	0.5060	1.0128	1.5205	2.0290	2.5383	3.0484	3.5594	4.0712	4.5838	5.0973
4	H	4.0146	5.2842	6.5558	7.8295	9.1053	10.3830	11.6630	12.9450	14.2290	15.5160	16.8070
	t_d/t_w	−3.8320	−2.9810	−2.1520	−1.3450	−0.5600	0.4970	1.2120	1.9300	2.6340	3.3240	4.0000
	d	0.0000	0.5427	1.0864	1.6310	2.1766	2.7231	3.2706	3.8191	4.3685	4.9189	5.4702
5	H	5.0183	6.3810	7.7462	9.1137	10.4840	11.8560	13.2310	14.6080	15.9870	17.3690	18.7530
	t_d/t_w	−3.2370	−2.3420	−1.4720	−0.6270	0.5370	1.3220	2.0900	2.8410	3.5760	4.2960	5.0000
	d	0.0000	0.5818	1.1647	1.7486	2.3337	2.9199	3.5071	4.0955	4.6850	5.2756	5.8673
6	H	6.0221	7.4840	8.9486	10.4160	11.8860	13.590	14.8350	16.3130	17.7940	19.2780	20.7650
	t_d/t_w	−2.6530	−4.7120	−0.8000	0.4990	1.3400	2.1630	2.9660	3.7510	4.1580	5.2670	6.0000
	d	0.0000	0.6233	1.2497	1.8737	2.5008	3.1291	3.7587	4.3896	5.0218	5.6552	6.2899
7	H	7.0258	8.5932	10.1640	11.7380	13.3140	14.8940	16.4780	18.0640	19.6540	21.2470	22.8430
	t_d/t_w	−2.0800	−1.0920	0.3520	1.2570	2.1400	3.0010	3.8400	4.6590	5.4590	6.2390	7.0000
	d	0.0000	0.6674	1.3363	2.0066	2.6784	3.3516	4.0263	4.7024	5.3800	6.0590	6.7395
8	H	8.0296	9.7093	11.3920	13.0790	14.7700	16.4640	18.1620	19.8630	21.5680	23.2770	24.9900
	t_d/t_w	−1.5180	0.0870	1.0620	2.0120	2.9360	3.8370	4.7130	5.5670	6.3990	7.2100	8.0000
	d	0.0000	0.7143	1.4303	2.1479	2.8671	3.5880	4.3106	5.0349	5.7608	6.4884	7.2177
9	H	9.0335	10.8320	12.6350	14.4430	16.2540	18.0690	19.8890	21.7130	23.5410	25.3740	27.2100
	t_d/t_w	−0.9660	1.7410	1.7660	2.7620	3.7300	4.6700	5.5850	6.4740	7.3390	8.1810	9.0000

续表

t	参数	φ										
		0	0.1	0.2	0.3	0.4	0.5	0.6	0.7	0.8	0.9	1
	d	0.0000	0.7641	1.5330	2.2978	3.0675	3.8392	4.6127	5.3881	6.1655	6.9448	7.7260
10	H	10.0370	11.9630	13.8930	15.8280	17.7680	19.7130	21.6620	23.6160	25.5760	27.5400	29.5080
	t_w	0.2800	1.3890	2.4650	3.5080	4.5200	5.5020	6.4550	7.3800	8.2780	9.1510	10.0000
	d	0.0000	0.8168	1.6358	2.4570	3.2803	4.1058	4.9334	5.7633	6.5953	7.4296	8.2661
11	H	11.0410	13.1010	15.1670	17.2380	19.3140	21.3960	23.4840	25.5770	27.6750	29.7790	31.8890
	t_w	0.8630	2.0300	3.1580	4.2500	5.3080	6.3320	7.3240	8.2850	9.2180	10.1220	11.0000
	d	0.0000	0.8728	1.7481	2.6258	3.5060	4.3887	5.2739	6.1615	7.0517	7.9445	8.8397
12	H	12.0450	14.2480	16.4570	18.6720	20.8940	23.120	25.3560	27.5960	29.8430	32.0960	34.3560
	t_w	1.4380	2.6640	3.8470	4.9890	6.0930	7.1600	8.1920	9.1900	10.1570	11.0930	12.0000
	d	0.0000	0.9321	1.8671	2.8048	3.7454	4.6888	5.6350	6.5841	7.5361	8.4910	9.4488
13	H	13.0490	15.4040	17.7650	20.1330	22.5090	24.8920	27.2820	29.6790	32.0840	34.3960	36.9150
	t_w	2.0040	3.2910	4.5300	5.7240	6.8760	7.9870	9.0900	10.0940	11.0950	12.0630	13.0000
	d	0.0000	0.9950	1.9931	2.9945	3.9991	5.0069	0.0180	7.0323	8.0500	9.0709	10.0950
14	H	14.0530	16.5680	19.0910	21.6220	24.1610	26.7090	29.2650	31.8280	34.4010	36.9810	39.5700
	t_w	2.5620	3.9120	5.2090	6.4560	7.6570	8.8120	9.9250	10.9990	12.0340	13.0340	14.0000
	d	0.0000	1.0615	2.1267	3.1955	4.2680	5.3441	6.4240	7.5076	8.5949	9.6860	10.7810
15	H	15.0570	17.7420	20.4370	23.1400	25.8530	28.5750	31.3070	34.0480	36.7980	38.5580	43.3280
	t_w	3.1110	4.5260	5.8840	7.1860	8.4360	9.6370	10.7910	11.9020	12.9730	14.0050	15.0000
	d	0.0000	1.1320	2.2681	3.4083	4.5527	5.7013	6.8542	8.0112	9.1726	10.3380	11.5080
16	H	16.0610	18.9270	21.8030	24.6890	27.5860	30.4930	33.4120	36.3410	39.2800	42.2310	45.1930
	t_w	3.6510	5.1350	6.5540	7.9120	9.2130	10.4600	11.6570	12.8060	13.9110	14.9750	16.0000
	d	0.0000	1.2065	2.4176	3.6335	4.8542	6.0796	7.3098	8.5448	9.7847	11.0290	12.2790
17	H	17.0650	20.1220	23.1900	26.2700	29.3620	32.4660	35.5830	38.7110	41.8520	45.0060	18.1710
	t_w	4.1830	5.7380	7.2210	8.6360	9.9890	11.2830	12.5220	13.7100	14.8500	15.9460	17.0000
	d	0.0000	1.2853	2.5759	3.8718	5.1732	6.4799	7.7922	9.1099	10.4330	11.7620	13.0960
18	H	18.0700	21.3280	24.6000	27.8850	31.1800	34.4970	37.8230	41.1640	44.5790	47.8870	51.2700
	t_w	4.7070	6.3350	7.8830	9.3580	10.7630	12.1050	13.3870	14.6140	15.7890	16.9170	18.0000
	d	0.0000	1.3686	2.7431	4.1238	5.5106	6.9035	8.3027	9.7080	11.1200	12.5380	13.9620
19	H	19.0740	22.5460	26.0330	29.5360	33.0540	36.5880	40.1370	43.7030	47.2840	50.8810	54.4950
	t_w	5.2220	6.9260	8.5430	10.0770	11.5370	12.9260	14.2520	15.5180	16.7280	17.8880	19.0000
	d	0.0000	1.4565	2.9199	4.3902	5.8674	7.3516	8.8428	10.3410	11.8470	13.3590	14.8790
20	H	20.0780	23.7760	27.4910	31.2240	34.9740	38.7420	42.5280	46.3320	50.1540	53.9940	57.8530
	t_w	5.7300	7.5130	9.1990	10.7950	12.3090	13.7480	15.1170	16.4220	17.6680	18.8590	20.0000
	d	0.0000	1.5495	3.1066	4.6716	6.2445	7.8252	9.4140	11.0110	12.6160	14.2290	15.8500
21	H	21.0820	25.0190	28.9750	32.9510	36.9480	40.9640	45.0000	49.0570	53.1350	57.2330	61.3520
	t_w	6.2300	8.0950	9.8520	11.5110	13.0810	14.5690	15.9820	17.3260	18.6070	19.8300	21.0000
	d	0.0000	1.6475	3.3038	4.9689	6.6429	8.3258	10.0180	11.7190	13.4290	15.1490	16.8780
22	H	22.0870	26.2750	30.4870	34.7200	38.9760	43.2550	47.5570	51.8830	56.2310	60.6030	64.9990
	t_w	6.7230	8.6710	10.5020	12.2260	13.8520	15.3900	16.8470	18.2310	19.5470	20.8020	22.0000
	d	0.0000	1.7510	3.5119	5.2828	7.0637	8.8547	10.6560	12.4680	14.2900	16.1220	17.9650
23	H	23.0910	27.5460	32.0270	36.5320	41.0640	45.6210	50.2040	54.8140	59.4500	64.1120	68.8020
	t_w	7.2080	9.2430	11.1500	12.9390	14.6230	16.2110	17.7130	19.1360	20.4870	21.7740	23.0000

续表

t	参数	φ										
		0	0.1	0.2	0.3	0.4	0.5	0.6	0.7	0.8	0.9	1
	d	0.0000	1.8601	3.7314	5.6140	7.5079	9.4133	11.3300	13.2590	15.1990	17.1520	19.1160
24	H	24.0950	28.8320	33.5970	38.3900	43.2130	48.0640	52.9450	57.8560	62.7970	67.7680	72.7700
	t_w	7.6860	9.8110	11.7590	13.6510	15.3930	17.0330	18.5790	20.0410	21.4280	22.7460	24.0000
	d	0.0000	1.9752	3.9629	5.9634	7.9767	10.0030	12.0420	14.0950	16.1610	18.2400	20.3330
25	H	25.1000	30.1330	35.1980	40.2950	45.4260	50.5890	55.7850	61.0510	66.2800	71.5780	76.9110
	t_w	8.1570	10.3750	12.4380	14.3630	16.1640	17.8540	19.4460	20.9480	22.3690	23.7180	25.0000
	d	0.0000	2.0964	4.2070	6.3319	8.4713	10.6250	12.7940	14.9780	17.1770	19.3910	21.6200
26	H	26.1040	31.4500	36.8320	42.2510	47.7060	53.1990	58.7290	64.2980	69.9050	75.5500	81.2350
	t_w	8.6200	10.9350	13.0790	15.0740	16.9340	18.6770	20.3130	21.8540	23.3110	24.6900	26.0000
	d	0.0000	2.2241	4.4642	6.7304	8.9929	11.2820	13.5880	15.9100	18.2500	20.6060	22.9810
27	H	27.1090	32.7840	38.5010	44.2580	50.0580	55.8990	61.7830	67.7090	83.6800	79.6940	85.7530
	t_w	9.0770	11.4910	13.7190	15.7840	17.7050	19.4990	21.1810	22.7620	24.2530	25.6630	27.0000
	d	0.0000	2.3586	4.7351	7.1298	9.5428	11.9740	14.4250	16.8940	19.3830	21.8910	24.4190
28	H	28.1130	34.1370	10.2060	46.3210	52.4830	58.6930	64.9510	71.2570	77.6130	84.0180	90.4730
	t_w	9.5270	12.0430	14.3570	16.4940	18.4760	20.3230	22.0490	23.6690	25.1950	26.6360	28.0000
	d	0.0000	2.5001	5.0203	7.5610	10.1220	12.7050	15.3080	17.9330	20.5800	23.2480	25.9390
29	H	29.1180	35.5070	41.9480	48.4410	54.9870	61.5860	68.2400	74.9480	81.7120	88.5320	95.4080
	t_w	9.9710	12.5920	14.9940	17.2040	19.2480	21.1470	22.9190	24.5780	26.1380	27.6090	29.0000
	d	0.0000	2.6490	5.3206	8.0152	10.7330	13.4740	16.2400	19.0290	21.8430	24.6820	27.5460
30	H	30.1230	36.8970	43.7300	50.6240	57.5720	64.5830	71.6550	78.7890	85.9850	93.2450	100.5700
	t_w	10.4080	13.1380	15.6290	17.9140	20.0200	21.9720	23.7890	25.4870	27.0810	28.5820	30.0000
	d	0.0000	2.8055	5.6365	8.4933	11.3760	14.2580	17.2220	20.1850	23.1760	26.1950	29.2430
31	H	31.1270	38.3080	45.5530	52.8650	60.2430	67.6890	75.2040	82.7880	90.4430	98.1700	105.9700
	t_w	10.8380	13.6810	16.2640	18.6230	20.7930	22.7980	24.6600	26.3970	28.0250	29.5560	31.0000
	d	0.0000	2.9702	5.9688	8.9964	12.0530	15.1400	18.2570	21.4040	24.5830	27.7930	31.0350
32	H	32.1320	39.7390	47.4200	55.1740	63.0030	70.9090	78.8920	86.9530	95.0900	103.3200	111.6200
	t_w	11.2630	14.2220	16.8970	19.3340	21.5660	23.6240	25.5320	27.3080	28.9690	30.5300	32.0000
	d	0.0000	3.1431	6.3182	9.5257	12.7660	16.0400	19.3480	22.6900	26.0670	29.4800	32.9890
33	H	33.1370	41.1930	49.3310	57.5520	65.8570	74.2490	82.7270	91.2930	99.9490	108.7000	117.5400
	t_w	11.6810	14.7600	17.5310	20.0440	22.3410	24.4520	26.4040	28.2190	29.9140	31.5040	33.0000
	d	0.0000	3.3249	6.6855	10.0820	13.5160	16.9880	20.4970	24.0450	27.6330	31.2610	34.9290
34	H	34.1420	42.6700	51.2900	60.0030	68.8100	77.7140	88.7160	95.8170	105.0200	114.3200	123.7300
	t_w	12.0940	15.2950	18.1630	20.7560	23.1160	25.2810	27.2780	29.1310	30.8600	35.4780	34.0000
	d	0.0000	3.5157	7.0714	10.6680	14.3050	17.9850	21.7080	25.4740	29.2840	33.1400	37.0410
35	H	35.1470	44.1710	53.2980	62.5290	71.8660	81.3110	90.8660	100.5300	110.3100	120.2100	130.2200
	t_w	12.5010	15.8280	18.7960	21.4670	23.8930	26.1110	28.1530	30.0440	31.8060	33.4530	35.0000
	d	0.0000	3.7160	7.4767	11.2830	15.1350	19.0350	22.9830	26.9790	31.0260	38.1230	39.2720
36	H	36.1520	45.6970	55.3570	65.1340	75.0300	85.0470	95.1870	105.4500	115.8500	126.3700	137.0300
	t_w	12.9020	16.3590	19.4280	22.1800	24.6700	26.9420	29.0280	30.9580	32.7520	34.4280	36.0000
	d	0.0000	3.9262	7.9023	11.9290	16.0080	20.1400	24.3250	28.5660	32.8620	37.2160	41.6270
37	H	37.1570	47.2490	57.4700	67.8220	78.3060	88.9270	99.6860	110.5900	121.6300	132.8200	144.1600
	t_w	13.2970	16.8890	20.0610	22.8930	25.4490	27.7740	29.9050	31.8720	33.6990	35.4030	37.0000

续表

t	参数	φ										
		0	0.1	0.2	0.3	0.4	0.5	0.6	0.7	0.8	0.9	1
	d	0.0000	4.1467	8.3492	12.6080	16.9260	21.3020	25.7390	30.2370	34.7980	39.4230	44.1150
38	H	38.1620	48.8290	59.6390	70.5960	81.7010	92.9590	104.3700	115.9400	127.6800	139.5800	151.6400
	t_w	13.6870	17.4160	20.6930	23.6080	26.2290	28.6070	30.7830	32.7880	64.6460	36.3780	38.0000
	d	0.0000	4.3780	8.8180	13.3220	17.8900	22.5240	27.2260	31.9970	36.8390	41.7530	46.7410
39	H	39.1670	50.4370	61.8670	73.4600	85.2200	97.1510	109.2500	121.5400	134.0000	146.6500	159.4900
	t_w	14.0720	17.9430	21.3260	24.3240	27.0100	29.4410	31.6610	33.7040	35.5940	37.3540	39.0000
	d	0.0000	4.6204	9.3100	14.0700	18.9030	23.8100	28.7920	33.8520	38.9910	44.2110	49.5140
40	H	40.1720	52.0750	64.1560	76.4190	88.8690	101.5100	114.3400	127.3800	140.6200	154.0700	167.7300
	t_w	14.4510	18.4670	21.9600	25.0400	27.7920	30.2770	32.5410	34.6200	36.5420	38.3300	40.0000
	d	0.0000	4.8744	9.8259	14.8560	19.9670	25.1610	30.4390	35.8050	41.2590	46.8040	52.4430
41	H	41.1780	53.7440	66.5090	79.4770	92.6530	106.0400	119.6500	133.4800	147.5400	161.8400	176.3800
	t_w	14.8260	18.9910	22.5930	25.7580	28.5760	31.1140	33.4220	35.5380	37.4910	39.3060	41.0000
	d	0.0000	5.1405	10.3670	15.6810	21.0850	26.5820	32.1370	37.8610	43.6500	49.5410	55.5370
42	H	42.1830	55.4450	68.9280	82.6380	96.5800	110.7600	125.1900	139.8600	154.7900	169.9900	185.4600
	t_w	15.1950	19.5140	23.2280	26.4770	29.3610	31.9520	34.3040	36.4560	38.4410	40.2820	42.0000
	d	0.0000	5.4193	10.9340	16.5460	22.2590	28.0750	33.9970	40.0270	46.1700	52.4280	58.8040
43	H	43.1880	55.4450	68.9280	82.6380	96.5800	110.7600	125.1900	139.8600	154.7900	169.9900	185.4600
	t_w	15.1950	19.5140	23.2280	26.4770	29.3610	31.9520	34.3040	36.4560	38.4410	40.2820	42.0000
	d	0.0000	5.7110	11.5280	17.4540	23.4910	29.6440	35.9150	42.3080	48.8270	55.4740	58.8040
44	H	43.1880	57.1800	71.4170	85.9060	100.6600	115.6700	130.9600	146.5300	162.3900	178.5400	195.0100
	t_w	15.5600	20.0360	23.8640	27.1980	30.1480	32.7920	35.1860	37.3750	39.3900	41.5290	43.0000
	d	0.0000	6.0164	12.1500	18.4050	24.7850	31.2930	37.9330	44.7100	51.6270	58.6900	65.9020
45	H	45.1990	60.7550	76.6140	92.7860	109.2800	126.1100	143.2800	160.8000	178.6800	196.9400	215.5900
	t_w	16.2740	21.0780	16.1370	28.6440	31.7260	34.4740	36.9550	39.2150	41.2910	43.2120	45.0000
	d	0.0000	6.3359	12.8020	19.4030	26.1430	33.0250	40.0560	47.2390	54.5800	62.0830	69.7550
46	H	46.2050	62.5980	79.3290	96.4080	113.8500	131.6500	149.8400	168.4300	187.4200	206.8400	226.6900
	t_w	16.6240	21.5980	25.7760	29.3690	32.5170	35.3180	37.8400	40.1360	42.2420	44.1890	46.0000
	d	0.0000	6.6702	13.4850	20.4490	27.5680	34.8460	42.2890	49.9020	57.6920	65.6650	73.8270
47	H	47.2110	64.4810	82.1260	100.1600	118.5900	137.4300	156.7100	176.4200	196.5900	217.2300	238.3700
	t_w	16.9700	22.1180	26.4150	30.0950	33.3090	36.1620	38.7270	41.0570	43.1940	45.1670	47.0000
	d	0.0000	7.0196	14.2000	21.5450	29.0630	36.7580	44.6370	52.7070	60.9740	69.4470	78.1330
48	H	48.2160	66.4050	85.0090	104.0400	123.5200	143.4600	163.8700	184.7800	206.2100	228.1600	250.6700
	t_w	17.3120	22.6370	27.0560	30.8230	34.1030	37.0080	39.6140	41.9800	44.1460	46.1440	48.0000
	d	0.0000	7.3849	14.9470	22.6940	30.6310	38.7660	47.1060	55.6600	64.4350	73.4410	82.6850
49	H	49.2220	68.3710	87.9800	108.0700	128.6500	149.7400	171.3700	193.5500	216.3000	239.6500	263.6200
	t_w	17.6490	23.1570	27.6980	31.5530	34.8990	37.8540	40.5030	42.9030	45.0980	47.1220	49.0000
	d	0.0000	7.7667	15.7300	23.8970	32.2760	40.8750	49.7040	58.7710	68.0850	77.6590	87.5010
50	H	50.2280	70.3810	91.0450	112.2400	133.9800	156.2900	179.2000	202.7300	226.9000	251.7400	277.2860
	t_w	17.9820	23.6770	28.3420	32.2840	35.6950	38.7020	41.3920	43.8260	46.0510	48.1000	50.0000
	d	0.0000	8.1656	16.5480	25.1570	34.0020	43.0910	52.4360	62.0470	71.9360	82.1150	92.5970
51	H	51.2340	72.4380	94.2060	116.5600	139.5300	163.1300	187.3900	212.3500	238.0300	264.4600	291.6800
	t_w	18.3110	24.1970	28.9870	33.0170	36.4940	39.5520	42.2820	44.7500	47.0030	49.0780	51.0000

续表

t	参数	φ										
		0	0.1	0.2	0.3	0.4	0.5	0.6	0.7	0.8	0.9	1
	d	0.0000	8.5822	17.4050	26.4770	35.8110	45.4180	55.3090	65.4980	75.9990	86.8250	97.9920
52	H	52.2400	74.5420	97.4670	121.0400	145.3000	170.2600	195.9700	222.4400	249.7300	277.8600	306.8800
	t_w	18.6350	24.7170	29.6340	33.7520	37.2930	40.4020	43.1730	45.6750	47.9570	50.0560	52.0000
	d	0.0000	9.0173	18.3000	27.8600	37.7090	47.8620	58.3320	69.1350	80.2860	91.8030	103.7000
53	H	53.2460	76.6950	100.8300	125.6900	151.3100	177.7100	204.9400	233.0300	262.0300	291.9800	322.9300
	t_w	18.9560	25.2380	30.2820	34.4880	38.0940	41.2530	44.0650	46.6000	48.9100	51.0340	53.0000
	d	0.0000	9.4714	19.2360	29.3070	39.6990	50.4290	61.5120	72.9670	84.8120	97.0690	109.7600
54	H	54.2520	78.9000	104.3100	130.5200	157.5600	185.4900	214.3300	244.1400	274.9600	306.8600	339.8800
	t_w	19.2730	25.7590	30.9310	35.2260	38.8970	42.1060	44.9570	47.5260	49.8650	52.0130	54.0000
	d	0.0000	9.9454	20.2140	30.8220	41.7860	53.1250	64.8580	77.0060	89.5920	102.6400	116.1700
55	H	55.2580	81.1580	107.9000	135.5300	164.0800	193.6100	224.1600	255.8000	288.5700	322.5500	357.8000
	t_w	19.5860	26.2810	31.5830	35.9650	39.7010	42.9590	45.8510	48.4520	50.8190	52.9910	55.0000
	d	0.0000	10.4400	21.2360	32.4080	43.9740	55.9570	68.3790	81.2640	94.6400	108.5300	122.9800
56	H	56.2640	83.4720	111.6100	140.7200	170.8700	202.0900	234.4700	268.0500	302.9000	339.1100	376.7600
	t_w	19.8960	26.8030	32.2360	36.7060	40.5060	43.8140	46.7450	49.3790	51.7730	53.9700	56.0000
	d	0.0000	10.9560	22.3050	34.0680	46.2690	58.9320	72.0840	85.7550	99.7950	114.7800	130.2000
57	H	57.2710	85.8430	115.4400	146.1200	177.9400	210.9600	245.2600	280.9100	318.0000	356.6100	396.8300
	t_w	20.2010	27.3270	32.8900	37.4490	41.3130	44.6690	47.6390	50.3060	52.7280	54.9490	57.0000
	d	0.0000	11.4940	23.4210	35.8050	48.6740	62.0570	75.9850	90.4910	105.6100	121.3900	137.8700
58	H	58.2770	88.2740	119.4000	151.7200	185.3100	220.2300	256.5800	294.4400	333.9100	375.0900	418.0900
	t_w	20.5030	27.8510	33.5700	38.1930	42.1210	45.5260	48.5350	51.2340	53.6830	55.9280	58.0000
	d	0.0000	12.0550	24.5860	37.6230	51.1960	65.3400	80.0910	95.4890	111.5800	128.4000	146.0200
59	H	59.2840	90.7670	123.5000	157.5400	192.9900	229.9300	268.4600	308.6700	350.6900	394.6400	440.6500
	t_w	20.8020	28.3760	34.2050	38.9390	42.9300	46.3830	49.4310	52.1620	54.6390	56.9070	59.0000
	d	0.0000	12.6400	25.8040	39.5250	53.8410	68.7900	84.4150	100.7600	117.8900	135.8400	154.6900
60	H	60.2900	93.3250	127.7300	163.5900	201.0100	240.0800	280.9200	323.6400	368.4000	415.3200	464.5800
	t_w	21.0970	28.9020	34.8650	39.6870	43.7400	47.2420	50.3280	53.0910	55.5940	57.8860	60.0000
	d	0.0000	13.2490	27.0750	41.5160	56.6140	72.4160	88.9710	106.3300	124.5700	143.7400	163.9200
61	H	61.2970	95.9490	132.1100	169.8800	209.3700	250.7000	294.0000	339.4100	387.1000	437.2300	490.0100
	t_w	21.3890	29.4300	35.5260	40.4360	44.5520	48.1010	51.2250	54.0200	56.5500	58.8650	61.0000
	d	0.0000	13.8840	28.4020	43.5990	59.5220	76.2270	93.7710	112.2200	131.6400	152.1200	173.7500
62	H	62.3040	98.6430	136.6400	176.4200	218.0900	261.8100	307.7300	356.0200	406.8600	460.4600	517.0600
	t_w	21.6770	29.9580	36.1900	41.1870	45.3650	48.9610	52.1230	54.9490	57.5060	59.8450	62.0000
	d	0.0000	14.5460	29.7880	45.7780	62.5720	80.2330	98.8290	118.4400	139.1400	161.0400	184.2300
63	H	63.3100	101.4100	141.3300	183.2100	227.2000	273.4600	322.1600	373.5200	427.7500	458.1000	545.8500
	t_w	21.9620	30.4880	36.8550	41.9390	46.1790	49.8220	53.0220	55.8780	58.4620	60.8240	63.0000
	d	0.0000	15.2340	31.2340	48.0580	65.7710	84.4460	104.1600	125.0100	147.1000	170.5200	195.7300
64	H	64.3170	104.2500	146.1800	190.2800	236.7100	285.6600	337.3400	391.9900	449.8700	511.2800	576.5400
	t_w	22.2440	31.0190	37.5220	42.6930	46.9940	50.6840	53.9200	56.8080	59.4190	61.8040	64.0000
	d	0.0000	15.9520	32.7430	50.4430	69.1260	88.8770	109.7900	131.9700	155.5400	180.6300	207.3900
65	H	65.3240	107.1600	151.2100	197.6300	246.6400	298.4400	353.3000	411.4800	473.3000	539.1000	609.3000
	t_w	22.5230	31.5510	38.1900	43.4480	47.8100	51.5460	54.8200	57.7390	60.3760	62.7830	65.0000

续表

t	参数	φ										
		0	0.1	0.2	0.3	0.4	0.5	0.6	0.7	0.8	0.9	1
	d	0.0000	16.6990	34.3190	52.9390	72.6460	93.5390	115.7300	139.3400	164.5100	191.4000	220.1900
66	H	66.3310	110.1600	156.4100	205.2900	257.0100	311.8500	370.1000	432.0700	498.1300	568.7200	644.3000
	t_w	22.7990	32.0850	38.8610	44.2040	48.6270	52.4090	55.7200	58.6690	61.3320	63.7630	66.0000
	d	0.0000	17.4760	35.9630	55.5500	76.3390	98.4450	122.0000	147.1400	174.0400	202.8900	233.9100
67	H	67.3380	113.2400	161.8000	213.2500	267.6600	325.9200	387.7800	453.8300	524.4900	600.2700	681.7600
	t_w	23.0720	32.6200	39.5330	44.9620	49.4450	53.2730	56.6210	59.6000	62.2890	64.7420	67.0000
	d	0.0000	18.2850	37.6780	58.2820	80.2150	103.6100	128.6200	155.4100	184.1800	215.1700	248.6400
68	H	68.3450	116.4100	167.3800	221.5400	279.2000	340.6900	406.4200	476.8500	552.4900	633.9400	721.9100
	t_w	23.3420	33.1560	40.2060	45.7210	50.2640	54.1380	57.5220	60.5320	63.2460	65.7220	68.0000
	d	0.0000	19.1270	39.4670	61.1410	84.2830	109.0500	135.6100	164.1800	194.9900	228.3100	264.4700
69	H	69.3530	119.6700	173.1700	230.1800	291.0600	356.2000	426.0800	501.2300	582.2700	669.9200	765.0200
	t_w	23.6090	33.6940	40.8820	46.4820	51.0840	55.0030	58.4230	61.4630	64.2030	66.7020	69.0000
	d	0.0000	20.0030	41.3350	64.1330	88.5540	114.7800	143.0100	173.5000	206.5100	242.3900	281.5100
70	H	70.3600	123.0100	179.1700	239.1800	303.4700	372.5000	446.8200	527.0600	613.9700	708.4000	811.3800
	t_w	23.8730	34.2340	41.5590	47.2430	51.9050	55.8690	59.3250	62.3940	65.1610	67.6820	70.0000
	d	0.0000	20.9130	43.2820	67.2640	93.0390	120.8200	150.8400	183.3900	218.8100	257.4900	299.8900
71	H	71.3670	126.4600	185.3800	248.5600	316.4500	389.6300	468.7200	554.4700	647.7600	749.6400	861.3400
	t_w	24.1340	34.7750	42.2380	48.0070	52.7270	56.7350	60.2270	63.3260	66.1180	68.6620	71.0000
	d	0.0000	21.8610	45.3140	70.5410	97.7510	127.1900	159.1300	193.9200	231.9600	273.7100	319.7600
72	H	72.3750	130.0000	191.8300	258.3300	330.0600	407.6500	491.8600	583.5700	683.8400	793.9100	915.2900
	t_w	24.3930	35.3170	42.9180	48.7710	53.5500	57.6020	61.1290	64.2580	67.0760	69.6420	72.0000
	d	0.0000	22.8460	47.4340	73.9720	102.7000	133.9000	167.9100	205.1300	246.0300	291.1800	314.2800
73	H	73.3830	133.6500	198.5100	268.5200	344.3100	426.6200	516.3400	614.5100	722.4000	841.5000	973.6800
	t_w	24.6490	35.8620	43.6000	49.5360	54.3740	58.4700	62.0320	65.1910	68.0340	70.6220	73.0000
	d	0.0000	23.8700	49.6450	77.5640	107.9000	141.0000	177.2300	217.0800	261.1100	310.0100	364.6600
74	H	74.3900	137.4000	205.4500	279.5000	359.2400	446.6500	542.2500	647.4400	763.6800	892.7800	1037.0000
	t_w	29.9020	36.4080	44.2840	50.3030	55.1980	59.3380	62.9350	66.1230	68.9910	71.6020	74.0000
	d	0.0000	24.9350	51.9520	81.3250	113.3700	148.4800	187.1200	229.8300	277.3000	330.3700	390.1000
75	H	75.3980	141.2700	212.6400	290.2400	374.9000	467.6600	569.7100	682.5400	807.9400	948.1500	1105.9000
	t_w	25.1530	36.9550	44.9690	51.0710	56.0230	60.2060	63.8390	67.0560	69.9490	72.5820	75.0000
	d	0.0000	26.0410	54.3580	85.2640	119.1300	156.4000	197.6200	243.4000	294.7000	352.4200	417.8800
76	H	76.4060	145.2500	220.1100	301.8100	391.3400	489.8700	598.8300	719.9900	855.4900	1008.1000	1181.1000
	t_w	25.4010	37.5050	45.6550	51.8400	56.8480	61.0750	64.7420	67.9890	70.9070	73.5620	76.0000
	d	0.0000	27.1910	56.8690	89.3900	125.1800	164.7700	208.7900	258.0200	313.4600	376.3500	448.3100
77	H	77.4140	149.3500	227.8600	313.8900	408.5900	513.3100	629.7600	760.0100	906.6700	1073.0000	1263.4000
	t_w	25.6470	38.0550	46.3430	52.6090	57.6750	61.9440	65.6460	68.9220	71.8650	74.5420	77.0000
	d	0.0000	28.3860	59.4870	93.7130	131.5600	173.6300	220.6800	273.6400	333.7000	402.4000	481.7400
78	H	78.4220	453.5700	235.9100	326.5200	426.7100	538.0800	662.6300	802.8400	961.8500	1143.7000	1353.8000
	t_w	25.8900	38.6080	47.0330	53.3800	58.5020	62.8140	66.5500	69.8540	72.8230	75.5230	78.0000
	d	0.0000	29.6280	62.2200	98.2430	138.2700	183.0100	233.3500	290.3900	355.6000	430.8400	518.6300
79	II	79.4300	157.9200	244.2700	339.7000	445.7500	564.2700	697.6200	848.7600	1021.5000	1220.8000	1453.4000
	t_w	26.1310	39.1620	47.7240	54.1520	59.3300	63.6840	67.4550	70.7880	73.7810	76.5030	79.0000

续表

t	参数	φ										
		0	0.1	0.2	0.3	0.4	0.5	0.6	0.7	0.8	0.9	1
	d	0.0000	30.9180	65.0700	102.9900	145.3500	192.9600	246.8600	308.4100	379.3400	461.9800	559.4800
80	H	80.4380	162.4100	252.9500	353.4900	465.7700	591.9900	734.9100	898.0800	1086.1000	1305.2000	1563.7000
	t_w	26.3690	39.7180	48.4160	54.9240	60.1580	64.5540	68.3590	71.7210	74.7390	77.4830	80.0000
	d	0.0000	32.2580	68.0440	107.9700	152.8100	203.5100	261.3100	327.8100	405.1500	496.2000	604.9600
81	H	81.4460	167.0300	261.9700	367.9000	486.8400	621.3600	774.7000	951.1500	1156.3000	1397.9000	1686.4000
	t_w	26.6050	40.2760	49.1100	55.6980	60.9870	65.4250	69.2640	72.6550	75.6980	78.4630	81.0000
	d	0.0000	33.6790	71.1480	113.2000	160.6800	214.7100	276.7600	348.7600	433.2900	533.9400	655.8300
82	H	82.4550	171.7900	271.3500	382.9800	509.0300	652.5000	817.2400	1008.4000	1232.8000	1500.0000	1823.6000
	t_w	26.8390	40.8350	49.8050	56.4720	61.8160	66.2960	70.1690	73.5880	76.6560	79.4440	82.0000
	d	0.0000	35.0950	74.3870	118.6800	1168.9800	226.6200	2293.3200	371.4000	464.0500	575.7500	713.0700
83	H	83.4630	176.7000	281.0900	398.7600	532.4200	685.5500	862.7600	1070.2000	1316.3000	1613.1000	1977.9000
	t_w	27.0710	41.3960	50.5010	57.2480	62.6450	67.1680	71.0740	74.5210	77.6140	80.4240	83.0000
	d	0.0000	36.5960	77.7670	124.4300	177.7600	239.3000	311.1000	395.9600	497.8000	622.2800	777.9000
84	H	84.4720	181.7700	291.2300	415.2900	557.0800	720.6900	911.5200	1137.2000	1408.0000	1738.9000	2152.6000
	t_w	27.3000	41.9580	51.1990	58.0240	63.4760	68.0390	71.9790	75.4550	78.5720	81.4040	84.0000
	d	0.0000	38.1550	81.2960	130.4700	187.0400	252.8100	330.2100	422.6500	534.9600	674.3300	851.8700
85	H	85.4810	186.9900	301.7700	432.6100	583.1100	758.0900	964.0300	1210.0000	1508.8000	1879.6000	2351.9000
	t_w	27.5270	42.5230	51.8970	58.8000	64.3060	68.9110	72.8840	76.3880	79.5300	82.3840	85.0000
	d	0.0000	39.7730	84.9800	136.8200	196.8600	267.2200	350.8000	451.7400	576.0400	932.8900	937.0100
86	H	86.4890	192.3800	312.7400	450.7600	640.6100	797.9400	1020.5000	1289.2000	1620.2000	2037.8000	2581.2000
	t_w	27.7520	43.0880	52.5970	59.5780	65.1380	69.7830	73.7900	77.3220	80.4890	83.3640	86.0000
	d	0.0000	41.4540	88.8270	143.4900	207.2500	282.6100	373.0400	483.5400	621.6700	799.2300	1035.9000
87	H	87.4980	197.9400	324.1600	469.8000	639.6900	840.4700	1081.4000	1375.8000	1743.8000	2216.9000	2847.6000
	t_w	27.9750	43.6560	53.2980	60.3560	65.9690	70.6550	74.6950	78.2560	81.4470	84.3440	87.0000
	d	0.0000	43.1980	92.8450	150.5000	218.2700	299.0800	397.0900	518.4400	672.5900	874.9400	1152.3000
88	H	88.5070	203.6800	336.0500	489.7800	670.4700	885.9300	1147.2000	1470.8000	1881.8000	2421.3000	3160.7000
	t_w	28.1960	44.2250	54.0000	61.1340	66.8000	71.5280	75.6000	79.1890	82.4050	85.3250	88.0000
	d	0.0000	45.0100	97.0420	157.8800	229.9700	316.7300	423.1800	556.8600	729.7500	962.0700	1290.8000
89	H	28.5160	209.6100	348.4300	510.7600	703.0900	934.5900	1218.6000	1575.3000	2036.6000	2656.4000	3533.5000
	t_w	28.4150	44.7950	54.7040	61.9140	67.6330	72.4000	76.5060	80.1230	83.3640	86.3050	89.0000
	d	0.0000	46.8900	101.4300	165.6500	242.3800	335.6800	451.5600	599.3400	797.3100	1063.4000	1458.6000
90	H	90.5250	205.7200	361.3300	532.8000	737.6800	986.7900	1296.2000	1690.8000	2211.3000	2929.7000	3984.9000
	t_w	28.6320	45.3670	55.4070	62.6940	68.4650	73.2730	77.4120	81.0570	84.3220	87.2850	90.0000
	d	0.0000	48.8430	106.0100	173.8300	255.5800	356.0600	482.5100	646.5300	867.7500	1182.4000	1665.7000
91	H	91.5350	222.0400	374.7800	555.9800	774.4200	1042.9000	1380.8000	1819.0000	2410.1000	3250.9000	4542.0000
	t_w	28.8470	45.9410	56.1130	63.4740	69.2970	74.1460	78.3170	81.9900	85.2800	88.2660	91.0000
	d	0.0000	50.8690	110.8000	182.4500	269.6400	378.0100	516.3900	699.2100	951.9800	1324.4000	1927.6000
92	H	92.5440	228.5600	388.8000	580.3800	813.4900	1103.3000	1473.2000	1962.1000	2637.9000	3633.6000	5246.4000
	t_w	29.0600	46.5160	56.8190	64.2550	70.1300	75.0180	79.2230	82.9240	86.2380	89.2460	92.0000
	d	0.0000	52.9730	115.8100	191.5500	284.6100	401.7300	553.5800	758.3400	1049.5000	1496.3000	2269.0000
93	H	93.5530	235.2900	403.4200	606.0700	855.0800	1168.4000	1574.7000	2122.6000	2901.6000	4097.0000	6164.7000
	t_w	29.2710	47.0930	57.5260	65.0360	70.9640	75.8920	80.1290	83.8580	87.1970	90.2260	93.0000

续表

t	参数	φ										
		0	0.1	0.2	0.3	0.4	0.5	0.6	0.7	0.8	0.9	1
	d	0.0000	55.1570	121.0500	201.1500	300.6000	427.3900	594.5900	825.1600	1163.6000	1708.6000	2732.5000
94	H	94.5630	242.2500	418.6800	633.1400	899.4400	1238.9000	1686.6000	2304.0000	3210.1000	4669.4000	7410.8000
	t_w	29.4800	47.6710	58.2340	65.8180	71.7970	76.7640	81.0340	84.7910	88.1550	91.2070	94.0000
	d	0.0000	57.4240	126.5300	211.2900	371.6900	455.2500	639.9900	901.2100	1298.8000	1977.3000	3396.8000
95	H	95.5730	249.4400	434.6000	661.7000	946.8000	1315.4000	1810.4000	2510.3000	3575.6000	5393.5000	9197.1000
	t_w	29.8930	48.2500	58.9420	66.6000	72.6300	77.6380	81.9400	85.7250	89.1130	92.1870	95.0000
	d	0.0000	59.7780	132.2700	222.0100	335.9900	485.5600	690.4800	988.4600	1461.5000	2327.9000	4428.2000
96	H	96.5820	256.8600	451.2300	691.8600	997.4700	1398.5000	1948.0000	2746.9000	4015.3000	6338.5000	11970.0000
	t_w	29.8930	48.8320	59.6510	67.3830	73.4640	78.5110	82.8450	86.6580	90.0720	93.1690	96.0000
	d	0.0000	62.2210	138.2800	233.3500	355.6100	518.6500	746.9500	1089.5000	1660.8000	2804.5000	6244.7000
97	H	97.5920	264.5400	468.6100	723.7200	1051.8000	1489.2000	2101.8000	3021.0000	4553.8000	7622.5000	16853.0000
	t_w	30.0970	79.4140	60.3620	68.1660	74.2980	79.3840	83.7510	87.5920	91.0290	94.1500	97.0000
	d	0.0000	64.7580	144.5700	245.3700	376.6900	554.8800	810.4700	1207.9000	1910.5000	3488.9000	10290.0000
98	H	98.6020	272.4800	486.7800	757.4400	1110.1000	1588.5000	2274.8000	3341.9000	5228.4000	9466.5000	27728.0000
	t_w	30.2990	49.9980	60.0730	68.9490	75.1320	80.2570	84.6570	88.5250	91.9880	95.1310	98.0000
	d	0.0000	67.3910	151.1600	258.1100	399.3900	594.7100	882.4000	1348.3000	2232.1000	4554.2000	27146.0000
99	H	99.6120	280.6900	505.7800	793.1400	1172.8000	1697.6000	2470.6000	3722.4000	6097.3000	12337.0000	73041.0000
	t_w	30.5000	50.5830	61.7850	69.7330	75.9660	81.1300	85.5630	89.4590	92.9470	96.1140	99.0000

注：d 为湿含量（g 水蒸气/kg 干空气）；φ 为湿空气（压力为 0.1MPa）的相对湿度；H 为湿空气的焓（kJ/kg 干空气）；t 为湿空气的温度（℃）；t_d 为湿空气（t_d<0℃）的干球温度（℃）；t_w 为湿空气（t_w>0℃）的湿球温度（℃）

附录 2　常压状态(0.1013MPa)湿空气参数图

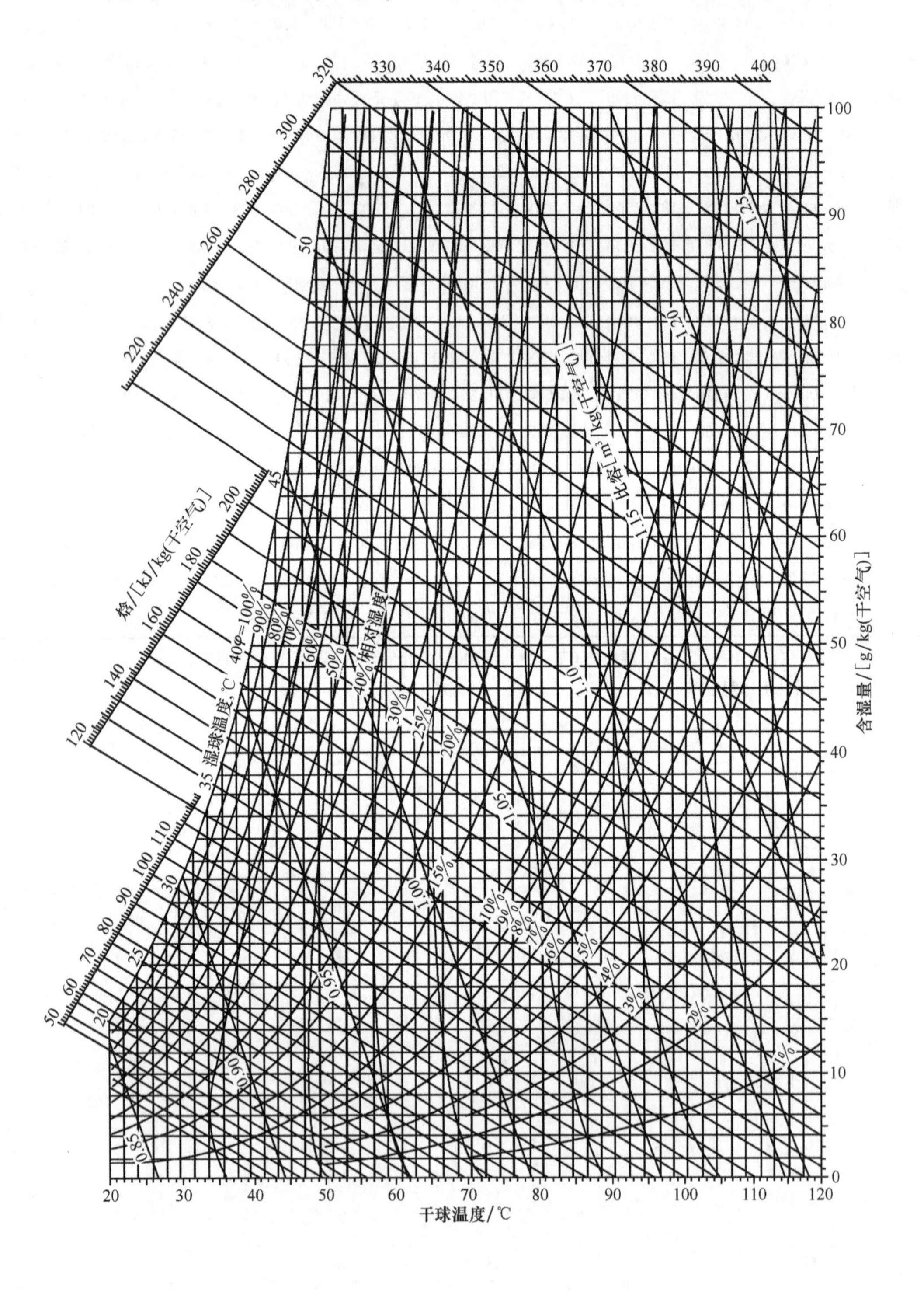

附录3 我国300个主要城市木材平衡含水率气象值

省（自治区、直辖市）	地名	月份												年平均
		1	2	3	4	5	6	7	8	9	10	11	12	
北京	北京	9.5	9.1	8.5	8.6	9.1	10	12	13	12	11	11	9.7	10.3
天津	天津	12	11	10	9.4	9.9	11	14	14	13	12	12	12	11.6
重庆	重庆	19	17	16	15	15	17	15	14	16	19	19	19	16.7
上海	上海	14	14	14	14	14	15	15	15	14	13	14	14	14.2
香港	香港	15	15	14	14	14.2	15	16	16	16	15	16	15	15.1
澳门	澳门	14	16	18	19	17	17	16	16	15	13	13	13	15.6
台湾	台北	15	16	17	17	18	19	17	17	15	15	15	14	16.1
河北	石家庄市	12	11	10	11	11	11	14	15	13	12	13	13	12.1
	唐山市	11	10	9.4	9	9.7	11	13	13	12	11	11	11	11
	秦皇岛市	11	11	13	11	12	14	16	15	13	12	11	11	12.3
	邯郸市	12	11	10	10	11	10.1	14	14	13	12	12	12	11.7
	邢台市	11	10	9.6	9.4	9.8	9.8	13	14	13	12	12	12	11.2
	保定市	11	9.9	9.4	9.3	9.9	10	13	14	13	12	12	12	11.3
	张家口市	9.1	8.6	8	7.3	7.5	8.9	11	12	10	9.2	9.1	8.6	9.1
	承德市	11	10	8.9	8.2	9.1	6.9	14	14	13	12	12	12	10.9
	沧州市	11	11	9.4	9.2	9.9	11	14	15	13	12	12	12	11.5
	廊坊市	11	10	9.5	9.2	10.1	11	14	15	13	12	12	11	11.5
	衡水市	12	11	10	10	11	11	14	15	13	12	13	13	12
山西	太原市	11	9.6	9.4	8.6	9.2	11	13	14	14	13	12	11	11.2
	大同市	11	9.8	8.7	7.8	7.7	8.9	11	12	11	10	10	11	10
	阳泉市	9.4	11	8.8	8.2	8.8	9.7	13	14	13	11	9.6	9	10.3
	长治市	11	11	10	9.2	10	11	14	16	14	12	11	11	11.7
	晋城市	10	11	11	10	11	11	14	15	14	12	11	10	11.7
	朔州市	11	9.9	9.1	7.9	8.1	9.3	13	14	12	11	11	11	10.5
	忻州市	11	11	10	8.9	9.3	11	14	16	15	13	13	12	12.1
	吕梁市	11	10	9.6	8.3	8.6	9.8	12	13	13	12	12	11	11
	晋中市	11	10	10	9.2	10	11	14	16	13	13	12	11	11.7
	临汾市	11	11	10	9.9	10	10	12	13	13	13	13	12	11.7
	运城市	11	11	10	10	10	9.8	12	13	13	13	13	12	11.5
内蒙古	呼和浩特市	12	10	8.9	7.6	7.4	8.4	14	11	10	11	11	12	10.3
	包头市	10	8.6	7.2	7.4	7.9	9.7	11	11	11	11	12	9.8	9.7
	乌海市	9	6.5	6.7	6.2	6.6	7.7	8.4	8.8	8.8	9.4	10.2	8.2	8
	赤峰市	9.7	8.8	8.3	7.7	7.9	9.6	12	12	11	9.5	9.7	9.8	9.6
	呼伦贝尔市	18	14	10	7.8	11	13	13	12	12	15	18	14	13.1
	通辽市	11	9.6	8.7	9.2	8.5	11	13	13	12	11	11	11	10.7
	乌兰察布市	11	9.2	8	7.9	9.9	11	12	11	11	11	12	11	10.3
	鄂尔多斯市	10	8.7	7.3	7.4	8.2	10	11	10	9.9	10	11	9.6	9.5
	巴彦淖尔市	9.6	8.1	6.9	6.8	7.5	8.9	10	9.8	9.7	11	11	9.1	9

续表

省(自治区、直辖市)	地名	月份												年平均
		1	2	3	4	5	6	7	8	9	10	11	12	
辽宁	沈阳市	13	11	11	9.7	10	12	15	15	13	12	12	13	12.3
	大连市	12	11	11	11	11	14	18	16	13	12	12	12	12.6
	鞍山市	11	10	9.5	8.8	9.3	11	13	13	12	11	11	11	10.9
	抚顺市	14	13	12	10	11	13	16	17	15	13	13	14	13.4
	本溪市	13	12	11	9.6	10	12	15	15	14	12	13	13	12.4
	丹东市	12	11	12	13	14	16.2	20	18	15	13	13	12	13.9
	锦州市	13	11	11	11	11	14	17	16	14	13	12	12	12.8
	营口市	13	12	11	11	11	13	15	15	13	14	13	13	12.8
	阜新市	11	10	9.1	9.1	9.2	12	15	15	13	11	11	12	11.3
	辽阳市	12	10	9.5	9.9	12	15	15	14	13	13	13	12	12.3
	铁岭市	11	9.9	9	9.5	12	15	15	13	12	12	13	12	11.8
	朝阳市	8.5	7.9	7.7.	8.3	11	13	13	12	10	9.7	9.8	10	10.3
	葫芦岛市	10	9.7	10	10	13	16	15	13	11	11	11	12	11.8
	盘锦市	11	11	11	11	14	16	16	13	13	12	12	13	12.8
吉林	长春市	14	12	9.7	9.7	11	15	15	12	11	12	13	14	12.4
	吉林市	15	14	12	10	10	12	15	16	14	13	13	15	13.2
	四平市	13	12	10	9.3	11	12	15	15	13	12	13	13	12.3
	辽源市	14	12	11	11	13	16	17	15	13	14	15	14	13.4
	通化市	14	13	11	10	11	13	15	16	15	13	13	14	13.2
	白山市	13	12	11	12	14	17	17	15	13	14	15	14	13.9
	白城市	10	8.6	8	8.3	11	14	14	12	10	11	12	11	10.8
	松原市	12	9.9	9	9	11	14	14	12	11	12	14	12	11.7
黑龙江	哈尔滨市	15	14	11	9.4	9.5	11	14	15	13	12	13	13	12.4
	齐齐哈尔市	14	12	9.7	9.1	8.4	11	13	14	12	11	12	14	11.6
	牡丹江市	14	13	13	10	11	12	14	15	14	13	13	15	13
	佳木斯市	13	12	10	11	13	15	16	14	12	12	14	13	12.9
	大庆市	13	10	9.2	8.9	11	14	14	13	11	13	14	12	12
	伊春市	15	14	13	11	11	14	16	17	15	13	13	14	13.7
	鸡西市	12	11	10	11	13	15	15	13	12	12	13	13	12.6
	鹤岗市	13	12	11	9.8	10	13	14	15	13	11	12	13	12.1
	双鸭山市	12	11	9.8	10	12	14	15	13	11	11	13	12	12
	七台河市	12	10	9.4	9.9	12	14	14	13	11	11	13	12	11.8
	绥化市	16	13	11	10	12	15	16	14	13	14	16	14	13.
	黑河市	13	12	10	10	12	15	16	14	12	13	15	13	12.8
江苏	南京市	15	14	14	13	13	14	15	16	15	14	15	14	14.5
	无锡市	15	15	14	14	15	14	16	16	15	15	14	15	14.7
	徐州市	13	13	12	11	12	12	15	16	14	13	13	13	13.1
	常州市	15	14	15	14	14	15	15	16	15	15	15	14	14.6
	苏州市	14	15	14	13	13	15	14	14	14	13	14	14	13.9
	南通市	15	15	15	15	15	16	16	17	16	15	14	14	15.1
	连云港市	13	13	12	12	13	14	16	17	14	13	13	13	13.5
	淮安市	14	14	14	13	14	15	18	18	17	15	15	14	15.1
	盐城市	15	14	15	15	14	15	18	18	16	15	15	14	15.3
	扬州市	15	15	14	13	13	14	15	16	15	14	15	14	14.5
	镇江市	14	14	14	14	13	15	16	16	15	14	14	13	14.3
	泰州市	15	15	15	14	14	15	17	17	16	15	14	14	15.1
	宿迁市	14	14	13	13	14	14	18	18	16	15	14	14	14.7

续表

省(自治区、直辖市)	地名	月份												年平均
		1	2	3	4	5	6	7	8	9	10	11	12	
浙江	杭州市	15	15	15	14	14	16	14	15	15	15	14	14	14.6
	宁波市	15	15	15	14	14	16	14	15	16	15	15	15	15
	温州市	18	14	15	15	15	17	15	15	14	14	14	13	15
	绍兴市	16	16	16	15	14	16	14	15	17	17	16	16	15.6
	湖州市	16	16	15	14	14	16	15	16	16	16	16	15	15.4
	嘉兴市	16	16	16	15	15	17	16	17	17	16	16	16	16.2
	金华市	15	15	15	14	14	15	13	13	14	14	14	14	14.2
	衢州市	16	16	16	15	14	16	13	14	15	15	15	15	15.1
	台州市	14	15	15	15	15	17	15	16	16	15	14	14	14.9
	丽水市	15	15	15	14	14	15	13	13	14	14	15	15	14.1
	舟山市	15	15	16	16	16	19	17	17	16	15	15	14	15.6
安徽	合肥市	15	15	14	13	13	14	15	13	15	14	14	14	14.2
	芜湖市	16	15	15	14	14	15	15	15	15	15	15	15	14.9
	蚌埠市	14	14	13	13	12	13	15	16	14	13	13	13	13.6
	淮南市	14	14	13	13	13	13	15	15	15	13	13	13	13.5
	马鞍山市	15	14	14	13	13	14	15	16	15	14	14	14	14.3
	淮北市	13	12	12	11	12	12	15	16	14	13	13	13	13
	铜陵市	16	16	15	14	14	16	16	16	16	16	16	15	15.4
	安庆市	16	15	15	14	14	15	15	15	16	15	15	14	14.9
	黄山市	13	14	16	16	16	19	22	22	20	19	12	11	16.8
	阜阳市	14	14	14	13	13	13	16	17	15	14	14	14	14.3
	宿州市	13	13	13	12	12	12	15	16	14	13	13	13	13.2
	滁州市	15	14	14	13	13	14	15	16	15	14	14	14	14.2
	六安市	15	14	14	13	13	15	16	16	15	14	14	14	14.3
	宣城市	16	16	15	15	14	16	15	16	16	16	16	16	15.6
	池州市	16	15	15	14	14	15	15	15	16	15	15	14	14.9
	亳州市	13	13	15	12	12	12	15	16	14	13	13	13	13.3
福建	福州市	14	15	15	15	14	15	13	14	13	12	13	13	13.8
	厦门市	14	16	16	16	16	18	16	16	14	13	13	13	15
	泉州市	16	17	17	16	16	17	15	15	15	14	14	15	15.5
	莆田市	14	15	15	15	15	16	15	14	13	12	12	12	14
	漳州市	14	15	16	15	16	16	14	15	14	13	13	13	14.6
	龙岩市	14	15	16	15	15	15	14	14	14	13	13	13	14.1
	三明市	16	16	17	16	16	16	14	14	15	14	15	15	15.2
	南平市	16	16	16	15	15	15	14	14	15	14	15	15	14.9
	宁德市	15	16	16	15	15	16	14	14	14	13	14	14	14.6

续表

省(自治区、直辖市)	地名	月份												年平均
		1	2	3	4	5	6	7	8	9	10	11	12	
江西	南昌市	15	16	16	16	15	16	14	14	14	13	14	14	14.6
	赣州市	15	16	16	15	15	14	13	13	13	13	14	14	14.1
	宜春市	18	18	18	17	16	16	15	15	16	15	16	16	16.1
	吉安市	17	18	18	17	16	16	13	13	15	14	15	15	15.5
	上饶市	16	17	17	16	15	16	14	14	15	14	15	15	15.2
	抚州市	19	18	18	17	16	17	14	15	15	16	17	17	16.8
	九江市	15	15	15	14	14	15	13	14	14	14	14	14	14.2
	景德镇市	16	15	16	15	15	16	15	14	14	14	15	15	14.8
	萍乡市	15	15	14	18	16	17	14	16	16	16	16	17	15.7
	新余市	17	17	17	16	15	15	13	13	14	13	15	15	14.9
	鹰潭市	16	16	16	15	13	15	13	13	14	14	15	15	14.4
山东	济南市	10	10	8.9	8.7	9.3	9.6	13	15	13	11	11	11	10.9
	青岛市	13	13	13	13	14	17	19	16	13	12	12	12	13.8
	淄博市	12	11	9.9	9.5	10	9.9	13	14	12	12	12	12	11.3
	枣庄市	12	12	11	11	11	12	15	16	13	12	13	12	12.4
	东营市	12	12	11	9.5	10	11	14	14	13	12	12	13	11.9
	烟台市	12	12	11	9.7	11	12	15	15	12	11	11	12	11.8
	潍坊市	13	12	11	11	12	12	15	16	14	13	13	13	12.8
	济宁市	12	12	11	11	11	11	14	15	14	13	13	13	12.5
	泰安市	12	11	11	11	12	11	16	16	14	13	13	13	12.6
	威海市	13	13	14	10	16	19	22	20	14	12	13	13	14.8
	日照市	12	12	13	13	14	17	19	17	13	12	12	12	13.8
	滨州市	12	12	11	10	11	12	15	16	14	13	13	13	12.4
	德州市	12	11	10	10	11	11	14	15	13	12	12	12	11.9
	聊城市	13	12	11	11	13	12	16	17	15	13	13	13	13.2
	临沂市	12	12	11	11	12	13	16	16	14	13	13	12	12.9
	菏泽市	13	12	12	12	13	12	16	17	15	14	14	14	13.7
	莱芜市	11	10	10	9.5	10	11	14	15	13	12	12	12	11.7
河南	郑州市	12	12	11	10	11	11	14	15	14	13	12	12	12.3
	开封市	12	12	12	12	12	12	15	16	14	13	13	13	12.7
	洛阳市	12	12	12	11	12	13	16	16	16	15	13	12	13.3
	平顶山市	12	12	13	13	13	12	16	17	15	13	13	12	13.3
	安阳市	12	11	11	11	11	11	14	15	13	13	13	12	12.2
	鹤壁市	13	12	12	12	13	12	16	17	15	13	14	13	13.4
	新乡市	12	12	11	11	12	11	15	16	14	13	13	12	12.7
	焦作市	11	11	10	10	11	10	14	14	13	12	11	11	11.5
	濮阳市	13	12	12	12	13	12	16	17	15	14	14	14	13.7
	许昌市	13	13	14	13	13	12	16	17	15	13	13	13	13.7
	漯河市	13	13	13	13	13	12	15	16	14	13	13	13	13.5
	三门峡市	11	11	11	10	13	11	13	14	14	13	12	11	11.8
	商丘市	13	13	13	13	13	13	16	18	15	14	14	14	13.9
	周口市	13	13	13	13	13	12	15	17	15	14	14	14	13.8
	驻马店市	13	13	13	13	13	13	15	17	15	13	13	13	13.8
	南阳市	14	13	13	13	13	13	16	16	15	14	14	14	14
	信阳市	14	14	13	13	13	14	16	17	15	15	14	13	14.2

续表

省(自治区、直辖市)	地名	月份												年平均
		1	2	3	4	5	6	7	8	9	10	11	12	
	武汉市	15	15	15	14	14	15	14	14	14	15	15	14	14.5
	黄石市	16	15	15	14	14	15	14	14	14	14	15	15	14.5
	十堰市	14	13	13	13	13	13	15	15	15	16	15	14	14.1
	荆州市	15	15	15	15	14	15	16	16	13	15	15	15	14.9
	宜昌市	14	14	14	14	14	14	15	15	14	15	15	14	14.3
湖北	襄阳市	15	14	14	14	13	14	17	16	15	15	14	14	14.5
	鄂州市	16	16	15	15	14	15	15	14	14	14	15	14	14.7
	荆门市	14	14	14	14	13	15	16	16	14	14	14	13	14
	黄冈市	16	16	16	15	15	16	15	15	14	15	15	15	15.1
	孝感市	16	16	16	15	15	16	17	16	15	16	15	15	15.6
	咸宁市	16	16	16	15	14	15	14	15	15	13	15	15	14.9
	随州市	15	14	14	14	14	15	17	16	15	15	15	14	14.9
	长沙市	17	17	17	16	15	16	14	15	16	16	16	16	15.7
	株洲市	17	17	17	16	15	15	13	14	15	15	15	16	15.3
	湘潭市	18	18	18	17	16	17	14	15	16	16	15	16	16.3
	衡阳市	16	17	16	16	15	16	13	13	14	14	14	14	14.7
	邵阳市	17	18	17	17	16	17	15	15	16	16	16	16	16.2
	岳阳市	16	16	16	15	14	15	14	15	15	15	14	14	14.9
湖南	张家界市	15	15	15	15	15	15	15	14	14	15	15	14	14.6
	益阳市	16	16	16	16	15	16	14	15	15	15	15	15	15.3
	常德市	16	16	16	15	15	15	14	15	15	15	14	15	14.9
	娄底市	16	16	16	15	15	16	13	14	14	14	14	14	14.6
	郴州市	18	18	17	16	15	14	9.8	13	15	15	15	15	14.9
	永州市	17	17	17	16	15	15	13	14	14	14	14	14	15.1
	怀化市	16	15	16	16	15	16	15	14	14	15	15	15	15.1
	广州市	13	14	15	16	15	15	14	14	13	12	12	12	13.6
	深圳市	13	15	15	16	16	15	15	15	14	13	12	12	14.3
	珠海市	14	16	18	19	18	18	17	17	15	14	13	13	16
	汕头市	14	15	14	14	15	16	15	15	14	13	13	13	14.2
	佛山市	14	17	18	18	17	17	16	15	15	14	13	12	15.5
	韶关市	15	16	17	17	16	16	14	14	14	14	14	14	14.8
	湛江市	16	19	20	19	17	16	16	16	15	15	14	14	16.4
	肇庆市	14	16	17	18	16	17	15	15	14	13	13	13	15.1
	江门市	14	16	17	18	17	17	16	16	15	13	13	13	15.3
	茂名市	15	17	18	18	18	18	17	17	15	14	13	13	15.9
广东	惠州市	14	15	16	16	16	17	15	16	15	13	13	14	15
	梅州市	14	15	16	16	16	16	14	15	15	13	13	13	14.5
	汕尾市	13	15	16	16	17	18	17	17	15	13	13	13	15.1
	河源市	13	14	16	16	16	16	15	15	14	12	12	12	14.2
	阳江市	14	16	18	19	18	18	17	17	16	14	13	13	15.9
	清远市	13	15	16	17	16	17	15	15	14	13	12	12	14.6
	东莞市	13	15	16	18	16	16	16	15	14	13	12	13	14.7
	中山市	16	18	18	18	16	18	17	17	17	15	15	15	16.6
	潮州市	14	16	16	16	16	17	15	15	15	13	13	13	14.9
	揭阳市	14	16	16	16	16	17	15	15	15	14	14	13	15.1
	云浮市	16	14	18	18	17	17	16	16	16	14	14	14	15.7

续表

省(自治区、直辖市)	地名	月份												年平均
		1	2	3	4	5	6	7	8	9	10	11	12	
广西	南宁市	15	17	16	16	16	16	16	16	15	14	14	14	15.3
	柳州市	14	15	15	16	14	14	14	12	12	12	13	13	13.7
	桂林市	14	15	16	16	15	16	15	14	13	13	13	13	14.3
	梧州市	15	16	17	18	17	17	16	16	15	14	14	13	15.5
	北海市	16	18	18	18	16	16	16	17	16	14	14	14	15.8
	崇左市	15	15	16	15	15	16	16	16	15	14	14	14	15
	来宾市	14	16	16	16	15	16	15	15	14	13	13	13	14.7
	贺州市	15	16	17	16	15	15	14	14	14	13	14	14	14.7
	玉林市	15	17	17	17	17	17	16	16	16	14	13	13	15.6
	百色市	15	14	13	13	14	15	15	15	15	15	15	15	14.5
	河池市	14	15	15	15	15	15	15	14	13	13	13	13	14.2
	钦州市	15	16	17	17	16	18	17	17	15	13	13	13	15.5
	防城港市	14	16	18	18	17	18	17	17	15	13	12	13	15.6
	贵港市	14	16	16	15	15	16	15	15	14	13	13	13	14.6
海南	海口市	19	20	18	17	16	16	16	17	17	16	16	16	16.8
	三亚市	15	16	16	17	17	18	18	19	19	17	15	14	16.6
	儋州市	18	18	16	15	16	15	15	17	18	18	17	17	16.6
	三沙市	20	21	20	20	19	19	19	16	20	20	19	19	19.3
四川	成都市	18	17	16	15	14	15	17	18	17	17	17	19	16.7
	绵阳市	18	16	15	14	13	15	16	17	17	17	17	18	16
	自贡市	18	16	15	14	14	16	16	16	17	19	17	18	16.1
	攀枝花市	12	5.1	7.9	8.2	9.7	13	15	16	16	15	14	14	12.1
	泸州市	20	18	17	16	16	17	16	16	18	20	20	20	17.8
	德阳市	18	16	15	14	13	15	16	16	16	17	17	18	15.8
	广元市	12	12	12	12	11	12	16	14	14	14	13	13	13
	遂宁市	19	17	15	14	14	16	16	15	16	18	18	19	16.4
	内江市	19	16	15	15	14	17	17	17	18	20	20	19	17.3
	乐山市	18	16	15	14	14	15	16	16	17	18	17	18	16
	资阳市	19	16	15	14	13	15	16	16	18	19	18	19	16.5
	宜宾市	19	17	16	14	14	16	16	15	17	18	18	19	16.4
	南充市	19	17	15	15	14	15	15	14	16	18	18	19	16.3
	达州市	18	16	15	15	15	16	16	15	16	19	19	19	16.6
	雅安市	18	18	16	15	15	16	17	17	18	19	19	19	17.2
	广安市	20	19	16	16	15	17	16	15	17	19	20	20	17.5
	巴中市	17	15	14	14	13	15	15	14	16	17	16	19	15.5
	眉山市	19	17	16	15	14	16	17	17	17	18	18	19	16.7
贵州	贵阳市	20	19	16	16	15	16	16	15	16	19	19	19	17
	六盘水市	20	19	16	15	15	16	15	16	16	18	18	18	16.8
	遵义市	19	18	17	16	14	16	15	14	15	17	17	18	16.2
	铜仁市	15	15	15	15	15	16	14	14	14	15	15	15	14.8
	毕节市	20	19	16	16	15	16	16	15	16	19	19	19	17
	安顺市	19	19	16	15	15	16	16	15	15	17	17	17	16.3

续表

省(自治区、直辖市)	地名	月份												年平均
		1	2	3	4	5	6	7	8	9	10	11	12	
云南	昆明市	13	11	10	10	12	15	16	16	16	16	15	14	13.7
	昭通市	15	13	13	13	13	15	15	15	16	17	16	15	14.6
	曲靖市	13	11	10	10	12	15	16	15	15	16	14	14	13.3
	玉溪市	14	12	11	11	12	15	16	16	16	16	16	15	14.1
	普洱市	15	13	11	12	14	16	19	18	17	17	16	16	15.3
	保山市	13	12	11	12	12	14	16	17	17	16	15	14	14.1
	丽江市	8.9	8.7	9	9.6	11	13	16	17	18	14	13	10	12.1
	临沧市	12	11	9.8	10	13	15	17	16	16	15	14	13	13.5
西藏	拉萨市	7.2	6.9	7.4	8.4	9.3	10	13	13	13	9.8	8.1	7.6	9.5
	昌都市	8.1	7.9	8.5	9.4	9.5	11	12	13	13	11	9.4	8.5	10.1
	山南市	6.9	6.9	6.9	8	10	9	11	11	11	8.5	7.5	7.3	8.7
	日喀则市	5.8	5.7	5.7	6	6.8	8.1	12	12	10	6.9	20	5.9	8.8
	林芝市	9.9	11	11	12	12	14	15	15	15	13	11	10	12.3
陕西	西安市	12	12	12	12	12	10	13	14	15	14	14	13	12.7
	铜川市	12	11	11	11	11	11	14	15	15	14	13	12	12.5
	宝鸡市	12	12	12	11	11	11	12	14	15	15	13	13	12.5
	咸阳市	13	12	12	12	12	11	14	15	16	16	15	13	13.4
	渭南市	13	13	13	12	12	11	14	16	17	16	15	14	13.7
	汉中市	17	15	14	14	14	14	16	16	18	19	19	18	16.1
	安康市	14	13	13	13	13	13	14	14	16	16	16	16	14.4
	商洛市	12	13	12	12	12	13	15	16	16	15	13	13	13.4
	延安市	11	11	10	9	9.2	10	13	14	14	14	12	12	11.7
	榆林市	11	10	9.2	8.1	8.3	9.2	11	12	13	12	11	11	10.5
甘肃	兰州市	11	9.8	9.3	8.5	9.5	11	12	12	13	13	12	12	11.1
	嘉峪关市	12	10	9.9	8.8	8.2	9.1	10	11	12	11	12	13	10.6
	金昌市	10	4.9	8	6.8	7	7.8	8.5	9.1	9.8	9.5	9.6	10	8.5
	白银市	10	5.4	8.8	8	8.1	8.6	9.6	10	11	11	10	11	9.4
	天水市	13	13	12	11	12	12	15	16	14	13	13	13	13
	酒泉市	12	9.7	9.8	7.2	7.4	8.3	9.3	9.4	9.8	9.6	10	12	9.5
	张掖市	11	9.5	8.8	7.7	8.3	8.9	9.6	10	11	11	12	12	10
	武威市	10	9.4	9.9	7.8	8.5	9.4	10	11	12	11	11	11	10
	定西市	12	12	11	11	10	12	13	13	14	14	13	12	12.2
	陇南市	14	14	12	13	14	15	16	17	19	18	16	14	15.1
	平凉市	12	12	11	10	10	11	12	14	15	15	13	12	12.3
	庆阳市	12	11	11	9.5	10	11	13	14	15	15	13	12	12.1
青海	西宁市	9.9	9.4	9.4	9.4	10	11	12	13	13	13	11	11	11
	海东市	11	5.9	9.8	9	10	11	12	12	14	13	12	12	10.9
宁夏	银川市	11	10	9.1	8	8.5	9.5	11	12	12	12	12	12	10.7
	石嘴山市	11	9.3	8.2	6.8	7.2	7.9	9	10	11	10	11	11	9.3
	吴忠市	10	5.4	8.9	8	8	9.6	11	12	12	11	11	11	9.8
	固原市	13	12	11	9.9	9.8	11	13	14	14	14	12	11	11.8
	中卫市	11	5.8	9	8.1	9	10	11	13	13	12	12	11	10.3
新疆	乌鲁木齐市	11	11	11	11	12	13	13	12	11	11	11	11	11.4
	克拉玛依市	17	16	11	7	6.4	5.9	6.3	6.4	6.7	8.9	13	16	10
	吐鲁番市	12	8.6	6.4	6.6	5.6	5.6	5.9	6.4	7.3	9.4	11	12	8
	哈密市	12	9.6	7.3	6.3	6.6	6.9	7.6	7.9	8.6	9.7	11	13	8.9

附录 4　中国主要木材树种的木材密度与干缩系数

树种	密度/(g/cm³)		干缩系数/%		
	基本	气干	径向	弦向	体积
苍山冷杉	0.401	0.439	0.217	0.373	0.590
冷杉		0.433	0.174	0.341	0.537
川滇冷杉	0.353	0.436	0.222	0.357	0.583
臭冷杉		0.384	0.129	0.366	0.472
柳杉	0.290	0.346	0.070	0.220	0.320
杉木	0.306	0.390	0.123	0.268	0.408
冲天柏	0.430	0.518	0.255	0.270	0.403
柏木	0.455	0.534	0.141	0.208	0.375
陆均松	0.534	0.643	0.179	0.286	0.486
福建柏		0.452	0.106	0.202	0.326
银杏	0.451	0.532	0.169	0.230	0.417
云南油杉	0.460	0.573	0.169	0.333	0.510
太白红杉	0.464	0.530	0.114	0.263	0.398
落叶松	0.528	0.696	0.187	0.408	0.619
黄花落叶松		0.594	0.168	0.408	0.554
红杉	0.428	0.519	0.150	0.326	0.485
新疆落叶松	0.451	0.563	0.162	0.372	0.541
水杉	0.278	0.342	0.089	0.241	0.344
云杉	0.290	0.350	0.106	0.275	0.410
油麦吊云杉		0.500	0.192	0.305	0.521
长白鱼鳞云杉	0.378	0.467	0.198	0.360	0.545
红皮云杉	0.352	0.435	0.142	0.315	0.455
丽江云杉	0.360	0.441	0.177	0.305	0.496
紫果云杉	0.361	0.429	0.160	0.315	0.491
天山云杉	0.352	0.432	0.139	0.309	0.458
华山松	0.386	0.458	0.108	0.252	0.377
高山松	0.413	0.509	0.151	0.307	0.495
赤松	0.390	0.490	0.168	0.270	0.451
湿地松	0.359	0.446	0.114	0.197	0.335
海南五针松	0.358	0.419	0.100	0.298	0.373
黄山松	0.440	0.547	0.175	0.299	0.507
思茅松	0.420	0.516	0.145	0.303	0.462
红松		0.440	0.122	0.321	0.459
广东松	0.429	0.501	0.131	0.270	0.409
马尾松	0.429	0.520	0.163	0.324	0.512
樟子松	0.370	0.457	0.144	0.324	0.491
油松	0.360	0.432	0.112	0.301	0.416

续表

树种	密度/(g/cm³)		干缩系数/%		
	基本	气干	径向	弦向	体积
黑松	0.450	0.557	0.181	0.305	0.500
南亚松	0.530	0.656	0.210	0.297	0.529
云南松	0.481	0.586	0.186	0.308	0.517
侧柏	0.512	0.618	0.131	0.198	0.344
鸡毛松	0.429	0.522	0.155	0.247	0.436
竹柏	0.419	0.529	0.110	0.250	0.390
金钱松	0.405	0.491	0.157	0.276	0.448
黄杉	0.470	0.582	0.176	0.283	0.468
圆柏	0.513	0.609	0.140	0.190	0.350
秃杉	0.295	0.358	0.106	0.277	0.417
铁杉	0.460	0.560	0.190	0.290	0.500
云南铁杉	0.377	0.449	0.145	0.269	0.427
丽江铁杉	0.466	0.564	0.178	0.300	0.495
长苞铁杉	0.542	0.661	0.215	0.310	0.538
黑荆树	0.539	0.676	0.181	0.358	0.570
青榨槭	0.444	0.548	0.136	0.239	0.388
白牛槭		0.680	0.170	0.394	0.472
槭木	0.564	0.709	0.196	0.339	0.547
杨桐	0.436	0.548	0.141	0.272	0.428
七叶树	0.409	0.504	0.164	0.277	0.445
臭椿	0.531	0.659	0.162	0.280	0.449
山合欢	0.482	0.577	0.146	0.226	0.330
大叶合欢	0.417	0.517	0.120	0.221	0.362
黑格	0.579	0.697	0.144	0.286	0.440
白格	0.565	0.682	0.150	0.272	0.428
拟赤杨	0.345	0.435	0.119	0.280	0.414
西南桤木	0.410	0.503	0.153	0.268	0.441
江南桤木	0.437	0.533	0.099	0.289	0.408
山丹	0.578	0.700	0.208	0.276	0.503
云南蕈树	0.613	0.786	0.211	0.396	0.627
细子龙	0.803	1.006	0.263	0.384	0.670
黄梁木	0.306	0.372	0.107	0.222	0.358
西南桦	0.534	0.666	0.243	0.274	0.541
光皮桦	0.570	0.692	0.243	0.247	0.545
香桦		0.705	0.235	0.259	0.519
白桦	0.489	0.615	0.188	0.258	0.466
糙皮桦	0.659	0.808	0.290	0.291	0.607
红桦	0.500	0.627	0.183	0.243	0.450
秋枫	0.550	0.692	0.163	0.272	0.451
蚬木	0.880	1.130	0.363	0.414	0.806
橄榄	0.405	0.498	0.152	0.258	0.428
亮叶鹅耳枥	0.528	0.651	0.186	0.318	0.518

续表

树种	密度/(g/cm³)		干缩系数/%		
	基本	气干	径向	弦向	体积
山核桃	0.596	0.744	0.240	0.320	0.600
铁刀木	0.586	0.705	0.201	0.337	0.569
锥栗	0.536	0.634	0.141	0.248	0.407
板栗	0.559	0.689	0.149	0.297	0.464
茅栗	0.549	0.625	0.161	0.310	0.490
迷槠	0.449	0.548	0.146	0.301	0.465
高山锥	0.654	0.832	0.199	0.340	0.558
甜锥	0.466	0.566	0.179	0.287	0.486
罗浮锥	0.483	0.601	0.185	0.303	0.508
栲树	0.463	0.571	0.126	0.278	0.425
南岭锥	0.450	0.540	0.130	0.270	0.420
海南锥	0.634	0.787	0.211	0.324	0.558
红锥	0.584	0.733	0.206	0.291	0.515
吊皮锥	0.627	0.796	0.224	0.305	0.557
狗牙锥	0.468	0.568	0.150	0.260	0.430
元江锥	0.532	0.684	0.169	0.320	0.540
丝栗	0.404	0.488	0.154	0.259	0.436
苦槠	0.445	0.538	0.130	0.214	0.362
大叶锥		0.622	0.161	0.237	0.420
楸树	0.522	0.617	0.104	0.230	0.352
滇楸	0.392	0.472	0.120	0.233	0.368
云南朴	0.517	0.638	0.162	0.282	0.463
山枣	0.469	0.596	0.133	0.264	0.462
香樟	0.437	0.535	0.126	0.216	0.356
云南樟	0.505	0.624	0.171	0.281	0.443
黄樟	0.411	0.505	0.165	0.286	0.467
丛花厚壳桂	0.444	0.554	0.143	0.270	0.461
竹叶青冈	0.810	1.042	0.194	0.438	0.647
福建青冈	0.780		0.220	0.440	0.680
青冈	0.705	0.892	0.169	0.406	0.598
小叶青冈	0.722	0.911	0.159	0.408	0.587
细叶青冈	0.721	0.893	0.175	0.435	0.635
赤青冈	0.727	0.947	0.210	0.440	0.690
盘壳青冈	0.839	1.078	0.216	0.454	0.680
黄檀	0.720	0.870	0.185	0.352	0.556
交让木	0.536		0.146	0.408	0.576
云南黄杞	0.460	0.564	0.178	0.298	0.498
葡萄桉	0.568	0.750	0.200	0.322	0.551
赤桉	0.551	0.727	0.209	0.337	0.592
柠檬桉	0.774	0.968	0.317	0.388	0.732
窿缘桉	0.680	0.843	0.245	0.343	0.608
蓝桉	0.508	0.711	0.224	0.397	0.631

续表

树种	密度/(g/cm³)		干缩系数/%		
	基本	气干	径向	弦向	体积
大叶桉	0.546	0.695	0.214	0.303	0.541
野桉	0.491	0.629	0.214	0.307	0.551
广西薄皮大叶桉	0.521	0.663	0.181	0.273	0.485
细叶桉	0.706	0.865	0.267	0.362	0.657
水青冈	0.616	0.793	0.204	0.387	0.617
白蜡树	0.536	0.661	0.139	0.310	0.455
水曲柳	0.509	0.643	0.171	0.322	0.519
嘉榄	0.575	0.709	0.212	0.271	0.504
皂荚	0.590	0.736	0.130	0.190	0.325
银桦	0.444	0.538	0.092	0.243	0.360
加卜	0.696	0.873	0.199	0.342	0.553
母生	0.675	0.819	0.207	0.343	0.565
毛坡垒	0.749	0.965	0.300	0.470	0.787
拐枣	0.525	0.625	0.178	0.296	0.492
野核桃	0.459		0.149	0.231	0.396
核桃楸	0.420	0.3528	0.190	0.300	0.516
核桃	0.533	0.686	0.191	0.291	0.495
栾树	0.622	0.778	0.222	0.350	0.612
女贞	0.542	0.660	0.154	0.280	0.456
枫香	0.491	0.612	0.180	0.360	0.572
鹅掌楸	0.453	0.557	0.188	0.388	0.553
荔枝	0.814	1.020	0.236	0.358	0.612
绒毛椆	0.700	0.912	0.201	0.475	0.701
脚板椆	0.726	0.924	0.227	0.401	0.651
柄果椆	0.589	0.730	0.183	0.312	0.528
广东椆	0.562	0.698	0.149	0.324	0.481
大果木姜	0.560	0.691	0.243	0.332	0.605
华润楠	0.463	0.580	0.219	0.297	0.540
光楠	0.460	0.565	0.190	0.330	0.540
润楠		0.565	0.171	0.283	0.480
红楠	0.463	0.560	0.162	0.287	0.468
海南子京	0.891	1.110	0.297	0.390	0.705
玉兰	0.441	0.544	0.168	0.310	0.499
绿兰	0.396	0.483	0.168	0.255	0.441
苦楝	0.369	0.456	0.154	0.247	0.420
川楝	0.413	0.503	0.141	0.268	0.438
狭叶泡花	0.440	0.568	0.187	0.305	0.520
铜色含笑	0.489	0.613	0.189	0.301	0.513
桑树	0.534	0.671	0.141	0.266	0.243
香果新木姜	0.452	0.564	0.168	0.260	0.450
山荔枝	0.568	0.717	0.193	0.305	0.520
轻木	0.200	0.240	0.070	0.160	0.250

续表

树种	密度/(g/cm³)		干缩系数/%		
	基本	气干	径向	弦向	体积
红豆树	0.632	0.758	0.130	0.260	0.410
木荚红豆	0.492	0.603	0.160	0.310	0.490
假白兰	0.530	0.667	0.220	0.326	0.567
楸叶泡桐	0.233	0.290	0.093	0.216	0.344
川泡桐	0.219	0.269	0.107	0.216	0.334
泡桐	0.258	0.309	0.110	0.210	0.320
毛泡桐	0.231	0.278	0.079	0.164	0.261
光泡桐	0.279	0.347	0.107	0.208	0.333
五列木	0.523	0.673	0.175	0.287	0.472
黄菠萝		0.449	0.128	0.242	0.368
闽楠	0.445	0.537	0.130	0.230	0.380
红毛山楠	0.487	0.607	0.187	0.265	0.467
悬铃木	0.549	0.701	0.200	0.387	0.621
化香	0.582	0.715	0.196	0.329	0.550
响叶杨	0.401	0.479	0.129	0.240	0.390
新疆杨	0.443	0.542	0.135	0.319	0.475
加杨	0.379	0.458	0.141	0.268	0.430
青杨	0.364	0.452	0.132	0.255	0.400
山杨	0.400	0.477	0.162	0.323	0.502
异叶杨	0.388	0.469	0.118	0.290	0.431
钻天杨	0.323	0.401	0.100	0.232	0.355
小叶杨	0.341	0.417	0.189	0.273	0.432
山樱桃	0.527	0.633	0.134	0.296	0.453
灰叶稠李	0.513	0.642	0.182	0.286	0.494
枫杨	0.392	0.467	0.141	0.236	0.404
青檀	0.643	0.810	0.212	0.325	0.557
多核木	0.701	0.886	0.248	0.358	0.626
麻栎	0.688	0.930	0.210	0.389	0.616
槲栎	0.627	0.789	0.192	0.336	0.563
高山栎	0.754	0.960	0.274	0.457	0.685
小叶栎	0.680	0.876	0.197	0.400	0.619
白栎	0.660		0.144	0.358	0.579
大叶栎	0.679	0.872	0.214	0.354	0.594
辽东栎	0.613	0.774	0.139	0.261	0.403
柞木	0.603	0.748	0.181	0.318	0.520
栓皮栎	0.711	0.866	0.212	0.407	0.644
刺槐	0.652	0.792	0.210	0.327	0.548
河柳	0.490	0.588	0.128	0.334	0.501
乌桕	0.458	0.561	0.141	0.224	0.387
水石梓	0.464	0.565	0.137	0.263	0.463
檫木	0.448	0.532	0.143	0.270	0.434
鸭脚木	0.364	0.450	0.186	0.239	0.477

续表

树种	密度/(g/cm³)		干缩系数/%		
	基本	气干	径向	弦向	体积
银荷木	0.469	0.612	0.194	0.315	0.550
荷木	0.502	0.623	0.178	0.310	0.510
油楠	0.560	0.682	0.172	0.274	0.459
槐树	0.588	0.702	0.191	0.307	0.511
石灰树	0.619		0.210	0.357	0.618
乌墨蒲桃	0.604	0.760	0.181	0.314	0.512
柚木		0.601	0.144	0.263	0.413
鸡尖	0.700	0.850	0.231	0.375	0.621
水青树		0.391	0.102	0.212	0.344
紫椴	0.355	0.458	0.157	0.253	0.469
湘椴	0.512	0.630	0.184	0.316	0.518
糠椴	0.330	0.424	0.187	0.235	0.447
南京椴	0.468	0.613	0.205	0.235	0.462
粉椴	0.379	0.485	0.135	0.200	0.343
椴树	0.437	0.553	0.172	0.242	0.433
香椿	0.501	0.591	0.143	0.263	0.420
红椿	0.388	0.477	0.150	0.278	0.445
漆树	0.397	0.496	0.123	0.212	0.235
裂叶榆	0.456	0.548	0.163	0.336	0.517
大国榆	0.531	0.667	0.238	0.408	0.680
白榆	0.537	0.639	0.191	0.333	0.550
青皮	0.633	0.837	0.180	0.349	0.546
青蓝	0.657	0.840	0.218	0.366	0.594
榉树	0.666	0.791	0.209	0.362	0.591

注：摘自成俊卿的《木材学》(2005)

附录 5　针叶树锯材干燥基准表

1－1

MC/%	t/℃	Δt/℃	EMC/%
40 以上	80	4	12.8
40～30	85	6	10.7
30～25	90	9	8.4
25～20	95	12	6.9
20～15	100	15	5.8
15 以下	110	25	3.7

1－2

MC/%	t/℃	Δt/℃	EMC/%
40 以上	80	6	10.7
40～30	85	11	7.5
30～25	90	15	8.0
25～20	95	20	4.8
20～15	100	25	3.2
15 以下	110	35	2.4

1－3

MC/%	t/℃	Δt/℃	EMC/%
40 以上	80	8	9.3
40～30	85	12	7.1
30～25	90	16	5.7
25～20	95	20	4.8
20～15	100	25	3.8
15 以下	110	35	2.4

2－1

MC/%	t/℃	Δt/℃	EMC/%
40 以上	75	4	13.1
40～30	80	5	11.6
30～25	85	7	9.7
25～20	90	10	7.9
20～15	95	17	5.3
15 以下	100	22	4.3

2－2

MC/%	t/℃	Δt/℃	EMC/%
40 以上	75	6	11.0
40～30	80	7	9.9
30～25	85	9	8.5
25～20	90	12	7.0
20～15	95	17	5.3
15 以下	100	22	4.3

3－1

MC/%	t/℃	Δt/℃	EMC/%
40 以上	70	3	14.7
40～30	72	4	13.3
30～25	75	6	11.0
25～20	80	10	8.2
20～15	85	15	6.1
15 以下	95	25	3.8

3－2

MC/%	t/℃	Δt/℃	EMC/%
40 以上	70	5	12.1
40～30	72	6	11.1
30～25	75	8	9.5
25～20	80	12	7.2
20～15	85	17	5.5
15 以下	95	25	3.8

4－1

MC/%	t/℃	Δt/℃	EMC/%
40 以上	65	3	15.0
40～30	67	4	13.5
30～25	70	6	11.1
25～20	75	8	9.5
20～15	80	14	6.5
15 以下	90	25	3.8

4－2

MC/%	t/℃	Δt/℃	EMC/%
40 以上	65	5	12.3
40～30	67	6	11.2
30～25	70	8	9.6
25～20	75	10	8.3
20～15	80	14	6.5
15 以下	90	25	3.8

5－1

MC/%	t/℃	Δt/℃	EMC/%
40 以上	60	3	15.3
40～30	65	5	12.3
30～25	70	7	10.3
25～20	75	9	8.8
20～15	80	12	7.2
15 以下	90	20	4.8

5－2

MC/%	t/℃	Δt/℃	EMC/%
40 以上	60	5	12.5
40～30	65	6	11.3
30～25	70	8	9.6
25～20	75	10	8.3
20～15	80	14	6.5
15 以下	90	20	4.8

6－1

MC/%	t/℃	Δt/℃	EMC/%
40 以上	55	3	15.6
40～30	60	4	13.8
30～25	65	6	11.3
25～20	70	8	9.6
20～15	80	12	7.2
15 以下	90	20	4.8

6－2

MC/%	t/℃	Δt/℃	EMC/%
40 以上	55	4	14.0
40～30	60	5	12.5
30～25	65	7	10.5
25～20	70	9	9.0
20～15	80	12	7.2
15 以下	90	20	4.8

7－1

MC/%	t/℃	Δt/℃	EMC/%
40 以上	50	3	15.8
40～30	55	4	14.0
30～25	60	5	12.5
25～20	65	7	10.5
20～15	70	11	8.0
15 以下	80	20	4.9

附录6　阔叶树锯材室干基准表

11—1				11—2				11—3			
MC/%	t/℃	Δt/℃	EMC/%	MC/%	t/℃	Δt/℃	EMC/%	MC/%	t/℃	Δt/℃	EMC/%
60以上	80	4	12.8	60以上	80	5	11.6	60以上	80	7	9.9
60～40	85	6	10.5	60～40	85	7	9.7	60～40	85	8	9.1
40～30	90	9	8.4	40～30	90	10	7.9	40～30	90	11	7.4
30～20	95	13	6.5	30～20	95	14	6.4	30～20	95	16	5.6
20～15	100	20	4.7	20～15	100	20	4.7	20～15	100	22	4.4
15以下	110	28	3.3	15以下	110	28	3.3	15以下	110	28	3.3

12—1				12—2				12—3			
MC/%	t/℃	Δt/℃	EMC/%	MC/%	t/℃	Δt/℃	EMC/%	MC/%	t/℃	Δt/℃	EMC/%
60以上	70	4	13.3	60以上	70	5	12.1	60以上	70	6	11.1
60～40	72	5	12.1	60～40	72	6	11.1	60～40	72	7	10.3
40～30	75	8	9.5	40～30	75	9	8.8	40～30	75	10	8.3
30～20	80	12	7.2	30～20	80	13	6.8	30～20	80	14	6.5
20～15	85	16	5.8	20～15	85	16	5.8	20～15	85	18	5.2
15以下	95	20	4.8	15以下	95	20	4.8	15以下	95	20	4.8

13—1				13—2				13—3			
MC/%	t/℃	Δt/℃	EMC/%	MC/%	t/℃	Δt/℃	EMC/%	MC/%	t/℃	Δt/℃	EMC/%
40以上	65	3	15.0	40以上	65	4	13.6	40以上	65	6	11.3
40～30	67	4	13.6	40～30	67	5	12.3	40～30	67	7	10.5
30～25	70	7	10.3	30～25	70	8	9.6	30～25	70	9	9.0
25～20	75	10	8.3	25～20	75	12	7.3	25～20	75	12	7.3
20～15	80	15	6.2	20～15	80	15	6.2	20～15	80	15	6.2
15以下	90	20	4.8	15以下	90	20	4.8	15以下	90	20	4.8

13—4				13—5				13—6			
MC/%	t/℃	Δt/℃	EMC/%	MC/%	t/℃	Δt/℃	EMC/%	MC/%	t/℃	Δt/℃	EMC/%
35以上	65	3	12.3	35以上	65	4	13.6	35以上	65	6	113
35～30	70	7	10.3	35～30	69	6	11.1	35～30	70	8	9.6
30～25	74	9	8.8	30～25	72	8	9.6	30～25	74	10	8.3
25～20	78	11	7.7	25～20	76	10	8.3	25～20	78	12	7.2
20～15	82	14	6.5	20～15	80	13	6.8	20～15	83	15	6.1
15以下	90	20	4.8	15以下	90	20	4.8	15以下	90	20	4.8

14—1				14—2				14—3			
MC/%	t/℃	Δt/℃	EMC/%	MC/%	t/℃	Δt/℃	EMC/%	MC/%	t/℃	Δt/℃	EMC/%
35以上	60	5	12.3	35以上	60	3	15.3	40以上	60	6	11.5
35～30	66	7	10.5	35～30	66	5	12.3	40～30	62	7	10.6
30～25	72	9	8.9	30～25	72	7	10.2	30～25	65	9	9.1
25～20	76	11	7.8	25～20	76	10	8.3	25～20	70	12	7.5
20～15	80	14	6.5	20～15	81	15	6.2	20～15	75	15	6.3
15以下	90	20	4.8	15以下	90	25	3.9	15以下	85	20	4.9

续表

14—4				14—5				14—6			
MC/%	t/℃	Δt/℃	EMC/%	MC/%	t/℃	Δt/℃	EMC/%	MC/%	t/℃	Δt/℃	EMC/%
35 以上	60	5	12.5	35 以上	60	4	14.1	40 以上	60	3	15.3
35～30	66	7	10.5	35～30	65	5	12.7	40～30	62	4	13.8
30～25	70	9	9.0	30～25	70	7	10.7	30～25	65	7	10.5
25～20	74	11	7.8	25～20	74	10	8.7	25～20	70	10	8.5
20～15	78	14	6.5	20～15	78	15	6.4	20～15	75	15	6.3
15 以下	85	20	4.9	15 以下	85	20	4.9	15 以下	85	20	4.9

14—7				14—8				14—9			
MC/%	t/℃	Δt/℃	EMC/%	MC/%	t/℃	Δt/℃	EMC/%	MC/%	t/℃	Δt/℃	EMC/%
35 以上	60	4	13.8	35 以上	60	3	15.3	35 以上	60	5	12.5
35～30	65	6	11.3	35～30	65	5	12.3	35～30	65	7	10.5
30～25	69	8	9.6	30～25	70	7	10.3	30～25	70	9	9.0
25～20	73	10	7.9	25～20	73	9	8.9	25～20	73	11	7.9
20～15	78	13	6.9	20～15	78	12	7.2	20～15	77	14	6.6
15 以下	85	20	4.9	15 以下	85	20	4.9	15 以下	85	20	4.9

14—10				14—11				14—12			
MC/%	t/℃	Δt/℃	EMC/%	MC/%	t/℃	Δt/℃	EMC/%	MC/%	t/℃	Δt/℃	EMC/%
40 以上	60	4	13.8	35 以上	60	4	13.8	35 以上	60	3	15.3
40～30	62	5	12.5	35～30	64	6	12.3	35～30	65	5	12.3
30～25	65	8	9.8	30～25	68	8	9.6	30～25	68	7	10.4
25～20	70	12	7.5	25～20	72	10	8.4	25～20	70	9	9.0
20～15	75	15	6.3	20～15	74	13	7.0	20～15	74	13	7.0
15 以下	85	20	4.9	15 以下	80	20	4.9	15～12	80	20	4.9

14—13				15—1				15—2			
MC/%	t/℃	Δt/℃	EMC/%	MC/%	t/℃	Δt/℃	EMC/%	MC/%	t/℃	Δt/℃	EMC/%
30 以上	60	4	13.8	40 以上	55	3	15.6	40 以上	55	4	14.0
30～25	66	6	11.3	40～30	57	4	14.0	40～30	57	5	12.6
25～20	70	9	9.0	30～25	60	6	11.4	30～25	60	8	9.8
20～15	73	12	6.4	25～20	65	10	8.5	25～20	65	12	7.5
15 以下	80	20	4.9	20～15	70	15	6.3	20～15	70	15	6.4
				15 以下	80	20	4.9	15 以下	80	20	4.9

15—3				15—4				15—5			
MC/%	t/℃	Δt/℃	EMC/%	MC/%	t/℃	Δt/℃	EMC/%	MC/%	t/℃	Δt/℃	EMC/%
40 以上	55	6	11.5	35 以上	55	5	12.7	40 以上	55	4	14.0
40～30	57	7	10.7	35～30	60	7	10.6	40～30	60	6	11.4
30～25	60	9	9.3	30～25	65	9	9.1	30～25	65	8	9.7
25～20	65	12	7.7	25～20	68	11	8.0	25～20	69	10	8.5
20～15	70	15	6.4	20～15	73	14	6.6	20～15	73	13	7.0
15 以下	80	20	4.9	15 以下	80	20	4.9	15 以下	80	20	4.9

15—6				15—7				15—8			
MC/%	t/℃	Δt/℃	EMC/%	MC/%	t/℃	Δt/℃	EMC/%	MC/%	t/℃	Δt/℃	EMC/%
30 以上	55	4	14.0	30 以上	55	3	15.6	30 以上	55	3	15.6
30～25	62	6	11.4	30～25	62	5	12.4	30～25	62	5	12.4
25～20	66	9	9.1	25～20	66	7	10.5	25～20	66	7	10.5
20～15	72	12	7.4	20～15	72	11	7.9	20～15	72	12	7.4
15 以下	80	20	4.9	15 以下	80	20	4.9	15 以下	80	20	4.9

续表

15—9				15—10				16—1			
MC/%	t/℃	Δt/℃	EMC/%	MC/%	t/℃	Δt/℃	EMC/%	MC/%	t/℃	Δt/℃	EMC/%
				35 以上	55	6	11.5	35 以上	50	4	14.1
30 以上	55	3	15.6	35～30	65	8	9.7	35～30	60	6	11.4
30～25	62	5	12.4	30～25	68	11	8.0	30～25	65	8	9.7
25～20	66	8	9.7	25～20	72	14	6.6	25～20	69	10	8.5
20～15	72	12	7.4	20～15	75	17	5.7	20～15	73	13	7.0
15 以下	80	20	4.9	15 以下	80	25	3.9	15 以下	80	20	4.9

16—2				16—3				16—4			
MC/%	t/℃	Δt/℃	EMC/%	MC/%	t/℃	Δt/℃	EMC/%	MC/%	t/℃	Δt/℃	EMC/%
40 以上	50	4	14.1	40 以上	50	5	12.7	40 以上	50	3	15.8
40～30	52	5	12.7	40～30	52	6	11.5	40～30	52	4	14.1
30～25	55	7	10.7	30～25	55	9	9.3	30～25	55	6	11.5
25～20	60	10	8.7	25～20	60	12	7.7	25～20	60	10	8.7
20～15	65	15	6.4	20～15	65	15	6.4	20～15	65	15	6.4
15 以下	70	20	4.9	15 以下	75	20	4.9	15 以下	75	20	4.9

16—5				16—6				16—7			
MC/%	t/℃	Δt/℃	EMC/%	MC/%	t/℃	Δt/℃	EMC/%	MC/%	t/℃	Δt/℃	EMC/%
30 以上	50	4	14.1	30 以上	50	3	15.8	30 以上	50	3	15.8
30～25	56	6	11.5	30～25	56	5	12.7	25～20	56	5	12.7
25～20	60	9	9.2	25～20	61	8	9.8	20～15	61	8	9.8
20～15	66	12	7.5	20～15	66	11	8.0	15 以下	66	11	8.0
15 以下	75	20	4.9	15 以下	75	20	4.9	15 以下	75	20	4.9

16—8				16—9				17—1			
MC/%	t/℃	Δt/℃	EMC/%	MC/%	t/℃	Δt/℃	EMC/%	MC/%	t/℃	Δt/℃	EMC/%
30 以上	50	3	15.8	30 以上	50	4	14.1	30 以上	45	3	15.9
30～25	56	5	12.7	30～25	55	6	11.5	30～25	53	5	12.7
25～20	60	8	9.8	25～20	60	9	9.2	25～20	58	8	9.8
20～15	64	11	8.0	20～15	64	12	7.5	20～15	64	11	8.0
15 以下	70	20	4.9	15 以下	70	20	4.9	15 以下	75	20	4.9

17—2				17—3				17—4			
MC/%	t/℃	Δt/℃	EMC/%	MC/%	t/℃	Δt/℃	EMC/%	MC/%	t/℃	Δt/℃	EMC/%
40 以上	45	3	15.9	40 以上	45	4	14.2	40 以上	45	7	10.6
40～30	47	4	12.6	40～30	47	6	11.4	40～30	47	9	9.1
30～25	50	6	10.7	30～25	50	8	9.8	30～25	50	13	7.0
25～20	55	10	8.7	25～20	55	12	7.6	25～20	55	18	5.2
20～15	60	15	6.4	20～15	60	15	6.4	20～15	60	24	3.7
15 以下	70	20	4.9	15 以下	70	20	4.9	15 以下	70	30	2.7

17—5				18—1				18—2			
MC/%	t/℃	Δt/℃	EMC/%	MC/%	t/℃	Δt/℃	EMC/%	MC/%	t/℃	Δt/℃	EMC/%
40 以上	45	2	18.2	40 以上	40	2	18.1	40 以上	40	3	16.0
40～30	47	3	15.9	40～30	42	3	16.0	40～30	42	4	14.0
30～25	50	5	12.7	30～25	45	5	12.6	30～25	45	6	11.4
25～20	55	9	9.3	25～20	50	8	9.8	25～20	50	9	9.2
20～15	60	15	6.4	20～15	55	12	7.6	20～15	55	12	7.6
15 以下	70	20	4.9	15～12	60	15	6.4	15～12	60	15	6.4
				12 以下	70	20	4.9	12 以下	70	20	4.9

续表

18—3				19—1				20—1			
MC/%	t/℃	Δt/℃	EMC/%	MC/%	t/℃	Δt/℃	EMC/%	MC/%	t/℃	Δt/℃	EMC/%
40 以上	40	4	14.0	40 以上	40	2	18.0	60 以上	35	6	11.0
40～30	42	6	11.2	40～30	42	3	15.8	60～40	35	8	9.2
30～25	45	8	9.7	30～25	45	5	12.4	40～20	35	10	7.2
25～20	50	10	8.6	25～20	50	8	9.7	20～15	40	15	5.3
20～15	55	12	7.6	20～15	55	12	7.8	15 以下	50	20	2.5
15～12	60	15	6.4	15～12	60	15	6.3				
12 以下	70	20	4.9	12 以下	70	20	4.8				